SHIYONG HANJIE
GONGYI SHOUCE

第二版

实用焊接工艺手册

王洪光　主编
吴忠萍　许莹　副主编

化学工业出版社
·北京·

图书在版编目（CIP）数据

实用焊接工艺手册／王洪光主编．—2版．—北京：化学工业出版社，2013.10（2022.2重印）

ISBN 978-7-122-18306-4

Ⅰ．①实…　Ⅱ．①王…　Ⅲ．①焊接工艺-技术手册　Ⅳ．①TG44-62

中国版本图书馆CIP数据核字（2013）第205992号

责任编辑：周　红　　　　文字编辑：张绪瑞

责任校对：陶燕华　　　　装帧设计：史利平

出版发行：化学工业出版社

（北京市东城区青年湖南街13号　邮政编码100011）

印　　装：大厂聚鑫印刷有限责任公司

850mm×1168mm　1/32　印张18　字数666千字

2022年2月北京第2版第13次印刷

购书咨询：010-64518888　　　　售后服务：010-64518899

网　　址：http：//www. cip. com. cn

凡购买本书，如有缺损质量问题，本社销售中心负责调换。

定价：49.00元

版权所有　违者必究

第二版前言

在机械加工生产中，应用最广的应属焊接了。工农业，包括电力、电子、化工、航天、汽车及科研、国防等各个行业，均离不开焊接，有的领域焊接还起着决定性作用。机械工艺方面的图书和资料焊接是最多的。焊接理论与实践也是最复杂的。

不同的人群，对焊接知识的需求是不同的。如焊接工程师需要知识全面一些；而对于各领域的技术工人来说，知识往往是专一的，即干什么就学什么。焊接工作者中数量最多的应属熔焊焊工，在熔焊的焊接工作者中，焊条电弧焊者最多，然后则是氩弧焊、埋弧自动焊和CO_2气体保护焊及气焊，气割在现场应用也较广，电渣焊和等离子弧焊用得少一些，但也算常见。本书编入了这些常用的知识，而对于激光焊、电子束焊、扩散焊、压焊等不常用的焊接方法没有涉及，因此本书相对其他手册篇幅小一些，内容更实用，现场工人使用和携带起来更加方便。

本书在第一版的基础上进行了修订，其修订部分为：

1. 标准的修订：由于时代的进步，许多标准已经更新，当初的许多标准现在已经作废，第二版对所有的标准进行了核对，对标准进行了更新。

2. 内容的修订：由于社会的进步，许多常用的焊接和切割方法也发生了变化，因此，第二版对所编内容也进行了增减。主要有：

（1）第一章第二节增编电弧电压、焊接速度和焊接速度与焊接电流配合问题三个内容；

（2）第二章第五节增加了在压力管道上普遍采用的管道氩电联焊。

（3）第四章增编第三节自动切割工艺。具体介绍了用自动切割机进行直线切割、圆弧切割、仿形切割、圆切割、管道切割和管孔切割的工艺。

(4) 第五章第二节增加了等离子焊接，并介绍了一个小孔型等离子焊接的工作实例和一个微束等离子焊接实例。

修订后的内容更符合时代要求。

本书第二章由吴忠萍编写，第五章由王婧人编写，第六章由游泽仁编写，第九章由许莹编写，第十章由刘巍编写，其余由王洪光编写。

由于编著水平有限，其书中的内容编排可能还有一些不尽如人意的地方，希望广大读者发电子邮件到 whgd2029700@sina.com 与我联系，欢迎给予指正。

编者

目 录

第一章 焊接工艺基础知识 1

第一节 焊接工艺资料 …… 1

一、焊接标准代号 …… 1

二、焊接常用数据 …… 9

三、计量单位的换算 …… 11

第二节 基本工艺参数 …… 11

一、焊条与焊丝直径 …… 11

二、焊接电流 …… 12

三、电弧电压（弧长） …… 13

四、焊接速度 …… 14

第三节 焊接辅助工艺 …… 14

一、焊前预热 …… 14

二、后热 …… 15

三、焊后热处理 …… 15

四、防止和减小焊接应力与变形的有关措施 …… 16

五、其他工艺 …… 20

第四节 焊接工艺评定 …… 21

一、焊接工艺评定的目的 …… 21

二、焊接工艺评定的一般程序 …… 23

第二章 焊条电弧焊工艺 36

第一节　焊接接头的形式与加工工艺…………………………36
一、焊接接头的形式…………………………………………36
二、低碳钢及低合金结构钢的焊接接头参数…………………39
第二节　焊接工艺过程与运条方法、焊丝摆动……………………53
一、焊条电弧焊的工艺过程…………………………………53
二、运条方法与焊丝横向摆动………………………………54
第三节　焊接工艺参数及选择…………………………………56
第四节　各种位置的焊接方法…………………………………60
一、平焊……………………………………………………60
二、立焊……………………………………………………67
三、横焊……………………………………………………72
四、仰焊……………………………………………………74
五、薄板焊接………………………………………………77
六、手工单面焊反面成形技术………………………………78
第五节　管子的焊接…………………………………………92
一、水平固定管对接焊………………………………………93
二、垂直固定管对接焊 ……………………………………101
三、倾斜45°角管对接焊 …………………………………104
四、管子多层焊应注意的问题 ……………………………107
五、水平管子的转动焊接 …………………………………108
第六节　手工堆焊与焊补技术 ………………………………111
一、堆焊目的 ………………………………………………111
二、堆焊材料 ………………………………………………111
三、堆焊技术 ………………………………………………111
四、铸件缺陷和裂缝的焊补技术 …………………………113

第三章　其他电弧焊方法　115

第一节　埋弧自动焊 …………………………………………115

一、埋弧自动焊的焊接过程与特点 …………………… 115
二、埋弧自动焊时的焊缝形状和尺寸 ………………… 119
三、焊接工艺参数的选择原则及选择方法 …………… 125
四、埋弧焊焊接技术 ……………………………………… 125
五、埋弧焊常见缺陷的产生原因及其防除方法 ……… 139
第二节 氩弧焊 ……………………………………………… 142
一、氩弧焊的特点 ………………………………………… 142
二、钨极氩弧焊 …………………………………………… 143
三、熔化极氩弧焊 ………………………………………… 153
第三节 CO_2气体保护焊 ………………………………… 157
一、CO_2气体保护焊的特点 …………………………… 158
二、CO_2气体保护焊的冶金特点 ……………………… 159
三、CO_2气体保护焊的焊接材料 ……………………… 161
四、CO_2气体保护焊的焊接工艺参数 ………………… 162
五、CO_2气体保护半自动焊操作技术 ………………… 166
六、CO_2气体保护自动焊技术及应用 ………………… 169
七、粗丝 CO_2气体保护自动焊 ………………………… 170

第四章 气焊与气割工艺 173

第一节 气焊 ………………………………………………… 173
一、气焊操作技术 ………………………………………… 173
二、各种位置的焊接方法 ………………………………… 183
第二节 气割 ………………………………………………… 186
一、氧气切割原理 ………………………………………… 186
二、金属能够顺利气割的条件 …………………………… 186
三、气割工艺参数的选择 ………………………………… 188
四、手工气割 ……………………………………………… 192
第三节 自动切割工艺 ……………………………………… 197

一、自动直线切割 …… 198
二、仿形切割 …… 201
三、圆切割 …… 203
四、管道切割 …… 207
五、管孔切割 …… 211

第五章 其他常用焊接与切割方法 214

第一节 电渣焊 …… 214
一、电渣焊特点 …… 214
二、电渣焊种类 …… 216
三、电渣焊的焊接准备 …… 219
四、丝极电渣焊工艺 …… 225
五、熔嘴电渣焊工艺 …… 239
六、板极电渣焊工艺 …… 248
七、焊后处理 …… 250
八、电渣焊接头的缺陷及质量检验 …… 251
第二节 等离子弧切割 …… 253
一、等离子弧切割分类 …… 254
二、等离子弧切割工艺 …… 257
三、安全与防护 …… 261
四、等离子弧焊接 …… 262
第三节 碳弧气刨 …… 272
一、碳弧气刨的特点 …… 272
二、碳弧气刨用的设备与材料 …… 273
三、碳弧气刨工艺 …… 274
第四节 钎焊 …… 278
一、钎焊特点 …… 278
二、钎焊方法 …… 278

三、钎焊方法的选择 …… 287
四、钎焊接头的设计 …… 289
五、钎焊工艺 …… 295

第六章 碳钢的焊接 302

第一节 低碳钢的焊接 …… 302
一、低碳钢的焊接性 …… 302
二、低碳钢的焊接工艺 …… 305
第二节 中碳钢的焊接 …… 310
一、中碳钢的焊接性 …… 310
二、中碳钢的焊接工艺 …… 310
第三节 高碳钢的焊补 …… 312
一、高碳钢的焊接性 …… 312
二、高碳钢的焊接工艺 …… 312

第七章 合金结构钢的焊接 315

第一节 热轧及正火钢的焊接 …… 315
一、热轧及正火钢的成分与性能 …… 315
二、专业用热轧及正火钢的成分与性能 …… 320
三、热轧及正火钢的焊接性 …… 321
四、热轧及正火钢的焊接工艺 …… 325
第二节 低碳调质钢的焊接 …… 332
一、低碳调质钢的焊接性 …… 334
二、低碳调质钢的焊接工艺 …… 335
第三节 中碳调质钢的焊接 …… 341
一、中碳调质钢的分类 …… 341

二、中碳调质钢的焊接性 …………………………… 343
三、中碳调质钢的焊接工艺 …………………………… 344
第四节　耐候钢的焊接 …………………………… 349
一、耐候钢的焊接性 …………………………… 351
二、耐候钢焊接要点 …………………………… 351
第五节　低温钢的焊接 …………………………… 352
一、低温钢的种类与性能 …………………………… 352
二、低温钢的焊接性 …………………………… 356
三、低温钢的焊接工艺 …………………………… 357

第八章　不锈钢、耐热钢的焊接　362

第一节　不锈钢、耐热钢的类型及性能特点 …………… 362
一、按用途分类 …………………………… 362
二、按正火状态的组织进行分类 …………………… 363
第二节　奥氏体不锈钢和耐热钢的焊接 …………………… 364
一、奥氏体钢的化学成分与力学性能 …………………… 364
二、奥氏体钢的焊接性 …………………………… 364
三、奥氏体钢的焊接工艺 …………………………… 378
第三节　铁素体不锈钢和耐热钢的焊接 …………………… 402
一、铁素体钢的焊接性 …………………………… 404
二、铁素体钢的焊接工艺 …………………………… 406
第四节　马氏体不锈钢和耐热钢的焊接 …………………… 409
一、马氏体钢简介 …………………………… 409
二、马氏体钢的焊接性 …………………………… 414
三、马氏体钢的焊接工艺 …………………………… 415
第五节　珠光体耐热钢的焊接 …………………………… 419
一、珠光体耐热钢的焊接性 …………………………… 420
二、珠光体耐热钢的焊接工艺 …………………………… 421

第六节　铁素体-奥氏体不锈钢的焊接 …… 425
一、双相不锈钢的成分与性能 …… 425
二、双相不锈钢的焊接工艺 …… 427

第九章　铸铁的焊接　428

第一节　灰铸铁的焊接 …… 428
一、灰铸铁的基本特性 …… 428
二、灰铸铁的焊接性 …… 429
三、灰铸铁的焊接工艺 …… 433
四、气焊灰铸铁的工艺要点 …… 444
第二节　球墨铸铁的焊接工艺 …… 445
一、球墨铸铁的基本特性 …… 445
二、球墨铸铁的焊接特点 …… 445
三、球墨铸铁的焊接工艺 …… 446
第三节　铸铁气焊焊补实例 …… 449
一、铸铁摇臂柄断裂的焊补 …… 449
二、柴油机缸体裂纹的焊补 …… 451
三、大型铸铁齿轮断齿的焊补 …… 452
四、机床耳断裂的焊补 …… 454

第十章　铝及铝合金的焊接　456

第一节　铝及铝合金的种类和性能 …… 456
一、铝及铝合金的种类 …… 456
二、铝及铝合金的牌号、成分与力学性能 …… 457
三、铝及铝合金的焊接性 …… 458
第二节　焊前准备及焊后清理 …… 460

一、焊前准备 …… 460
二、焊后清理 …… 461
第三节 焊接工艺 …… 462
一、气焊 …… 462
二、钨极氩弧焊（TIG） …… 470
三、熔化极氩弧焊（MIG） …… 477

第十一章 铜及铜合金的焊接 482

第一节 纯铜的焊接 …… 482
一、纯铜的特性与牌号 …… 482
二、纯铜的焊接特点 …… 483
三、纯铜的气焊 …… 484
四、纯铜的焊条电弧焊 …… 486
五、纯铜 TIG 焊 …… 487
六、纯铜的 MIG 焊 …… 490
七、纯铜的等离子弧焊 …… 490
八、纯铜的埋弧焊 …… 492
第二节 黄铜的焊接 …… 495
一、黄铜的组成与性能 …… 495
二、黄铜的焊接特点 …… 497
三、黄铜的气焊 …… 497
四、黄铜的电弧焊 …… 499
第三节 青铜的焊接 …… 501
一、青铜的特点与牌号 …… 501
二、硅青铜的焊接 …… 502
三、锡青铜的焊接 …… 504
四、铝青铜的焊接 …… 505

第十二章　异种金属的焊接　508

第一节　异种钢的焊接 …… 509
　一、金相组织相同的异种钢焊接 …… 510
　二、金相组织不同的异种钢焊接 …… 514
第二节　钢与有色金属的焊接 …… 521
　一、钢与铝及其合金的焊接 …… 521
　二、钢与铜及其合金的焊接 …… 523
第三节　异种有色金属的焊接 …… 525
　一、铝与铜的焊接 …… 525
　二、钛与铜的焊接 …… 527
第四节　复合板的焊接 …… 527
　一、焊接方法 …… 528
　二、焊接材料 …… 528
　三、焊接接头结构设计 …… 530
　四、焊接工艺要点 …… 531

第十三章　堆焊　534

第一节　概述 …… 534
　一、堆焊的主要用途 …… 534
　二、堆焊的类型 …… 535
　三、堆焊的特点 …… 535
　四、堆焊金属的使用性能 …… 536
第二节　堆焊方法及用途 …… 538
　一、堆焊方法的选择 …… 538
　二、焊条电弧堆焊 …… 540

三、氧-乙炔焰堆焊 …… 543
四、埋弧堆焊 …… 544
五、钨极氩弧堆焊 …… 546
六、熔化极气体保护和自保护电弧堆焊 …… 547
七、等离子弧堆焊 …… 549

附录 1 关于一些名词的称谓 553

一、焊接接头的名称与名词 …… 553
二、金属材料的有关名称 …… 554

附录 2 常用的符号及意义 556

附录 3 有关标准的查阅 557

参考文献 559

第一章 焊接工艺基础知识

第一节 焊接工艺资料

一、焊接标准代号

1. 焊接图形基本符号（表 1-1）

表 1-1 焊接图形基本符号

序号	名称	图示	符号
1	卷边焊缝（卷边完全熔化）	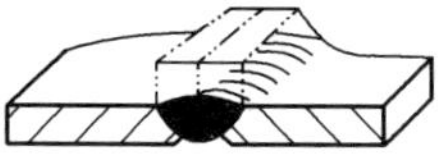	 八
2	I 形焊缝	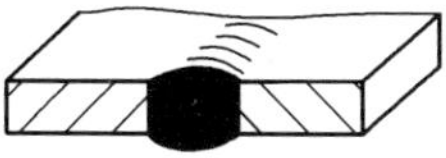	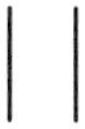 ‖
3	V 形焊缝	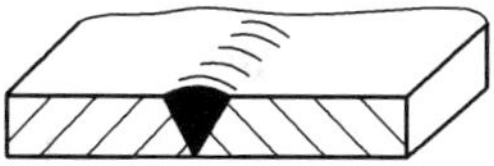	 V
4	单边 V 形焊缝	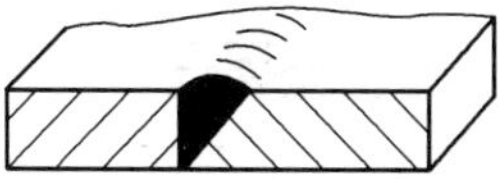	 V
5	带钝边的 V 形焊缝		 Y
6	带钝边的单边 V 形焊缝	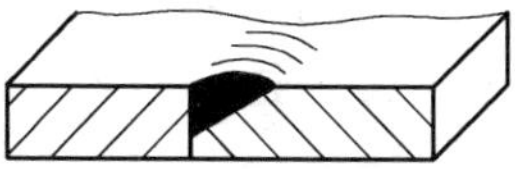	 Y

续表

序号	名称	图示	符号
7	X形焊缝	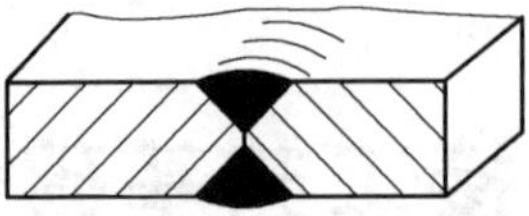	
8	带钝边的U形焊缝	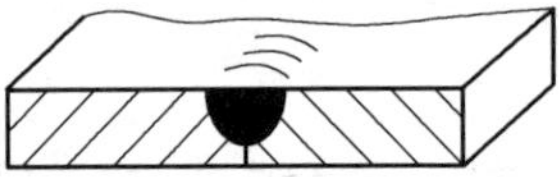	
9	带钝边的J形焊缝	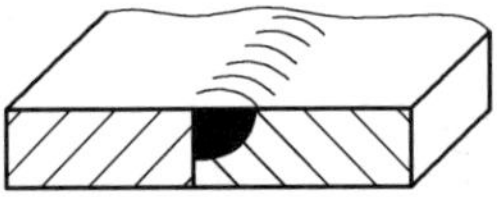	
10	反面封底焊缝	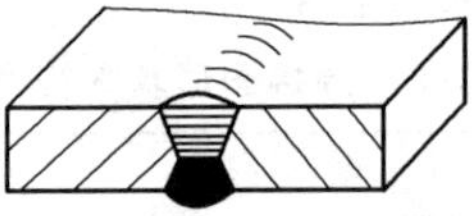	
11	角焊缝	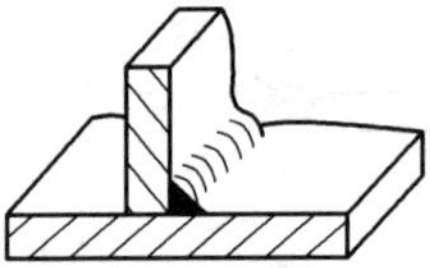	
12	塞焊缝或槽焊缝	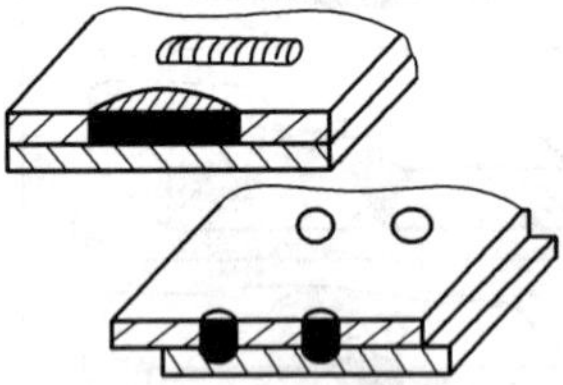	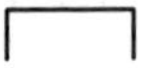
13	点焊缝	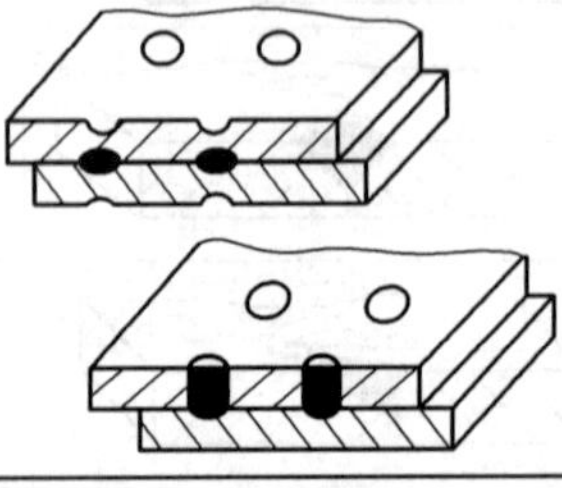	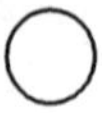

续表

序号	名 称	图 示	符 号
14	缝焊缝	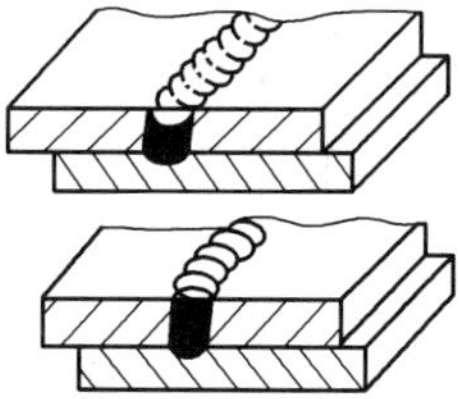	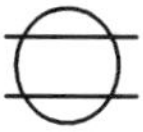

2. 焊接图形辅助符号（表1-2）

表1-2 焊接图形辅助符号

序号	名称	图 示	符号	说明
1	平面符号	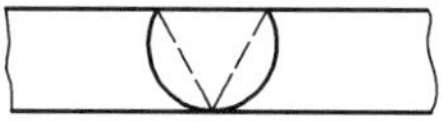		焊缝表面平齐（一般通过机械加工）
2	凹面符号	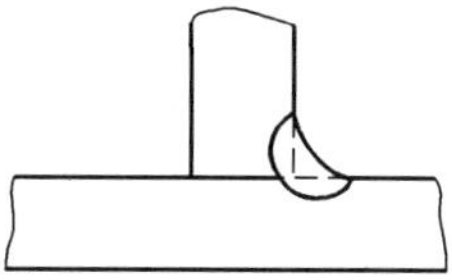		焊缝表面凹陷（角焊缝）
3	凸面符号	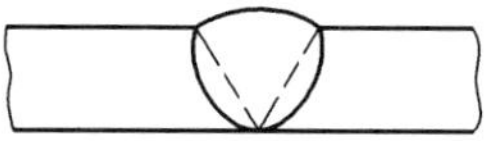		焊缝表面凸起（平焊缝）

3. 焊接图形补充符号（表1-3）

表1-3 焊接图形补充符号

序号	名 称	图 示	符 号	说 明
1	带垫板符号	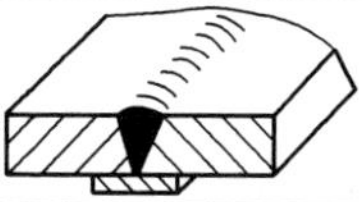		表示焊缝底部有垫板
2	三面焊缝符号	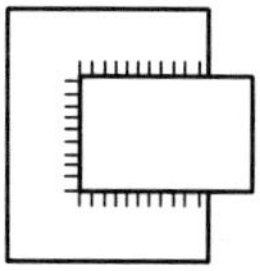		表示有三面焊缝

续表

序号	名　称	图　示	符号	说　明
3	周围焊缝符号	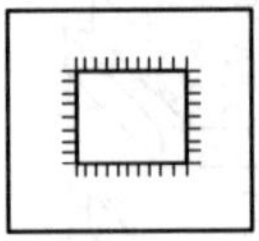	○	表示环绕焊件周围的焊缝
4	现场符号			表示在现场、工地上进行焊接

4. 焊缝尺寸符号（表 1-4）

表 1-4　焊缝尺寸符号

符号	名称	图　示	符号	名称	图　示
δ	工件厚度	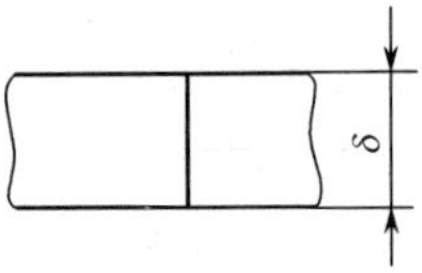 δ	e	焊缝间距	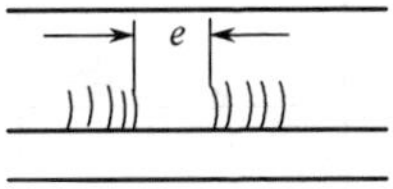 e
α	坡口角度	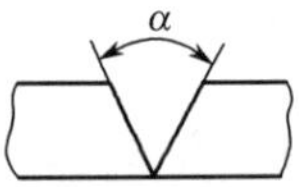 α	K	焊脚尺寸	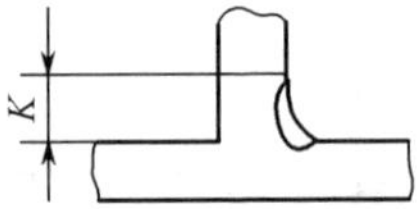 K
b	根部间隙	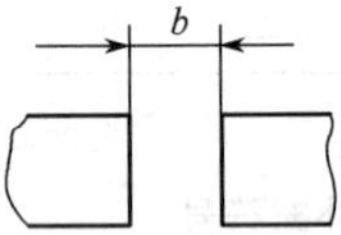 b	d	熔核直径	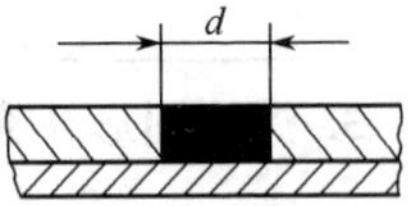 d
p	钝边	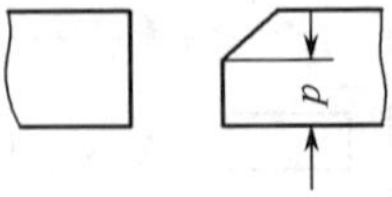 p	S	焊缝有效厚度	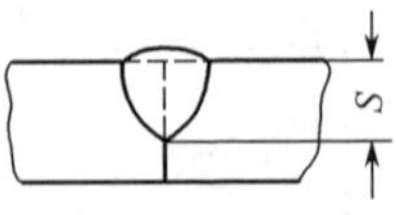 S
c	焊缝宽度	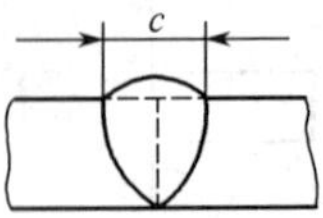 c	N	相同焊缝数量	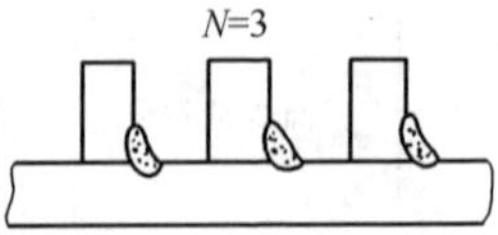 N=3

续表

符号	名 称	图　示	符号	名 称	图　示
R	焊缝半径	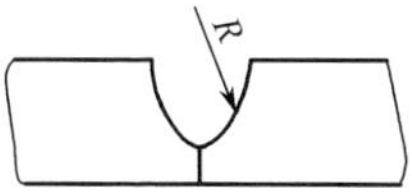 R	H	坡口深度	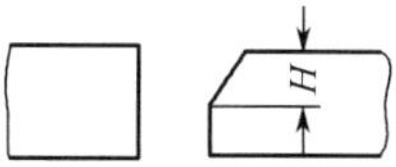 H
l	根部长度	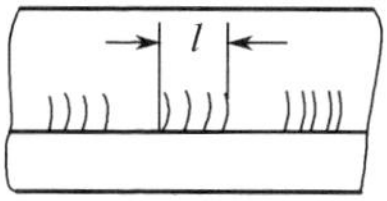 l	h	余高	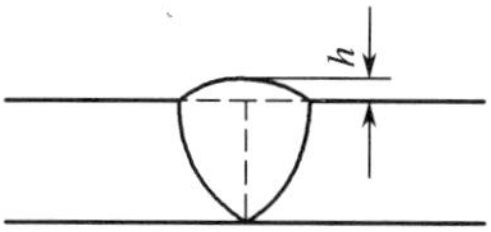 h
n	焊缝段数	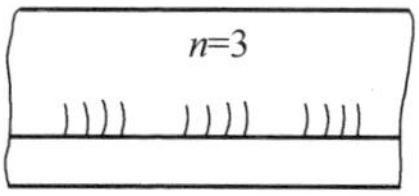 n=3	β	坡口面角度	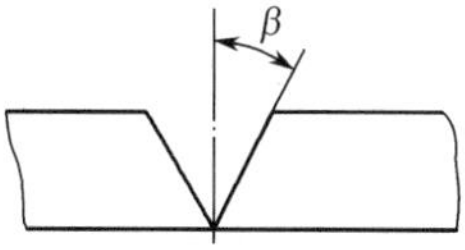 β

5. 焊接方法在图样上的表示代号（表 1-5）

表 1-5　焊接方法在图样上的表示代号

代号	焊接方法	代号	焊接方法
1	电弧焊	131	MIG 焊：熔化极惰性气体保护焊
11	无气体保护电弧焊	135	MAG 焊：熔化极非惰性气体保护焊（含 CO_2 气体保护焊）
111	手弧焊（涂料焊条熔化极电弧焊）		
112	重力焊（涂料焊条重力电弧焊）	136	非惰性气体保护药芯焊丝电弧焊
113	光焊丝电弧焊	137	非惰性气体保护熔化极电弧点焊
114	药芯焊丝电弧焊	14	非熔化极气体保护电弧焊
115	涂层焊丝电弧焊	141	TIG 焊：钨极惰性气体保护焊
116	熔化极电弧点焊	142	TIG 点焊
118	躺焊	149	原子氢焊
12	埋弧焊	15	等离子弧焊
121	丝极埋弧焊	151	大电流等离子弧焊
122	带极埋弧焊	152	微束等离子弧焊
13	熔化极气体保护焊	153	等离子弧粉末堆焊（喷焊）

续表

代号	焊接方法	代号	焊接方法
154	等离子弧填丝堆焊（冷、热丝）	43	锻焊
155	等离子弧 MIG 焊	44	高机械能焊
156	等离子弧点焊	441	爆炸焊
18	其他电弧焊方法	45	扩散焊
181	碳弧焊	47	气压焊
185	旋弧焊	48	冷压焊
2	电阻焊	7	其他焊接方法
21	点焊	71	铝热焊
22	缝焊	72	电渣焊
221	搭接缝焊	73	气电立焊
223	加带缝焊	74	感应焊
23	凸焊	75	光束焊
24	闪光焊	751	激光焊
25	电阻对焊	752	弧光光束焊
29	其他电阻焊方法	753	红外线焊
291	高频电阻焊	77	储能焊
3	气焊	78	螺柱焊
31	氧-燃气焊	781	螺柱电弧焊
311	氧-乙炔焊	782	螺柱电阻焊
312	氧-丙烷焊	9	钎焊（硬钎焊、软钎焊、钎接焊）
313	氢-氧焊	91	硬钎焊
32	空气-燃气焊	911	红外线硬钎焊
322	空气-丙烷焊	912	火焰硬钎焊
33	氧-乙炔喷焊	913	炉中硬钎焊
4	压焊	914	浸沾硬钎焊
41	超声波焊	915	盐浴硬钎焊
42	摩擦焊	916	感应硬钎焊

续表

代号	焊接方法	代号	焊接方法
917	超声波硬钎焊	946	感应软钎焊
918	电阻硬钎焊	947	超声波软钎焊
919	扩散硬钎焊	948	电阻软钎焊
923	摩擦硬钎焊	949	扩散软钎焊
924	真空硬钎焊	951	波峰浇铸软钎焊
93	其他硬钎焊方法	952	烙铁软钎焊
94	软钎焊	953	摩擦软钎焊
941	红外线软钎焊	954	真空软钎焊
942	火焰软钎焊	96	其他软钎焊方法
943	炉中软钎焊	97	钎接焊
944	浸沾软钎焊	971	气体钎接焊
945	盐浴软钎焊	972	电弧钎接焊

6. 焊接标注

(1) 指引线(表 1-6)

表 1-6 指引线

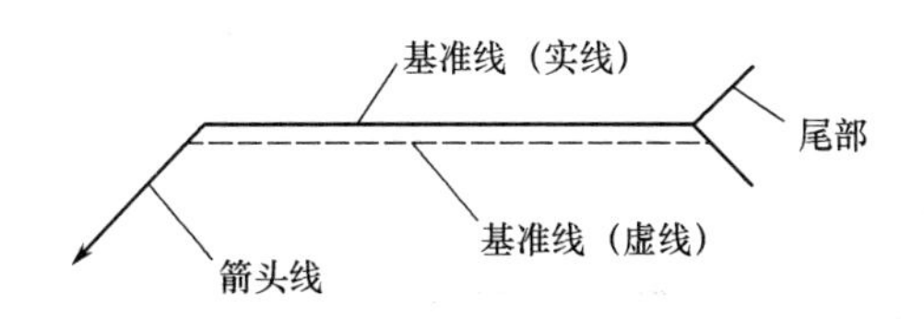

基准线	有一条实线和一条虚线，均应与图样底边平行，特殊情况允许与底边垂直，虚线可画在实线的上侧或下侧，对称焊缝或双面焊缝时可不画虚线
箭头线	可位于接头上下或左右的任一侧。因此，单面焊时，焊缝可以在接头的箭头侧或非箭头侧。箭头应指向焊缝的正面或者背面，对单边坡口焊缝箭头应指向有坡口一侧的工作
尾部	一般可省去，只有对焊缝有附加要求或说明时，才加上尾部

(2) 焊缝尺寸和符号的标注原则与方法(表 1-7)

表 1-7 焊缝尺寸和符号的标注原则与方法

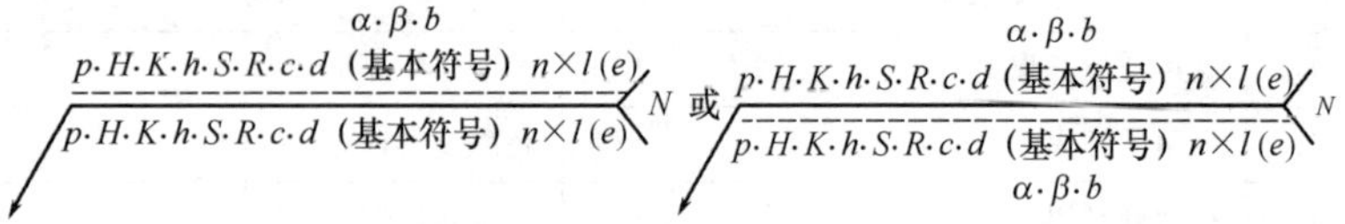

$\alpha \cdot \beta \cdot b$

$p \cdot H \cdot K \cdot h \cdot S \cdot R \cdot c \cdot d$（基本符号）$n \times l(e)$ N

$p \cdot H \cdot K \cdot h \cdot S \cdot R \cdot c \cdot d$（基本符号）$n \times l(e)$

或

$\alpha \cdot \beta \cdot b$

$p \cdot H \cdot K \cdot h \cdot S \cdot R \cdot c \cdot d$（基本符号）$n \times l(e)$ N

$p \cdot H \cdot K \cdot h \cdot S \cdot R \cdot c \cdot d$（基本符号）$n \times l(e)$

$\alpha \cdot \beta \cdot b$

基本符号	①焊缝在接头的箭头侧时，基本符号标在基准线的实线侧 ②焊缝在接头的非箭头侧时，基本符号标在基准线的虚线侧 ③对称焊缝或双面焊缝时，可不加虚线，基本符号在基准线两侧
焊缝的形状和尺寸	①焊缝截面尺寸：标在基本符号左侧 ②焊缝长度尺寸：标在基本符号右侧 ③坡口角度：标在基本符号的上部或下部 ④根部间隙：标在基本符号的上部或下部
其　　他	相同焊缝的数量符号、焊接方法代号、检验方法代号、其他要求和说明等标在尾部右侧

（3）标注方法示例（表 1-8）

表 1-8 标注方法示例

接头形式	标注方法	标注含义
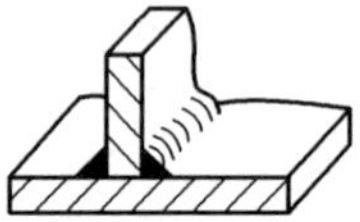	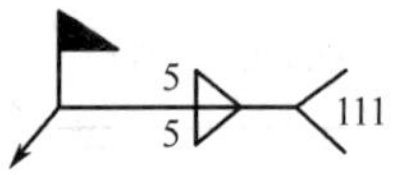 5 5 111	两面对称焊脚尺寸 $K=5$mm 的角焊缝，在工地上用焊条电弧焊施焊
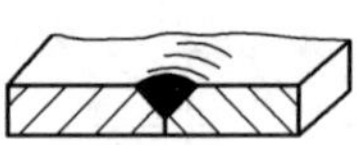	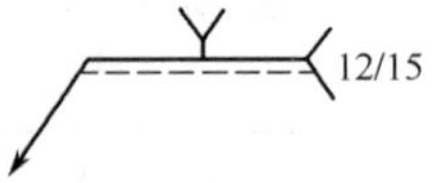 12/15	带钝边 V 形焊缝，先用等离子弧焊打底，后用埋弧自动焊盖面
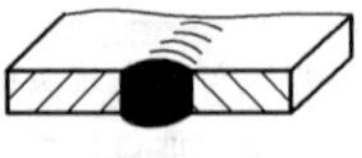	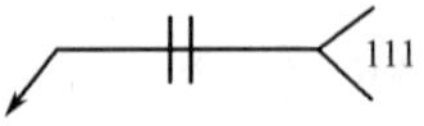 111	不开坡口，手工电弧焊双面焊
	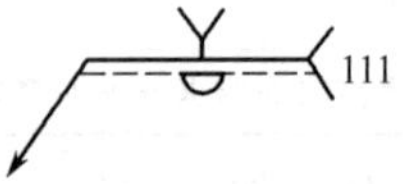 111	带钝边的 V 形焊缝，焊条电弧焊，反面封底焊

二、焊接常用数据

1. 常用金属的熔点与密度（表 1-9）

表 1-9 常用金属的熔点与密度

金属名称		熔点/℃	密度/g·cm^{-3}	金属名称		熔点/℃	密度/g·cm^{-3}
铁	Fe	1538	7.85	镁	Mg	650	1.74
铜	Cu	1083	8.96	铅	Pb	327	10.4
铝	Al	660	2.7	锡	Sn	231	7.3
钛	Ti	1677	4.51	银	Ag	960	10.49
镍	Ni	1453	8.9	钨	W	3380	19.3
铬	Cr	1903	7.19	锰	Mn	1244	7.43

2. 常用的热处理方法及用途（表 1-10）

表 1-10 常用的热处理方法及用途

工艺名称与工艺过程			目的与用途
退火	完全退火	将钢件加热至 A_{c3} 以上 30～50℃，保温一段时间，随炉缓冷至500℃以下后出炉空冷	目的是细化晶粒、均匀组织、降低硬度、充分消除应力。用于亚共析钢的铸件、锻件、热轧型材及焊接件
	球化退火	将钢件加热至 A_{c1} 以上 20～30℃，保温一段时间，随炉缓冷至500℃以下后出炉空冷，或在 600～700℃ 等温退火	目的是为了消除网状渗碳体，为过共析钢和共析钢的淬火进行预处理。用于工具钢、轴承钢锻压后的处理
	去应力退火	将钢加热至500～650℃，经一段时间保温后缓慢冷却，至300℃以下出炉	消除铸件、锻件、焊接件、热轧件和挤压件的内应力
	扩散退火	钢件加热至1050～1150℃，保温10～20h，然后缓慢冷却	均匀组织，但晶粒粗大，之后要进行一次完全退火以细化晶粒
	等温退火	将钢加热至 A_{c3} 以上保温一定时间，冷却至珠光体形成温度（一般为600～700℃），进行等温转变处理，然后便可快速冷却至常温。合金钢等温 3～4h，碳钢为 1～2h	适用于奥氏体比较稳定的合金钢

续表

<table>
<tr><th colspan="3">工艺名称与工艺过程</th><th>目的与用途</th></tr>
<tr><td>正火</td><td colspan="2">将钢加热至 A_{c3} 或 A_{ccm} 以上 40～60℃，保温后从炉中取出，在空气中冷却</td><td>细化晶粒，获得一定的综合力学性能</td></tr>
<tr><td rowspan="2">淬火</td><td>单液</td><td>将钢加热至 A_{c3} 或 A_{c1} 以上 30～50℃，保温后从炉中取出，投入介质（水或油）中冷却。合金钢用油淬；碳钢用水淬</td><td>工艺简单</td></tr>
<tr><td>双液</td><td>将钢加热至 A_{c3} 或 A_{c1} 以上 30～50℃，保温后从炉中取出，先投入水中冷却至300℃，再投入油中缓慢冷却</td><td>防止变形和开裂</td></tr>
<tr><td rowspan="3">回火</td><td>低温回火</td><td>将淬火后的钢加热至 150～250℃，保温一段时间，以适宜的速度冷却</td><td>得到回火马氏体组织，保持高硬度和高的耐磨性。用于刃具、滚动轴承及模具的处理</td></tr>
<tr><td>中温回火</td><td>将淬火后的钢加热至 350～450℃，保温一段时间，以适宜的速度冷却</td><td>得到回火屈氏体组织，具有较高弹性和屈服点，韧性好。用于弹簧、滚动轴承及模具的处理</td></tr>
<tr><td>高温回火</td><td>将淬火后的钢加热至 500～650℃，保温一段时间，以适宜的速度冷却</td><td>获得回火索氏体组织，具有较好的综合力学性能，用于处理连杆、齿轮、轴等</td></tr>
</table>

3. 焊缝无损检测的符号（表 1-11）

表 1-11 焊缝无损检测的符号

名称	代号	名称	代号	名称	代号
无损检测	NDT	磁粉探伤	MT	射线探伤	RT
声发射检测	AET	中子射线探伤	NRT	测厚	TM
涡流探伤	ET	耐压试验	PRT	超声波探伤	UT
泄漏探伤	LT	渗透探伤	PT	目视检查	VT

三、计量单位的换算

计量单位的换算见表 1-12。

表 1-12 计量单位的换算

长度	名称	千米	米	分米	厘米	毫米	微米	纳米
	符号	km	m	dm	cm	mm	μm	nm
	换算	10^3m		10^{-1}m	10^{-2}m	10^{-3}m	10^{-6}m	10^{-9}m
质量	名称	吨	千克	克	毫克	市斤	两	钱
	符号	t	kg	g	mg			
	换算	10^3kg	10^3g		10^{-3}g	500g	50g	5g
其他单位	计量单位	力	压力与应力		热和功		质量（英）	
	名称	牛顿	兆帕	大气压	卡	焦耳	磅	盎司
	符号	N	MPa	atm	cal	J	lb	oz
	换算		10.2atm	0.098MPa	4.18J	0.24cal	453.6g	28.35g
	计量单位		英制长度		功率			
	名称	英尺	英寸	磅	马力	千瓦	瓦	毫瓦
	符号	ft	in	yd	PS	kW	W	mW
	换算	12in	25.4mm	3ft	0.736kW	1.36PS	10^{-3}kW	10^{-3}W

第二节 基本工艺参数

焊接基本工艺参数主要有焊条或焊丝直径、焊接电流、运条方法或焊丝横向摆动、弧长与电弧电压、焊接速度等。

一、焊条与焊丝直径

1. 焊条直径

在焊条电弧焊中，焊条直径的选择参照表 1-13。

表 1-13　焊条直径的选择方法　mm

选择条件	参数	参数选择范围					
按焊件厚度选择	工件厚度	≤1.5	2	3	4～5	6～12	≥13
	焊条直径	1.5	2	3.2	3.2～4	4～5	5～6
按焊缝位置选择	位置	立焊		横焊		仰焊	
	焊条直径	5		4		4	
按焊接层数选择	层数	第一层		中间层		最后一层	
	焊条直径	φ2.0～2.5		φ4.0～6.0		服从成形需要	
对力学性能的要求	要求	要求有良好的塑性			一般要求		
	焊条直径	φ3.2～4.0 为宜			φ4.0～6.0		

2. 焊丝直径

焊丝是气焊、气体保护焊和埋弧自动焊时使用的焊接材料，其选择参照表 1-14。

表 1-14　焊丝直径的选择　mm

选择条件	参数	参数选择范围					
按焊件厚度选择	工件厚度	≤1.5	2	3	4～5	6～12	≥13
	焊条直径	1.5	2	3.2	3.2～4	4～5	5～6
		焊接厚板时，为了提高效率，一般选用 φ4～6 的焊丝					
气焊丝的选择		一般为 φ2～4，长度为 1m					
		母材裁条代替焊丝，裁条的宽度不超过板厚的 2 倍					
低碳钢的焊丝直径	焊件厚度	1～2	2～3	3～5	5～10	10～15	≥15
	焊丝直径	不用焊丝或 1～2	2	2～3	3～5	4～6	6～8

二、焊接电流

焊接电流是最重要的工艺参数，选择焊接电流应考虑如下问题。

焊接电流应随焊条直径的增大而增大，一般按式（1-1）进行计算。

$$I=Kd \tag{1-1}$$

式中　I——焊接电流，A；

d——焊条直径，mm；

K——经验系数。

焊条直径与经验系数 K 的关系见表 1-15。

表 1-15　焊条直径 d 与经验系数 K 的关系

焊条直径 d/mm	1～2	2～4	4～6
经验系数 K	25～30	30～40	40～60

有的资料上还介绍了另外一个计算焊接电流的公式

$$I=10d^2 \tag{1-2}$$

式中各字母的意义与式（1-1）相同。在选择焊接电流时，公式的计算只是一个参考数据，焊接时还应根据电弧的燃烧情况适当调整。为了使用方便，焊接电流可按表 1-16 选择。

表 1-16　焊接电流与焊条直径的关系

焊条直径/mm	ϕ2.0	ϕ2.5	ϕ3.2	ϕ4.0	ϕ5.0	ϕ6.0
平焊电流/A	40～50	60～80	90～120	140～160	200～250	280～350
立焊电流/A	35～45	50～70	80～110	120～140	180～220	—
仰焊电流/A	35～40	45～65	80～100	110～120	—	—

三、电弧电压（弧长）

在焊接中，电弧电压往往是被人忽视的参数。其实，这个参数对焊接质量也有重大影响。电弧电压的大小与弧长成正比，电弧长度越大，电弧电压越高，反之越低。

在焊接操作时，电弧电压不宜太高（电弧不宜过长），电弧电压太高有如下害处：

① 电弧燃烧不稳定；

② 容易导致飞溅增大；

③ 减小熔化深度；

④ 易产生咬边、气孔等缺陷。

因此，焊接操作时，在不短路的情况下应尽量采用短弧焊。

另外。不同的电弧电压会使熔滴的过渡形式发生变化：一般来说，短路过渡电压较低，电流较小；喷射过渡电压较高，电流较大；而大滴过渡时，电流和电压都介于两者之间，但飞溅大，故一般不采用。

四、焊接速度

焊接速度是焊条或焊丝沿焊接方向移动的速度。这个参数受以下两个因素的影响。

（1）受焊接电流的影响　当焊接件的厚度、焊条直径一定时，焊接电流大，则焊速可以高一些；若焊接电流小，或因焊机规格的限制而达不到那样大的电流，则焊接速度应小些，以保证焊透。

（2）受焊接材料的影响　有些材料不允许过热或高温停留时间不可过长，焊接这类材料时，应在保证熔合的前提下焊速加快些。另外在焊件较薄时，焊速也应快些。

在焊接生产中，以上四个参数应正确选择，不宜为提高焊接生产率而过分提高焊接电流和焊接速度，更不要不考虑材料的特性来确定焊接工艺。在确定以上参数时，一定要全面综合考虑材料特性、焊缝位置、焊缝的力学状态及电流大小对焊接接头的影响。

第三节　焊接辅助工艺

在焊接生产中，为了保证焊接质量，对于一些强度较高的钢，往往要采取适当的辅助工艺措施。具体措施如下。

一、焊前预热

预热温度、方法和用途见表 1-17。

表 1-17 预热温度、方法和用途

预热温度	预热方法	加热区域	用　途
根据材料和环境温度确定，加热温度一般为50～400℃，铸铁热焊可达600～700℃	氧-乙炔焰跟踪加热	焊缝两侧75mm以上	适于薄件长焊缝
	高频感应加热		适于薄件长焊缝
	地炉加热	焊缝两侧	厚件短焊缝
	碳火炉整体加热	整体	用于小件

焊件的预热应根据工件的情况和环境灵活掌握。对于同一种钢材，环境温度不同其预热温度也有差别，具体的预热温度在材料焊接时详述。

二、后热

焊接缺陷（裂纹）的出现，是与冷却速度直接相关的。对于某些材料，往往在焊后对工件进行适当加热，以降低其冷却速度。后热时，应控制每一次加热时工件的温度。

三、焊后热处理

对于淬硬性较高的材料，焊接时会出现较多的淬硬组织和较大的焊接残余应力，从而增大冷裂倾向。为此，对于高强钢的重要焊接结构，往往需要在焊后进行局部或整体热处理。焊后热处理的方法有焊后正火、焊后高温回火、去应力退火、脱氢处理和水淬等。具体工艺见表1-18。

表 1-18 焊后热处理工艺

工艺名称	工艺方法	用　途
焊后正火	将焊件焊后立即加热至 A_{c1} 或 A_{ccm} 以上40～60℃，保温一段时间，然后在空气中冷却	消除应力、均匀组织、消除内应力、改善切削加工性能
焊后高温回火	将焊件焊后立即加热至 A_{c3} 以下某一温度，保温一段时间，然后在空气中冷却	消除焊接残余应力、稳定组织、稳定尺寸、减小脆性、防止开裂
去应力退火	将焊件加热至500～650℃，保温一段时间，然后缓慢冷却	消除焊接残余应力、防止开裂

续表

工艺名称	工艺方法	用途
脱氢处理	将焊件加热到200℃以上，保温2h	使工件内的氢扩散出来，防止产生延迟裂纹
水淬	为防止高铬铁素体钢析出脆性相，焊后将焊件加热至900℃以下水淬，以得到均一的铁素体组织	使接头组织均匀化，提高塑性和韧性，但只适用于高铬钢

不同材料的焊后热处理温度不同，如果选择不当，不但不会使焊件的性能提高，而且可能使力学性能和理化性能恶化，甚至会造成热处理缺陷。表1-19为各种材料的焊后热处理温度。

表1-19　各种材料的焊后热处理温度

几种结构钢的正火温度		常用金属材料回火温度	
材料	正火温度/℃	材料	回火温度/℃
20	890～920	结构钢	580～680
35	860～890	奥氏体不锈钢	850～1050
45	840～870	铝合金	250～300
16Mn	900～930	镁合金	250～300
14MnNb	900～930	钛合金	550～600
15MnV	950～980	铌合金	1100～1200
15MnTi	950～980	铸铁	600～650
16MnNb	950～980	15MnV	550～570
20Cr	860～890	15MnTi	550～570
20CrMnTi	950～970	16MnNb	550～570
40Cr	850～870	18Mn2MoVA	650～670
40MnB	860～900		
35CrMo	850～870		

四、防止和减小焊接应力与变形的有关措施

焊接应力、变形和开裂等缺陷，严重影响焊接质量，表1-20所列为防止和减小焊接应力与变形的有关措施。

表 1-20 防止和减小焊接应力与变形的有关措施

<table>
<tr><th colspan="4">防止和减小应力与变形的有关措施</th><th>备　注</th></tr>
<tr><td colspan="2" rowspan="4">设计方面</td><td colspan="2">①在保证结构有足够强度的前提下，尽量减少焊缝的长度，合理选择坡口形式</td><td></td></tr>
<tr><td colspan="2">②对称布置焊缝</td><td>必要时进行对称焊接</td></tr>
<tr><td colspan="2">③适当采用冲压件，以减少焊缝的长度</td><td>以冲压代替角焊缝</td></tr>
<tr><td colspan="2">④使用装卡器具装配，以提高装配质量和效率</td><td>对于小件应采用自动快速装卡器具</td></tr>
<tr><td rowspan="12">工艺方面</td><td rowspan="5">减小变形的措施</td><td colspan="2">合理安排装焊顺序（图 1-1）</td><td>大面积的焊缝拼板顺序要合理</td></tr>
<tr><td colspan="2">合理安排焊接顺序（图 1-2）</td><td>使变形最小</td></tr>
<tr><td colspan="2">反变形法（图 1-3）</td><td>平板对接点焊时，预留出变形量</td></tr>
<tr><td colspan="2">刚性固定法（图 1-4）</td><td>防止波浪变形用压铁固定（图 1-5）</td></tr>
<tr><td colspan="2">冷却（散热）法（图 1-6）</td><td></td></tr>
<tr><td rowspan="7">减小应力的措施</td><td rowspan="3">合理安排焊接顺序</td><td>使焊缝能自由收缩</td><td>在下料时做好收缩量的补偿工作</td></tr>
<tr><td>先焊收缩大的焊缝</td><td>使其自由收缩，以防影响整体形状</td></tr>
<tr><td>交叉焊缝先焊横，后焊纵（图 1-7）</td><td>交叉位置要将横缝焊肉清除，然后再焊纵缝</td></tr>
<tr><td colspan="2">预热法</td><td>提高工件的温度可减小温度梯度</td></tr>
<tr><td colspan="2">加热“减应区”法（图 1-8）</td><td>加热位置不是焊缝两侧</td></tr>
<tr><td colspan="2">锤击法</td><td>焊铸铁及高碳钢时常边焊边锤击</td></tr>
<tr><td colspan="2">焊后热处理</td><td>去氢、消除应力</td></tr>
</table>

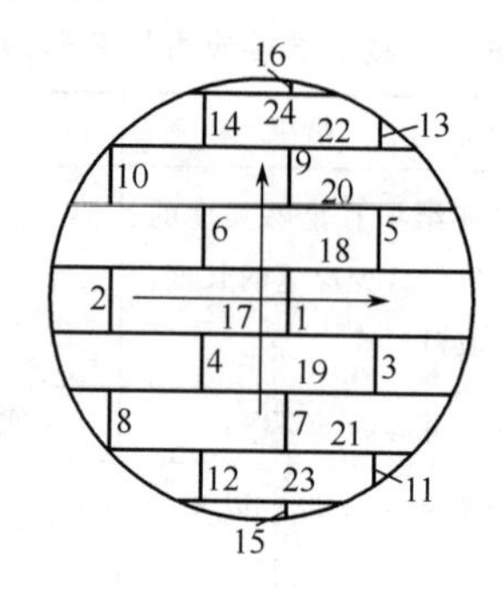

图 1-1　大平面拼板的顺序

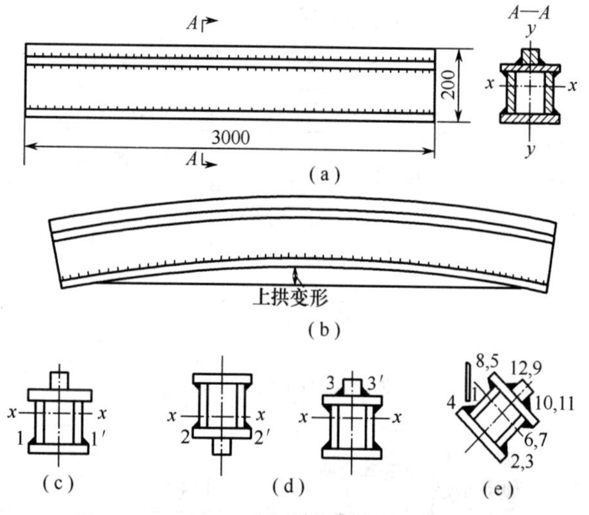

图 1-2　压力机上用的压型上模的焊接顺序

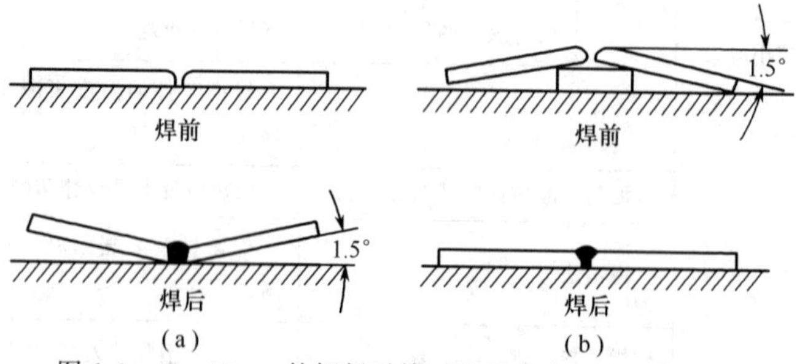

图 1-3　8～12mm 的钢板对接时的反变法以防止角变形

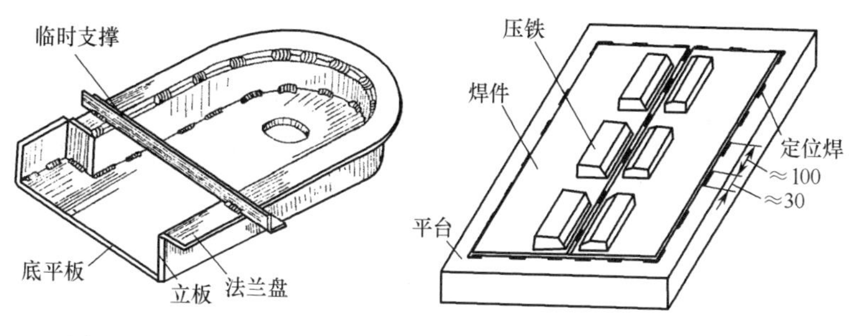

图 1-4　加临时支撑进行刚性固定

图 1-5　用压铁进行刚性固定防止波浪变形

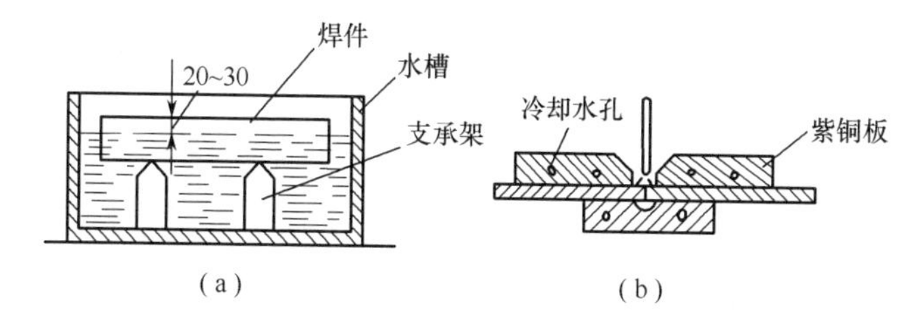

图 1-6　散热法

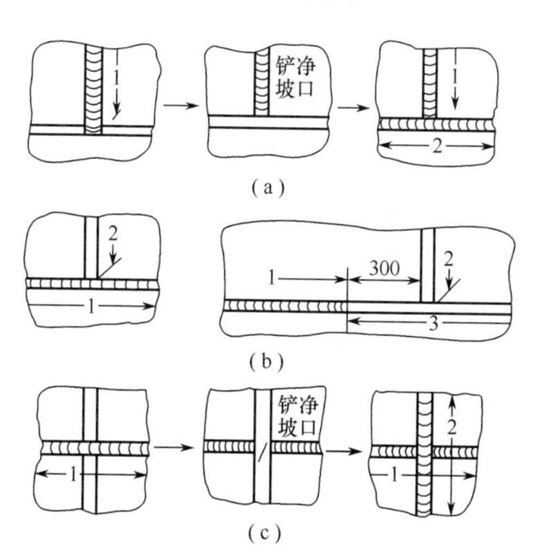

图 1-7　交叉焊缝的焊接顺序

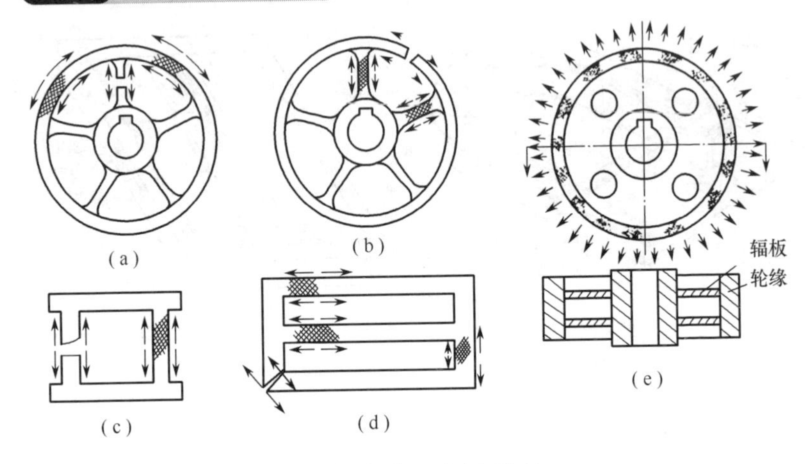

图 1-8 加热“减应区”法

五、其他工艺

1. 焊前热处理

焊前热处理的目的是为了消除工件的硬度和化学不均匀性。对于一些淬火钢，焊前应进行退火或正火。

2. 固溶处理

焊接奥氏体不锈钢，容易产生抗晶间腐蚀能力下降的问题，即晶间因产生碳化铬使其铬含量低于12%，通过固溶处理，可以使碳化铬分解，并使碳和铬都固溶到钢中，使其恢复抗腐蚀能力。

固溶处理是将焊后的不锈钢焊件加热至1000～1150℃，保温一段时间，使碳完全溶解在奥氏体中，然后使其快速（水中）冷却的工艺。保温时间根据焊件厚度确定，工件越厚，保温时间越长，保温时间按2min/mm计算。此工艺只用于不锈钢和奥氏体耐热钢焊件。

3. ACI 焊道

为了改善熔合区的韧性和抗裂性，特别是对于可能产生一定硬化倾向的低合金高强钢，同时也为了消除可能的应力集中根源（咬边缺陷等），有关资料推荐在熔合线表面焊接一道焊道，称为ACI

焊道（Anti Crack Initiating Bead），如图 1-9 所示。ACI 焊道对前一焊道也有退火作用。

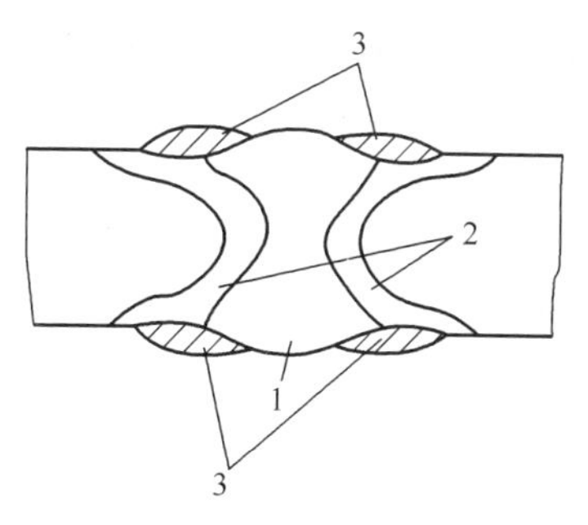

图 1-9　ACI 焊道的运用

1—焊缝；2—热影响区；3—ACI 焊道

第四节　焊接工艺评定

凡受国家安全监督的焊接结构制造单位，为了保证产品的焊接质量，在投产前和在生产过程中因某些工艺条件改变，必须按规定进行焊接工艺评定。这是企业进行焊接质量管理的重要环节。

一、焊接工艺评定的目的

焊接工艺评定就是为验证所拟定的焊件焊接工艺的正确性而进行的试验过程及结果评价。基本做法是利用所拟定的焊接工艺对试件进行预焊接，然后检验所焊接头的质量。凡符合要求的，评为合格，该焊接工艺可用于生产；否则为不合格，必须重新拟定焊接工艺，再次评定，直至符合要求为止。

焊接工艺评定试验不是金属材料的焊接性试验，它是在材料焊接性试验之后，产品投产之前，在施焊单位的具体条件下进行的。试验用的试件必须反映产品结构的特点，其形状和尺寸由国家标准统一规定；焊接试件所用的工艺为准备采用的焊接工艺；评定的内容是对用该工艺焊接的接头的力学性能、弯曲性能或堆焊层的化学成分符合规定，对预焊工艺规程进行验证性试验和结果评价的过程。评定接头质量的标准是国家有关法规和产品的技术要求。因此，通过焊接工艺评定可以证明施焊单位是否有能力制造出符合有关法规、标准和产品技术要求的焊接接头；通过评定试验，施焊单位可获得符合产品质量要求的可靠焊接工艺，并以此为依据编制直接指导生产的焊接工艺规程，最终达到确保产品焊接质量的目的。

焊接工艺评定的最终目的是使产品的焊接质量获得可靠保证。在执行过程中既不要盲目地评定，造成人力和物力的浪费；也不要出现漏评，使焊接质量失去控制。为了做到用最少的评定工作量就能涵盖（包容）整个产品的焊接工艺，一方面要掌握标准中的各项规定，其中注意评定规则、替代范围、试验方法和合格标准；另一方面要分析产品结构特点，尤需注意那些明显影响焊接接头使用性能的重要因素，如母材金属和填充金属的类、组别，材料厚度范围，各种焊接接头的焊缝形式，可能的焊接位置等，改变任何影响使用性能的因素，都必须进行焊接工艺评定。在此仅介绍焊接工艺评定工作中几个主要环节。主要依据是表 1-21 所列的标准，此外还有一些相关文献。评定时，一定要正确选择标准。

表 1-21　焊接工艺评定时应遵循的标准

标　　准	标准内容
CB/T 3748—1995	船用铝合金焊接工艺评定
CJ/T 32—2004	液化石油气钢瓶焊接工艺评定
DL/T 1117—2009	核电厂常规岛焊接工艺评定规程
DL/T 868—2004	焊接工艺评定规程
GB/T 19869.1—2005	钢、镍及镍合金的焊接工艺评定试验
GB/T 19869.2—2012	铝及铝合金的焊接工艺评定试验
JB/T 6315—1992	汽轮机焊接工艺评定
NB/T 47014—2011	承压设备焊接工艺评定
NB/T 47014～47016—2011	承压设备焊接工艺评定［合订本］
SHJ 509—1988	石油化工工程焊接工艺评定

二、焊接工艺评定的一般程序

各生产单位产品质量管理机构不尽相同，工艺评定程序可能有一定差别，但各类焊接工艺评定都按评定规则、评定方法、检验要求和结果评价的程序编写。对于承压设备（锅炉、压力容器、压力管道）来说，包括对接焊缝和角焊缝焊接工艺评定、耐蚀堆焊工艺评定、复合金属材料焊接工艺评定、换热管与管板焊接工艺评定和焊接工艺附加评定以及螺柱电弧焊工艺规则、试验方法和合格指标。图 1-10 是焊接工艺流程图。

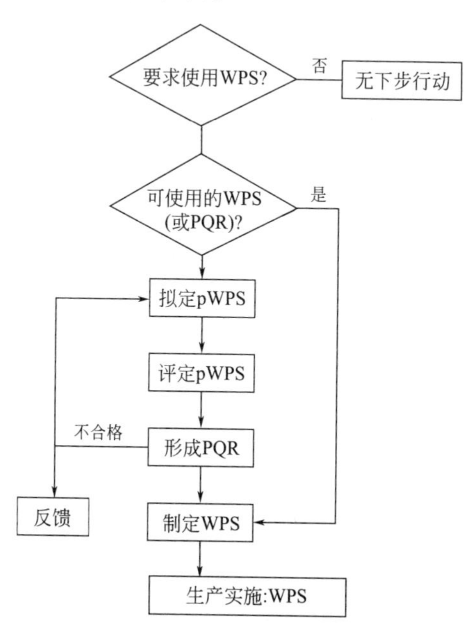

图 1-10　焊接工艺流程图

在图 1-10 中出现了 WPS、PQR 等一系列的英文缩写，其意义见表 1-22。

1. 评定规则

所谓评定规则，是对不同的焊接方法而言的。其要点有：

① 当变更任何一个重要因素时，都需要重新进行焊接工艺评定。

表 1-22　焊接工艺评定常用英文缩写及代号

名称	英文缩写	名称	英文缩写
预焊接工艺规程	pWPS	焊接工艺规程	WPS
焊接工艺评定报告	PQR	焊后热处理	PWHT
气焊	OFW	焊条电弧焊	SMAW
埋弧焊	SAW	钨极气体保护焊	GTAW
熔化极气体保护焊	GMAW	药芯焊丝电弧焊	FCAW
电渣焊	ESW	等离子弧焊	PAW
摩擦焊	FRW	气电立焊	EGW
螺柱电弧焊	SW	交流电源	AC
平焊	F	横焊	H
立焊	V	立向下焊	VD
立向上焊	AU	仰焊	O
板材对接焊缝试件平焊位置	1G	板材对接焊缝试件横焊位置	2G
板材对接焊缝试件立焊位置	3G	板材对接焊缝试件仰焊位置	4G
管材水平转动对接焊缝试件位置	1G	管材垂直固定对接焊缝试件位置	2G
管材水平固定对接焊缝试件位置	5G	管材45°固定对接焊缝试件位置	6G
板材角焊缝试件平焊位置	1F	板材角焊缝试件横焊位置	2F
板材角焊缝试件立焊位置	3F	板材角焊缝试件仰焊位置	4F
管-板(或管-管)角焊缝　45°转动试件位置	1F	管-板(或管-管)角焊缝　垂直固定横焊试件位置	2F
管-板(或管-管)角焊缝　水平转动试件位置	2FR	管-板(或管-管)角焊缝　垂直固定仰焊试件位置	4F
管-板(或管-管)角焊缝　水平固定试件位置			5F

② 当增加或变更任何一个补加因素时，则可按增加或变更的补加因素，增焊冲击韧性用试件进行试验。

③ 当增加或变更次要因素时，不需要重新评定，但需要重新编制预焊工艺规程。

2. 评定方法和检验要求

(1) 试件形式　试件分为板头和管状两种，管头指管道和环。

① 试件形式如图 1-11 所示，摩擦焊试件接头形状应与产品规定一致。

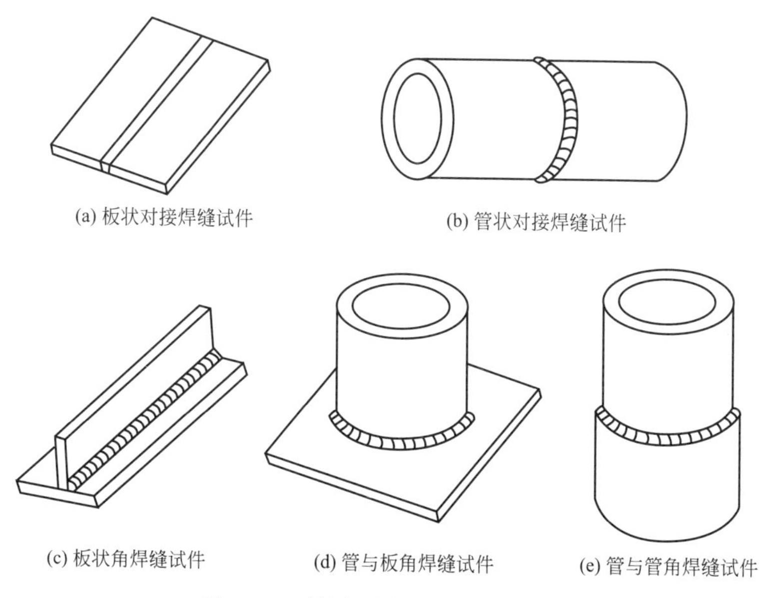

(a) 板状对接焊缝试件　(b) 管状对接焊缝试件

(c) 板状角焊缝试件　(d) 管与板角焊缝试件　(e) 管与管角焊缝试件

图 1-11　对接焊缝与角焊缝试件形式

② 评定对接焊缝预焊接工艺规程时，采用对接焊缝试件。对拉焊缝试件评定合格的焊接工艺，适用于焊件中的对接焊缝和角焊缝。

评定非受压角焊缝预焊工艺规程时，可仅采用角焊缝试件。

（2）板状对接焊缝试件，评定合格的焊接工艺，适用于管状焊件的对接焊缝，反之亦可。

任一角焊缝试件评定合格的焊接工艺，适用于所有形式有焊件角焊缝。

（3）当同一条焊缝使用两种或两种以上焊接方法或重要因素、补加因素不同的焊接工艺时，可按每种焊接方法（或焊接工艺）分别进行评定；亦可使用两种或两种以上的焊接方法（或焊接工艺）焊接试件，进行组合评定。

组合评定合格的焊接工艺用于焊件时，可以采用其中一种或几种焊接方法（或焊接工艺），但应保证其重要因素、补加因素不变。只需其中任一种焊接方法（或焊接工艺）所评定的试件母材厚度，来确定组合评定试件适用于焊件母材的厚度有效范围。

（4）试件制备

① 母材、焊接材料和试件的焊接必须符合拟定的预焊接工艺规程的要求。

② 试件的数量和尺寸应满足制备试件的要求，试样也可以直接在焊件上切取。

③ 对接焊缝试件厚度应充分考虑适用于焊件厚度的有效范围。

3. 检验要求和结果评价

（1）对接焊缝试件和试样的检验

① 试件检验项目：外观检查、无损检测、力学性能试验和弯曲试验。

② 外观检查和无损检测（按 JB/T4730.1～6—2005）结果不得有裂纹。

③ 力学性能试验和弯曲试验。

a. 力学性能试验和弯曲试验项目及取样数量除另有规定外，应符合表 1-23 的规定。

表 1-23 力学性能试验和弯曲试验项目及取样数量

试件母材的厚度 T/mm	拉伸试验/个	弯曲试验②/个			冲击试验④⑤/个	
	拉伸①	面弯	背弯	侧弯	焊接区	热影响区④
$T<1.5$	2	2	2			
$1.5\leqslant T\leqslant 10$	2	2	2	③	3	3
$10<T<20$	2	2	2	③	3	3
$T\geqslant 20$	2	—		4	3	3

① 一根管接头全截面试样可以代替两个带肩板形拉伸试样。

② 当试件焊缝两侧的母材之间或焊缝金属和母材之间的弯曲性能有显著差别时，可改用纵向弯曲试验代替横向弯曲试验。纵向弯曲试验时，取在弯和背弯试样各 2 个。

③ 当试件厚度 $T\geqslant 10$mm 时，可以用 4 个横向侧弯试样代替两个面弯和背弯试样。组合评定时，应进行侧弯试验。

④ 当焊缝两侧的母材的代号不同时，每侧的热影响区都应取 3 个冲击试样。

⑤ 当无法制备 5×10×55 小尺寸冲击样时，免做冲击试验。

b. 当规定进行冲击试验时，仅对钢材和含镁量超过3%的铝镁合金焊接接头进行夏比V型缺口冲击试验，铝镁合金焊接接头只取焊缝区冲击试样。

c. 当试件采用两种或两种以上焊接方法（或焊接工艺）时，拉伸试样和弯曲试样的受拉面应包括每一种焊接方法（或焊接工艺）的焊缝金属和热影响区；当规定做冲击试验时，对每一种焊接方法（或焊接工艺）的焊缝金属和热影响区都要经受冲击试验的检验。

d. 拉伸试样和弯曲试样的尺寸，根据相关标准或技术文件确定允许公差。

④ 力学性能试验和弯曲试验的取样要求：

a. 取样时，一般采取冷加工方法，当采用热加工方法时，则应去除热影响区；

b. 允许避开焊接缺陷、缺欠制取试样；

c. 试件去除焊缝余高前允许对试样进行冷校平；

d. 板状对接焊缝试件上试样取样位置见图1-12；

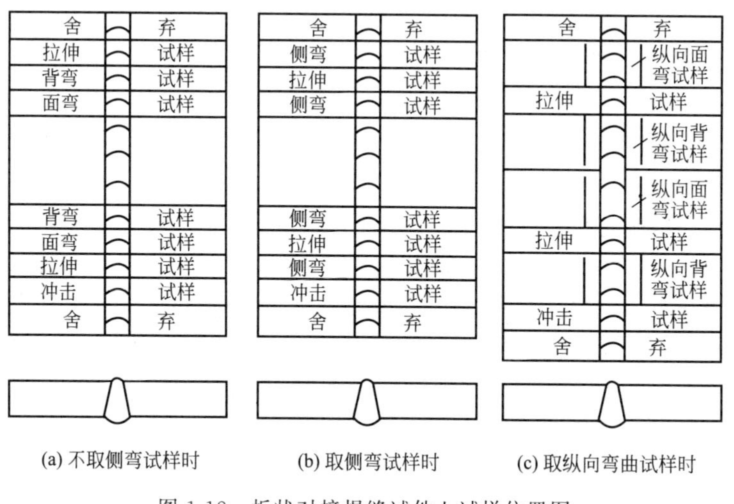

(a) 不取侧弯试样时　(b) 取侧弯试样时　(c) 取纵向弯曲试样时

图1-12 板状对接焊缝试件上试样位置图

e. 管状对接焊缝试件上试样取样位置见图 1-13。

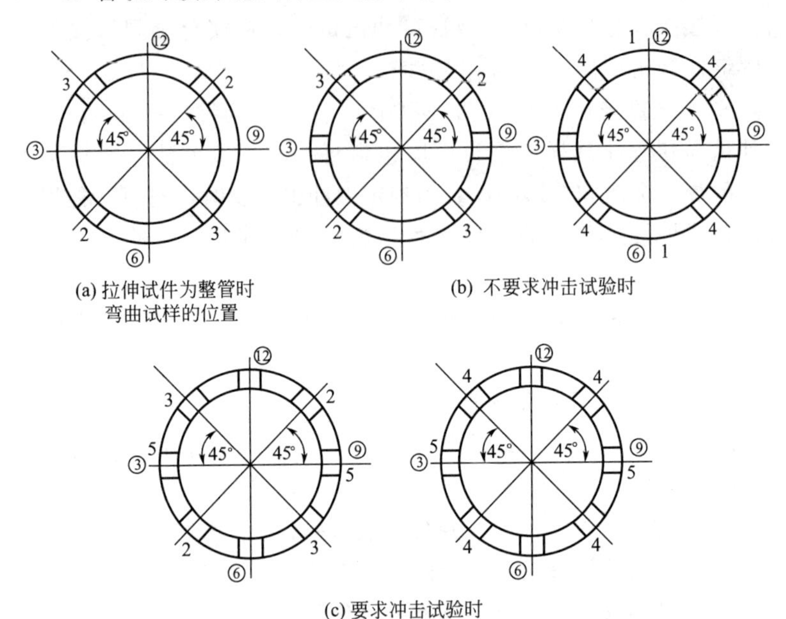

(a) 拉伸试件为整管时弯曲试样的位置

(b) 不要求冲击试验时

(c) 要求冲击试验时

图 1-13 管状对接焊缝试件上试样的位置

注：1. 1—拉伸试样；2—面弯试样；3—背弯试样；4—侧弯试样；5—冲击试样

2. ③⑥⑨⑫为钟点记号，表示水平固定位置焊接时的定位标记

⑤ 拉伸试验：按照上述要求取样、试验，拉伸试验按 GB/T 228—2002 规定的试验方法测定焊接接头的抗拉强度。钢质母材不低于标准规定抗拉强度的下限值即为合格。

⑥ 弯曲试验：弯曲试验按 GB/T 2653—2008 的检测方法测定焊接接头的完好性和塑性。对接焊缝试件的弯曲试样弯曲到规定的角度后，其拉伸面上的焊缝和热影响区内，沿任何方向不得有单条长度大于 3mm 的开口缺陷，试样的棱角开口缺陷一般不计，但由于未熔合、夹渣或其它内部缺陷引起的棱角开口缺陷长度应计入。

⑦ 冲击试验：试样形式、尺寸和试验方法应符合 GB/T 229—2007 的规定。当试件尺寸无法制备标准试样（宽度为 10mm）时，则应依次制备宽度为 7.5mm 或 5mm 的小尺寸冲击试样。钢质焊

接接头每区三个标准试样为一组的冲击吸收功平均值应符合设计文件或要关技术文件规定，且不低于表 1-24 中的规定值；至多允许有一个试样的冲击吸收功低于规定值，但不得低于规定值的 70%。

表 1-24 钢材及奥氏体不锈钢焊缝的冲击功最低值

材料类别	钢材标准抗拉强度的下限值 R_m/MPa	3 个标准试样冲击功平均值 KV_2/J
碳钢和低合金钢	≤450	≥20
	>450～510	≥24
	>510～570	≥31
	>570～630	≥34
	>630～690	≥38
奥氏体不锈钢焊缝	—	≥30

（2）角焊缝试件和试样　角焊缝的检验项目应包括外观检验和

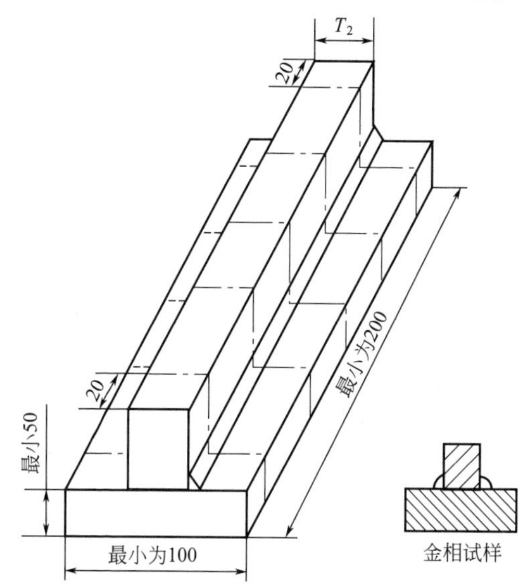

图 1-14　板状角焊缝试件及试样

金相检验。

① 角焊缝的试件及试样的尺寸。

板状角焊缝试件和试样的尺寸见表 1-25 和图 1-14。

金相试样尺寸：只包括全部焊缝、熔合区和热影响区即可。

表 1-25 板状角焊缝试件尺寸 mm

翼板厚度 T_1	≤3	>3
腹板厚度 T_2	T_1	≤T_2，但不小于 3

② 管状角焊缝的试件和试样尺寸见图 1-15。

金相试样的尺寸只要包括全部焊缝、熔合区和热影响区即可。

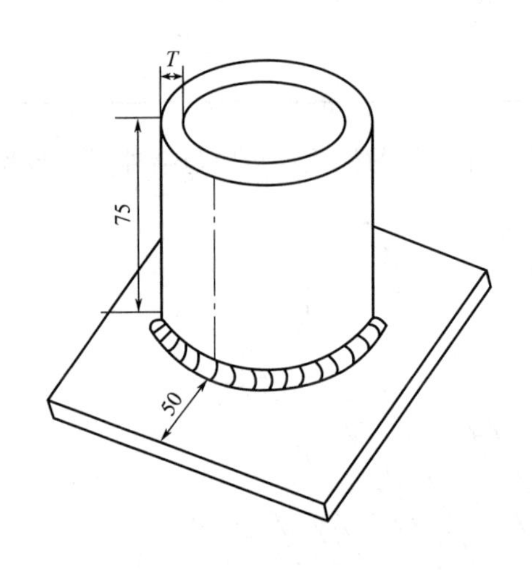

(a) 管-板角焊缝试件

注：1. T 为管壁厚。
2. 底板母材厚度不小于 T。
3. 最大焊脚等于管壁厚。
4. 图中双点画线为切取试样示意线。

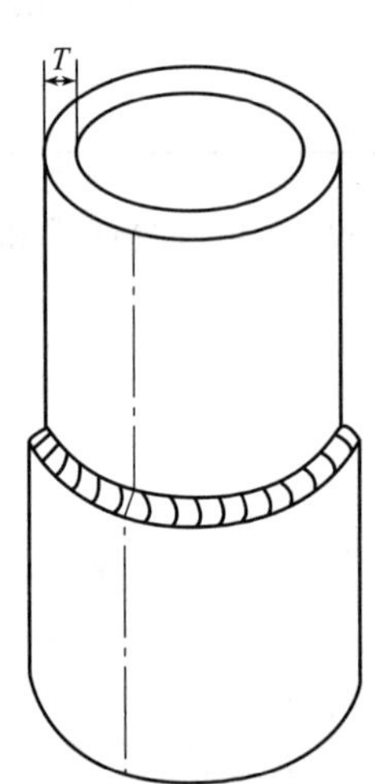

(b) 管-管角焊缝试件

注：1. T 为内管壁厚。
2. 外管壁厚不小于 T。
3. 最大焊脚等于内管壁厚。
4. 图中双点画线为取试样示意线。

图 1-15 管状角焊缝试件

③ 试件外观检查：不允许有裂纹；金相检验为宏观检验，焊缝的根部应焊透，焊缝、热影响区不得有裂纹、未熔合；角焊缝两焊脚之差不大于 3mm。

由于各种焊件的要求不同，焊接工艺评定的内容有所差别，在现场应根据产品的技术要求选择评定的方案，确定评定方法和检验要求。

4. 结果评价

有关评价结果要依据上面的评定方法和检验要求，通过焊接工艺评定的试验，及对试件样的检验，确定是否符合产品要求，符合要求的，即可确定焊接生产工艺，不符合要求的应重新评定。

5. 书写焊接工艺评定报告

在各种试验完成之后，已经证明了正确的焊接工艺，则应书写焊接工艺评定报告。评定报告的内容如下。

(1) 预焊接工艺规程(pWPS)的确定　通常由生产单位的设计或工艺技术管理部门，根据新产品结构、材料、接头形式、所采用的焊接方法和钢板厚度范围，以及老产品在生产过程中因结构、材料或焊接工艺的重大改变，需重新编制焊接工艺规程时，提出实验方案，拟定预焊接工艺规程(pWPS)。预焊接工艺规程是试验的焊接工艺。预焊接工艺规程就是对试件进行焊接的工艺依据。并要以此规程进行试验焊接。表 1-26 为 NB/T 47014—2011 中推荐的预焊接工艺规程的表格。

表 1-26　预焊接工艺规程(pWPS)

单位名称＿＿＿＿＿＿＿＿

预焊拉工艺评定规程编号＿＿＿＿日期＿＿＿＿所依据焊接工艺评定规程编号＿＿＿

焊接方法＿＿＿＿＿＿＿＿　机械化程度(手工、半自动、自动)

焊接接头：＿＿＿＿ 坡口形式＿＿＿＿ 衬垫(材料和规格)＿＿＿＿ 其他＿＿＿＿		简图：(接头形式，坡口形式与尺寸，焊层，焊道布置及顺序)	
填充金属			
焊接材料类别			
焊接材料标准			
填充金属尺寸			
焊接材料型号			

续表

焊接材料牌号			
填充金属类别			
其他			

对接焊缝焊件焊缝金属厚度范围：________ 角焊缝焊件焊缝金属厚度范围：________

耐蚀堆焊金属化学成分/%

C	Si	Mn	P	S	Cr	Ni	Mo	V	Ti	Nb

其他

注：每一种母材与焊接材料的组合均需分别填表

<table>
<tr><td>焊接位置
对接焊缝的位置________________
立焊的焊接方向________________
角焊缝的位置________________
立焊的焊接方向________________</td><td colspan="4">焊后热处理
焊后热处理加热温度(℃)
保温时间范围(h)</td></tr>
<tr><td rowspan="5">预热
最小预热温度________________
最大预热温度________________
保持预热时间________________
加热方式________________</td><td colspan="4">气体</td></tr>
<tr><td></td><td>气体</td><td>混合比</td><td>流量</td></tr>
<tr><td>保护气</td><td></td><td></td><td></td></tr>
<tr><td>尾部保护气</td><td></td><td></td><td></td></tr>
<tr><td>背面保护气</td><td></td><td></td><td></td></tr>
<tr><td colspan="5">电特性</td></tr>
<tr><td>电流种类</td><td colspan="4">极性</td></tr>
<tr><td>焊接电流范围</td><td colspan="4">电弧电压</td></tr>
<tr><td>焊接速度范围</td><td colspan="4"></td></tr>
<tr><td>钨极类型与直径</td><td colspan="4">喷嘴直径</td></tr>
<tr><td>焊接电弧种类(喷射弧\短路弧)</td><td colspan="4">焊丝送进速度</td></tr>
<tr><td colspan="5">(按所焊位置和厚度，分别列出电压和电压范围，记入下表)</td></tr>
<tr><td colspan="5">焊接工艺参数</td></tr>
</table>

续表

焊道/焊层	焊接方法	填充金属		焊接电流		电弧电压/V	焊接速度/cm·min^{-1}	线能量/kJ·cm^{-1}
		牌号	直径	极性	电流			

技术措施

摆动焊和不摆动焊____________________　摆动参数____________________

焊前清理和层间清理____________________　背面清根方法____________________

单道焊和多道焊____________________　单丝焊或多丝焊____________________

导电嘴至工件距离/mm ____________________　锤击____________________

其他

绘制		日期		审核		日期		批准		日期	

(2) 对试件进行评定（pWPS） 根据预焊接工艺规程进行焊接的焊件，要经过有关国标和产品的技术要求进行检验和评定。

(3) 撰写焊接工艺评定报告（PQR） 根据以上试验和评定，在已确定正确的焊接工艺方案后，便要写出完整的焊接工艺评定报告。焊接工艺评定报告要记载验证性试验及其检验结果，对拟定的预焊接工艺规程进行评价的报告，即“焊接工艺评定报告”。表1-27为NB/T 47014—2011中推荐的焊接工艺评定报告的表格。

表 1-27 焊接工艺评定报告

单位名称________________

预焊接工艺评定规程编号________日期______所依据焊接工艺评定规程编号______

焊接方法________________ 机械化程度(手工、半自动、自动)

简图:(接头形式、坡口形式、尺寸、衬垫、每种焊接方法或焊接工艺、焊缝金属厚度)

<table>
<tr><td rowspan="6">母材
材料标准________________
材料代号________________
类、组别号______与类组别号______相焊
厚度________________
直径________________
其他________________</td><td colspan="4">焊后热处理
保温温度/℃________________
保温时间/h________________</td></tr>
<tr><td colspan="4">保护气体</td></tr>
<tr><td></td><td>气体</td><td>混合比</td><td>流量</td></tr>
<tr><td>保护气体</td><td></td><td></td><td></td></tr>
<tr><td>尾部保护气</td><td></td><td></td><td></td></tr>
<tr><td>背面保护气</td><td></td><td></td><td></td></tr>
<tr><td>填充金属
焊材类别________________
焊材标准________________
焊材型号________________
焊材牌号________________
焊材规格________________
焊缝金属厚度/mm________________
其他________________</td><td colspan="4">电特性:
电流种类________________
极性________________
钨极尺寸/mm________________
焊接电流/A________________
电弧电压/V________________
焊接电流种类________________
其他________________</td></tr>
<tr><td>焊接位置
对接焊缝位置________方向(向上、向下)
角焊缝位置________方向(向上、向下)
预热:
预热温度/℃________________
道间温度/℃________________
其他________________</td><td colspan="4">技术措施:
焊接速度/(cm/min)________________
摆动或不摆动________________
摆动参数________________
多道焊或单道焊(每面)________________
多丝焊或单丝焊________________
其他________________</td></tr>
</table>

6. 制定焊接生产工艺 (WPS)

以上的所有工作，目的只有一个，就是制定出正确的生产工艺。通过焊接工艺评定，验证了拟定的焊接工艺，能够焊出符合要求的焊接接头，便可以此为依据制定焊接生产工艺。并在生产中实施（WPS）。图1-10所示的焊接工艺流程为：

第一个菱形框“要求使用WPS”，向右的“否”为不要求使用，则无下步行动。

向下的第二个菱形中“可使用的WPS（或PQR）?”，向右“是”的意思是说有现成的工艺规程可用，便可按产品要求直接制定焊接工艺规程（WPS）。

向下的几个矩形表示：拟定预焊接工艺规程（pWPS）→评定预焊接工艺规程（pWPS）→形成焊接工艺评定报告→合格后便以此为依据制定焊接工艺规程，并实施生产。

若焊接工艺评定认为pWPS不合格，则重新拟定pWPS，再重新进行评定。或者提出反馈意见。这就是方框“形成PQR”向左并分上下两条线的意义。

第二章 焊条电弧焊工艺

第一节 焊接接头的形式与加工工艺

一、焊接接头的形式

焊接接头有对接接头、T 形接头、角接接头、搭接接头四种形式，具体结构及应用见表 2-1。

表 2-1 焊接接头的形式

接头坡口形式		接头结构简图	说明
对接接头	I 形	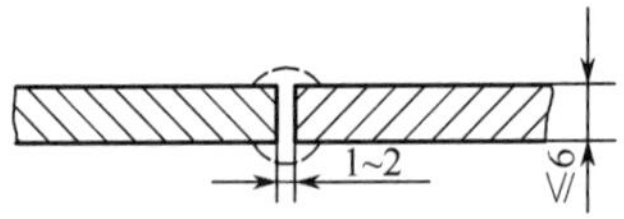	当板厚小于 4mm 时，不开坡口，但板厚最大不可超过 6mm。如果不要求焊透，也可再厚些
	带钝边 V 形	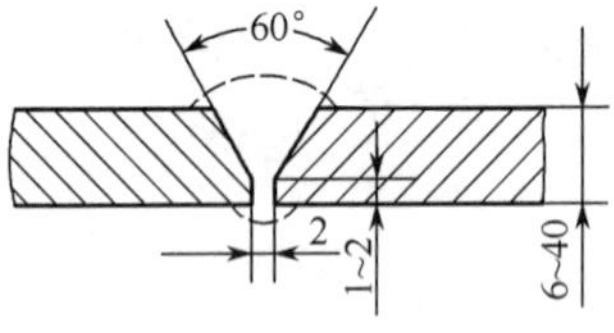	钢板超过 6mm 时，为了保证焊透，必须开坡口。一般开 V 形坡口，坡口下部可留钝边或不留钝边
	单边 V 形	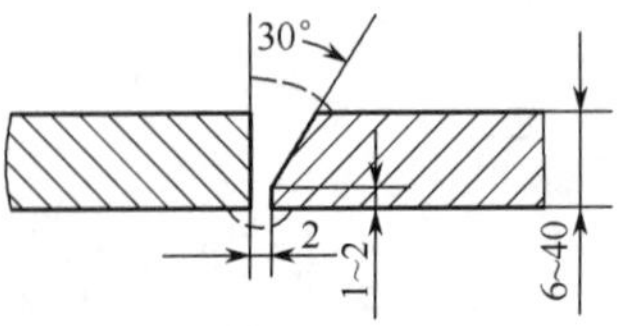	这种坡口的使用条件与 V 形坡口相同。一般应采用 V 形，在一侧板无法加工时才采用单边 V 形坡口

续表

接头坡口形式		接头结构简图	说　　明
对接接头	X形	60° 2 12~60 2	这种坡口在板的厚度较大时采用，但必须能在反面施焊，并且要便于翻转
	U形	R3~5 10° 20~60 2 2	这种坡口只有在板厚超过20mm时，才能减小焊缝的宽度和减少填充金属的数量。但需要有刨边机、铣边机或碳弧气刨的设备支持
	J形	R3~5 10° 20~60 2 2	这种坡口的使用条件与U形坡口相同。一般应采用U形，在一侧板无法加工时才采用J形坡口
	双U形	R5 10° 2 2 40~60	这种坡口只有在板厚超过40mm时，才能减小焊缝的宽度和减少填充金属的数量。但需要有刨边机、铣边机或碳弧气刨的设备支持。同时这种坡口还要考虑反面能否施焊并且焊件便于翻转

续表

接头坡口形式		接头结构简图	说　明	
对接接头	不同厚度板的对接	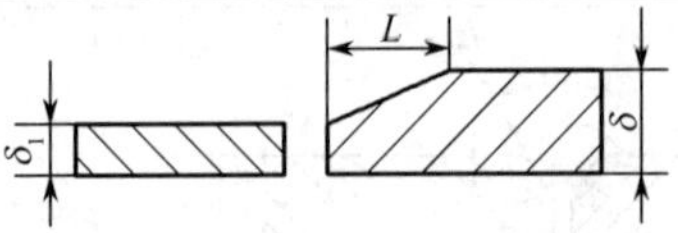	单面削薄时：$L=5(\delta-\delta_1)$	厚度差小于板厚1/3时可不削薄
		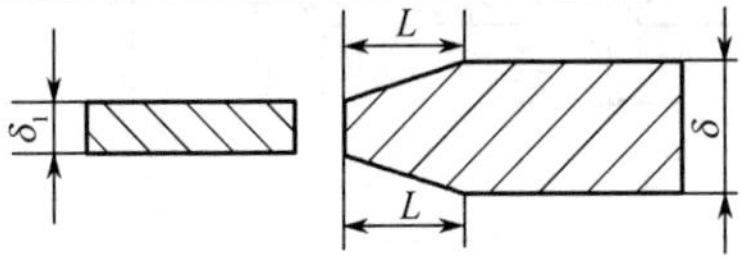	双面削薄时：$L=2.5(\delta-\delta_1)$	
T形接头	I形	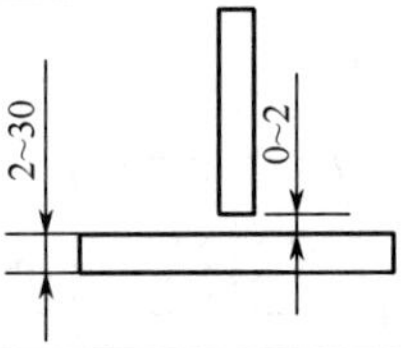	薄板T字接头或不要求焊透时采用	
	V形	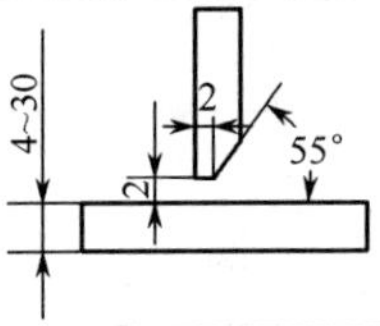	要求焊透时使用	
	K形	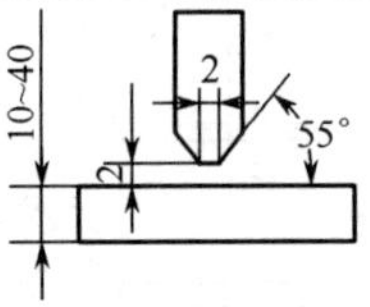	要求焊透时使用	
	双J形	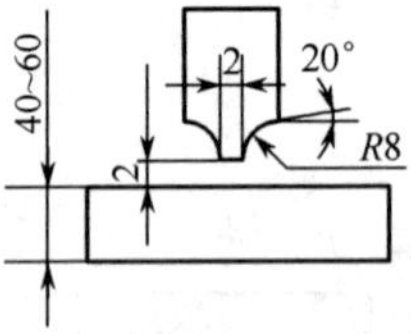	要求焊透时使用	
角接接头	I形坡口角接	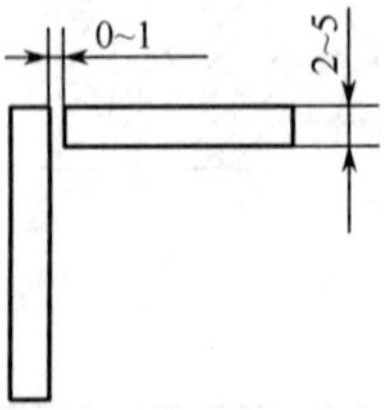	薄板或不要求焊透时使用	

续表

接头坡口形式		接头结构简图	说　明
角接接头	单边V形坡口角接	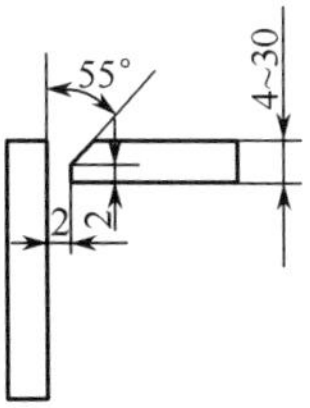	要求焊透时使用
	V形坡口角接	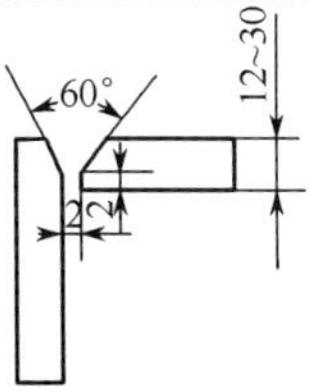	要求焊透时使用，一般内部不焊
	K形坡口角接	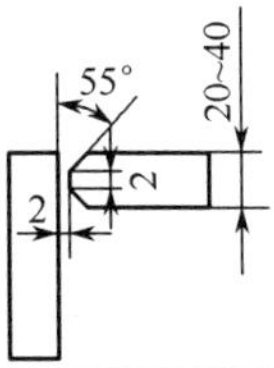	要求焊透时使用，并注意能在内部焊接
搭接接头	普通搭接	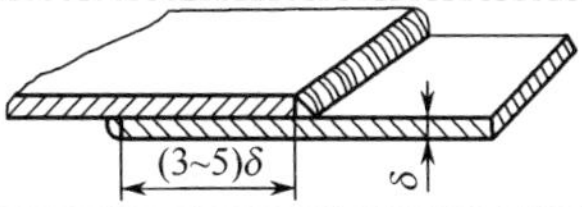	一般不使用，但薄板为防止焊穿时采用
	塞焊搭接	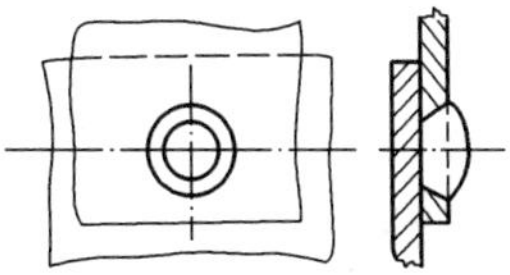	对强度要求不高且要保留边缘时采用
	长孔角焊搭接	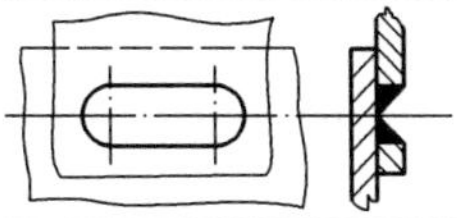	对强度要求不高且要保留边缘时采用

二、低碳钢及低合金结构钢的焊接接头参数

以上的各种接头，是通用的结构。焊接工程用碳钢和低合金钢居多，其接头的结构、坡口形式、焊缝形状与尺寸及图样的标注符号见表2-2。

表 2-2 手工电弧焊焊接接头、坡口及焊缝形状与尺寸

<table>
<tr><th colspan="3">焊接接头形式名称</th><th colspan="2">剖面图形</th><th rowspan="2">适用厚度/mm</th><th rowspan="2">尺寸/mm</th><th rowspan="2">图样标注符号</th></tr>
<tr><th>形式</th><th>接边名称</th><th>焊缝名称</th><th>坡口</th><th>焊缝</th></tr>
<tr><td rowspan="3">对接接头</td><td rowspan="3">不开坡口</td><td>双面焊</td><td rowspan="2">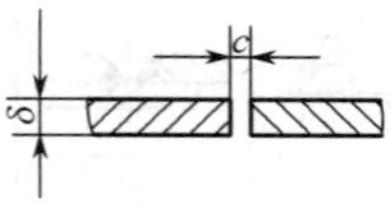</td><td>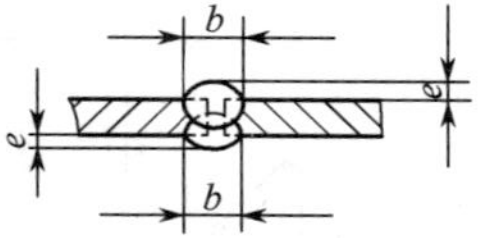</td><td>1～6</td><td><table><tr><td>δ</td><td>1</td><td>2</td><td>3</td><td>4</td><td>5</td><td>6</td></tr><tr><td>b</td><td>4</td><td>6</td><td>8</td><td colspan="2">10</td><td>12</td></tr><tr><td>c</td><td>0～0.5</td><td colspan="2">0.5～1.5</td><td colspan="3">1～3</td></tr><tr><td>e</td><td colspan="6">0～2.5</td></tr></table></td><td>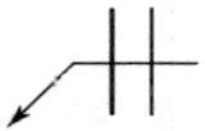</td></tr>
<tr><td>单面焊</td><td>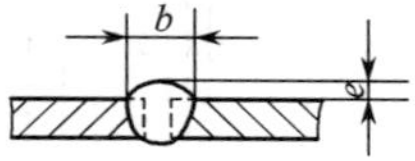</td><td>1～3</td><td><table><tr><td>δ</td><td>1</td><td>2</td><td>3</td></tr><tr><td>b</td><td>4</td><td>6</td><td>8</td></tr><tr><td>c</td><td>0～0.5</td><td colspan="2">0.5～1.5</td></tr><tr><td>e</td><td colspan="3">0～2.5</td></tr></table></td><td>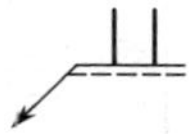</td></tr>
<tr><td>单面焊（带垫板）</td><td>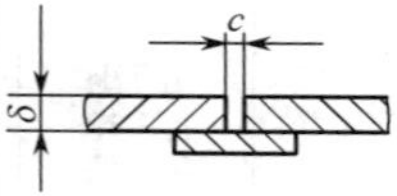</td><td>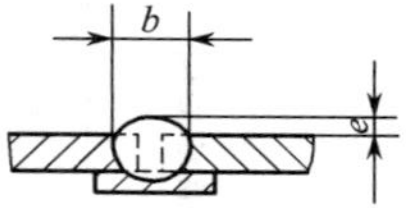</td><td>2～6</td><td><table><tr><td>δ</td><td>2</td><td>3</td><td>4</td><td>5</td><td>6</td></tr><tr><td>b</td><td>8</td><td>10</td><td>12</td><td colspan="2">14</td></tr><tr><td>c</td><td colspan="3">1～3</td><td colspan="2">2～4</td></tr><tr><td>e</td><td colspan="5">0～2.5</td></tr></table></td><td>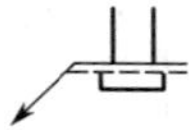</td></tr>
</table>

续表

焊接接头形式名称			剖面图形		适用厚度/mm	尺寸/mm									图样标注符号
形式	接边名称	焊缝名称	坡口	焊缝											
对接接头	单边V形坡口	双面焊（封底）	55°±3°		3～26	δ	3	4	5	6	7	8	9	10	
						b	10		12		14			16	
						b_1	8±2				10±2				
						c	0.5～2				1～3				
						e	0～2				0～2.5				
						p	0.5～1.5				1～3				
		单面焊				δ	12	14	16	18	20	22	24	26	
						b	18	20	22	26	28	30	32	34	
						b_1	10±2		12±2						
						c	1～3								
						e	0～2.5	0～3							
						p	1～3								
		单面焊（带垫板）	55°±3° 1～5		3～26	δ	3	4	5	6	7	8	9	10	
						b	14		16	18	20		22		
						e	0～2				0～2.5				
						δ	12	14	16	18	20	22	24	26	
						b	24	26	28	32	34	36	38	40	
						e	1～2.5		1～3						

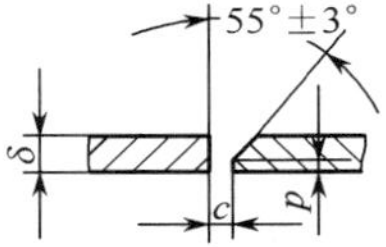

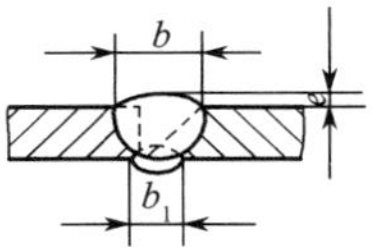

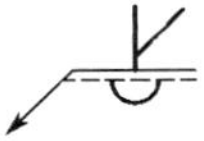

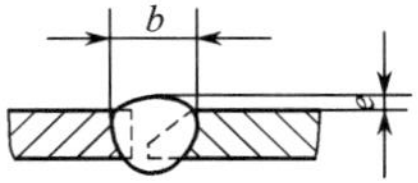

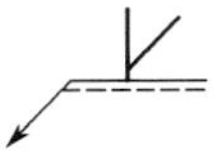

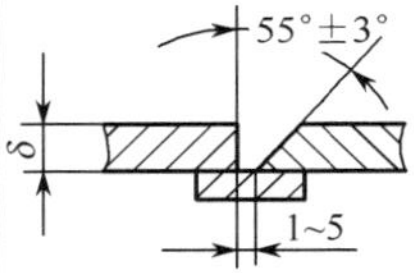

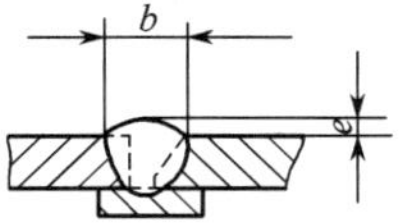

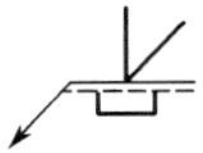

续表

焊接接头形式名称			剖面图形		适用厚度/mm	尺寸/mm	图样标注符号
形式	接边名称	焊缝名称	坡口	焊缝			
对接接头	V形坡口	双面焊（封底）	α, δ, c, p	b, e, b_1, e	3～26	δ: 3, 4, 5, 6, 7, 8, 9, 10 b: 8 (3～4), 10 (5～6), 12 (7), 14 (8～9), 16 (10) b_1: 8±2 (3～6), 10±2 (7～10) c: 0～2 (3～6), 1～3 (7～10) e: 0～2 (3～6), 0～2.5 (7～10) p: 1～1.5 (3～6), 1～3 (7～10) δ: 12, 14, 16, 18, 20, 22, 24, 26 b: 18, 20, 22, 26, 28, 30, 32, 34 b_1: 10±2 (12～14), 12±2 (16～26) c: 1～3 e: 0～2.5 (12～14), 0～3 (16～26) p: 1～3 δ=3～8　δ>8 α=70°±5°　α=60°±5° 当单面焊要求背面成形良好时，应取 c 等于焊条芯直径	
		单面焊		b, e			
		单面焊（带垫板）	50°±5°, δ, c	b, e	3～26	δ: 3, 4, 5, 6, 7, 8, 9, 10 b: 12, 13, 14, 15, 15, 16, 17, 18 e: 0～2 (3～6), 0～2.5 (7～10) δ: 12, 14, 16, 18, 20, 22, 24, 26 b: 20, 22, 24, 26, 28, 30, 32, 34 e: 0～2.5 (12～14), 0～3 (16～26) δ　3～6　7～10　12～26 c　3±1　4±1　5±1	

续表

焊接接头形式名称：形式	接边名称	焊缝名称	剖面图形：坡口	剖面图形：焊缝	适用厚度/mm	尺寸/mm	图样标注符号
对接接头	V形锁底坡口	单面焊	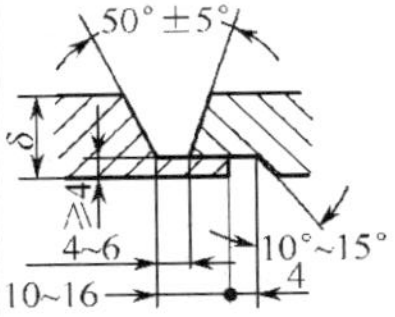	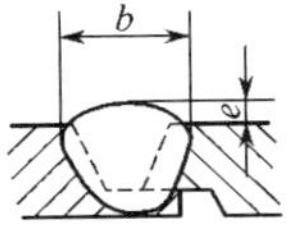	12～40	见下表①	
	U形坡口	双面焊（封底）			20～60	见下表②	
	单边U形坡口	双面焊（封底）			20～60	见下表③	

① V形锁底坡口（单面焊）尺寸/mm

δ	12	14	16	18	20	22	24	26
b	16	18	20	22	24	26	28	30
e	0～2.5				0～3			

δ	28	30	32	34	36	38	40
b	32	34	36	38	40	42	44
e	0～3		0～4				

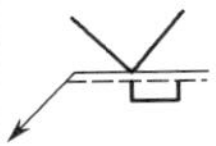

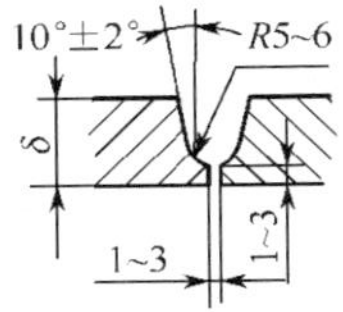

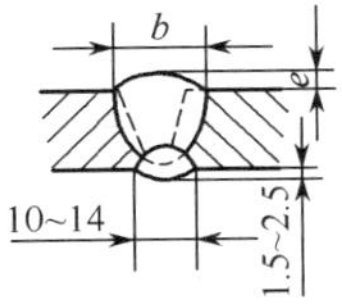

② U形坡口（双面焊，封底）尺寸/mm

δ	20	22	24	26	28	30	32
b	22			24			26
e	0～3						0～4

δ	34	36	38	40	42	44	46
b	26		28			30	
e	0～4						

δ	48	50	52	54	56	58	60
b	32		34		36		38
e	0～4						

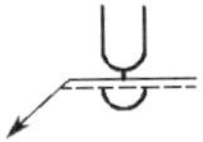

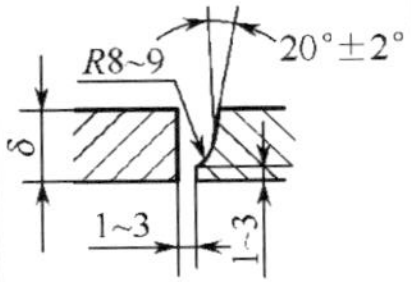

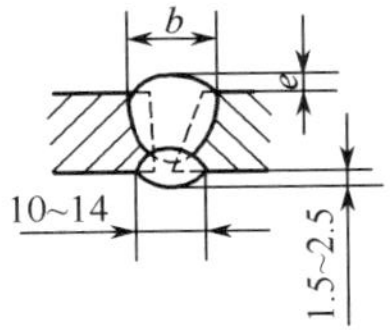

③ 单边U形坡口（双面焊，封底）尺寸/mm

δ	20	22	24	26	28	30	32
b	18		19		20		21
e	0～3						0～4

δ	34	36	38	40	42	44	46
b	21		22		23		24
e	0～4						

δ	48	50	52	54	56	58	60
b	24		25		26		27
e	0～4						

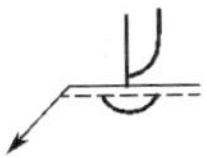

续表

焊接接头形式名称			剖面图形		适用厚度/mm	尺寸/mm	图样标注符号
形式	接边名称	焊缝名称	坡口	焊缝			
对接接头	K形坡口 对称	双面焊	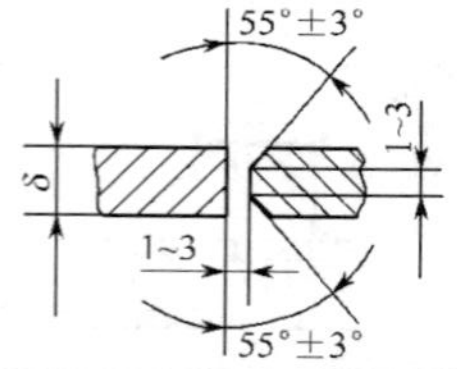 55°±3°，55°±3°，1~3，1~3，δ	b，b，e，e	12~40	见下表（K形坡口 对称）	
对接接头	K形坡口 不对称	双面焊	55°±3°，55°±3°，1~3，1~3，h，δ	b，b_1，e，0~2	12~40	见下表（K形坡口 不对称）	
对接接头	X形坡口 对称	双面焊	60°±5°，60°±5°，1~3，1~3，δ	b，b，e，e	12~60	见下表（X形坡口 对称）	

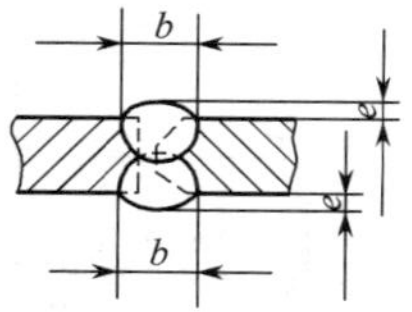

K形坡口 对称：

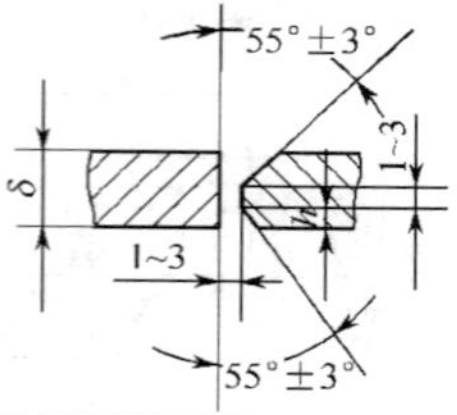

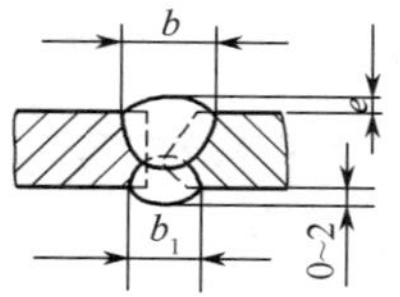

δ	12	14	16	18	20	22	24
b	12		14		16		18
e	0~2.5						

δ	26	28	30	32	34	36	38	40
b	20		22		24		26	
e	0~2.5		0~3					

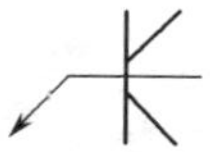

K形坡口 不对称：

δ	12	14	16	18	20	22	24	26
b	14	16	18	20	22	24	26	28
b_1	10±1			13±1				
e	0~2.5			0~3				

δ	28	30	32	34	36	38	40
b	30	32	34	36	38	40	42
b_1	13±1						
e	0~3						

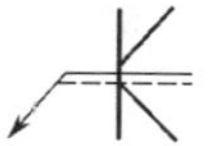

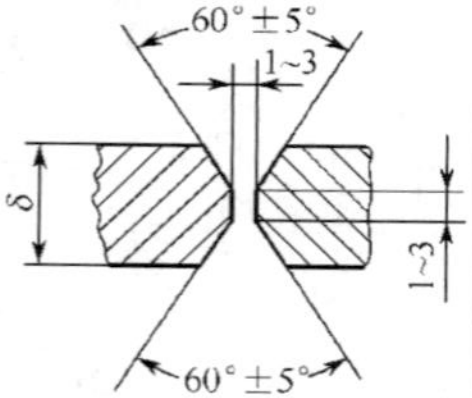

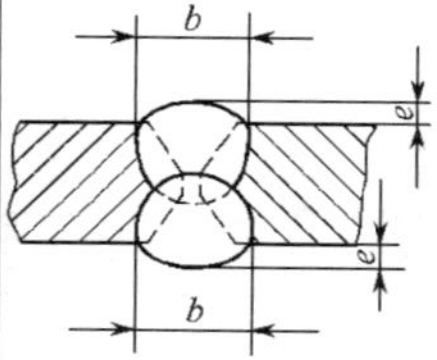

X形坡口 对称：

δ	12	14	16	18	20	22	24	26	28	30	32	34	36
b	12		14		16		18		20		22		24
e	0~2.5										0~3		

δ	38	40	42	44	46	48	50	52	54	56	58	60
b	26		28	30		32		34		36		38
e	0~3											

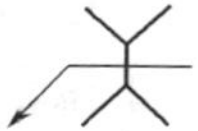

续表

焊接接头形式名称 形式	接边名称	焊缝名称	剖面图形 坡口	剖面图形 焊缝	适用厚度/mm	尺寸/mm	图样标注符号
对接接头	X形坡口 不对称	双面焊	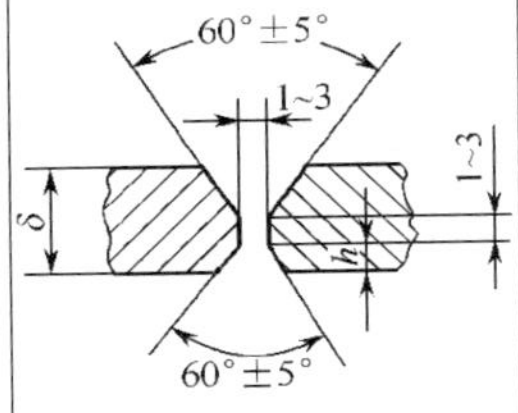60°±5° 1~3 1~3 h δ 60°±5°	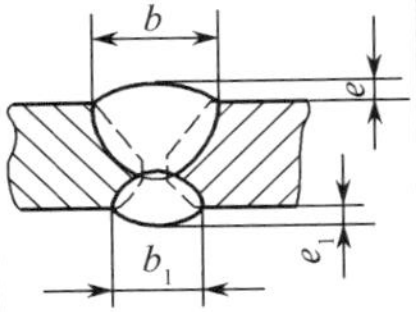b e e_1 b_1	12~60	δ: 12, 14, 16, 18, 20, 22, 24, 26, 28, 30, 32, 34 b: 14, 16, 18, 20, 22, 24, 26, 28, 30, 32, 34, 36 b1: 10±1 (δ 12~14); 13±1 (δ 16~34) e: 0~2.5 (δ 12~14); 0~3 (δ 16~34) e1: 0~2 δ: 36, 38, 40, 42, 44, 46, 48, 50, 52, 54, 56, 58, 60 b: 38, 40, 42, 44, 46, 48, 50, 54, 56, 58, 60, 62, 64 b1: 13±1 (δ 36); 15±1.5 (δ 38~60) e: 0~3 (δ 36); 0~3.5 (δ 38~60) e_1: 0~2 (δ 36); 0~2.5 (δ 38~60)	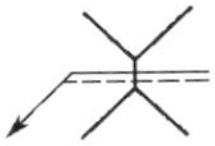
对接接头	U形坡口	双面焊	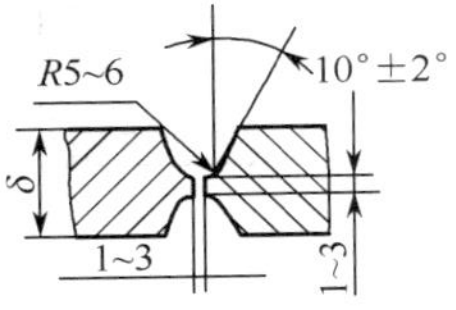R5~6 10°±2° δ 1~3 1~3	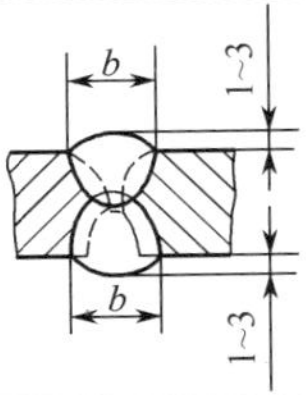b 1~3 b 1~3	40~60	δ: 40, 42, 44, 46, 48, 50 b: 20 (δ 40~42); 22 (δ 44~50) δ: 52, 54, 56, 58, 60 b: 22 (δ 52); 24 (δ 54~60)	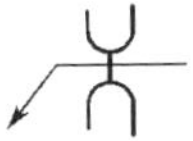
角接接头	卷边	单面焊	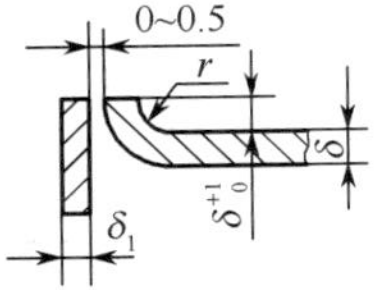0~0.5 r δ δ_0^{+1} δ_1	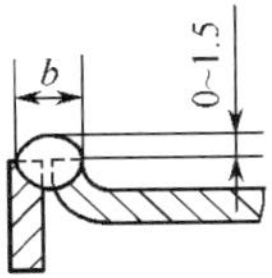b 0~1.5	1~2	δ: 1~2 b: 2δ r: δ b值偏差:$_0^{+1}$	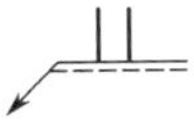

续表

<table>
<tr><th colspan="3">焊接接头形式名称</th><th colspan="2">剖面图形</th><th rowspan="2">适用厚度/mm</th><th rowspan="2">尺寸/mm</th><th rowspan="2">图样标注符号</th></tr>
<tr><th>形式</th><th>接边名称</th><th>焊缝名称</th><th>坡口</th><th>焊缝</th></tr>
<tr><td rowspan="4">角接接头</td><td rowspan="2">不开坡口 平接</td><td>双面焊</td><td rowspan="2">δ, 0~1, δ_1</td><td>b, h, K_1</td><td rowspan="2">2～5</td><td rowspan="2">δ: 2, 3, 4, 5
b: 5, 7, 9, 12
h: 0.5～1.5 (δ=2, 3); 0.5～2.5 (δ=4, 5)
K_{1min}: 3
b 值偏差：±1</td><td> 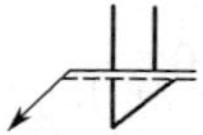</td></tr>
<tr><td>单面焊</td><td>b, h</td><td></td></tr>
<tr><td rowspan="2">不开坡口 错边</td><td>双面焊</td><td rowspan="2">l, δ, 0~2, δ_1</td><td>K, K_1</td><td rowspan="2">4～30</td><td rowspan="2">δ: 4～30
K: ≥0.5δ
K_{1min}: 3～6
l、K、K_1 由设计确定</td><td> 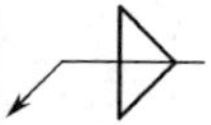</td></tr>
<tr><td>单面焊</td><td>K</td><td></td></tr>
</table>

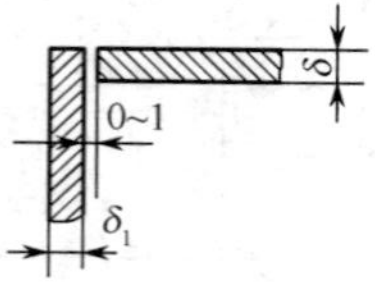

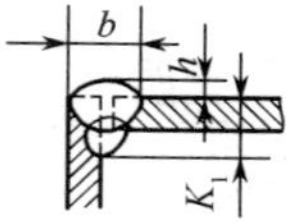

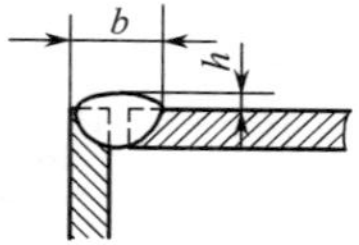

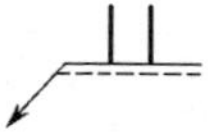

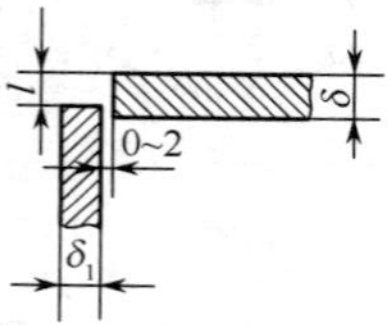

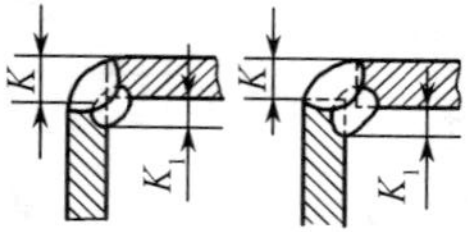

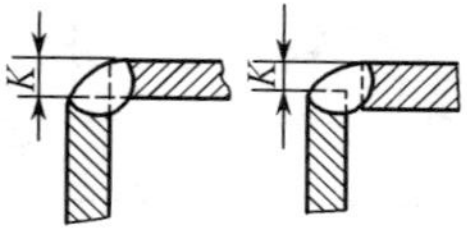

续表

<table>
<tr><th colspan="3">焊接接头形式名称</th><th colspan="2">剖面图形</th><th rowspan="2">适用厚度/mm</th><th rowspan="2">尺寸/mm</th><th rowspan="2">图样标注符号</th></tr>
<tr><th>形式</th><th>接边名称</th><th>焊缝名称</th><th>坡口</th><th>焊缝</th></tr>
<tr><td rowspan="4">角接接头</td><td rowspan="2">单边V形坡口</td><td>双面焊</td><td rowspan="2"> 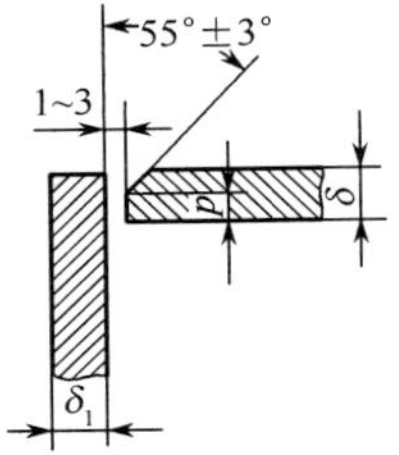55°±3°
1~3
p
δ
δ1</td><td> 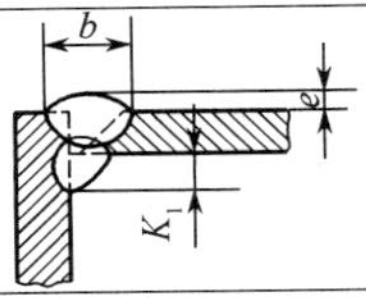b
e
K1</td><td rowspan="2">4~30</td><td rowspan="2">
<table>
<tr><td>δ</td><td>4</td><td>5</td><td>6</td><td>7</td><td>8</td><td>9</td><td>10</td><td>12</td><td>14</td></tr>
<tr><td>b</td><td colspan="2">8</td><td colspan="2">10</td><td colspan="2">12</td><td>14</td><td>16</td><td>18</td></tr>
<tr><td>K_{1min}</td><td colspan="7">3</td><td colspan="2">4</td></tr>
<tr><td>e</td><td colspan="4">0~2</td><td colspan="5">0~2.5</td></tr>
<tr><td>p</td><td colspan="4">0.5~1.5</td><td colspan="5">1~3</td></tr>
</table>
<table>
<tr><td>δ</td><td>16</td><td>18</td><td>20</td><td>22</td><td>24</td><td>26</td><td>28</td><td>30</td></tr>
<tr><td>b</td><td>20</td><td>22</td><td>24</td><td>26</td><td>28</td><td>32</td><td>36</td><td>38</td></tr>
<tr><td>K_{1min}</td><td>4</td><td colspan="7">6</td></tr>
<tr><td>e</td><td colspan="8">0~3</td></tr>
<tr><td>p</td><td colspan="8">1~3</td></tr>
</table>
</td><td></td></tr>
<tr><td>单面焊</td><td> 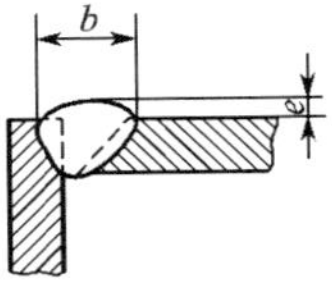b
e</td><td> 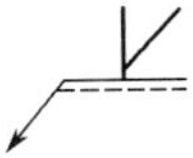</td></tr>
<tr><td rowspan="2">V形坡口</td><td>双面焊</td><td rowspan="2"> 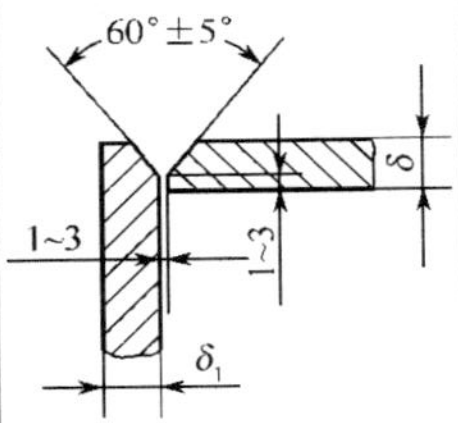60°±5°
1~3
1~3
δ
δ1</td><td> 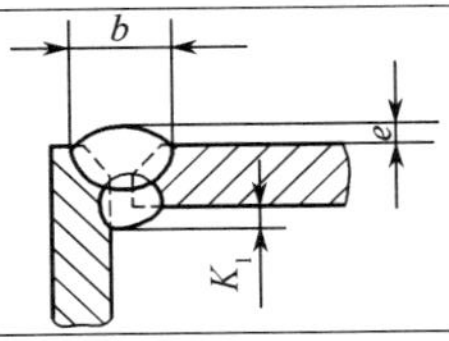b
e
K1</td><td rowspan="2">12~30</td><td rowspan="2">
<table>
<tr><td>δ</td><td>12</td><td>14</td><td>16</td><td>18</td><td>20</td><td>22</td></tr>
<tr><td>b</td><td>17</td><td>21</td><td>23</td><td>26</td><td>28</td><td>30</td></tr>
<tr><td>K_{1min}</td><td colspan="3">4</td><td colspan="3">6</td></tr>
<tr><td>e</td><td colspan="3">0~2.5</td><td colspan="3">0~3</td></tr>
</table>
<table>
<tr><td>δ</td><td>24</td><td>26</td><td>28</td><td>30</td></tr>
<tr><td>b</td><td>33</td><td>35</td><td>37</td><td>39</td></tr>
<tr><td>K_{1min}</td><td colspan="4">6</td></tr>
<tr><td>e</td><td colspan="4">0~3</td></tr>
</table>
</td><td></td></tr>
<tr><td>单面焊</td><td>b
e</td><td></td></tr>
</table>

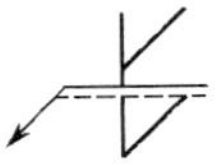

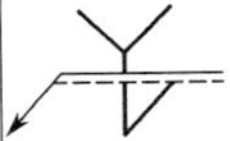

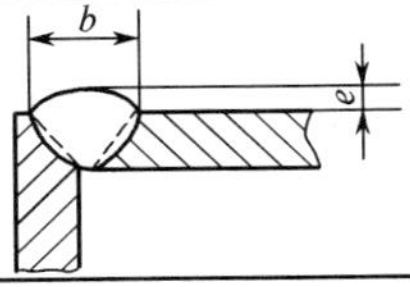

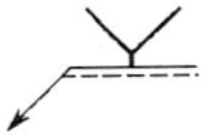

续表

<table>
<tr><th colspan="3">焊接接头形式名称</th><th colspan="2">剖面图形</th><th rowspan="2">适用厚度/mm</th><th rowspan="2">尺寸/mm</th><th rowspan="2">图样标注符号</th></tr>
<tr><th>形式</th><th>接边名称</th><th>焊缝名称</th><th>坡口</th><th>焊缝</th></tr>
<tr><td>角接接头</td><td>K形坡口</td><td>双面焊</td><td>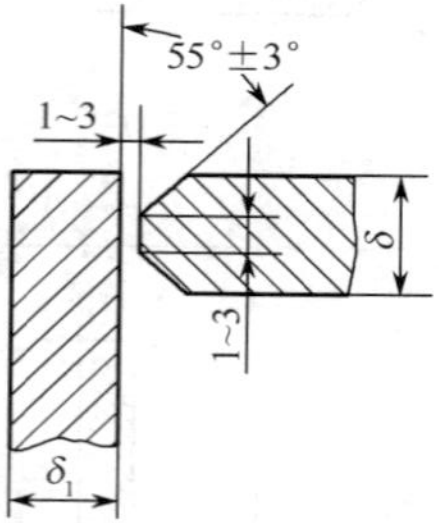</td><td>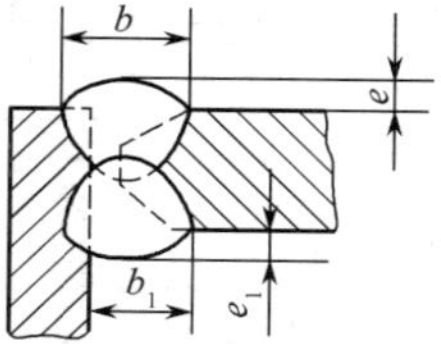</td><td>20～40</td><td>
<table>
<tr><td>δ</td><td>20</td><td>22</td><td>24</td><td>26</td><td>28</td><td>30</td><td>32</td></tr>
<tr><td>b</td><td colspan="2">16</td><td>18</td><td colspan="2">20</td><td colspan="2">22</td></tr>
<tr><td>b1</td><td>13</td><td>14</td><td>15</td><td>16</td><td>17</td><td>18</td><td>19</td></tr>
<tr><td>e</td><td colspan="6">0～2.5</td><td>0～3</td></tr>
<tr><td>e1</td><td colspan="7">≈5</td></tr>
</table>
<table>
<tr><td>δ</td><td>34</td><td>36</td><td>38</td><td>40</td></tr>
<tr><td>b</td><td colspan="2">24</td><td colspan="2">26</td></tr>
<tr><td>b1</td><td>20</td><td>21</td><td>22</td><td>23</td></tr>
<tr><td>e</td><td colspan="4">0～3</td></tr>
<tr><td>e1</td><td colspan="4">≈5</td></tr>
</table>
</td><td></td></tr>
<tr><td rowspan="2">T形接头</td><td rowspan="2">不开坡口</td><td>双面连续焊</td><td rowspan="2">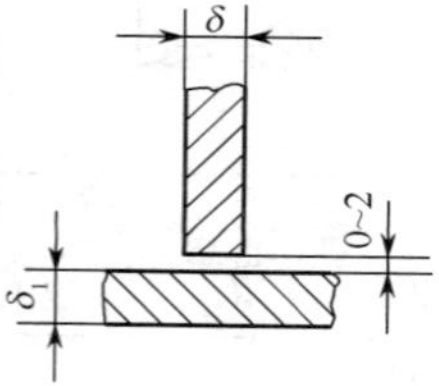</td><td>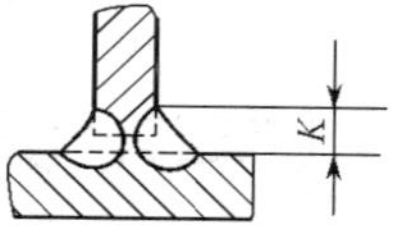</td><td>2～30</td><td rowspan="2">用于T形接头单面连续焊和双面连续焊
<table>
<tr><td>δ</td><td>K_min</td></tr>
<tr><td>2～3</td><td>2</td></tr>
<tr><td>4～6</td><td>3</td></tr>
<tr><td>7～9</td><td>4</td></tr>
<tr><td>10～12</td><td>5</td></tr>
<tr><td>14～16</td><td>6</td></tr>
<tr><td>18～22</td><td>8</td></tr>
<tr><td>23～30</td><td>10</td></tr>
</table>
</td><td>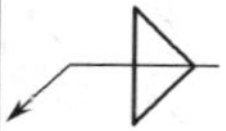</td></tr>
<tr><td>双面交错焊</td><td>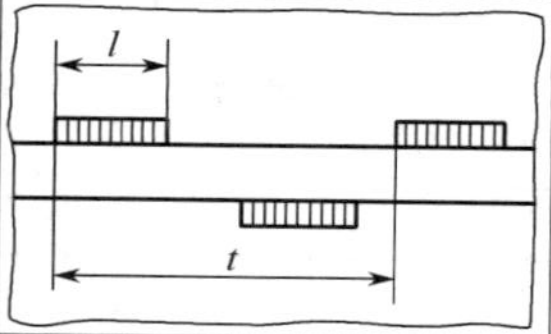</td><td>2～18</td><td>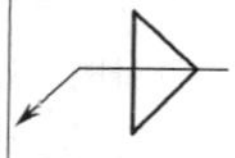</td></tr>
</table>

续表

焊接接头形式名称			剖面图形		适用厚度/mm	尺寸/mm	图样标注符号
形式	接边名称	焊缝名称	坡口	焊缝			
T形接头	不开坡口	双面链状焊	δ, 0~2, δ_1	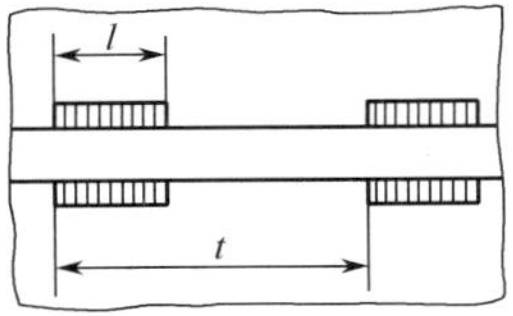 l, t	2~18		
		单面连续焊		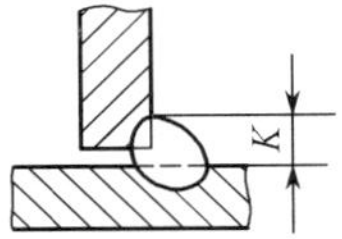 K	2~30	用于T形接头单面断续焊、双面链状焊和双面交错焊：δ 2~3，K_{min} 2；δ 4~6，K_{min} 3；δ 7~9，K_{min} 4；δ 10~12，K_{min} 5；δ 14~18，K_{min} 6	
		单面断续焊		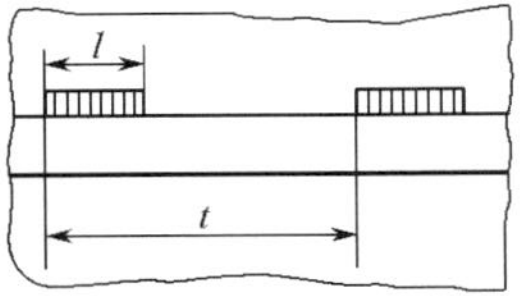 l, t	2~18	K、l、t 由设计确定	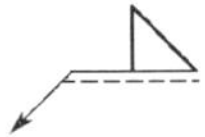

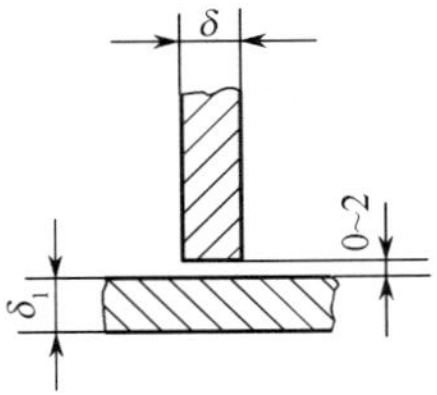

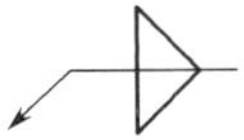

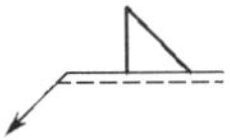

续表

焊接接头形式名称			剖面图形		适用厚度/mm	尺寸/mm	图样标注符号
形式	接边名称	焊缝名称	坡口	焊缝			
T形接头	单边V形坡口	双面焊	55°±3°		4～30		
		单面焊					
	K形坡口	双面焊	55°±3°		10～40		

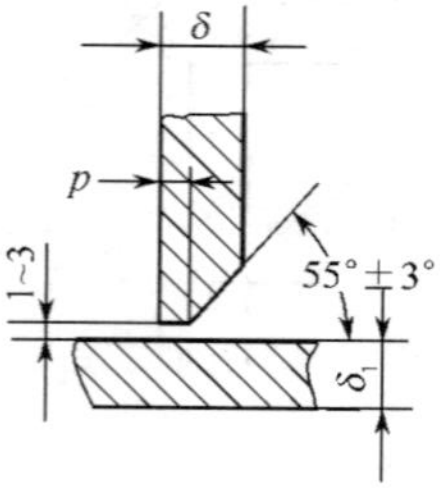

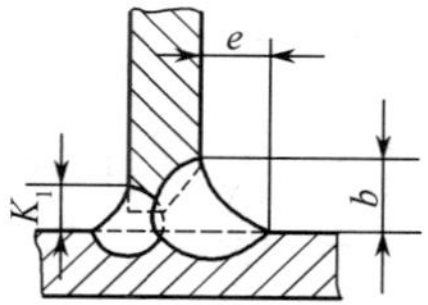

单边V形坡口 双面焊：

δ	4	5	6	7	8	9	10	12	14
b	6	8		10		12		16	18
e	≈4					≈5			
p	1～2			1～3					
K_{1min}	3							4	

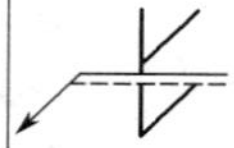

单边V形坡口 单面焊：

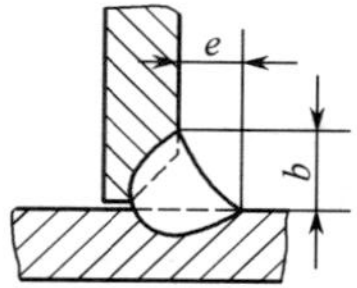

δ	16	18	20	22	24	26	28	30
b	20	22	24	26	28	30	32	34
e	≈5	≈6						
p	1～3							
K_{1min}	4	6						

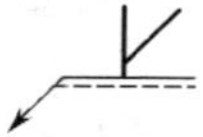

K形坡口 双面焊：

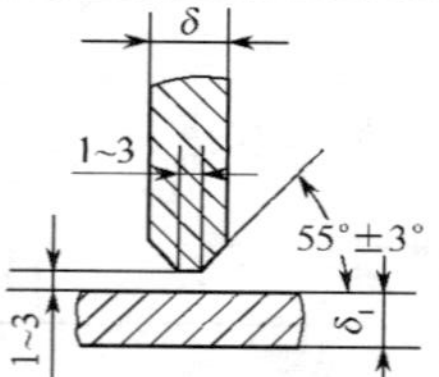

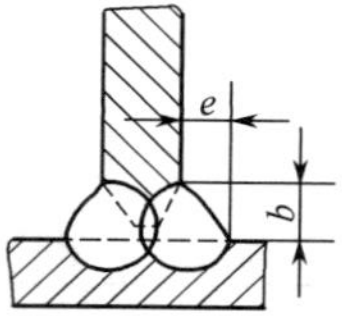

δ	10	12	14	16	18	20	22	24
b	6		8		10	12	14	16
e	≈5							≈6
δ	26	28	30	32	34	36	38	40
b	16	18		20		22		24
e	≈6			≈8				

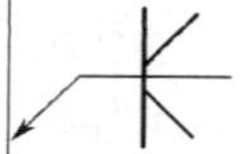

续表

<table>
<tr><th colspan="3">焊接接头形式名称</th><th colspan="2">剖面图形</th><th rowspan="2">适用厚度/mm</th><th rowspan="2">尺寸/mm</th><th rowspan="2">图样标注符号</th></tr>
<tr><th>形式</th><th>接边名称</th><th>焊缝名称</th><th>坡口</th><th>焊缝</th></tr>
<tr><td>T形接头</td><td>双面单边U形坡口</td><td>双面焊</td><td> 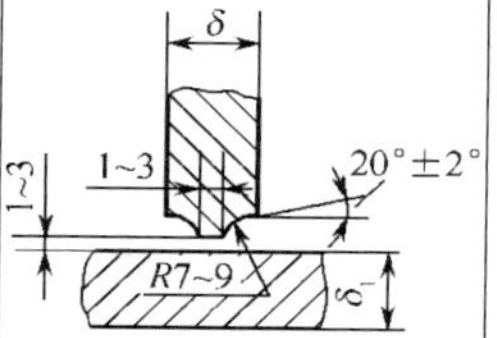δ
1~3
1~3
20°±2°
R7~9
δ₁</td><td> 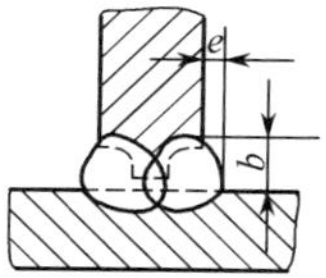e
b</td><td>40～60</td><td>
<table>
<tr><td>δ</td><td>40</td><td>42</td><td>44</td><td>46</td><td>48</td><td>50</td></tr>
<tr><td>b</td><td colspan="4">18</td><td colspan="2">19</td></tr>
<tr><td>e</td><td colspan="6">≈10</td></tr>
<tr><td>δ</td><td>52</td><td>54</td><td>56</td><td>58</td><td>60</td><td></td></tr>
<tr><td>b</td><td>19</td><td colspan="4">20</td><td></td></tr>
<tr><td>e</td><td colspan="5">≈10</td><td></td></tr>
</table>
</td><td></td></tr>
<tr><td rowspan="2">搭接接头</td><td rowspan="2">不开坡口</td><td>双面焊</td><td> 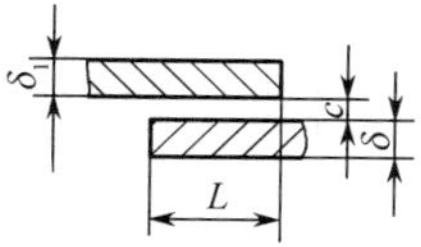δ₁
c
δ
L</td><td> 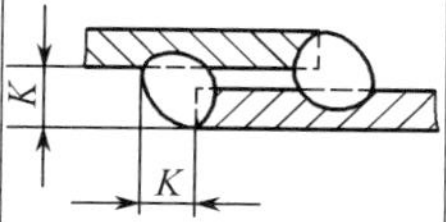K
K</td><td rowspan="2">1～30</td><td rowspan="2">
<table>
<tr><td>δ</td><td>1～5</td><td>6～30</td></tr>
<tr><td>K</td><td colspan="2">≥0.8δ</td></tr>
<tr><td>L</td><td colspan="2">≥2(δ+δ₁)</td></tr>
<tr><td>c</td><td>0～0.5</td><td>0～1</td></tr>
</table>
尺寸 K、l、t 由设计确定
</td><td> 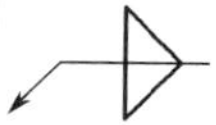</td></tr>
<tr><td>单面断续焊</td><td>δ₁
c
δ</td><td>l
t
K
K
δ</td><td></td></tr>
</table>

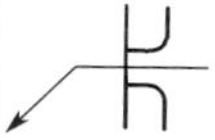

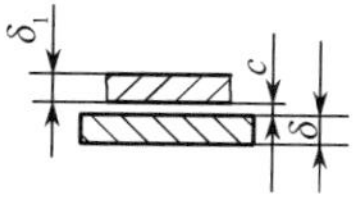

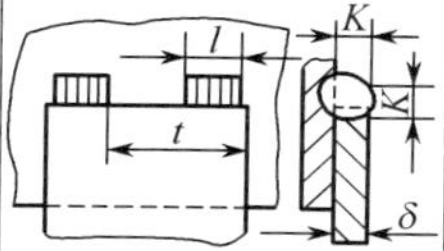

续表

<table>
<tr><th colspan="3">焊接接头形式名称</th><th colspan="2">剖面图形</th><th rowspan="2">适用厚度/mm</th><th rowspan="2">尺寸/mm</th><th rowspan="2">图样标注符号</th></tr>
<tr><th>形式</th><th>接边名称</th><th>焊缝名称</th><th>坡口</th><th>焊缝</th></tr>
<tr><td rowspan="3">搭接接头</td><td rowspan="2">圆孔</td><td>塞焊</td><td> 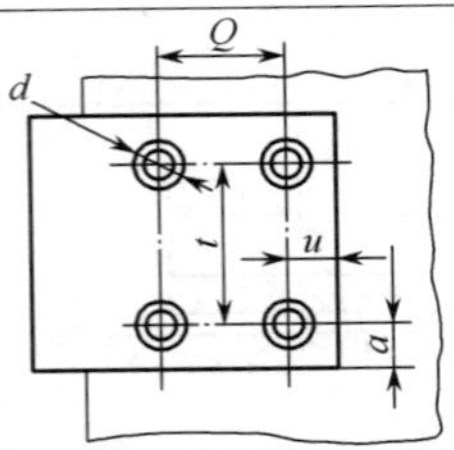</td><td> 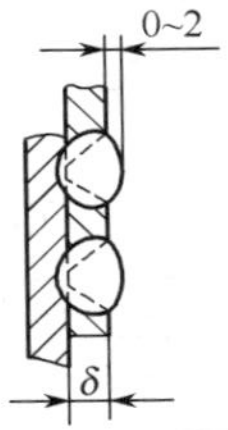</td><td>$\geqslant 2$</td><td rowspan="2">δ：$\geqslant 2$
a：$\geqslant 2\delta$
δ_1：$\geqslant \delta$
①Q、u、t 由设计确定
②$d \geqslant 30$mm 时，允许沿孔壁角焊，$K \geqslant 0.8\delta$
③$\delta < 8$mm 时，可不钻埋头孔；$\delta = 8 \sim 16$mm 时，在整个厚板上钻埋头孔；$\delta > 16$mm 时，埋头孔必须钻到足以保证焊缝尺寸</td><td> </td></tr>
<tr><td>孔内角焊</td><td> 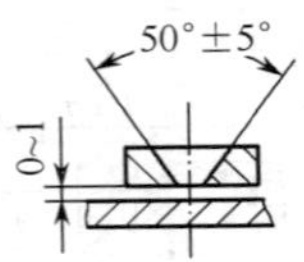</td><td> 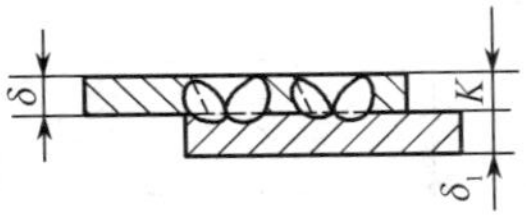</td><td>$\geqslant 2$</td><td> </td></tr>
<tr><td>长孔</td><td>孔内角焊</td><td> 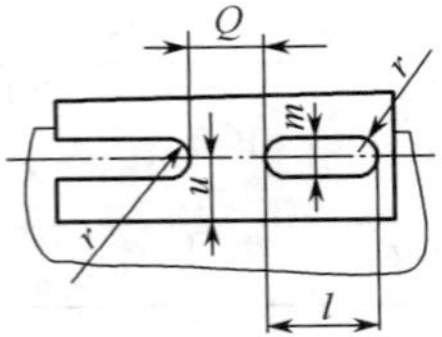</td><td> 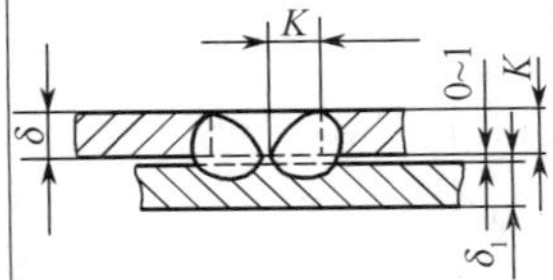</td><td>$\geqslant 2$</td><td>δ：$\geqslant 2$
K：$\geqslant 0.8\delta$
m：$\geqslant 2\delta$
r：0.5m
δ_1：$\geqslant \delta$
①允许沿孔壁全部填满
②K、Q、u、l 由设计确定</td><td> </td></tr>
</table>

第二节 焊接工艺过程与运条方法、焊丝摆动

一、焊条电弧焊的工艺过程

任何焊接过程都包含起头和收尾，在焊条电弧焊的焊接过程中，还有一个技术上很强的连接问题，即当一根焊条焊完后，用下一根焊条接着焊时需要有一个良好的连接技术，以保证接头的质量。关于焊条电弧焊的操作技术见表 2-3。

表 2-3 手工（焊条）电弧焊的操作过程的技术问题

过程	方法	简图	操作技巧
引弧	划擦法	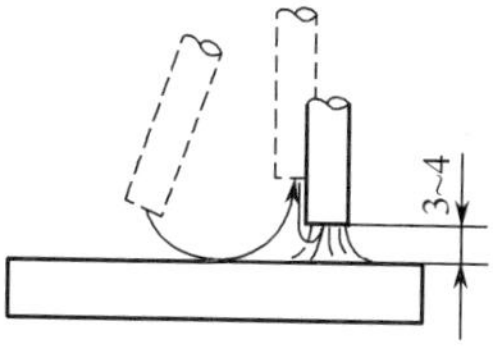 3~4	先将焊条末端对准焊缝，然后将手腕扭转一下使焊条在焊件上划擦一下打出火花，然后手腕扭平，并将焊条提起 3～4mm 即可引燃电弧，并保持一定弧长
	直击法	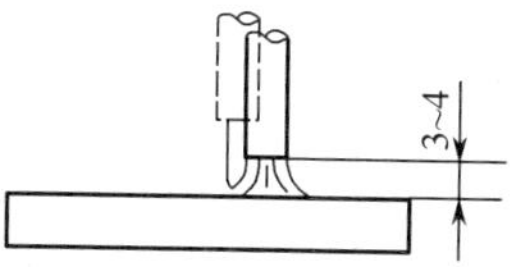 3~4	先将焊条末端对准焊缝，然后将手腕放下，使焊条轻碰一下焊件，随后将焊条提起 3～4mm 即可引燃电弧，并保持一定的弧长
起头	引弧后先将电弧稍微拉长，对焊缝端头进行必要的预热，然后适当缩短电弧长度进行正常的焊接		
焊缝的收尾	划圈收尾法	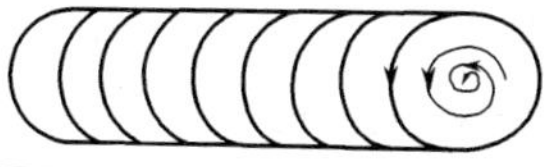	焊条移至焊缝终点时，作圆圈运动，直到填满弧坑再拉断电弧。此法适用于厚板收尾
	反复断弧收尾法	焊条移至焊缝终点时，在弧坑处反复熄弧、引弧数次，直到填满弧坑为止。此法一般适用于薄板和大电流焊接，但碱性焊条不宜使用此法，因为容易产生气孔	
	回焊收尾法	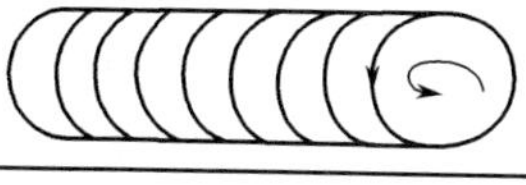	焊条移至焊缝收尾处即停住，并且改变焊条角度回焊一小段。此法适用于碱性焊条

续表

过程	方法	简图	操作技巧
焊缝的连接	首-尾相接	头—1→尾 头—2→尾	后焊焊缝的起头与先焊焊缝的结尾相接，接头方法是在弧坑稍前（约10mm）处引弧，电弧可比正常焊接时略微长些（低氢型焊条电弧不可长，否则易产生气孔），然后将电弧后移到原弧坑的2/3处，填满弧坑后即向前进入正常焊接。此法适用于单层焊及多层焊的表层接头
	首-首相接	尾←1—头 头—2→尾	后焊焊缝的起头与先焊焊缝的起头相接
	尾-尾相接	头—1→尾 尾←2—头	后焊焊缝的结尾与先焊焊缝的结尾相接
	尾-首相接	头—2→尾 头—1→尾	后焊焊缝的结尾与先焊焊缝的起头相接

二、运条方法与焊丝横向摆动

在手工（焊条）电弧焊时，为了保证焊接质量和熔敷金属覆盖焊缝，焊条（或焊丝）不仅要沿焊接方向移动和向下送进，还要进行必要的横向摆动。根据焊缝的不同，可分别采用直线运条、直线往复运条、锯齿形运条、月牙形运条、三角形运条、圆圈形运条和8字形运条等运条方法。各种运条方法及其应用范围见表2-4。

表2-4 各种运条方法及其应用范围

运条方法	示意图	用途
直线运条	—→	焊缝宽不超过焊条直径的1.5倍。适用于板厚3～5mm不开坡口的对接平焊、多层焊的第一层或多层多道焊

续表

运条方法	示意图	用途
直线往复运条	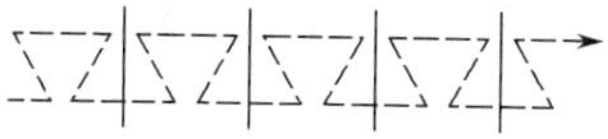	特点是焊接速度快、焊缝窄、散热也快。适用于薄板焊接和接头间隙较大的焊缝
锯齿形运条	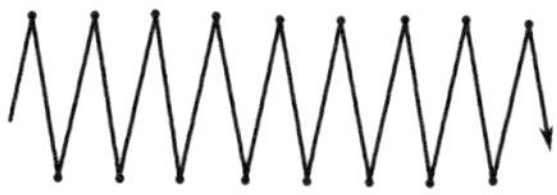	这种方法容易操作，在实际生产中应用较广。多用于厚钢板焊接及平焊、立焊、仰焊的对接接头和立焊的角接接头
月牙形运条		操作时要在两端作片刻停留，以防止咬边。适用范围与锯齿形运条相同
斜三角形运条	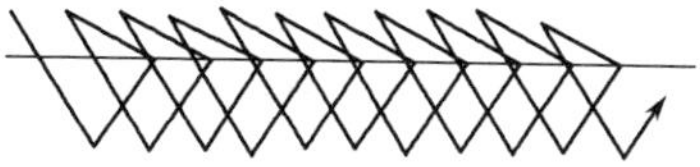	适用于T形接头的仰焊缝和有坡口的横焊缝
三角形运条	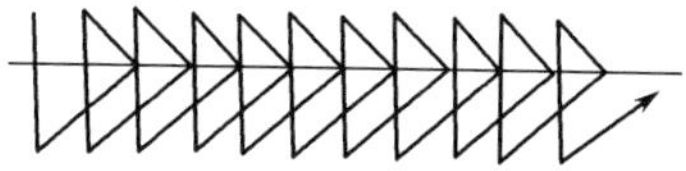	只适用于开坡口的对接接头和T形接头的立焊。特点是一次能焊出较厚的焊缝断面，不易产生夹渣缺陷
圆圈形运条	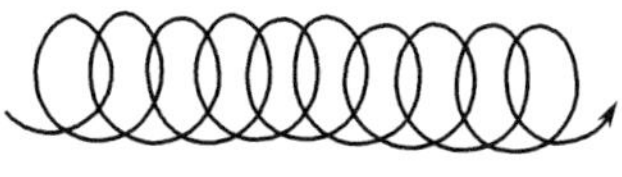	此法只适用于较厚工件的平焊，有利于熔池中的气体和熔渣上浮
斜圆圈形运条		适用于平焊、仰焊位置的T形接头的焊缝和对接接头的横焊缝
8字形运条		这种运条方法主要用于多层多道焊的盖面，可焊出均匀的鱼鳞花

第三节　焊接工艺参数及选择

焊条电弧焊的焊接工艺参数通常包括焊条牌号、焊条直径、电源种类与极性、焊接电流、电弧电压、焊接速度和焊接层数等。而主要的焊接工艺参数是焊条直径和焊接电流的大小，至于电弧电压和焊接速度，在焊条电弧焊中，不作原则规定，焊工根据具体情况灵活掌握。

焊接工艺参数选择得正确与否，会直接影响焊缝的成形和产品的质量，因此选择合适的焊接规范是生产上一个重要的问题。焊条电弧焊时的焊接工艺参数见表 2-5。

表 2-5　焊条电弧焊适用的焊接工艺参数

焊缝空间位置	焊缝横断面形式	焊件厚度或焊脚尺寸/mm	第一层焊缝		其他各层焊缝		封底焊缝	
			焊条直径/mm	焊接电流/A	焊条直径/mm	焊接电流/A	焊条直径/mm	焊接电流/A
平对接焊缝		2	2	55～60	—	—	2	55～60
		2.5～3.5	3.2	90～120	—	—	3.2	90～120
		4～5	3.2	100～130	—	—	3.2	100～130
			4	160～200	—	—	4	160～210
			5	200～260	—	—	5	220～250
		5～6	4	160～210	—	—	3.2	100～130
							4	180～210
		≥6	4	160～210	4	160～210	4	180～210
					5	220～280	5	220～260
		≥12	4	160～210	4	160～210	—	—
					5	220～280	—	—

续表

焊缝空间位置	焊缝横断面形式	焊件厚度或焊脚尺寸/mm	第一层焊缝		其他各层焊缝		封底焊缝	
			焊条直径/mm	焊接电流/A	焊条直径/mm	焊接电流/A	焊条直径/mm	焊接电流/A
立对接焊缝		2	2	50～55	—	—	2	50～55
		2.5～4	3.2	80～110	—	—	3.2	80～110
		5～6	3.2	90～120	—	—	3.2	90～120
		7～10	3.2	90～120	4	120～160	3.2	90～120
			4	120～160				
		≥11	3.2	90～120	4	120～160	3.2	90～120
			4	120～160	5	160～200		
		12～18	3.2	90～120	4	120～160	—	—
			4	120～160				
		≥19	3.2	90～120	4	120～160	—	—
			4	120～160	5	160～200		
横对接焊缝		2	2	50～55	—	—	2	50～55
		2.5	3.2	80～110	—	—	3.2	80～110
		3～4	3.2	90～120	—	—	3.2	90～120
			4	120～160	—	—	4	120～160
		5～8	3.2	90～120	3.2	90～120	3.2	90～120
					4	140～160	4	120～160
		≥9	3.2	90～120	4	140～160	3.2	90～120
			4	140～160			4	120～160
		14～18	3.2	90～120	4	140～160	—	—
			4	140～160				
		≥19	4	140～160	4	140～160	—	—

续表

焊缝空间位置	焊缝横断面形式	焊件厚度或焊脚尺寸/mm	第一层焊缝		其他各层焊缝		封底焊缝	
			焊条直径/mm	焊接电流/A	焊条直径/mm	焊接电流/A	焊条直径/mm	焊接电流/A
仰对接焊缝	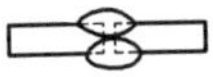	2	—	—	—	—	2	50～65
		2.5	—	—	—	—	3.2	80～110
		3～5	—	—	—	—	3.2	90～110
							4	120～160
		5～8	3.2	90～120	3.2	90～120	—	—
					4	140～160		
		≥9	3.2	90～120	4	140～160	—	—
			4	140～160				
	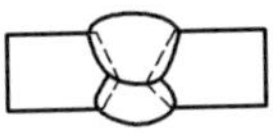	12～18	3.2	90～120	4	140～160	—	—
			4	140～160				
		≥19	4	140～160	4	140～160	—	—
平角接焊缝	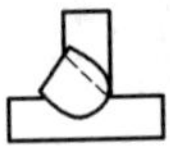	2	2	55～65	—	—	—	—
		3	3.2	100～120	—	—	—	—
		4	3.2	100～120	—	—	—	—
			4	160～200				
		5～6	4	160～200	—	—	—	—
			5	220～280				
		≥7	4	160～200	5	220～230	—	—
			5	220～280				
	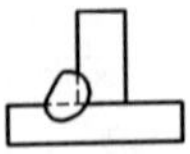	—	4	160～200	4	160～200	4	160～220
					5	220～280		

续表

焊缝空间位置	焊缝横断面形式	焊件厚度或焊脚尺寸/mm	第一层焊缝		其他各层焊缝		封底焊缝	
			焊条直径/mm	焊接电流/A	焊条直径/mm	焊接电流/A	焊条直径/mm	焊接电流/A
立角接焊缝		2	2	50～60	—	—	—	—
		3～4	3.2	90～120	—	—	—	—
		5～8	3.2	90～120	—	—	—	—
			4	120～160				
		9～12	3.2	90～120	4	120～160	—	—
			4	120～160				
		—	3.2	90～120	4	120～160	3.2	90～120
			4	120～160				
仰角接焊缝		2	2	50～60	—	—	—	—
		3～4	3.2	90～120	—	—	—	—
		5～6	4	120～160	—	—	—	—
		≥7	4	140～160	4	140～160	—	—
		—	3.2	90～120	4	140～160	3.2	90～120
			4	140～160			4	140～160

还要强调的是如何确定厚板焊条电弧焊的层数。当板厚较大时，为了焊透需要开坡口，开了坡口后多数都不能焊一层，应根据板的厚度来确定焊接层数，用式（2-1）计算

$$n=\frac{t}{k\phi} \tag{2-1}$$

式中 n——焊接层数；

t——钢板厚度，mm；

ϕ——焊条直径，mm；

k——厚度系数，一般取 $k=0.8\sim1.2$。

在多层焊时，要合理地确定焊接层数，并要考虑是用多层焊还是用多层多道焊。对于怕过热的材料，宜采用多层多道焊；对于易淬火的材料，则宜采用多层焊。

第四节　各种位置的焊接方法

焊接时，由于焊缝所处的位置不同，因而操作方法和焊接工艺参数的选择也就不同。但是它们也存在着共同的规律，所以在进行各种位置的焊接时，应掌握好这些共同的规律。

通过保持正确的焊条角度可以控制好电弧的吹力，掌握好运条的前进、横向摆动和焊条送进三个动作，把熔池温度严格地控制在一定的范围内，就能使熔池金属的冶金反应趋近完全，气体、杂质排除得比较干净，与基体金属良好熔合，从而得到优良的焊缝质量和美观的焊缝形状。虽然焊接时熔池温度不容易直接判断，但熔池温度与熔池的形状和大小是密切相关的。熔池的大小与焊接工艺参数及运条手法有关，因此焊接时应选择合适的焊接工艺参数及运条手法，把熔池控制在一定的范围内，以保证焊缝质量。

本节将介绍各种焊接位置的操作方法。

一、平焊

平焊时，由于焊缝处在水平位置，熔滴主要靠自重自然过渡，所以操作比较容易，允许用较大直径的焊条和较大的电流，故生产率高。如果参数选择及操作不当，容易在根部形成未焊透或焊瘤。运条及焊条角度不正确时，熔渣和铁水易出现混在一起分不清的现象，或熔渣超前形成夹渣。

平焊又分为平对接焊和平角接焊两种。

1. 平对接焊

(1) 不开坡口的平对接焊　当焊件厚度小于 6mm 时，一般采用不开坡口对接。

焊接正面焊缝时，宜用直径为 3～4mm 的焊条，采用短弧焊接，并应使熔深达到板厚的 2/3，焊缝宽度为 5～8mm，余高应小于 1.5mm，如图 2-1 所示。

对不重要的焊件，在焊接反面的封底焊缝前，可不必铲除焊根，但应将正面焊缝下面的熔渣彻底清除干净，然后用 3mm 焊条进行焊接，电流可以稍大些。

焊接时所用的运条方法均为直线形，焊条角度如图 2-2 所示。在焊接正面焊缝时，运条速度应慢些，以获得较大的熔深和宽度；焊反面封底焊缝时，则运条速度要稍快些，以获得较小的焊缝宽度。

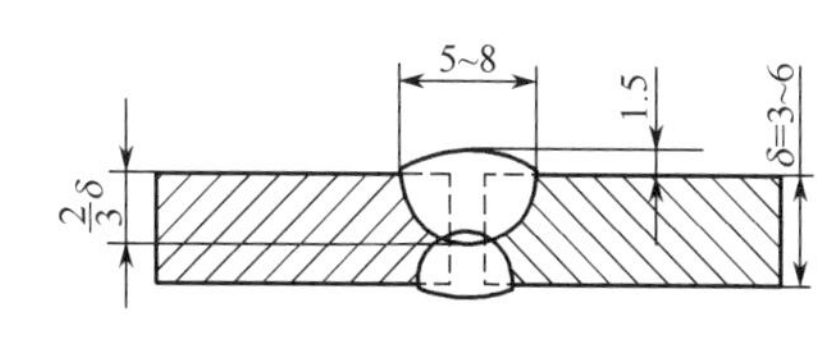

图 2-1 不开坡口的焊缝

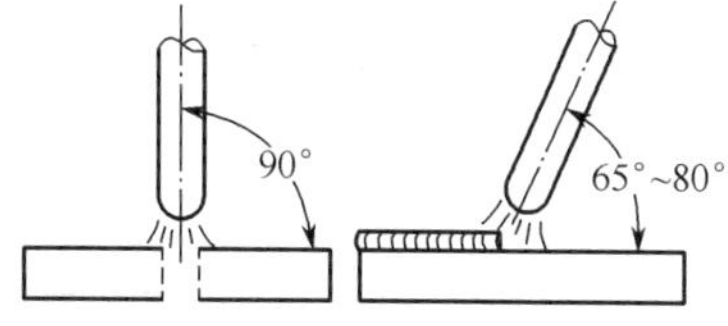

图 2-2 平面对接焊的焊条角度

运条时，若发现熔渣和铁水混合不清，即可把电弧稍微拉长一些，同时将焊条向前倾斜，并往熔池后面推送熔渣，随着这个动作，熔渣就被推送到熔池后面去了，如图 2-3 所示。

（2）开坡口的平对接焊 当焊件厚度等于或大于 6mm 时，因为电弧的热量很难使焊缝的根部焊透，所以应开坡口。开坡口对接接头的焊接，可采用多层焊法（图 2-4）或多层多道焊法（图 2-5）。

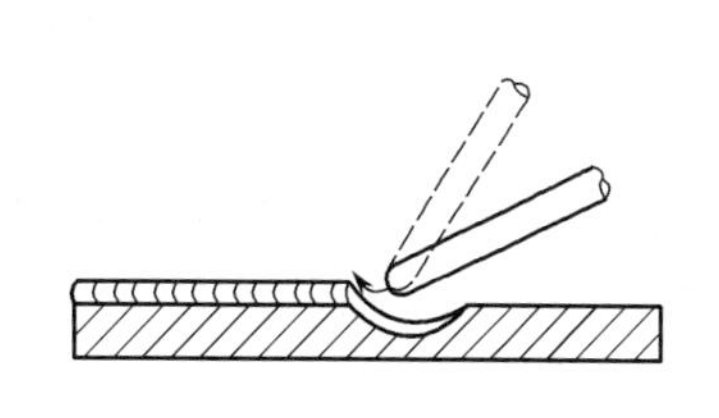

图 2-3 推送熔渣的方法

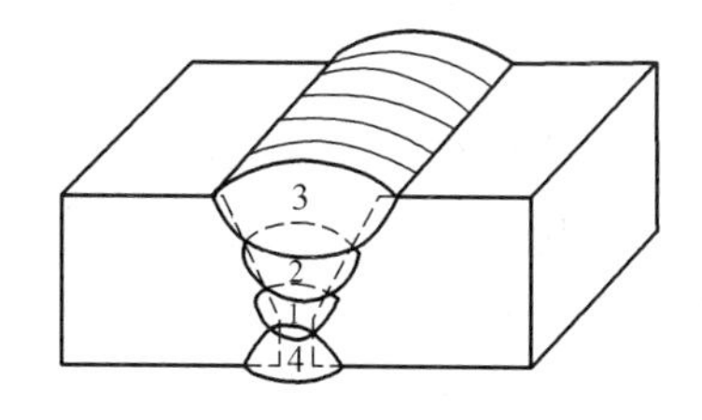

图 2-4 对接多层焊

多层焊时，对第一层的打底焊道应选用直径较小的焊条，运条方法应以间隙大小而定，当间隙小时可用直线形，间隙较大时则采

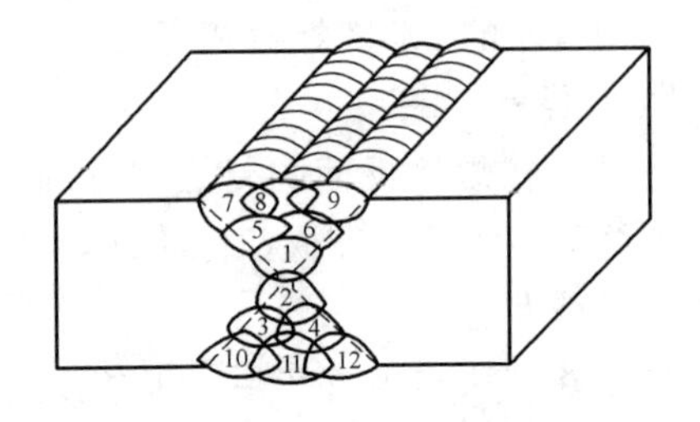

图 2-5 对接多层多道焊

用直线往返形，以免烧穿。当间隙很大而无法一次焊成时，就采用三点焊法（图 2-6）。先将坡口两侧各焊上一道焊缝（图 2-6 中 1、2），使间隙变小，然后再进行图 2-6 中焊缝 3 的敷焊，从而形成由焊缝 1、2、3 共同组成的一个整体焊缝。但是，在一般情况下，不应采用三点焊法。

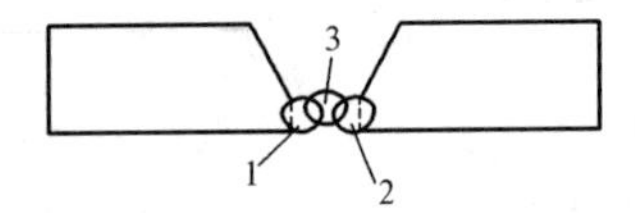

图 2-6 三点焊法的施焊次序

在焊第二层时，先将第一层熔渣清除干净，随后用直径较大的焊条和较大的焊接电流进行焊接。用直线形、幅度较小的月牙形或锯齿形运条法，并应采用短弧焊接。以后各层焊接，均可采用月牙形或锯齿形运条法，不过其摆动幅度应随焊接层数的增加而逐渐加宽。焊条摆动时，必须在坡口两边稍作停留，否则容易产生边缘熔合不良及夹渣等缺陷。为了保证质量和防止变形，应使层与层之间的焊接方向相反，焊缝接头也应相互错开。

多层多道焊的焊接方法与多层焊相似，所不同的是因为一道焊缝不能达到所要求的宽度，而必须由数条窄焊道并列组成，以达到较大的焊缝宽度（图 2-5）。焊接时采用直线形运条法。

在采用低氢型焊条焊接平面对接焊缝时，除了焊条一定要按规定烘干外，焊件的焊接处必须彻底清除油污、铁锈、水分等，以免产生气孔。在操作时，一定要采用短弧，以防止空气侵入熔池。运条法宜采用月牙形，可使熔池冷却速度缓慢，有利于焊缝中气体的逸出，以提高焊缝质量。

2. 平角接焊

平角接焊主要是指T形接头平焊和搭接接头平焊，搭接接头平焊与T形接头平焊的操作方法类似，所以这里不作单独介绍。

T形接头平焊在操作时易产生咬边、未焊透、焊脚下偏（下垂）、夹渣等缺陷，如图2-7所示。

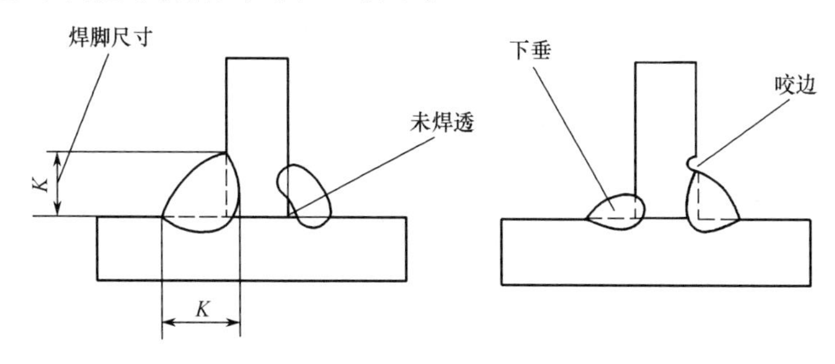

图2-7 T形接头平焊在操作时易产生的缺陷

为了防止上述缺陷，操作时除了正确选择焊接参数外，还必须根据两板的厚度来调节焊条的角度。如果焊接两板厚度不同的焊缝时，电弧就要偏向于厚板的一边，使两板的温度均匀。常用焊条角度如图2-8所示。

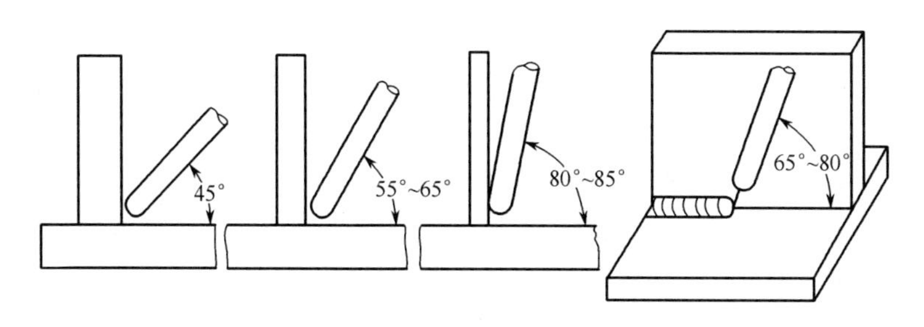

图2-8 T形接头焊接时的焊条角度

T形接头的焊接除单层焊外也可采用多层焊或多层多道焊，其焊接方法如下。

（1）单层焊　焊脚尺寸小于 8mm 的焊缝，通常用单层焊（一层一道焊缝）来完成，焊条直径根据钢板厚度不同在 3～5mm 范围内选择。

焊脚尺寸小于 5mm 的焊缝，可采用直线形运条法和短弧进行焊接，焊接速度要均匀，焊条角度与水平板成 45°，与焊接方向成 65°～80°的夹角。焊条角度过小会造成根部熔深不足；角度过大，熔渣容易跑到前面而造成夹渣。

在使用直线形运条法焊接焊脚尺寸不大的焊缝时，将焊条端头的套管边缘靠在焊缝上，并轻轻地压住它，当焊条熔化时，会逐渐沿着焊接方向移动。这样不但便于操作，而且熔深较大，焊缝外表也美观。

焊脚尺寸在 5～8mm 时，可采用斜圆圈形或反锯齿形运条法进行焊接，但运条速度不同，否则容易产生咬边、夹渣、边缘熔合不良等现象。正确的运条方法如图 2-9 所示，a 点至 b 点运条速度要稍慢些，以保证熔化金属与水平板很好熔合；b 点至 c 点的运条速度要稍快些，以防止熔化金属下淌，当从 b 点运条到 c 点时，在 c 点要稍作停留，以保证熔化金属与垂直板很好熔合，并且还能避免产生咬边现象，c 点至 b 点的运条速度又要稍慢些，才能避免产生夹渣现象及保证根部焊透；b 点至 d 点的运条速度与 a 点至 b 点一样要稍慢些；d 点至 e 点与 b 点至 c 点相同，e 点与 c 点相同，要稍作停留。整个运条过程就是不断重复上述过程。同时在整个运条过程中，都应采用短弧焊接。这样所得的焊缝才能宽窄一致，高低平整，不产生咬边、夹渣、下垂等缺陷。

在 T 形接头平焊的焊接过程中，往往由于收尾弧坑未填满而产生裂缝。所以在收尾时，一定要保证弧坑填满，具体措施可参阅焊缝收尾法。

（2）多层焊　焊脚尺寸在 8～10mm 时，可采用两层两道的焊法。

焊第一层时，可采用 3～4mm 直径的焊条，焊接电流稍大些，以获得较大的熔深。采用直线形运条法，在收尾时应把弧坑填满或

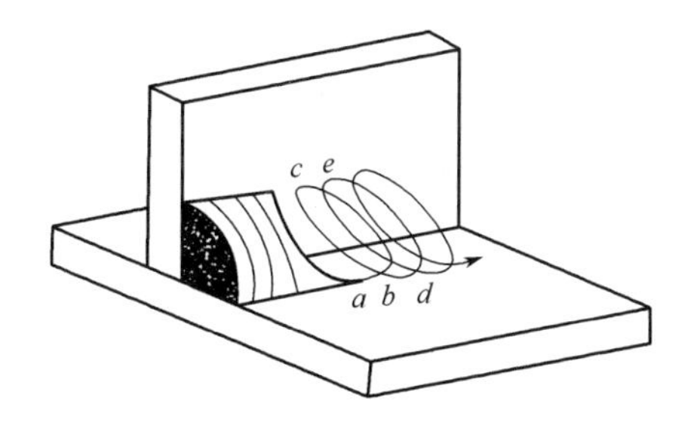

图 2-9　平角焊的圆圈形运条

略高些，这样在焊接第二层收尾时，不会因焊缝温度增高而产生弧坑过低的现象。

在焊第二层之前，必须将第一层的熔渣清除干净，如发现有夹渣，应用小直径焊条修补后方可焊第二层，这样才能保证层与层之间紧密地熔合。在焊第二层时，可采用 4mm 直径的焊条，焊接电流不宜过大，电流过大会产生咬边现象。用斜圆圈形或反锯齿形运条法施焊，具体运条方法与单层焊相同。但是第一层焊缝有咬边时，在第二层焊接时，应在咬边处适当多停留一些时间，以弥补第一层咬边的缺陷。

(3) 多层多道焊　当焊接焊脚尺寸大于 10mm 的焊缝时，如果采用多层焊，则由于焊缝表面较宽，坡度较大，熔化金属容易下垂，给操作带来一定困难。所以在实际生产中都采用多层多道焊。

焊脚尺寸为 10～12mm 时，一般用两层三道来完成。焊第一层（第一道）时，可采用较小直径的焊条及较大焊接电流，用直线形运条法，收尾与多层焊的第一层相同。焊完后将熔渣清除干净。

焊第二道焊缝时，应覆盖不小于第一层焊缝的 2/3，焊条与水平板的角度要稍大些（图 2-10 中 a），一般为 45°～55°，以使熔化金属与水平板很好熔合。焊条与焊接方向的夹角仍为 65°～80°，用斜圆圈形或反锯齿形运条，运条速度除了在图 2-9 中的 c 点、e 点上不需停留之外，其他都一样。焊接时应注意熔化金属与水平板要很好熔合。

焊接第三道焊缝时，应覆盖第二道焊缝的 1/3～1/2。焊条与水平板的角度为 40°～45°（图 2-10 中 b），角度太大易产生焊脚下偏现象。一般采用直线形运条法，焊接速度要均匀，不宜太慢，因为速度慢了易产生焊瘤，使焊缝成形不美观。

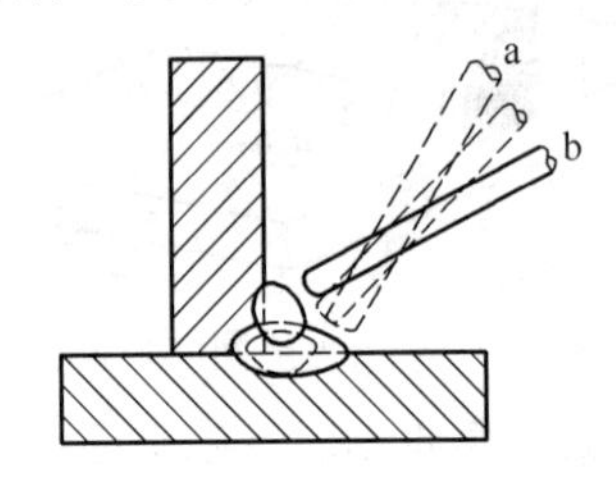

图 2-10　多层多道焊的焊条角度

如果发现第二道焊缝覆盖第一层大于 2/3 时，在焊接第三道时可采用直线往复运条法，以避免第三道焊缝过高。如果第二道覆盖第一道太少时，第三道焊接时可采用斜圆圈运条法，运条时在垂直板上要稍作停留，以防止咬边，这样就能弥补由于第二道覆盖过少而产生的焊脚下偏现象。

如果焊接焊脚尺寸大于 12mm 以上的焊件时，可采用三层六道、四层十道来完成，如图 2-11 所示。焊脚尺寸越大，焊接层数、道数就越多。

在实际生产中，如果焊件能翻动时，应尽可能把焊件放成图 2-12 所示船形位置进行焊接，这种位置是最佳的焊接位置。

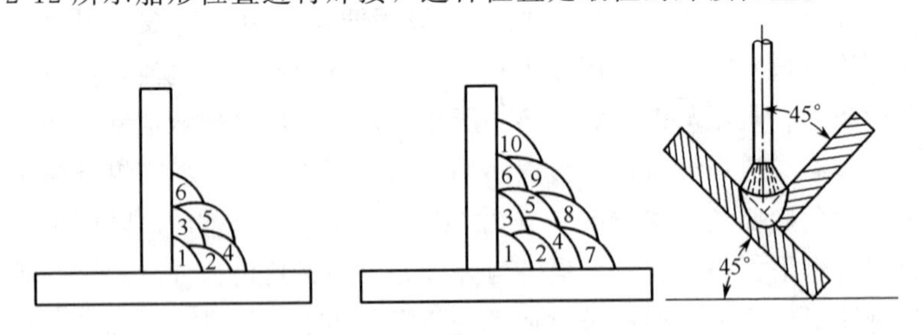

图 2-11　多层多道焊的焊道排列　　图 2-12　船形焊

因为船形焊时，能避免产生咬边、下垂等缺陷，并且操作方便，易获得平整美观的焊缝，同时，有利于使用大直径焊条和大电流，不但能获得较大的熔深，而且能一次焊成较大断面的焊缝，能大大提高生产率。采用船形焊时，运条采用月牙形或锯齿形运条法。焊接第一层采用小直径焊条及稍大电流，其他各层与开坡口平对接焊相似。

二、立焊

立焊有两种方式，一种是由下向上施焊，另一种是由上向下施焊。由上向下施焊的立焊要求有专用的立向下焊焊条才能保证焊缝成形。目前生产中应用较广的仍是由下向上施焊的立焊法，这里主要讨论这种焊接法。

立焊时由于熔化金属受重力的作用容易下淌，使焊缝成形困难，为此可以采取以下措施。

① 在立对接焊时，焊条与焊件的角度左右方向各为 90°，向下与焊缝成 60°～80°；而立角接焊时，焊条与两板之间各为 45°，向下与焊缝成 60°～90°，如图 2-13 所示。

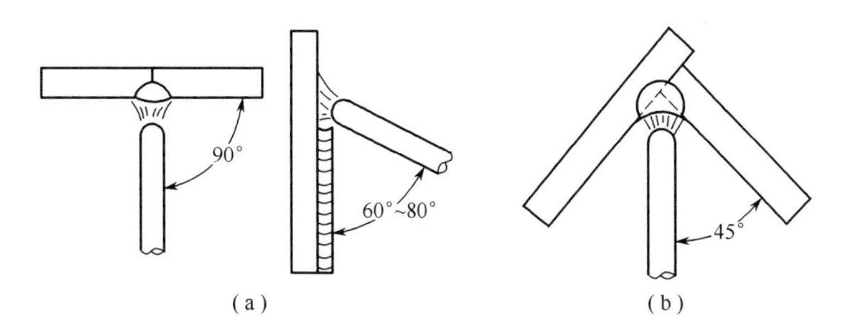

图 2-13 立焊的焊条角度

② 用较小的焊条直径和较小的焊接电流，电流一般比平焊时小 12%～15%，以减小熔滴的体积，使之少受重力的影响，有利于熔滴的过渡。

③ 采用短弧焊接，缩短熔滴过渡到熔池中的距离，形成短路过渡。

④ 根据焊件接头形式的特点和焊接过程中熔池温度的情况，

灵活运用适当的运条法。

此外，气体的吹力、电磁力、表面张力在立、横、仰焊时，都能促使熔滴向熔池过渡，以减小熔滴由于受重力的影响而产生下淌的趋势，有利于焊缝成形。

1. 不开坡口的立对接焊

不开坡口的立对接焊，常用于薄件的焊接，焊接时除采取上述措施外，还可以适当采取跳弧法、灭弧法以及幅度较小的锯齿形或月牙形运条法。

跳弧法和灭弧法的特点是：在焊接薄钢板、接头间隙较大的立焊缝及采用大电流焊接立焊缝时，能避免产生烧穿、焊瘤等缺陷。所以在施焊过程中，根据熔池温度的情况，用跳弧法或灭弧法与其他的运条法配合使用，来解决由于采用大电流而易产生烧穿及焊瘤的矛盾，能够提高生产率。

（1）跳弧法　当熔滴脱离焊条末端过渡到熔池后，立即将电弧向焊接方向提起，使熔化金属有凝固机会（通过护目玻璃可以看到熔池中白亮的熔化金属迅速凝固，白亮部分也逐渐缩小），随后即将提起的电弧拉回熔池，当熔滴过渡到熔池后，再提起电弧。具体运条方法如图 2-14 所示。但是必须注意，为了保证质量，不使空气侵入熔化金属，要求电弧移开熔池的距离应尽可能短些，并且跳弧时的最大弧长不超过 6mm（图 2-14 中直线形跳弧法）。

（2）灭弧法　当熔滴从焊条末端过渡到熔池后，立即将电弧熄灭，使熔化金属有瞬时凝固的机会，随后重新在弧坑引燃电弧，这样交错地进行。灭弧的时间在开始焊时可以短些，这是因为在开始焊时，焊件还是冷的，随着焊接时间的增长，灭弧时间也要稍增加，才能避免烧穿及产生焊瘤。一般灭弧法在立焊缝的收尾时用得比较多，这样可以避免收尾时熔池宽度增加和产生烧穿及焊瘤等。

施焊时，当电弧引燃后，应将电弧稍微拉长，以对焊缝端头进行预热，随后再压低电弧进行焊接。在焊接过程中要注意熔池形状，如发现椭圆形熔池的下部边缘由比较平直的轮廓逐渐鼓肚变圆时，表示温度已稍高或过高（图 2-15），应立即灭弧，让熔池降

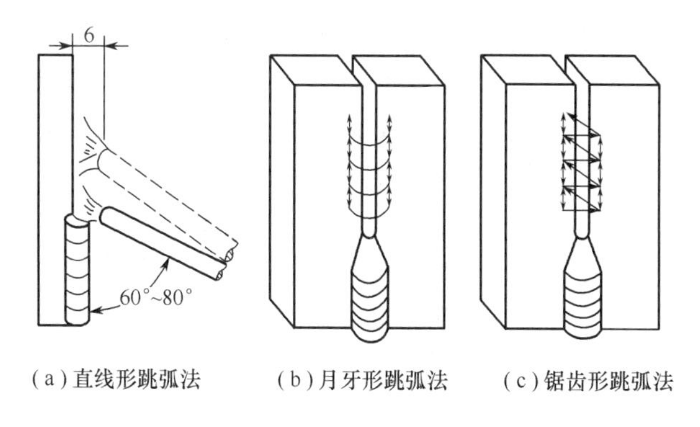

(a)直线形跳弧法 (b)月牙形跳弧法 (c)锯齿形跳弧法

图 2-14 立焊的跳弧法

温，避免产生焊瘤，待熔池瞬时冷却后即在熔池引弧继续焊接。

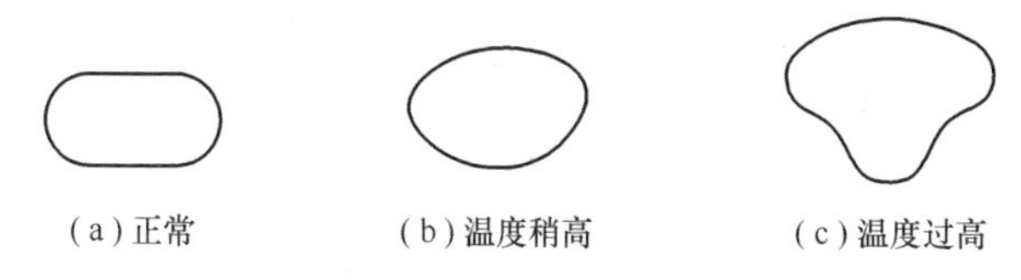

(a)正常 (b)温度稍高 (c)温度过高

图 2-15 熔池形状与熔池温度的关系

立焊是比较困难的，容易产生焊瘤、夹渣等缺陷。因此接头时更换焊条要迅速，采用热接法。先用稍长电弧预热接头处，预热后将焊条移至弧坑一侧进行接头（此时电弧比正常焊接时稍长一些）。在接头时，往往有铁水拉不开或熔渣、铁水混在一起的现象，这主要是由于接头时，更换焊条时间太长，引弧后预热时间不够以及焊条角度不正确而引起的。因此，产生这种现象时必须将电弧稍微拉长一些，并适当延长在接头处的停留时间，同时将焊条角度增大（与焊缝成 90°），这样熔渣就会自然滚落下去，便于接头。收尾方法可采用灭弧法。

在焊接反面封底焊缝时，可适当增大焊接电流，保证获得较好的熔深，其运条可采用月牙形或锯齿形跳弧法。

2. 开坡口的立对接焊

钢板厚度大于 6mm 时，为了保证熔透，一般都要开坡口。施焊时采用多层焊，其层数多少，可根据焊件厚度来决定。

（1）根部焊法　根部焊接是一个关键，要求熔深均匀，没有缺陷。因此，应选用直径为 3.2mm 或 4mm 的焊条。施焊时，在熔池上端要熔穿一小孔，以保证熔透。对厚板焊件可用小三角形运条法（运条时在每个转角处需作停留）；中等厚度或稍薄的焊件可用小月牙形、锯齿形运条法或跳弧法，如图 2-16 所示。无论采用哪一种运条法，焊接第一层时除了避免产生各种缺陷外，焊缝表面还要求平整，避免呈凸形（图 2-17），否则在焊第二层焊缝时，易产生未焊透和夹渣等缺陷。

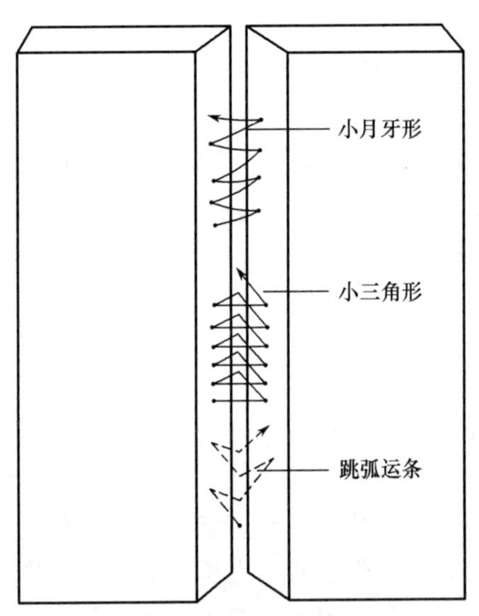

图 2-16　开坡口立对接焊的根部焊缝

（2）其余各层焊法　在焊第二层之前，应将第一层的熔渣清除干净，焊瘤应铲平。焊接时可采用锯齿形或月牙形运条法。在进行表面层焊接时，应根据焊缝表面的要求选用适当运条法，如要求焊缝表面稍高的可用月牙形；若要求焊缝表面平整的可用锯齿形。为了获得平整美观的表面焊缝，除了要保持较薄的焊缝厚度外，并应适当减小电流（防止焊瘤和咬边）；运条速度应均匀，横向摆动时，在图 2-18 中 a、b 两点应将电弧进一步缩短并稍作停留，以防止咬边，从 a 点摆动至 b 点时应稍快些，以防止产生焊瘤。有时候表层焊缝也可采用较大电流的快速摆弧法，在运条时采用短弧，使焊条末端紧靠熔池快速摆动，并在坡口边缘稍作停留（以防咬边）。这样表层焊缝不仅较薄，而且焊波较细，表层焊缝平整美观。

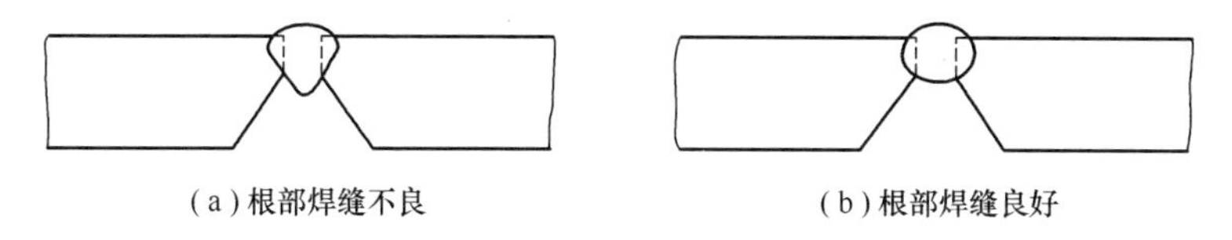

(a) 根部焊缝不良　　(b) 根部焊缝良好

图 2-17　开坡口立对接焊的根部焊缝

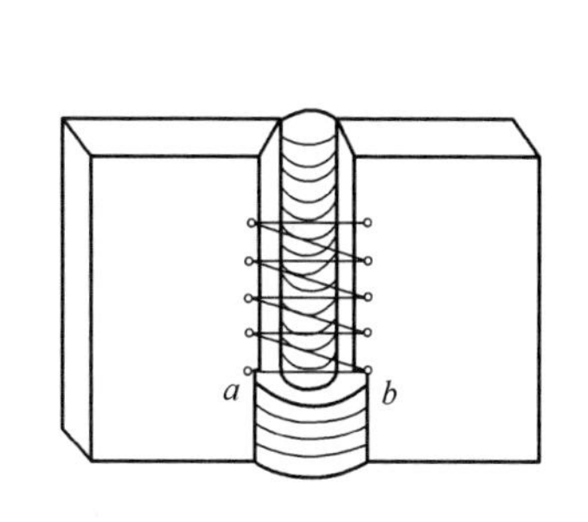

图 2-18　开坡口立对接焊的表层运条

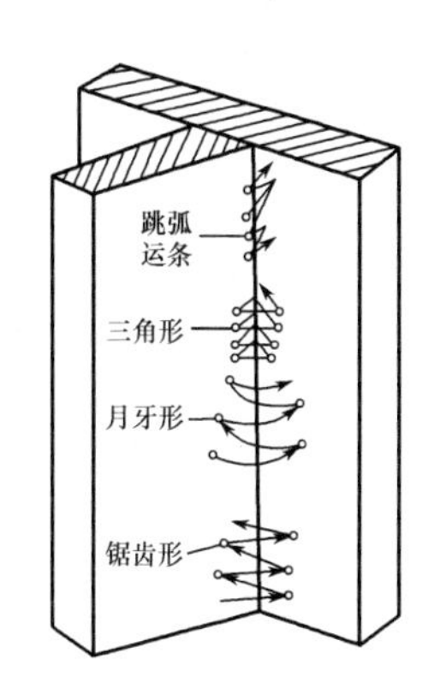

图 2-19　T 形接头立焊运条法

在采用低氢型焊条进行立对接焊时，应采用如下方法。焊第一层时，电流要小些，用 3.2mm 直径的焊条，电弧要压低在 1～1.5mm，并紧贴坡口钝边，采用小月牙形或小锯齿形运条法，运条时不允许跳弧。焊条向下倾斜与焊缝成近 90°的夹角。接头时，更换焊条速度要快，在熔池还红热时就立即引弧接头。第一层焊缝表面要平直，其余各层应采用月牙形或锯齿形运条法。运条时，不仅要压短电弧，并且要注意焊缝两边不可产生过深的咬边，以免焊下一层时造成夹渣。在焊表层焊缝的前一层时，焊缝断面要平直，不要把坡口边烧掉，应留出 2mm 以便表层焊接。表层焊接时，运条要两边稍慢中间快，采用短弧，将焊条末端紧靠熔池进行快速摆动焊接。

3. T 形接头立焊

T 形接头立焊容易产生的缺陷是焊缝根部（角顶）未焊透，焊缝两旁易咬边。因此，在施焊时，焊条角度向下与焊缝成 60°～90°，左右为 45°，焊条运至焊缝两边应稍作停留，并采用短弧焊接。在焊接 T 形接头立焊时，其采用的运条方法（图 2-19）及其操作要点均与开坡口立对接焊相似。

三、横焊

横焊时，由于熔化金属受重力的作用，容易下淌而产生咬边、焊瘤及未焊透等缺陷（图 2-20）。因此，应采用短弧、较小直径的焊条以及适当的电流强度和运条方法。此外，熔滴过渡力的作用（与立焊时一样），也有利于焊缝成形。

1. 不开坡口的横对接焊

板厚为 3～5mm 的不开坡口的横对接焊应采取双面焊接。焊接正面焊缝时，宜采用 3.2mm 或 4mm 直径的焊条，焊条角度如图 2-21 所示。

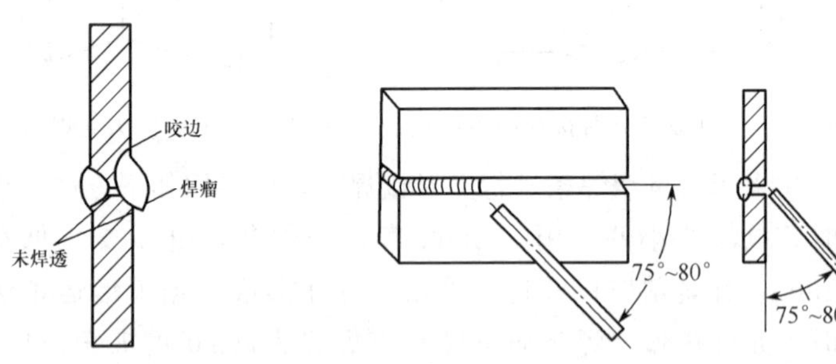

图 2-20 横焊时易产生的缺陷　　图 2-21 不开坡口横对接焊的焊条角度

较薄焊件采用直线往复运条法焊接，可以利用焊条向前移动的机会使熔池得到冷却，以防止熔滴下淌及产生烧穿等缺陷。

较厚焊件，可采用直线形（电弧尽量短）或斜圆圈形运条法，以得到适当的熔深。焊接速度应稍快些，而且要均匀，避免熔滴过多地熔化在某一点上而形成焊瘤和造成焊缝上部咬边而影响焊缝成形。

封底焊，焊条直径一般为 3.2mm，焊接电流可稍大些，采用直线形运条法。

2. 开坡口的横对接焊

开坡口的横对接焊，其坡口一般为 V 形或 K 形，坡口的特点是下板不开坡口或坡口角度小于上板（图 2-22），这样有利于焊缝成形。

焊接开坡口的横对接焊缝时，可采用多层焊，如图 2-23（a）所示。焊第一层时，焊条直径一般为 3.2mm。运条法可根据接头间隙大小来选择，如间隙较小时，可用直线形短弧焊接；间隙较大时，宜用直线往复运条法焊接。第二层焊缝用 3.2mm 或 4mm 直径的焊条，可采用斜圆圈形运条法焊接，如图 2-23（b）所示。

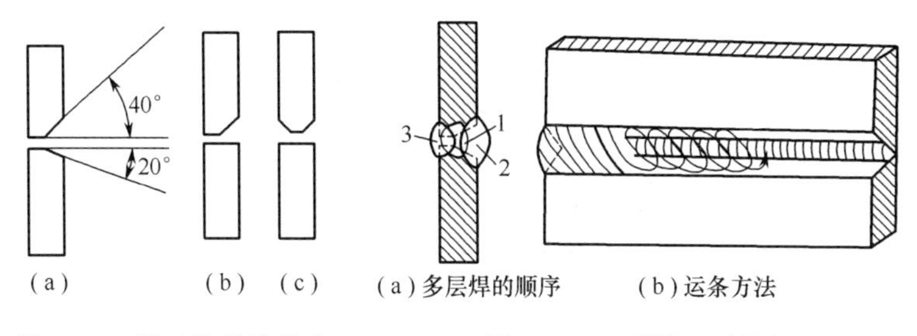

(a)　(b)　(c)

图 2-22　横对接焊的接头坡口形式

(a) 多层焊的顺序　(b) 运条方法

图 2-23　V 形坡口对接焊

在焊接过程中，应保持较短的电弧长度和均匀的焊接速度。为了更有效地防止焊缝上部边缘产生咬边和下部熔化金属产生下淌现象，每个斜圆圈与焊缝中心的斜度不大于 45°。当焊条末端运到斜圆圈上面时，电弧应更短些，并稍作停留，使较多量的熔化金属过渡到焊缝上，然后缓慢地将电弧引到熔池下边，即原先电弧停留点的旁边，这样往复循环运条，才能有效地避免各种缺陷的产生，获得成形良好的焊缝。

当焊接板厚超过 8mm 的横焊缝时，应采用多层多道焊，这样能更好地防止由于熔化金属下淌而造成焊瘤，保证焊缝成形良好。

选用3.2mm或4mm直径的焊条，采用直线形或小圆圈形运条法，并根据各道的具体情况始终保持短弧和适当的焊接速度，焊条角度也应根据各层、道的位置不同相应地调节（图2-24）。开坡口横对接焊时焊缝各层、道的排列顺序如图2-25所示。

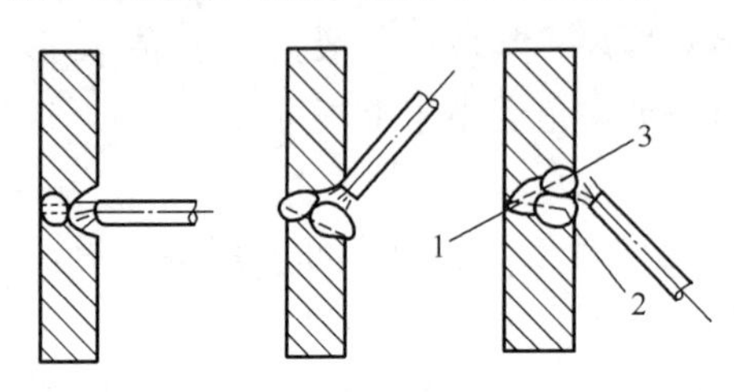

图2-24 开坡口横对接焊各焊道焊条角度的选择

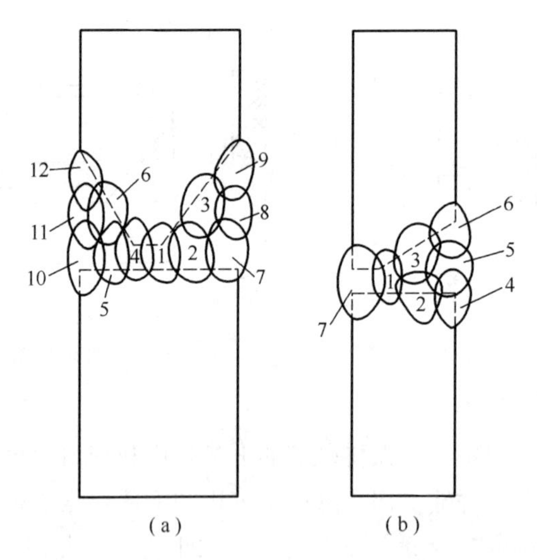

图2-25 开坡口横对接焊时焊缝各层、道的排列顺序

四、仰焊

仰焊是各种位置焊接中最困难的一种焊接方法，由于熔池倒悬在焊件下面，没有固体金属的承托，所以使焊缝成形产生困难。同时在施焊过程中，常发生熔渣越前的现象，故在控制运条方面要比

平焊和立焊困难些。

仰焊时，必须保持最短的电弧长度，以使熔滴在很短的时间内过渡到熔池中，在表面张力的作用下，很快与熔池的液体金属汇合，促使焊缝成形。图 2-26 所示为使用短弧和长弧焊接仰焊时熔滴过渡的情况。为了减小熔池面积，使焊缝容易成形，焊条直径和焊接电流要比平焊时小些。若电流与焊条直径太大，促使熔池体积增大，易造成熔化金属向下淌落；如果电流太小，则根部不易焊透，产生夹渣及焊缝成形不良等缺陷。此外，在仰焊时气体的吹力和电磁力的作用有利于熔滴过渡，促使焊缝成形良好。

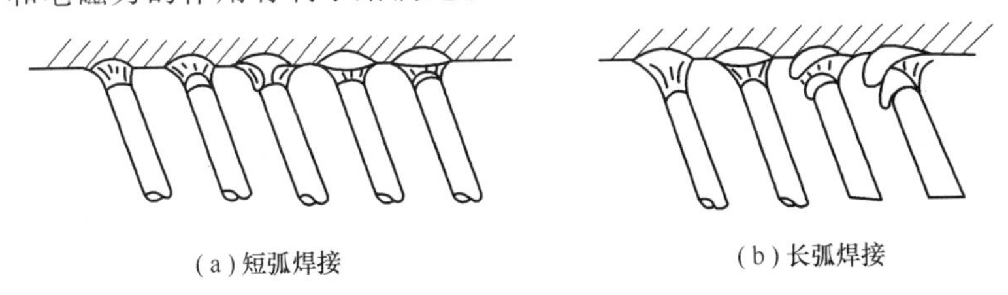

图 2-26　仰焊时电弧长度的影响

1. 不开坡口的仰对接焊

当焊件厚度为 4mm 左右时，一般采用不开坡口对接焊。选用直径为 3.2mm 的焊条，焊条与焊接方向的角度为 70°～80°，左右方向为 90°（图 2-27）。在施焊时，焊条要保持上述位置且均匀地运条，电弧长度应尽量短。间隙小的焊缝可采用直线形运条法；间隙较大的焊缝用直线往复运条法。焊接电流要合适，电流过小会使电弧不稳定，难以掌握，影响熔深和焊缝成形；电流太大会导致熔化金属淌落和烧穿等。

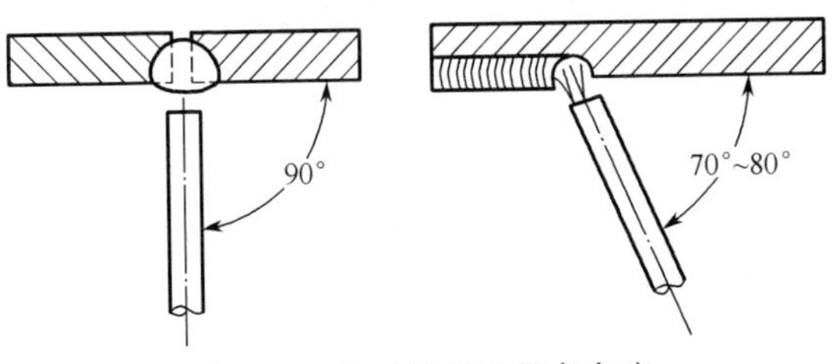

图 2-27　仰对接焊的焊条角度

2. 开坡口的仰对接焊

为了使焊缝容易焊透，焊件厚度大于5mm的仰对接焊，一般都开坡口。坡口及接头的形状尺寸对于仰焊缝的质量有很大的影响，为了便于运条，使焊条可以在坡口内自由摆动和变换位置，因此仰焊缝的坡口角度应比平焊缝和立焊缝大些。为了便于焊透，解决仰焊时熔深不足的问题，钝边的厚度应小些，但接头间隙却要大一些，这样不仅能很好地运条，也可得到熔深良好的焊缝。

进行开坡口的仰对接焊时，一般采用多层焊或多层多道焊。在焊第一层焊缝时，采用3.2mm直径的焊条，用直线形或直线往复运条法。开始焊时，应用长弧预热起焊处（预热时间根据焊件厚度、钝边与间隙大小而定），烤热后，迅速压短电弧于坡口根部，稍停2～3s，以便焊透根部，然后，将电弧向前移动进行施焊。在施焊时，焊条沿焊接方向移动的速度，应该在保证焊透的前提下尽可能快一些，以防止烧穿及熔化金属下淌。第一层焊缝表面要求平直，避免呈凸形，因凸形的焊缝不仅给焊接下一层焊缝的操作增加困难，而且易造成焊缝边缘未焊透或夹渣、焊瘤等缺陷。

在焊第二层时，应将第一层的熔渣及飞溅金属清除干净，并将焊瘤铲平才能进行施焊。第二层以后的运条法均可采用月牙形或锯齿形（图2-28），运条时两侧应稍停一下，中间快一些，形成较薄的焊道。

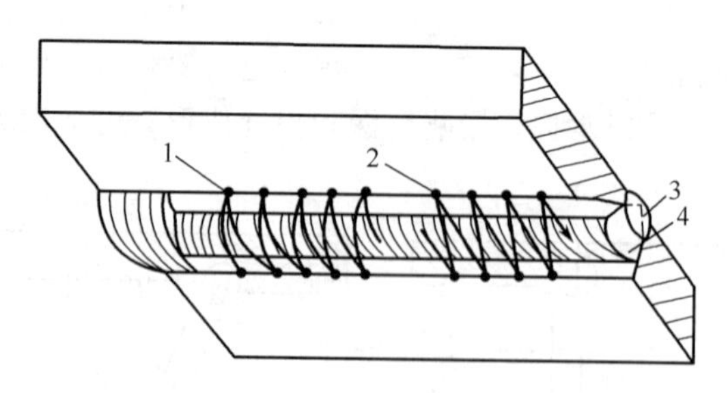

图2-28　开坡口仰对接焊的运条法

1—月牙形运条；2—锯齿形运条；3—第一层焊道；4—第二层焊道

多层多道焊时，其操作比多层焊容易掌握，宜采用直线形运条法。各层焊缝的排列顺序与其他位置的焊缝一样，焊条角度应根据每道焊缝的位置作相应的调整（图 2-29），以利于熔滴的过渡和获得较好的焊缝成形。

3. T 形接头仰焊（仰角焊）

T 形接头的仰焊比对接仰焊容易掌握，焊脚尺寸小于或等于 6mm 时宜采用单层焊；大于 6mm 时，可采用多层焊或多层多道焊。焊接时可使用稍大的电流来提高生产率。

多层焊时，第一层采用直线形运条法，电流可稍大些，焊缝断面应避免凸形，以便第二层的焊接。第二层可采用斜圆圈形或斜三角形运条法，焊条与焊接方向成 70°～80°（图 2-30），运条时应采用短弧，以避免咬边及熔化金属下淌。多层多道焊在操作时应注意的事项与开坡口仰对接焊相同。

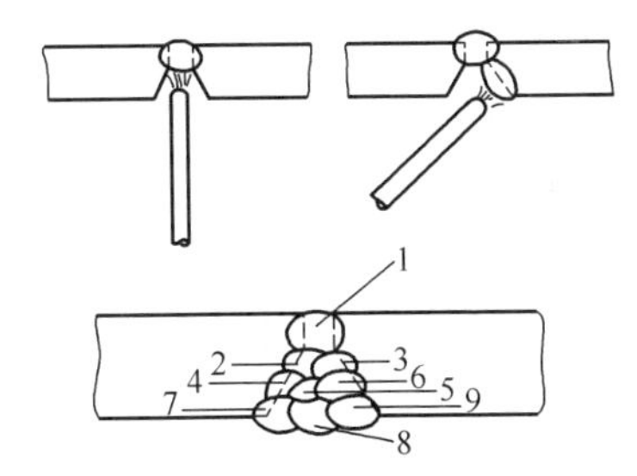

图 2-29 开坡口仰对接焊的多层多道焊

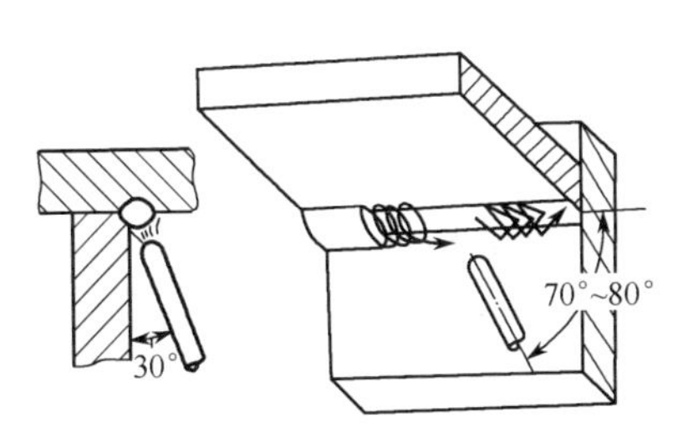

图 2-30 T 形接头仰焊的运条方法

五、薄板焊接

薄板一般是指厚度不大于 2mm 的钢板。薄板焊接的主要困难是容易烧穿、变形较大及焊缝成形不良等，因此在薄板对接焊时应注意以下几点。

① 装配间隙越小越好，最大不要超过 0.6mm，坡口边缘的切割熔渣与剪切毛刺应清除干净。

② 两块板装配时，对口处的上下错边不应超过板厚的 1/3。对某些要求高的焊件，错边应不大于 0.2～0.3mm。

③ 应采用较小直径的焊条进行定位焊与焊接。定位焊缝呈点状，其间距应适当小些，如间隙较大时则定位焊的间距应更小些。例如焊接1.6～2mm厚的薄板时，用直径为2mm的焊条，70～90A的电流进行定位焊，定位焊呈点状，焊点间距为80～100mm，焊缝两端的定位焊缝长10mm左右。

④ 焊接时应采用短弧和快速直线形或直线往复运条法，以获得较小熔池和整齐的焊缝表面。

⑤ 对可移动的焊件，最好将焊件一头垫起，使焊件倾斜呈15°～20°,以进行下坡焊。这样可提高焊速和减小熔深，对防止烧穿和减小变形极为有效。

⑥ 对不能移动的焊件可进行灭弧焊接法，即在焊接过程中如发现熔池将要塌陷时，立即灭弧使焊接处温度降低，然后再进行焊接。

⑦ 有条件时可采用专用的立向下焊焊条进行薄板焊接。由于立向下焊焊条焊接时熔深浅、焊速高、操作简便、不易焊穿，故对可移动的焊件尽量放置在立焊位置进行向下焊。对不能移动的焊件其立焊缝或者斜立焊缝也可采用此焊条，但平焊位置用此焊条焊接时成形不好，不宜采用。

六、手工单面焊反面成形技术

手工电弧单面焊反面成形新工艺，具有生产率高、焊接质量好以及劳动强度小等优点，与手工电弧两面焊比较，可提高生产效率1～2倍。

（一）用垫板进行强制反面成形

用垫板实现的单面焊反面成形法（图2-31），是一种强制反面成形的焊接方法。它是借助于在接缝处（一般开V形坡口）留有一定间隙，并在反面垫衬一块紫铜垫板而达到反面成形的目的。

从图2-31中可以看出，焊件的坡口可以用半自动气割机来完成。当板厚在12～20mm范围内时，坡口尺寸可按图2-32所示的要求进行加工，同时要求焊缝根部平直，以保证能与铜垫板贴紧。焊接时，将铜垫板用活络托架固定在焊件反面。紫铜垫板的尺寸和形状如图 2-33 所示。

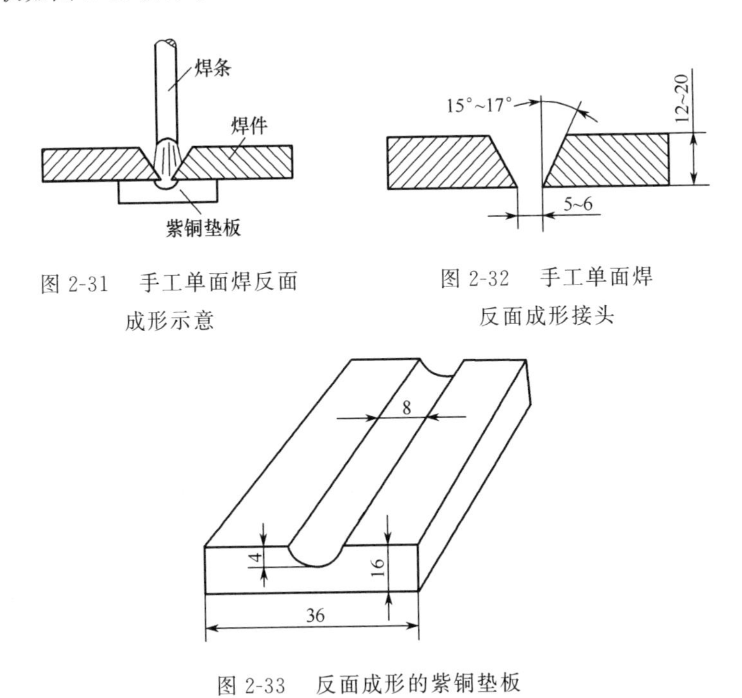

图 2-31 手工单面焊反面成形示意

图 2-32 手工单面焊反面成形接头

图 2-33 反面成形的紫铜垫板

第一层的封底焊缝是整个反面成形的基础，因此必须焊好。在进行第一层封底焊时，应采用直径 4mm 的结 507（E5015）焊条，焊接电流为 150～170A，运条时摆动不宜过大，采用短弧焊接，电弧必须保持在两板间隙的根部逐渐前移，焊条与焊件的倾斜角为 30°左右。

为了保证焊缝接头处焊透和防止产生缺陷，应尽量采用“热接法”，即迅速更换焊条及时焊接，并要求接头时在弧坑前面 10mm 左右引弧，随后逐渐过渡到弧坑处，这样可获得良好的焊接质量。

（二）自由状态下的单面焊反面成形

压力管道焊接对反面成形的要求是很高的，既不允许焊不透，也不允许余高过大，两者都对管道的强度有很大影响。而在这种情况下反面又无法加装紫铜垫板，只能悬空焊接，这种单面焊反面成形焊接，其操作难度是很大的。

1. 平焊的单面焊反面成形

单面焊反面成形一般为V形坡口对接。

(1) 工件和材料的准备　将工件开60°V形坡口，并根据工件选择焊条，如果用低氢型焊条，应在350～400℃烘干2h，如果在工地使用，则应将焊条放在保温筒中，保温在100℃下随用随取。

(2) 试件装配　修磨钝边0.5～1mm，无毛刺。装配间隙始端为3.2mm，终端为4.0mm。放大终端的间隙是考虑到焊接过程中的横向收缩量，以保证熔透坡口根部所需要的间隙。错边量不大于1.2mm。

① 定位焊　采用与焊接试件相同牌号的焊条，将装配好的试件在距端部20mm之内进行定位焊，并在试件反面两端点焊，焊缝长度为10～15mm。始端可少焊些，终端应多焊一些，以防止在焊接过程中收缩造成未焊段坡口间隙变窄而影响焊接。

② 预置反变形量　一般厚度为10～12mm板的反变形量为3°。在现场时一般不方便测量角度，可将角度转化成板的上翘高度Δ（图2-34）：

$$\Delta = b\sin\theta \qquad (2\text{-}2)$$

式中　Δ——钢板上翘高度，mm；

θ——反变形的角度，(°)；

b——上翘板的宽度，mm。

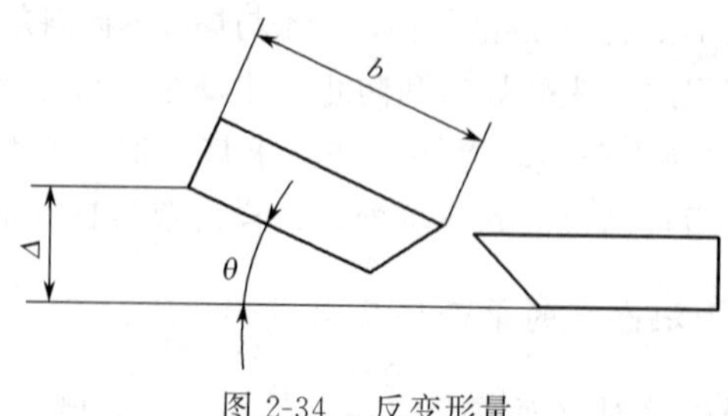

图2-34　反变形量

如果考核时装配试板或工件的宽度在100mm时，装配时可分别用直径3.2mm和4.0mm的焊条垫在试件中间，如图2-35所示（钢板宽度为100mm时，放置直径3.2mm焊条；宽度为125mm时，放置直径4.0mm焊条）。这样预置的反变形量待工件焊后其变形角θ均在合格范围内。

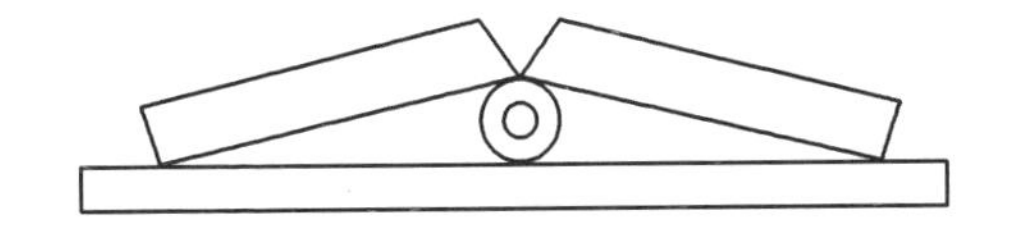

图2-35 预置反变形的方法

(3) 焊接工艺参数 打底层可用ϕ3.2mm的焊条，电流为80～110A；或用ϕ2.5mm的焊条，电流为45～70A。填充层和表层（盖面）用ϕ4.0mm的焊条，电流为160～180A；或用ϕ5.0mm的焊条，电流为200～260A。用大直径的焊条效率会高一些。

(4) 操作要点 单面焊反面成形（或称单面焊双面成形）关键在于打底层的焊接。它主要有三个重要环节，即引弧、收弧、接头。

① 打底焊 焊接方式有灭弧法和连弧法两种。

a. 灭弧法 又分为两点击穿法和一点击穿法两种。主要是依靠电弧时燃时灭的时间长短来控制熔池的温度、形状及填充金属的薄厚，以获得良好的背面成形和内部质量。现介绍灭弧法中的一点击穿法。

ⅰ. 引弧 在始焊端的定位焊处引弧，并略抬高电弧稍作预热，焊至定位焊缝尾部时，将焊条向下压一下，听到“噗噗”声后，立即灭弧。此时熔池前端应有熔孔，深入两侧母材0.5～1mm，如图2-36所示。当熔池边缘变成暗红，熔池中间仍处于熔融状态时，立即在熔池的中间引燃电弧，焊条略向下轻微地压一下，形成熔池，打开熔孔后立即灭弧，这样反复击穿直到焊完。运条间距要均匀准确，使电弧的2/3压住熔池，1/3作用在熔池前方，用来熔化和击穿坡口根部形成熔池。

ⅱ. 收弧　在收弧前，应在熔池前方做一个熔孔，然后回焊10mm左右，再灭弧；或向末尾熔池的根部送进2～3滴熔液，然后火弧，以使熔池缓慢冷却，避免接头出现冷缩孔。

ⅲ. 接头　采用热接法。接头时换焊条的速度要快，在收弧熔池还没有完全冷却时，立即在熔池后10～15mm处引弧。当电弧移至收弧熔池边缘时，将焊条向下压，听到击穿声，稍作停顿，再给两滴熔液，以保证接头过渡平整，防止形成冷缩孔，然后转入正常灭弧焊法。

更换焊条时的电弧轨迹如图2-37所示。电弧在①的位置重新引弧，沿焊道至接头处②的位置，作长弧预热来回摆动。摆动几下（③④⑤⑥）之后，在⑦的位置压低电弧。当出现熔孔并听到“噗噗”声时，迅速灭弧。这时更换焊条的接头操作结束，转入正常灭弧焊法。

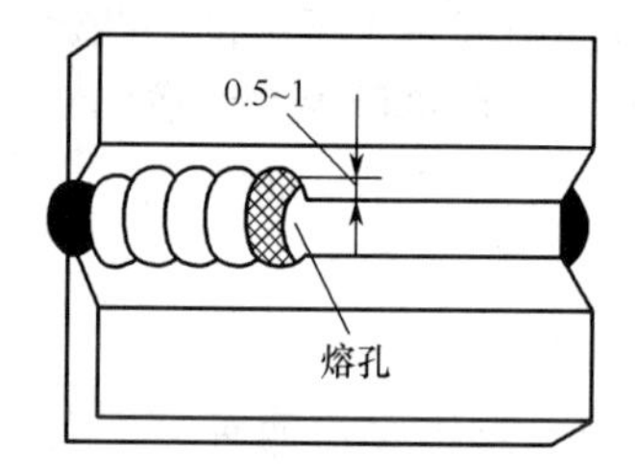

图2-36　平焊单面焊反面成形的熔孔

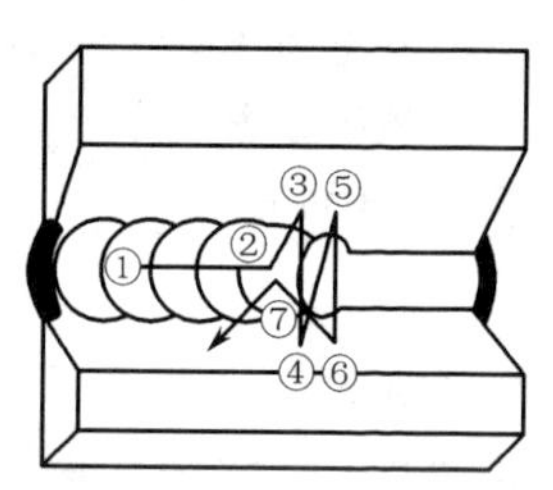

图2-37　更换焊条时的电弧轨迹

灭弧法要求每一个熔滴都要准确送到欲焊位置，燃、灭弧节奏控制在45～55次/min。节奏过快，坡口根部熔不透；节奏过慢，熔池温度过高，焊件背后焊缝会超高，甚至出现焊瘤和烧穿现象。要求每形成一个熔池都要在其前面出现一个熔孔，熔孔的轮廓由熔池边缘和坡口两侧被熔化的缺口构成。

b. 连弧法　即焊接过程中电弧始终燃烧，并作有规则的摆动，使熔滴均匀地过渡到熔池中，达到良好的背面焊缝成形的方法。

ⅰ. 引弧　从定位焊缝上引弧，焊条在坡口内侧作U形运条，如图2-38所示。电弧从坡口两侧运条时均稍停顿，焊接频率约为每分钟50个熔池，并保证池间重叠2/3，熔孔明显可见，每侧坡口根部熔化缺口为0.5～1mm，同时听到击穿坡口的“噗噗”声。一般直径3.2mm的焊条大约可焊接100mm长。

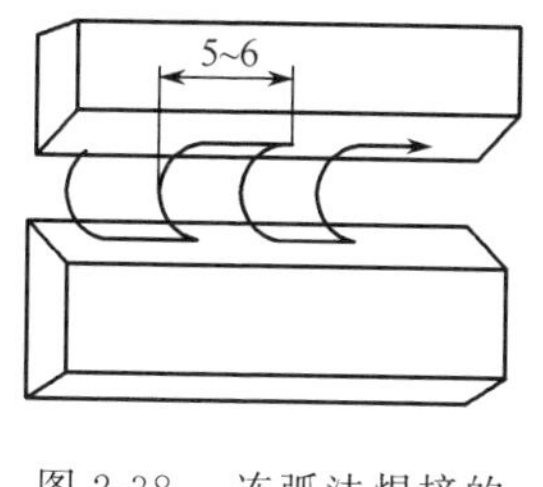

图2-38　连弧法焊接的电弧运行轨迹

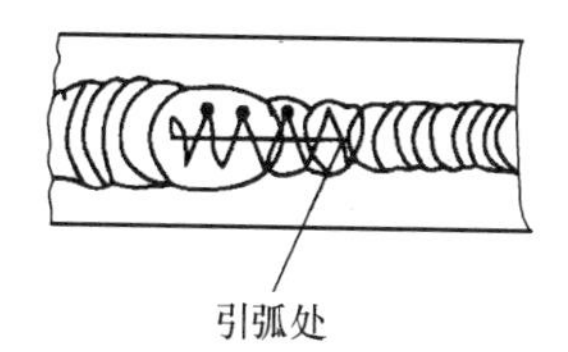

图2-39　填充层焊的接头方法

ⅱ. 接头　更换焊条应迅速，在接头处的熔池后面约10mm处引弧。焊至熔池处，应压低电弧击穿熔池前沿，形成熔孔，然后向前运条，以2/3的弧柱在熔池上，1/3的弧柱在焊件背面燃烧为宜。收尾时，将焊条运动到坡口面上缓慢向后提起收弧，以防止在弧坑表面产生缩孔。

② 填充层焊　焊前应对前一层焊缝仔细清渣，特别是死角处更要清理干净。焊接时的运条方法为月牙形或锯齿形，焊条与焊接前进方向的角度为40°～50°。填充层焊时应注意以下几点。

a. 摆动到两侧坡口处要稍作停留，保证两侧有一定的熔深，并使填充焊道略向下凹。

b. 最后一层的焊缝高度应低于母材约0.5～1.0mm。要注意不能熔化坡口两侧的棱边，以便于盖面焊时掌握焊缝宽度。

c. 接头方法如图2-39所示，各填充层焊接时其焊缝接头应错开。

③ 盖面层焊　采用直径4.0mm焊条时，焊接电流应稍小一点；要使熔池形状和大小保持均匀一致，焊条与焊接方向夹角应保持75°左右；采用月牙形运条法和8字形运条法；焊条摆动到坡口边缘时应稍作停顿，以免产生咬边。

更换焊条收弧时应对熔池稍填熔滴，迅速更换焊条，并在弧坑前10mm左右处引弧，然后将电弧退至弧坑的2/3处，填满弧坑后正常进行焊接。接头时应注意，若接头位置偏后，则接头部位焊缝过高；若偏前，则焊道脱节。焊接时应注意保证熔池边沿不得超过表面坡口棱边 2mm；否则，焊缝超宽。盖面层焊的收弧采用划圈法和回焊法，最后填满弧坑使焊缝平滑。

（5）操作过程。

① 修磨试件坡口钝边，清理试件；按装配要求进行装配，保证装配间隙始端为 3.2mm、终端为 4.0mm，进行定位焊，并按要求预置反变形量。

② 打底焊。若选择酸性焊条（E4303 型）则采用灭弧法；若选择碱性焊条（E5015 型或 E4315 型）则采用连弧法打底焊，以防止产生气孔。

③ 焊接填充层焊道。填充层各层焊道焊接时，其焊缝接头应错开。每焊一层应改变焊接方向，从焊件的另一端起焊，并采用月牙形和锯齿形运条法。各层间熔渣要认真清理，并控制层间温度。

焊至盖面层前最后一道填充层时，采用锯齿形运条法运条，控制焊道距焊件表面下凹 0.5～1.0mm。

④ 盖面焊用直径 4.0mm 焊条，采用月牙形或 8 字形运条法运条，两侧稍作停留，以防止咬边。

焊接结束后清理熔渣及飞溅物，并检查焊接质量。

2. 立焊的单面焊反面成形

立焊时熔池金属和熔渣在重力作用下，因其流动性不同而容易分离。立焊的单面焊反面成形比平焊的单面焊反面成形容易些。立焊的单面焊反面成形焊前的准备及工件的装配与平焊时相同，在此不再重复。但由于是在垂直位置，其熔池的下淌趋势要严重些，故焊接工艺参数和操作技术与前者有所差别。

（1）焊接工艺参数　打底层用 ϕ3.2mm 的焊条，电流为 90～110A；或用 ϕ2.5mm 的焊条，电流为 50～90A。填充层和表层（盖面）用 ϕ4.0mm 的焊条，电流为 100～120A。

（2）操作要点及注意事项　焊接操作采用立向上焊接，始端在下方。

① 打底焊　焊接打底层可以采用挑弧法，也可采用灭弧法。

a. 在定位焊缝上引弧，当焊至定位焊缝尾部时，应稍加预热，将焊条向根部顶一下，听到“噗噗”击穿声（表明坡口根部已被熔透，第一个熔池已形成），此时熔池前方应有熔孔，该熔孔向坡口两侧各深入 0.5～1 mm。

b. 采用月牙形或锯齿形横向运条方法，短弧操作（弧长小于焊条直径）。

c. 焊条的下倾角为 70°～75°，并在坡口两侧稍作停留，以利于填充金属与母材的熔合，其交界处不易形成夹角并便于清渣。

d. 打底焊道需要更换焊条而停弧时，先在熔池上方做一个熔孔，然后回焊 10～15mm 再熄弧，并使其形成斜坡形。

e. 接头可分热接和冷接两种方法。

ⅰ. 热接法　当弧坑还处在红热状态时，在弧坑下方 10～15mm 处的斜坡上引弧，并焊至收弧处，使弧坑根部温度逐步升高，然后将焊条沿预先做好的熔孔向坡口根部顶一下，使焊条与试件的下倾角增大到 90°左右，听到“噗噗”声后，稍作停顿，恢复正常焊接。停顿时间一定要适当，若过长，易使背面产生焊瘤；若过短，则不易接上头。另外焊条更换的动作越快越好，落点要准。

ⅱ. 冷接法　当弧坑已经冷却，用砂轮或扁铲在已焊的焊道收弧处打磨一个 10～15mm 的斜坡，在斜坡上引弧并预热，使弧坑根部温度逐步升高，当焊至斜坡最低处时，将焊条沿预先做好的熔孔向坡口根部顶一下，听到“噗噗”声后，稍作停顿，并提起焊条进行正常焊接。

② 填充层焊接

a. 对打底焊缝仔细清渣，应特别注意死角处的焊渣清理。

b. 填充层改用 ϕ4.0mm 的焊条，并将电流调大至 100～120A。在距离焊缝始端 10mm 左右处引弧后，将电弧拉回到始端施焊。每次都应按此法操作，以防止产生缺陷。填充层不能用 ϕ6.0mm 的焊条，一般也很少用 ϕ5.0mm 的焊条，因为焊条直径大时熔池直径也大，易造成铁水下淌。

c. 采用横向锯齿形或月牙形运条法摆动。焊条摆动到两侧坡口处要稍作停顿，以利于熔合及排渣，并防止焊缝两边产生死角（图 2-18）。

d. 焊条与试件的下倾角为 70°～80°。

e. 最后一层填充层的厚度，应比母材表面低 1～1.5mm，且应呈凹形，不得熔化坡口棱边，以利于盖面层保持平直。

③ 盖面层焊接

a. 引弧同填充焊。采用月牙形或锯齿形运条，焊条与试件的下倾角为 70°～75°。

b. 焊条摆动到坡口边缘 a、b 两点时，要压低电弧并稍作停留，这样有利于熔滴过渡和防止咬边，如图 2-18 所示。摆动到焊道中间的过程要快些，防止熔池外形凸起产生焊瘤。

c. 焊条摆动频率应比平焊稍快些，前进速度要均匀一致，使每个新熔池覆盖前一个熔池的 2/3～3/4，以获得薄而细腻的焊缝波纹。

d. 更换焊条前收弧时，不要有过深的弧坑，迅速更换焊条后，再在弧坑上方 10mm 左右的填充层焊缝金属上引弧，并拉至原弧坑处填满弧坑后，继续施焊。

（3）操作过程

① 清理试件，修磨坡口钝边，按要求间隙进行定位焊，预置反变形量。

② 用 ϕ3.2mm 或 ϕ2.5mm 的焊条打底焊，保证背面成形。

③ 层间清理干净，用 ϕ4.0mm 焊条进行以后几层的填充焊，采用锯齿形或月牙形运条法，两侧稍停顿，以保证焊道平整，无尖角和夹渣等缺陷。

④ 用 ϕ4.0mm 的焊条，采用锯齿形或月牙形运条法进行盖面层焊接，焊条摆动中间快些，两侧稍停顿，以保证盖面焊缝余高、熔宽均匀，无咬边、夹渣等缺陷。

焊后清理熔渣及飞溅物，检查焊接质量。

3. 横焊的单面焊反面成形

与立焊相比，横焊的下淌问题更为严重，更容易形成焊瘤。

（1）焊前准备　与前者的主要差别是坡口问题：横焊可以采用普通的V形坡口，也可以采用偏V形坡口。

（2）工件装配　修磨钝边1～1.5mm，无毛刺。坡口面及焊件清理干净；装配始端间隙为3.2mm，终端为4.0mm，错边量不大于1.2mm。在工件坡口反面距两端20mm之内定位焊，焊缝长度为10～15mm。预置反变形量为4°～5°。

（3）焊接工艺参数　第一层打底焊用ϕ3.2mm的焊条，90～110A电流；填充层也用ϕ3.2mm的焊条，电流增大至100～120A；表层（盖面）仍用ϕ3.2mm的焊条，电流比填充层小些，一般用100～110A的电流。

（4）操作要点

① 打底焊　第一层打底焊采用间断灭弧击穿法。首先在定位焊点之前引弧，随后将电弧拉到定位焊点的尾部预热，当坡口钝边即将熔化时，将熔滴送至坡口根部，并压一下电弧，从而使熔化的部分定位焊缝和坡口钝边熔合成第一个熔池。当听到背面有电弧的击穿声时，立即灭弧，这时就形成明显的熔孔。然后，按先上坡口、后下坡口的顺序依次往复击穿灭弧焊。

灭弧时，焊条向后下方动作要迅速，如图2-40所示。从灭弧转入引弧时，焊条要接近熔池，待熔池温度下降、颜色由亮变暗时，迅速而准确地在原熔池上引弧焊接片刻，再马上灭弧。如此反复地引弧→焊接→灭弧→引弧。

焊接时要求下坡口面击穿的熔孔始终超前上坡口面熔孔0.5～1个熔孔（直径3mm左右），如图2-41所示，以防止熔化金属下坠造成粘接，出现熔合不良的缺陷。

在更换焊条灭弧前，必须向背面补充几滴熔滴，防止背面出现冷缩孔。然后将电弧拉到熔池的侧后方灭弧。接头时，在原熔池后面10～15mm处引弧，焊至接头处稍拉长电弧，借助电弧的吹力和热量重新击穿钝边，然后压低电弧并稍作停顿，形成新的熔池后，再转入正常的往复击穿焊接。

② 填充层焊　填充层的焊接采用多层多道(共两层,每层两

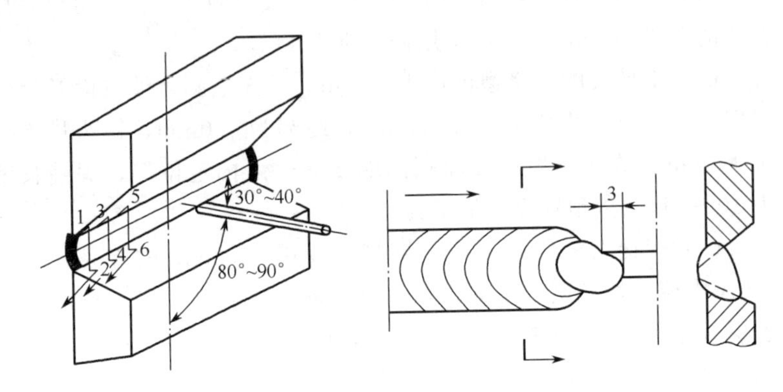

图 2-40　横焊打底的击穿灭弧法　　　　图 2-41　坡口两侧的熔孔

道）焊。每道焊道均采用直线形或直线往复运条，焊条前倾角为80°～85°，下倾角根据坡口上、下侧与打底焊道间夹角处熔化情况调整，防止产生未焊透与夹渣等缺陷，并且使上焊道覆盖下焊道1/2～2/3，防止焊层过高或形成沟槽，如图 2-42 所示。

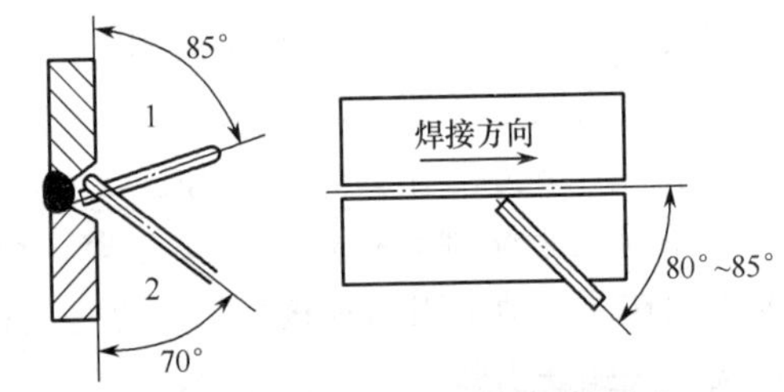

(a)焊条与焊件间的夹角　(b)焊条与焊缝的夹角

图 2-42　焊接填充层时的焊条角度

1—下焊道焊条的角度；2—上焊道焊条的角度

③ 盖面层焊　盖面层的焊接也采用多道焊（分三道），焊条角度如图 2-43 所示。上、下边缘焊道施焊时，运条应稍快些，焊道尽可能细、薄一些，这样有利于盖面焊缝与母材圆滑过渡。盖面焊缝的实际宽度以上、下坡口边缘各熔化 1.5～2mm 为宜。如果焊件较厚，焊条较宽时，盖面焊缝也可以采用大斜圆圈形运条法焊接，一次盖面成形。

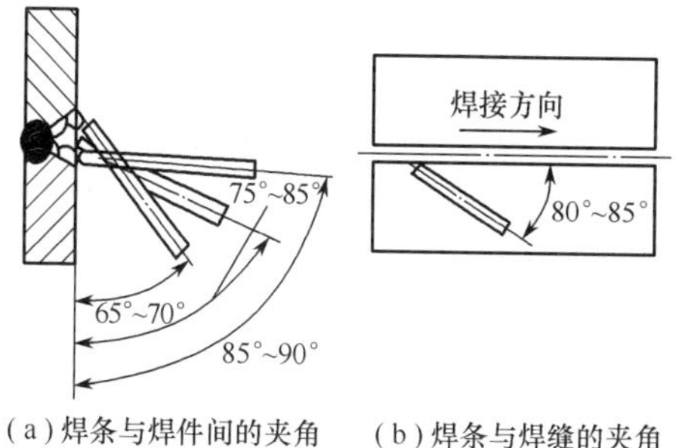

图 2-43　焊接装置盖面层时的焊条角度

焊接过程中，保持熔渣对熔池的保护作用，防止熔池裸露而出现较粗糙的焊缝波纹。焊后清理熔渣及飞溅物，检查焊接质量。

4. 仰焊的单面焊反面成形

(1) 焊前准备　工件、材料和设备的准备与前面几例相同。

(2) 试件装配　钝边 0.5～1mm，无毛刺。坡口面及附近清理干净。装配始端间隙为 3.2mm，终端为 4.0mm，错边量不大于 1.2mm。在试件反面距两端 20mm 内进行定位焊。焊缝长度为 10～15mm。预置反变形 3°～4°。

(3) 焊接工艺参数　由于仰焊的特殊性，无论是打底层还是填充层和表层，都选用 ϕ3.2mm 的焊条。电流则打底层、填充层和表层皆控制在 90～95A，否则会出现铁水下淌的问题。

(4) 操作要点　V 形坡口对接仰焊单面焊双面成形是焊接位置中最困难的一种。为防止熔化金属下坠使正面产生焊瘤，背面产生凹陷，操作时，必须采用最短的电弧长度。施焊时采用多层焊或多层多道焊。

① 打底层焊　打底层的焊接可采用连弧法，也可以采用灭弧击穿法（一点法、两点法）。

a. 连弧法

ⅰ. 引弧　在定位焊缝上引弧，并使焊条在坡口内轻微横向快速摆动，当焊至定位焊缝尾部时，应稍作预热，将焊条向上顶一下，听到“噗噗”声时，此时坡口根部已被熔透，第一个熔池已形成，需使熔孔向坡口两侧各深入 0.5～1mm。

ⅱ. 运条方法　采用直线往复或锯齿形运条法，当焊条摆动到坡口两侧时，需稍作停顿（1～2s），使填充金属与母材熔合良好，并应防止与母材交界处形成夹角，以免清渣困难［图 2-44（a）］。

ⅲ. 焊条角度　焊条与试板夹角为 90°，与焊接方向夹角为 60°～70°［图 2-44（b）］。

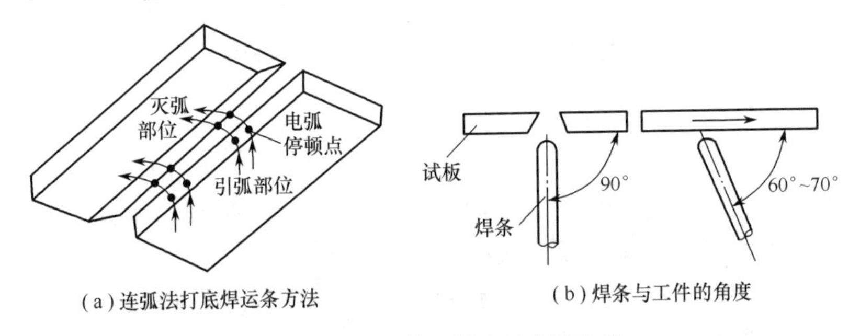

(a) 连弧法打底焊运条方法　　(b) 焊条与工件的角度

图 2-44　仰焊单面焊反面成形示意

ⅳ. 焊接要点　应采用短弧施焊，利用电弧吹力把熔化金属托住，并将部分熔化金属送到试件背面；应使新熔池覆盖前一熔池的 1/2～2/3，并适当加快焊接速度，以减少熔池面积和形成薄焊道，从而达到减轻焊缝金属自重的目的；焊层表面要平直，避免下凸，否则将给下一层焊接带来困难，并易产生夹渣、未熔合等缺陷。

ⅴ. 收弧　收弧时，先在熔池前方做一熔孔，然后将电弧向后回带 10mm 左右，再熄弧，并使其形成斜坡。

ⅵ. 接头　采用热接法，在弧坑后面 10mm 的坡口内引弧，当运条到弧坑根部时，应缩小焊条与焊接方向的夹角，同时将焊条顺着原先熔孔向坡口部顶一下，听到“噗噗”声后稍停，再恢复正常手法焊接。热接法更换焊条动作越快越好。也可采用冷接法，在弧坑冷却后，用砂轮和扁铲对收弧处修一个 10～15mm 的斜坡，在斜坡上引弧并预热，使弧坑温度逐步升高，然后将焊条顺着原先熔孔迅速上顶，听到“噗噗”声后，稍作停顿，恢复正常手法焊接。

b. 灭弧法

ⅰ. 引弧　在定位焊缝上引弧，然后焊条在始焊部位坡口内轻微快速横向摆动，当焊至定位焊缝尾部时，应稍作预热，并将焊条向上顶一下，听到“噗噗”声后，表明坡口根部已被焊透，第一个熔池已形成，并使熔池前方形成向坡口两侧各深入 0.5～1mm 的熔孔，然后焊条向斜下方灭弧。

ⅱ. 焊条角度　焊条与焊接方向的夹角为 60°～70°，如图 2-44（b）所示。采用直线往复运条法施焊。

ⅲ. 焊接要点　采用两点击穿法，坡口左、右两侧钝边应完全熔化，并深入两侧母材各 0.5～1mm。灭弧动作要快，干净利落，并使焊条总是向上探，利用电弧吹力可有效地防止背面焊缝内凹。灭弧与接弧时间要短，灭弧频率为 30～50 次/min，每次接弧位置要准确，焊条中心要对准熔池前端与母材的交界处。

ⅳ. 接头　更换焊条前，应在熔池前方做一熔孔，然后回带 10mm 左右再熄弧。迅速更换焊条后，在弧坑后面 10～15mm 坡口内引弧，用连弧法运条到弧坑根部时，将焊条沿着预先做好的熔孔向坡口根部顶一下，听到“噗噗”声后，稍停，在熔池中部斜下方灭弧，随即恢复原来的灭弧法。

② 填充层焊　可采用多层焊或多层多道焊。

a. 多层焊　应将第一层熔渣、飞溅物清除干净，若有焊瘤应修磨平整。在距焊缝始端 10mm 左右处引弧，然后将电弧拉回到起始焊处施焊（每次接头都应如此）。采用短弧月牙形或锯齿形运条法施焊，如图 2-45 所示。焊条与焊接方向夹角为 85°～90°，运条到焊道两侧一定要稍停片刻，中间摆动速度要尽可能快，以形成较好的焊道，保证让熔池呈椭圆形，大小一致，防止形成凸形焊道。

b. 多层多道焊　宜用直线运条法，焊道的排列顺序如图 2-46（a）所示，焊条的位置和角度应根据每条焊道的位置作相应的调整，如图 2-46（b）所示。每条焊道要搭接 1/2～2/3。并认真清渣，以防止焊道间脱节和夹渣。

填充层焊完后，其表面应距试件表面 1mm 左右，保证坡口的棱边不被熔化，以便盖面层焊接时控制焊缝的直线度。

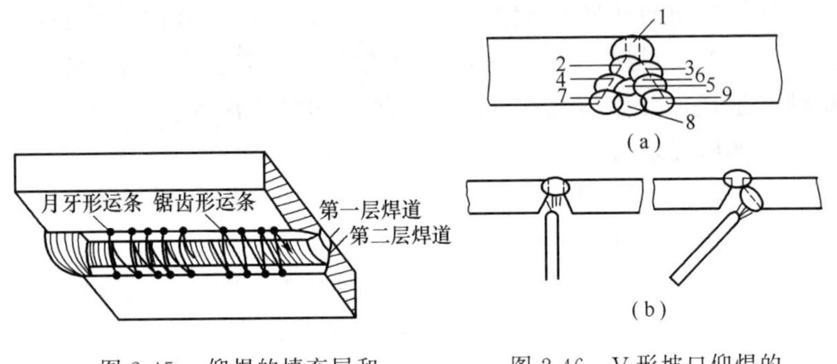

图 2-45　仰焊的填充层和表层的运条方法

图 2-46　V 形坡口仰焊的多层多道焊

③ 盖面层焊　盖面层在焊接前需仔细清理熔渣及飞溅物。焊接时可采用短弧、月牙形或锯齿形运条法运条。焊条与焊接方向夹角为 85°～90°，焊条摆动到坡口边缘时稍作停顿，以坡口边缘熔化 1～2mm为准，防止咬边。保持熔池外形平直，如有凸形出现，可使焊条在坡口两侧停留时间稍长一些，必要时做灭弧动作，以保证焊缝成形均匀平整。更换焊条时采用热接法。更换焊条前，应对熔池填几滴熔滴金属，迅速更换焊条后，在弧坑前 10mm 左右处引弧，再把电弧拉到弧坑处划一小圆圈，使弧坑重新熔化，随后进行正常焊接。

焊接结束后，清理熔渣及飞溅物，检查焊接质量。

第五节　管子的焊接

管道的焊接是焊接生产中的一项主要工作。根据管道的要求不同，对管道的焊接质量也有不同的要求。但最基本的还是水平固定焊接、滚动焊接、垂直焊接及倾斜焊接等。管子的直径不同、壁厚不同、材质不同，其焊接技术也不同。本节主要叙述一些典型的管子焊接。

一、水平固定管对接焊

（一）水平固定管的焊接特点

① 由于焊缝是环形的，所以在焊接过程中需经过仰焊、立焊、平焊等几种位置，因此焊条角度变化很大，操作比较困难。

② 熔化金属在仰焊位置时有向下坠落的趋势，易产生焊瘤。而在立焊位置及过渡到平焊位置时，则有向管子内部滴落的倾向，因而如操作技术不佳，则有可能造成熔深不均及外观不整齐的缺陷。

③ 焊接根部时，仰焊及平焊部位的两个焊缝接头操作比较困难。通常仰焊接头处容易产生内凹（或称塌腰，这是仰焊所特有的一种缺陷，主要是由于熔池在高温时表面张力较小，熔化金属因自重产生下坠而引起的，见图 2-47）和咬边、夹渣等缺陷。平焊接头处的根部背面易产生未焊透和焊瘤等缺陷。

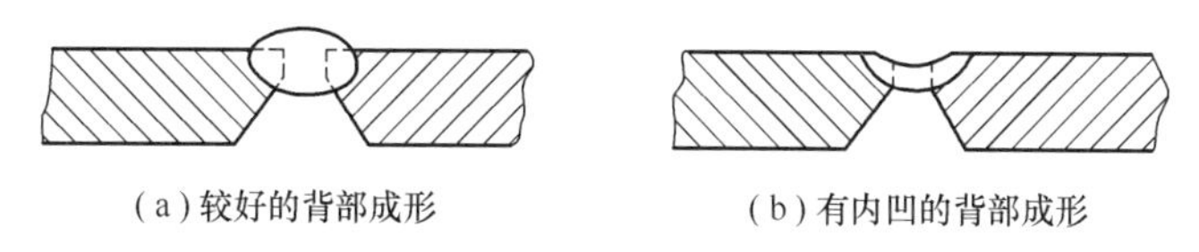

(a)较好的背部成形　　(b)有内凹的背部成形

图 2-47　管子仰焊部位的焊缝成形

（二）水平固定管的对口及定位焊

水平固定管的对口，除了应满足坡口、钝边、清洁工作等要求之外，还必须满足下列一些要求。

① 管子轴线必须对正，以免焊后中心线偏斜。由于先焊管子下部，为了补偿这部分因焊接造成的收缩，除留出对口间隙外，还应将上部间隙稍放大 0.5～2.0mm 作为反变形量（管径小者取下限，管径大者取上限）。

② 为了保证根部第一层焊缝反面成形良好，对于不开坡口的薄壁管子，对口间隙可为壁厚的一半。对于带坡口的管子，当采用酸性焊条时，对口间隙以等于焊芯直径为宜；当采用碱性焊条用“不灭弧”法焊时，对口间隙以等于焊条直径的一半为宜。对口间隙过大，焊接时易造成烧穿而形成焊瘤；反之，间隙太小易造成根部熔化不良和未焊透等缺陷（如果允许根部未焊透，则对口间隙可小些）。管子壁厚大于5mm时均开V形坡口，如图2-48所示。

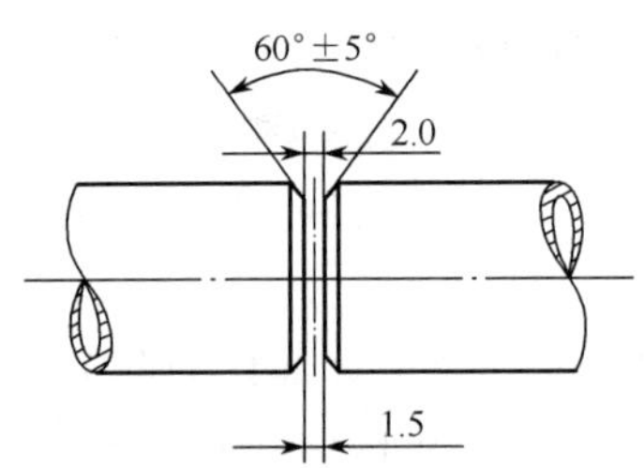

图2-48　管子焊口的坡口和根部间隙

③ 管径不同，定位焊的数目、位置也不相同。管径小于或等于42mm时只需定位一处，如图2-49（a）所示；管径为43～75mm时，定位焊两处，如图2-49（b）所示；管径为76～133mm，定位焊三处，如图2-49（c）所示；管径更大时，可适当增加定位焊数量。

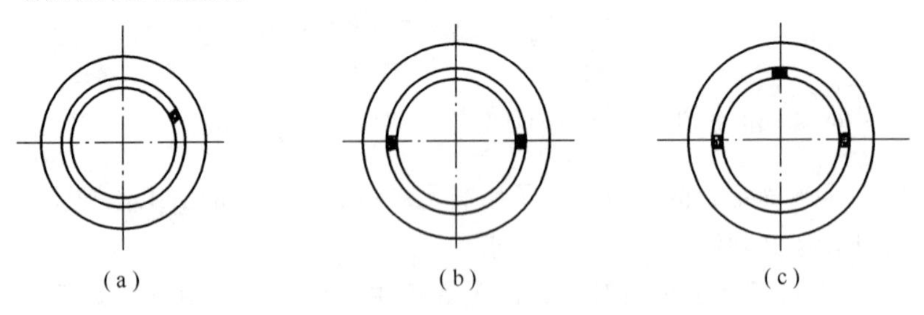

图2-49　水平固定管定位焊数目及位置

由于定位焊容易产生缺陷，因此，对于直径较大的管子尽可能不在坡口根部进行定位焊，而是用钢筋或适当尺寸的小钢板，将需对接的两管子外壁焊接起来，作为管子临时固定，如图 2-50 所示，焊后再将其去除。这种工艺对吊焊管接头尤为适用。

为了保证焊缝质量，定位焊缝要进行认真检查和修顺。如发现有裂缝、未焊透、夹渣、气孔等缺陷，必须铲掉重焊。定位焊的熔渣、飞溅等应彻底清除，并应将定位焊缝修成两头带缓坡的焊点。

（三）焊接方法

水平固定管的焊接通常是以管子的垂直中心线将环形焊口分成对称的两个半圆形焊口，按照仰→立→平的焊接顺序，进行仰焊、立焊、平焊，在仰焊及平焊处形成两个接头（图 2-51）。此方法能保证铁水与熔渣很好地分离，熔深也比较容易控制。

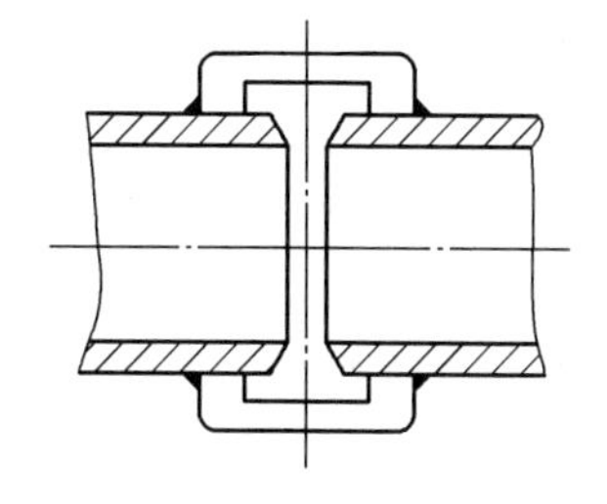

图 2-50　用连接块固定管示意

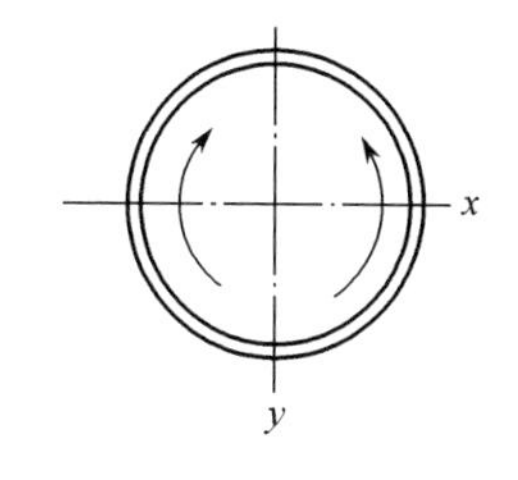

图 2-51　两半焊接法示意

1. V 形坡口的单层焊接

操作时，先在仰焊缝的坡口边缘上引弧，然后移至焊缝间隙内用长弧烤热起焊处（时间为 3～5s）。预热以后迅速压短电弧并熔穿根部间隙进行施焊。

在仰焊及斜仰焊位置运条时，必须保证半打穿焊接。至斜立焊及平焊位置，可运用顶弧焊接。其运条角度变化如图 2-52 所示。

为了便于仰焊及平焊位置接头，焊接前一半时，在仰焊位置的起焊点及平焊位置的终焊点都必须超过管子的半周（超越中心线 5～10mm），如图 2-53 所示。

为了使根部熔深均匀，焊条在仰焊及斜仰焊位置时尽可能不作或少作横向摆动，而在立焊及平焊位置时，可作幅度不大的月牙形

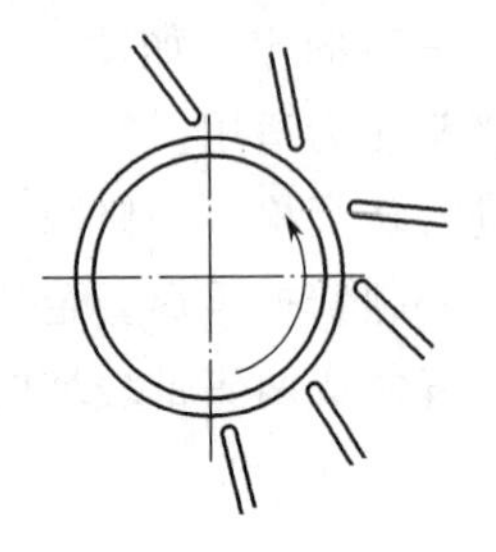

图 2-52　水平固定管焊接时的焊条角度

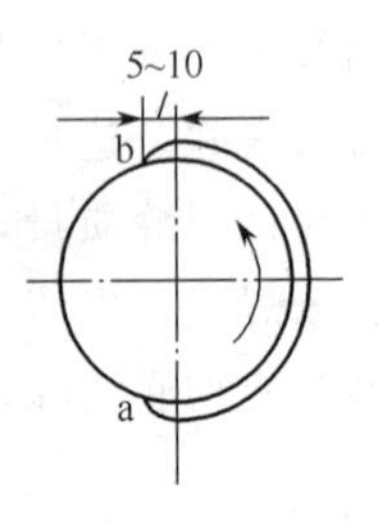

图 2-53　前一半焊缝的起焊及终焊位置

a—起焊点；b—终焊点

横向摆动。

当运条至定位焊焊缝接头处时，应减慢焊条前移速度，熔穿接头处的根部间隙，使接头部分能充分熔透。当运条至平焊部位时，必须填满弧坑后才能熄弧。

在焊接环形焊缝的后一半时，运条方法基本上与前一半相同，但运条至仰焊及平焊接头处必须多加注意。

对仰焊、平焊接头以及换焊条时的接头施焊时应注意的事项分述如下。

(1) 仰焊接头方法　由于起焊时容易产生气孔、未焊透等缺陷，故接头时应把起焊处的原焊缝用电弧割去一部分（约 10mm），这样既割除了可能有缺陷的焊缝，而且形成的缓坡形割槽也便于接头。操作方法是，首先用长弧预热接头部分，等到接头处熔化时迅速将焊条转成水平位置，使焊条端头对准熔化铁水，用力向后推（如一次达不到要求，可重复 2～3 次，直到达到要求为止），未凝固的铁水即被割除而形成一条缓坡形的割槽，如图 2-54 所示，随后焊条回到原始位置（约 30°），从割槽的后端开始焊接。运条至接头中心时，切勿灭弧，必须将焊条向上顶一下，以打穿未熔化的根部，使接头完全熔合。

如果不采用电弧割槽的方法，也可以用凿、锉等手工加工方式修顺接头处，然后再施焊。

(2) 平焊接头方法（图 2-55）　由于平焊位置不宜使用电弧

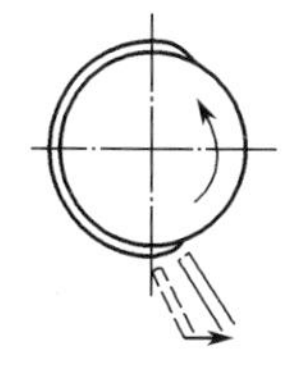

(a) 电弧引燃之后开始用长弧预热

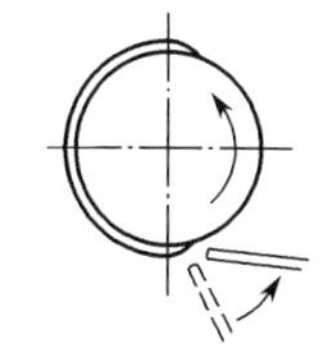

(b) 拉平焊条准备割槽

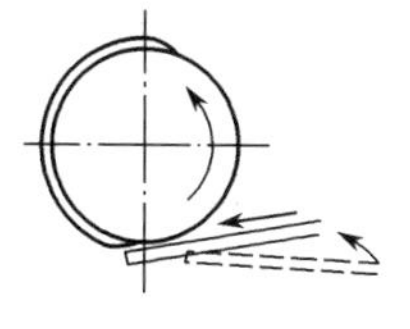

(c) 焊条向后推送形成割槽

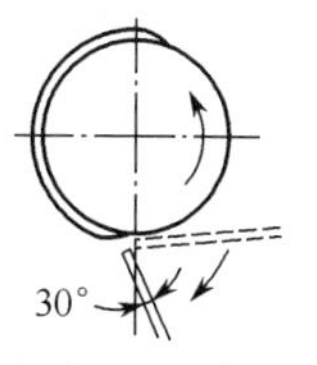

(d) 焊条回到正常位置从割槽后端起焊

图 2-54 仰焊接头操作法

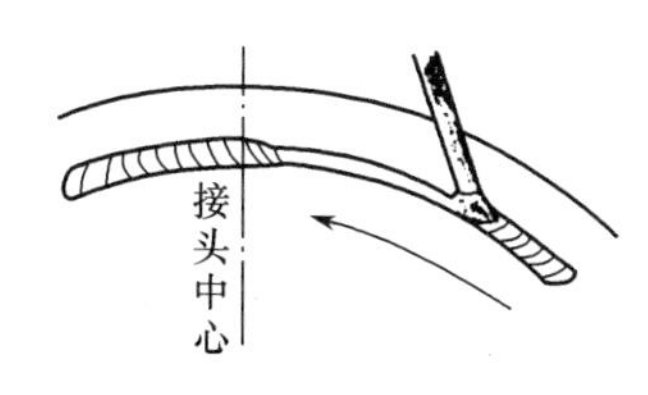

图 2-55 运用顶弧焊法预热进行平焊接头

预热，用电弧切割修理缺陷也很不方便，因此平焊接头的操作比仰焊接头要困难些。其操作方法如下。

首先用手工修顺接头处，使接头处形成一缓坡形。焊接时选用适中的电流强度。当运条至斜立焊（立平焊）位置时，焊条前倾，保持顶弧焊并稍作横向摆动。在距离接头处 3～6mm 将封闭时，绝不可灭弧。接头封闭的时候，需把焊条向里稍压一下，此时可以听到电弧打穿根部而产生的“噗噗”声，并且在接头处来回摆动以延长停留时间，必须用电弧熔穿根部间隙，使其充分熔合。当运条至定位焊处的另一端时，焊条在接头处稍停，使接头熔合。

换焊条时有两种接头方法。

① 当熔池尚保持红热状态，就迅速地从熔池前面引弧至熔池中心，用这种方法接头比较平整，但运条要灵活，动作要敏捷。

② 由于某种原因，如换焊条动作缓慢，熔池冷却速度太快等，以致熔池完全凝固。这时，焊缝终端由于冷却收缩时常形成较深的凹坑，甚至产生气孔、裂纹等缺陷，因此，必须在电弧割槽或手工修理后方可施焊。

2. V形坡口对接焊的单面焊反面成形

单面焊反面成形也称单面焊双面成形，更适用于重要管道的焊接。打底焊是完成反面成形的关键。

(1) 焊接工艺参数　水平固定管单面焊反面成形工艺参数为：打底焊用 ϕ2.5mm 焊条，电流选用 75～80A；盖面也选用 ϕ2.5mm 的焊条，电流选用 70～75A。由于是全位置焊接，只能用小直径焊条和小的焊接电流。

(2) 操作要点　水平固定管焊接常从管子仰位开始分两半周焊接。为便于叙述，将试件按时钟面分成两个相同的半周进行焊接，如图 2-56 所示。先按顺时针方向焊前半周，称前半圈；后按逆时针方向焊后半周，称后半圈。

① 打底层焊　可采用连弧法，也可以采用灭弧法。运条方法采用月牙形或横向锯齿形摆动。

a. 连弧法。

ⅰ. 引弧及起焊。在图 2-56 (a) 所示 A 点坡口面上引弧至间隙内，使焊条在两钝边作微小横向摆动，当钝边熔化金属液与焊条熔滴连在一起时，焊条上送，此时焊条端部到达坡口底边，整个电弧的 2/3 将在管内燃烧，并形成第一个熔孔（图中 a、b、c 是弧柱穿透管子背面长与弧柱全长之比）。

ⅱ. 仰焊及下爬坡的焊接。应压住电弧作横向摆动运条，运条幅度要小，速度要快，焊条与管子切线倾角为 80°～85°，如图 2-56 (b) 所示。

随着焊接向上进行，焊条角度变大，焊条深度慢慢变浅。在时钟 7 点位置时，焊条端部离坡口底边 1mm，焊条角度为 100°～105°，这时约有 1/2 电弧在管内燃烧，横向摆动幅度增大，并在坡口两侧稍作停顿。到达立焊时，焊条与管子切线的倾角为 90°，如图 2-56 (b) 所示。

ⅲ. 上爬坡和平焊的焊接。焊条继续向外带出，焊条端部离坡口底边约 2mm，这时 1/3 电弧在管内燃烧。上爬坡的焊条与管切线夹角为 85°～90°，平焊时夹角为 80°～85°，如图 2-56 (b) 所示，

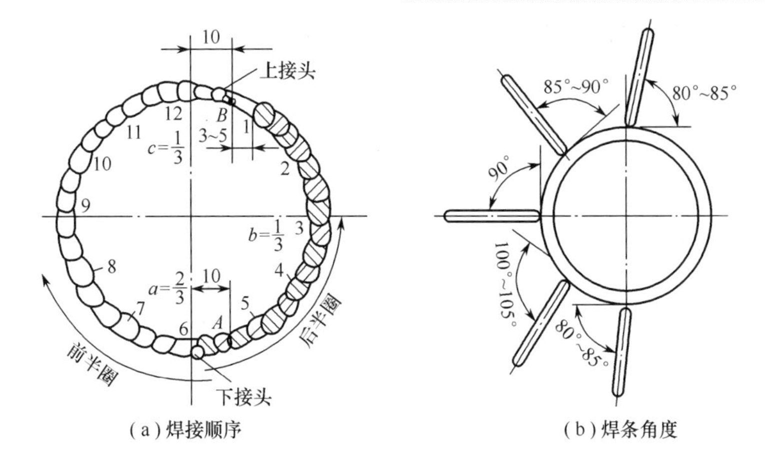

图 2-56　水平固定管焊接顺序及焊条角度

并在图 2-56（a）所示的 B 点收弧。

b. 灭弧法。

ⅰ. 接弧位置要准确。每次接弧时焊条要对准熔池前部的 1/3 左右处，使每个熔池覆盖前一个熔池 2/3 左右。

ⅱ. 灭弧动作要干净利落，不要拉长弧，灭弧与接弧的时间间隔要短。灭弧频率大体为：仰焊和平焊区段 35～40 次/min，立焊区段 40～50 次/min。

ⅲ. 焊接过程中要使熔池的形状和大小基本保持一致，熔池金属液清晰明亮，熔孔始终深入每侧母材 0.5～1mm。

ⅳ. 在前半圈起焊区（即 A 点～6 点区）5～10mm 范围内，焊接时焊缝应由薄变厚，形成一个斜坡；而在平焊位置收弧区（即 12 点～B 点区）5～10mm 范围内，则焊缝应由厚变薄，形成一个斜坡，以利于与后半圈接头。

ⅴ. 与定位焊缝接头时运条至定位焊点，将焊条向下压一下，若听到“噗噗”声后，快速向前施焊，到定位焊缝另一端时，焊条在接头处稍停，将焊条再向下压一下，又听到“噗噗”声后，表明根部已熔透，恢复原来的操作手法。

c. 接头。

更换焊条时接头有热接和冷接两种方法。

ⅰ. 热接：在收弧处尚保持红热状态时，立即从熔池前面引弧，迅速把电弧拉到收弧处。

ⅱ. 冷接：当熔池已经凝固冷却时，必须将收弧处修磨成斜坡，并在其附近引弧，再拉到修磨处稍作停顿，待先焊焊缝充分熔化，方可向前正常焊接。

d. 前半圈收尾时将焊条逐渐引向坡口斜前方，或将电弧往回拉一小段，再慢慢提高电弧，使熔池逐渐变小，填满弧坑后熄弧。

e. 后半圈的焊接与前半圈基本相同，但必须注意首尾端的接头，如图 2-57 所示。

ⅰ. 仰焊位（下方）的接头。当接头处没有焊出斜坡时，可用砂轮打磨成斜坡，也可用焊条电弧来切割。其方法是：在距接头中心约 10mm 的焊缝上引弧，用长弧预热接头部位，如图 2-57（a）所示。当焊缝金属熔化时迅速将焊条转成水平位置，使焊条头对准熔化金属，向前一推，形成槽形斜坡，如图 2-57（b）、（c）所示，然后马上把转成水平的焊条角度调整为正常焊接角度，如图 2-57（d）所示，进行仰焊。

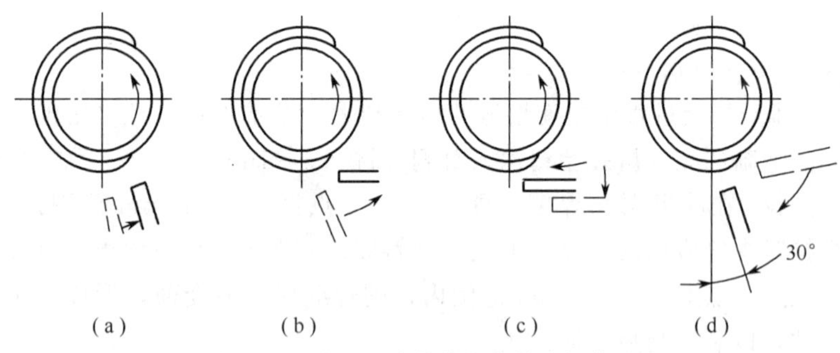

图 2-57 水平固定管仰焊位接头操作法

在图 2-56（a）中 6 点处引弧时，以较慢速度和连弧方式焊至 A 点，把斜坡焊满，当焊至接头末端 A 点时，焊条向上顶，使电弧穿透坡口根部，并有“噗噗”声后，恢复原来的正常操作手法。

ⅱ. 平焊位（上方）的接头。当前半圈没有焊出斜坡时，应修磨出斜坡。当运条到距 B 点 3～5mm 时，应压低电弧，将焊条向里压一下，听到电弧穿透坡口根部发出“噗噗”声后，在接头处来回摆动几下，保证充分熔合，填满弧坑，然后引弧到坡口一侧熄弧。

② 盖面层焊

ⅰ. 清除打底焊熔渣及飞溅物，修整局部凸起接头。

ⅱ. 在打底焊道上引弧，采用月牙形或横向锯齿形运条法焊接。

ⅲ. 焊条角度比相同位置打底焊稍大 5°左右。

ⅳ. 焊条摆动到坡口两侧时，要稍作停留，并熔化两侧坡口边缘各 1～2mm，以防咬边。

ⅴ. 前半圈收弧时，对弧坑稍填一些液体金属，使弧坑呈斜坡状，以利于后半圈接头；在后半圈焊前，需将前半圈两端接头部位渣壳去除约 10mm，最好采用砂轮打磨成斜坡。

盖面层焊接前后两半圈的操作要领基本相同，注意收口时要填满弧坑。

一般要求焊缝与母材应圆滑过渡，咬边深度不大于 0.5mm，焊缝两侧咬边总长度不得超过焊缝长度的 10%。焊缝宽度比坡口每侧增宽 0.5～2.5mm，焊缝宽度差不大于 3mm，焊缝余高 0～4mm，余高差不大于 3mm，背面凹坑小于 25%壁厚，且小于 1mm。

二、垂直固定管对接焊

垂直固定管的焊接相当于横焊，没有平、立、仰焊的操作。因此，焊接时与水平固定管的焊接不同。

1. 试件装配

试件装配间隙为 2.5～3.2mm，如图 2-58 所示；错边量不大于 0.8mm；定位焊点与前者相同。定位焊缝长度为 10～15mm，要求焊透，不得有气孔、夹渣、未焊透等缺陷。焊点两端修成斜坡，以利于接头。

2. 焊接工艺参数

垂直固定管的焊接打底层、填充层和表层均采用 ϕ3.2mm 的焊条。打底层的焊接电流小一些，一般为 90～110A；填充层电流为

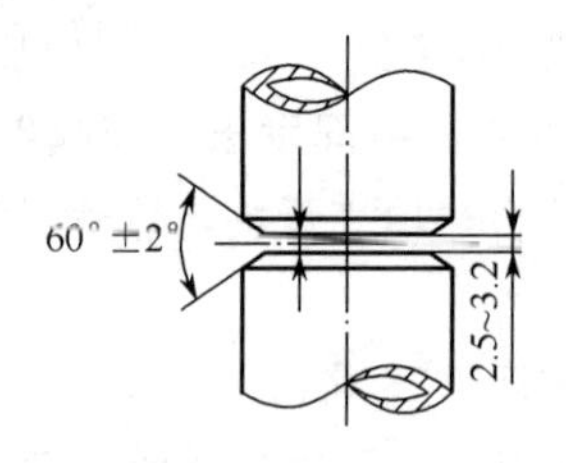

图 2-58　垂直固定管的装配尺寸

100～120A；表层电流为 100～110A。

3. 操作要点

（1）打底层焊　采用间断灭弧击穿法，焊条角度如图 2-59 所示。

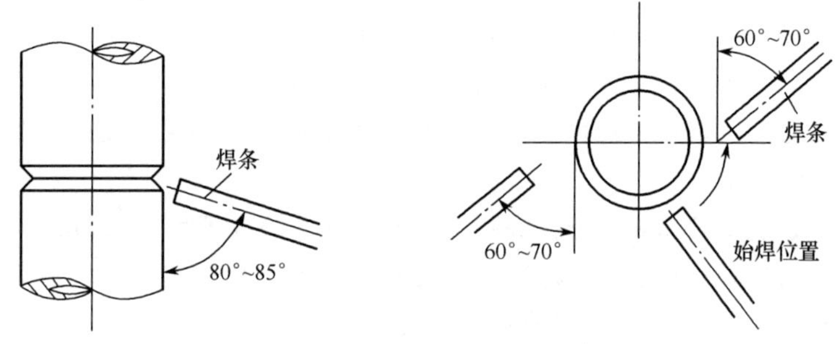

图 2-59　垂直固定管焊接时的焊条角度

① 引弧焊接　在两定位焊缝中部坡口面上引弧，拉长弧预热坡口，待其两侧接近熔化温度时压低电弧，待发出击穿声并形成熔池后，马上灭弧（向后下方挑灭弧），使熔池降温。待熔池由亮变暗时，在熔池的前沿重新引燃电弧，压低电弧，由上坡口焊至下坡口，使上坡口钝边熔化 1～1.5mm，下坡口钝边熔化略小，并形成熔孔，如图 2-60 所示。然后灭弧，又引弧焊接，如此反复地进行灭弧击穿焊接。

施焊时把握三个要领：看熔池，听声音，落弧准。即观看熔池温度适宜，熔渣与熔池分明，熔池形状一致，熔孔大小均匀；听清电弧击穿坡口根部的“噗噗”声；落弧的位置要在熔池的前沿，保持始终准确，每次接弧时焊条中心对准熔池前部的 1/3 处，使新熔池覆盖前一个熔池 2/3 左右，弧柱击穿后透过背面 1/3。

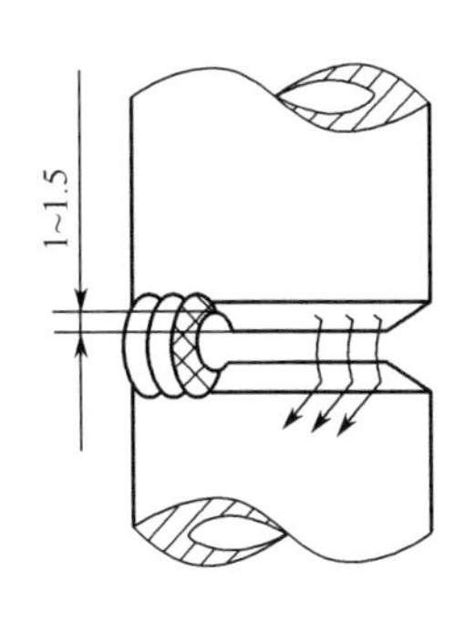

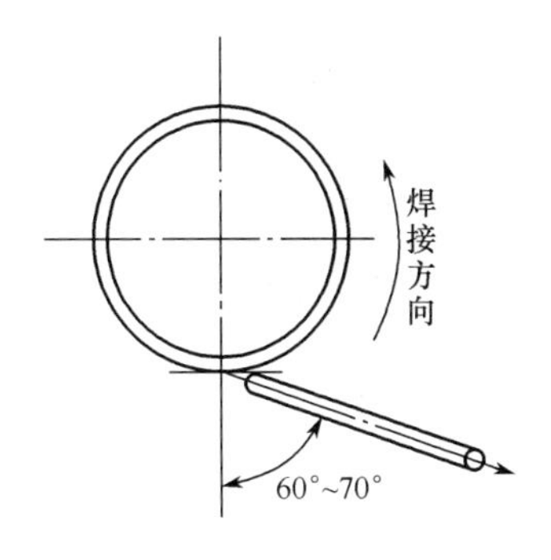

图 2-60　焊条角度、熔孔大小及电弧轨迹

② 打底层的接头　当焊条运到定位焊缝根部或焊到封闭接头时，不能灭弧，而是电弧向内压，向前顶，听到“噗噗”击穿声后，稍停约 1～2s，焊条略加摆动填满弧坑后拉向一侧灭弧。

（2）填充层焊　采用多层焊或多层多道焊。多层焊应用斜锯齿形运条法，生产率高，但操作难度大。多数采用多层多道焊，由下向上一道道排焊，并运用直线形运条法，焊接电流比打底焊略大一些，使焊道间充分熔合，上焊道覆盖下焊道 1/2～2/3 为宜，如图 2-61 所示，以防止焊层过高或形成沟槽。焊接速度要均匀，焊条角度随焊道弧度改变而变化，下部倾角要大，上部倾角要小。填充层焊至最后一层时，不要把坡口边缘盖住（要留出少许），中间部位稍凸出，为得到凸形的盖面焊缝做准备。

（3）盖面层焊　采用短弧焊，先焊接下边的焊道。焊接时，电弧应对准下坡边缘稍作前后往复摆动运条，使熔池下沿熔合坡口下棱边（不大于 1.5mm），并覆盖填充层焊道。下焊道焊速要快，中间焊道焊速要慢，使盖面层呈凸形。为保持盖面焊缝表面的金属光泽，各焊道焊缝焊完后不要清渣，待最后一条焊道焊接结束后一并清除。焊最后一条焊道时，应适当增大焊接速度或减小焊接电流，焊条倾角要小，如图 2-62 所示，以防止咬边，确保整个焊缝外表宽窄一致，均匀平整。

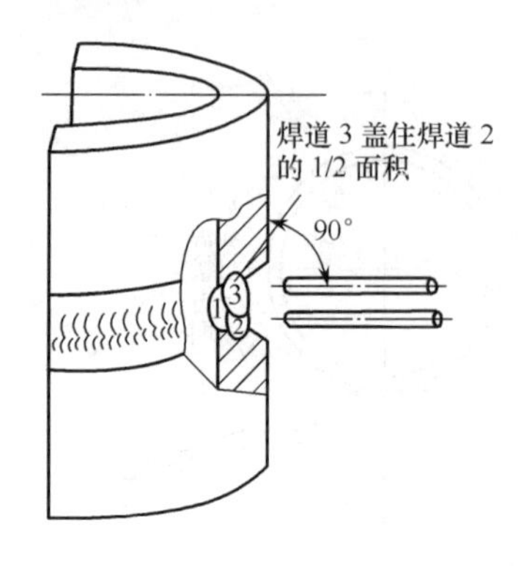

图 2-61 填充层焊条的角度

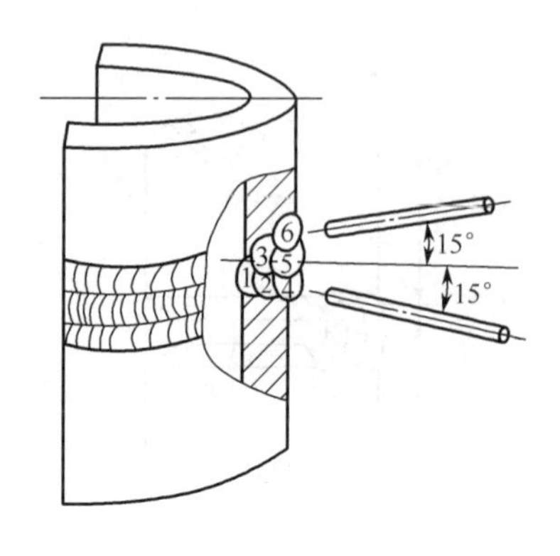

图 2-62 表层焊条的角度

三、倾斜 45° 角管对接焊

45°固定管焊接位置是介于水平固定管和垂直固定管之间的一种焊接位置，其操作要领与前两种情况有相似之处，焊接时分为两个半圈进行。每半圈都包括斜仰焊、斜立焊和斜平焊三种位置，存在一定的焊接难度。一般在焊接时钟 6 点位置起焊，12 点位置收弧。其焊前准备与水平固定管焊接相同。

1. 试件装配

① 装配间隙 上部（12 点位置）2.0mm，下部（6 点位置）1.5mm，错边量不大于 0.5mm。

② 定位焊 焊点数量和位置参照图 2-49。焊缝长度约 10mm，要求焊透，不得有气孔、夹渣、未焊透等缺陷，焊点两端修磨成斜坡，以利于接头。

2. 焊接工艺参数

45°固定管焊接工艺参数均选择小规范，用 ϕ2.5mm 焊条，电流为 70～80A。

3. 焊接要点

(1) 打底层的焊接 采用连弧法，运条方法采用月牙形或横向锯齿形摆动。

① 操作要点。先在仰焊位置 6 点钟前 5～10mm 的 *A* 点［图 2-

56（a）］处起弧，在始焊部位坡口内上下轻微摆动，对坡口两侧预热，待管壁温度明显上升后，压低电弧，击穿钝边。此时焊条端部到达坡口底边，整个电弧的 2/3 将在管内燃烧并形成第一个熔孔。然后用挑弧法向前进行焊接。施焊时注意焊条的摆动幅度，使熔孔应保持深入坡口每侧 0.5～1mm，每个熔池覆盖前一个熔池 2/3 左右。当熔池温度过高时，可能产生熔化金属下淌，应采用灭弧控制熔池温度。焊完前半圈在 12 点钟后的 B 点处熄弧，以同样方法焊接后半圈打底焊缝，在 12 点钟处接头并填满弧坑收弧。

② 打底层焊缝与定位焊缝接头以及更换焊条的接头，其操作方法与水平固定焊操作相似。

（2）盖面层的焊接　焊接盖面层与接头方法有两种。

① 直拉法盖面及接头　直拉法盖面就是在盖面过程中，以月牙形运条法沿管子轴线方向施焊的一种方法。施焊时，从坡口上部边缘起弧并稍作停留，然后沿管子的轴线方向作月牙形运条，把熔化金属带至坡口下部边缘灭弧。每个新熔池覆盖前熔池的 2/3 左右，依次循环。

a. 斜仰焊部位的起头动作是在起弧后，先在斜仰焊部位坡口的下部依次建立三个熔池，并且逐个加大，最后达到焊缝宽度，如图 2-63 所示，然后进入正常焊接。施焊时，用直拉法运条。

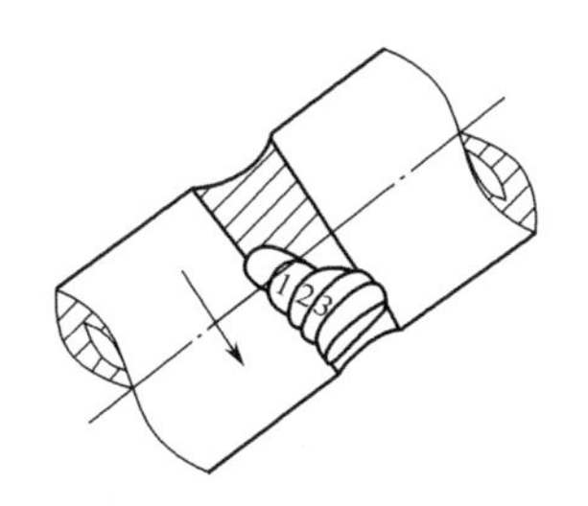

图 2-63　直拉法盖面斜仰焊位的起头方法

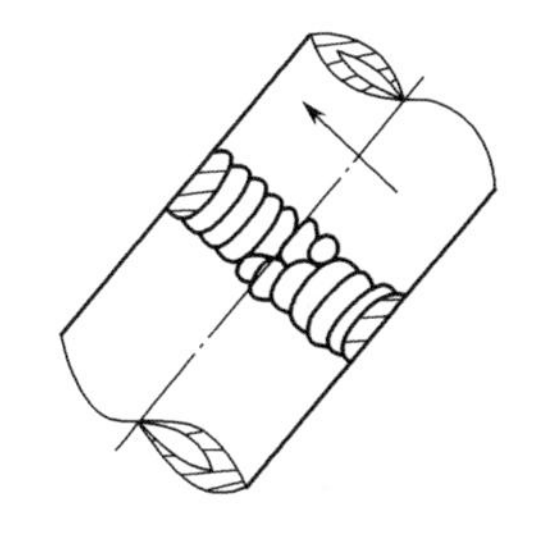

图 2-64　直拉法盖面斜仰焊位的接头方法

b. 前半圈的收尾方法是在熄弧前，先将几滴熔化金属逐渐斜拉，以使尾部焊缝呈三角形。焊后半圈时，在管子斜仰焊位的接头方法是在引弧后，先把电弧拉至接头待焊的三角形尖端建立第一个熔池，此后的几个熔池随着三角形宽度的增加逐个加大，直至将三角形区填满后用直拉法运条，如图 2-64 所示。

c. 后半圈焊缝的收弧方法是在运条到试件上部斜平焊位收弧部位的待焊三角区尖端时，使熔池逐个缩小，直至填满三角区后再收弧，如图 2-65 所示。

采用直拉法盖面时的运条位置，即接弧与灭弧位置必须准确，否则无法保证焊缝边缘平直。

② 横拉法盖面及接头　横拉法盖面就是在盖面的过程中，以月牙形或锯齿形运条法沿水平方向施焊的一种方法。施焊时，当焊条摆动到坡口边缘时，稍作停顿，其熔池的上下轮廓线基本处于水平位置。

a. 横拉法盖面时的斜仰焊位起头方法是在起弧后，相继建立起三个熔池，然后从第四个熔池开始横拉运条，它的起头部位也留出一个待焊的三角区域，如图 2-66 所示。

b. 前半圈上部斜平焊位焊缝收尾时也要留出一个待焊的三角区域。

c. 后半圈在斜仰焊位的接头方法是在引弧后，先从前半圈留下的待焊三角区域尖端向左横拉至坡口下部边缘，使这个熔池与前半圈起头部位的焊缝搭接上，保证熔合良好，然后用横拉法运条，如图 2-67 所示，至后半圈盖面焊缝收弧。后半圈斜平焊位收弧方法是在运条到收弧部位的待焊三角区域尖端时，使熔池逐个缩小，直至填满三角区后再收弧。

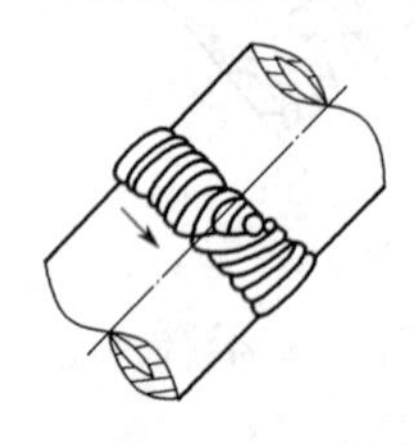

图 2-65　直拉法盖面斜平焊位的收弧方法

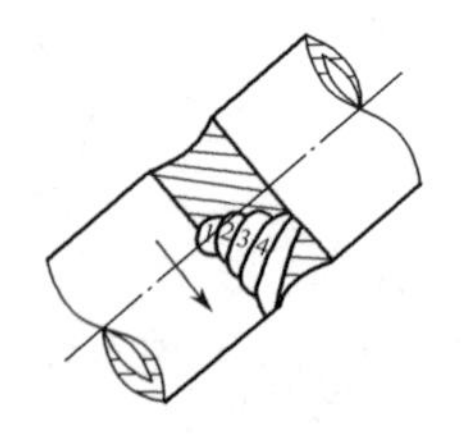

图 2-66　横拉法盖面斜仰焊位的起头方法

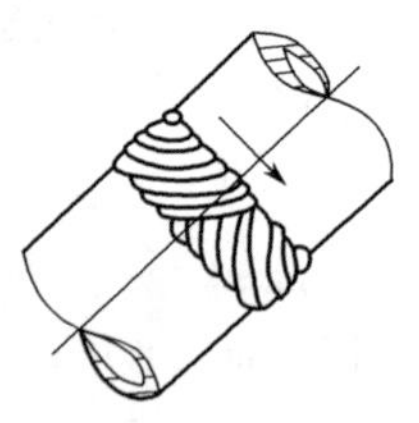

图 2-67　横拉法盖面斜仰焊位的接头方法

管子倾斜度不论大小，一律要求焊波成水平或接近水平方向，否则成形不好。因此焊条总是保持在垂直位置，并在水平线上左右摆动，以获得较平整的盖面层。摆动到两侧时，要停留足够时间，使熔化金属覆盖量增加，以防止出现咬边。

焊后清理管件内、外焊缝的熔渣和飞溅物，检查正、背面焊缝。

四、管子多层焊应注意的问题

沿着管周进行仰、立、平焊的施焊方法，基本上与相应位置的钢板焊接法相似，但还必须注意下列几点。

① 为了消除底层焊缝中存在的隐藏缺陷，在其外层焊缝施焊时，应选用较大的电流强度，并且要适当控制运条，达到既不产生严重咬边又能熔化掉底层焊缝中隐藏缺陷的目的。

② 为了使焊缝成形美观，当焊接表层前一层焊道时，在仰焊部位的运条速度要快，使之形成厚度较薄、中部下凹的焊缝，如图 2-68（a）所示；平焊部位运条速度应缓慢，使之形成略为肥厚而中央稍有凸起的焊缝，如图 2-68（b）所示。必要时在平焊部位可以补焊一道焊道，如图 2-68（c）所示，以达到整个环形焊缝高度一致的目的。

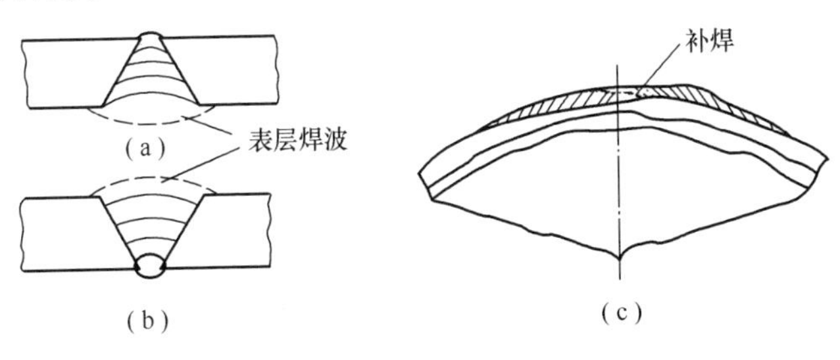

图 2-68　表层前一层焊缝的形状

③ 当对口间隙不宽时，仰焊部位的起焊点可以选择在焊道中央；如果对口间隙很宽，则宜从坡口的一侧起焊。

④ 管子多层焊接仰焊时的接头方法有两种。

a. 从焊道中央起焊时的接头方法，具体操作如图 2-69 所示。首先在越过中线 10～15mm 处引弧预热，起焊时电弧不宜压短，需作直线运条，速度稍快，至中线（接头中心）处开始逐渐作横向摆动。当焊管子的另一半面时，首先在接近于 A 点的对称部位（图 2-69 中的 A'点）引弧预热，接头起焊时电弧较长，运条速度稍快，坡口两侧停留时间比在焊缝中央稍长，接头处的焊波应薄一些，避免形成焊瘤。

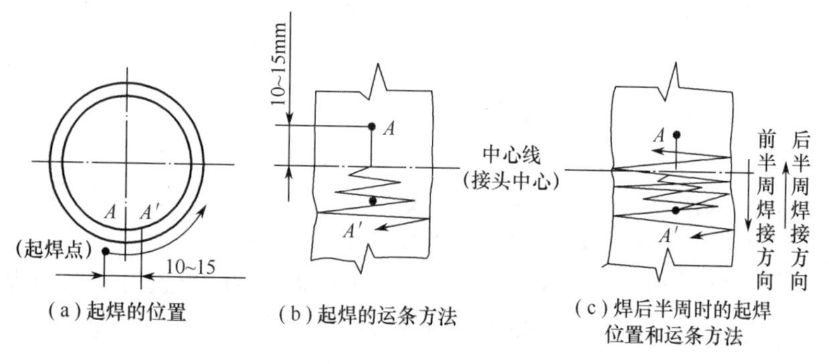

图 2-69 仰焊部位从焊道中央起焊的接头方法

b. 从坡口一侧起焊时的接头方法，起焊和接头的基本要求与前相似，只是焊前半周的起焊点在坡口的一侧，焊后半周的起焊点在坡口的另一侧。另外，接头处的焊波是斜交的（图 2-70）。

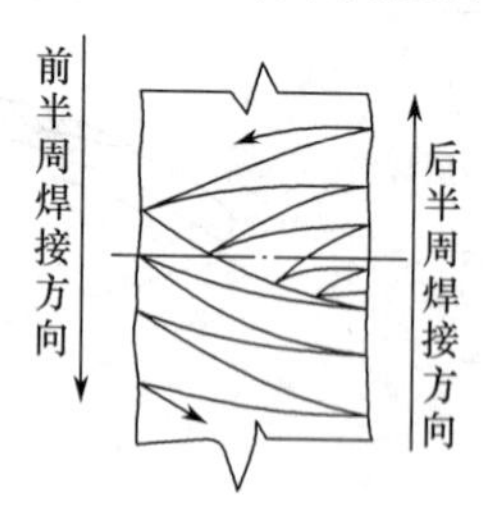

图 2-70 仰焊部位从坡口一侧起焊的接头方法

五、水平管子的转动焊接

对于管段、法兰等可拆的、重量不大的焊件，可以应用转动焊接法。

转动焊接的特点是操作简便，均可在最佳位置焊接，故质量容易保证。同时也可以使用较粗的焊条，故能提高焊接效率。

1. 对口及定位焊

对口及定位焊方法与水平管子固定焊接相似，最好不采取在坡口内直接定位的方式，而用钢筋或适当尺寸的小钢板在管子外壁定位焊。

2. 根部焊接

根据管子对口形式的不同，可用两种焊接方法。

(1) 对不带垫圈的管子转动施焊（图 2-71）　为了使根部容易焊透，一般在立焊部位焊接。

(2) 对带垫圈的管子施焊（图 2-72）　由于这类管子比较容易焊透，所以为了操作方便，将运条范围选择在平焊部位。

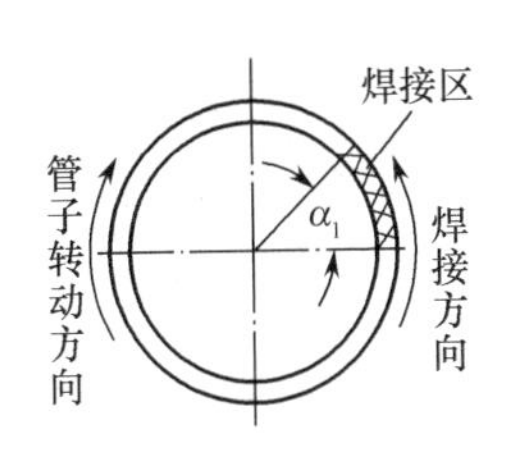

图 2-71　不带垫圈管子转动焊

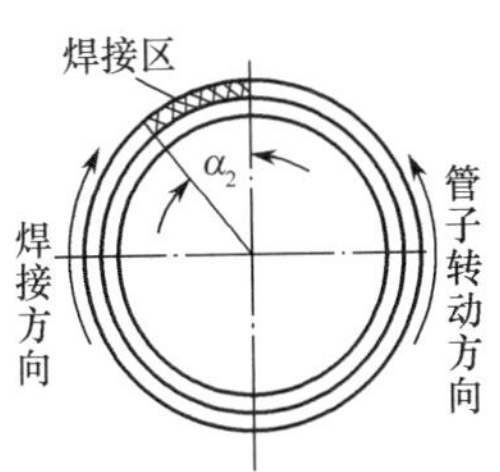

图 2-72　带垫圈管子转动焊

对于厚壁管子，为了防止因回转时的振动而引起根部裂缝，可在滚轮上覆以橡胶，并且定位焊缝（当在焊道内定位焊时）应该有足够的强度，同时靠近焊口的两个支点距离最好不大于管径的1.5～2倍（图 2-73）。

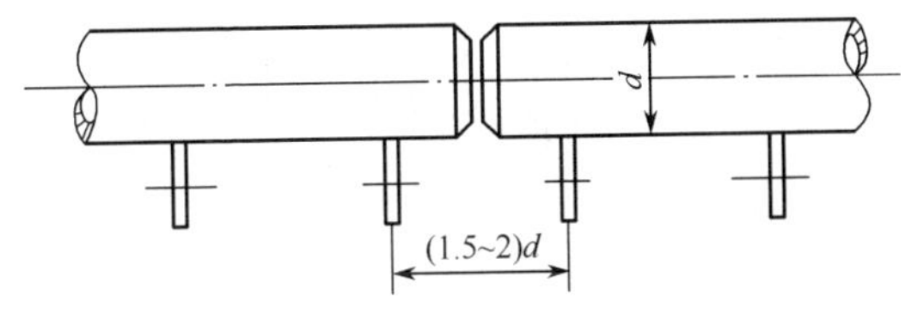

图 2-73　滚动支点的安置

3. 多层焊接

转动焊时，多层焊接的运条方式和带垫管子转动时根部焊接的方式相同，也是选择在平焊部位焊接。

4. 滚动支架

作为支承和转动焊件的滚动支架，分人工传动和机械传动两种。滚动支架的形式很多，下面介绍其中几个例子。

（1）人工传动滚动支架　这种支架由于体积小、操作容易、搬运方便，故特别适用于安装现场，但仅限于支承重量不大的焊件（1.5t以内）。在焊件上临时焊上几根手柄，用以推动焊件旋转（图2-74）。或者采用链条转动，这种转动比较平稳，而且速度均匀（图2-75）。

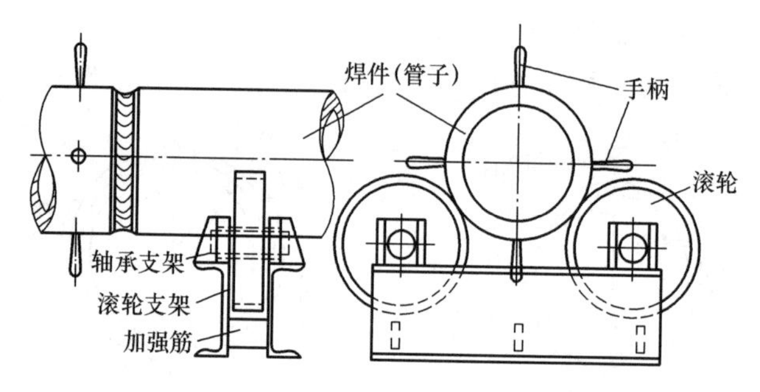

图2-74　管子滚动焊的人工传动装置

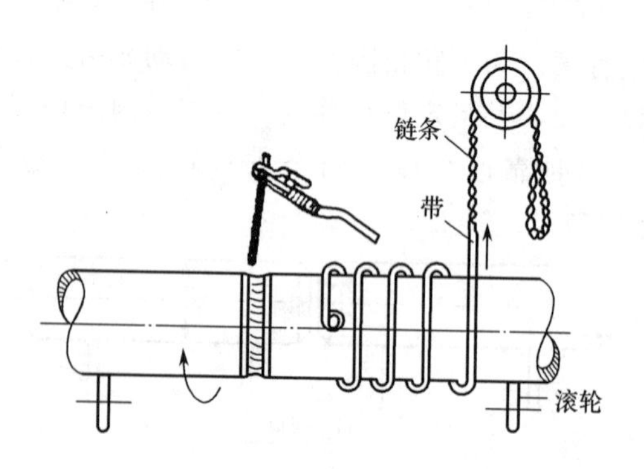

图2-75　链条滑车转动

（2）机械传动滚动支架　这种支架体形较大，搬运不便，多用作固定装置。用直流电动机通过带或齿轮传动，带动滚轮而使焊件转动，焊工通过按钮控制器控制焊件的转动方向和速度，如图 2-76 所示。由于这种装置转速稳定，故常用于环缝的自动焊。

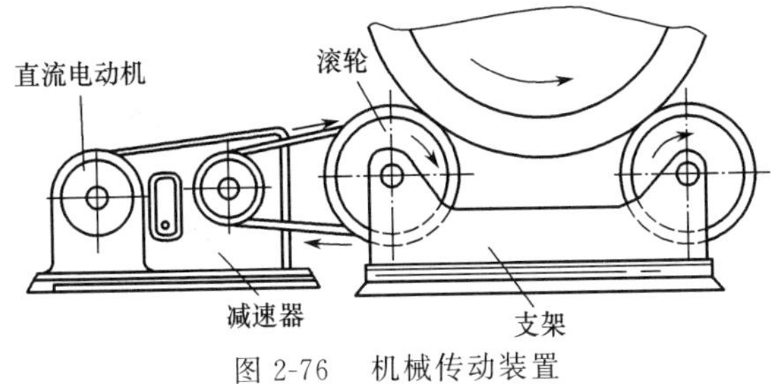

图 2-76　机械传动装置

第六节　手工堆焊与焊补技术

一、堆焊目的

堆焊一是用于修复机械设备工作表面的磨损部分和金属表面的残缺部分，以恢复原来的尺寸；二是把工件表面堆焊成耐磨、耐蚀的特殊金属表面层。

二、堆焊材料

堆焊时必须根据不同要求选用不同的焊条。修补堆焊所用的焊条成分一般和焊件金属相同，但堆焊特殊金属表面时，应选用专用焊条，以适应机件的工作需要。

三、堆焊技术

堆焊前，对堆焊处的表面必须仔细地清除杂物、油脂等后，才能开始堆焊。堆焊时要注意堆焊层的厚度均匀，因此堆焊时应注意下列问题。

（1）相邻焊道的处理　在堆焊第二条焊道时，必须熔化第一条焊道的 1/3～1/2 宽度，如图 2-77 所示，这样才能使各焊道间紧密连接，并能防止产生夹渣和未焊透等缺陷。

（2）各层的方向　当进行多层堆焊时，由于加热次数较多，且加热面积又大，所以焊件极易产生变形，甚至会产生裂缝。这就要求第二层焊道的堆焊方向与第一层互相成 90°（图 2-78）。

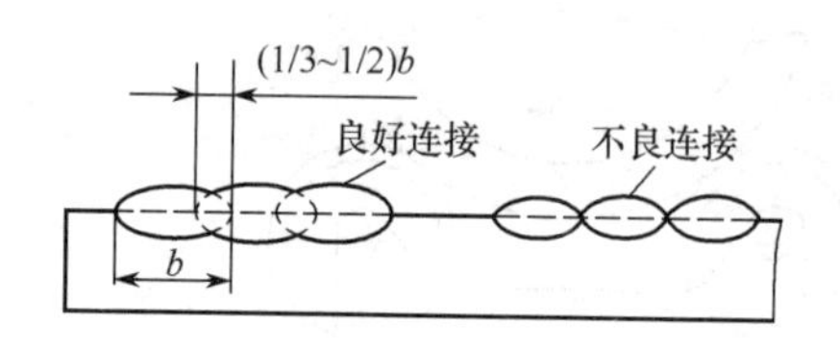

图 2-77　堆焊时焊缝的连接

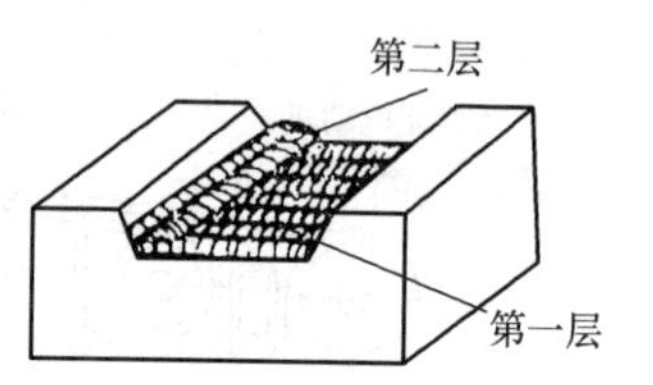

图 2-78　各堆焊层的排列方向

（3）堆焊顺序　为了使热量分散，还应注意堆焊顺序。

① 大平面堆焊时应考虑分散热量，采用图 2-79 所示的顺序进行堆焊。

② 轴堆焊时，可按图 2-80 所示的堆焊顺序进行，即采用纵向对称堆焊和横向螺旋形堆焊。堆焊时必须注意轴的变形量。

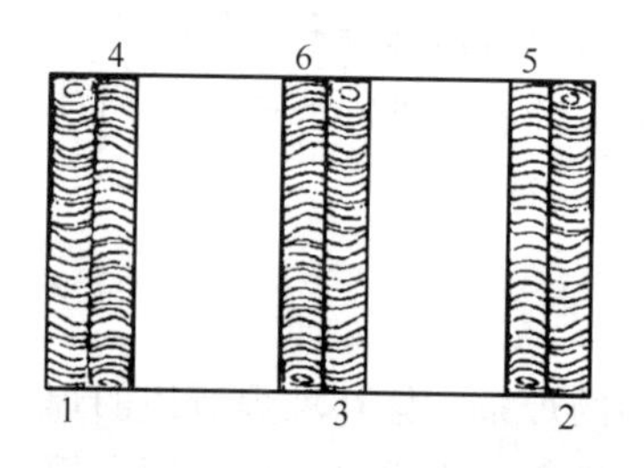

图 2-79　大平面的堆焊顺序

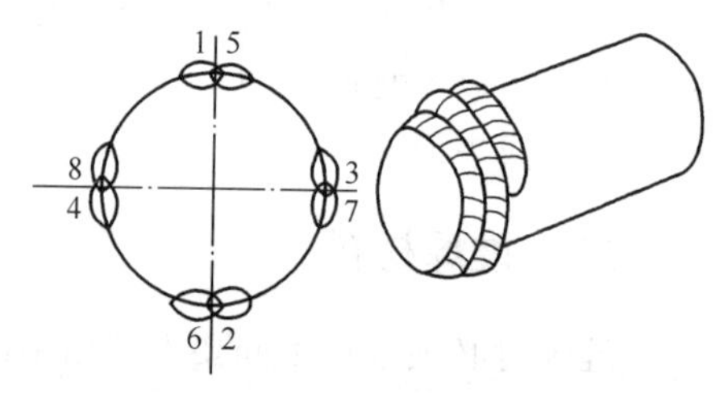

图 2-80　轴的堆焊顺序

堆焊时，还需注意每条焊缝结尾处不应有过深的弧坑，以免影响堆焊层边缘的成形。因此应采取将熔池引到前一条堆焊缝上的方法。

为了增加堆焊层的厚度，减少清渣工作，提高生产效率，通常将焊件的堆焊面放成垂直位置（图 2-81），用横焊方法进行堆焊，有时也将焊件放成倾斜位置用上坡焊堆焊。

为了满足堆焊后焊件表面机械加工的要求，应留有一定厚度

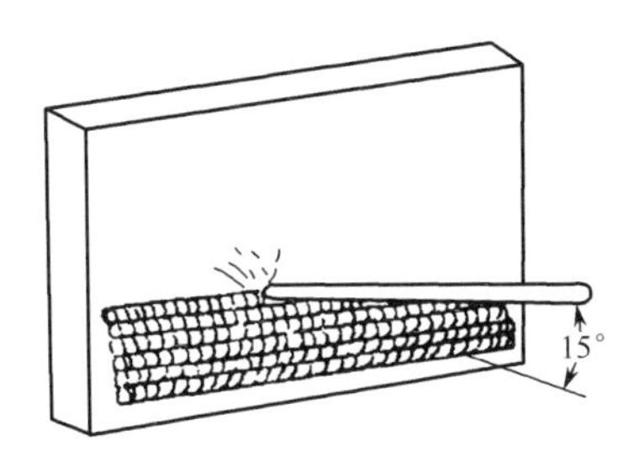

图 2-81　在垂直位置上的堆焊

(3～6mm) 的加工余量。

四、铸件缺陷和裂缝的焊补技术

1. 铸钢件缺陷的焊补

修补缺陷时，除了要遵守堆焊的规则外，还应特别注意焊前缺陷处的清理工作，必须将缺陷全部去除，同时修出坡口。缺陷清除后不应有尖锐的形状，以防止再产生未焊透、夹渣等缺陷。

明缺陷的焊补是将缺陷清除干净并修出适当的坡口后，用结507焊条按照堆焊的方法，把缺陷填满即可。如果铸钢件较大，为防止产生裂缝，可在焊补处进行局部预热（300～350℃）。

焊补暗缺陷时，必须认真地清理缺陷，去除妨碍电弧进入的金属，待缺陷完全暴露且清除干净后才能进行焊补，焊补方法与明缺陷焊补相同。

2. 裂缝的焊补

裂纹一般容易在铸铁件上出现，有的强度较高和硬度较大的钢也会出现裂纹。焊补前应对裂缝进行彻底检查，然后将裂缝凿除(也可以用角磨砂轮或碳弧气刨清除)，并修成一定的坡口，坡口底部不要呈尖角状。为了避免在凿削过程中裂缝受振动而蔓延，凿削前应在裂缝的两端钻直径为10～15mm的止裂孔，其位置如图2-82所示。

裂缝的焊补一般采用结507焊条，焊后的焊缝强度和塑性均能满足要求。在焊接过程中还要注意焊接顺序，并根据具体情况，在

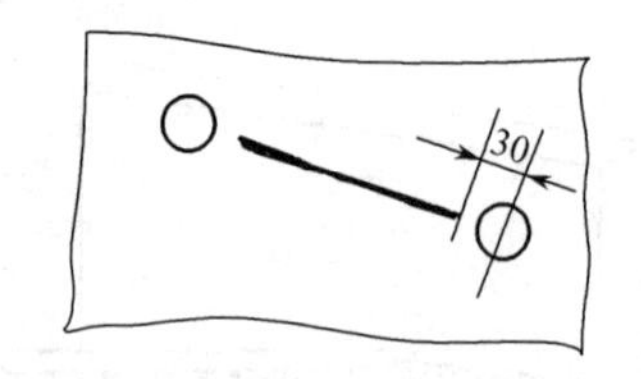

图 2-82　裂缝两端的止裂孔位置

焊接前还可以将焊补处进行局部预热（300～350℃），同时适当敲击焊缝处，以消除局部应力，防止产生新的裂缝。

第三章　其他电弧焊方法

除了焊条电弧焊之外，还有一些不用焊条的焊接方法，主要有埋弧自动焊、氩弧焊和CO_2气体保护焊。

第一节　埋弧自动焊

埋弧自动焊是一种电弧在颗粒状焊剂层下燃烧的自动电弧焊接方法，可分为自动和半自动焊两种，但埋弧半自动焊设备过于笨重已无人使用，均改用CO_2气体保护焊或焊条电弧焊。

一、埋弧自动焊的焊接过程与特点

1. 埋弧自动焊的焊接过程

埋弧自动焊是采用专用的埋弧自动焊设备进行焊接，其焊接过程如图3-1所示。焊丝1末端和焊件7之间产生电弧2后，电弧热使焊丝末端周围的焊剂5熔化，有部分被蒸发，焊剂蒸气将电弧周围的熔化焊剂——熔渣4排开，形成一个封闭空间，使电弧与外界空气隔绝，电弧在此空间内继续燃烧，焊丝便不断熔化，并以滴状落下，与焊件被熔化的液态金属混合形成焊接熔池3。随着焊接过程的进行，电弧向前移动，焊接熔池也随之冷却而凝固，形成焊缝6。密度较小的熔渣浮在熔池的表面，冷却后成为渣壳8。焊接过程见表3-1。

表 3-1 埋弧自动焊的焊接过程

<table>
<tr><th colspan="3">焊接步骤</th><th>工作内容</th><th>备注</th></tr>
<tr><td rowspan="3">1</td><td rowspan="3">材料准备</td><td>被焊材料</td><td>① 厚度小于 12mm 时，不开坡口，对焊缝质量要求较高时也可以开坡口
② 厚度大于 12mm 时，应开坡口，否则会造成未焊透
③ 除去坡口面上及附近 30mm 内的油污、锈等一切不洁物
④ 将工件铺平并用焊条电弧焊进行定位焊</td><td>焊口不要直接置于水泥地面上
如果要求反面成形，应备好反面成形的装备</td></tr>
<tr><td>焊丝</td><td>① 根据焊件选择合适的焊丝
② 除去焊丝表面的油、锈等不洁物</td><td></td></tr>
<tr><td>焊剂</td><td>① 选择合适的焊剂牌号（型号）
② 检查焊剂是否变质、结块或受潮，结块的焊剂应过筛，受潮的应烘干
③ 对回收的焊剂要过筛，去除熔渣和结块的焊剂</td><td>变质的焊剂不得使用</td></tr>
<tr><td rowspan="3">2</td><td rowspan="3">设备准备</td><td>焊接电源</td><td>由于埋弧自动焊是连续长时间焊接，因此额定焊接电流必须大于实际焊接电流的 40%，否则会烧坏电源</td><td></td></tr>
<tr><td>焊接小车</td><td>① 应根据焊丝选用合适的导电嘴，并正确安装在焊枪上
② 安装焊丝：把焊丝装在焊丝盘上，将焊丝穿过送丝滚轮、矫正滚轮和导电嘴，检查送丝机构运行是否良好
③ 检查行走机构是否运行良好
④ 检查焊剂斗（阀门）是否完好</td><td>要使送丝速度、焊接电流与小车行走速度良好配合</td></tr>
<tr><td>焊接滚胎与机头</td><td>对于环缝的焊接，应对滚胎的运行情况进行检验，机头的送丝机构及导电嘴要与焊丝相匹配</td><td></td></tr>
</table>

续表

焊接步骤			工作内容	备注
3	焊接过程	铺设轨道并安装焊车	① 计算好轨道需要倒几次才能焊到头，并将轨道的位置在焊件上全部标出 ② 两节轨道铺在开始焊接的位置 ③ 将小车放在轨道上，松开离合器，使焊丝伸出距焊缝3～5mm，拉动小车沿焊接方向前进，确定轨道的位置 ④ 按焊接时的情况将前一节轨道取下，安装在下一节的位置上，并不断拉动小车检查焊丝端部是否对准焊缝，直到焊缝末端	一台焊机一般配两根（每根1.8m）轨道，每焊完一节（1.8m）应将第一节放到第三节位置，以此类推
		装焊剂	将备好的焊剂装入焊剂斗，并且在焊接过程中不断填加，防止断流	
		装焊丝	将焊丝装入焊丝盘，并穿过送丝机构，从导电嘴穿出	
		接通电源	将焊接电源和小车电源接通	
		焊接开始	按开始按钮，焊丝反抽引弧，并转入正常焊接	
		焊接中	① 焊接过程中，操作者要监控焊剂斗中焊剂的数量，及时添加 ② 查看焊道，防止焊偏	
		焊接结束	焊接结束时，按结束按钮分两步：先轻按使送丝和小车的电源断开，停止送丝和沿焊接方向行走；约2～4s后再全部按下，切断焊接电源	如一次按下，会使焊丝和工件焊到一起

2. 埋弧自动焊的特点

（1）生产率高　埋弧焊时，焊丝从导电嘴伸出的长度较短，可以使用较大的焊接电流，从而使焊接生产率显著提高。表3-2是两种焊接方法的焊接电流和电流密度的比较。由于使用了大电流，使埋弧焊在单位时间内焊丝的熔化量（即熔化系数）可达14～18g/

(A・h)[手工电弧焊一般为 8～12g/(A・h)]，焊缝的熔深增加，所以较厚的焊件不开坡口也能焊透。另外电弧热量集中，且利用率高，所以焊接速度增加。

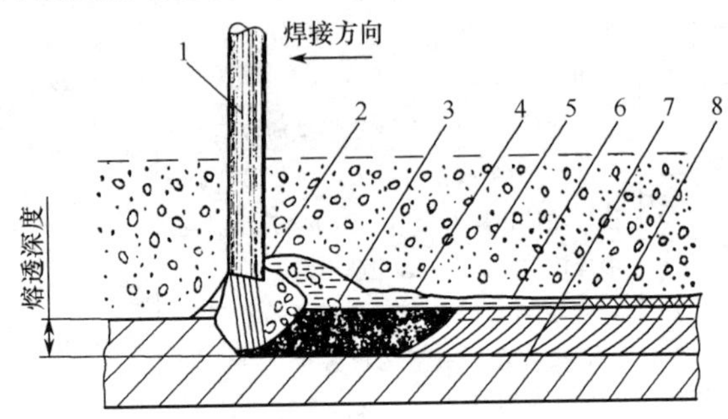

图 3-1　埋弧自动焊示意

1—焊丝；2—电弧；3—焊接熔池；4—熔渣；5—焊剂；6—焊缝；7—焊件；8—渣壳

表 3-2　手工电弧焊与埋弧自动焊焊接电流和电流密度的比较

焊条、焊丝直径/mm	手工电弧焊		埋弧自动焊	
	焊接电流/A	电流密度/$A \cdot mm^{-2}$	焊接电流/A	电流密度/$A \cdot mm^{-2}$
2	50～65	16～20	200～400	63～125
3	80～130	11～18	350～600	50～85
4	125～200	10～18	500～800	40～63
5	190～250	10～18	700～1000	35～50

(2) 焊缝质量好　埋弧焊时，由于焊剂对电弧空间有可靠的保护，防止了空气的侵入；同时由于焊接规范较为稳定，焊缝的化学成分和性能便比较均匀，焊缝表面也光洁平直；因为熔深较深，不易产生未焊透的缺陷，同时也消除了手工电弧焊中因更换焊条而容易引起的一些缺陷。

(3) 节省焊接材料和电能　由于熔深较大，埋弧焊时可不开或少开坡口，减少了焊缝中焊丝的填充量，这样既节约了焊丝和电能，也节省了由于加工坡口而消耗掉的金属；同时，由于焊剂的保护，金属的烧损和飞溅明显减少；完全消除了手工电弧焊中焊条头的损失。由于埋弧焊的电弧热量得到充分利用，所以在单位长度焊缝上所消耗的电能也大为降低。

(4) 焊件变形小 埋弧焊的热能集中，焊接速度快，则焊缝热影响区较小，焊件的变形也较小。

(5) 改善了劳动条件 由于采用了机械化，使焊工的劳动强度大为降低；又因是埋弧焊接，故消除了弧光对焊工的有害作用及省去面罩，便于操作；同时埋弧焊所放出的有害气体也较少。

二、埋弧自动焊时的焊缝形状和尺寸

1. 焊接工艺参数对焊缝形状和尺寸的影响

(1) 焊缝形状和焊接工艺参数的概念 焊缝形状是针对焊缝金属的横截面而言的，如图 3-2 所示。b 为焊缝的宽度；h 为基本金属的熔透深度，称为焊缝厚度；e 为焊缝的堆敷高度，称为余高。焊缝宽度 b 与焊缝厚度 h 的比值，称为焊缝的形状系数 ψ，即

$$\psi=\frac{b}{h} \tag{3-1}$$

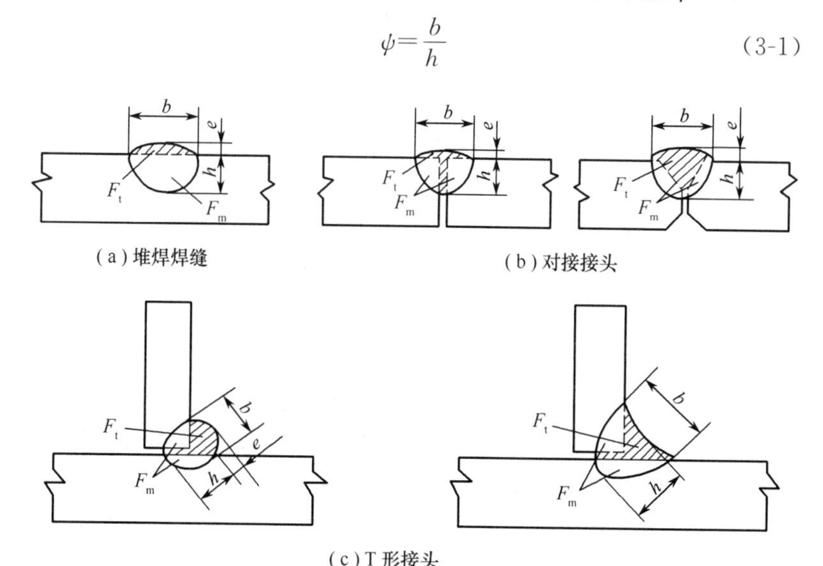

图 3-2 埋弧自动焊焊接接头的形状

基本金属熔化的横截面积 F_m 与焊缝横截面积 (F_m+F_t) 比值，称为焊缝的熔合比 γ，即

$$\gamma=\frac{F_m}{F_m+F_t} \tag{3-2}$$

式中 F_t——焊缝中填充金属的横截面积。

焊缝的形状系数 ψ 对焊缝内部质量的影响非常大，当 ψ 选择不当时，会使焊缝内部产生气孔、夹渣、裂缝等缺陷。ψ 值可变动于 0.5～10 之间。在一般情况下，控制 $\psi=1.3$～2 较为合适，对熔池中气体的逸出以及防止夹渣或裂缝等缺陷都是有利的。

熔合比 γ 主要影响焊缝的化学成分、金相组织和力学性能。由于 γ 的变化反映了填充金属在整个焊缝金属中所占比例发生了变化，这就导致焊缝成分、组织与性能的变化。γ 的数值变化范围较大，一般可在 10%～85%范围内变化。而埋弧焊 γ 的变化范围，一般约在 60%～70%之间。

焊缝的形状系数 ψ 和熔合比 γ 数值的大小，主要取决于焊接工艺参数。埋弧自动焊焊接工艺的主要参数有：焊接电流、电弧电压和焊接速度等。另外，如焊丝直径、焊件预热温度等，也都属于焊接工艺参数。

（2）焊接电流对焊缝形状的影响　当焊接电流变化时，对焊缝宽度 b、焊缝厚度 h 和余高 e 的影响规律如图 3-3 所示。当其他参数不变时，随着焊接电流的增加，电弧压力增大，对熔池中液态金属的排出作用加强，使电弧深入基本金属，而使熔深成正比增加，即

$$h=KI_h \tag{3-3}$$

式中 K——比例系数，与电流种类、极性、焊丝直径、焊剂化学成分等有关（当直流正接时，一般取 $K=1$；当直流反接和交流时，一般取 $K=1.1$）。

当焊接电流较大时，由于熔深较深，熔宽变化不大，对熔池中气体和夹杂物的上浮及逸出都是十分不利的；对焊缝的结晶方向也是不利的，容易促使气孔、夹渣和裂缝的生成。因此，在增加焊接电流的同时，必须相应地提高电弧电压，以保证得到合理的焊缝形状。焊接电流变化对焊缝形状的影响如图 3-4 所示。

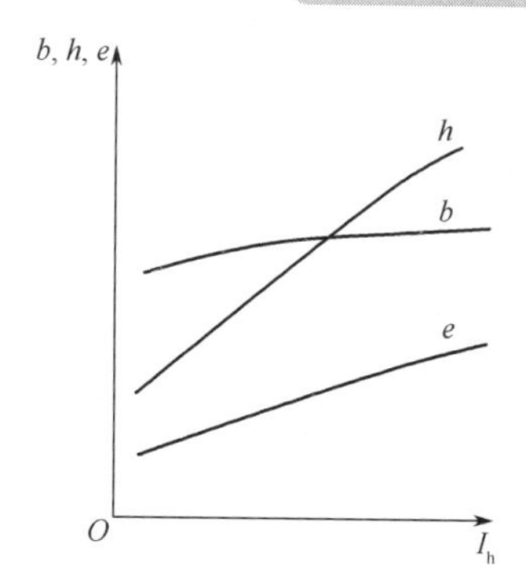

图 3-3 焊接电流对焊缝形状的影响规律

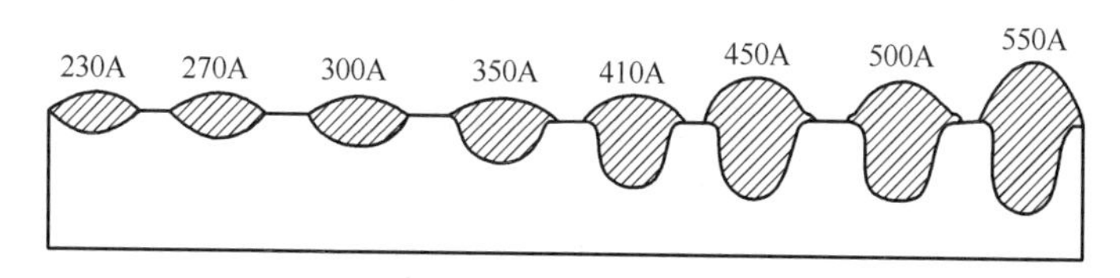

图 3-4 焊接电流变化对焊缝形状的影响

（3）电弧电压对焊缝形状的影响 当其他条件保持不变时，电弧电压的变化对焊缝宽度、焊缝厚度和余高的影响规律如图 3-5 所示。

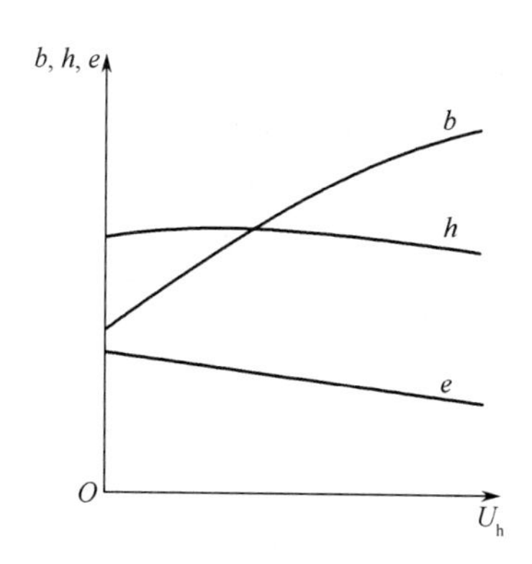

图 3-5 电弧电压变化对焊缝成形的影响规律

随着电弧电压的增加，焊缝的宽度有明显的增加，而焊缝深度和余高则有所下降。由于电弧电压的增加，实际上就是电弧长度的增加，这样，电弧的摆动作用加剧，焊件被电弧加热的面积也增加，则焊缝的宽度增加。

由于电弧摆动作用的加剧，电弧对熔池底部液态金属的排出作用变弱，熔池底部受电弧热少，故焊缝深度反而会有所减小。

由于电弧拉长，较多的电弧热量被用来熔化焊剂，因此焊丝的熔化量变化不大，而且此时熔化的焊丝被分配在较大的面积上，故焊缝的余高也相应地减小了。

适当地增加电弧电压，对提高焊缝质量是有利的，但应与增加焊接电流相配合。单纯过分地增加电弧电压，会使熔深变小，造成焊件的未焊透。而且焊剂的熔化量大，耗费多；焊缝表面焊波粗糙，脱渣困难，严重时会造成焊缝边缘咬肉。电弧电压变化后，所得到的焊缝形状如图 3-6 所示。

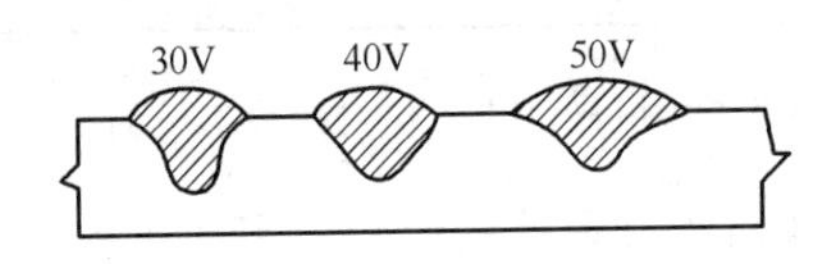

图 3-6　电弧电压变化时对焊缝形状的影响

(4) 焊接速度对焊缝形状的影响　焊接速度的变化，将直接影响电弧热量的分配情况，即影响线能量数值的大小，并影响弧柱的倾斜程度，这对于焊缝形状的影响是非常显著的。当其他条件不变时，随着焊接速度的增加，焊缝的线能量减小，熔宽明显地变窄。当焊接速度一般增加时，虽然单位能已减少，但由于电弧向后倾斜角度增加，对熔池底部液态金属的排出作用加强，熔深反而会有所增加。当焊速继续增加超过 40m/h 时，由于线能量减少的影响显著，故熔深即逐渐减小。过分地增加焊接速度会造成未焊透和焊缝边缘的未熔合现象。在这种情况下，将焊丝向焊接方向倾斜（前倾）适当的角度，对改进焊缝未熔合的情况是有利的。焊接速度变化对焊缝形状的影响如图 3-7 所示。

(5) 焊丝直径对焊缝形状的影响　焊丝直径增大，电弧的摆动

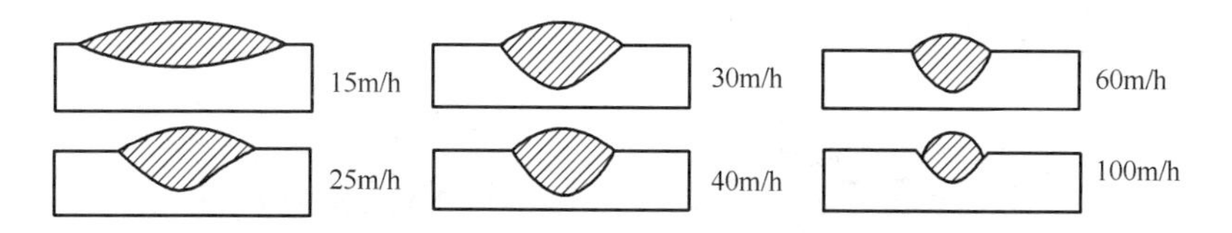

图 3-7　焊接速度变化对焊缝形状的影响

作用随之加强，焊缝的熔宽增加，而熔深则稍有下降；当焊接电流不变时，若焊丝的直径减小，电流密度则增加，电弧吹力增加，而摆动减弱，熔深也会相应地增加。故使用同样大小的电流时，小直径焊丝可以得到较大的熔深，或者说为了获得一定的熔深，细焊丝只需用较小的电流。

2. 焊丝和焊件倾斜对焊缝形状的影响

（1）焊丝倾斜对焊缝形状的影响　图 3-8 所示为焊丝倾斜对焊缝形状的影响。由于前倾焊时，电弧指向焊接方向，对熔池前面焊件的预热作用较强，则熔宽较大；但因电弧对熔池液态金属的排出作用相应减弱，则使熔深有所减小。后倾一定角度时，电弧对熔池金属的排出作用较强，使熔深和余高均有增加；而熔池表面受到电弧辐射减少，使熔宽显著减小，这样，使焊缝的形状系数减小，且易造成焊缝边缘未熔合或咬肉，使成形严重变坏。

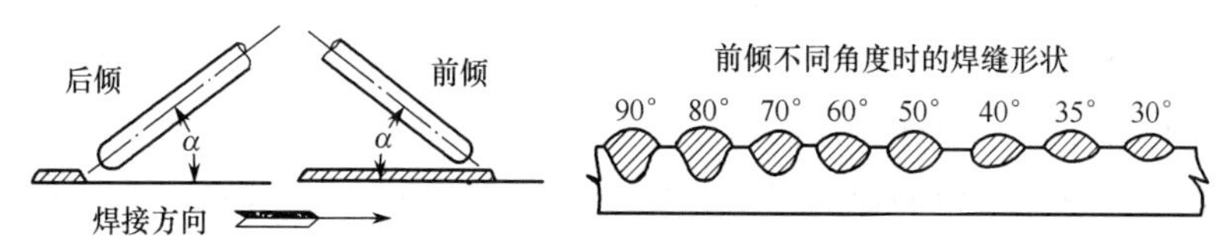

图 3-8　焊丝倾斜对焊缝形状的影响

（2）焊件倾斜对焊缝形状的影响　图 3-9 所示为焊件倾斜对焊缝形状的影响。上坡焊时与焊丝后倾相似，由于熔池金属向下流动，有助于熔池和余高的增加，但熔宽减小，形成窄而高的焊缝，严重时出现咬肉；下坡焊则与焊丝前倾情况相似，熔宽增大，而熔深和余高减小，这时易造成未焊透和边缘未熔合等缺陷。无论是上坡焊还是下坡焊，焊件的倾斜角度 α 不宜超过 6°～8°，否则都会严重破坏焊缝成形，造成焊缝缺陷。

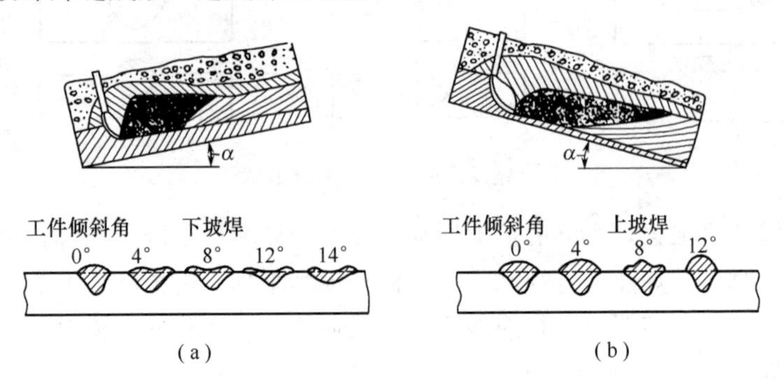

图 3-9　焊件倾斜对焊缝形状的影响

3. 其他工艺因素对焊缝形状的影响

（1）焊丝伸出长度的影响　当焊丝伸出长度增加时，电阻也增加，这就增加了电阻热，使焊丝的熔化速度加快，结果使熔深稍有减小，熔合比也有所减小。这对于小于 3mm 的细直径焊丝影响非常显著，故对其伸出长度的波动范围应加以控制，一般不超过 5～10mm。

（2）电流种类和极性的影响　一般情况下，电弧阳极区的温度较阴极区高，但在使用高锰高硅含氟的焊剂进行埋弧焊时，电弧空间气体的电离势增加，这样，气体电离后正离子释放至阴极的能量也增加了，这就使阴极的温度提高，并大于阳极的温度。因而在用含有高电离电位的焊剂埋弧焊时，若焊接电源为直流正接，则焊丝的熔化速度大于工件的熔化速度，使焊缝熔深减小，余高增大；反之，用直流反接便可增加熔深。使用交流焊接电源时，对焊缝形状的影响介于直流正、反接之间。

（3）装配间隙与坡口的影响　焊件的装配间隙或坡口越大，就使焊缝熔合比的数值越小。对厚板来说，开坡口和留间隙是为了获得较大的熔深，同时可降低余高。

（4）焊剂的影响　在其他条件相同时，用高硅含锰酸性焊剂焊接，比用低硅碱性焊剂能得到更光洁平整的焊缝，因为前者焊剂在金属凝固温度时的黏度以及黏度随温度的变化等，都能使之有利于焊缝的成形。另外，使用电离电位较高的焊剂，则弧长短，熔深较大。再者，由于颗粒度小的焊剂堆积密度大，所以用细颗粒焊剂焊接，能获得较大的熔深和较小的熔宽。

三、焊接工艺参数的选择原则及选择方法

1. 选择原则

正确的焊接工艺参数主要是保证：电弧稳定，即电流不能太小，电弧电压不能太高；焊缝形状尺寸合适，表面成形光洁整齐；内部无气孔、夹渣、裂缝、未焊透等缺陷；在保证质量的前提下，还要有最高的生产率；消耗最少的电能和焊接材料。

由于影响焊缝质量的因素很多，各种焊接工艺参数在不同情况的组合下，会对焊缝成形产生不同或类似的效果，因此，不能将埋弧自动焊焊接工艺参数的选择视为一成不变的，必须按照前述原则，灵活选择各种焊接规范参数。

2. 选择方法

埋弧焊焊接工艺参数的选择可根据查表（查阅类似焊接情况所用的焊接规范表，作为确定新规范的参考）、试验（在与焊件相同的焊接试验板上试验，最后确定规范）和经验（根据实践积累的经验确定焊接规范）等方法确定。但不论哪种方法所确定的焊接规范，都必须在实际生产中加以修正，以便制定出更切合实际的规范。

四、埋弧焊焊接技术

埋弧自动焊在焊接前必须做好准备工作，包括厚焊件的坡口加工、预焊部位的清理以及焊件的装配等，对这些工作必须给以足够的重视，否则会影响焊缝质量。

1. 坡口的选择

① 由于埋弧自动焊可使用较大工艺参数（电流），故一般厚度小于 12mm 的钢板可不开坡口，而仍能保证焊透和有良好的焊缝成形。

② 当焊件厚度为 14～22mm 时，多开 V 形坡口。如果是单面

焊，厚度超过 8mm 也可以开 V 形坡口。

③ 厚度为 22～50mm 时可开 X 形坡口，但开 X 形坡口的条件是焊件能够翻转，即能够进行大面焊接。当不能进行双面焊接时则只能开 V 形或 U 形坡口。

④ 在 V 形和 X 形的坡口中，坡口角度一般为 50°～60°，以利于提高焊接质量和生产率。坡口可使用气割机（或等离子切割机）切出，U 形坡口则用碳弧气刨或刨边机等设备加工，加工后的坡口边缘必须平直。

2. 焊口的清理

在焊接前需将坡口及接头焊接部位的表面锈蚀、油污、氧化皮、水分等清除干净，尤其是碱性焊剂时清理更要严格。清理的方法与焊条电弧焊时相同，可使用手工清除（钢丝刷、风动手砂轮、风动钢丝轮等）、机械清除（喷砂）和氧-乙炔火焰烘烤等方法。

3. 焊件的装配

焊件装配的质量直接影响着焊缝质量。焊件装配必须保证间隙均匀、高低平整。在单面焊双面成形的自动焊中更应严格注意。另外，装配时所使用的焊条要与焊件材料性能相符，定位焊的位置一般应在第一道焊缝的背面，长度一般应大于 30mm。在直缝焊件装配时，尚需加焊引弧板和收尾板，这样不但增大了装配后的刚性，而且还可去除在引弧和收尾时容易出现的缺陷。

4. 常见焊缝的埋弧自动焊

（1）对接直焊缝焊接技术　对接直焊缝的焊接方法有两种，即单面焊和双面焊。它们又可分为有坡口（或间隙）和无坡口（或间隙）。同时，根据钢板厚薄的不同又可分成单层焊和多层焊；根据防止熔池金属泄漏的不同情况，又有衬垫法和无衬垫法。

这里所叙述的各种焊接方法都是指在水平位置上的焊接，下面就几种基本焊接方法进行介绍。

① 焊剂垫法埋弧自动焊　在焊接对接焊缝时，为了防止熔渣和熔池金属的泄漏，常用焊剂垫作为衬垫来进行焊接。焊剂垫的焊剂应尽量使用适合于施焊件的焊剂，并经过筛、清洁（去灰）和烘

干。焊接时焊剂要与焊件背面贴紧，在整个焊缝长度上保持焊剂的承托力均匀一致。焊剂垫的结构如图 3-10 所示。在整个焊接过程中，要注意防止因工件受热变形而发生焊件与焊剂垫脱空，以致造成焊穿现象，特别应注意防止焊缝末端出现这种现象。

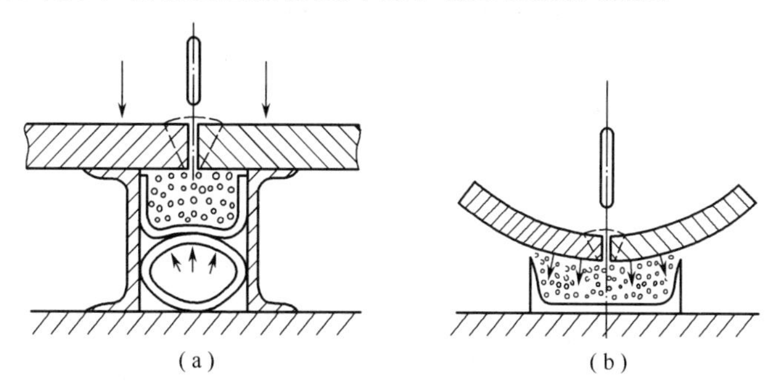

图 3-10 焊剂垫的结构

a. 无坡口预留间隙双面埋弧自动焊　在焊剂垫上进行无坡口的双面埋弧自动焊，为保证焊透必须预留间隙，钢板厚度越大，其间隙也应越大。一般在定位焊的反面进行第一面焊缝的施焊，并选择恰当的规范，保证第一面焊缝的熔深超过焊缝厚度的 1/2～2/3，表 3-3 中的工艺参数可供参考。第二面焊缝使用规范可与第一面焊缝相同或稍许减小。对重要产品在焊第二面焊缝前，需挑焊根进行焊缝根部清理，焊接规范可相应减小。

表 3-3　无坡口预留间隙双面埋弧自动焊工艺参数

焊件厚度/mm	装配间隙/mm	焊丝直径/mm	焊接电流/A	电弧电压/V		焊接速度/m·h^{-1}
				交流	直流反接	
14	3～4	5	700～750	34～36	32～34	30
16	3～4	5	700～750	34～36	32～34	27
18	4～5	5	750～800	36～40	34～36	27
20	4～5	5	850～900	36～40	34～36	27
24	4～5	5	900～950	38～42	36～38	25
28	5～6	5	900～950	38～42	36～38	20
30	6～7	5	950～1000	40～44	—	16

b. 开坡口预留间隙双面埋弧自动焊　对于厚度较大的焊件，

由于材料或其他原因，当不允许使用较大的线能量焊接，或不允许焊缝有较大的余高时，可以采用开坡口焊接，坡口形式由板厚决定。表 3-4 为这类焊缝单道焊焊接常用工艺参数。

表 3-4　开坡口预留间隙双面埋弧（单道）自动焊焊接常用工艺参数

焊件厚度/mm	坡口形式	焊丝直径/mm	焊缝顺序	焊接电流/A	电弧电压/V	焊接速度/m·h^{-1}
14	70°，3，3	5	正	830～850	36～38	25
		5	反	600～620	36～38	45
16		5	正	830～850	36～38	20
		5	反	600～620	36～38	45
18		5	正	830～850	36～38	20
		5	反	600～620	36～38	45
22		6	正	1050～1150	38～40	18
		5	反	600～620	36～38	45
24	70°，3，3，70°	6	正	1100	38～40	24
		5	反	800	36～38	28
30		6	正	1000～1100	38～40	18
		6	反	900～1000	36～38	20

c. 无坡口单面焊双面成形埋弧自动焊　这是采用较强的焊接规范（主要指焊接电流），将焊件一次焊透，焊接熔池在焊剂垫上冷却凝固，以达到一次成形的目的。采用这种焊接工艺可提高生产率、减轻劳动强度、改善劳动条件。

焊剂垫上单面焊双面成形自动焊一般要留一定间隙，可不开坡口，将焊剂均匀地承托在焊件背面。焊接时，电弧将焊件熔透，并使焊剂垫表面的部分焊剂熔化，形成一液态薄层，将熔池金属与空气隔开，熔池则在此液态焊剂薄层上凝固成形，形成焊缝。为使焊接过程稳定，最好使用直流反接法焊接。焊剂垫中的焊剂颗粒粒度要细些。当使用细直径焊丝时，应严格控制其伸出长度，若过长，焊丝熔化太快，会使焊缝成形不良，伸出长度一般为 17～20mm。

另外，焊剂垫对焊剂的承托力，对焊缝的成形影响很显著。如压力较小，会造成焊缝下塌；压力较大，则会使焊缝背面上凹；压力过大时，甚至会造成焊缝穿孔（图 3-11）。故焊剂垫应尽可能采用图 3-10 中软管式焊剂垫，并对所通压缩空气的压力严格控制。焊接工艺参数见表 3-5。

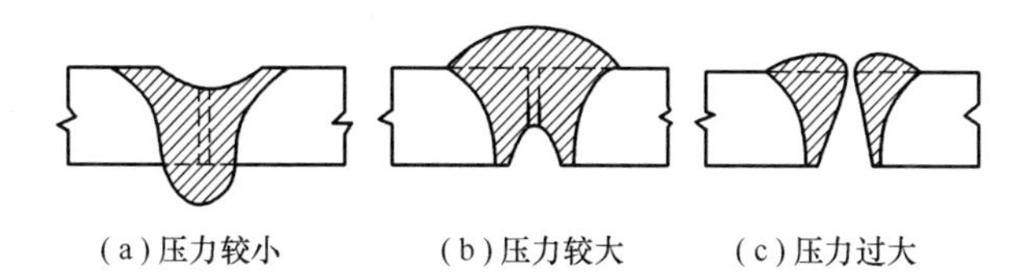

(a)压力较小　　(b)压力较大　　(c)压力过大

图 3-11　焊剂垫压力对焊缝成形的影响

表 3-5　焊剂垫上单面焊双面成形埋弧自动焊的工艺参数

焊件厚度 /mm	装配间隙 /mm	焊丝直径 /mm	焊接电流 /A	电弧电压 /V	焊接速度 /m·h⁻¹	焊剂垫压力 /MPa
2	0～1.0	1.6	120	24～28	43.5	0.8
3	0～1.5	2 3	275～300 400～425	28～30 25～28	44 70	0.8
4	0～1.5	2 4	375～400 525～625	28～30 28～30	40 50	1.0～1.5
5	0～2.5	2 4	425～450 575～625	32～34 28～30	35 46	1.0～1.5
6	0～3.0	2 4	475 600～650	32～34 28～32	30 40.5	1.0～1.5
7	0～3.0	4	650～700	30～34	37	1.0～1.5
8	0～3.5	4	725～775	30～36	34	1.0～1.5

d. 热固化焊剂垫法埋弧自动焊　用一般焊剂垫的单面焊双面成形自动焊，由于生成大量熔渣，易造成焊缝背面的高低和宽窄不均匀；对于位置不固定的曲面焊缝和一些立体焊件的焊接，一般焊剂垫也不适用。而采用具有热固化作用的特殊焊剂作为衬垫，则完全消除了一般焊剂垫的缺点。

热固化焊剂垫就是在一般焊剂中加入一定比例的热固化物质——酚醛树脂和铁粉等（常用的一种热固化焊剂垫的配方见表 3-6），它具有这样的特点：当加热至 80～100℃时，树脂软化（或液化），将周围焊剂等黏结在一起，温度继续升高到 100～150℃时，树脂固化，使焊剂垫变成具有一定刚性的板条。焊接时只生成少量的熔渣，并能有效地阻止金属泄漏，帮助焊缝表面成形。

表 3-6 热固化焊剂垫配方参考成分

焊剂/%	铁粉/%	硅铁/%	酚醛树脂/%
43	35	17.5	4.5

另一种典型的热固化焊剂垫构造如图 3-12 所示，最外层为热收缩薄膜，用以保持衬垫形状和防止焊剂等受潮和流动。薄膜内包有弹性垫（石棉布或瓦楞纸板），其作用是在固定衬垫时使压力均匀。弹性垫的上面是石棉布，以防止熔化金属和熔渣滴落。再上面是热固化焊剂，焊接时起铜垫作用，一般不熔化。热固化焊剂的上面是玻璃纤维布，主要起保证焊缝背面成形的作用，另外还可使衬垫与钢板更易贴紧。在热收缩薄膜的上表面两侧，贴有两条双面粘接带，便于衬垫的装配和贴紧。衬垫长度约为 600mm，可用磁铁夹具将其固定于焊件上（图 3-13）。焊件在使用此种衬垫时，一般开 V 形坡口，为提高生产率，坡口内可堆敷一定高度的铁合金粉末。表 3-7 即为采用该工艺的工艺参数。

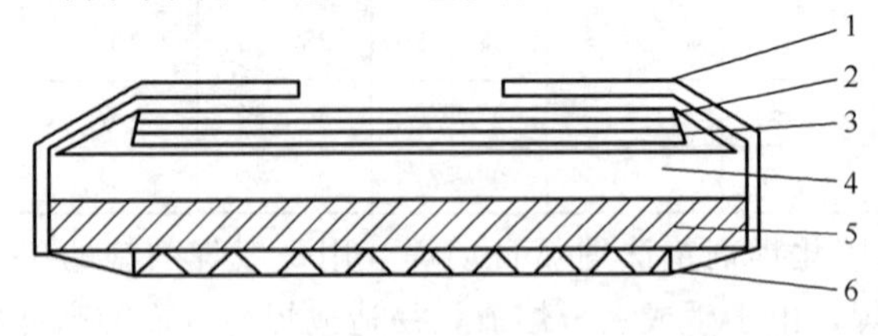

图 3-12 热固化焊剂垫构造

1—双面粘接带；2—热收缩薄膜；3—玻璃纤维布；4—热固化焊剂；5—石棉布；6—瓦楞纸或石棉布

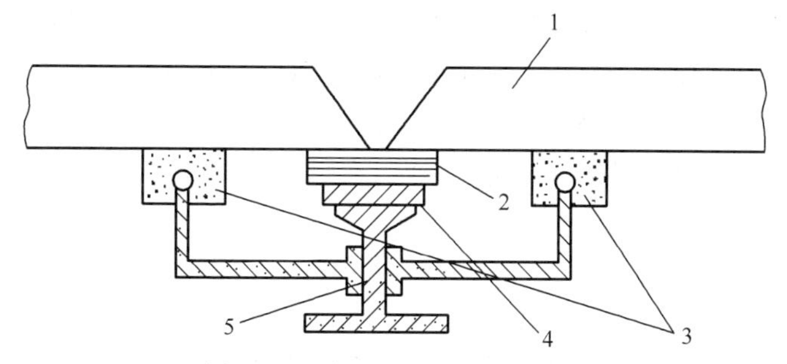

图 3-13　热固化焊剂垫装配示意

1—焊件；2—热固化焊剂垫；3—磁铁；4—托板；5—调节螺钉

表 3-7　热固化焊剂垫埋弧自动焊工艺参数

焊件厚度 /mm	V形坡口		焊件倾斜角度/（°）		焊道顺序	焊接电流 /A	电弧电压 /V	金属粉末高度 /mm	焊接速度 /m·h⁻¹
	角度/（°）	间隙 /mm	垂直	横向					
10	50	0～4	0	0	1	720	34	9	18
12	50	0～4	0	0	1	800	34	12	18
16	50	0～4	3	3	1	900	34	16	15
19	50	0～4	0	0	1 2	850 810	34 36	1 50	15
19	50	0～4	5	5	1 2	820 810	34 34	1 50	15
19	50	0～4	7	7	1 2	800 810	34 34	1 50	15
19	50	0～4	3	3	1	960	40	15	12
22	50	0～4	3	3	1 2	850 850	34 36	1 5	15 12

② 焊剂-铜垫法埋弧自动焊　用焊剂-铜垫取代焊剂垫作为焊缝背面的成形装置，这样便解决了焊剂垫承托力不均的问题；同时，

在工件与铜垫板之间的焊剂层起着薄焊剂垫的作用，以帮助焊缝背面成形，并保护铜垫板不被电弧直接作用。在铜垫板上开一条弧形凹槽，以保证焊缝背面的正常成形。铜垫板的截面形状如图 3-14 所示，截面尺寸见表 3-8。表 3-9 为在焊剂-铜垫上的单面焊双面成形埋弧自动焊工艺参数。

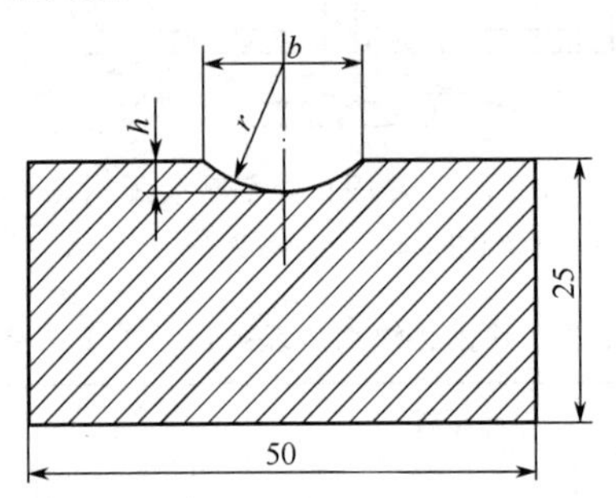

图 3-14　铜垫板的截面形状

表 3-8　铜垫板的截面尺寸

焊件厚度/mm	槽宽 b/mm	槽深 h/mm	槽曲率半径 r/mm
4～6	10	2.5	7.0
6～8	12	3.0	7.5
8～10	14	3.5	9.5
12～14	18	4.0	12

表 3-9　焊剂-铜垫上的单面焊双面成形埋弧自动焊工艺参数

焊件厚度/mm	装配间隙/mm	焊丝直径/mm	焊接电流/A	电弧电压/V	焊接速度/m·h^{-1}
3	2	3	380～420	27～29	47
4	2～3	4	450～500	29～31	40.5
5	2～3	4	520～560	31～33	37.5
6	3	4	550～600	33～35	37.5
7	3	4	640～680	35～37	34.5
8	3～4	4	680～720	35～37	32
9	3～4	4	720～780	36～38	27.5
10	4	4	780～820	38～40	27.5
12	5	4	850～900	39～41	23
14	5	4	880～920	39～41	21.5

③ 锁底连接法埋弧自动焊　在焊接无法使用自动焊衬垫的焊件时，可采用锁底连接法，如一般小直径厚壁圆形容器的环缝常采用此法，锁底连接接头如图 3-15 所示。焊后，根据设计要求可保留或车去锁底的凸出部分。焊接规范视坡口情况、锁底厚度、焊件形状等情况而定。

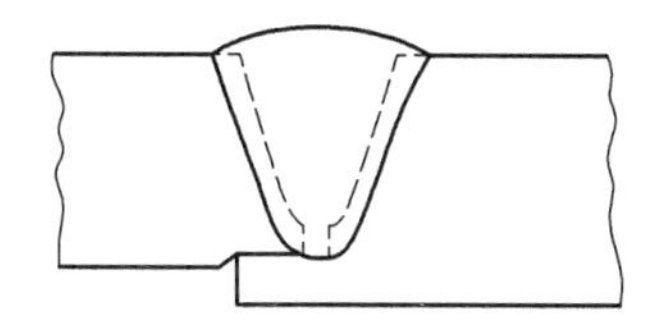

图 3-15　锁底连接接头

④ 手工焊封底埋弧自动焊　对于无法使用衬垫进行埋弧自动焊的对接焊缝，也可先行手工封底后再焊。这类焊缝接头可根据板厚情况采用不开坡口、单面坡口或双面坡口。一般厚板手工封底焊部分的坡口形式为 V 形，并保证封底厚度大于 8mm。

⑤ 悬空焊　一般用于无坡口无间隙（或间隙小于 1mm）的对接焊缝，不需要衬垫，但对焊件边缘加工和装配要求较高。第一面焊缝的熔深通常为焊件厚度的 40%～50%，第二面焊缝，为保证焊透，熔深应达到板厚的 60%～70%。表 3-10 所列焊接工艺参数供使用时参考。

表 3-10　无预留间隙的悬空埋弧自动焊工艺参数

焊件厚度/mm	焊缝顺序	焊丝直径/mm	焊接电流/A	电弧电压/V	焊接速度/$m \cdot h^{-1}$
15	正	5	800～850	34～36	38
	反		850～900	36～38	26
17	正	5	850～900	35～37	36
	反		900～950	37～39	26
18	正	5	850～900	36～38	36
	反		900～950	38～40	24

续表

焊件厚度/mm	焊缝顺序	焊丝直径/mm	焊接电流/A	电弧电压/V	焊接速度/m·h^{-1}
20	正	5	850～900	36～38	35
	反		900～1000	38～40	24
22	正	5	900～950	37～39	32
	反		1000～1050	38～40	24

由于在实际操作时，往往无法测出熔深的大小，故常靠经验来估计，如在焊接时观察焊件背面热场的形状和颜色，或焊件背面氧化物生成的多少和颜色等。对于 5～14mm 厚度的焊件，在焊接时熔池背面热场应呈红到淡黄色（焊件越薄，颜色应越浅），才可以达到需要的熔深；若热场颜色呈淡黄或白亮色时，即表明将要焊穿，必须迅速改变焊接规范。若此时热场前端呈圆形，说明焊接速度尚可提高；而若热场前端已呈尖形，说明焊接速度已较快，应立即减小焊接电流，适当增加电弧电压。如果焊件背面热场颜色较深或较暗时，说明焊速太快或电流太小，应适当降低焊接速度或增加焊接电流。上述方法不适用于厚板多层焊的后几层的焊接。

另一种方法是在焊后观察焊缝背面所生成氧化物的颜色与厚度。焊接时，由于焊缝背面处于热场的高温下，表面被氧化，温度越高，氧化程度越严重。若焊缝背面氧化物呈深灰色，且厚度较厚并有脱落或裂开现象，此时焊缝已有足够的熔深；当焊缝背面的氧化物呈赭红色，甚至氧化膜也未形成，说明加热温度较低，熔深较小，有未焊透的危险（较厚钢板除外）。

⑥ 多层埋弧自动焊　对于较厚钢板，常采用开坡口多层焊，且无论单面或双面埋弧焊，钢板都必须留有钝边（一般大于 4mm）。对于厚度大于 40mm 的焊件，多采用 U 形坡口多层焊，背面开较小的 V 形坡口，用手工封底焊，此时钝边为 2mm 左右，如图 3-16（a）所示。

多层焊的质量，很大程度上取决于第一层焊缝焊接时工艺的选择，以及以后各层焊缝焊接顺序的合理性和成形是否恰当。

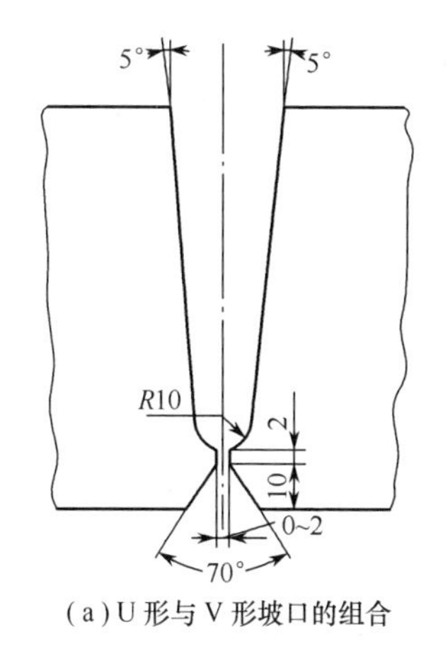

(a) U 形与 V 形坡口的组合

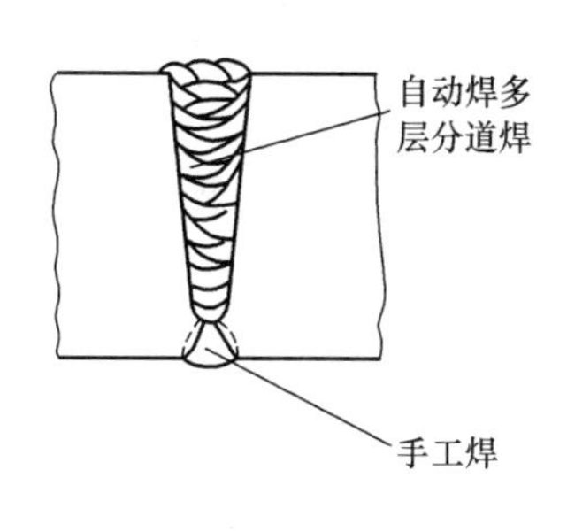

(b) 多层焊焊道分布

图 3-16 厚板焊接接头及多层焊的情况

多层焊的第一层焊缝，为了既要保证焊透，又要避免产生裂缝，故规范需选择适中，一般不宜偏大。同时由于第一层焊缝位置较深，允许焊缝的宽度较小，故也要求规范不能太大，且电弧电压要小些，这样便能避免产生咬肉和夹渣等缺陷。一般多层焊在焊接第一、二层焊缝时，焊丝位置是位于接头中心的。随着层数增加，焊丝若仍对准接头中心，则可能会造成边缘未熔合和夹渣现象，此时应开始采用分道焊（同一层分几道焊），如图 3-16（b）所示。当焊接靠近坡口侧边的焊道时，焊丝应与侧边保持一定距离，一般约等于焊丝直径，这样焊缝与侧边能形成稍具凹形的圆滑过渡，既保证熔合又利于脱渣。焊接过程中焊接工艺参数可随着焊缝层数的增加而适当加大，以提高焊接生产率。但也必须考虑到焊件当时的温度，如温度过高，规范不宜加大，可待稍冷却后再焊。在盖面焊时，为保证表面焊缝成形良好，焊接规范又应适当减小。表 3-11 列出了多层焊典型焊接工艺参数。

（2）对接环焊缝焊接技术　圆形筒体的对接环缝，如需要进行双面埋弧自动焊，则可以按图 3-17 所示，先在焊剂垫上焊接内环缝。焊剂垫由滚轮和承托焊剂的传动带组成，利用圆形焊件与焊剂之间的摩擦力带动焊剂一起转动，并不断地向焊剂垫上添加焊剂。

表 3-11 厚板多层埋弧自动焊焊接工艺参数（焊丝直径 5mm）

焊缝层次	焊接电流/A	电弧电压/V	焊接速度/m·h^{-1}
第一、二层	600～700	35～37	28～32
中间各层	700～850	36～38	25～30
盖面	650～750	38～42	28～32

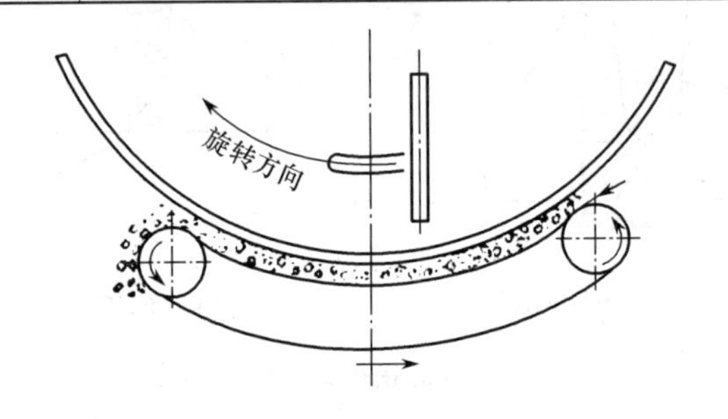

图 3-17 内环缝焊接示意

在进行环缝焊接时，焊机小车可固定安放在悬臂架上，焊接速度则可由筒形焊件所搁置的滚轮架（翻转架）来进行调节，一般是调节变速电动机的转速。

在环缝自动焊时，除主要焊接规范对焊缝质量有直接影响外，焊丝与焊件间的相对位置也起着重要的作用。如图 3-18 所示，焊接内环缝时，焊丝的偏移使焊丝处于“上坡焊”的位置，其目的是使焊缝有足够的熔深；焊接外环缝时，焊丝的偏移使焊丝处于下坡焊的位置，这样，一则可减小熔深避免焊穿，二则使焊缝成形美观。

环缝自动焊焊丝的偏移距离（指与圆形焊件断面中心线的距离）随着圆形焊件的直径、焊接速度以及焊件厚度的不同而不同。

① 焊件直径的影响　焊件的直径增大，允许的焊丝偏移尺寸也增大，这是因为焊件直径越大，在同一偏移中心角的情况下，所对应的弧长也越大。

② 焊接速度的影响　环缝的焊接速度（焊件旋转的线速度）增大，允许的焊丝偏移尺寸也可适当增大，这是为了使熔池和熔渣能处在适当的位置凝固，以免造成流失、下淌等现象，保证焊缝质量。

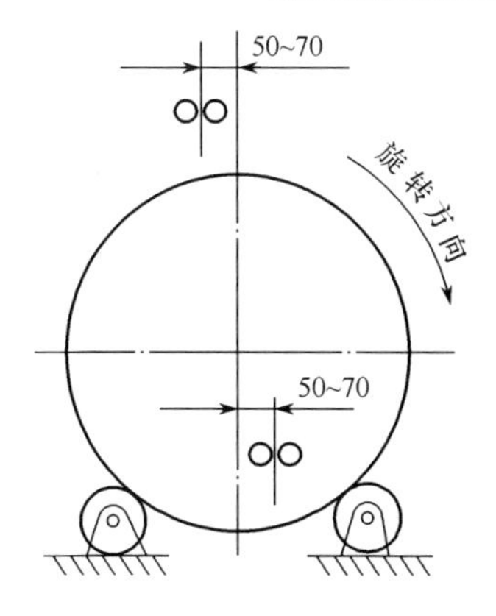

图 3-18 环缝埋弧自动焊焊丝位置示意

③ 焊件厚度的影响 一般较厚钢板多采用多层焊，因此在焊接过程中，随着焊缝层数的增加，对圆形焊件来说，即相当于直径发生变化。

焊接内环缝时，随着焊接过程的继续，即相当于焊件直径在减小，因而焊丝偏移距离应由大到小变化。从多层焊的焊接角度来看，底层焊缝要求有一定的熔深，焊缝宽度不宜过大，则也要求偏移大些，而当焊到焊缝表面时，则要求有较大的熔宽，此时的偏移距离可小些。

焊接外环缝时，随着焊接过程的继续，即相当于焊件直径在增大，则焊丝偏移距离也应由小到大变化。从多层焊的焊接角度来看，底层焊缝熔宽不宜过大，故要求偏移距离小些，而焊到焊缝表面时，则要求有较大的熔宽，这时偏移可大些。

图 3-18 中所注焊丝偏移尺寸供在实际操作时参考，具体偏移值需在实践过程中不断修正。对于小直径管件外环缝的焊接，焊丝偏移尺寸往往要小于 30mm。环缝埋弧自动焊的焊接规范可参见表 3-3、表 3-4、表 3-11。

(3) 角接焊缝焊接技术 埋弧自动焊的角接焊缝主要出现在 T 形接头和搭接接头中（图 3-19）。角焊缝的自动焊一般可采取船形焊和斜角焊两种形式，当焊件易于翻转时多采用船形焊，对于一些不易翻转的焊件则使用斜角焊。

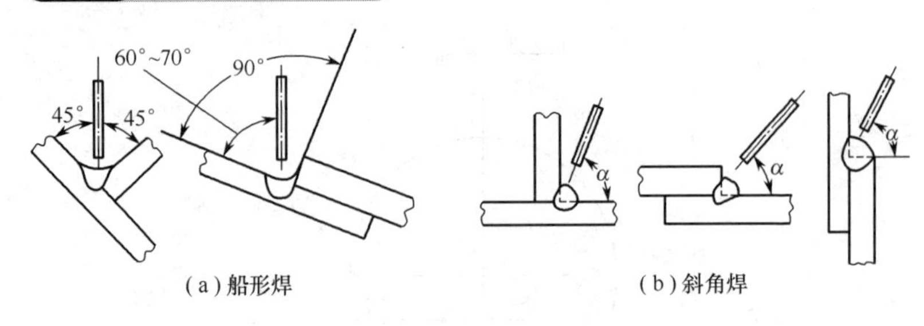

图 3-19　角焊缝自动焊接头

① 船形焊　由于焊丝为垂直状态，熔池处于水平位置，容易保证焊缝质量，但当焊件间隙大于 1.5mm 时，则易产生焊穿或熔池金属溢漏的现象，故船形焊要求严格的装配质量，或者在焊缝背面设衬垫（图 3-20）。在确定焊接规范时，电弧电压不宜过高，以免产生咬肉。另外，焊缝的形状系数应保证不大于 2，这样可避免焊缝根部未焊透的缺陷。表 3-12 列出了船形焊的焊接工艺参数。

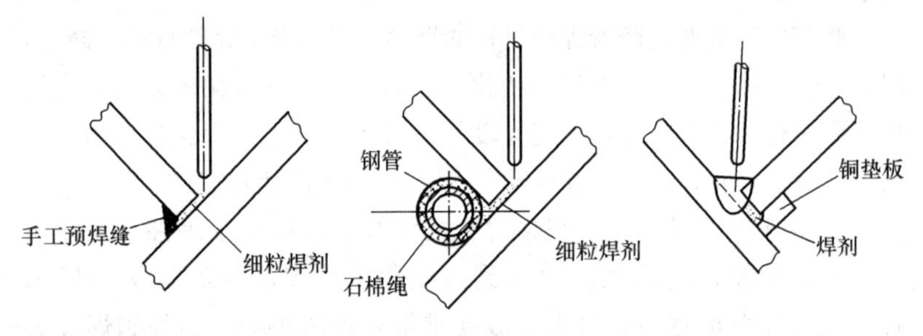

图 3-20　船形焊接法

表 3-12　船形焊的焊接工艺参数

焊脚高度/mm	焊丝直径/mm	焊接电流/A	电弧电压/V	焊接速度/m·h^{-1}
6	2	450～475	34～36	40
8	3	550～600	34～36	30
8	4	575～625	34～36	30
10	3	600～650	34～36	23
10	4	650～700	34～36	23
12	3	600～650	34～36	15
12	4	725～775	36～38	20
12	5	775～825	36～38	18

② 斜角焊 一般在不得已的情况下，对角焊缝采用斜角焊的方法，即焊丝倾斜。这种方法的优点是对间隙的敏感性小，即使间隙较大，一般也不致产生流渣和熔池金属流溢观象。其缺点是单道焊缝的焊脚高度最大不能超过 8mm。所以当要求焊脚高度大于 8mm 时，只能使用多道焊。

斜角焊缝的成形与焊丝和焊件的相对位置关系很大，当焊丝位置不当时，易产生竖直面咬肉（咬边）或未熔合现象。为保证焊缝的良好成形，焊丝与竖直面的夹角应保持在 15°～45°的范围内（一般为 20°～30°），并选择距竖直面适当的距离，电弧电压不宜太高，这样可使熔渣减少，防止熔渣流溢。使用细焊丝能保持电弧稳定，并可以减小熔池的体积，以防止熔池金属流溢。斜角焊的焊接工艺参数见表 3-13。

表 3-13 斜角焊的焊接工艺参数

焊脚高度 /mm	焊丝直径 /mm	焊接电流 /A	电弧电压 /V	焊接速度 /$m \cdot h^{-1}$	电源类型
3	2	200～220	25～28	60	直流
4	2	280～300	28～30	55	交流
4	3	350	28～30	55	交流
5	2	375～400	30～32	55	交流
5	3	450	28～30	55	交流
7	2	375～400	30～32	28	交流
7	3	500	30～32	48	交流

五、埋弧焊常见缺陷的产生原因及其防除方法

埋弧焊常见缺陷有焊缝成形不良、咬边、未焊透、气孔、裂缝、夹渣等，产生原因及其防除方法见表 3-14。

表 3-14　埋弧焊常见缺陷的产生原因及其防除方法

缺陷名称		产生原因	防除方法
焊缝表面成形不良	宽度不均匀	①焊接速度不均匀 ②焊丝给送速度不均匀 ③焊丝导电不良	防止：①找出原因排除故障 ②找出原因排除故障 ③更换导电嘴衬套（导电块） 消除：酌情部分用手工焊焊补修整并磨光
	堆积高度过大	①电流太大而电压过低 ②上坡焊时倾角过大 ③环缝焊接位置不当（相对于焊件的直径和焊接速度）	防止：①调节规范 ②调整上坡焊倾角 ③相对于一定的焊件直径和焊接速度，确定适当的焊接位置 消除：去除表面多余部分，并打磨圆滑
	焊缝金属满溢	①焊接速度过慢 ②电压过大 ③下坡焊时倾角过大 ④环缝焊接位置不当 ⑤焊接时前部焊剂过少 ⑥焊丝向前弯曲	防止：①调节焊速 ②调节电压 ③调整下坡焊倾角 ④相对一定的焊件直径和焊接速度，确定适当的焊接位置 ⑤调整焊剂覆盖状况 ⑥调节焊丝矫直部分 消除：去除后适当刨槽并重新覆盖
	中间凸起而两边凹陷	药粉圈过低并有粘渣，焊接的熔渣被粘渣拖压	防止：提高药粉圈，使焊剂覆盖高度达30～40mm 消除：①提高药粉圈，去除粘渣 ②适当焊补或去除重焊
咬边		①焊丝位置或角度不正确 ②焊接规范不当	防止：①调整焊丝 ②调节焊接工艺参数 消除：去除夹渣后补焊
未熔合		①焊丝未对准 ②焊缝局部弯曲过甚	防止：①调整焊丝 ②精心操作 消除：去除缺陷部分后补焊

续表

缺陷名称	产生原因	防除方法
未焊透	①焊接规范不当（如电流过小，电弧电压过高） ②坡口不合适 ③焊丝未对准	防止：①调整规范 ②修整坡口 ③调节焊丝 消除：去除缺陷部分后补焊，严重的需整条返修
内部夹渣	①多层焊时，层间清渣不干净 ②多层分道焊时，焊丝位置不当	防止：①层间清渣彻底 ②每层焊后发现咬边夹渣必须清除修复 消除：去除缺陷补焊
气孔	①接头（坡口）未清理干净 ②焊剂潮湿 ③焊剂（尤其是焊剂垫）中混有垃圾 ④焊剂覆盖层厚度不当或焊剂斗阻塞 ⑤焊丝表面清理不够 ⑥电压过高	防止：①接头（坡口）必须清理干净 ②焊剂按规定烘干 ③焊剂必须过筛、吹灰、烘干 ④调节焊剂覆盖层厚度，疏通焊剂斗 ⑤焊丝必须清理，清理后应尽快使用 ⑥调整电压 消除：去除缺陷后焊补
裂缝	①焊件、焊丝、焊剂等材料，配合不当 ②焊丝中碳、硫含量较高 ③焊接区冷却速度过快而致热影响区硬化 ④多层焊的第一道焊缝截面过小 ⑤焊缝形状系数太小 ⑥角焊缝熔深太大 ⑦焊接顺序不合理 ⑧焊件刚度大	防止：①合理选配焊接材料 ②选用合格焊丝 ③适当降低焊速以及焊前预热和焊后缓冷 ④焊前适当预热或减小电流，降低焊速（双面焊适用） ⑤调整焊接规范和改进坡口 ⑥调整规范和改变极性（直流） ⑦合理安排焊接顺序 ⑧焊前预热及焊后缓冷 消除：去除缺陷后补焊
焊穿	焊接规范及其他工艺因素配合不当	防止：选择适当规范 消除：缺陷处修整后焊补

第二节 氩弧焊

氩弧焊是用氩气作为保护气体的一种气电焊方法，如图 3-21 所示。它是利用从喷嘴喷出的氩气，在电弧区形成连续封闭的气层，使电极和金属熔池与空气隔绝，防止有害气体（如氧、氮等）侵入，起到机械保护作用。同时，由于氩气是一种惰性气体，既不与金属起化学反应，也不溶解于液体金属，从而被焊金属中的合金元素不会烧损，焊缝不易产生气孔。因此，氩气保护是很有效和可靠的，并能得到较高的焊接质量。

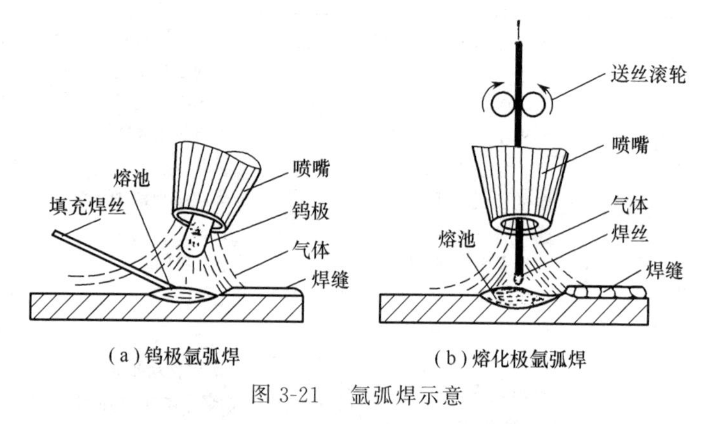

图 3-21　氩弧焊示意

一、氩弧焊的特点

① 可焊的材料范围很广，几乎所有的金属材料都可进行氩弧焊，特别适宜化学性质活泼的金属和合金，常用于奥氏体不锈钢和铝、镁、钛、铜及其合金的焊接，也用于锆、钽、钼等稀有金属的焊接。

② 由于氩气保护性能优良，氩弧温度又很高，因此在各种金属和合金焊接时，不必配制相应的焊剂或熔剂，基本上是金属熔化与结晶的简单过程，能获得较为纯净的质量良好的焊缝。

③ 氩弧焊时，由于电弧受到氩气流的压缩和冷却作用，电弧加热集中，故热影响区小，因此焊接变形与应力均较小，尤其适用

于薄板焊接。

④ 由于明弧易于观察，焊接过程较简单，也就容易实现焊接的机械化和半机械化，并且能在各种空间位置进行焊接。

由于氩弧焊具有这些显著的特点，所以早在20世纪40年代就已推广应用，之后发展迅速，目前在我国国防、航空、化工、造船、电器等工业部门应用较为普遍。随着有色金属、高合金钢及稀有金属的结构产品日益增多，氩弧焊技术的应用将越来越广泛。

氩弧焊按所用的电极不同，分为非熔化极（钨极）氩弧焊和熔化极氩弧焊两种。氩弧焊有手工、半自动和自动三种操作形式。

二、钨极氩弧焊

钨极氩弧焊是采用高熔点的钨棒作为电极，在氩气流层保护下利用钨棒与工件之间的电弧热量，来熔化填充焊丝和基本金属，冷却凝固后形成焊缝，而电极本身不熔化，只起发射电子产生电弧的作用。

1. 电极材料

钨极对电弧稳定性和焊接质量有很大的影响，要求钨极具有电流容量大、施焊损耗小、引弧稳弧性能好等特性，这主要取决于钨极发射电子能力的大小。

氩弧焊的电极主要有纯钨极、钍钨极和铈钨极三种，由于纯钨极的电子发射能力较差，生产中用钍钨极和铈钨极的较多。表3-15列出了不同直径钨极的许用电流。

表3-15 不同直径钨极的许用电流

电极直径/mm	电流种类、接法的电流使用范围/A		
	直流正接	直流反接	交流
1.0	15～80	—	20～60
1.6	70～150	10～20	60～120
2.4	150～250	15～30	100～180
3.2	250～400	25～40	160～250
4.0	400～500	40～55	200～320
5.0	500～750	55～80	290～390
6.4	750～1000	80～125	340～525

这里需要强调的是钍钨极由于加入了放射性元素钍的氧化物，故具有一定的放射性，近年来多使用铈钨极。

钨极端部的形状，对电弧稳定性及焊缝成形有一定的影响，从表 3-16 中可以看出采用圆台形的效果最好。

表 3-16　钨极端部的影响

钨极端部的形状	圆台形	平头	球面	锥形
电弧的稳定性	稳定	不稳定	不稳定	稳定
焊缝成形	良好	一般	焊道弯曲	焊道不均

2. 焊接电流的选择

钨极氩弧焊时，对于一定直径的钨极，使用的焊接电流有一定的范围，电流过大会导致电极熔化，并引起电弧不稳、焊缝夹钨等问题；电流过小则电弧不稳定。另外，当选用不同的电流种类及极性焊接时，钨极的许用电流也随之变化。焊接电流的种类及极性的选择，主要取决于焊件的材料，见表 3-17。钨极氩弧焊时，由于电弧的阳极温度比阴极温度高，如果采用直流反接，则钨极很快就

表 3-17　各种金属材料的焊接电流种类及极性的选择

被焊金属	电流种类及极性的选择		
	直流正接	直流反接	交流
钛及其合金	推荐	不用	
铝及其合金	不推荐	不可用（电弧不稳）	推荐
镁及其合金	不推荐	不可用（电弧不太稳）	推荐
铜及其合金	推荐		也可用
铝青铜			推荐
不锈钢薄板	推荐		也可用
低碳钢薄板	推荐		
铸铁	推荐		

被氧化，以致烧损严重，电弧不稳，因而许用电流很小，所以一般情况下不用直流反接，而用直流正接。另外，焊接铝、镁及其合金材料时，普遍采用交流电源，这是由于要利用“阴极破碎”作用，以清除和破坏工件表面的一层氧化膜，使熔化的填充焊丝与基本金属得到良好的熔合。

3. “阴极破碎”作用

氩弧焊时，氩气电离后形成大量正离子，并高速向阴极移动。当采用直流反接时，工件是阴极，即氩的正离子流向工件，它撞在金属熔池表面上，能够将高熔点且又致密的氧化膜撞碎，使焊接过程顺利进行，这种现象称为“阴极破碎”作用（或“阴极雾化”作用）。而在直流正接时，没有“破碎”作用，因为撞在工件表面的是电子，电子质量要比正离子质量小得多，撞击力量很弱，所以不能使氧化膜破碎，此时焊接过程也无法进行。

利用“阴极破碎”作用，在焊接铝、镁及其合金时，可以不用熔剂，而是靠电弧来去除氧化膜，得到成形良好的焊缝。不过直流反接时，其许用电流很小，效果也不好，所以一般都采用交流电源。交流电极性是不断变换的，在正极性的半波里（钨极为阴极），钨极可以得到冷却，以减小烧损；在反极性的半波里（钨极为阳极），有“阴极破碎”作用，熔池表面氧化膜可以得到清除。但是，采用交流电源时，必须解决消除直流分量及引弧稳弧的问题。

4. 用交流电源焊接存在的问题

交流钨极氩弧焊时，电流和电压的波形如图 3-22 所示。

由图 3-22 可以看出，不仅两个半波的电弧电压不等，而且电弧电流也不等，在交流电路里焊接电流相当于由两部分组成，一部分是真正的交流电，另一部分是直流电，它叠加在交流部分上，在焊接的交流电路里产生的这部分直流电称为直流分量。

由于直流分量减弱了“阴极破碎”作用，难以去除铝、镁及其合金焊接时熔池表面的氧化膜，并使电弧不稳，焊缝易出现未焊透、成形差等缺陷。同时，直流分量相当于焊接回路中通过直流电，以致焊接变压器的铁芯产生直流磁通，使铁芯饱和，这对焊接

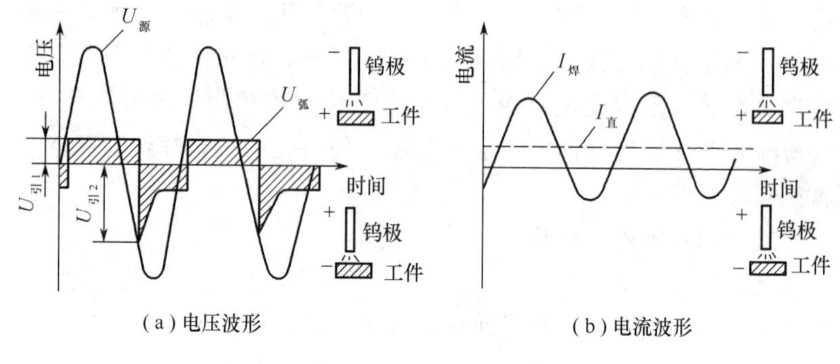

(a) 电压波形

(b) 电流波形

图 3-22　交流钨极氩弧焊的电压和电流波形

$U_{源}$—电源电压；$U_{弧}$—电弧电压；$U_{引1}$—正半波引弧电压；$U_{引2}$—负半波引弧电压；$I_{焊}$—焊接电流；$I_{直}$—直流分量

变压器是很不利的。

5. 引弧稳弧措施及直流分量的消除

(1) 引弧稳弧措施　因为氩气的电离势较高，故难以电离，引弧困难。采用交流电源时，由于电流每秒钟有100次经过零点，电弧不稳，并且需要重复引燃和稳定电弧，所以氩弧焊必须采取引弧与稳弧的措施，通常有以下三种方法。

① 提高焊接变压器的空载电压　当采用交流电源焊接时，把焊接变压器的空载电压提高到200V，电弧容易引燃，且燃烧稳定。如果没有高空载电压的焊接变压器，可用三台普通的同型号焊接变压器串联起来，但此法是不安全、不经济的，应尽量少用。

② 采用高频振荡器　高频振荡器是一个高频高压发生器，利用它将普通的工频低压交流电变换成高频高压的交流电，其输出电压为2500～3000V，频率为150～260kHz。高频振荡器与焊接电源并联或串联使用，必须防止高频电流的回输，焊接时只起到第一次引弧的作用，引弧后应马上切断。这是目前氩弧焊最常用的引弧方法。

③ 采用脉冲稳弧器　交流电源的电弧不稳定，是因为负半波引燃电压高，电流通过零点之后重新引燃困难。所以在负半波开始的一瞬间，可以外加一个比较高的脉冲电压（一般为200～300V），

以使电弧重新引燃，从而达到稳定电弧的目的，这就是脉冲稳弧器的作用。焊接时脉冲稳弧器常和高频振荡器一起使用。

（2）直流分量的消除　交流钨极氩弧焊焊接铝、镁及其合金时，可采用以下三种方法消除直流分量（图 3-23）。

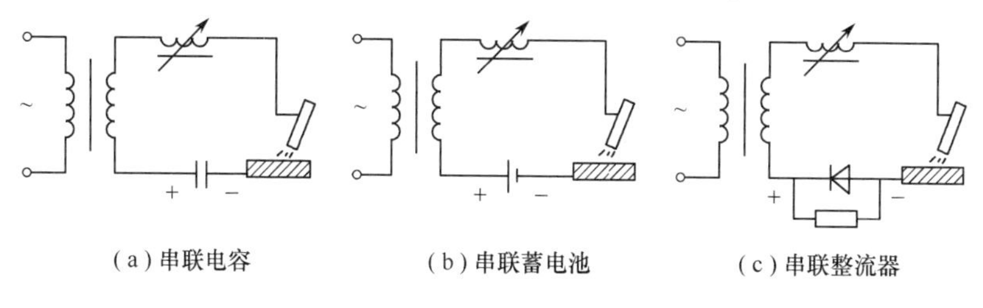

(a) 串联电容　(b) 串联蓄电池　(c) 串联整流器

图 3-23　消除直流分量的方法

① 串联电容　在焊接回路中串联电容。由于电容对交流电阻抗很小，但却能阻止直流电通过，所以起到隔离直流电的作用，一般称为“隔直电容”。电容量的大小可按最大焊接电流计算，约 300μF/A。此法消除直流分量的效果较好，使用维护较简单，故用得最为普遍。

② 串联直流电源　在焊接回路中串联直流电源。常用的是蓄电池，使其产生的直流电与原电路中的直流分量大小相等，方向相反，以抵消直流分量。但用蓄电池经常要充电，使用较麻烦。

③ 串联整流器　在焊接回路中串联一个整流器，旁边再并联一个电阻。此法对于减小直流分量有较好的效果，但因电流经过电阻，增加了电能损耗。

6. 钨极氩弧焊工艺

（1）气体保护效果　氩气的保护作用，是在电弧周围形成惰性气体层，将空气与金属熔池、填充焊丝隔离。为了评定氩气的保护效果，可采用测定“有效保护区”直径的试验。例如，用铝板作为被焊工件，选择一定的焊接规范，引燃电弧以后，焊枪固定不动，待燃烧约 5～100s 后熄弧。此时在铝板上就会留下熔化焊点，其周围有一个明显的圆圈，如图 3-24 所示。如果保护良好，则圆圈内光亮清晰，即是有效保护区。如果保护不好，就几乎看不到光亮的圆圈。有效保护区直径可作为衡量保护效果的尺度。同样可用不锈钢材料来进行试验。

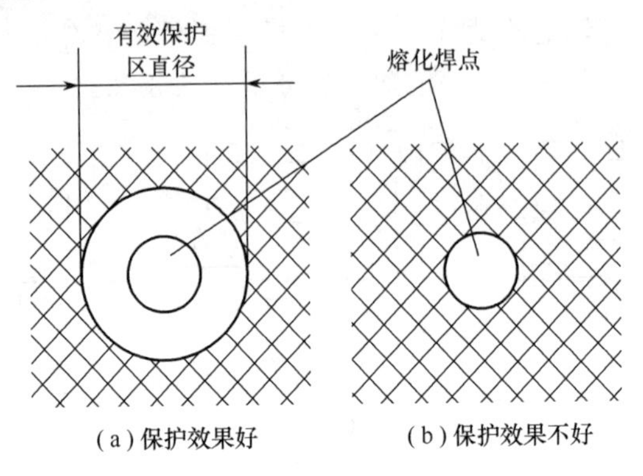

图 3-24 氩气的有效保护区

实际生产中，鉴别气体保护的效果还可根据焊缝表面的颜色来判断，详见表 3-18。

表 3-18 不锈钢焊缝的颜色与保护效果

焊缝颜色	银白、金黄	蓝色	红灰色	灰色	黑色
保护效果	最好	良好	尚可	不良	最差

氩弧焊时，由于氩气保护层是柔性的，故极易受到外界因素扰动而遭破坏，其保护效果主要与下列因素有关。

① 气体流量　气体流量越大，保护层抵抗流动空气影响的能力越强；但流量过大时，保护层会产生不规则流动，易使空气卷入，反而降低了保护效果，所以气体流量要选择恰当。

② 喷嘴直径　若喷嘴直径与气体流量同时增大，则保护区必然增大；但喷嘴直径过大时，则某些焊缝位置不易焊到或妨碍焊工视线，从而影响焊接质量。手工钨极氩弧焊的喷嘴直径选用范围为5～14mm。

③ 喷嘴至工件距离　喷嘴距离工件越远，则保护效果越差；反之，距离越近，保护效果越好，但过近会影响焊工视线，操作不便。一般在焊接时，喷嘴至工件距离取 1.0mm 较为适宜。

④ 焊接速度与外界气流　若焊接速度过快，由于空气阻力对保护气层的影响，或者焊接时遇到侧向气流的侵袭，则保护层可能偏离钨极和熔池，从而使保护效果变坏，所以应选用合适的焊接速度，同时氩弧焊也不宜在室外进行操作。

⑤ 焊接接头形式　不同的接头形式会使气体产生不同的保护效果，如图 3-25 所示。焊接对接接头和 T 形接头时，由于氩气被挡住并反射回来，所以保护效果较好；而搭接和角接接头，因空气易侵入电弧区，故保护效果较差。若要改进保护条件，可安放临时性的挡板，如图 3-26 所示。

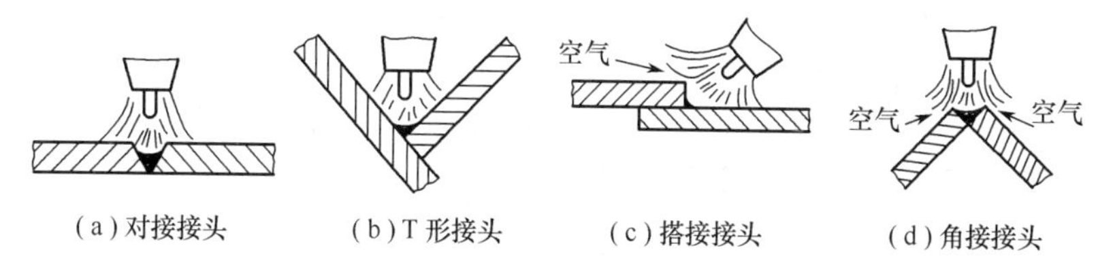

图 3-25　不同的接头形式气体的保护效果

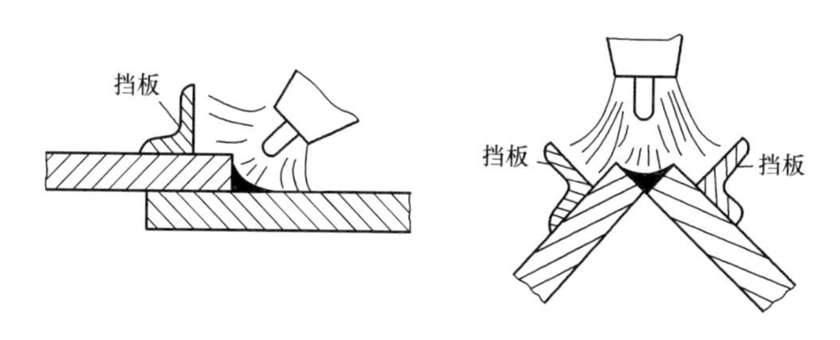

图 3-26　安放挡板提高气体保护效果

⑥ 被焊金属材料　对于氧化与氮化非常敏感的金属及其合金（如钛及钛合金等），氩弧焊时要求有更好的保护效果。其具体措施是：加大喷嘴直径，采用拖罩以增大保护区域，以及采用特殊装置对焊缝正反面进行保护。

此外，焊接电流、电弧电压、焊炬倾斜角度、填充焊丝送入情况等对保护效果均有一定的影响。总之，为了得到质量满意的焊缝，在焊接时应综合考虑上述因素。

（2）焊前清理　氩弧焊时，必须对被焊工件的接缝附近及填充焊丝进行焊前清理，去除金属表面的氧化膜、油脂和水分等，以确保焊接的质量。清理方法因被焊工件的材质不同而异，现将常用的方法简介如下。

① 机械清理　较简便，而且效果较好。通常对不锈钢工件可用砂布打磨；铝合金工件可用钢丝刷或电动钢丝轮（采用直径小于0.15mm的不锈钢丝或直径小于0.1mm的铜丝刷）及用刮刀刮。主要是清除工件表面的氧化膜。机械清理后，可用丙酮去除油垢。

② 化学清理　对于铝、钛、镁及其合金在焊前可进行化学清理。此法对大工件清理不太方便，多用于清理填充焊丝和小工件。铝及铝合金的化学清理工序如表3-19所列。

表3-19　铝及铝合金的化学清理工序

工序 / 材质	碱洗			冲洗	光化			冲洗	干燥
	NaOH /%	温度 /℃	时间 /min		HNO_3 /%	温度 /℃	时间 /min		
纯铝	15	室温	10～15	冷净水	30	室温	2	冷净水	100～110℃烘干，再置于低温干燥箱中
纯铝	4～5	60～70	1～2	冷净水	30	室温	2	冷净水	
铝合金	8	50～60	5	冷净水	30	室温	2	冷净水	

钛合金的化学清理工序是：在室温下酸洗（30mL HCl、60mL HNO_3、30g NaF、配制到1000mL水溶液）10min（若加热，则时间可缩短）→清水洗净→烘干→焊前用丙酮或酒精清理。

镁合金可采用20%～25%硝酸水溶液进行表面腐蚀，时间为1～2min，然后放在70～90℃的热水中清洗，再进行干燥（或吹干）。

③ 化学-机械清理　大型工件采用化学清理往往不够彻底，因而在焊前还需用钢丝轮或刮刀再清理一下接缝的边缘。

此外，清理后的工件与填充焊丝必须保持清洁，严禁再沾上油污，并要求清理后立即进行焊接。

（3）焊接工艺参数的选择　合理的焊接工艺参数是获得优质焊接接头的重要保证。手工钨极氩弧焊的主要工艺参数是：焊接电流、焊接电压、氩气流量、喷嘴直径、电极伸出长度、填充焊丝直径、钨极直径、接头坡口形式、焊缝层数及预热温度等。选择时应根据被焊金属、工件厚度和结构形式等因素加以综合考虑。

铝及铝合金、不锈钢的主要工艺参数参考数据分别列于表3-20和表3-21中。

表3-20　铝及铝合金（平对接焊）手工交流氩弧焊工艺参数

工件厚度/mm	钨极直径/mm	焊接电流/A	焊丝直径/mm	喷嘴内径/mm	氩气流量/$L\cdot min^{-1}$	焊接速度/$mm\cdot min^{-1}$
1.2	1.6～2.4	45～75	1～2	6～11	3～5	—
2	1.6～2.4	80～110	2～3	6～11	3～5	180～230
3	2.4～3.2	100～140	2～3	7～12	6～8	110～160
4	3.2～4	140～230	3～4	7～12	6～8	100～150
6	4～6	210～300	4～5	10～12	8～12	80～130
8	5～6	240～300	5～6	12～14	12～16	80～130

表3-21　不锈钢（平对接焊）手工直流氩弧焊（正接）工艺参数

接头形式	工件厚度/mm	钨极直径/mm	焊接电流/A	焊丝直径/mm	钨极伸出长度/mm	氩气流量/$L\cdot min^{-1}$
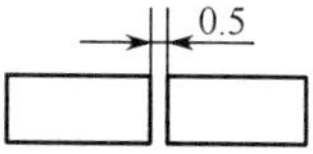	0.8	1	18～20	1.2	5～8	6
	1	2	20～25	1.6	5～8	6
	1.5	2	25～30	1.6	5～8	7
	2	3	35～45	1.6～2	5～8	7～8
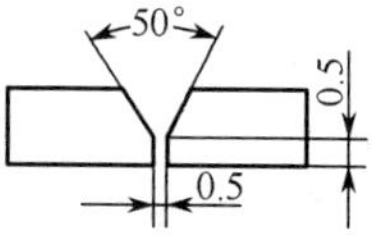	2.5	3	60～80	1.6～2	5～8	8～9
	3	3	75～85	1.6～2	5～8	8～9
	4	3	75～90	2	5～8	9～10

7. 手工钨极氩弧焊操作技术

手工钨极氩弧焊时，操作技术的正确与熟练是保证焊接质量的重要前提。由于工件厚度、施焊空间位置、接头形式等条件的不同，所以操作技术变化也较大。现将基本的焊接操作技术简述如下。

（1）焊前准备　焊前应检查电源线路、水路、气路等是否正常，并调节减压器到所需的流量值，若不用流量计，则可凭经验把喷嘴对准脸部或手心来确定氩气流量。同时，将所用的钍钨极磨成锥形平端，并选择好焊接规范。另外，做好焊前清理工作，然后将被焊工件进行定位焊，并在接缝两端焊上引弧板与引出板。

（2）引弧与熄弧　钨极氩弧焊在采用高频振荡器引弧时，钨极不需与工件接触，只要在相距约 5～16mm 处启动，即可引燃电弧。另外，钨极也可与工件直接短路引弧，但钨极易烧损，故不宜采用。

熄弧时应填满弧坑，除了焊机采用电流衰减装置外，还可用焊枪上的按钮来断续送电，并多加些焊丝，然后将电弧慢慢地拉长而熄弧，以防止产生过深的弧坑。

为使氩气有效地保护焊接区，引弧时应提前送气 5～10s，熄弧时应继续送气 3～6s。

焊接完毕不要立刻抬起焊枪，待钨极与焊缝稍冷却后，再抬起焊枪，以避免炽热的钨极及焊缝表面氧化。

（3）焊接操作要点　焊接时，在不妨碍操作的情况下，尽可能采用短弧，一般弧长为 4～7mm。焊枪应尽量垂直或与工件表面保持较大的夹角（图 3-27），以加强气体的保护效果。同时，喷嘴与工件表面的距离不超过 10mm，最多不应超过 15～18mm。在平、横、仰焊时，采用左向焊法或右向焊法均可，一般多采用左向焊法。厚度小于 4mm 的薄板立焊采用向下焊或向上焊均可，板厚 4mm 以上的工件，一般采用向上立焊。为使焊缝得到必要的宽度，焊枪除了作直线运动外，还可以作适当的横向摆动。

焊接薄板卷边接头，可以不用焊丝；焊接其他形式的接头，一般需添加焊丝。常用焊丝直径不超过 3～4mm，焊丝太粗会产生夹渣和未焊透现象。添加焊丝普遍采用断续送丝法，并与焊枪运行的动作要协调配合，同时应注意在熔池前面成熔滴状加入。填充焊丝不要扰乱氩气流。焊丝的端部应始终置于氩气保护层内，以免被

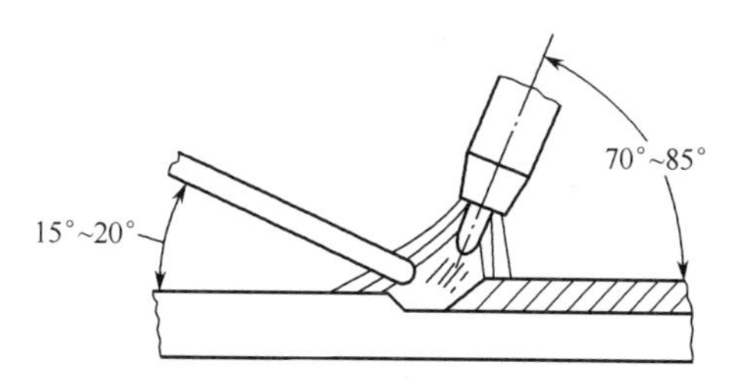

图 3-27 手工钨极氩弧焊时焊丝、焊枪与工件的夹角

氧化。

几种常见接头形式平焊时焊枪、焊丝与工件的相互位置如图 3-28 所示。

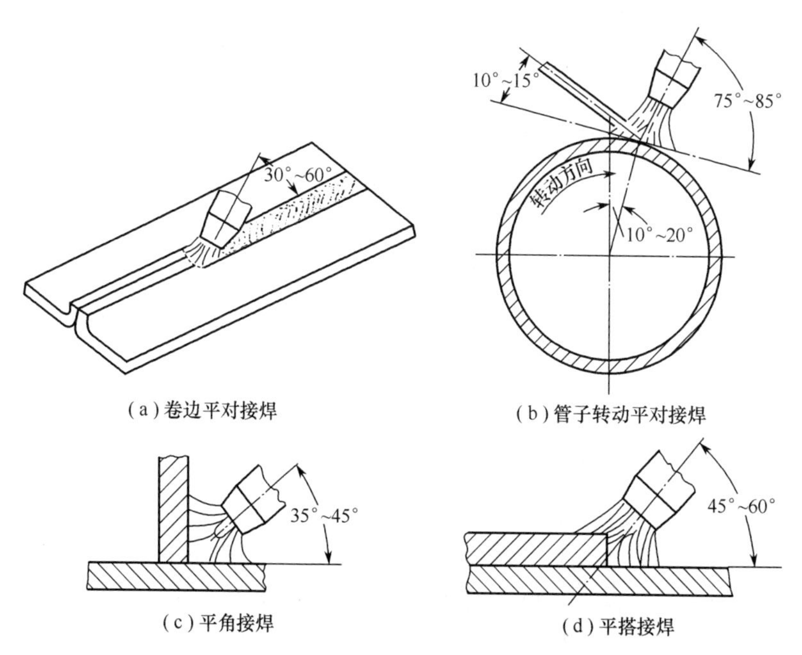

(a) 卷边平对接焊

(b) 管子转动平对接焊

(c) 平角接焊

(d) 平搭接焊

图 3-28 常见接头形式平焊时焊枪、焊丝与工件的相互位置

三、熔化极氩弧焊

钨极氩弧焊时，为了防止钨极的熔化与烧损，焊接电流不能太

大，所以焊缝的熔深受到限制。当工件厚度在 6mm 以上时，就要开坡口采用多层焊，故生产率不高。有时，厚件焊接还要预热和保温，以致劳动条件恶化。后来在钨极氩弧焊的基础上，发展了一种熔化极氩弧焊工艺。

1. 熔化极氩弧焊的原理与特点

熔化极氩弧焊是采用焊丝作为电极，如图 3-21（b）所示，电弧在焊丝与工件之间燃烧，同时处于氩气流的保护之下，焊丝以一定速度连续给送，并不断熔化形成熔滴过渡到熔池中去，液态金属冷却凝固后形成焊缝。

熔化极氩弧焊时，由于电极是焊丝，焊接电流可大大增加，且热量集中、利用率高，所以可用于焊接厚板工件。同时容易实现焊接的机械化和自动化。

通常在焊接过程中，焊丝的端部呈现锥形，使得电弧非常集中，焊缝截面为具有很大熔深的蘑菇状（图 3-29）。例如，对于铝及铝合金，当焊接电流为 450～470A 时，工件无需预热，其熔深可达 16～20mm，因此它具有很高的焊接效率。

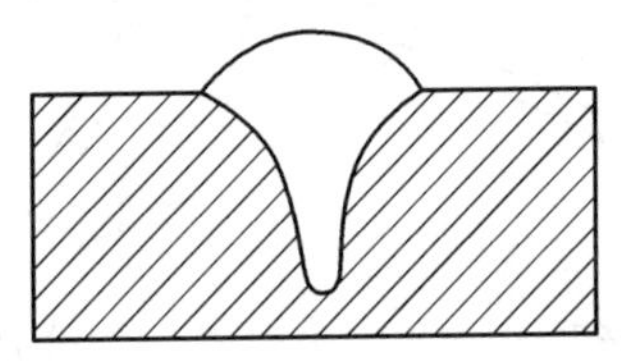

图 3-29　熔化极氩弧焊焊缝断面形状

2. 熔化极氩弧焊的熔滴过渡

熔化极氩弧焊是一种电弧熔焊的方法，其熔滴过渡为射流过渡。由于熔化极氩弧焊射流过渡时，具有熔深大、飞溅小、电弧稳定及焊缝成形好等特点，所以适宜于中厚板平焊位置的焊接。

3. 熔化极氩弧焊设备

熔化极氩弧焊设备主要由主电路系统、供气系统、水路系统、控制系统、送丝系统、半自动焊枪（或自动焊小车）等部分组成。熔化极半自动氩弧焊设备如图 3-30 所示。

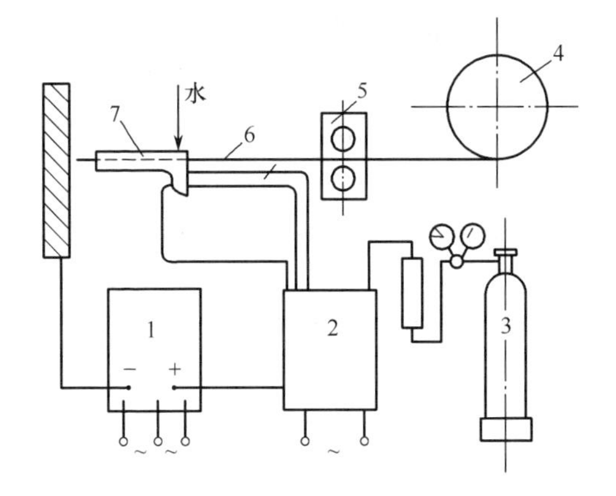

图 3-30 熔化极半自动氩弧焊设备

1—直流电源；2—控制箱；3—氩气瓶；4—焊丝盘；
5—送丝机构；6—焊丝；7—焊枪

熔化极氩弧焊按操作形式分为半自动和自动两种。

当焊丝直径小于 2.5mm 时，电弧静特性曲线是上升的，可以使用具有平硬和缓降特性的电源，配合等速送丝系统，通常熔化极半自动氩弧焊就是这样。当熔化极自动氩弧焊所用的焊丝直径大于 3mm 时，最好使用具有陡降特性的电源，配合均匀调节送丝系统。

目前，熔化极半自动氩弧焊机有 NBA-180 型、NBA1-500 型、NBA2-200 型、WSE-315 型，WSE-500 型、NBA6-100 型、NB-200 型、NB-350 型、NB-500 型等。熔化极自动氩弧焊机有 NZA-1000 型等。

4. 熔化极氩弧焊工艺

焊前应对工件和焊丝进行机械和化学清理。为了获得良好的焊接质量，必须合理地选择坡口形式与焊接规范参数，并要采取一些冶金措施。

(1) 焊接工艺参数的选择　熔化极氩弧焊主要的工艺参数是焊丝直径、焊接电流、电弧电压、焊接速度、喷嘴孔径、焊丝干伸长度、氩气流量等，选择的原则是保证焊接过程稳定、保护效果好、焊缝成形良好。必须注意，焊接电流不应小于临界电流值，以获得射流过渡的形式，否则电弧不够稳定，焊缝成形不好。同时电弧电压要配合恰当。焊接时采用直流反接，主要原因是直流反接时电弧的极点压力小，有利于实现射流过渡，同时能起到“阴极破碎”作用。

铝及铝合金熔化极氩弧焊的规范参考数据如表 3-22 和表 3-23 所示。

表 3-22 纯铝半自动氩弧焊焊接工艺参数与接头形式

板厚/mm	接头形式	焊接电流/A		电弧电压/V	氩气流量/L·min^{-1}	焊丝直径/mm
8	70°, 6, 0	正面 反面	180 280	29	≥25	2.0
10	70°, 8, 0	正面 反面	230 300	27～29	≥25	2.0
12	70°, 9, 0	正面 反面	280 310	27～30	≥25	2.0
16	120°, 4, 0	正面 反面	320 350	30～33	≥30	2.5
20	120°, 4, 0	正面 反面	380 425	36～38	≥50	2.5
25～30		375～450		—	150	3.0

（2）冶金措施　由于某些金属材料本身含有较多气体和杂质，或者有严重的偏析与夹杂物存在，此时，无论氩气怎样进行保护，也会因电弧作用使焊缝产生气孔和裂缝，因此在这种情况下，仅依靠氩气保护就不够了，而要采取一些冶金措施。

表 3-23 铝及铝合金自动氩弧焊焊接工艺参数

母材牌号	焊丝牌号	板厚/mm	V形坡口尺寸/mm			焊丝直径/mm	喷嘴内径/mm	焊接电流/A	焊接电压/V	焊接速度/m·h^{-1}	氩气流量/L·min^{-1}	焊接层数
			钝边	坡口角度	间隙							
1060(L2) 1050A(L3)	1060(L2)	6	—	—	0～0.5	2.5	25	230～260	20～23	25	30～33	1
		8	4	100°	0～0.5	2.5	22	300～320	20～22	22～29	30～33	1
		10	5	90°	0～1	3	22	310～320	22.5～25	16	30～33	1
		10	6	100°	0～1	3	22	310～320	24.5～27	18	30～33	1/1
		12	8	120°	0～1	3	22	320～350	27.6～28	15	30～33	1/1
5A02(LF2)	5A03(LF3)	12	8	120°	0～1	3	22	320～330	25	24	30～33	1/1

通常在焊丝中添加一定数量的合金元素，亦即采用合金化的焊丝来脱氧和强化焊缝，以提高焊接的质量。例如，焊接工业纯镍时采用含钛、铝成分的焊丝；焊接工业纯铜时采用含锡、锰、硅的焊丝。有时，为了改善焊接工艺性能，往往也在氩气中混入一定比例的一种或几种其他气体。例如，用纯氩焊接不锈钢或高合金钢时，电极阴极会产生一种漂移现象，即电弧挺度不好，并且液体金属表面张力较大，这对防止气孔及焊缝成形、熔滴过渡都是不利的，而在氩气中加入1%的氧气后，上述问题即可得到显著改善，同时使临界电流降低。

第三节 CO_2气体保护焊

CO_2气体保护焊是用CO_2作为保护气体的一种气电焊方法，如图3-31（a）所示。这种方法按焊丝直径，可分为细丝CO_2气体保护焊（焊丝直径≤1.2mm）及粗丝 CO_2 气体保护焊（焊丝直径≥1.6mm）。CO_2 气体保护焊以半自动和自动的形式进行操作，所用的设备大同小异。CO_2 气体保护半自动焊具有手工电弧焊的机动性，适用于各种焊缝的焊接。CO_2 气体保护自动焊，主要用于较长的直缝、环缝以及某些不规则的曲线焊缝的焊接。

CO_2 气体保护焊的过程如图 3-31（b）所示。焊接时使用成盘的焊丝，焊丝由送丝机构经软管和焊枪的导电嘴送出。电源的两输出端分别接在焊枪和工件上。焊丝与工件接触后产生电弧，在电弧高温作用下，工件局部熔化形成熔池，而焊丝端部也不断熔化，形成熔滴过渡到熔池中。同时，气瓶中送出的 CO_2 气体以一定的压力和流量从焊枪的喷嘴中喷出，形成一股保护气流，使熔池和电弧区与空气隔离。随着焊枪的移动，熔池凝固成焊缝，从而将被焊工件连接成一个整体。

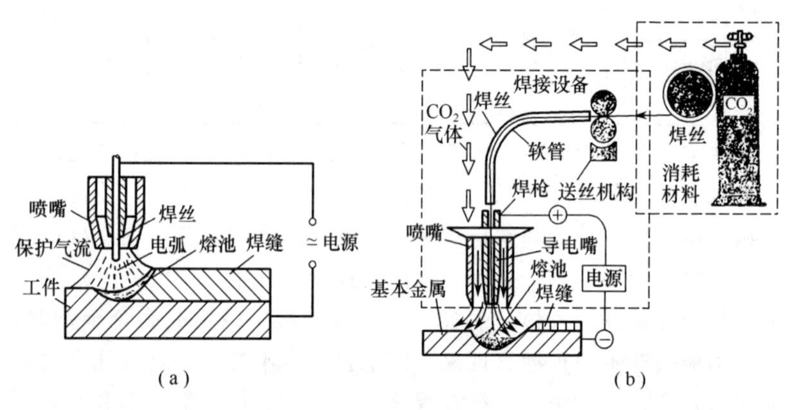

图 3-31　CO_2 气体保护焊示意

一、CO_2 气体保护焊的特点

CO_2 气体保护焊是 20 世纪 50 年代发展起来的一项新工艺，并获得迅速推广和应用。

CO_2 气体保护焊主要有以下优点。

① 生产率高。由于焊接电流密度较大，电弧热量利用率较高，

以及焊后不需清渣，因此提高了生产率。

② 成本低。CO_2气体价格便宜，而且电能消耗少，故使焊接成本降低。

③ 焊接变形和内应力小。由于电弧加热集中，工件受热面积小，同时CO_2气流有较强的冷却作用，所以焊接变形和内应力小，一般结构焊后即可使用，特别适宜于薄板焊接。

④ 焊接质量高。由于焊缝含氢量少，抗裂性能好，同时焊缝内不易产生气孔，所以焊接接头的力学性能良好，焊接质量高。

⑤ 操作简便。焊接时可以观察到电弧和熔池的情况，故操作较容易掌握，不易焊偏，更有利于实现机械化和自动化。

⑥ 适用范围广。CO_2气体保护焊常用于碳钢、低合金钢、高强度钢、不锈钢及耐热钢的焊接。不仅能焊接薄板，也能焊接中、厚板，同时可进行全位置焊接。除了适用于焊接结构制造外，还适用于修理，如堆焊磨损的零件以及焊补铸铁等。

但是，CO_2气体保护焊不可避免地也存在一些不足之处。

① 飞溅较大，并且焊缝表面成形较差，这是主要缺点。

② 弧光较强，特别是大电流焊接时，电弧的光、热辐射均较强。

③ 很难用交流电源进行焊接，焊接设备比较复杂。

④ 不能在有风的地方施焊；不能焊接容易氧化的有色金属，如铝、铜、钛。

由于CO_2气体保护焊具有上述的显著优点，因此目前在汽车、机车车辆、机械、石油化工、冶金、造船、航空等行业中得到广泛的应用。

二、CO_2气体保护焊的冶金特点

常温下，CO_2气体化学性能呈中性，在高温CO_2分解后具有强烈的氧化性，它会使合金元素氧化烧损，降低焊缝金属的力学性能，还可能成为产生气孔及飞溅的主要原因。因此，在焊接冶金方面，CO_2气体保护焊有其特殊性。

（1）合金元素的氧化及脱氧方法　CO_2气体在电弧高温下将发生分解，形成 CO 及 O_2，其分解度随温度的提高而加大。在 4000K 以上时，CO_2已基本上完全分解，到达 6000K 时，CO 及 O_2约各占一半，其中 CO 在焊接条件下不会溶于金属，也不与金属发生作用，但原子状态的氧使铁及其他合金元素迅速氧化，其反应式如下：

$$Fe+O \rightleftharpoons FeO$$

$$Si+2O \rightleftharpoons SiO_2$$

$$Mn+O \rightleftharpoons MnO$$

$$C+O \rightleftharpoons CO\uparrow$$

以上氧化反应既发生在熔滴过渡过程中，也发生在熔池里。反应的结果生成 FeO 并大量溶于熔池，致使焊缝金属中碳被氧化而产生 CO 气孔，并使锰、硅等合金元素减少，影响焊缝的力学性能。另外，因生成大量的 CO 气体，则引起强烈的飞溅。因此，必须采取有效的脱氧措施，在 CO_2气体保护焊的冶金过程中，通常的脱氧方法是采用含有足够数量脱氧元素的焊丝。常用的脱氧元素是硅、锰、铝和钛等，依靠这些元素来降低液态金属中 FeO 的浓度，抑制碳的氧化，从而防止 CO 气孔和减少飞溅，并得到性能合乎要求的焊缝。目前在焊接低碳钢和低合金钢时，一般都采用硅锰联合脱氧的方法。硅、锰脱氧后的生成物 SiO_2和 MnO 是熔渣而不是气体，形成一层微薄的渣壳覆盖在焊缝表面。

（2）气孔问题　焊缝中产生气孔的根本原因是熔池金属中存在大量的气体，在熔池凝固过程中没有完全逸出，或者由于凝固过程中化学反应产生的气体来不及逸出，而残留在焊缝之中。

在 CO_2 气体保护焊时，如果使用化学成分不合格的焊丝、纯度不符合要求的 CO_2 气体及不正确的焊接工艺，焊缝中就可能产生气孔，气孔主要有 CO 气孔、N_2 孔和 H_2 孔三种。

CO_2气体保护焊时，由于电弧气氛具有较强的氧化性，形成

H_2 孔的可能性较小。当采用的焊丝含有适量的脱氧元素时，CO 气孔也不易产生。最常发生的是 N_2 孔，因 N_2 是来自于空气，因此，必须加强 CO_2 气流的保护效果，这是防止焊缝气孔的主要途径。

三、CO_2 气体保护焊的焊接材料

（1）CO_2 气体　焊接用的 CO_2 气体，通常是将其压缩成液态储存于钢瓶内。由于 CO_2 气体的工艺因素所致，气体中往往含有水汽，当水汽过多时将对焊接质量产生一定影响。

为保证焊接质量，一般规定 CO_2 气体的纯度为 99.6%以上，含水量、含氮量均不得超过 0.1%。如果纯度不够，可采取下列措施。

① 将气瓶倒置 1～2h；待水沉积于瓶口部，打开瓶阀，放出自由状态的水。

② 使用前，先将瓶内杂气放掉，一般放 2～3min 即可。

③ 在气路中串联干燥器，以进一步减少 CO_2 气体中的水分。

这三项都是 CO_2 气体保护焊所必需的。另外，为了防止瓶阀冻结，还要在气路上装加热器。

（2）焊丝　CO_2 气体保护焊时，为了保证焊缝具有足够的力学性能，以及不产生气孔等，焊丝中必须比母材含有较多的硅、锰或铝、钛等脱氧元素。为了减少飞溅，焊丝的含碳量必须限制在 0.10%以下。目前，生产中采用的几种焊丝牌号及其化学成分列于表 3-24。应根据工件材料、接头设计强度和有关的质量要求以及施焊的具体条件，来选择不同成分的焊丝。

H08Mn2SiA 是用得最普遍的一种焊丝，它有较好的工艺性能和较高的力学性能指标，适用于焊接低碳钢和低合金钢以及某些低合金高强度钢。H08MnSi 及 H08MnSiA 焊丝只适用于焊接低碳钢及屈服强度不大于 300MPa 的低合金钢。H08MnSiCrMoA 和 H08MnSiCrMoVA 焊丝适用于焊接耐热钢和调质钢。H08Cr3Mn2MoA 焊丝可用于焊接贝氏体钢。H04Mn2SiTiA 和

表 3-24 CO_2气体保护焊常用焊丝的化学成分

焊丝型号		ER50-4	ER50-4	ER49-1	ER50-2	ER55-B2-MnV
焊丝牌号		H08MnSi	H08MnSiA	H08Mn2SiA	H04MnSiAlTiA	H04MnSiCrMoVA
化学成分/%	C	≤0.10	≤0.10	≤0.10	≤0.04	≤0.10
	Si	0.6～0.85	0.7～1.0	0.7～0.95	0.4～0.8	0.6～0.9
	Mn	1.4～1.7	1.0～1.3	1.8～2.2	1.4～1.8	1.2～1.5
	Ti	—	—	—	0.35～0.65	—
	Al	—	—	—	0.2～0.4	—
	Cr	—	—	—	—	0.95～1.25
	Mo	—	—	—	—	0.6～0.8
	V	—	—	—	—	0.25～0.4
	S	≤0.03	≤0.03	≤0.03	≤0.025	≤0.03
	P	≤0.035	≤0.04	≤0.035	≤0.025	≤0.03

H04MnSiAlTiA焊丝，含碳量更低，同时又含有钛、铝等具有较强的脱氧能力和固氮能力的元素，因此这两种焊丝的抗气孔能力较强，焊接时飞溅也较小，适用于质量要求高的焊接工件。

CO_2气体保护焊所用的焊丝，一般直径在0.5～5.0mm范围内。半自动焊时常用的焊丝直径有0.8mm、1.0mm、1.2mm、1.6mm等几种。自动焊时，除上述各种直径的焊丝外，还可采用直径为2.0～5.0mm的焊丝。焊丝表面有镀铜和不镀铜两种，镀铜可防止生锈，并可改善焊丝的导电性能，提高焊接过程的稳定性。焊丝使用时应彻底去除表面的油、锈。

四、CO_2气体保护焊的焊接工艺参数

合理地选择焊接规范是获得优良焊接质量和较高生产率的重要条件。CO_2气体保护焊的规范参数，主要包括焊丝直径、焊接电流、电弧电压、焊接速度、焊丝干伸长度、气体流量、电源极性及回路电感等。下面对各个规范参数的选择与影响分别加以讨论。

（1）焊丝直径　应根据工件厚度、施焊位置及生产率的要求等

来选择焊丝直径。当采用立、横、仰焊焊接薄板或中厚板时，多采用直径 1.6mm 以下的焊丝。当在平焊位置焊接中厚板时，可以采用直径 1.2mm 以上的焊丝。焊丝直径的选择见表 3-25。

表 3-25 焊丝直径的选择

焊丝直径/mm	工件厚度/mm	施焊位置	熔滴过渡形式
0.8	1～3	各种位置	短路过渡
1.0	1.5～6	各种位置	短路过渡
1.2	2～12	各种位置	短路过渡
	中、厚	平焊、平角焊	大滴过渡
1.6	6～25	各种位置	短路过渡
	中、厚	平焊、平角焊	大滴过渡
≥2.0	中、厚	平焊、平角焊	大滴过渡

（2）焊接电流　焊接电流是重要的规范参数，应根据工件的厚度、焊丝直径、施焊位置以及所要求的熔滴过渡形式来选择。通常，用直径 0.8～1.6mm 的焊丝、短路过渡时，焊接电流在 60～230A 范围内选择；大滴过渡时，焊接电流可在 250～500A 范围内选择。

在用等速送丝的条件下，焊接电流与送丝速度成正比，即焊接电流愈大，送丝速度愈快。

在焊丝直径和电弧电压一定时，如果电流过小（送丝速度过慢），则熔滴粗大，短路频率降低，焊缝成形和电弧稳定性均差；若电流过大（送丝速度过快），则焊接过程不稳定，熔滴来不及过渡，会使焊丝插入熔池，并形成大颗粒飞溅。

表 3-26 列出了不同直径焊丝适用的焊接电流范围。

表 3-26 不同直径焊丝 CO_2 焊适用的焊接电流范围

焊丝直径/mm	0.8	1.0	1.2	1.6
电流范围/A	50～120	70～140	85～170	120～240

另外，焊接电流对焊缝熔深有决定性的影响，随着焊接电流的增大，熔深显著增加，熔宽略有增加。

（3）电弧电压　电弧电压也是重要的规范参数，选择时必须与焊接电流配合恰当。短路过渡时，通常电弧电压在17～24V范围内。大滴过渡焊接时，对于直径为1.2mm或1.6mm的焊丝，电弧电压通常在26～42V范围内。电弧电压随着焊接电流的增加而相应加大，过高或过低的电弧电压对飞溅、气孔及电弧稳定性都有不利的影响。

另外，电弧电压与焊缝成形有直接的关系。提高电弧电压，熔宽增加显著，而熔深和余高有所减小。

（4）焊接速度　在焊丝直径、焊接电流和电弧电压一定的条件下，熔宽与熔深随着焊接速度的增加而减小。如果焊速过高，容易产生咬边和未熔合等缺陷，同时气体保护效果变坏，可能出现气孔；但焊速过低时，生产率不高，焊接变形增大。一般半自动焊时焊接速度在15～40m/h范围内；自动焊时不超过90m/h。

（5）焊丝干伸长度　通常取决于焊丝直径，焊丝干伸长度约等于焊丝直径的10倍较为合适。

（6）CO_2气体流量　应根据焊接电流、焊接速度、焊丝干伸长度及喷嘴直径等来选择。一般在短路过渡焊接时，CO_2气体流量约为8～15L/min；大滴过渡焊接时约为15～25L/min。

（7）电源极性　为了减少飞溅，保持电弧的稳定，一般都采用直流反接。但在堆焊或焊补铸铁时，需要提高焊接的熔敷率及降低工件的受热，多采用直流正接法进行焊接。

（8）回路电感　应根据焊丝直径、焊接电流和电弧电压等来选择。采用不同直径焊丝的合适电感值见表3-27。一般通过试焊来调节电感的大小，若焊接过程稳定，则此电感值是合适的。

表3-27　不同直径焊丝的合适电感值

焊丝直径/mm	0.8	1.2	1.6
电感值/mH	0.01～0.08	0.10～0.16	0.30～0.37

上述规范参数中，主要是焊丝直径、焊接电流、电弧电压、焊接速度等几项，其他参数基本上变化不大。焊接规范的选择应根据工件厚度、接头形式和施焊位置以及确定的熔滴过渡形式来综合考虑。CO_2气体保护焊常用的规范参考数据列于表3-28和表3-29中。

表3-28　CO_2气体保护半自动焊工艺参数

材料厚度/mm	接头形式	装配间隙 c/mm	焊丝直径/mm	电弧电压/V	焊接电流/A	气体流量/L·min^{-1}
≤1.2 1.5	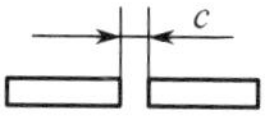	≤0.3	0.6 0.7	18～19 19～20	30～50 60～80	6～7 6～7
2.0 2.5	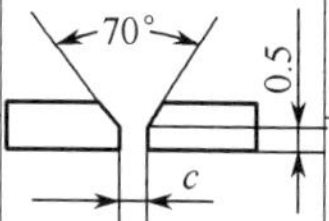	≤0.5	0.8	20～21	80～100	7～8
3.0 4.0		≤0.5	0.8～0.9	21～23	90～115	8～10
≤1.2	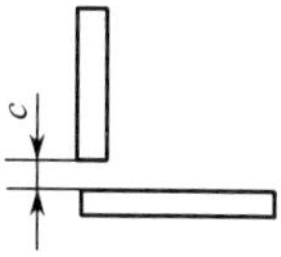	≤0.3	0.6	19～20	35～55	6～7
1.5		≤0.3	0.7	20～21	65～85	8～10
2.0		≤0.5	0.7～0.8	21～22	80～100	10～11
2.5		≤0.5	0.8	22～23	90～110	10～11
3.0		≤0.5	0.8～0.9	21～23	95～115	11～13
4.0		≤0.5	0.8～0.9	21～23	100～120	13～15

表3-29　细丝CO_2气体保护自动焊工艺参数

材料厚度/mm	接头形式	装配间隙 c/mm	焊丝直径/mm	电弧电压/V	焊接电流/A	焊接速度/m·h^{-1}	气体流量/L·min^{-1}	备注
1.0	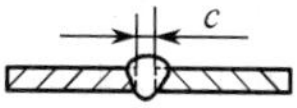	≤0.3	0.8	18～18.5	35～40	25	7	单面焊双面成形
1.0		≤0.5	0.8	20～21	60～65	30	7	垫板厚1.5mm

续表

材料厚度/mm	接头形式	装配间隙 c/mm	焊丝直径/mm	电弧电压/V	焊接电流/A	焊接速度/m·h^{-1}	气体流量/L·min^{-1}	备注
1.5	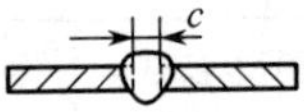	≤0.5	0.8	19.5～20.5	65～70	30	7	单面焊双面成形
1.5	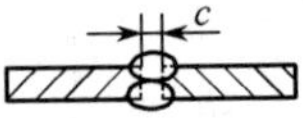	≤0.3	0.8	19～20	55～60	31	7	双面焊
1.5	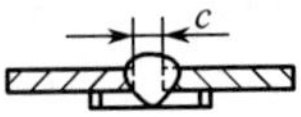	≤0.8	1.0	22～23	110～120	27	9	垫板厚2mm
2.0	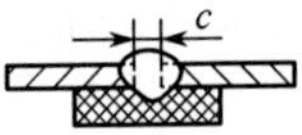	≤0.5	0.8	20～21	75～85	25	7	单面焊双面成形（反面放铜垫）
2.0	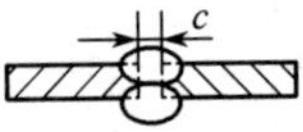	≤0.5	0.8	19.5～20.5	65～70	30	7	双面焊
2.0	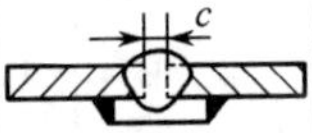	≤0.8	1.2	22～24	130～150	27	9	垫板厚2mm
3.0	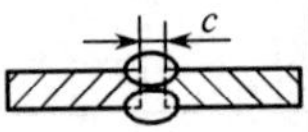	≤0.8	1.0～1.2	20.5～22	100～110	25	9	双面焊
4.0		≤0.8	1.2	22～24	110～140	30	9	

五、CO_2气体保护半自动焊操作技术

CO_2气体保护半自动焊时，由于工件厚度、结构产品类型及施焊位置等条件的不同，以及焊工的操作习惯也不同，所以操作技术也就不可能相同，下面是CO_2气体保护焊的基本操作技术要点。

（1）引弧与熄弧　在CO_2气体保护半自动焊过程中，引弧与熄弧比较频繁，操作不当易产生焊缝缺陷，如引弧处熔深较浅或熄弧

处有严重的凹陷现象。由于CO_2气体保护焊机的空载电压较低，引弧比较困难，往往造成焊丝成段地爆断，所以引弧前要把焊丝伸出长度调好。如果焊丝端部有粗大的球形头，应当剪掉，并在引弧前选好适当的引弧位置，采用短路引弧法。起弧以后，要灵活掌握焊接速度，以避免焊缝始段熔化不良和焊波过高。要熄弧时，焊枪应在弧坑处稍停片刻，以便将弧坑填满。

为使引弧与熄弧时CO_2气体能很好地保护熔池，可以采取提前送气和滞后停气的措施。并且在熄弧后，当金属熔池未完全凝固之前，不要立即抬起焊枪。

（2）右向焊法与左向焊法　CO_2气体保护焊的操作方法，可按焊枪的移动方向（向右或向左）分为右向焊法及左向焊法两种，如图3-32所示。

采用右向焊法时，熔池可见度及气体保护效果都较好；但因焊丝直指熔池，电弧对熔池有冲刷作用，如果操作不当，可能使焊波高度过大，影响焊缝成形，并且，焊接时不便观察接缝的间隙，容易焊偏。

采用左向焊法时，喷嘴不会挡住视线，能清楚地看到接缝，故不致焊偏，并且，熔池受电弧的冲刷作用较小，能得到较大的熔宽，焊缝成形比较平整美观，所以左向焊法应用比较普遍。

（3）平焊　一般多采用左向焊法，薄板平对接焊时，焊枪作直线运动。如间隙较大，也可适当横向摆动，但幅度不要太大，以免影响气体对熔池的保护。中厚板V形坡口对接时，底层焊缝采用直线运动，上层焊缝可采用横向摆动的多层焊，也可采用多道焊焊法。

平角焊和搭接焊时，采用左向焊法或右向焊法均可，此时焊枪的位置，一般如图3-33所示。

（4）立焊与横焊　立焊有向上立焊和向下立焊两种操作方法。向上立焊的熔深较大，多用于中厚板的细丝焊接，操作时适当地作三角形摆动，可以控制熔宽，并改善焊缝的成形。向下立焊的焊缝成形良好，生产率较高，但熔深较小，所以多用于薄板焊接。向下

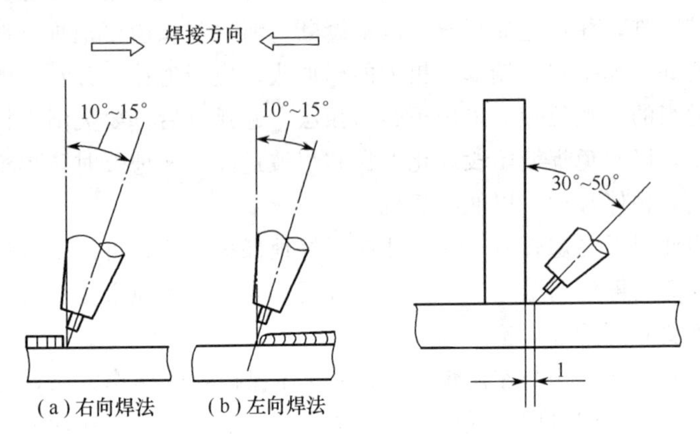

图 3-32　右向焊法与左向焊法　　图 3-33　平角焊时的焊枪位置

立焊时，必须选择合适的焊接规范，焊枪一般不作横向摆动。横焊时多采用左向焊法，焊枪作直线运动，必要时也可作小幅度的往复摆动。立焊与横焊时焊枪与工件的相对位置如图 3-34 所示。

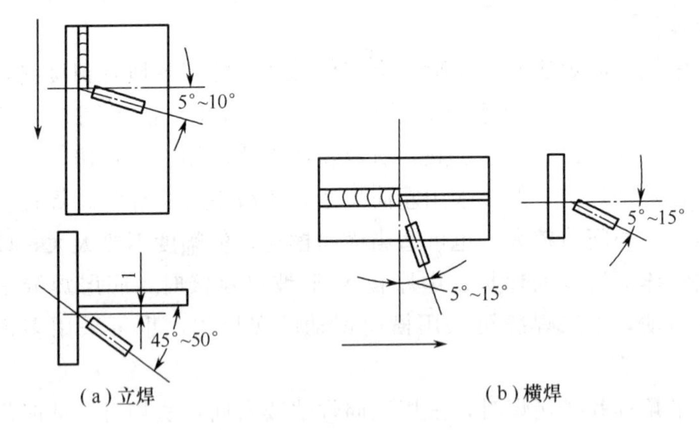

图 3-34　立焊与横焊的焊枪位置

（5）仰焊　应采用较细的焊丝，较小的焊接电流。薄板件仰焊时，一般多采用小幅度的往复摆动。中厚板仰焊时，应适当横向摆动，并在接缝或坡口两侧稍停片刻，以防焊波中间凸起及液态金属下淌。仰焊时焊枪的角度如图 3-35 所示。

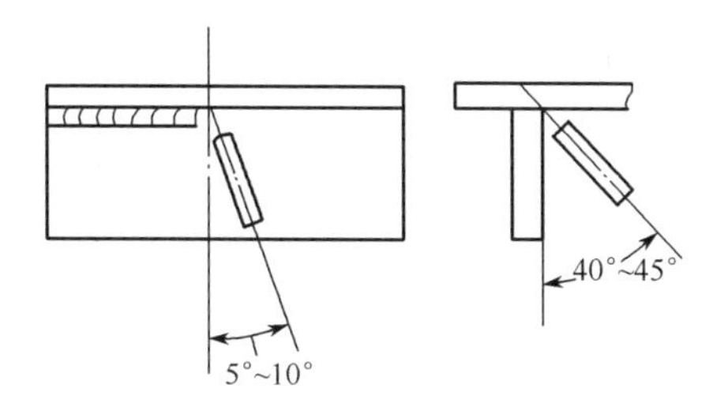

图 3-35　仰焊的焊枪位置

六、CO_2气体保护自动焊技术及应用

CO_2气体保护自动焊时，除了焊丝由机械送进外，焊枪与工件的相对移动，也是用机械方法来实现的，这样，焊工就不必像半自动焊那样操作，因而有利于提高焊接生产率和质量，同时减轻了劳动强度。但是，自动焊对工件的坡口与间隙、焊接规范的选择等要求较严。通常，CO_2气体保护自动焊选用短路过渡的工艺参数，或选用无短路大滴过渡的工艺参数，以使飞溅尽可能减少，并应保证焊接过程稳定。一般采用的焊丝直径不超过 2mm。

（1）水平位置自动焊　对于水平位置的对接、角接和 T 形接头等平直焊缝，可选用通用的 CO_2 自动焊机（如 NZC-500-1 型 CO_2 自动焊机等），由焊机的行走小车沿焊缝等速自动行进，以实现焊接过程的机械化。

薄板对接自动焊时，可以采用无垫板的单面焊双面成形工艺。但为防止工件焊穿，也常用临时性的铜垫板，如图 3-36 所示。

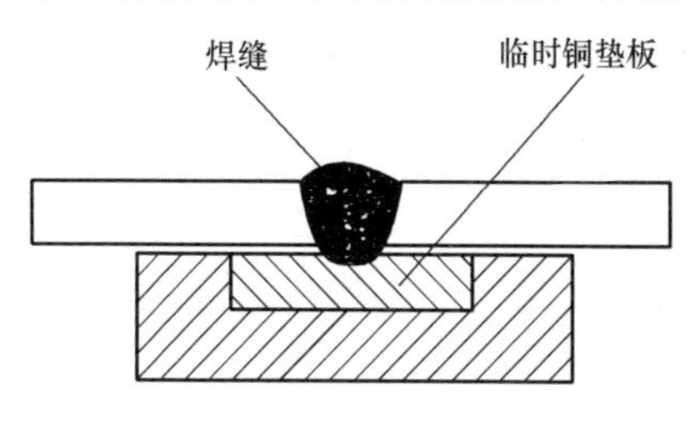

图 3-36　薄板焊接时用铜垫板完成反面成形

(2) 环缝自动焊　对于圆筒形的工件，CO_2气体保护自动焊的操作方法有两种（图 3-37）：一是焊枪固定，工件旋转，即利用CO_2半自动或自动焊机，配合翻转胎架，就可以进行自动焊接；二是工件固定，焊枪沿焊缝作圆周运动。此法主要用于大型导管（如输油管等）的焊接，也适用于大环缝的结构进行全位置焊。

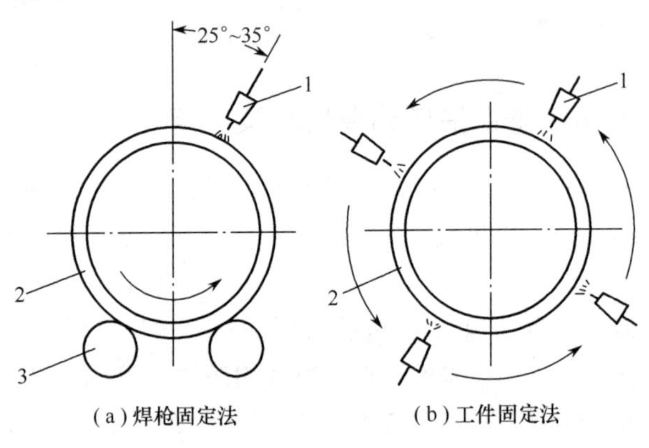

图 3-37　环缝CO_2自动焊

1—焊枪；2—工件；3—滚胎

(3) 用专用自动焊机与装备进行焊接　对于批量生产的定型结构产品，可以设计制造专用的CO_2自动焊机与工艺装备。自动焊装备种类繁多，专用性极强，生产效率高，批量生产中广泛应用。在此不一一列举。

七、粗丝CO_2气体保护自动焊

粗丝（焊丝直径 3～5mm）CO_2气体保护自动焊用于中厚板的水平位置焊接。它的特点是焊接熔化系数高，电弧穿透力强，熔深大。与埋弧焊相比，在相同条件下，有着较高的生产率，较低的焊接成本。

(1) 粗丝CO_2气体保护自动焊设备　粗丝CO_2气体保护自动焊可以采用下降特性的电源，配合均匀调节送丝系统；也可以采用

平特性的电源，配合等速送丝系统。两者目前都有应用，前者较好。除了采用 NZC-1000 型 CO_2 自动焊机外，还可直接采用埋弧自动焊机，在焊接小车的原导电夹板部位加装上焊枪即可。

粗丝 CO_2 气体保护自动焊的焊枪多为水冷式。由于粗丝大电流焊接时，电弧功率大，熔池长度约为 60～70mm，所以，普通圆柱形喷嘴不能可靠地保护熔池，必须采用一种具有双水冷结构的椭圆形喷嘴的焊枪，其喷嘴尺寸应以熔池的宽度和长度为依据，如图 3-38 所示。由于循环水路对导电嘴和喷嘴下部的冷却作用，焊枪散热效果较好，喷嘴内表面黏附的飞溅物易于清除，对熔池的保护较好。

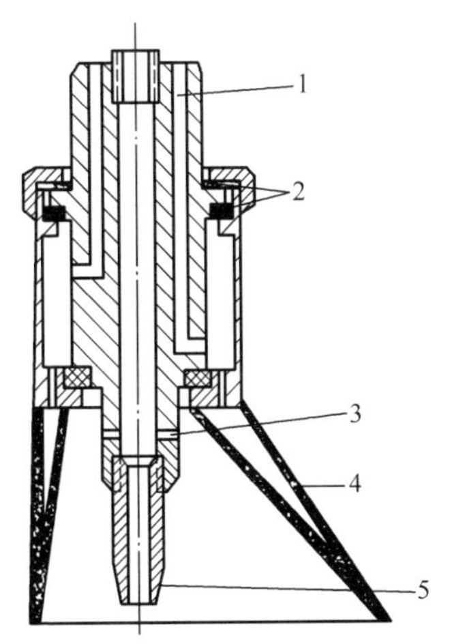

图 3-38 粗丝 CO_2 自动焊枪

1—循环水路；2—密封橡胶；3—CO_2 气路；4—罩；5—导电嘴

(2) 粗丝 CO_2 气体保护自动焊焊接工艺参数 粗丝 CO_2 气体保护自动焊焊接时，虽然使用较大的焊接电流，但是电流密度比用细丝焊时低得多，而电弧电压也较低，焊接过程中电弧深入熔池，出现“潜弧”现象，使大颗粒的飞溅也飞不到熔池外面，实际飞溅损失大大减小，焊接过程稳定，焊缝成形良好。常用的焊接工艺参数列于表 3-30 中。

表 3-30 粗丝 CO_2 自动焊规范

焊丝直径 /mm	焊接电流 /A	电弧电压 /V	焊接速度 /mm·min^{-1}	气体流量 /L·min^{-1}
3.2	450～500	34～36	250～300	40～45
4.0	600～750	36～38	300～350	40～45
5.0	750～900	38～40	300～400	40～45

第四章　气焊与气割工艺

气焊与气割是以氧-乙炔焰为热源进行焊接和切割，虽然在现代焊接技术中，气焊的用途越来越少，气割的用途也很有限，但仍然是一种应用很广且不可替代的焊割技术。

第一节　气　　焊

气焊是利用可燃气体和氧气混合燃烧所产生的高热来熔化焊件和焊丝而进行焊接的一种方法。

一、气焊操作技术

1. 氧-乙炔焰

气焊火焰是由气态燃料（乙炔、氢气或石油气等）与纯氧混合燃烧而产生的。用得最多的、温度最高的是乙炔和氧气混合燃烧的火焰——氧-乙炔焰。

混合气体内氧气体积与乙炔体积的比值是个极重要的技术数据，它直接决定着火焰的外形、构造、化学性能以及热性能等，所以它是气焊规范中最重要的一项。这个混合比值用符号 a 表示，其关系式为

$$a=\frac{V_{O_2}}{V_{C_2H_2}} \tag{4-1}$$

根据 a 的大小，也就是混合气体内氧气体积与乙炔体积的比值，可以把氧-乙炔焰分为三种：中性焰，$a=1\sim1.2$；氧化焰，$a>1.2$；碳化焰，$a<1$。

图 4-1 所示为三种火焰示意。中性焰适用于焊接一般碳钢和有色金属；氧化焰适用于焊接青铜和黄铜等；碳化焰适宜进行高碳钢、铸铁及硬质合金等的焊接。

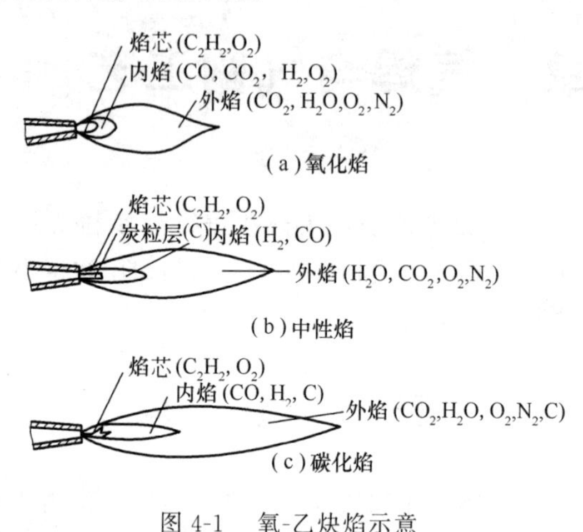

图 4-1　氧-乙炔焰示意

各种金属材料气焊时所采用的火焰种类见表 4-1。

表 4-1　各种金属材料气焊时所采用的火焰种类

焊接金属	火焰种类	焊接金属	火焰种类
低、中碳钢	中性焰	铬镍钢	氧化焰
低合金钢	中性焰	锰钢	氧化焰
紫铜	中性焰	镀锌铁板	氧化焰
铝及铝合金	中性焰	高碳钢	碳化焰
铅、锡	中性焰	硬质合金	碳化焰
青铜	中性焰或轻微氧化焰	高速钢	碳化焰
不锈钢	中性焰或碳化焰	铸铁	碳化焰
黄铜	氧化焰	镍	碳化焰或中性焰

2. 接头形式和焊前准备

气焊可以焊接平、立、横、仰各种空间位置的焊缝。气焊时主要采用对接接头，角接接头和卷边接头只在焊接薄板时使用，很少采用搭接接头和 T 形接头，因为这种接头会使焊件焊后产生较大的变形。

对接接头中，当钢板厚度大于5mm时，必须开坡口。应该指出，厚焊件只有在不得已的情况下才采用气焊，一般应采用电弧焊。焊接低碳钢时，对接接头和角接接头的形式及尺寸见表4-2。

表4-2　低碳钢对接接头和角接接头的形式及尺寸

接头形式	坡口形式		各部位尺寸/mm		
	名称	结构简图	板厚	间隙 c	钝边 p
对接接头	卷边	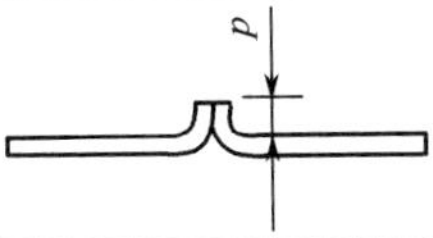	0.5～1	—	1～2
	I形	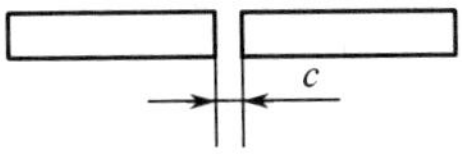	1～5	0.5～1.5	—
	V形坡口	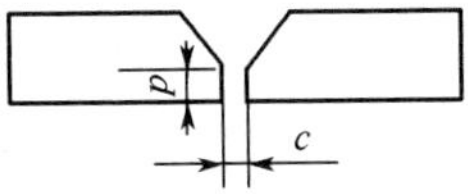	4～15	2～4	1.5～3
	X形坡口	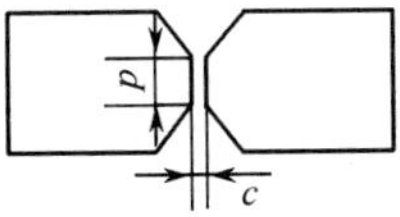	>10	2～4	2～4
角接接头	卷边		0.5～1	—	1～2
	不开坡口	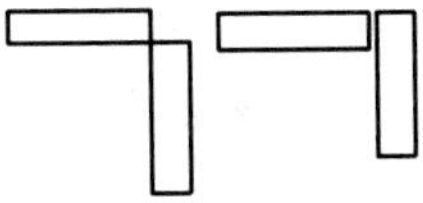	<4	—	—
	V形坡口	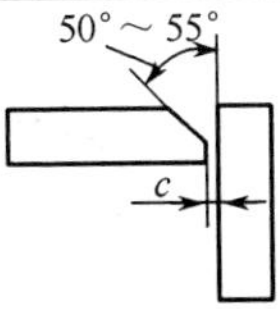 50°～55°	≥4	1～2	—

气焊前，应该重视对焊件的清理工作，必须彻底清除焊丝和焊件接头处表面的油污、油漆、铁锈以及水分等。其清除方法可以用喷砂或直接用焊炬火焰烘灼，焊件表面用火焰加热后，用钢丝刷予以清理。焊前的坡口准备方法与手工电弧焊相同。

3. 气焊工艺参数的选择

气焊规范是气焊工保证焊接质量的主要技术依据。气焊规范通常包括焊丝的成分与直径、火焰的成分与能率、焊炬的倾斜角度、焊接方向和焊接速度等参数。

（1）焊丝和熔剂　焊丝应根据被焊材料来选择，在焊接低碳钢时，常用的低碳钢气焊丝有 H08、H08A 等。气焊丝的规格一般为直径 2～4mm，长 1m。

焊丝直径的选用要根据焊件的厚度来决定，亦即焊丝直径要与焊件的厚度相适应，不宜相差太远。如果焊丝直径比焊件厚度小得多，则焊接时往往会发生焊件尚未熔化而焊丝却已经熔化下滴的现象，这就会造成熔合不良；相反，如果焊丝直径比焊件厚度大得多，则为了使焊丝熔化就必须经较长时间的加热，从而使焊件热影响区过大，降低了焊缝的质量。

焊丝的直径还与焊接的方法（左向焊或右向焊）有关，一般右向焊时所选用的焊丝直径要比左向焊时大些。

焊接低碳钢时，选择焊丝直径可见表 4-3。

表 4-3　气焊时焊丝直径的选择（按工件厚度）

焊件厚度/mm	1～2	2～3	3～5	5～10	10～15	>15
焊丝直径/mm	不用焊丝或 1～2	2	2～3	3～5	4～6	6～8

气焊熔剂主要用于铸铁、合金钢及各种有色金属的气焊（表 4-4）。低碳钢的气焊不必使用熔剂。

（2）火焰成分的选择　气焊火焰的成分，对焊接质量的影响很大。当混合气体内乙炔量过多时，会引起焊缝金属渗碳，使焊缝的硬度和脆性增加，同时还会产生气孔等缺陷；相反，混合气体内氧气量过多时会引起焊缝金属的氧化而出现脆性，使焊缝金属的强度

表 4-4 气焊熔剂的种类和用途

牌　　号	名　　称	应 用 范 围
气剂 101	不锈钢及耐热钢焊粉	不锈钢及耐热钢
气剂 201	铸铁焊粉	铸铁
气剂 301	铜焊粉	铜及铜合金
气剂 401	铝焊粉	铝及铝合金

和塑性降低。

低碳钢气焊时，火焰应为中性焰，其他金属焊接时，火焰种类见表 4-1。

(3) 火焰能率的选择　气焊火焰的能率主要是根据每小时可燃气体（乙炔）的消耗量（L/h）来确定。火焰能率的选用取决于焊件金属的厚度和热物理性质（熔点与导热性），焊件金属的厚度愈大，焊接时选用的火焰能率就愈大。

焊接低碳钢和低合金钢时，乙炔的消耗量可按下列经验公式计算：

左向焊法　$$V=(100\sim120)\delta \tag{4-2}$$

右向焊法　$$V=(120\sim150)\delta \tag{4-3}$$

式中　δ——钢板厚度，mm；

V——火焰能率，L/h。

根据上述公式计算得到的乙炔消耗量，可以宏观地计算乙炔的用量，但对于现场确定火焰的大小则很不方便，在现场确定火焰的能率一是选择合适的焊炬；二是选择合适的焊嘴。通常为了提高焊接生产率，在保证焊缝质量的前提下，尽量采用较大的火焰能率，即选用较大的焊嘴，这样便于在焊接过程中正确调整火焰的能率。表 4-5 和表 4-6 列出了射吸式焊炬主要技术数据；表 4-7 是等压式焊炬的主要技术参数。根据这三个表，可以由焊件的厚度确定焊炬的型号和焊嘴的规格，如焊接 108mm 的钢管（壁厚 4.5mm），应选用 H01-6 型焊炬配 4 号焊嘴，氧气压力调到 0.35MPa。

表 4-5 射吸式焊炬主要技术数据（一）

焊炬型号	H01-6					H01-12				
焊嘴号码	1	2	3	4	5	1	2	3	4	5
焊嘴孔径/mm	0.9	1.0	1.1	1.2	1.3	1.4	1.6	1.8	2.0	2.2
可焊工件厚度/mm	1～2	2～3	3～4	4～5	5～6	6～7	7～8	8～9	9～10	10～12
氧气压力/MPa	0.20	0.25	0.30	0.35	0.40	0.40	0.45	0.50	0.60	0.70
乙炔压力/MPa	0.001～0.10					0.001～0.10				
氧气消耗量/$m^3 \cdot h^{-1}$	0.15	0.20	0.24	0.28	0.37	0.37	0.49	0.65	0.86	1.10
乙炔消耗量/$L \cdot h^{-1}$	170	240	280	330	430	430	580	780	1050	1210

表 4-6 射吸式焊炬主要技术数据（二）

焊炬型号	H01-20					H02-1		
焊嘴号码	1	2	3	4	5	1	2	3
焊嘴孔径/mm	2.4	2.6	2.8	3.0	3.2	0.5	0.7	0.9
可焊工件厚度/mm	10～12	12～14	14～16	16～18	18～20	0.2～0.4	0.4～0.7	0.7～1.0
氧气压力/MPa	0.60	0.65	0.70	0.75	0.80	0.10	0.15	0.20
乙炔压力/MPa	0.001～0.10					0.001～0.10		
氧气消耗量/$m^3 \cdot h^{-1}$	1.25	1.45	1.65	1.95	2.25	0.017	0.048	0.11
乙炔消耗量/$L \cdot h^{-1}$	1500	1700	2000	2300	2600	21	60	120

表 4-7 等压式焊炬的主要技术参数

型号	可焊板厚/mm	焊嘴号	孔径/mm	氧气压力/MPa	乙炔压力/MPa
H02-12	0.5～2	1	0.6	0.20	0.02
	2～4	2	1.0	0.25	0.03
	4～6	3	1.4	0.30	0.04
	6～8	4	1.8	0.35	0.05
	8～12	5	2.2	0.40	0.06

续表

型号	可焊板厚/mm	焊嘴号	孔径/mm	氧气压力/MPa	乙炔压力/MPa
H02-20	0.5～2	1	0.6	0.20	0.02
	2～4	2	1.0	0.25	0.03
	4～6	3	1.4	0.30	0.04
	6～8	4	1.8	0.35	0.05
	8～12	5	2.2	0.40	0.06
	12～16	6	2.6	0.50	0.07
	16～20	7	3.0	0.50	0.08

在表 4-7 中，可焊板厚是指低碳钢板厚度，焊接其他板材要根据其焊件的导热情况而调整。例如，用 H01-20 焊炬配 2 号焊嘴，可焊接 12～14mm 的低碳钢板，如果焊接同样厚度的铝板则需要换上 5 号焊嘴。

焊接过程中所需要的热量也是随时变化的：刚开始焊接时，整个焊件是冷的，需要的热量较多；焊接过程中，焊件本身的温度增高了，需要的热量就相应地减少。这时可把火焰调小一点或减小焊嘴与焊件的倾斜角度以及采用间断焊接的方法，均能达到调整热量的目的。

采用较大的焊嘴还可以及时调整在焊接过程中由于焊嘴发热而引起的混合气体比例不正常的现象。

（4）焊炬的倾斜角　焊炬倾斜角的大小，主要取决于焊件的厚度和材料的熔点以及导热性。焊件越厚、导热性及熔点越高，焊炬的倾斜角应越大，使火焰的热量集中；相反，则采用较小的倾斜角度。根据上述特点，焊炬的倾斜角可按照焊件的厚度、导热性以及熔点等因素灵活地选用。

焊接碳素钢时，焊炬倾斜角与焊件厚度的关系如图 4-2 所示。焊件越厚，焊炬的倾斜角越大。

不同材料的焊件，由于其导热性不同，所选用的焊炬倾斜角也

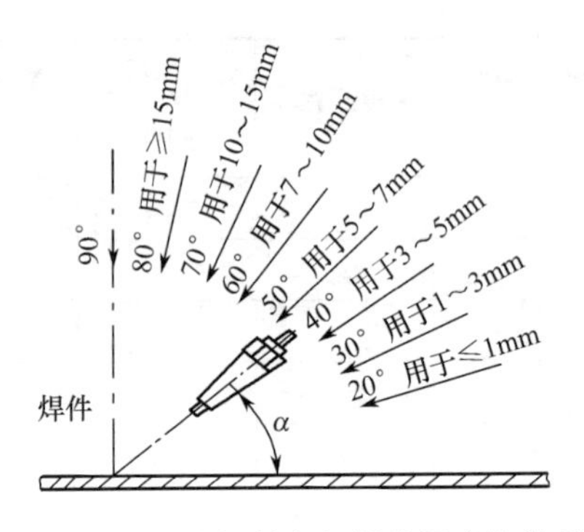

图 4-2　焊炬的倾斜角与焊件厚度的关系

应有所不同。

焊炬的倾斜角在焊接过程中是需要改变的，在焊接开始时，为了较快地加热焊件和迅速地形成熔池，采用的焊炬倾斜角为 80°～90°。当焊接结束时，为了更好地填满弧坑和避免焊穿，可将焊炬的倾斜角减小，使焊炬对准焊丝加热，并使火焰上下跳动，断续地对焊丝和熔池加热。

在气焊过程中，焊丝与焊件表面的倾斜角一般为 30°～40°，与焊炬中心线的角度为 90°～100°，如图 4-3 所示。

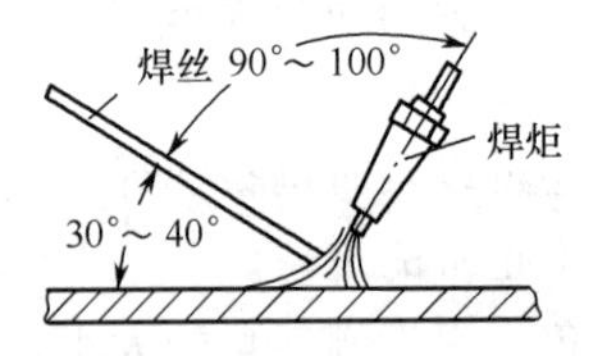

图 4-3　焊炬、焊件与焊丝的角度

（5）焊接速度的选择　焊接速度通常用每小时完成的焊缝长度（m/h）来表示，它的大小可用式（4-4）计算

$$v=\frac{K}{\delta} \tag{4-4}$$

式中　v——焊接速度，m/h；

δ——焊件厚度，mm；

K——系数。

K 是经验数据，不同材料气焊时 K 值的大小见表 4-8。

表 4-8 不同材料气焊时 K 值的大小

材料名称	碳钢		铜	黄铜	铝	铸铁	不锈钢
	右向焊	左向焊					
K 值	15	12	24	12	30	10	10

同时，焊接速度的选用还要根据焊工的操作熟练程度、焊缝位置以及其他条件确定。在保证焊接质量的前提下，应力求提高焊接速度，以提高生产率。

4. 左向焊法及右向焊法

气焊时焊炬的运走方向可以从左到右，或者从右到左，前者称为右向焊法，而后者称为左向焊法。这两种方法对于焊接生产率及焊缝的质量影响很大。

右向焊法如图 4-4（a）所示，焊炬火焰指向焊缝，焊接过程是由左向右，并且焊炬是在焊丝前面移动的。由于焊炬火焰指向焊缝，因此火焰可以遮盖整个熔池，使熔池和周围的空气隔离，所以能防止焊缝金属的氧化和减少产生气孔的可能性，同时可使已焊好的焊缝缓慢地冷却，改善了焊缝组织，而且火焰热量较为集中，火焰能率的利用率也较高，使熔深增加和生产率提高。

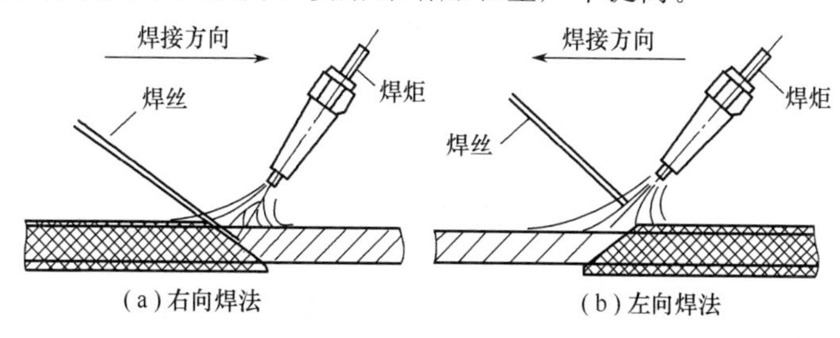

图 4-4 右向焊法和左向焊法

右向焊法的缺点主要是不易掌握，操作过程对焊件没有预热作用，所以只适用于焊接较厚的焊件。

左向焊法如图 4-4（b）所示，焊炬火焰背着焊缝而指向焊件未焊部分，焊接过程是由右向左，并且焊炬跟着焊丝后面运走。焊接时，焊工能够很清楚地看到熔池的上部凝固边缘，并可获得高度和宽度较均匀的焊缝。由于焊炬火焰指向焊件未焊部分，对金属有着预热作用，因此焊接薄板时生产效率较高。

左向焊法容易掌握，应用最普遍。缺点是焊缝易氧化，冷却较快，热量利用率较低，因此适用于焊接5mm以下的薄板和低熔点金属。

5. 焊炬与焊丝的摆动

焊接过程中焊炬有两个方向的运动，即沿焊缝纵向移动和沿焊缝横向摆动。而焊丝除了这两个运动以外，还有向熔池方向的送进运动。

焊炬与焊丝横向摆动的作用，在于使坡口边缘能很好地熔透，并控制液体金属的流动，使焊缝成形良好。

焊炬与焊丝的运动必须是均匀而协调的，否则就会产生焊缝高低不平、宽窄不一致的现象。

焊炬与焊丝的摆动方法取决于焊缝的空间位置、焊件的厚度和焊缝的宽度。图4-5所示为焊炬与焊丝的运走方法。

图4-5（a）的摆动方法，用于右向焊接厚度大于3mm而不开坡口的焊件，也可用于左向焊接厚度较大且开坡口的焊件。图4-5（b）的摆动方法，多用于焊接填角焊缝。图4-5（c）的摆动方法，用于右向焊接厚度大于5mm且开坡口的焊件，此时焊炬几乎不作横向摆动，而只沿直线均匀移动，但是焊丝作圆弧形的摆动。

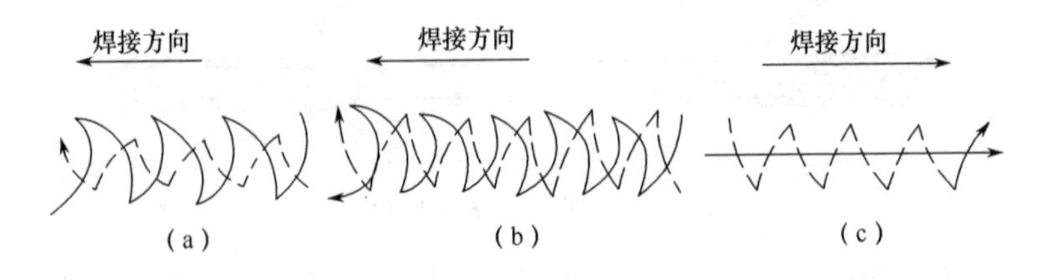

图4-5　焊炬与焊丝的运走方法
（实线表示焊炬，虚线表示焊丝）

二、各种位置的焊接方法

1. 平焊

平焊是气焊最常用的一种焊接方法。平焊操作方便，焊接质量可靠，生产率高。平焊采用的主要接头形式是对接，并多用左向焊法进行焊接。焊炬与焊丝对于焊件的相对位置如图 4-3 所示。火焰焰芯的末端与焊件表面应保持 2～6mm 的距离，焊炬与焊件的角度根据焊件厚度来决定。但各种厚度的焊件在刚开始焊接时，焊炬与焊件的角度可以大些，随着焊接过程的进行，由于焊件的温度升高，则焊炬与焊件的角度可以减少些。焊丝与焊炬的夹角应保持在 90°左右，焊丝始终浸在熔池内，并不断地搅拌熔池，以促使熔池内的杂质上浮（焊薄件时焊丝可作上下运动）。在整个施焊过程中，火焰必须始终笼罩着熔池和焊丝末端，以免熔化金属与空气接触而氧化。施焊时应将焊件与焊丝同时烧熔，使焊丝金属与焊件金属在液体状态下均匀地熔合成焊缝。由于焊丝容易熔化，所以火焰应较多地集中在焊件上，否则会产生未焊透等缺陷。

在焊接过程中，有时会产生熔池过大、液体金属过多的现象，原因是熔池温度太高。此时可采用间断焊方法来降低熔池温度，待稍微冷却后，再以正常的速度焊接。应该指出，在调整熔池温度时，不应将火焰完全离开熔池，而是将火焰提高，并且使火焰的气流一直笼罩熔池，以免熔池金属发生氧化而影响焊接质量。

焊接结束时，焊炬应缓慢提起，使焊缝结尾部分的熔池逐渐缩小。为了防止在收尾时产生气泡和收尾处未填满的现象，必要时还可添加焊丝将气泡重新熔化，直至收尾处填满，火焰才能移开。

总之，在整个焊接过程中，要正确地选择规范和掌握操作方法，控制熔池温度和焊接速度，防止产生未焊透、过热甚至焊穿等缺陷。

2. 立焊

立焊时焊丝和焊炬的位置如图 4-6 所示，它比平焊要困难一些，原因是熔池中的液体金属易往下淌，焊缝表面不易形成均匀的焊波。为此，立焊时应注意下列各点。

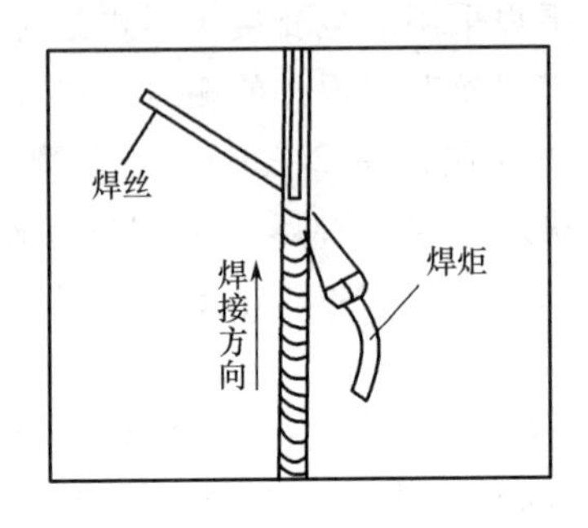

图 4-6 立焊时焊丝和焊炬的位置

① 应采用能率比平焊时小的火焰进行焊接。

② 应严格控制熔池温度，熔池面积不能太大，熔池的深度也应该小一些。

③ 焊炬应沿焊接方向向上倾斜一定角度，一般与焊件保持75°～80°,这样就能借助火焰气流的压力来支承熔池，不使熔化金属下淌。

④ 焊炬与焊丝的相对位置与平焊相似，焊炬一般不作横向摆动，但为了控制熔池温度，焊炬可以随时上下运动，使熔池有冷却的机会，这样保证熔池受热适当。焊丝则在火焰的范围内进行环形运走，将熔化的金属均匀地、一层层地堆敷上去。

⑤ 焊接过程中当发现熔池温度过高，熔化金属即将下淌时，应立即将火焰向上移开，使熔池温度降低后，再继续进行焊接。一般为了避免熔池温度过高，可以把火焰较多地集中在焊丝上，同时增加焊接速度，以保证焊接过程正常进行。

3. 横焊

横焊时焊丝和焊炬的位置如图 4-7 所示。为了防止熔化金属的下淌而产生咬边、焊瘤以及未焊透等缺陷，必须注意下列各点。

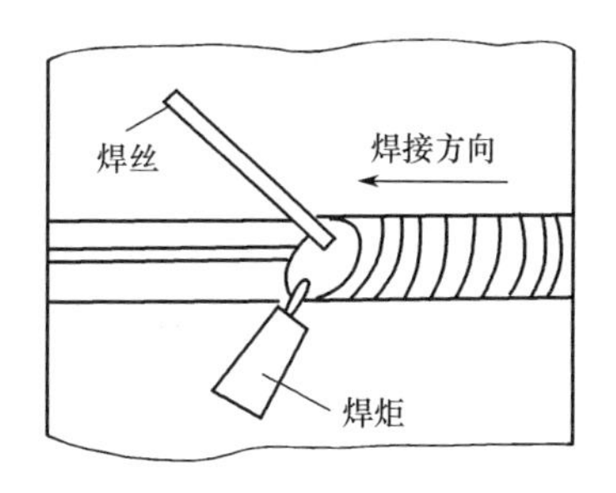

图 4-7 横焊时焊丝和焊炬的位置

① 与立焊一样应该使用较小的火焰能率来控制熔池温度。

② 采用自右向左的焊接方法，同时焊炬也应向上倾斜一定角度（与焊件保持75°～80°），使火焰气流直接朝向焊缝，利用气流的压力阻止熔化金属从熔池中流出。

③ 焊接时，焊炬一般不作摆动，但焊较厚焊件时，可作小环形摆动，而焊丝始终浸在熔池中，并进行斜环形运走，使熔池略带一些倾斜，这样焊缝容易成形，同时能防止焊缝产生咬边、焊瘤以及未焊透等缺陷。

4. 仰焊

仰焊是最困难的一种焊接位置，主要是液体金属容易向下流，因此操作时必须注意下列事项。

① 采用能率较小的火焰进行焊接。

② 严格掌握熔池的大小和温度，要使液体金属始终处于较稠的状态，以防下淌。

③ 焊接时采用较细的焊丝，以薄层堆敷上去，这样有利于控制熔池温度。

④ 采用右向焊法时，焊缝成形较好，因为焊丝末端与火焰气流的压力能防止熔化金属下流。

⑤ 焊炬与焊件应具有一定的角度，如图 4-8 所示。焊炬可作不间断的运动，焊丝应作月牙形运条，并始终浸在熔池内。

⑥ 仰焊时要注意操作姿势，同时应选择较轻便的焊炬和细软的气管，以减轻焊工的劳动强度。特别要注意防止飞溅金属微粒或

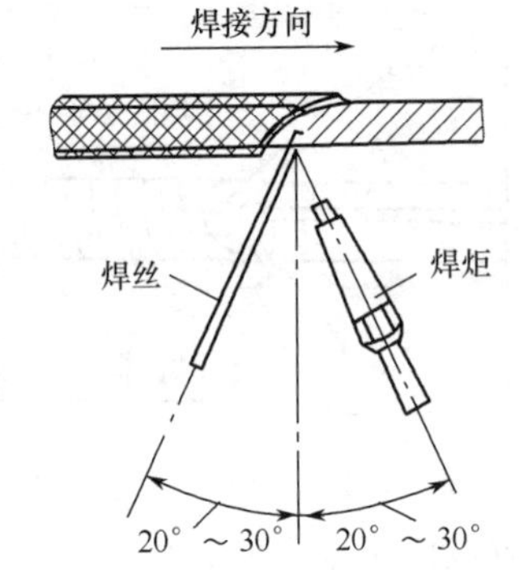

图 4-8 仰焊时焊丝和焊炬的位置

跌落的液体金属烫伤面部及身体。

第二节 气 割

一、氧气切割原理

氧气切割是金属在切割氧射流中剧烈燃烧（氧化），同时生成氧化物熔渣和产生大量的反应热，并利用切割氧的动能吹除熔渣，使割件形成切口的过程。它包括下列三个阶段。

① 气割开始时，用预热火焰将起割处的金属预热到燃烧温度（燃点）。

② 向被加热到燃点的金属喷射切割氧，使金属剧烈地燃烧。

③ 金属燃烧氧化后生成熔渣和产生反应热，熔渣被切割氧吹除，所产生的热量和预热火焰热量将下层金属加热到燃点，这样继续下去就将金属逐渐地割穿，随着割炬的移动，就切割成所需的形状和尺寸。

金属的气割过程实质是铁在纯氧中的燃烧过程，而不是熔化过程。

二、金属能够顺利气割的条件

气割过程是预热-燃烧-吹渣的过程，但并不是所有的金属都能满足这个过程的要求，而只有符合下列条件的金属才能进行氧气切割。

（1）金属在氧气中的燃烧点应低于熔点 这是氧气切割过程能正常进行的最基本条件。如低碳钢的燃点约为1350℃，而熔点约为1500℃，完全满足了这个条件，所以低碳钢具有良好的气割条件。

随着钢含碳量的增加，则熔点降低，而燃点增高，这样使气割不易进行。含碳量为0.7%的碳钢，其燃点和熔点差不多等于1300℃，而含碳量大于0.70%的高碳钢，则由于燃点比熔点高，所以不易气割。

铜、铝以及铸铁的燃点比熔点高，所以不能用普通的氧气切割。

（2）燃烧产生的金属氧化物的熔点应低于金属熔点 气割过程中产生的金属氧化物的熔点必须低于该金属本身的熔点，同时流动性要好，这样的氧化物才能以液体状态从割缝处被吹除。

如果金属氧化物的熔点比金属熔点高，则被加热金属表面上的高熔点氧化物会阻碍下层金属与切割氧射流的接触，而使气割发生困难。如高铬钢或铬镍钢加热时，会形成高熔点（约1990℃）的三氧化二铬（Cr_2O_3）；铝及铝合金加热则会形成高熔点（2050℃）的三氧化二铝（Al_2O_3）。所以这些材料不能采用氧气切割方法，而只能使用等离子切割。

（3）金属在切割氧射流中燃烧应该是放热反应 在气割过程中这一条件也很重要，因为放热反应的结果是上层金属燃烧产生很大的热量，对下层金属起着预热作用。如气割低碳钢时，由金属燃烧所产生的热量约占70%，而由预热火焰所供给的热量仅为30%。可见金属燃烧时所产生的热量是相当大的，所起的作用也很大；相反，如果金属燃烧是吸热反应，则下层金属得不到预热，气割过程就不能进行。

（4）金属的导热性不应太高 如果被割金属的导热性太高，则预热火焰及气割过程中氧化所供给的热量会经传导散失，这样气割处温度无法加热到金属的燃点，使气割不能开始或中途停止。由于铜和铝等金属具有较高的导热性，因而会使气割发生困难。

（5）金属中阻碍气割过程和提高钢的可淬性的杂质要少　被气割金属中，阻碍气割过程的杂质，如碳、铬以及硅等要少；同时提高钢的可淬性的杂质如钨与钼等也要少。这样才能保证气割过程正常进行，同时气割后在割缝表面也不会产生裂缝等缺陷。

金属的氧气切割过程主要取决于上述五个条件。纯铁和低碳钢能满足上述要求，所以能很顺利地进行气割。钢中含碳量增高时，气割过程开始恶化，当含碳量超过 0.7%时，必须将割件预热至 400～700℃才能进行气割；当含碳量大于 1%～1.2%时，割件就不能进行正常气割。

铸铁不能用普通方法气割，原因是它在氧气中的燃点比熔点高很多，同时产生高熔点的二氧化硅（SiO_2），而且氧化物的黏度也很大，流动性又差，切割氧射流不能把它吹除。此外由于铸铁中含碳量高，碳燃烧后产生的一氧化碳和二氧化碳冲淡了切割氧射流，降低了氧化效果，使气割发生困难。

高铬钢和铬镍钢会产生高熔点的氧化铬和氧化镍，遮盖了金属的割缝表面，阻碍下一层金属燃烧，也使气割发生困难。

铜、铝及其合金有较高的导热性，加之铝在切割过程中产生的氧化物熔点高，而铜产生的氧化物放出的热量较低，都使气割发生困难。

目前铸铁、高铬钢、铬镍钢、铜、铝及其合金均采用等离子切割。

三、气割工艺参数的选择

气割工艺参数主要包括切割氧压力、气割速度、预热火焰的能率、割嘴与割件间的倾斜角以及割嘴与割件表面的距离等因素。

1. 切割氧压力

气割时，氧气的压力与割件厚度、割嘴号码以及氧气纯度等因素有关。割件越厚，要求氧气的压力越大；割件较薄时，则要求氧气的压力就较低。氧气的压力有一定范围，如氧气压力过低，会使气割过程氧化反应减慢，同时在割缝背面形成粘渣，甚至不能将割件割穿。相反，氧气压力过高，不仅造成浪费，而且对割件产生强烈的冷却作用，使割缝表面粗糙，割缝加大，气割速度反而减慢。

随着割件厚度的增加，选择的割嘴号码应增大，使用的氧气压力也相应地要增大。气割时割炬的选择见表 4-9。

表 4-9　常用割炬的型号及主要技术数据

割炬型号	G01-30			G01-100			G01-300				GD1-100		
结构形式	射吸式			射吸式			射吸式				等压式		
割嘴号码	1	2	3	1	2	3	1	2	3	4	1	2	3
割嘴孔径 /mm	0.6	0.8	1.0	1.0	1.3	1.6	1.8	2.2	2.6	3.0	0.8	1.0	1.2
割件厚度 /mm	2～10	10～20	20～30	10～25	25～50	50～100	100～150	150～200	200～250	250～300	5～10	10～25	25～40
氧气压力 /MPa	0.20	0.25	0.30	0.20	0.35	0.50	0.50	0.65	0.80	1.00	0.25	0.30	0.35
乙炔压力 /kPa	1～100			1～100			1～100				25～100	30～100	40～100
氧气消耗量 $/m^3 \cdot h^{-1}$	0.8	1.4	2.2	2.5	3.8	6.5	10	13	16	23	—	—	—
乙炔消耗量 $/L \cdot h^{-1}$	210	240	310	380	450	580	630	950	1180	1450	—	—	—
割嘴形状	环形			环形或梅花形			梅花形				梅花形		

氧气纯度对气割速度、气体消耗量以及割缝质量有很大的影响。氧气的纯度低，金属氧化缓慢，使气割时间增加，而且气割单位长度割件的氧气消耗量也增加。例如，在氧气纯度为 97.5%～99.5%的范围内，每降低 1%时，1m 长的割缝气割时间增加10%～15%，而氧气消耗量增加 25%～35%。

2. 气割速度

气割速度与割件厚度和使用的割嘴形状有关。割件越厚，气割速度越慢；反之割件越薄，则气割速度越快。气割速度太慢，会使割缝边缘熔化；速度过快，则会产生很大的后拖量或割不穿。气割速度的选择正确与否，主要根据割缝后拖量来判断。后拖量就是在氧气切割过程中，割件的下层金属比上层金属燃烧迟缓的距离。不同厚度的低碳钢板的气割速度见表 4-10。

表 4-10 不同板厚的气割速度

板厚/mm	气割速度 /mm·min^{-1}	板厚/mm	气割速度 /mm·min^{-1}
>3	50～80	12～25	30～45
3～6	40～60	25～50	25～40
6～12	35～50	50～100	15～30

气割时，后拖量是不可避免的，在气割厚板时更为显著，因此要求采用的气割速度，应该以割缝产生的后拖量比较小且不影响效率为原则。

3. 预热火焰的能率

预热火焰的作用是把金属割件加热，并始终保持能在氧气流中燃烧的温度，同时使钢材表面上的氧化皮剥离和熔化，便于切割氧射流与铁化合。预热火焰对金属加热的温度，低碳钢时约在1100～1150℃。目前采用的可燃气体有乙炔和丙烷（液化石油气）两种，由于乙炔与氧混合燃烧后具有较高的温度，因此气割时间比丙烷短。

气割时，预热火焰均采用中性焰，或轻微的氧化焰。碳化焰不能使用，因为碳化焰中有剩余的碳，会使割件的切割边缘增碳。调整火焰时，应在切割氧射流开启前进行，以防止预热火焰发生变化。

预热火焰的能率以可燃气体（乙炔）每小时消耗量（L/h）表示。预热火焰能率与割件厚度有关。割件越厚，火焰能率应越大；但火焰能率过大时，会使割缝上缘产生连续珠状钢粒，甚至熔化成圆角，同时造成割件背面黏渣增多而影响气割质量。当火焰能率过小时，割件得不到足够的热量，迫使气割速度减慢，甚至使气割过程发生困难，这在厚板气割时更应注意。

若气割薄钢板时，因气割速度快，可采用稍大些的火焰能率，但割嘴应离割件远些，并保持一定的倾斜角度，防止气割中断；而在气割厚钢板时，由于气割速度较慢，为了防止割缝上缘熔化，可相对地采用较小的火焰能率。

在生产中，预热火焰的能率通过选择割炬和割嘴来实现。不同厚度的材料所用的割炬和割嘴可查表 4-9。

4. 割嘴与割件的倾斜角

割嘴与割件的倾斜角，直接影响气割速度和后拖量。当割嘴向气割方向前倾一定角度时，能使氧化燃烧而产生的熔渣吹向切割线的前缘，这样可充分利用燃烧反应产生的热量来减少后拖量，从而促使气割速度提高。进行直线切割时，应充分利用这一特性。

割嘴倾斜角的大小，主要根据割件厚度而定。如果倾斜角选择不当，不但不能提高气割速度，反而使气割发生困难，同时，增加氧气的消耗量。

当气割 6～30mm 厚钢板时，割嘴应垂直于割件。气割小于 6mm 钢板时，割嘴可前倾 5°～10°，即图 4-9 中 1 的方位。气割大于 30mm 厚钢板时，开始气割应将割嘴后倾 5°～10°（图 4-9 中 3 的方位），待割穿后割嘴垂直于割件，当快割完时，割嘴逐渐前倾 5°～10°（图 4-9 中 1 的方位）。

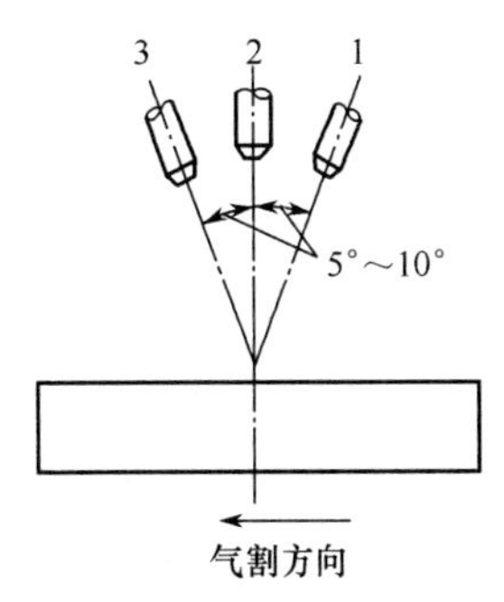

图 4-9　割嘴的倾角与工件厚度的关系

5. 割嘴与割件表面的距离

割嘴与割件表面的距离，根据预热火焰的长度及割件的厚度而定，一般为3～5mm，因为这样的加热条件好，同时割缝渗碳的可能性最小。如果焰芯触及割件表面，不但会引起割缝上缘熔化，而且有使割缝渗碳的可能。

当气割20mm左右的中厚钢板时，火焰要长些，割嘴与割件表面的距离可增大。在气割20mm以上厚钢板时，由于气割速度较慢，为了防止割缝上缘熔化，所需的预热火焰应短些，割嘴与割件的距离可适当减小，这样还能够对保持切割氧的纯度有利，也提高了气割的质量。

除上述五个因素外，影响气割质量的因素还有钢材质量及其表面状况（氧化皮、涂料等）；割件的割缝形状（直线、曲线或坡口等）；可燃气体的种类和供给方式以及割嘴形式等，应根据实际情况应用。

四、手工气割

1. 手工气割的一般操作

（1）气割前的准备　为了保证气割质量，必须掌握操作方法。气割前，要仔细地检查工作场地是否符合安全生产的要求，同时检查乙炔气瓶、减压器、管路及割炬的工作状态是否正常。开启乙炔瓶阀及调节乙炔减压器，开启氧气瓶阀以及调节氧气减压器，将氧气调节到所需的工作压力。

将割件放在割件架上，或把割件垫高至与地面保持一定距离，切勿在离水泥地很近的位置或直接放在水泥地面上切割，防止水泥发生爆溅。然后将割件表面的污垢、油漆以及铁锈等清除掉。

根据割件厚度选择火焰能率（即割嘴号码），并点火调整好预热火焰（中性焰）。然后试开切割氧气阀，检查切割氧（风线）是否以细而直的射流喷出。同时检查预热火焰是否正常，若不正常（焰芯呈尖状），应调好。如果风线不好，可用通针通一通割嘴的喷射孔。

（2）气割过程 气割开始时，首先将切割边缘用预热火焰加热到燃烧温度，实际上是将割件表面加热至接近熔化的温度（灼红尚未熔化状态），再开启切割氧，按割线进行切割。

气割过程中，火焰焰芯离开割件表面的距离为 3～6mm。割嘴与割件的距离要求在整个气割过程中保持均匀，否则会影响气割质量。

在手工气割中，可采用割嘴沿气割方向前倾 20°～30°，如图 4-10 所示，以提高气割速度。

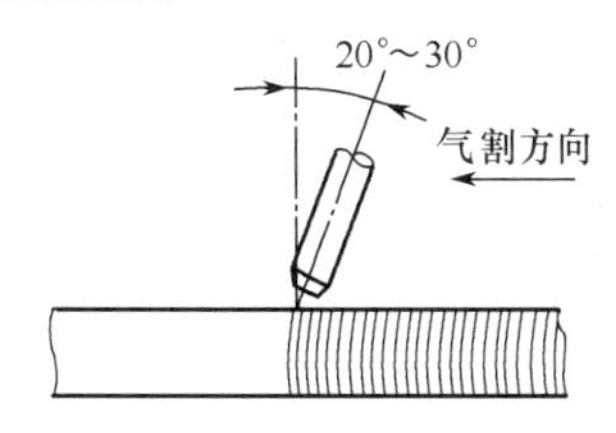

图 4-10 割嘴沿气割方向前倾

气割质量在很大程度上与气割速度有关，从熔渣的流动方向可以判断气割速度是否适宜。气割速度正常时，熔渣的流动方向基本上与割件表面相垂直，如图 4-11（a）所示。当气割速度过高时，则熔渣将成一定的角度流出，即产生较大的后拖量，如图 4-11（b）所示。

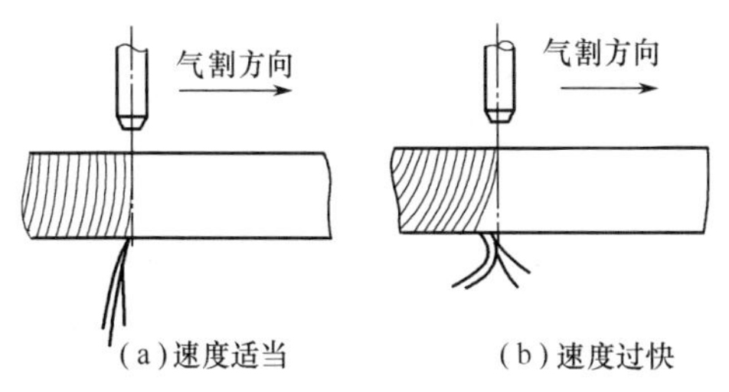

图 4-11 切割速度与熔渣流动方向的关系

在气割较长的直线或曲线形板材时，一般割 300～500mm 后，应移动一下位置。此时先关闭切割氧调节阀，将割炬火焰离开割件，然后移动身体的位置，再将割件起割表面预热到燃点，并缓慢地开启切割氧继续切割。对薄板切割时，可先开启切割氧射流，然后将割炬的火焰对准切割处继续气割。

(3) 气割结束　当将近气割结束时，割嘴应略向气割方向前倾一定角度，使割缝下部的钢板先割穿，并注意余料的下落位置，然后将钢板全部割穿，这样收尾的割缝较平整。

气割结束后，应迅速关闭切割氧调节阀，并将预热火焰的乙炔调节阀和氧气调节阀先后关闭。然后将氧气减压器的调节螺钉旋松，关闭氧气瓶阀和乙炔输送阀。

气割过程中若发生回火而使火焰突然熄灭的情况，可先关闭切割氧和预热火焰氧气阀门，待几秒钟后，由于乙炔阀门未关闭，而又重新点燃火焰，此时，继续开启预热火焰氧气阀门进行工作，但操作要求熟练。

2. 薄板气割的工艺要点

薄钢板（4mm 以下）气割时，易引起切口上边缘熔化，下边缘挂渣；又容易引起割后变形；还容易出现割开后又熔合到一起的情况。薄板气割的方法以有如下两种。

(1) 单板切割　为了防止产生上述缺陷，气割时常采取如下的措施。

① 选用 G01-30 型割炬和小号割嘴。

② 采用小的火焰能率。

③ 割嘴后倾角度加大到 30°～45°。

④ 割嘴与割件间距加大到 10～15mm。

⑤ 加快切割速度。

(2) 多层气割　成批生产时，可采取多层气割法气割，即把多层薄钢板叠放在一起，用气割一次割开。多层气割应注意按如下操作要点进行。

① 先将待切割的钢板表面清理干净，并平整好。

② 将钢板叠放在一起，上下钢板应错开，使端面形成 3°～5°的倾斜角（图 4-12）。

③ 用夹具将多层钢板夹紧，使各层紧密相贴；如果钢板的厚

度太薄，应在上下用两块 6～8mm 的钢板作为上下盖板，以保证夹紧效果。

④ 按多层叠在一起的厚度选择割炬和割嘴，气割时割嘴始终垂直于工件的表面。

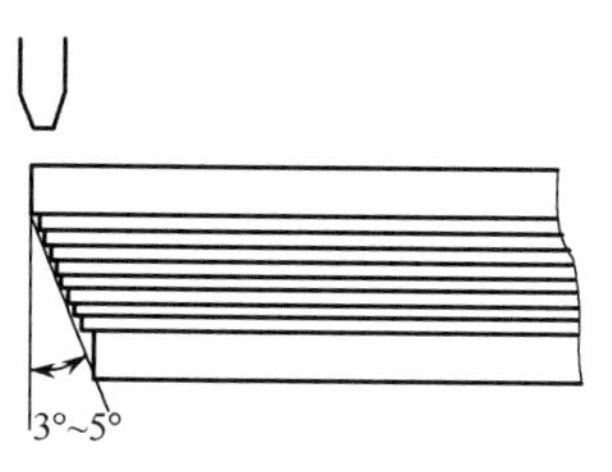

图 4-12 多层气割

3. 大厚度钢板气割的工艺要点

（1）大厚度钢板气割的主要困难 5mm 以上 20mm 以下属于中厚度钢板，按上述方法气割即可以得到良好的割口。20mm 以上 60mm 以下是厚钢板，一般超过 100mm 厚度的为大厚度钢板。大厚度钢板气割的主要困难如下。

① 割件沿厚度方向加热不均匀，使下部金属燃烧比上部金属慢，切割后托量大，有时甚至割不透。厚度在 50mm 以下的钢板只要气割工艺参数得当是不会产生后托量的，当厚度超过 60mm 时，无论采取什么措施也很难消除后托量，只能努力使后托量减小。

② 较大的氧气压力和较大流量的气流的冷却作用，降低了切口的温度，使切割速度缓慢。

③ 熔渣较多，易造成切口底部熔渣堵塞，影响气割的顺利进行。

（2）大厚度钢板气割的工艺要点 由于大厚度钢板气割有如上难点，切割时应采取如下方法。

① 采用大号割炬和割嘴，以获得大的火焰能率。当厚度不大于 30mm 时，可采用 G01-30 型割炬；当厚度为 25～100mm 时，应采用 G01-100 型割炬，或 G02-100 型等压式割炬；当厚度超过

100mm 时，应选用 G01-300 型或 G02-300 型割炬。

② 由于耗气量大，应采取氧气瓶排和溶解乙炔气瓶排供气，以增加连续工作时间。切割大厚度工件的氧气和乙炔消耗量大，最大时一瓶氧气只能用十几分钟，故需要连成瓶排使用，才能保证连续切割。一般可连成 5 瓶一排，若仍不能满足要求，可以 10 瓶一排。

③ 使用等压式割炬，以减小回火的可能。等压式割炬的乙炔压力相对较高，故不易回火。

④ 采用底部补充加热。当工件太厚时，靠预热火焰使上下均匀受热是不可能的，可在割件底部附加热源补充加热，以提高割件底部的温度。

采取如上措施，能有效地提高大厚度工件的气割质量。

4. 几种特殊情况的气割

（1）开孔零件的气割　气割厚度小于 50mm 的开孔零件时，可直接开出气割孔。先将割嘴垂直于钢板进行预热，当起割点钢板呈暗红色时，可稍开启切割氧。为防止飞溅熔渣堵塞割嘴，要求割嘴应稍微后倾 15°～20°，并使割嘴与割件距离大些。同时，沿气割方向缓慢移动割嘴，再逐渐增加切割氧压力并将割嘴角度转为垂直位置，将割件割穿，然后按要求的形状继续气割。如手工割圆时，可采用简易划规式割圆器。

（2）钢管及方钢、圆钢的气割　气割固定或可转动钢管时，要掌握如下要领：一是预热时，火焰应垂直于管子的表面，待割透后将割嘴逐渐前倾，直到接近钢管的切线方向后，再继续气割；二是割嘴与钢管表面的相对运动总是使割嘴向上移动。另外，一般气割固定管是从管子下部开始，对可转动钢管的气割则不一定，但气割结束时均要使割嘴的位置在钢管的上部，以有利于操作安全和避免断管下坠碰坏割嘴。

方钢的边长不大时，与切割钢板相同；当方钢的边长很大时，无法直接割透，则按图 4-13（a）所示的方法和顺序切割，即先切割①区，再切割②区，最后切割③区。

圆钢气割可从横向一侧开始，先垂直于表面预热，如图 4-13（b）所示的割炬位置 1。随后在慢慢打开切割氧气的同时，将割嘴转为与地面相垂直的位置，如图 4-13（b）所示的割炬位置 2，这时加大切割氧流，使圆钢割透。割嘴在向前移动的同时，稍作横向摆动。如果圆钢的直径很大，无法一次割透，割至直径 1/4～1/3 深度后，再移至图 4-13（b）所示的割炬位置 3 继续切割。

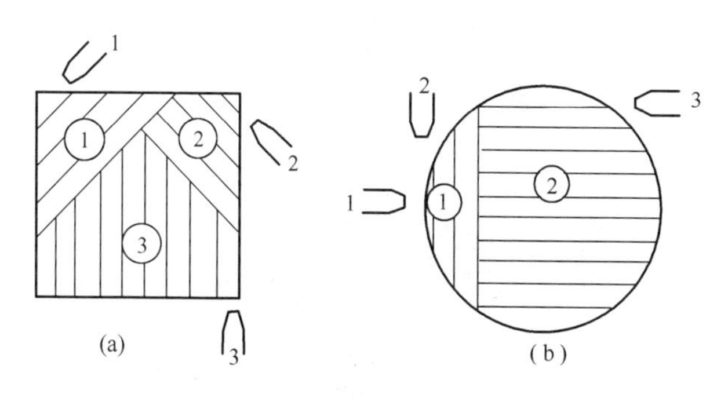

图 4-13 方钢与圆钢的气割
（1、2、3 为切割顺序）

（3）复合钢板的气割 气割不锈复合钢板时，碳钢面必须朝上，割嘴应前倾以增加切割氧流所经过的碳钢的厚度，同时，必须使用较低的切割氧压力和较高的预热火焰氧气压力。如气割（16+4）mm 复合板时，预热氧压力（0.7MPa 左右）约为切割氧压力的 3 倍。它的最佳工艺参数为：切割速度 360～380mm/min；氧气管道压力 0.7～0.8MPa；采用 G01-300 割炬、2 号割嘴；割嘴与工件距离 5～6mm。

第三节 自动切割工艺

手动切割具有方便、灵活的优点，但其效率较低、切割质量较差。现在在现场自动切割机的应用已经相当普及。在此，将典型的自动切割机的使用进行介绍。

一、自动直线切割

自动直线切割是用线切割机进行切割。自动线切割机的结构如图 4-14 所示。

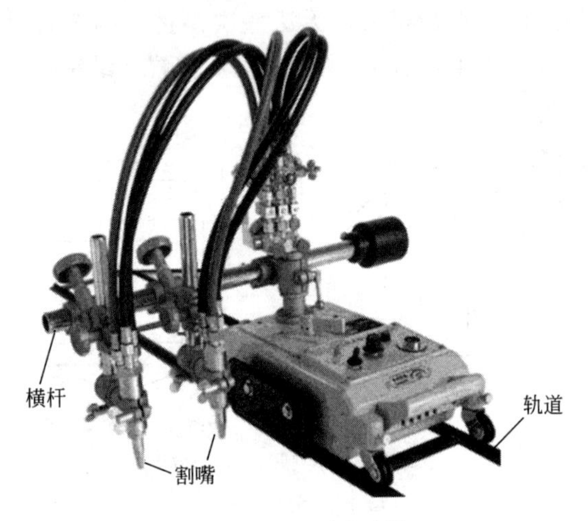

图 4-14 自动线切割机

作为线切割机来说，它的主要用途就是用来切割直线型割口。切割操作时主要调整的是切割线的位置、割嘴的高度和切割速度。

1. 板料直线切割

线切割机的主要任务是切割直线，因此，配有直线导轨。切割前先按板厚选择适当的割嘴，并安装在切割机上。切割操作过程如下：

① 将板料铺平，并画好切割线和轨道位置线。

② 将导轨按切割方向铺在板料上。

③ 将切割机放在导轨上，调整割嘴对准切割线，然后再拉动切割机沿导轨移动，检验是否始终对准切割线，并与工件的距离不变。

④ 接好电源，按启动按钮，检验割机的运行情况，并调整至所要求的行走速度，然后再接好氧气和乙炔软管，将小车置于开始

切割的位置，准备切割。

⑤ 切割。

a. 点火预热。现在有些新型切割机有电子点火装置，能够在打开气阀后自动点火。如果没有这个装置的切割机，可用点火枪点火。并使其在开始切割的位置对钢板进行加热，预热至铁的燃点。

b. 打开切割氧，同时小车向前行走，看到割线的钢板下喷出切割火花。

c. 切割过程中，查看割嘴是否沿已画好的割线行走。当切割机走过一节轨道后，取下第一节轨道安装在第三节的位置；待切割机走到第三节轨道时，再将第二节轨道安装在第四节轨道的位置。

d. 切割到终点时，待全部割透，按下停止按钮。

⑥ 切割结束。气割结束后，切断电源，关闭氧气和乙炔，并将软管拆下，将割机放在安全处。

2. 圆弧的切割

利用线切割机，可以切割直径较大的圆弧。其切割方法有两种：一是利用切割机配备的（或定制的）弧形轨道切割圆弧；二是拉线定圆心切割。由于气割机的操作与切割直线相同，在此只讲如何确保圆弧的曲率。

（1）利用现有的圆弧轨道切割　对于配有圆弧轨道的切割机来说，轨道的曲率是固定的，其操作步骤如下（参照图 4-15）：

① 确定所要切割的圆弧的圆心，画出所要切割的弧线（切割线）；

② 以相同的圆心，画出切割机圆弧轨道的弧线；

③ 按画线铺上切割机的轨道，并将切割机放在轨道上；

④ 调整割嘴的位置，使其对准切割线；

⑤ 沿轨道拉动小车，割嘴应始终对准切割线。如果不能始终对准切割线，应调整轨道，使其保证沿切割线行走。

其他操作与切割直线相同。这种切割方法的问题是，在轨道两侧的一定范围内无法切割，同时，离轨道太远时，由于安装割嘴的臂长有限，使得直径太小的圆和直径太大的圆都不能切割。太小的

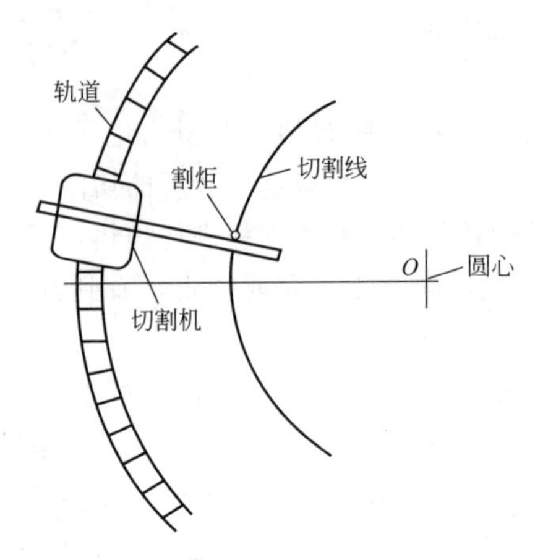

图 4-15　用配备有轨道割圆

圆不能切割可以用割圆机切割，太大的圆弧则应采用其他方法切割。

（2）用拉线定圆心切割　拉线定圆心切割如图 4-16 所示。其步骤如下。

① 确定所要切割的圆弧的圆心，画出所要切割的弧线（切割线）。

② 在圆心安装一个定位柱。

③ 取一条直径不大于 1mm 的钢线（或多股钢丝绳）从中间馈

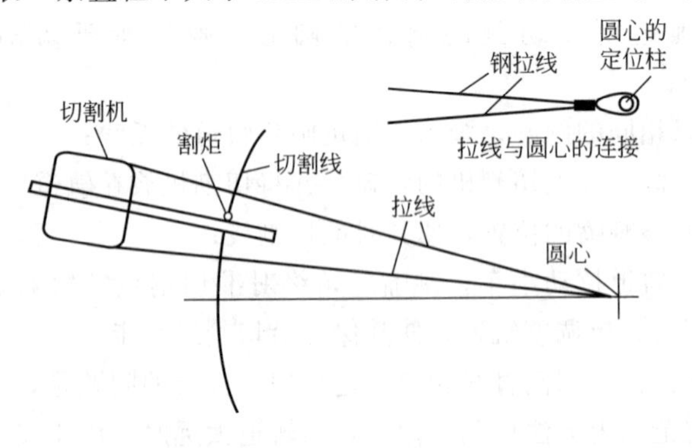

图 4-16　拉线定圆心切割

回，其长度要比切割线的半径长半米以上，并留一个能套在定位柱上的圈（图 4-16 右上角图所示）。另两端则取相同的长度固定在气割机前后两个位置上。

按图 4-16 所示的位置装好切割机，并将拉线拉直，然后调整割炬对准切割线，切割前先使割机向前运行，检验是否能使割炬沿切割线行走。

④ 调整割嘴的位置（高度），然后将割机置于始割位置，便可点火切割。切割的操作与直线切割相同。

二、仿形切割

在工业生产中，有些零件的边缘形状既不是直线，也不是圆弧，而是一些不规则的曲线。这种零件用线切割机无法切割，而手工切割的质量又无法保证，并且生产效率较低，若用仿形切割则能两全其美。仿形切割是通过仿形切割机来完成的。图 4-17 是仿形切割机的基本结构。

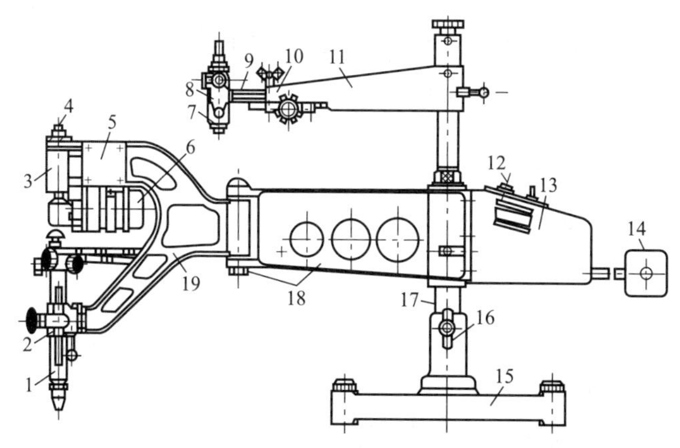

图 4-17 CG2-150 型仿形切割机

1—割炬；2—割炬架；3—永久磁铁装置；4—磁铁滚轮；5—导向机构；6—电动机；7—连接器；8—型板架；9—横移杆；10—型臂；11—样板锁定调整装置；12—控制板；13—速度控制箱；14—平衡锤；15—底座；16—调节圆棒；17—主轴；18—基臂；19—主臂

1. 样板制作

无论是哪种型号的仿形切割机，只要是磁性滚轮有一定大小的直径，其样板就不能与所要制作的工件一模一样。图 4-18 所示为一个样板的示意图。

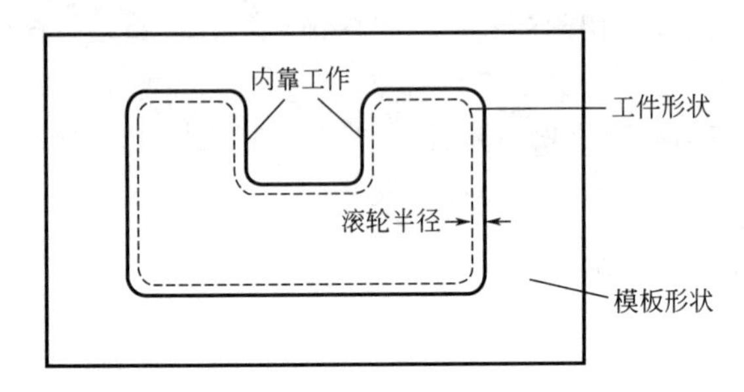

图 4-18　仿形切割样板示意图

图中虚线所示为凹字形工件的形状，制作出的仿形样板则是虚线外的实线所示，虚线和实线的距离为磁性滚轮的半径。在这个样板中，当滚轮处于外靠工作时，样板要比工件每面大一个磁性滚轮半径；当滚轮处于内靠工作时，样板要比工件每面小一个磁性滚轮半径。这是制作样板的规则。

样板要用铁磁材料制作，以便于与磁性滚轮配合工作。

2. 仿形切割方法

用仿形切割机切割应按下列步骤进行。

(1) 切割准备

① 根据工件的形状和尺寸，制作一个合格的样板。

② 将平衡锤上的两根棒插入控制箱下面的两个孔内，调整好平衡后将紧固螺钉拧紧。

③ 将样板安装在切割机的样板架上，使磁性滚轮靠在样板上。样板定位非常重要。小型工件无所谓，大型工件的仿形切割则要求样板在中心部位固定。这样一来能保证切割时样板不会颤动；二来能保证切割机臂能够得着，不致出现切割不到位的问题。同时，还要注意样板的下垂问题，必须保证磁性滚轮与样板的良好接触。

④ 选择合适的割嘴安装在切割机的割炬上。割嘴的选择参照

表 4-9 选择。

⑤ 接通 220V 电源，开机调整好切割速度，再关机待用。

⑥ 装好供气系统，打开氧气和乙炔瓶的瓶阀，调整好压力。

⑦ 将割件装在切割架上，选好起割位置（一般在边缘）。

⑧ 将割嘴置于起割位置，准备工作完毕。

（2）切割操作

① 点燃预热火焰，对准起割位置开始预热。

② 当起割位置金属发红时（700℃左右），打开切割氧气阀门，开始切割。此时氧气的压力使压力开关接通，磁性滚轮自动旋转，割嘴沿切割方向行走，进入正常切割。

③ 切割过程中，应查看切割机的滚轮与样板的滚动行走是否正常，送气软管是否有打折现象，并及时处理。

④ 切割到终点时，关闭火焰，关闭氧气，关闭电源，切割过程结束。

（3）结束操作　如果整个切割操作结束，则应如下操作。

① 拉下电闸。

② 关闭乙炔的瓶阀，放出管内的余气，旋松减压器手柄，卸下减压器和软管。

③ 关闭氧气的瓶阀，放出管内的余气，旋松减压器手柄，卸下减压器和软管。

④ 卸下平衡锤，折回机臂，将割机放在安全可靠位置妥善保管。

三、圆切割

这里讲的圆切割是指用自动的割圆机割圆。圆的切割在现场是比较常见的，但手工切割不仅劳动强度大，且不容易保证质量。割圆机可自动完成圆的切割，且质量可靠。

1. 割圆机简介

常用的 CG2-45A 型和 CG-Q4 型割圆机的结构如图 4-19 所示。它有三个支脚，其中两个带永久磁铁，可把设备固定在水平或垂直

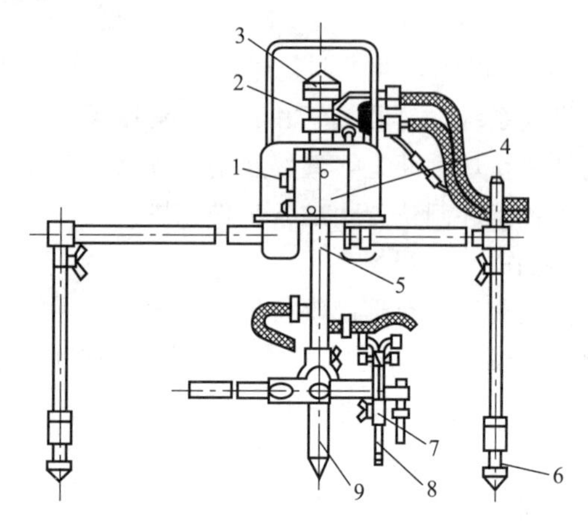

图 4-19 CG2-45A 和 CG-Q4 型割圆机结构

1—电源插座；2—乙炔输入接头；3—氧气输入接头；4—电源操纵台；5—通气主轴；6—支架升降杆；7—割炬；8—割嘴；9—中心顶针

面上切割。它能切割圆或圆弧线，且切割质量和效率都很高，这种设备只能割圆，不能割直线或做任意曲线。

图 4-20（a）所示为 CG2-200 型割圆机，该机轻便易携带，强力永磁底座可将机器吸附在水平或倾斜面上，切割平面圆非常方

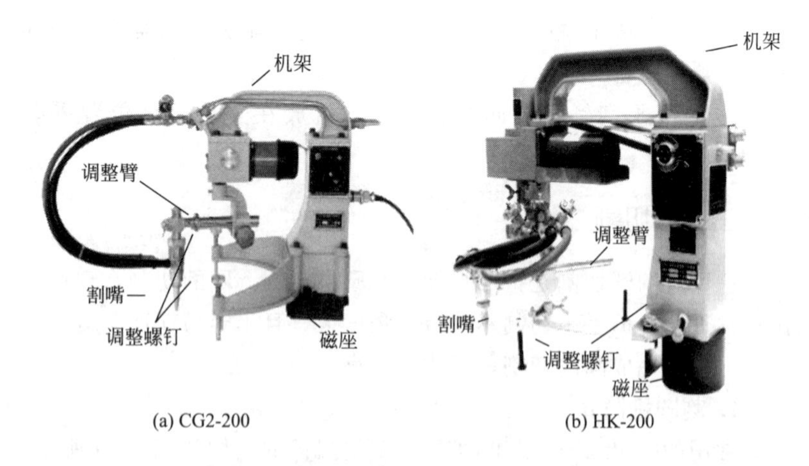

(a) CG2-200　　(b) HK-200

图 4-20 磁座割圆机

便；该机配有旋转式气体分配器，使得切割时氧气和乙炔管子不会缠绕。

图 4-20（b）所示为 HK-200 型，该机具有 CG2-200 型的所有性能，且永磁底座吸力更强，可将机器吸附在倾斜或垂直面上。本机还有中心定位装置，且容易操作，进而提高割圆精度。切割平面圆非常方便。

2. 割圆机的割圆操作

（1）切割准备

① 放置工件（材料） 一般情况下，工件应水平放置为好。对于在固定设备上切割，则位置无法选择，则只能根据位置选择切割机。但无论切割位置如何，切割部位的背面都必须是悬空的，以免阻碍风线而影响切割。

② 选择与安装切割机

a. 对于水平位置切割，可选用 CG2-600 型切割机。这种切割机安装时，底座要调平，以保证在圆周的任何位置割炬与工件的距离不变。并使工件与边缘相切，以便于起割，如图 4-21（a）所示；

b. 对于直径较大的圆切割，宜选用 CG2-45A 型和 CG-Q4 型切割机。这种切割机安装时，三个支柱要调平，保证在圆周的任何位置割炬与工件的距离不变。

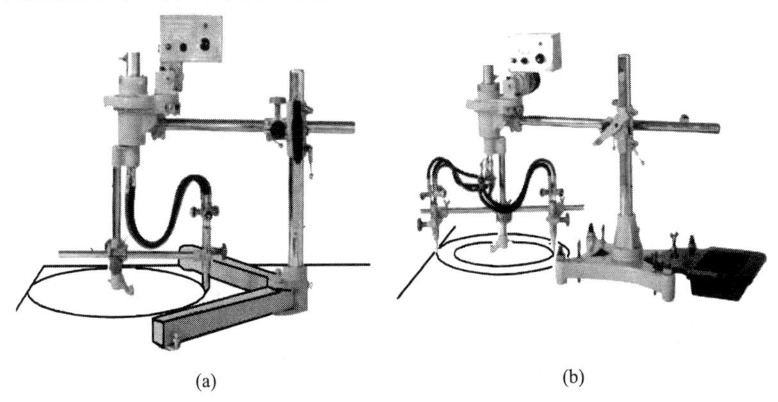

(a) (b)

图 4-21 割圆机的定位

c. 对于非水平位置割圆，宜选用 CG2-200 和 HK-200 型磁座割圆机。这种装有磁座的割圆机，安装时应使磁座处于高位，以保证工作时机器不会移位。

d. 切割法兰时，最好使用 CG2-600Ⅱ型割圆机，可一次将法兰割成。切割时要注意平衡块的安装，如图 4-21（b）所示。

③ 确定割圆半径　切割机安装时，应注意与边缘的距离。为了节省材料，应从边角位置起割［如图 4-21（a）所示］，但又要注意不要“缺肉”。为了保证定位准确，应先确定割炬的定位。即割炬旋转起来应能画出所要切割的圆，并且能保证尺寸精度。图 4-22 为割炬定位示意图。割炬定位时，首先要确定旋转中心，即旋转杆的中心位置；然后再量取旋转杆中心至割嘴上氧气喷孔的距离，这个距离就是所切割工件的半径 R。半径调定后，使割炬旋转一周，看看所经过的轨迹是否符合要求，调整到符合要求为止。

④ 接通电源和气源　检验切割机机械部分的运行情况和气路的工作情况，如正常，准备工作完毕。

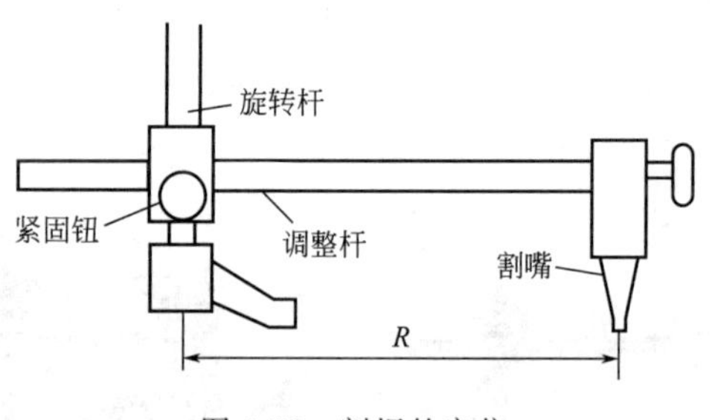

图 4-22　割炬的定位

（2）切割操作

① 点燃预热火焰，将起割位置选在与板边相切的位置，将割嘴扳至此处，对准起割位置开始预热。

② 当起割位置金属发红时（700℃左右），打开切割氧气阀门开始切割。此时切割氧使压力开关接通，割嘴开始绕圆的中心旋转。

③ 切割过程中，注意检查切割机是否按线切割；送气软管是否有打折及影响切割的现象，切割过程是否稳定。

④ 待一周全部割完，关闭切割氧阀门，关闭预热火焰的乙炔及氧气，关闭电源开关。整个割口的切割过程结束。

（3）切割结束操作　全部切割结束后，拉下电闸（或拔电源插头）；关闭乙炔气瓶瓶阀，旋松减压器的手柄，放出乙炔管内的余气；关闭氧气瓶瓶阀，旋松减压器的手柄，放出氧气管内的余气；若是短时间内不再使用，应将氧气减压器和乙炔减压器从气瓶上卸下。

将底座的两臂合并，将切割机装在箱里，放到安全可靠的位置。

四、管道切割

管道工程施工中，管道的切割也是热切割的用武之地。小直径（ϕ100 以下）的管子可以用锯割和割管刀切断，大直径的管子则不易锯割，而采用专门用于管道的管道切割机，其效果更好。

1. 管道切割机简介

管道切割机有磁力管道切割机和链条捆绑式管道切割机。

（1）磁力管道切割机　磁力管道切割机类似于线切割机，其结构如图 4-23 所示。整个切割系统装在一个小车上，由小车运载着完成切割任务。但这个小车由于采用了磁性滚轮，可使小车牢牢吸附在管子上，小车可以沿管子一周作圆周运动。同样可割 I 形和 V 形坡口。但本机只适用于切割低碳钢和低合金钢，对于非铁磁性材料不能应用。

（2）链条捆绑式管道切割机　链条捆绑式管道切割机的行走原理如图 4-24 所示。它是靠一个环形链条绕过，将切割机与管道二者捆绑定位，再通过切割机上链轮的转动使小车沿管子周向爬行，带动割炬完成切割。这类切割机有手摇式管道切割机（图 4-25）和自动管道切割机（图 4-26）。

图 4-25 所示是两款手摇式管道切割机，图 4-25（a）所示是单

图 4-23　CG_2-11 磁力管道切割机

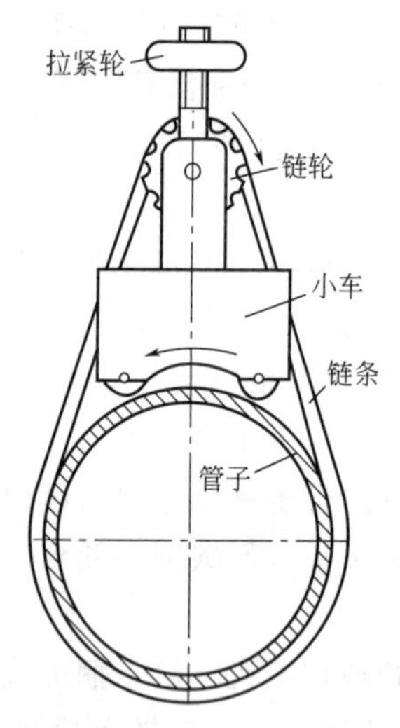

图 4-24　链条捆绑式管道切割机的行走原理

链条的，图 4-25（b）所示是双方框链条的，捆绑更牢固些。它是由链条绕过管子和切割机上的驱动链轮，将切割机捆绑在管子上使切割机定位。切割时手摇使链轮转动，切割机便绕管道行走，带动

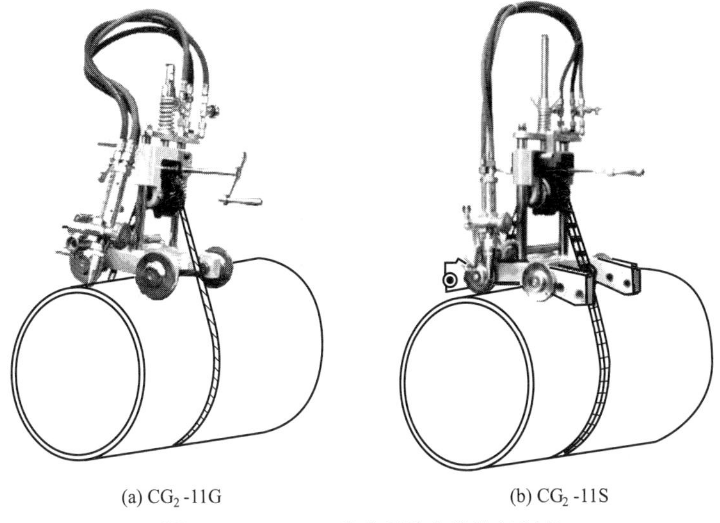

(a) CG_2-11G (b) CG_2-11S

图 4-25 CG_2-11 系列手摇式管道切割机

割炬也绕管道行走而完成切割。与前一种切割机相比，此机可切割直径小一些的管道，且不用电源。这类机型出厂时所配的链条长度

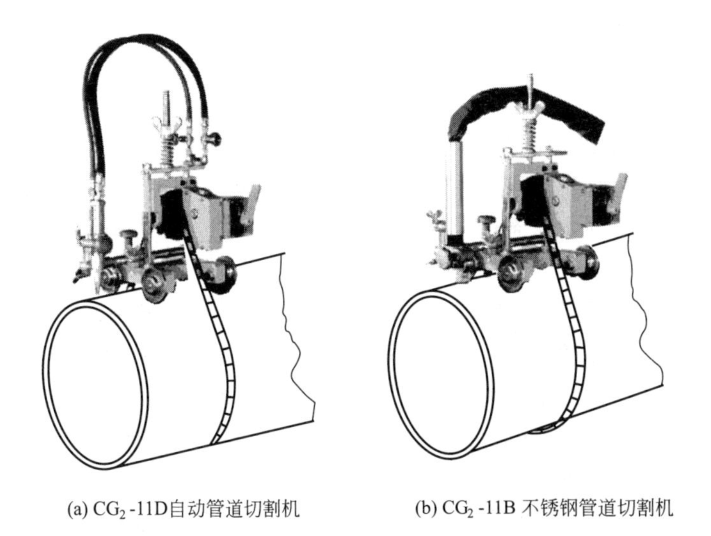

(a) CG_2-11D自动管道切割机 (b) CG_2-11B 不锈钢管道切割机

图 4-26 CG_2-11D 和 CG_2-11B 管道切割机

一般只能切割 $\phi600$ 以下的管道，如果要切割大直径的管道则要另配长度大一些的链条。

图 4-26 所示是链条式自动管道切割机，这种类型的管道切割机采用了电动机驱动，使行走速度平稳从而提高了切割精度。

CG_2-11B 不锈钢管道切割机，是将气割改为等离子切割，便可以切割不锈钢管道了。这种类型的管道切割机采用了电动机驱动，使行走速度平稳，从而提高了切割精度。由于采用等离子切割，故本机除切割不锈钢管道外，还可切割铜及铜合金管道、铝及铝合金管道、钛及钛合金管道，切割碳钢及合金钢自然也不成问题。但要注意的是，切割淬硬倾向大的钢材时，割口表面有可能产生微裂纹。

2. 用管道切割机切割管道

管道切割机是专门用于切割管道的，但它不善于切割小直径管道。直径小于 50mm 的管子用割管刀和锯割都比较快且质量好，直径 100mm 的管子用管道切割机优势也不大，而直径越大的管子越能显示出用割管机的优势来，特别是无法转动的管道。与其他切割机一样，管道切割机的使用也分准备、切割和切割结束三方面内容。

（1）切割前的准备　切割前应进行如下准备工作。

① 如果要切割的管子是自由状态的，应将管子垫起一定高度，以保证小车绕管子行走时不会受到阻碍，并将管子垫牢不得转动。如果管子是固定状态的，应查看在切割范围内是否有障碍物，如有障碍物应排除，如无法排除则只能用手工切割。

② 选择适合的管道切割机，对于低碳钢管可采用磁力管道切割机；当壁厚较薄时，或非铁磁性材料的管道，宜采用链条捆绑式切割机；在电源不方便的条件下，宜采用手摇式管道切割机。

③ 安装管道切割机。将管道切割机置于管子的合适位置。对于磁力管道切割机应先安装好轨道；链条捆绑式管道切割机则要将链条长度选好，将链条绕过管道和切割机后，将连接点接牢，旋转拉紧手轮将切割机与管道捆紧。

④ 选择合适的割嘴装好并拧紧，调整好割嘴与钢板之间的距离。

⑤ 对电力驱动的切割机，要接通电源，打开驱动开关，检测电驱动系统是否正常，调整好切割速度，确认正常后，关闭开关待机。

⑥ 将氧气和乙炔输气系统接通，并检测和调整好，气割的压力参照表 4-9 进行调整。一般来说，氧气的压力在 0.25～0.5MPa 的范围，当板厚较大时，可增加到 0.8～1.0MPa。

⑦ 根据切割的需要调整割嘴角度。切割坡口时，应按坡口面的角度调整；若是将管子切断，则应与管子表面垂直。

(2) 切割操作　用管道切割机切割管子操作步骤如下。

① 点燃预热火焰，调整为中性焰，割炬对准起割位置开始预热。

② 当起割位置金属发红时（700℃左右），打开切割氧气阀门开始切割。此时切割氧使压力开关接通，割嘴开始绕管子转动。

③ 切割过程中，注意检查切割机是否按线切割；送气软管是否有打折及影响切割的现象，切割过程是否稳定。

④ 待一周全部割完，关闭切割氧阀门，关闭预热火焰的乙炔及氧气，关闭电源开关。整个割口的切割过程结束。

(3) 切割结束　全部切割结束后，拉下电闸（或拔电源插头）；关闭乙炔气瓶瓶阀，旋松减压器的手柄，放出乙炔管内的余气；关闭氧气瓶瓶阀，旋松减压器的手柄，放出氧气管内的余气；若是短时间内不再使用，应将氧气减压器和乙炔减压器从气瓶上卸下。

松开链条，将切割机从管道上取下，放到安全可靠的位置。

五、管孔切割

在压力容器、热交换器相连的管道，集中供热主干线上安装支路管道，石油输送管道主干线上安装支路管道等，都需要在主干线管道上切割一个与支路管道直径相吻合的孔，切割这个孔的专业设备叫做自动管孔切割机。

图 4-27 所示为 HK-600D 自动管孔切割机，不仅能按所需的圆或椭圆的轨迹切割，而且能精确地跟踪管道的曲面使割炬上升和下降，从而保证割口质量。

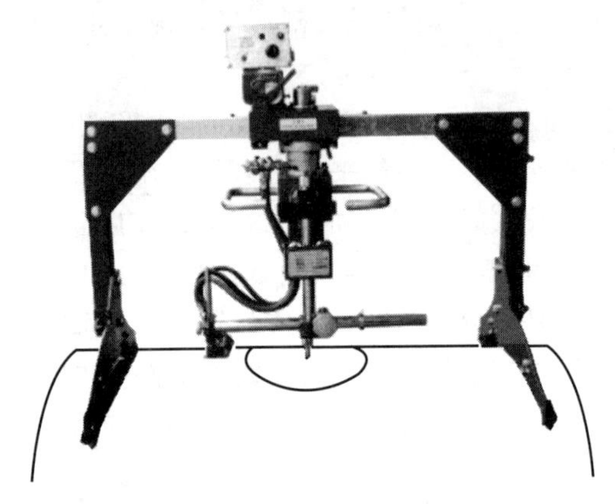

图 4-27　HK-600D 自动管孔切割机

管孔切割的过程如下。

（1）切割前的准备　切割前首先要将切割机安装在管道上，具体做法如下。

① 在管道的切割位置画出割口的圆心。

② 将切割机放在管道上，使中心杆对准圆心，且要使切割机“四角落地”，不得有任何方向的晃动。

③ 调整割炬位置，使割炬的切割线距离中心杆的距离等于管孔的半径，并使割炬固定。

④ 接通电源，按下开始按钮，使割炬旋转半周，计下切割口直径，若与所需直径相同，则割炬定位完成。否则应适当调整至合适位置再试，直至符合要求。同时检查割炬是否按切割位置升降，如果割炬只是简单地做圆周运动，则要仔细阅读说明书，打开跟踪系统开关。

⑤ 接好氧气管和乙炔管，打开氧气瓶阀，氧气减压器的高压表应在 2MPa 以上；再顺时针缓慢旋转减压器上的调压杆，使低压表上的压力达到切割机的工作压力（一般为 0.2～0.5MPa）。再打

开乙炔瓶阀，乙炔减压器高压表的压力不得小于0.5MPa；再顺时针缓慢旋转减压器上的调压杆，使低压表上的压力达到切割机的工作压力（一般为2.0～60kPa）。

（2）切割过程　一切准备就绪后，便可以进行切割。操作步骤如下。

① 点燃预热火焰，调整为中性焰，割炬对准起割位置开始预热。

② 当起割位置金属发红时（700℃左右），打开切割氧气阀门开始切割。此时切割氧使压力开关接通，割嘴开始绕孔的中心转动。

③ 切割过程中，注意检查割嘴是否按位置升降；送气软管是否有打折及影响切割的现象，切割过程是否稳定。

④ 待一周全部割完，关闭切割氧阀门，关闭预热火焰的乙炔及氧气，关闭电源开关。整个割口的切割过程结束。

（3）切割结束　全部切割结束后，拉下电闸（或拔电源插头）；关闭乙炔气瓶瓶阀，旋松减压器的手柄，放出乙炔管内的余气；关闭氧气瓶瓶阀，旋松减压器的手柄，放出氧气管内的余气；若是短时间内不再使用，应将氧气减压器和乙炔减压器从气瓶上卸下。

第五章　其他常用焊接与切割方法

第一节　电渣焊

一、电渣焊特点

利用电流通过液体熔渣所产生的电阻热进行焊接的方法称电渣焊。图 5-1 所示为电渣焊过程示意，焊前先把工件垂直放置，在两工件之间留有约 20～40mm 的间隙，在工件下端装有起焊槽，上端装引出板，并在工件两侧表面装有强迫焊缝成形的水冷成形滑块。开始焊接时，使焊丝与起焊槽短路起弧，不断加入少量固体焊剂，利用电弧的热量使之熔化，形成液态熔渣，待熔渣达到一定深度渣池时，增加焊丝送进速度，并降低焊接电压，使焊丝插入渣池，电弧熄灭，转入电渣焊接过程。由于液态熔渣具有一定的导电性，当焊接电流从焊丝端部经过渣池流向工件时，在渣池内产生大量电阻热，其温度可达 1600～2000℃，将焊丝和工件边缘熔化，熔化的金属沉积到渣池下面形成金属熔池。随着焊丝不断送进，熔池底部冷却凝固形成焊缝，同时焊丝不断熔化并进入熔池使熔池不断上升。由于熔渣始终浮于金属熔池上部，不仅保证了电渣过程的顺利进行，而且对金属熔池起到了良好的保护作用。随着焊接熔池的不断上升和焊缝的形成，焊丝送进机构和强迫成形滑块也不断向上移动，从而保证焊接过程连续地进行，一直焊到引出板，焊接过程结束。焊后再将引出板和起焊槽割除。

电渣焊是一种机械焊接方法，其焊接接头多用 I 形坡口，处于立焊位置，即焊缝轴线处在垂直或接近垂直的位置下施焊。除环缝

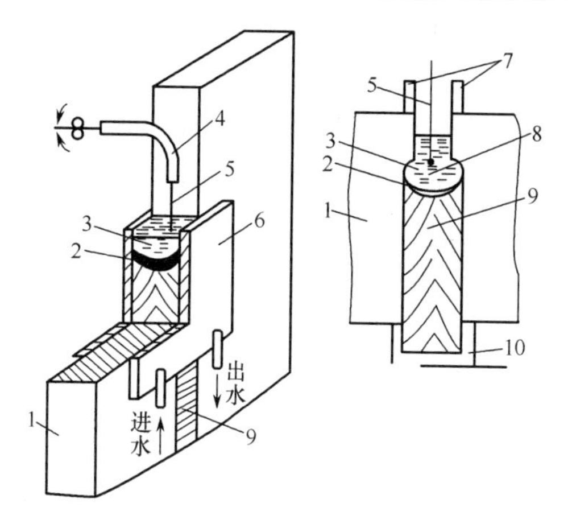

图 5-1　电渣焊过程示意

1—焊件；2—熔池；3—熔渣池；4—导电嘴；5—焊丝；
6—水冷强迫成形装置；7—引出板；8—熔滴；9—焊缝；10—起焊槽

外，焊接时焊件是固定的。焊接开始以后就连续焊到结束，中间不能停顿。焊缝的凝固过程是从底部向上进行，在凝固的焊缝金属上面总有熔化金属，而熔化金属始终有高温熔渣覆盖。电渣焊没有电弧，焊接过程平稳且无飞溅，具有高的熔敷率，从而可以单道焊接非常厚的截面。

与其他熔焊方法比较，电渣焊具有下列优点。

① 可以一次焊接很厚的工件，从而可以提高焊接生产率。理论上能焊接的板厚是无限的，但实际上要受到设备、电源容量和操作技术等方面限制，常焊的板厚约为 30～500mm。

② 工件不需开坡口，只要两工件之间有一定装配间隙即可，因而可以节约大量填充金属和加工时间。

③ 不易产生气孔和夹渣等缺陷。由于处在立焊位置，金属熔池上始终存在着一定体积的高温渣池，使熔池中的气体和杂质较易析出，故一般不易产生气孔和夹渣等缺陷。又由于焊接速度缓慢，其热源的热量集中程度远比电弧焊小，所以使近缝区加热和冷却速度缓慢，这对于焊接易淬火的钢种，减少了近缝区产生淬火裂缝的

可能性。焊接中碳钢和低合金钢时均可不预热。

由于电渣焊的焊缝金属和近缝区在高温(1000℃以上)停留时间长，易引起晶粒粗大，产生过热组织，造成焊接接头冲击韧度降低。所以对某些钢种焊后一般都要求进行正火或回火热处理。

二、电渣焊种类

按电极的形状，电渣焊方法有丝极电渣焊、熔嘴电渣焊(含管极电渣焊)和板极电渣焊三种。

1. 丝极电渣焊

图 5-2 所示为丝极电渣焊示意，用焊丝作为电极，焊丝通过不熔化的导电嘴送入渣池。安装导电嘴的焊接机头随金属熔池的上升而向上移动，焊接较厚的工件时可以采用 2 根、3 根或多根焊丝，还可使焊丝在接头间隙中往复摆动以获得较均匀的熔宽和熔深。

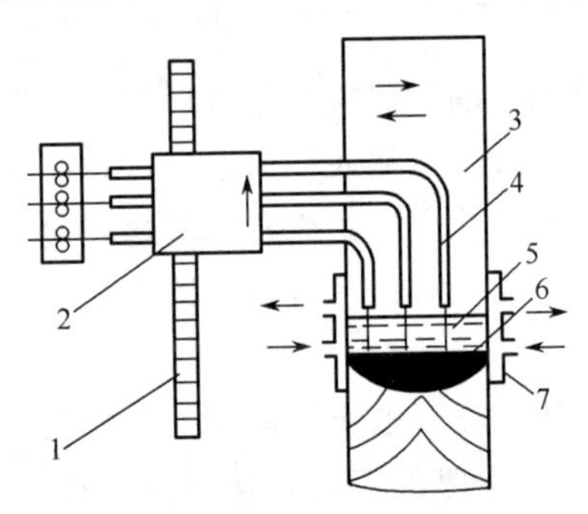

图 5-2 丝极电渣焊示意

1—导轨；2—焊机机头；3—工件；4—导电嘴；5—渣池；6—金属熔池；7—水冷成形滑块

这种焊接方法因焊丝在接头间隙中的位置及焊接工艺参数容易调节，使熔宽与熔深易于控制，所以适合于焊缝较长的工件和环焊缝的焊接，也适合高碳钢、合金钢对接和 T 形接头的焊接。但是，当采用多丝焊时，焊接设备和操作较复杂，又由于焊机位于焊缝的一侧，只能在焊缝的另一侧安装控制变形的定位铁，以致焊后易产生角变形。

2. 熔嘴电渣焊

图 5-3 所示为熔嘴电渣焊示意。它是由焊丝和固定在工件之间并与工件绝缘的熔嘴共同作为熔化电极的一种电渣焊。熔嘴由一根或数根导丝钢管与钢板组成，其形状与被焊工件断面形状相似，它不仅起导电嘴的作用，而且熔化后便成为焊缝金属的一部分。焊丝通过导丝钢管不断向熔池送进。根据工件厚度，可采用一个、两个或多个熔嘴。根据工件断面形状，熔嘴电极的形状可以是不规则的或规则的。焊缝的化学成分可以通过熔嘴及焊丝的化学成分进行调整。

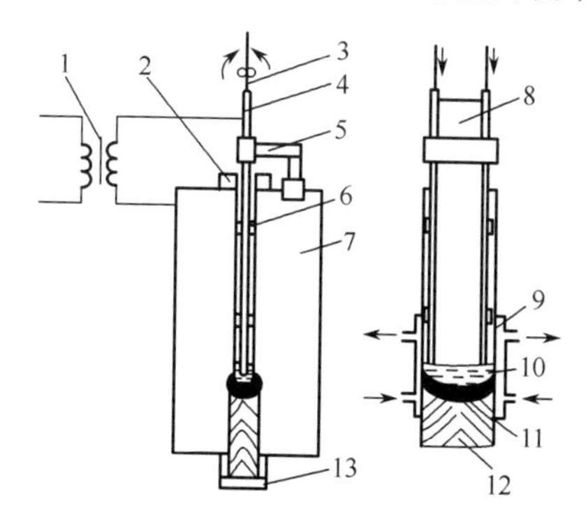

图 5-3 熔嘴电渣焊示意

1—电源；2—引出板；3—焊丝；4—熔嘴钢管；5—熔嘴夹持架；6—绝缘块；7—工件；8—熔嘴钢板；9—水冷成形滑块；10—渣池；11—金属熔池；12—焊缝；13—起焊槽

熔嘴电渣焊的设备简单、体积小、操作方便，目前已成为对接焊缝和 T 形焊缝的主要焊接方法。焊接时，焊机位于焊缝上方，故适合于梁体等复杂结构的焊接。由于可采用多个熔嘴，且熔嘴固定于接头间隙中，不易产生短路等故障，所以适合于大截面工件的焊接。熔嘴可做成各种曲线或曲面形状，以适应具有曲线或曲面的焊缝焊接。

当被焊工件较薄时(如 20～60mm)，熔嘴可简化为一根或两根管子，在管子外面涂上涂料，焊丝通过管子不断向渣池送进，两者作为电极进行电渣焊，这种方法称为管极电渣焊，是熔嘴电渣焊的特殊形式(图 5-4)。

因管极外表面的涂料有绝缘作用，焊接时不会与工件短路，于是装配间隙可以缩小，因而可以节省焊接材料和提高焊接生产率。又由于薄板焊接可以只用一根管极，操作简便，而管极易于弯成各种曲线形状，所以管极电渣焊多用于薄板及曲线焊缝的焊接。可以通过管极的涂料向焊缝金属中渗合金元素，以达到调整化学成分或优化焊缝晶粒的作用。

3. 板极电渣焊

图 5-5 所示为板极电渣焊示意，其熔化电极为金属板条，根据焊件厚度可采用一块或数块金属板条进行焊接。焊接时，通过送进机构将板极连续不断地向熔池中送进，板极不需作横向摆动。

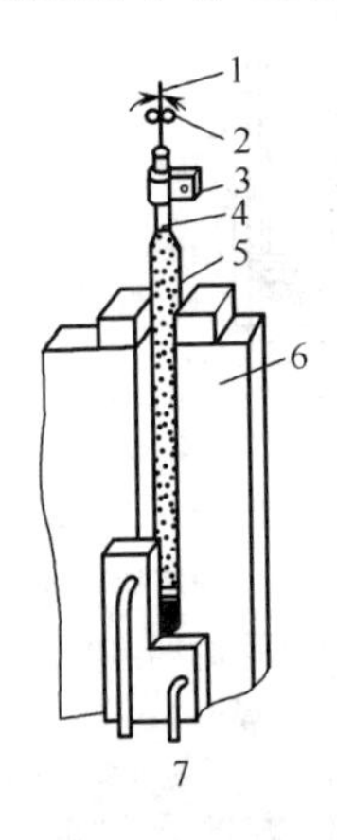

图 5-4　管极电渣焊示意

1—焊丝；2—送丝滚轮；
3—管极夹持机构；4—管极钢管；
5—管极涂料；6—工件；7—成形滑块

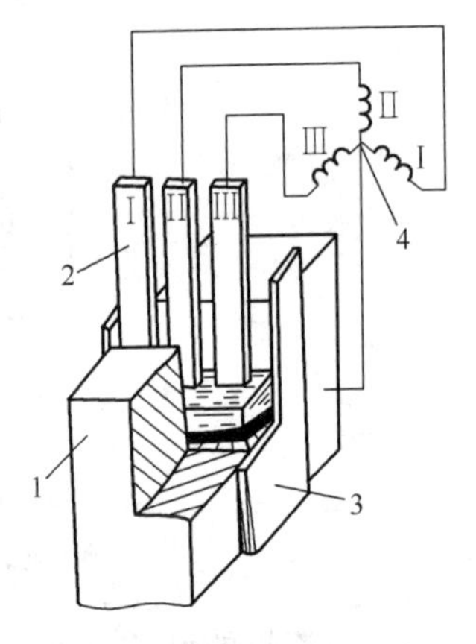

图 5-5　板极电渣焊示意

1—焊件；2—焊丝；
3—强制成形装置；4—电源

板极可以是铸造的也可以是锻造的，其长度一般约为焊缝长度的 3 倍以上。于是，焊缝越长，焊接装置就越高。所以板极电渣焊受板极送进长度和自身刚度的限制，宜用于大断面短焊缝的焊接。与丝极电渣焊相比，板极比丝极容易制备，对于某些难以拔制成焊丝的合金钢，就可以将填充材料制成板极，采取板极电渣焊。因此，板极电渣焊常用于合金钢的焊接和堆焊工艺，目前主要用于模具堆焊和轧辊堆焊。

三、电渣焊的焊接准备

1. 焊接材料

电渣焊所用的焊接材料有电极(包括焊丝、熔嘴、板极、管极等)、焊剂和管极涂料等。

(1) 电极　电渣焊焊缝金属的化学成分和力学性能主要通过调整焊接材料的合金成分来加以控制，由于渣池温度较低，冶金反应缓慢，而且焊剂用量很少，所以一般是通过电极而不是通过焊剂向焊缝金属渗入合金元素。

丝极电渣焊用的焊丝有实芯和药芯两种，目前国内主要使用实芯焊丝。在碳钢和高强度低合金钢焊接中，为了使焊缝具有良好的抗裂和抗气孔能力，除控制焊丝的硫、磷含量外，焊丝的含碳量通常应比母材低，一般控制在 $w(C)=0.1\%$ 左右，因而引起焊缝的力学性能降低，可通过提高锰、硅和其他合金元素补偿。焊接合金含量较高的钢时，焊丝成分通常与母材成分相近似。常用钢材电渣焊焊丝的选用见表 5-1。最常用的焊丝直径为 2.4mm 和 3.2mm，实践证明，这两种直径焊丝的熔敷率、给送性能、焊接电流范围及矫直性等综合性能最佳。

表 5-1　电渣焊焊丝的选用

品种	母材	焊丝牌号
钢件	Q235A，Q235B，Q235C，Q235R	H08A，H08MnR
	20g，22g，25g，Q345（16Mn），Q295(09Mn2)	H08Mn2Si，H10MnSi，H10Mn2，H08MnMoA
	Q390(15MnV，15MnTi，16MnNb)	H10Mn2MoVA
	14MnMoV，14MnMoVN	H10Mn2MoVA
	15MnMoVN，18MnMoNb	H10Mn2NiMo
铸锻铁	15，20，25，35	H10Mn2，H10MnSi
	20MnMo，20MnV	H10Mn2，H10MnSi
	20MnSi	H10MnSi

熔嘴和管极电渣焊所用的焊丝、熔嘴板以及板极电渣焊用的板极的选择原则和丝极电渣焊相同。在焊接低碳钢和低合金结构钢时，通常用09Mn2钢板制作板极和熔嘴板，熔嘴板的厚度一般取10mm，熔嘴管一般用ϕ10mm×2mm的20无缝钢管。熔嘴板的宽度及板极尺寸应按接头的形状和焊接工艺需要确定。

管极电渣焊用的电极是空心钢管加涂料层(药皮)的管状焊条。钢管的材料一般用10、15或20冷拔无缝钢管，按接头形状尺寸可在ϕ14mm×2mm、ϕ14mm×3mm、ϕ12mm×4mm、ϕ12mm×3mm等多种规格中选用。

板极电渣焊用的板极，其厚度一般为8～16mm，当焊接大断面时，可以用更厚的板极。板极的宽度一般为70～110mm，太宽，使熔宽不均匀，且焊接电流易波动：太窄，在焊大断面时，板极数目过多，造成设备和操作上的困难。板极长度应足以填满装配间隙形成完整的焊缝金属。

(2) 焊剂　电渣焊用的焊剂主要起两个作用：熔化成熔渣后能使电能转换成焊接热以熔化填充金属和母材；该熔渣能保护熔融焊缝金属不受大气污染。因电渣焊过程焊剂用量较少，所以一般不通过焊剂对焊缝渗入合金元素。

电渣焊对所用焊剂的基本要求是：能迅速和容易地形成电渣过程，并保证电渣过程稳定。为此，焊剂熔化形成的熔渣必须能导电，并具有相当的电阻以产生焊接所需的热量。熔渣导电性不能过高，否则增加焊丝周围电流分流，从而减弱高温区内液体的对流作用，使母材熔深减小，以致产生未焊透缺陷。此外，电渣的黏度必须适当，保证具有足够好的流动性以产生良好的循环流动，使热量在接头中均匀分布。若太稠太黏，则容易引起夹渣和咬肉现象；若太稀就会使熔渣从焊件边缘与滑块之间的缝隙中流失，无法保持一定渣池深度而影响焊接质量的稳定，严重时会破坏焊接过程。熔渣的熔点必须大大低于被焊金属的熔点，其沸点必须略高于工作温度，避免由于过量损耗而可能改变其工艺特性。凝固在焊缝表面的渣壳应容易清除。

焊剂运输与存放必须有良好包装，防止受潮，一般用前宜重新烘干。在开始焊接时必须加一定量焊剂，以建立电渣过程，随后焊接过程由于在焊缝两表面凝成薄层渣，而使渣池的熔渣有所减少，必须及时向熔池中添加焊剂，以保持渣池深度。通常约每 9kg 熔敷金属使用 0.5kg 焊剂。

常用电渣焊剂的类型、化学成分和用途见表 5-2。

表 5-2 常用电渣焊剂的类型、化学成分和用途

焊剂类型	牌号	化学成分(质量分数)/%	用 途
无锰、低硅、高氟	HJ170	SiO_2 6～9，TiO_2 35～41，CaO 12～22，CaF_2 27～40，NaF 1.5～2.5	固态时有导电性，用于电渣焊开始时形成渣池
中锰、高硅、中氟	HJ360	SiO_2 33～37，CaO 4～7，MnO 20～26，MgO 5～9，CaF_2 10～19，Al_2O_3 11～15，FeO≤1.0，S≤0.10，P≤0.10	用于焊接低碳钢和某些低合金钢
高锰、高硅、低氟	HJ431	SiO_2 40～44，MnO 34～38，CaO≤6，MgO 5～8，CaF_2 3～7，Al_2O_3≤4，FeO≤1.8，S≤0.06，P≤0.08	用于焊接低碳钢和某些低合金钢

(3) 管极涂料(药皮) 管极电渣焊用的管极表面需涂有 2～3mm 的药皮，药皮的作用主要有：具有一定绝缘性能以防管极与焊件发生电接触；熔化后可以自动地补充焊接所需的熔渣；可以通过药皮对焊缝渗入一定量的合金元素，以细化晶粒，改善焊缝力学性能，尤其是提高焊缝的抗热裂性能。

对涂料的要求与电渣焊用的焊剂相同，因为其熔化后就成为补充电渣焊所需的熔渣。为了保证电渣过程稳定进行，药皮的熔点应低于钢的熔点 200～300℃，药皮的具体成分应根据材质而定，表 5-3 所列配方可供参考。为了细化晶粒，提高焊缝金属韧性和抗裂性而需添加一定量的合金元素，其加入量也视母材和所用焊丝而定，具体参见表 5-4。

管极的制造方法与手工电弧焊条相同。

表 5-3 管极涂料的参考配方

母 材	焊丝	药皮成分(质量分数)/%						
		锰矿	滑石	石英	萤石	金红石	钛白粉	白云石
Q345(16Mn)	H08A	36	21	19	14	3	5	2
Q390(15MnV)	H08MnA	36	21	14	19	3	5	2

表 5-4 管极涂料中铁合金的加入量

铁合金名 称	每千克药皮中铁合金加入量/g								主要作用
	H08A			H08MnA			H10Mn2		
	Q235	Q345	Q390	Q235	Q345	Q390	Q345	Q390	
低碳锰铁	—	300	400	—	100	200	—	—	脱氧、去硫，提高强度和低温韧性
中碳锰铁	100	100	100	—	100	100	—	100	脱氧、去硫，提高强度和低温韧性
硅铁	155	155	155	155	155	155	155	155	脱氧，提高强度
钼铁	140	140	140	140	140	140	140	140	细化晶粒，提高冲击韧度
钛铁	100	100	100	100	100	100	100	100	脱氧，去氮，细化晶粒，提高冲击韧度
钒铁	—	—	100	—	—	100	—	100	细化晶粒，提高强度
合计	495	795	995	395	595	795	395	595	

2. 焊接接头设计与坡口制备

(1) 焊接接头设计 电渣焊的基本接头形式是对接接头，也可采用其他的接头形式，如 T 形接头、角接头、端接头等。这些接头大部分都采用 I 形坡口，对于特殊的接头形式，则需设计专用的滑(挡)块。表 5-5 列出了各种形式电渣焊接头的设计尺寸。

电渣焊最适于焊接方形或矩形截面，当需要焊接其他形状截面时，一般应将其端部拼成(或铸成)矩形截面，表 5-6 列出了各种形状焊件在焊接处的截面形状和尺寸。

表 5-5 各种形式电渣焊接头的设计尺寸

接头形式		图形 标注方式	图形 详图	接头尺寸/mm					
常用接头	对接接头	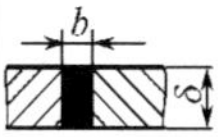	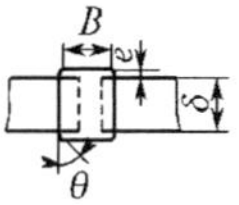	δ	50～60	60～120	120～400	>400	
				b	14	26	28	30	
				B	28	30	32	34	
				e	2±0.5				
				θ	45°				
	T形接头	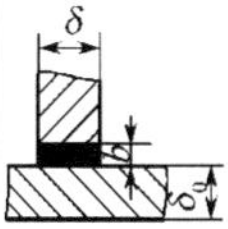	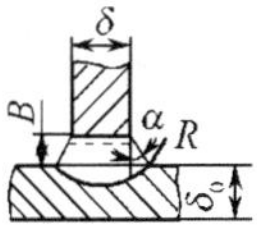	δ	50～60	60～120	120～200	200～400	>400
				b	24	26	28	28	30
				B	28	30	32	32	34
				δ_0	≥60	≥δ	≥120	≥150	≥200
				R	5				
				α	15°				
	角接接头	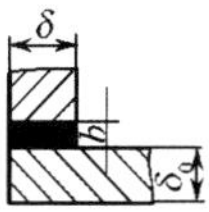	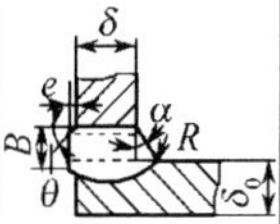	δ	50～60	60～120	120～200	200～400	>400
				b	24	26	28	28	30
				B	28	30	32	32	34
				δ_0	≥60	≥δ	≥120	≥150	≥200
				e	2±0.5				
				θ	45°				
				R	5				
				α	15°				
特殊接头	叠接接头		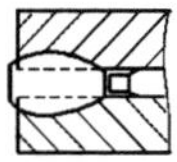	同对接接头					
	斜角接头	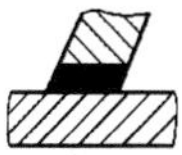	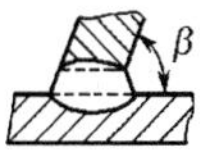	同 T 形接头，β>45°					
	双T形接头	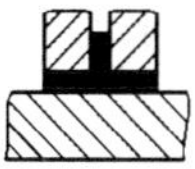	 固定式水冷成形板	两块立板应先叠接，然后焊 T 形接头					

表 5-6 各种形状焊件在焊接处的截面形状和尺寸

截面形状

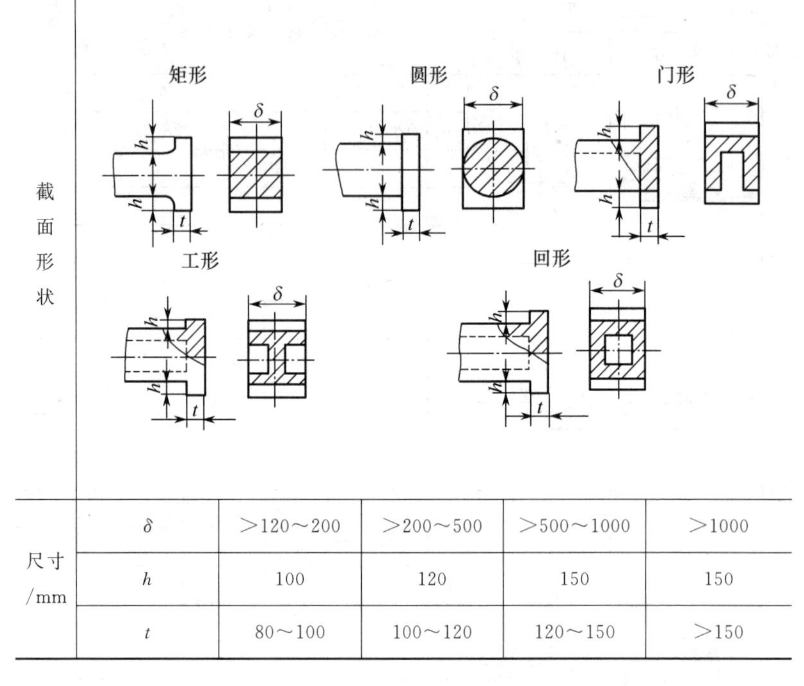

尺寸/mm					
	δ	>120～200	>200～500	>500～1000	>1000
	h	100	120	150	150
	t	80～100	100～120	120～150	>150

(2) 坡口制备　电渣焊接头主要用I形坡口，所以坡口加工比较简单，只需在坡口每个面上加工成直边即可。一般钢板经热切割并清除氧化物后即可进行焊接。铸件或锻件由于尺寸误差大，表面不平整，故焊前均需进行机械切削加工，对焊接面的加工要求如图5-6所示。当不作为超声波探伤面时，$B \geqslant 60\text{mm}$，加工粗糙度为$R_a 25\mu\text{m}$；当需要用斜探头进行超声波探伤时，$B \geqslant 1.5$倍焊件厚度($B_{min} \geqslant \delta + 50\text{mm}$)，其加工面粗糙度为$R_a 6.3\mu\text{m}$。

对于焊后需进行机械加工的面，焊前应留有一定的加工余量。余量的大小取决于焊接变形量和热处理变形量。焊缝少的简单构件，加工余量可取10～20mm，焊缝较多的复杂构件加工余量可取20～30mm。

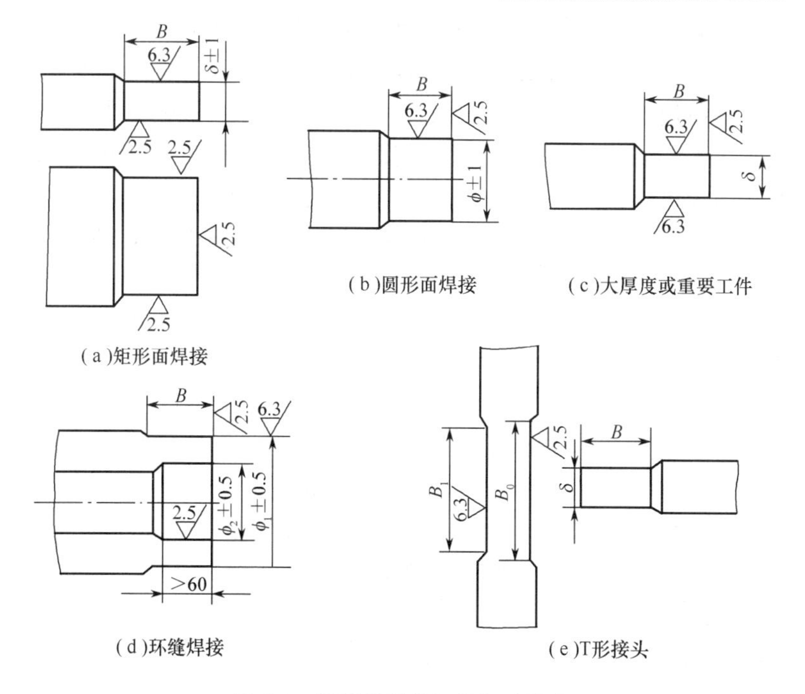

图 5-6 铸锻件焊接面的加工要求

四、丝极电渣焊工艺

1. 直缝丝极电渣焊工艺

(1) 焊前准备

① 焊件准备 设计的电渣焊件应标注焊缝宽度尺寸 b，见表 5-5。在焊前备料时焊件接边尺寸应扣除该焊缝宽度。

焊件在装配前应将焊接端面和表面两侧各 50mm 范围内的铁锈、油污等脏物清除干净。在焊接端面两侧表面各 70mm 范围内也应保持平整光滑，以保证冷却滑块能紧贴工件，并能顺利地滑行。

② 焊件装配 装配时，应根据接头设计和工艺要求留出装配间隙并保证上下端间隙的差值(反变形量)。对于对接接头和 T 形

接头的装配间隙一般等于焊缝宽度 b 加上焊缝的横向收缩量。表 5-7 给出了不同厚度焊件装配间隙的经验数据。由于沿焊缝高度焊缝横向收缩量不同，焊缝上端装配间隙应比下端大，其差值当工件厚度小于 150mm 时，约为焊缝长度的 0.1%；厚度在 150～400mm 时，约为焊缝长度的 0.1%～0.5%，厚度大于 400mm 时，约为焊缝长度的 0.5%～1%。装配间隙由焊上的定位板来固定，图 5-7 所示为常用接头的装配；定位板的形状和尺寸如图 5-8 所示。由于丝极电渣焊在焊件一侧要安放电渣焊机头，并向间隙送进焊丝，只能在焊件另一侧焊上定位板。定位板的分布，距焊件两端约为 200～300mm，较长的焊缝中间要设数个定位板，其间距一般为 1～1.5m。定位板厚度视焊件厚度而定，一般为 50mm，对于厚度大于 400mm 的大断面焊件，可选 70～90mm，其余尺寸也相应加大。焊件装配时应尽量减少错边，一般直缝不得超过±2mm。

表 5-7 不同厚度焊件装配间隙的经验数据 mm

焊件厚度	50～80	80～120	120～200	200～400	400～1000	>1000
对接接头装配间隙	28～30	30～32	31～33	32～34	34～36	36～38
T 形接头装配间隙	30～32	32～34	33～35	34～36	36～38	38～40

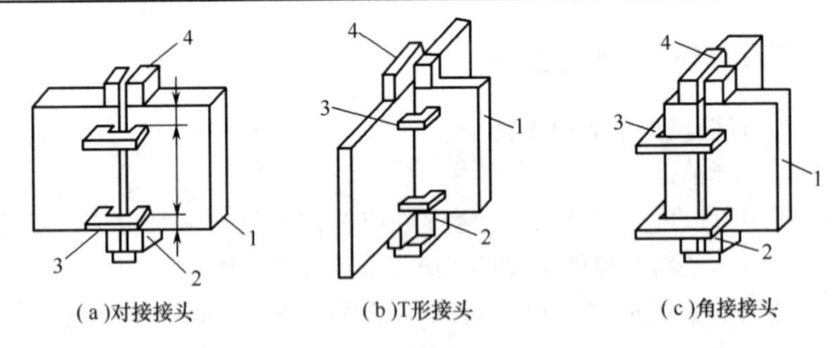

图 5-7 常用接头的装配

1—工件；2—起焊槽；3—定位板；4—引出板

在焊件下端焊上起焊槽，上端焊上引出板，起焊槽的槽宽与下端装配间隙相同，槽深约 100mm，槽壁厚一般在 50mm 左右；引出板的高度在 80mm 左右，其厚度在 50mm 以上。环焊缝对接焊

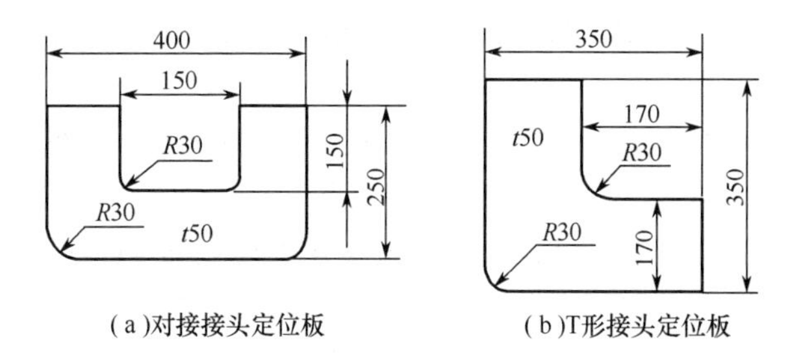

(a)对接接头定位板　　(b)T形接头定位板

图 5-8　定位板的形状和尺寸

则采用特殊的起焊和引出技术。

③ 水冷滑(挡)块的准备　每次焊前均需对水冷成形滑(挡)块进行认真检查。首先检查并校平滑(挡)块，使其与焊件之间无明显缝隙，以保证焊接过程不漏渣。其次要保证水道不渗漏，以免焊接过程中漏水，迫使焊接过程中止。此外，应检查进出水方向，确保从滑块下端进水，上端出水，以防止焊接时水冷成形滑块内产生蒸汽，造成爆渣的伤人事故。

④ 其他准备　焊丝的准备是计算好焊丝用量、焊好焊丝的接头、对焊丝进行去油除锈处理等；对电气设备、机械设备、工装等进行认真检查。必要时，进行空载试车，因为中途出现停焊事故，返工很麻烦，必须保证连续焊完整条焊缝。

(2) 焊接操作

① 引弧造渣　引弧在起弧槽内进行。为了便于引弧，可在槽内预先放入一些铁屑，再撒上约 15～20mm 厚的一层焊剂，然后通电并送进焊丝引弧。为了易于引弧和加速造渣过程，造渣阶段应采用较高的电压(一般较正常焊接电压高 2～4V)和电流以及较低的送丝速度(一般为 100～200m/h)。操作时要注意：焊丝伸出长度以 40～50mm 为宜，太长易引起爆断，过短溅起的熔渣易堵塞导电嘴。引出电弧后，要逐步加入焊剂将电弧压住，以防飞溅。当陆续加入的焊剂熔化并使渣池达到一定深度时，即可将焊接电压和送丝速度调到正常值，并开动焊机上升，进入正常焊接过程。

若使用固态导电焊剂造渣，则开始时只需将焊丝与焊剂短路，通电后借助电阻热把焊剂熔化而形成渣池。整个过程无电弧产生。

② 正常焊接　在正常电渣焊接过程中，必须始终保持焊接工艺参数的恒定，才会获得稳定的焊接过程并形成高质量的焊缝。为此，在操作中应注意以下问题。

a. 经常测量渣池深度，严格按照工艺进行控制，以保持稳定的电渣过程。一旦发生漏渣，必须迅速降低送丝速度，并立即逐步加入适量焊剂，以恢复到预定的渣池深度。

b. 在整个焊接过程中不要随便改变焊接电流和电压等能量参数，保持渣池温度恒定。

c. 经常调整焊丝使之处于装配间隙的中心位置，并使其距滑块的距离符合工艺要求，以保证焊件焊透，熔宽均匀，焊缝成形良好。

d. 经常检查水冷成形滑块的出水温度及流量。

③ 收尾操作　焊缝收尾处最易产生缩孔、裂缝和含有害杂质等，故必须在引出板处进行收尾。一般是采取逐渐减小电流和电压直至断电的方式。断电后不能立即放掉渣池，以免产生裂纹，但又要及时切除引出板及引出部分的焊缝金属，以避免引出部分产生裂纹而扩展到正式焊缝金属上。

④ 焊后的工作　焊后应立即割去定位板、起焊槽和引出板等，并仔细检查焊缝上有无表面缺陷，对表面缺陷要立即用气割或碳弧气刨清除，然后焊补。尽快进炉热处理。若进炉过晚，则由于电渣焊后焊接应力很大易产生冷裂纹。

(3) 焊接工艺参数

① 工艺参数的影响　丝极电渣焊的工艺参数主要有焊接电压、焊接电流(送丝速度)、渣池深度、装配间隙，此外还有焊丝根数、焊丝干伸长度和焊丝的摆动幅度、摆动速度、摆至两端的停留时间、摆至离工件边缘的距离及冷却水的温度等。这些参数对焊接过程的稳定、接头质量、焊接生产率及制造成本产生很大影响，需正确选择。

在电渣焊过程中焊接电流与焊丝的给送速度成正比关系

（表 5-8）。因此，常给出送丝速度代替焊接电流。

表 5-8 送丝速度与电流的关系（焊丝直径为 ϕ3mm）

焊接电流/A	300	400	500	600	700	800	900
送丝速度/$m \cdot h^{-1}$	120	170	225	280	345	400	460

送丝速度也可用下面的公式计算

$$v=0.6I-80 \quad (5\text{-}1)$$

式中 I——焊接电流，A；

v——送丝速度，m/h。

选择电渣焊工艺参数的原则是在保证电渣过程稳定及确保焊接接头质量的前提下适当考虑提高生产率。表 5-9 列出了各工艺参数对电渣过程稳定性、焊缝质量和生产率的影响。

表 5-9 各工艺参数对电渣过程稳定性、焊缝质量和生产率的影响

工艺参数	对电渣过程稳定性的影响	对焊缝质量的影响	对焊接生产率的影响
送丝速度 v_f 或焊接电流 I	v_f 过大，焊丝和金属熔池短路，造成熔渣飞溅；v_f 过小，焊丝易与渣池表面发生电弧	v_f 增大，金属熔池变深，对焊缝结晶方向不利，抗热裂性能降低。随着 v_f 增大，熔宽增大，但超过某一定值反而减小	v_f 增大，生产率明显提高
焊接电压 U	U 过小，渣池温度降低，焊丝易与金属熔池短路，发生熔渣飞溅；U 过大，则渣池过热，焊丝与渣池表面发生电弧	U 增大，熔宽增加，母材在焊缝中的百分比增大，焊缝收缩应力增大；U 过小，易产生未焊透	无影响
渣池深度 h	h 过浅，焊丝在渣池表面产生电弧；h 过深，则渣池温度低，焊丝易与金属熔池短路，发生熔渣飞溅	h 过浅，熔宽增大；h 过深易产生未焊透、未熔合等缺陷	无影响

续表

工艺参数	对电渣过程稳定性的影响	对焊缝质量的影响	对焊接生产率的影响
装配间隙 c	c 增大，便于操作，渣池易于稳定；c 过小，则渣池难于控制，电渣过程稳定性差	c 增大，熔宽增加，应力变形增大，热影响区也增大，晶粒易粗大；c 过小，焊丝易与焊件接触短路，操作困难，易产生缺陷	c 增大，生产率降低
焊丝直径 d	d 过小，电渣过程稳定性差	d 增大，熔宽增加，但焊丝刚性大，操作困难，易产生缺陷	d 增大，生产率提高
焊丝数目 n	影响很小	n 增多，熔宽均匀性好	n 增多，生产率高，但操作复杂，准备工作时间长
焊丝间距	影响很小	对熔宽均匀性影响大，选取不当，易产生裂纹或未焊透等缺陷	无影响
焊丝伸出长度 l	l 过小，导电嘴距渣池近，易变形和磨损，渣池飞溅时易堵塞导电嘴	l 增长，电流略有减小，有时用改变 l 来少量调节焊接电流。l 过长则降低焊丝在间隙中位置的准确性，从而影响熔宽的均匀性，严重时会产生未焊透的缺陷	无影响
焊丝摆动速度	影响很小	焊丝摆动速度增加，熔宽略有减小，但熔宽均匀性好	无影响
焊丝距水冷成形滑块距离	距水冷成形滑块过近时，易产生电弧，影响渣池稳定性	过大，易产生未焊透的缺陷。过小易与水冷成形滑块产生电弧，严重时会击穿、漏水，中断焊接	无影响
焊丝在水冷成形滑块处停留时间	影响很小	停留时间长，焊缝表面成形好，易焊透	无影响

② 工艺参数的选择 选择工艺参数的一般步骤如下。

a. 确定装配间隙 根据接头形式和焊件厚度按表5-7确定。

b. 确定送丝速度 当焊丝直径为3mm时，按下式进行计算

$$v_f=\frac{0.14\delta(c-4)v_w}{n} \tag{5-2}$$

式中 v_f——送丝速度，m/h；

δ——焊件焊接处的厚度，mm；

c——装配间隙，mm；

v_w——焊接速度，m/h，可按表5-10的经验数据选定；

n——焊丝数量，可按表5-11选定。

表5-10 各种材料在不同厚度情况下的焊接速度(推荐)

焊件状态	材料	焊接厚度/mm	焊接速度 v_w/m·h^{-1}
非刚性固定	Q235，Q345，20	40～60	1.5～3
		60～120	0.8～2
	25，20MnMo，20MnSi，20MnV	≤200	0.6～1.0
	35	≤200	0.4～0.8
	45	≤200	0.4～0.6
	35CrMo1A	≤200	0.2～0.3
刚性固定	Q235，Q345，20	≤200	0.4～0.6
	35，45	≤200	0.3～0.4
大断面	25，35，45，20MnMo，20MnSi	200～450	0.3～0.5

算出送丝速度后，可从表5-8中查出相应的焊接电流。

表5-11 不同的焊丝数目可焊工件的厚度

焊丝数目	可焊最大焊件厚度/mm		焊丝摆动时推荐的工件厚度/mm
	不摆动	摆动	
1	50	150	50～120
2	100	300	120～240
3	150	450	240～450

c. 确定焊接电压　根据生产经验，要保证焊件良好焊透和有稳定的电渣过程，焊接电压需根据接头形式、焊接速度和每根焊丝所焊厚度按表 5-12 确定。

表 5-12　由接头形式、焊接速度和每根焊丝所焊厚度确定的焊接电压　V

接头形式	焊接速度 /m·h⁻¹	每根焊丝所焊厚度/mm				
		50	70	100	120	150
对接接头	0.3～0.6	38～42	42～46	46～52	50～54	52～56
对接接头	1～1.5	43～47	47～51	50～54	52～56	54～58
T 形接头	0.3～0.6	40～44	44～46	46～50	—	—

d. 确定渣池深度　通常根据焊丝送进速度由表 5-13 确定保持电渣过程稳定的渣池深度。

表 5-13　丝极电渣焊渣池深度的确定

送丝速度/m·h⁻¹	60～100	100～150	150～200	200～250	250～300	300～450
渣池深度/mm	30～40	40～45	45～55	55～60	60～70	65～75

e. 其他参数的选择　焊丝距水冷成形滑块距离一般取 8～10mm。焊丝在水冷成形滑块旁停留时间，一般为 3～6s，常用 4s。

③ 几种金属材料直焊缝的丝极电渣焊工艺参数　见表 5-14。

表 5-14　几种金属材料直焊缝的丝极电渣焊工艺参数

被焊工件材料	工件厚度/mm	焊丝数目/根	装配间隙/mm	焊接电流/A	焊接电压/V	焊接速度/m·h⁻¹	送丝速度/m·h⁻¹	渣池深度/mm
Q235 Q345 20	50	1	30	520～550	43～47	≈1.5	270～290	60～65
	70	1	30	650～680	49～51	≈1.5	360～380	60～70
	100	1	33	710～740	50～54	≈1	400～420	60～70
	120	1	33	770～800	52～56	≈1	440～460	60～70

续表

被焊工件材料	工件厚度/mm	焊丝数目/根	装配间隙/mm	焊接电流/A	焊接电压/V	焊接速度/m·h^{-1}	送丝速度/m·h^{-1}	渣池深度/mm
25 20MnMo 20MnSi 20MnV	50	1	30	350～360	42～44	≈0.8	150～160	45～55
	70	1	30	370～390	44～48	≈0.8	170～180	45～55
	100	1	33	500～520	50～54	≈0.7	260～270	60～65
	120	1	33	560～570	52～56	≈0.7	300～310	60～70
	370	3	36	560～570	50～56	≈0.6	300～310	60～70
	400	3	36	600～620	52～58	≈0.6	330～340	60～70
	430	3	38	650～660	52～58	≈0.6	360～370	60～70
	450	3	38	680～700	52～58	≈0.6	380～390	60～70
35	50	1	30	320～340	40～44	≈0.7	130～140	40～45
	70	1	30	390～410	42～46	≈0.7	180～190	45～55
	100	1	33	460～470	50～54	≈0.6	230～240	55～60
	120	1	33	520～530	52～56	≈0.6	270～280	60～65
	370	3	36	470～490	50～54	≈0.5	240～250	55～60
	400	3	36	520～530	50～55	≈0.5	270～280	60～65
	430	3	38	560～570	50～55	≈0.5	300～310	60～70
	450	3	38	590～600	50～55	≈0.5	320～330	60～70
45	50	1	30	240～280	38～42	≈0.5	90～110	40～45
	70	1	30	320～340	42～46	≈0.5	130～140	40～45
	100	1	33	360～380	48～52	≈0.4	160～180	45～50
	120	1	33	410～430	50～54	≈0.4	190～210	50～60
	370	3	36	360～380	50～54	≈0.3	160～180	45～55
	400	3	36	400～420	50～54	≈0.3	190～210	55～60
	430	3	38	450～460	50～55	≈0.3	220～240	50～60
	450	3	38	470～490	50～55	≈0.3	240～260	60～65

注：焊丝直径为3mm，接头形式为对接接头。

2. 环缝丝极电渣焊工艺

厚壁筒体对接环缝电渣焊与直焊缝电渣焊在工艺上的主要区别是：焊件在施焊过程中连续转动；焊缝首尾要封闭，因而开始焊接和收尾工作较复杂；焊件绕自身轴线旋转时，沿厚度方向上各点线速度不同，金属熔池有径向外流现象；水冷滑块分置于外圆和内圆表面上。由于上述这些特点，在工艺上需采取一些特殊技术措施。

（1）焊前准备　筒体对接环缝采用I形坡口，其制备和清理与前述直缝焊接前准备相同。装配时，通常把焊件的外圆先划分8等份(图5-9)，然后按图5-9所示位置焊上起焊板及定位塞铁，再将另一段焊件装配好，并与起焊板及定位塞铁焊牢。为了保证焊接过程不产生漏渣，两段焊件内圆、外圆的错边量应小于1mm。由于环缝各点横向收缩不均匀，故应装配成反变形，其反变形量以不等装配间隙来控制(表5-15)。

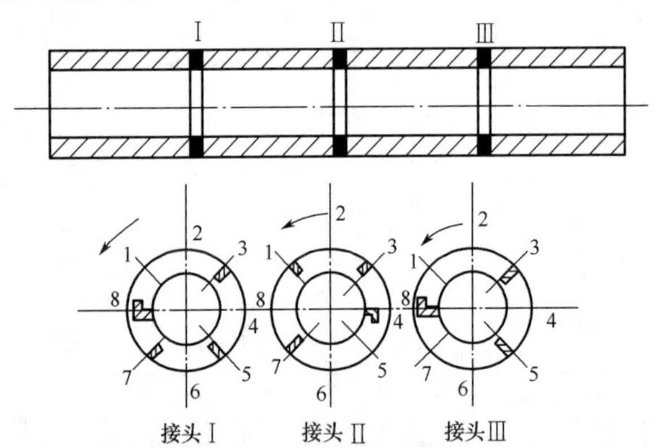

图5-9　环缝电渣焊装配时各个接头起焊槽和定位塞铁布置

表5-15　环焊缝的装配间隙　mm

8等分线号	焊件厚度				
	50～80	80～120	120～200	200～300	300～450
8号线	29	32	33	34	36
5号线	31	34	35	36	40
7号线	30	33	34	35	37

有多条环缝的焊件装配时，为了减少挠曲变形，相邻焊缝起焊槽位置应错开 180°。装配好的焊件要吊放在滚轮架上，为了确保转动时安全、平稳，两滚轮距应使夹角在 60°～90°之间，每个滚轮架放置在每段焊件的中心处并固定在刚性大的平台上。焊件放在滚轮架上后，需用水平仪检测焊件是否处于水平，并转动几周以确定其轴向窜动的方向，面对该窜动方向装设一个止推滚轮，以防止产生轴向窜动。

在焊接环焊缝时，焊件转动，渣池和金属熔池基本保持在固定位置。所以，内、外圆水冷成形滑块必须固定不动，图 5-10 所示为环焊缝内、外圆水冷成形滑块支撑装置示意。对该装置要求能保证滑块在整个焊接过程中，始终紧贴焊件内、外壁而不产生漏渣。焊前通过调节螺钉伸出的长度和调节夹紧架的高低，使固定钢管的中心线与焊件中心线重合，保证焊件转动时内水冷成形滑块始终贴紧焊件内圆；通过调节滑块上下移动机构的高低使外圆水冷成形滑块中心线和焊件中心线重合，调节滑块前后移动机构，使滑块能贴紧在焊件的外圆上。

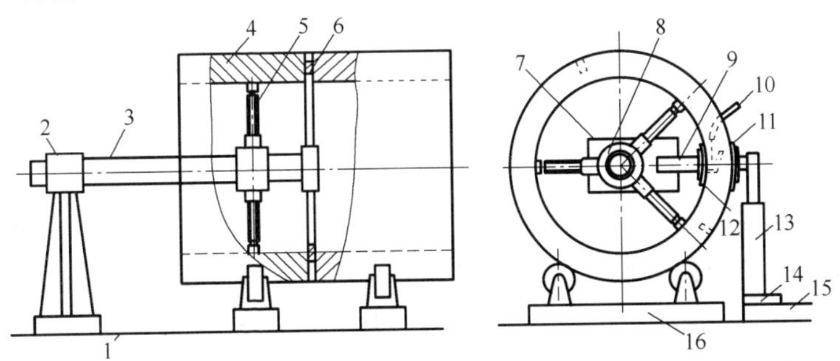

图 5-10 环焊缝内、外圆水冷成形滑块支撑装置示意

1—焊接平台；2—夹紧架；3—固定钢管；4—工件；5—调节螺钉；6—装配定位塞铁；7—固定板；8—滚珠轴承；9—滑块顶紧装置；10—导电嘴；11—外圆水冷成形滑块；12—内圆水冷成形滑块；13—滑块上下移动机构；14—滑块前后移动机构；15—焊机底座；16—滚轮架

装配好后，应使焊件转动一周，检查焊件的转动是否正常和平衡，是否产生轴向窜动，内、外圆水冷成形块是否紧贴焊件等。

(2) 焊接操作　当焊件厚度小于 100mm 时，环缝引弧造渣可以采用平底的起焊槽。当厚度大于 100mm 时，常采用斗式起焊槽，以减少起焊部分将来的切削工作量。图 5-11 所示为斗式起焊槽引弧造渣过程示意。开始先用一根焊丝引弧造渣，渣池形成后，逐渐转动工件，渣液面扩大，放入第一块起焊塞铁，塞铁和装配间隙中的焊件侧面点焊牢，随着焊件不断转动，渣液面不断扩大，送入第 2 根焊丝，随渣液面进一步扩大，放入第二块起焊塞铁并点焊牢，再安装上外圆水冷成形滑块，逐步摆动焊丝，进入正常焊接。

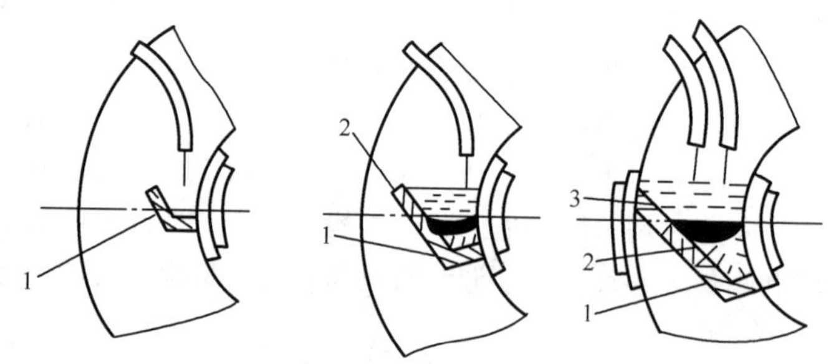

图 5-11　斗式起焊槽引弧造渣过程示意

1—斗式起焊槽；2—第一块塞铁；3—第二块塞铁

除前述直缝焊接时要注意的事项外，还要注意随着焊件不断转动，要依次用气割割去焊件间隙中的定位塞铁，并沿内圆切线方向割掉起焊部分，以形成引出部分的侧面。图 5-12 所示为环缝焊接过程操作示意。

(3) 收尾操作　环缝收尾的引出操作方法较多，目前多在引出处焊上 Π 形引出板，将渣池引出焊件(图 5-13)。当引出板转至和地面垂直位置时，焊件停止转动，此时工件内切割好的引出部分也与地面垂直，如图 5-13(b)所示。随着渣池上升，逐步放上外部挡板，机头随之上升。这时要注意，要使焊丝尽量靠近内壁，以保证与内壁焊透，但又要防止导电嘴与内壁发生短路。待渣池已全部引出焊件后，逐渐降低焊接电流和电压。

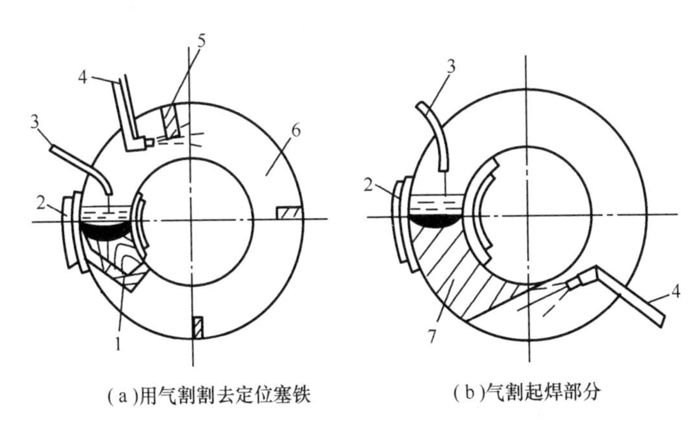

(a)用气割割去定位塞铁　　(b)气割起焊部分

图 5-12　环缝焊接过程操作示意

1—起焊槽；2—水冷成形滑块；3—导电嘴；4—割炬；5—定位塞铁；6—工件；7—焊缝金属

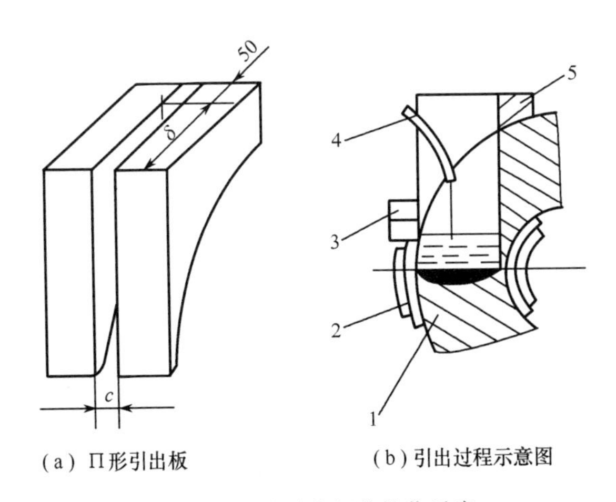

(a) Π形引出板　　(b) 引出过程示意图

图 5-13　环缝引出部分操作示意

1—焊缝金属；2—水冷成形滑块；3—外部挡板；4—导电嘴；5—Π 形引出板

（4）焊接工艺参数　选择原则和方法以及焊后的工作与直缝电渣焊相同。表 5-16 列出了几种常用材料环缝丝极电渣焊的工艺参数。

表 5-16 几种常用材料环缝丝极电渣焊的工艺参数

工件材料	工件外圆直径/mm	工件厚度/mm	焊丝数目/根	装配间隙/mm	焊接电流/A	焊接电压/V	焊接速度/m·h^{-1}	送丝速度/m·h^{-1}	渣池深度/mm
25	ϕ600	80	1	33	400～420	42～46	≈0.8	190～200	45～55
		120	1	33	470～490	50～54	≈0.7	240～250	55～60
	ϕ1200	80	1	33	420～430	42～46	≈0.8	200～210	55～60
		120	1	33	520～530	50～54	≈0.7	270～280	60～65
		160	2	34	410～420	46～50	≈0.7	190～200	45～55
		200	2	34	450～460	46～52	≈0.7	220～230	55～60
		240	2	35	470～490	50～54	≈0.7	240～250	55～60
	ϕ2000	300	3	35	450～460	46～52	≈0.7	220～230	55～60
		340	3	36	490～500	50～54	≈0.7	250～260	60～65
		380	3	36	520～530	52～56	≈0.6	270～280	60～65
		420	3	36	550～560	52～56	≈0.6	290～300	60～65
35	ϕ600	50	1	30	300～320	38～42	≈0.7	120～130	40～45
		100	1	33	420～430	46～52	≈0.6	200～210	55～60
		120	1	33	450～460	50～54	≈0.6	220～230	55～60
	ϕ1200	80	1	33	390～410	44～48	≈0.6	180～190	45～55
		120	1	33	460～470	50～54	≈0.6	230～240	55～60
		160	2	34	350～360	48～52	≈0.6	150～160	45～55
		240	2	35	450～460	50～54	≈0.6	220～230	55～60
		300	3	35	380～390	46～52	≈0.6	170～180	45～55
	ϕ2000	200	2	35	390～400	48～54	≈0.6	180～190	45～55
		240	2	35	420～430	50～54	≈0.6	200～210	55～60
		280	3	35	380～390	46～52	≈0.6	170～180	45～55
		380	3	36	450～460	52～56	≈0.5	220～230	45～55
		400	3	36	460～470	52～56	≈0.5	230～240	55～60
		450	3	38	520～530	52～56	≈0.5	270～280	60～65

续表

工件材料	工件外圆直径/mm	工件厚度/mm	焊丝数目/根	装配间隙/mm	焊接电流/A	焊接电压/V	焊接速度/m·h⁻¹	送丝速度/m·h⁻¹	渣池深度/mm
45	ϕ600	60	1	30	260～280	38～40	≈0.5	100～110	40～45
		100	1	33	320～340	46～52	≈0.4	135～145	40～45
	ϕ1200	80	1	33	320～340	42～46	≈0.5	130～140	40～45
		200	2	34	320～340	46～52	≈0.4	135～145	40～45
		240	2	35	350～360	50～54	≈0.4	155～165	45～55
	ϕ2000	340	3	35	350～360	52～56	≈0.4	150～160	45～55
		380	3	36	360～380	52～56	≈0.3	160～170	45～55
		420	3	36	390～400	52～56	≈0.3	180～190	45～55
		450	3	38	410～420	52～56	≈0.3	190～200	45～55

注：焊丝直径为3mm。

五、熔嘴电渣焊工艺

熔嘴电渣焊按焊件截面形状分为等截面熔嘴电渣焊和变截面熔嘴电渣焊两种。前者用的熔嘴结构简单，均为等截面的，因而可以焊接很厚的焊件，故又称大截面熔嘴电渣焊；后者用的熔嘴形状必须随焊件截面的改变而改变，其焊接工艺较为复杂。

1. 大截面熔嘴电渣焊工艺

（1）熔嘴的准备　熔嘴电渣焊通常选用直径为3mm的焊丝。熔嘴的结构有图5-14所示的形式，较多的是将4～6mm的钢管焊到熔嘴板上，作为导丝管，焊丝从管内向熔池输送，也有将1mm薄板点焊到熔嘴板上构成导线管，或用冲压方法把钢板压出半圆导丝槽再焊到熔嘴板上等。

熔嘴作为焊缝填充金属的一部分，故熔嘴材料应按焊缝金属化

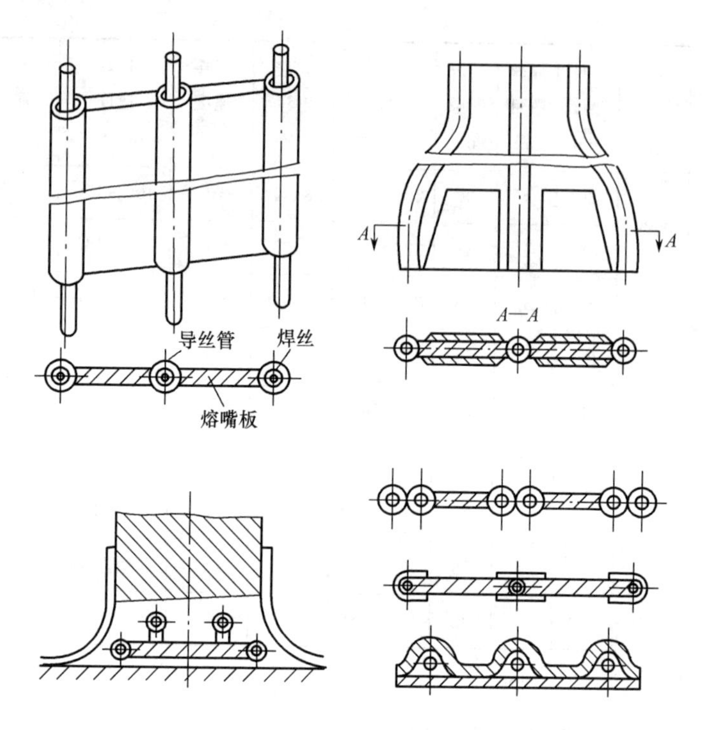

图 5-14　熔嘴的典型结构形式

学成分的要求和焊丝一起综合考虑选择。例如，焊接 20Mn2SiMo 时，若选用 H10Mn2 焊丝，熔嘴板则选用 15Mn2SiMo，以保证焊缝金属与母材成分相近。

熔嘴板的厚度一般为装配间隙的 30%左右。熔嘴板的宽度和数量则由焊缝厚度(即焊件截面大小)来决定。当焊件厚度为160～200mm 时，多采用单熔嘴焊接，厚度大于 200mm 时，宜采用多熔嘴焊接。熔嘴数目最好是 3 的倍数，以便采用跳极接线法保证三相电流平衡。表 5-17 列出了各种接头单熔嘴焊接时的尺寸及其在装配间隙中的位置。

表 5-18 列出了多熔嘴在大断面对接接头中的排列位置与尺寸。

表 5-17 各种接头单熔嘴焊接时的尺寸及其在装配间隙中的位置

接头形式		熔嘴位置示意图	熔嘴尺寸与位置/mm	可焊接的厚度范围/mm
对接接头	双丝熔嘴	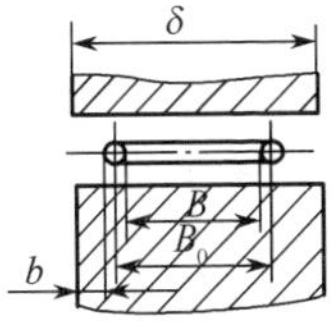	$B=\delta-40$ $b=10$ $B_0=\delta-30$	常用于 80～160 最大可焊 200
	三丝熔嘴	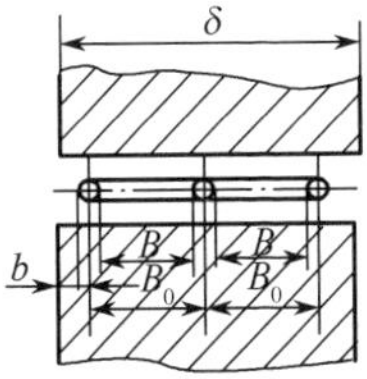	$B=\dfrac{\delta-50}{2}$ $b=10$ $B_0=\dfrac{\delta-30}{2}$	常用于 160～240 最大可焊 300
T形接头	双丝熔嘴	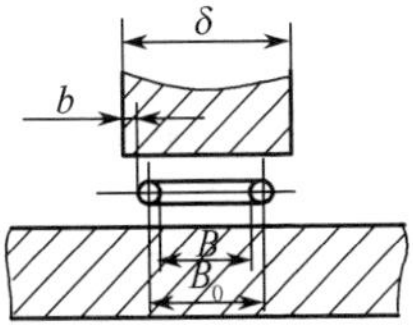	$B=\delta-25$ $b=2.5$ $B_0=\delta-15$	常用于 80～130 最大可焊 170
角接头	双丝熔嘴	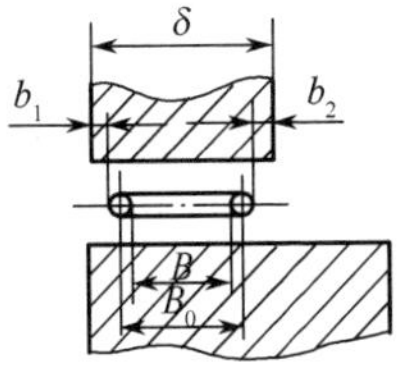	$B=\delta-32$ $b_1=10$ $b_2=2$ $B_0=\delta-22$	常用于 80～140 最大可焊 180

表 5-18 多熔嘴在大断面对接接头中的排列位置与尺寸

熔嘴形式	排列示意图	熔嘴位置与尺寸/mm	特点与说明
单丝熔嘴	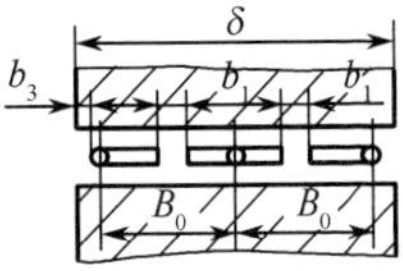	$B_0=\dfrac{\delta-20}{n-1}$ $b_1=10$～15 $b_3=5$ n 为熔嘴数目	①相邻两导丝管中心距相等，焊丝数目最少，送丝机构简单 ②熔嘴间距较小，绝缘及固定较困难 ③一般 $B_0<180$mm

续表

熔嘴形式	排列示意图	熔嘴位置与尺寸/mm	特点与说明
双丝熔嘴		$b_0=\frac{\delta-20}{2.6n-1}$ $B_0=1.6b_0$ $B=B_0-10$ $b_3=5$	①熔嘴间距较大，固定方便，焊接过程熔嘴间不易短路 ②焊丝数量多，熔宽较均匀，送丝速度可减小，有利于提高焊接过程稳定性 ③焊丝间距取40～70mm为宜 ④焊丝距比B_0/b_0对熔宽均匀影响大，常取$B_0/b_0=1.6$
混合熔嘴		$B_0=\frac{\delta-20}{n}$ $b_2=15\sim20$ $b_3=5$	①焊丝距相等，焊丝数目较少 ②中间为双丝熔嘴，通过电流较大，中部熔宽较大，各相电流难于平衡 ③熔嘴间距较小，绝缘与固定较复杂

（2）焊前准备　焊件的安装与丝极电渣焊方法一样，按一定的装配间隙用Ⅱ形铁装在一起，并装好起焊槽和引出板，再把熔嘴安装在间隙中心并固定在夹持机构上，夹持机构应使熔嘴与焊件绝缘。为了防止焊接过程中熔嘴因受热变形而与焊件短路，故需在熔嘴两边放置绝缘物。绝缘物有熔化的和不熔化的两种。熔化的绝缘物随熔嘴一起熔入渣池，因此其材料不应含有会增加焊缝金属杂质和破坏电渣过程稳定的成分，常用玻璃纤维作绝缘材料，先把它卷成条状，放在水玻璃中浸透，晾干后再放入烘箱烘干，然后切成块把它塞在熔嘴板两边，各绝缘块尽量不要放在同一水平面上，而是互相错开，以免较多绝缘块同时熔入渣池。不熔化的绝缘物可以是耐高温的水泥石棉板或竹楔条等，它能随熔池上升而自由向上移动。

熔嘴电渣焊的焊缝强制成形装置一般采用固定式水冷却成形板，高度为200～350mm，以便于观察焊接过程和测量渣池深度为宜。长焊缝时，每侧可采用两块水冷成形板交替使用。

安装完毕，应通入焊丝检查熔嘴是否通畅，检查冷却水系统是否正常，设备一般要进行空载试车。

（3）引弧造渣 在熔嘴数目不多的情况下，可以采用平底的起焊槽进行起焊造渣。当熔嘴数目较多时，就很难做到同时送丝引弧。因此，建议采用图 5-15 所示阶梯形或斜面形起焊槽起焊造渣。操作时先送入焊件两侧焊丝，引弧后形成渣池，随着熔渣向中间流动，再依次送进其他的焊丝，由此逐渐建立渣池。

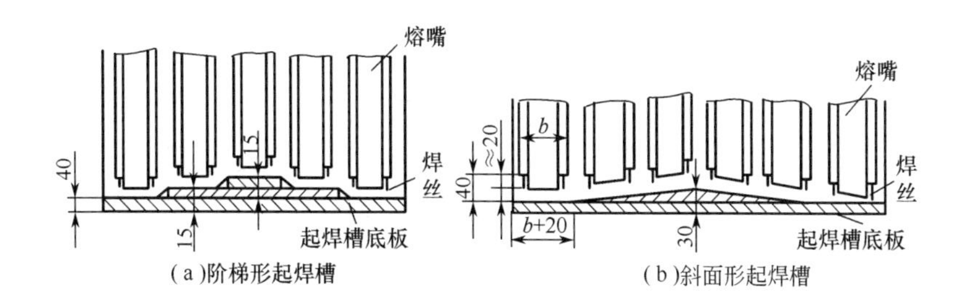

图 5-15 大断面熔嘴电渣焊的起焊槽

引弧电压一般为 45～50V，送丝速度约 100～120m/h，待渣池深度达到要求，再逐步降低电压和加大送丝速度，进入正常焊接。

（4）正常焊接与收尾 熔嘴电渣焊进入正常焊接和收尾的注意事项和操作方法与丝极电渣焊基本相同。在收尾时，焊丝给送速度必须减慢，而焊接电压略微增高，在切断电源后，还需短时间断续送进焊丝，以填满缩孔，防止产生裂纹。

（5）典型焊接工艺参数 几种材料熔嘴电渣焊的典型工艺参数见表 5-19。

2. 变截面熔嘴电渣焊工艺要点

当焊件为不规则截面或截面弯曲度过大时，必须将焊接截面制成矩形后再进行焊接，其截面的形状见表 5-6，图 5-16 是不规则截面电渣焊对接的装配。这样处理后就把复杂的接头变成规则的接头，可按等截面熔嘴电渣焊焊接。

表 5-19 熔嘴电渣焊的焊接工艺参数

结构形式	工件材料	接头形式	工件厚度/mm	熔嘴数目/个	装配间隙/mm	焊接电压/V	焊接速度/m·h^{-1}	送丝速度/m·h^{-1}	渣池深度/mm
非刚性固定结构	Q235A Q345 20	对接接头	80	1	30	40～44	≈1	110～120	40～45
			100	1	32	40～44	≈1	150～160	45～55
			120	1	32	42～46	≈1	180～190	45～55
		T形接头	80	1	32	44～48	≈0.8	100～110	40～45
			100	1	34	44～48	≈0.8	130～140	40～45
			120	1	34	46～52	≈0.8	160～170	45～55
	25 20MnMo 20MnSi	对接接头	80	1	30	38～42	≈0.6	70～80	30～40
			100	1	32	38～42	≈0.6	90～100	30～40
			120	1	32	40～44	≈0.6	100～110	40～45
			180	1	32	46～52	≈0.5	120～130	40～45
			200	1	32	46～54	≈0.5	150～160	45～55
		T形接头	80	1	32	42～46	≈0.5	60～70	30～40
			100	1	34	44～50	≈0.5	70～80	30～40
			120	1	34	44～50	≈0.5	80～90	30～40
	35	对接接头	80	1	30	38～42	≈0.5	50～60	30～40
			100	1	32	40～44	≈0.5	65～70	30～40
			120	1	32	40～44	≈0.5	75～80	30～40
			200	1	32	46～50	≈0.4	110～120	40～45
		T形接头	80	1	32	44～48	≈0.5	50～60	30～40
			100	1	34	46～50	≈0.4	65～75	30～40
			120	1	34	46～52	≈0.4	75～80	30～40
刚性固定结构	Q235A 16Mn 20	对接接头	80	1	30	38～42	≈0.6	65～75	30～40
			100	1	32	40～44	≈0.6	75～80	30～40
			120	1	32	40～44	≈0.5	90～95	30～40
			150	1	32	44～50	≈0.4	90～100	30～40

续表

结构形式	工件材料	接头形式	工件厚度/mm	熔嘴数目/个	装配间隙/mm	焊接电压/V	焊接速度/m·h^{-1}	送丝速度/m·h^{-1}	渣池深度/mm
刚性固定结构	Q235A 16Mn 20	T形接头	80	1	32	42～46	≈0.5	60～65	30～40
			100	1	34	44～50	≈0.5	70～75	30～40
			120	1	34	44～50	≈0.4	80～85	30～40
大截面结构	35 20MnMo 20MnSi	对接接头	400	3	32	38～42	≈0.4	65～70	30～40
			600	4	34	38～42	≈0.3	70～75	30～40
			800	6	34	38～42	≈0.3	65～70	30～40
			1000	6	34	38～44	≈0.3	75～80	30～40

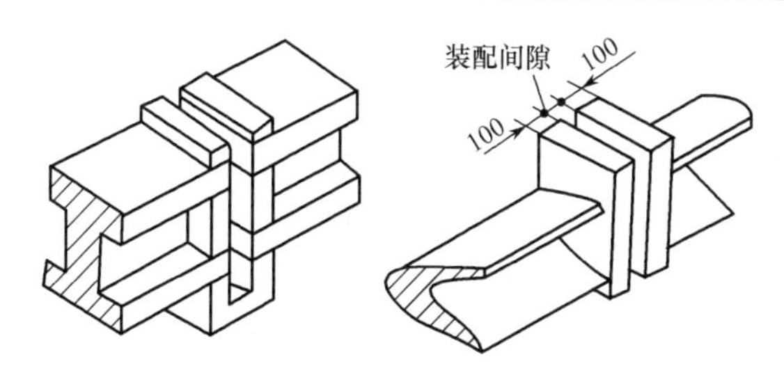

图 5-16 不规则截面电渣焊对接的装配

若截面变化规则且弯曲度不大，则采用变截面的熔嘴电渣焊，其熔嘴的形状与焊件截面相似。当导丝管需弯曲时，常采用由钢丝绕制的密排螺旋管作导丝管并焊到熔嘴板上，如图 5-17 所示。若焊件厚度变化范围很大，焊接时需大幅度改变焊接电流，这时必须通过改变熔嘴内焊丝数目来实现。当厚度在 50mm 以下时，采用单丝焊；在 50～200mm 时，采用双丝焊；大于 200mm 时，采用多丝或多熔嘴。

为了获得稳定的电渣过程、均匀的母材熔深和良好的抗裂性能，在焊接过程中，随着焊接厚度的变化，一方面要调整熔渣数量，以维持渣池深度基本不变；另一方面要调整送丝速度，以维持焊接热输入基本不变。

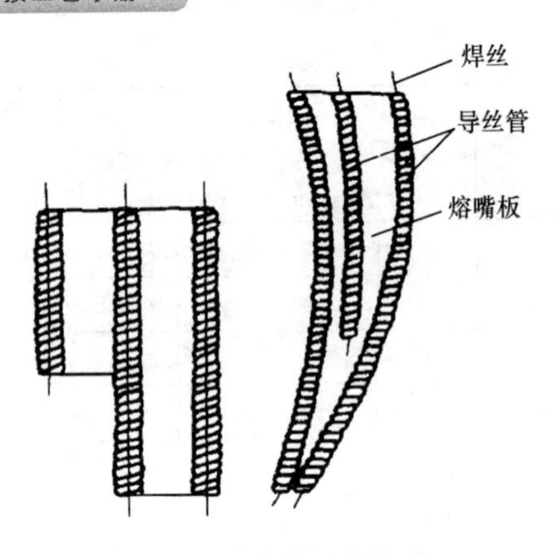

图 5-17 变截面的熔嘴

3. 管极电渣焊工艺

(1) 装配 在保证焊透的前提下，减小装配间隙可使焊接速度增加，从而降低焊接热输入，有利于提高接头力学性能，但过小的装配间隙，会因渣池太小而影响电渣过程的稳定性，常用装配间隙为 20～35mm。上部间隙比下部稍大，一般每米的间隙差为 1.5mm 左右。装配间隙用 Ⅱ 形铁固定，然后装上起弧槽和引出板。再将管极夹持装置固定在工件上或固定在工件上端的固定板上。若一根管极不够长时，可将几根焊在一起接长后使用。管极用铜夹头夹紧，以利于导电。管极在装配间隙中的位置可以利用管极夹持装置调整对中。管极一般距引弧板 15～25mm。在焊接长焊缝时，为了避免管极电压降过大和防止管极因自身电阻热而熔断，可以沿着管极长度方向设置几个导电点。

(2) 引弧造渣 其过程与一般电渣焊相似，但为了防止因渣池上升太快而产生起始端未焊透缺陷，在造渣过程中应采用较低的送丝速度，可采用 200m/h 左右。引弧电压应高一些，因管状熔嘴上电压降较大(每米约为 3V)，一般应保持在 48～50V。当渣池接近焊件时，逐步将送丝速度调整到正常所需的范围。

(3) 焊接 为了保证电渣过程的稳定和焊缝上下熔宽基本一致，在送丝速度一定的情况下，应尽可能保持渣池电压和渣池深度基本不变。由于电压表指示的电压值为渣池电压和管极压降之和，而管极较细长，自身压降较大，所以为了保持渣池电压变化尽量小，应随着管极长度熔短；而适当减小焊接电压，特别是焊接长焊缝，而管极中间又无导电点时，这样做尤为重要。焊接电流的选择主要取决于管极钢管截面积大小，电流过大，会使管极温升过高，药皮可能达到熔化状态而失去绝缘效能，一旦与工件接触起弧，造成管极熔断，焊接将被迫中断；电流过小，会产生未熔合缺陷，并且焊接速度低，接头晶粒长大严重，表 5-20 列出了管极钢管截面积与承受焊接电流的范围。送丝速度比一般电渣焊高一些，这有利于改善接头的力学性能。但也不能太高，否则焊缝表面粗糙，并可能出现裂纹，一般为 200～300m/h。熔渣的深度应比一般电渣焊略大一些，这是因为管极电渣焊的渣池体积小，不易稳定，通常采用35～55mm。表 5-21 列出了管极电渣焊常用的焊接电流和电压。

表 5-20　管极钢管截面积与承受焊接电流的范围

钢管规格/mm	ϕ14×4	ϕ14×3	ϕ12×4	ϕ12×3	ϕ10×3
截面积/mm²	126	104	100	85	65
电流范围/A	630～820	520～700	500～650	425～550	320～420

表 5-21　管极电渣焊常用的焊接电流和电压

板厚/mm	钢管规格/mm	钢管截面积/mm²	焊丝直径/mm	焊接电压/V	焊接电流/A
20～24	ϕ12×4	100	3.0～3.2	40～42	500～550
25～50	ϕ12×4	100	3.0～3.2	40～46	500～600
50～100	ϕ12×4	100	3.0～3.2	45～55	500～600

（4）收尾　与一般电渣焊一样，收尾时适当降低电压，断电后仍需继续送焊丝以填满熔坑。

（5）焊接工艺参数　表 5-22 列出了常用材料管极电渣焊典型工艺参数。

表 5-22 常用材料管极电渣焊典型工艺参数

结构形式	工件材料	接头形式	工件厚度/mm	管极数目/根	装配间隙/mm	焊接电压/V	焊接速度/m·h^{-1}	送丝速度/m·h^{-1}	渣池深度/mm
非刚性固定结构	Q235A Q345 20	对接接头	40	1	28	42～46	≈2	230～250	50～60
			60	2	28	42～46	≈1.5	120～140	40～45
			80	2	28	42～46	≈1.5	150～170	45～55
			100	2	30	44～48	≈1.2	170～190	45～55
			120	2	30	46～50	≈1.2	200～220	55～60
		T形接头	60	2	30	46～50	≈1.5	80～100	30～40
			80	2	30	46～50	≈1.2	130～150	40～45
			100	2	32	48～52	≈1.0	150～170	45～55
刚性固定结构	Q235A Q345 20	对接接头	40	1	28	42～46	≈0.6	60～70	30～40
			60	2	28	42～46	≈0.6	60～70	30～40
			80	2	28	42～46	≈0.6	75～80	30～40
			100	2	30	44～48	≈0.6	85～90	30～40
			120	2	30	46～50	≈0.5	95～100	30～40
		T形接头	60	2	30	46～50	≈0.5	60～65	30～40
			80	2	30	46～50	≈0.5	70～75	30～40
			100	2	32	48～52	≈0.5	80～85	30～40

注：管极采用无缝钢管，尺寸为 ϕ12mm×3mm 或 ϕ14mm×4mm。

六、板极电渣焊工艺

(1) 装配　在保证母材熔深、焊接过程稳定、板极与焊件不发生短路与起弧的情况下，应尽可能地减小装配间隙，以提高焊接生产率。按实践经验，板极与焊件之间的距离一般为 7～8mm，板极厚度加上两侧距离即为装配间隙。安装时，装配间隙应是上大下小，其差值视工艺试验的结果而定。

板极的数目由被焊件的厚度和板极宽度而定。单板极可焊工件厚度小于 110～150mm。再厚的焊件宜用多板极，为了使电源三相负荷均匀，板极数目尽可能取 3 的倍数。板极应置于装配间隙的中心线上，多板极的极间距离一般为 8～13mm。板极电渣焊时，通常采用深槽的冷却成形板，其槽深约为 10～15mm，因此板极外侧边缘同焊件表面可以对齐或凸出不大于 5mm，当板极很厚时，也可凹入焊件表面。

其余装配工作和要求与前面相同。

（2）引弧造渣　由于板极截面积大，引弧造渣较丝极困难。为此，常将板极端部切成 60°～90°尖角，也可切成或焊上宽度较小的板条。造渣方法除采用铁屑引弧造渣或导电焊剂无弧造渣外，还可以采用注入熔渣法，即先将焊剂放在坩埚内熔化，然后注入起焊槽内，立即建立电渣过程。在多板极焊接时，所有板极同时向下送进，各板极端部形状和尺寸相同，端面在同一水平面上。当焊接较厚工件时，为便于造渣，可以利用厚度为 2mm 的钢板在起焊槽的底板上焊成引弧槽(图 5-18)。

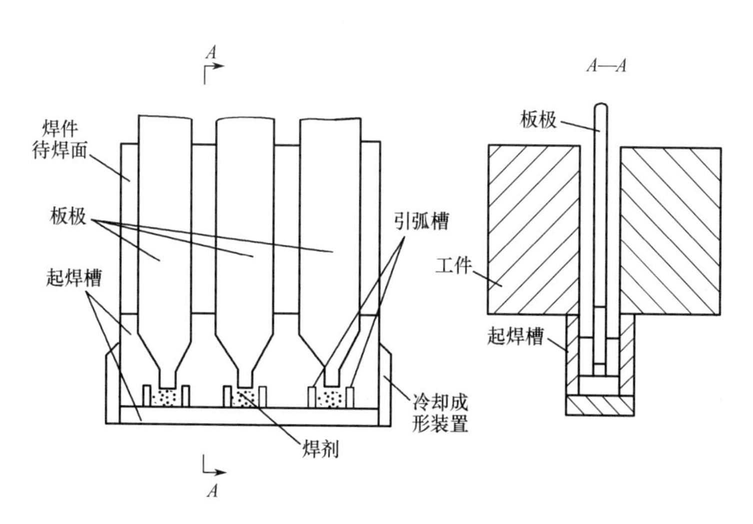

图 5-18　用引弧槽造渣示意

(3) 焊接　在正常焊接过程中，主要监控焊接电流（板极送进速度）、焊接电压和渣池深度。焊接电流按板极截面积来确定，一般板极的电流密度取 0.4～0.8A/mm²，当焊件厚度较小时，可以增加到 1.2～1.5A/mm²。由于板极电渣焊的焊接电流波动范围大，难于准确测量和控制，所以可根据试焊时所得的焊接电流和板极送进速度之间的比例关系，正确地控制板极送进速度，一般取 0.5～2m/h，常用 1m/h。焊接电压常用 30～40V。过高，则板极末端插入渣池过浅，而且母材熔深过大，增加母材在焊缝中的比例而降低抗裂性能。渣池的深度一般为 30～35mm，若过深，则母材熔深减小，可能焊缝成形不良或产生未焊透；若过浅，电渣过程不稳。当板极送进速度很大或焊件很厚时，可适当增加渣池的深度。在焊接过程中，不仅要经常检查和调整上述工艺参数，还要注意防止板极与工件、板极与冷却成形板（块）及板极与板极之间产生接触短路。为此，可在板极送进机构上加导向装置，或在上述各部位之间用层压板或竹条绝缘。

(4) 收尾　焊缝收尾方法除同样可采用间断送进板极，逐渐减小焊接电流和电压外，还可以采用间断供电的方法，停电约 5～15s，依次增加，供电时间 10～15s，依次减小。这样重复进行 5～7 次。

七、焊后处理

电渣焊具有自预热作用，焊接时所产生的热会传到焊缝上方的母材，所以焊前不需预热。又由于焊后的冷却速度非常缓慢，一般也不需要后热。

多数电渣焊的应用，特别是焊接结构钢，不要求焊后热处理。通常电渣焊缝在焊后状态产生一种有益的残余应力分布：其焊缝表面及热影响区为压应力，而焊缝中心为拉应力。若焊后热处理，这种有益的残余应力会消失掉。但是，进行细化晶粒的焊后热处理，对改善热影响区缺口韧性是有益的，而且对焊缝金属也有好处，所以像锅炉与压力容器的一些设计规程中对制造厚度超过 38mm 的碳素钢(超过 34mm 的 16MnR，超过 32mm 的 15MnVR)要求焊后热处理。通常是正火处理、回火处理或调质处理。一般不采用退火处理，因为这种处理必然降低强度。经过调质处理的钢，必须在电渣焊后重新进行调质处理，以恢复热影响区的性能。对于大型或形状不规则的经调质处理的结构钢，一般是不允许用电渣焊进行焊接的，因这种结构很难进行焊后再调质处理。

此外，管极电渣焊多用于焊接厚度较小的钢板，同时采用较高的焊接速度，焊接时，焊缝金属熔池的冷却速度较快，焊件高温停留时间较短，其热影响区较小。并且在管极的药皮中通常又加入一定数量的钛铁，可使焊缝金属晶粒细化，所以焊后接头的力学性能，特别是韧性较其他电渣焊方法时高，可以不进行热处理也能符合一般产品的设计要求。这种工艺在我国大型高炉和大型建筑钢结构中已广泛使用。

八、电渣焊接头的缺陷及质量检验

(1) 电渣焊接头常见缺陷、产生原因及预防措施 见表 5-23。

表 5-23 电渣焊接头缺陷、产生原因及预防措施

名称	特 征	产 生 原 因	预 防 措 施
热裂纹	①热裂纹一般不伸展到焊缝表面，外观检查不能发现，多数分布在焊缝中心，呈直线状或放射状，也有的分布在等轴晶区和柱晶区交界处，热裂纹表面多呈氧化色彩，有的裂纹中有熔渣 ②裂纹产生于焊接结束处或中间突然停止焊接处	①母材中的 S、P 等杂质元素含量过高 ②焊丝送进速度过大造成熔池过深，是产生热裂纹的主要原因 ③焊丝选用不当 ④引出结束部分的裂纹主要是由于焊接结束时，焊接送丝速度没有逐步降低	①严控母材中 S、P 等杂质元素含量 ②降低焊丝送进速度 ③选用抗热裂纹性能好的焊丝 ④金属件冒口应远离焊接面 ⑤焊接结束前应逐步降低焊丝送进速度

续表

名称	特　征	产 生 原 因	预 防 措 施
冷裂纹	冷裂纹多存在于母材或热影响区，也有的由热影响区或母材向焊缝中延伸，冷裂纹在焊接结构表面即可发现，开裂时有响声，裂纹表面有金属光泽	冷裂纹是由于焊接应力过大，金属较脆，因而沿着焊接接头处的应力集中处开裂(缺陷处) ①复杂结构，焊缝很多，没有进行中间热处理 ②高碳钢、合金钢焊后没有及时进炉热处理 ③焊接结构设计不合理，焊缝密集，或焊缝在板的中间停焊 ④焊缝有未焊透、未熔合缺陷，没有及时清理 ⑤焊接过程中断，咬边没有及时焊补	①设计时，结构上避免密集焊缝及在板中间停焊 ②焊缝很多的复杂结构，焊接一部分焊缝后，应进行中间清除应力热处理 ③高碳钢、合金钢焊后应及时进炉，有的要采取焊前预热，焊后保温措施 ④焊缝上缺陷要及时清理，停焊处的咬边要趁热挖补 ⑤室温低于0℃时，电渣焊后要尽快进炉，并采取保温措施
未焊透	焊接过程中母材没有熔化，与焊缝之间造成一定缝隙，内部有熔渣，在焊缝表面即可发现	①焊接电压过低 ②焊丝送进速度太小或太大 ③渣池太深 ④电渣过程不稳定 ⑤焊丝或熔嘴距水冷成形滑块太远，或在装配间隙中位置不正确	①选择适当的焊接工艺参数 ②保持稳定的电渣过程 ③调整焊丝或熔嘴，使其距水冷成形滑块距离及在焊缝中位置符合工艺要求
未熔合	焊接过程中母材已熔化，但焊缝金属与母材没有熔合，中间有片状夹渣，未熔合一般在焊缝表面即可发现，但也有的不延伸至焊缝表面	①焊接电压过高，送丝速度过低 ②渣池过深 ③电渣过程不稳定 ④焊剂熔点过高	①选择适当的焊接工艺参数 ②保持电渣过程稳定 ③选择适当的熔剂

续表

名称	特征	产生原因	预防措施
气孔	H_2 气孔在焊缝截面上呈圆形，在纵截面上沿焊缝中心线方向生长，多集中于焊缝局部地区	主要是水分进入渣池 ①水冷成形滑块漏水 ②耐火泥进入渣池 ③熔剂潮湿	①焊前仔细检查水冷成形滑块 ②熔剂应烘干
	CO 气孔在焊缝横截面上呈密集的蛹形，在纵截面上沿柱晶方向生长，一般整条焊缝都有	①采用无硅焊丝焊接沸腾钢，或含硅量低的钢 ②大量氧化铁进入渣池	①焊接沸腾钢时采用含硅焊丝 ②工件焊接面应仔细清除氧化皮，焊接材料应去锈
夹渣	常存在于电渣焊缝中或熔合线上，常呈圆形，中有熔渣	①电渣过程不稳定 ②熔剂熔点过高 ③熔嘴电渣焊时，采用玻璃丝棉绝缘时，绝缘块进入渣池数量过多	①保持稳定电渣过程 ②选择适当熔剂 ③不采用玻璃丝棉的绝缘方式

（2）质量检验　电渣焊接头的质量检验主要有外观检查和无损探伤。

① 外观检查　焊后清除熔渣、割去起焊槽和引出板后检查焊接接头是否存在表面裂纹、未焊透、未熔合、夹渣、气孔等缺陷。如有这些缺陷应清除后进行焊补。

② 无损探伤　是对接头内部质量进行检查，主要采用超声波探伤。对重要结构也可采用射线探伤和磁粉探伤。电渣焊接头中的面状缺陷，如裂纹、未焊透、未熔合等，具有方向性，因此对不同接头的超声波探伤要选用不同形式的探头进行探测。

第二节　等离子弧切割

利用等离子弧的热能实现金属材料熔化的切割方法称等离子弧切割。其切割原理如图 5-19 所示，利用高速、高温和高能的等离子热气流来加热和熔化被切割材料，并借助内部的或外部的高速气流(或水流)将熔化材料排开，直至等离子气流束穿透工件背面而形成切口。

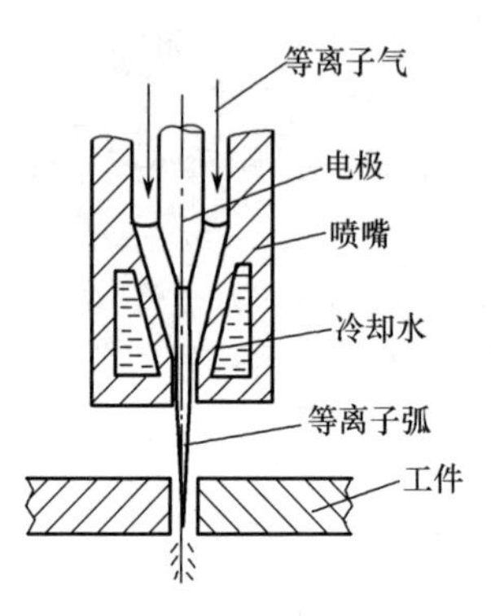

图 5-19 等离子切割原理示意

等离子弧柱的温度高，可达 10000～30000℃，远远超过所有金属以及非金属的熔点。因此等离子弧切割过程不是依靠氧化反应，而是靠熔化来切割材料。因而其适用范围比氧切割大得多，能切割绝大部分金属和非金属。其切口窄，切割面的质量较好，切割速度快，切割厚度可达 150～200mm。

随着空气等离子弧技术的发展，用空气等离子弧切割厚度 20mm 以下的碳钢和低合金钢时，由于切割速度快，其综合效益已赶上或超过氧-乙炔切割。

一、等离子弧切割分类

目前工业上已应用的等离子弧切割方法大致可从以下几个方面进行归纳：按所用的工作气体(即等离子气)分，有氩等离子弧、氮等离子弧、氧等离子弧和空气等离子弧等切割方法；按对电弧压缩情况分，有一般等离子弧(指电弧只经过机械压缩、热压缩和电磁压缩)和水再压缩等离子弧切割两类。这里介绍有代表性的三种。

1. 一般等离子弧切割

复合式等离子割枪如图 5-20 所示。一般的等离子弧切割不用保护气体，所以工作气体和切割气体从同一个喷嘴内喷出。引弧时，喷出小气流的离子气体作为电离介质。切割时则同时喷出大气流的气体以排除熔化金属。

切割金属材料通常都采用转移型电弧，因为工件接电，电弧挺度好，可以切较厚的钢板。切割薄金属板材时，可以采用微束等离子弧切割，以获得更小的切口。常用工作气为氮、氩或两者的混合气。

2. 水再压缩等离子弧切割

水再压缩等离子弧切割原理如图 5-21 所示，由工作气体形成等离子弧，并从铜喷嘴与陶瓷(或其他绝缘材料)喷嘴之间的小孔中喷出经过处理的高压水，对等离子弧再次加以压缩(即水再压缩)。同时，由于高温电弧使水迅速汽化，这一汽化层在等离子弧外围形成一个温度梯度很大的“套筒”，进一步加强了热收缩效应，使电

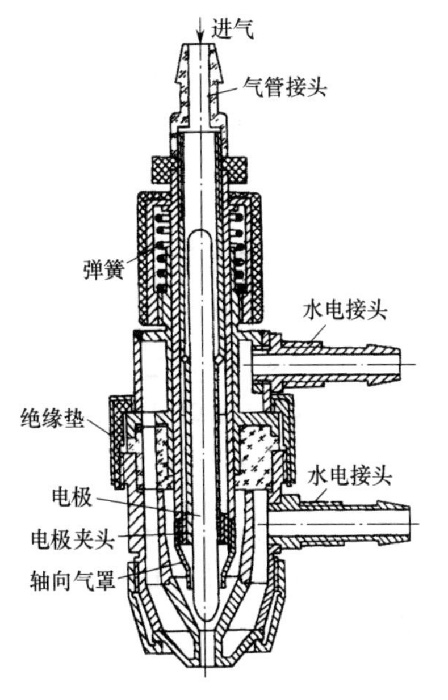

图 5-20 复合式等离子割枪

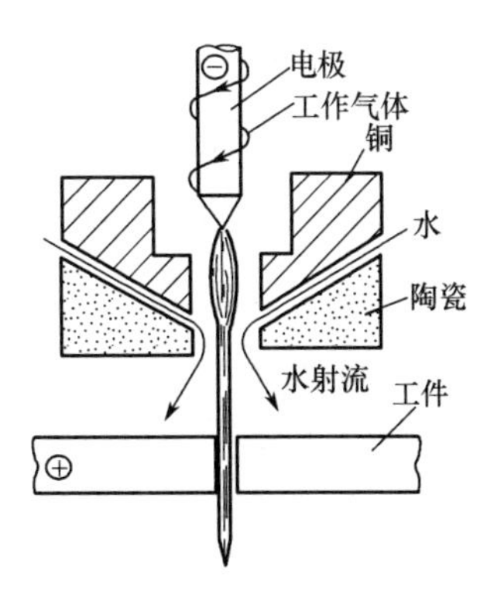

图 5-21 水再压缩等离子弧切割原理

弧能量密度大大提高，形成温度极高、挺度好且流速大的等离子弧。部分水在高温下分解成 H_2 和 O_2，它们与工作气体共同组成切割气体，使等离子弧具有更高的能量。

工作气体主要是氧、氮和空气，若采用的是压缩空气，就成为水再压缩空气等离子弧切割。

水再压缩等离子弧切割的水喷溅严重，一般在水槽中进行，工件位于水面下 200mm 左右，切割时，利用水的特性，可以使切割噪声降低 15dB 左右，并能吸收切割过程中所形成的强烈弧光、金属颗粒、烟尘和紫外线等，大大地改善了劳动条件。由于水的冷却作用，使割口平整，割后变形小，割口宽度窄。

由于水再压缩等离子弧具有很好的切割性能，所以既能切割不锈钢和铝，又可切割碳素结构钢。

3. 空气等离子弧切割

空气等离子弧切割有两种形式，其切割原理如图 5-22 所示。

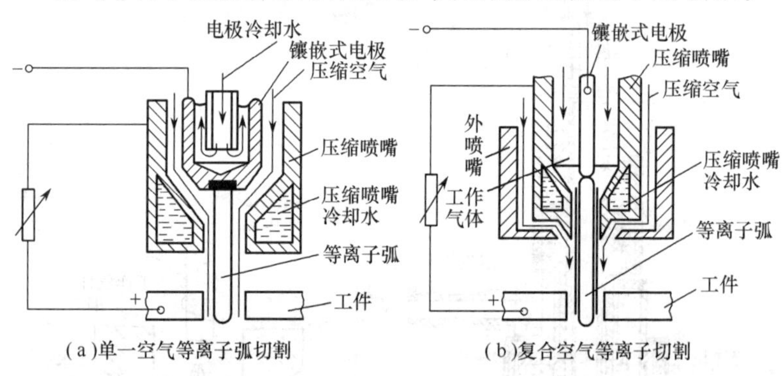

图 5-22　空气等离子弧切割原理

(1) 单一空气等离子弧切割　图 5-22(a)所示为以压缩空气作为工作气体和排除熔化金属气流的单一空气等离子弧切割。此法特别适于切割厚度 30mm 以下的碳钢，也可切割铜、不锈钢和铝及其他材料。但这种形式的电极受到强烈氧化，故不能采用纯钨电极或氧化物钨电极，一般采用镶嵌式纯锆或纯铪电极。即使这样，电极的工作寿命一般只有 5～10h。

（2）复合空气等离子弧切割　在图5-22(b)中，割炬采用内外两层气流的喷嘴，内喷嘴通入常用的工作气体（N_2或Ar等），外喷嘴内通入压缩空气，这样就避免了空气与电极直接接触而被氧化，因此可以采用纯钨电极或氧化物钨电极，简化了割炬的电极结构。但这种形式的切割需两套供气系统。

空气等离子弧切割由于压缩空气来源方便，成本低，尤其是在加工工业中用于碳素钢和低合金钢的切割，具有切割速度快、切割面质量好、热变形小等优点，故颇受欢迎。切割不锈钢和铝合金时，由于氧与铝及不锈钢中的铬反应生成高熔点氧化物，因此切割面较为粗糙。

空气等离子弧切割按所使用工作电流大小一般分大电流切割法和小电流切割法两种。大电流空气等离子弧切割的工作电流在100A以上，实用上多在150～300A之间，采用水冷式割炬，其尺寸和重量较大，主要装在大型切割机上切割厚度30mm以下的碳钢和不锈钢等。小电流空气等离子弧切割的工作电流小于100A，可小至10A，切割厚0.1mm的薄金属板。因切割电流小，割炬受热大为减少，一般不需水冷却，由空气冷却即可，因而割炬结构简单，体积小，重量轻，既可手持操作，又可安装在小型切割机上使用。由于碳素钢、不锈钢和有色金属都能用同一把割炬切割，其适应性强，故特别适合多品种、小批量生产的中、小企业使用。

空气等离子弧切割的主要缺点是切割面上附有氮化物层，焊接时焊缝中会产生气孔。因此用于焊接的切割边，焊前需用砂轮打磨，费工时；此外，电极和喷嘴易损耗，使用寿命短，需经常更换。

二、等离子弧切割工艺

1. 气体选择

形成等离子弧的工作气体有Ar、N_2、H_2、O_2、空气及某些混合气体。Ar是单元子气体，易电离，电离度高，电弧稳定，因是惰性气体，高温下不会与金属起化学反应，故对电极和喷嘴有一定保护作用。但它的热导率低，携热性差，弧柱较短，故切割能力较低，现在很少单一使用，而是和 H_2 或 N_2 混合使用。

N_2 是双原子气体，热压缩效应好，动能大，但引弧和稳弧性差，要求电源具有较高的空载电压。由于 N_2 等离子弧的弧柱长，切割能力大，故常单独作为工作气体。N_2 在高温时会与金属起反应，对电极有侵蚀作用，宜加入 Ar 或 H_2。N_2 还会使切割面氮化。

O_2 也是双原子气体，离解热高，携热性好，在切割时投入工件的热量多，故可单独作为工作气体。它具有氧化性，当切割铁基金属时，既发生高温等离子的熔割过程，又有铁氧燃烧放热过程，热量增加，加速切割进程，但使钨极烧损快，故必须使用特殊电极材料或割炬结构。

空气是 N_2 和 O_2 等的混合气体，其中含 78%的 N_2 和 21%的 O_2(质量分数)，因此它的特性与 N_2 接近，又具有氧化性的特点，故应用较多。但它又兼有 N_2 和 O_2 的缺点，会使金属氮化和电极氧化。

表 5-24 列出了各种气体在等离子弧切割中的适用性。

表 5-24 各种气体在等离子弧切割中的适用性

气体	主要用途	备注
Ar，$Ar+H_2$，$Ar+N_2$，$Ar+N_2+H_2$	切割不锈钢、有色金属及其合金	Ar 仅用于切割薄金属
N_2，N_2+H_2		N_2 仅作为水再压缩工作气体，也可用于切割碳钢
O_2，空气	切割碳钢和低合金钢，也用于切割不锈钢和铝	重要的铝合金结构不用

2. 工艺参数的选择

(1) 切割电流　主要受喷嘴孔径和电极直径限制。因为切割电流过大，极易烧损电极和喷嘴，且易产生双弧。对于非氧化性气体等离子弧切割时，可按式(5-3)选用。

$$I=(70\sim100)d \tag{5-3}$$

式中　I——切割电流，A；

d——喷嘴孔径，mm。

（2）空载电压　与使用的工作气体的电离度有关，根据预定使用的工作气体种类和切割厚度，在设计切割电源时就已确定，但它会影响切割电压。空载电压高，易于引弧。

切割大厚件和采用双原子气体时，空载电压相应要高。空载电压还与割炬结构、喷嘴至工件距离、气体流量等有关。高空载电压，对手工切割存在安全问题，要注意防护。

（3）气体流量　要与喷嘴孔径相适应。气体流量大，利于压缩电弧，使等离子弧能量更为集中，提高工作电压，对提高切割速度和及时吹走熔化金属有利。但流量过大，从电弧中带走的热量过多，降低切割能力，切割面质量恶化，也不利于电弧稳定。

（4）切割速度　主要受切割质量制约。一般都希望用高的切割速度，但速度过快，切口下缘和切割面上会挂渣，后拖量大甚至割不透；速度过慢，不仅切割效率降低，切割质量也变差，切口变宽，切割面倾斜度加大，切口下缘挂渣等。通常是根据割件的材质和厚度选用工作电流合适的割炬，在切割时以切口下缘无粘渣或少量挂渣时的切割速度为宜，稍有后拖量是允许的。

（5）喷嘴距工件的高度　在电极内缩量一定时（常为2～4mm），喷嘴距工件的高度一般为6～8mm。空气等离子弧切割和水再压缩等离子弧切割的喷嘴距工件高度可略小。

表5-25～表5-27分别为常用金属采用不同切割方法时的切割工艺参数参考值。

表5-25　等离子弧切割工艺参数

材料	工件厚度/mm	喷嘴孔径/mm	空载电压/V	切割电压/V	切割电流/A	氮气流量/L·min^{-1}	切割速度/cm·min^{-1}
不锈钢	8	$\phi3$	160	120	185	32～36	75～83
	20	$\phi3$	160	120	220	35～38	53～67
	30	$\phi3$	230	135	280	42	58～61
	45	$\phi3.5$	240	145	340	45	34～42

续表

材料	工件厚度/mm	喷嘴孔径/mm	空载电压/V	切割电压/V	切割电流/A	氮气流量/L·min^{-1}	切割速度/cm·min^{-1}
铝及铝合金	12	ϕ2.8	215	125	250	73	130
	21	ϕ3.0	230	130	300	73	125～130
	34	ϕ3.2	240	140	350	73	58
	80	ϕ3.5	245	150	350	73	17
碳钢	50	ϕ7	252	110	300	17.5	17
	85	ϕ10	252	110	300	20.5	8

表 5-26 水再压缩等离子弧切割工艺参数

材料	工件厚度/mm	喷嘴孔径/mm	切割电压/V	切割电流/A	压缩水流量/L·min^{-1}	氮气流量/L·min^{-1}	切割速度/cm·min^{-1}
低碳钢	3	ϕ3	145	260	2	52	500
	3	ϕ4	140	260	1.7	78	500
	6	ϕ3	160	300	2	52	380
	6	ϕ4	145	380	1.7	78	380
	12	ϕ4	155	400	1.7	78	250
	12	ϕ5	160	550	1.7	78	290
	51	ϕ5.5	190	700	2.2	123	60
不锈钢	3	ϕ4	140	300	1.7	78	500
	19	ϕ5	165	575	1.7	78	190
	51	ϕ5.5	190	700	2.2	123	60
铝	3	ϕ4	140	300	1.7	78	572
	25	ϕ5	165	500	1.7	78	203
	51	ϕ5.5	190	700	2	123	102

表 5-27　小电流空气等离子弧切割工艺参数

材料	工件厚度/mm	喷嘴孔径/mm	空载电压/V	切割电压/V	切割电流/A	压缩空气流量/L·min^{-1}	切割速度/cm·min^{-1}
不锈钢	8	ϕ1	210	120	30	8	20
	6	ϕ1	210	120	30	8	38
	5	ϕ1	210	120	30	8	43
碳钢	8	ϕ1	210	120	30	8	24
	6	ϕ1	210	120	30	8	42
	5	ϕ1	210	120	30	8	56

三、安全与防护

等离子弧切割时的有害因素主要包括有害气体、金属烟尘、噪声、弧光(紫外线)辐射、高频电磁场等。危险因素主要是电击。因此，必须十分重视安全与防护工作。

1. 防电击

等离子弧切割用的电源空载电压较高，尤其在手工操作时，有电击危险。因此，电源在使用时，必须可靠接地；割炬与手触摸部分必须可靠绝缘。只要有条件尽可能采用自动操作。

2. 防弧光辐射

等离子弧较其他电弧的光辐射强度大，尤其是紫外线，对皮肤损伤严重。手工切割时，操作者必须戴上良好的面罩、手套、颈部保护用品。面罩除用黑色目镜外，最好再加入吸收紫外线镜片。自动切割时设防护屏与操作者隔开。

3. 防烟尘

由于等离子弧的温度极高，故在等离子弧切割时伴随大量金属蒸气、臭氧和氮化物等产生，加上切割时气体流量大，可能导致工作场地灰尘大量扬起，对操作人员呼吸道和肺有严重影响。为此，工作场地必须配备通风设备，焊工在操作中也要注意防护。如焊工操作时应避开烟尘，条件允许的地方可以戴静电防尘口罩。也可在水中切割，由水吸收烟尘。

4. 防噪声

由于等离子切割时等离子焰流的速度很高，工作时会发出很大的噪声。噪声大小主要取决于切割电流，电流越大，噪声越强。噪声对听觉系统和神经系统有害，当噪声能量集中在2000～8000Hz范围内，要求操作者戴耳塞。如可能采用自动切割，操作者在隔音室内操作。也可在水中切割，利用水吸收噪声。

5. 防高频

等离子弧切割需采用高频振荡引弧。高频电磁场对人体有一定危害。防止措施主要是：引弧频率选择在20～60kHz为宜；高频发生器配屏蔽罩；工件可靠接地；转移弧引燃后，立即可靠地切断高频发生器；用高频火花检查电极对中时，应尽量缩短时间。

四、等离子弧焊接

等离子弧用于切割，前边已经讲过了。用于焊接，也有其独特的优势。由于等离子弧的特点，用于焊接时可适应任何位置的焊接。等离子弧可焊的厚度从0.01mm的金属箔，到8mm厚的钢板，可在不开坡口、不留间隙的条件下一次焊透，并能保证背面成形。因此，这也是一个值得掌握的焊接技术。

1. 等离子弧焊接分类

与切割不同，用于焊接的等离子弧要根据工件的材质和厚度的不同，选用不同能量的等离子弧(焊接电流)和不同的焊接原理。根据焊缝形成原理不同，等离子弧焊可分为以下两种。

(1) 小孔型等离子弧焊接　小孔型等离子弧焊接是利用等离子弧的穿透能力，焊接时在焊缝的熔池上形成一个贯穿焊件的小熔孔(如图5-23所示)，但由于熔孔很小，孔内的液态金属却不能从下面流出。当电弧向前移动时，小孔被新熔化的液态金属填充→冷却→形成焊缝。用这种方法焊接，在一定的厚度范围内，可以不留间隙、不加焊丝进行焊接，并焊出一个单面焊双面成形的焊缝。

(2) 熔透型等离子弧焊

这种焊接技术只熔化工件、不产生小孔效应。此时的焊接电流

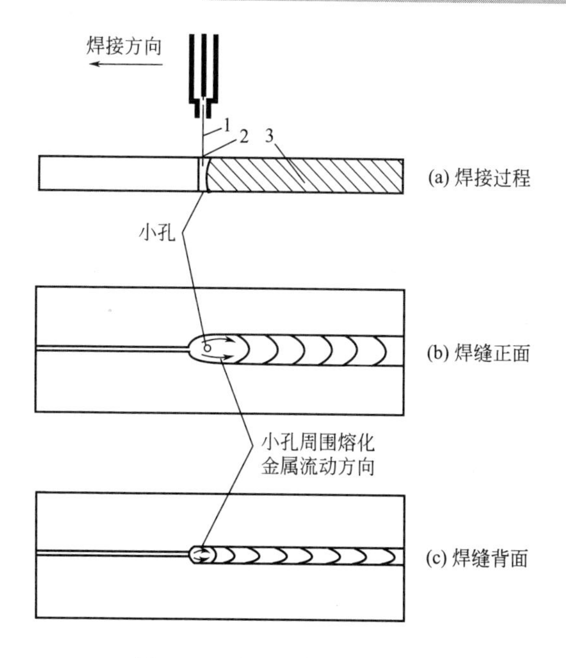

图 5-23 小孔型等离子弧焊

1—等离子弧；2—熔池；3—焊缝金属

和气流都比小孔法要小，其焊接过程与 TIG 焊相似，焊件靠热熔池的热传导熔透。此法用于焊接薄板。

此外，由于等离子弧焊的不同方法与电流有关，还常用电流的大小来分类。表 5-28 为等离子弧焊按电流的分类、特点及应用。

表 5-28 三种电流等离子弧焊的基本特点及应用

类别	电流/A	焊接厚度范围/mm	等离子弧类型	焊接原理	应用
大电流	100～500	3～8	转移型	小孔型	厚度小于 8mm 的钢件
中电流	15～100	0.5～3	联合型	熔透型	薄板结构
小电流(微束)	0.1～15	0.025～0.5	联合型	熔透型	超薄件和精密焊接

2. 等离子弧焊工艺

(1) 焊接基本操作

① 电弧引燃 与其他电弧焊方法不同，等离子弧焊的电弧引

燃不是直接与工件引燃，而是在等离子枪内引燃。主电路结构如图5-24所示。

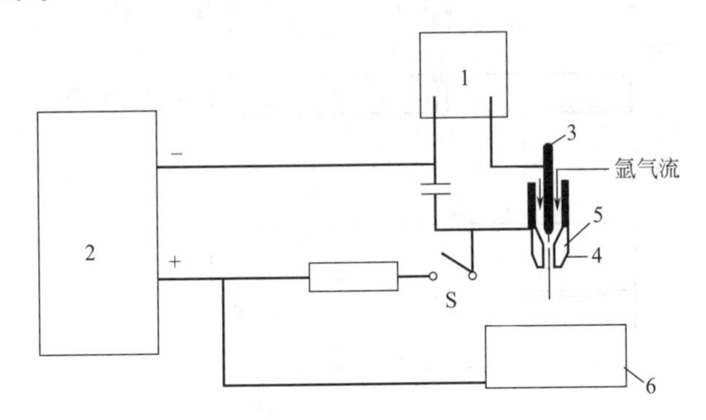

图 5-24 转移型等离子弧的主电路

1—引弧器；2—电源；3—钨极；4—喷嘴；5—冷却水道；6—工件

从图5-24可知，焊接用的等离子弧是由钨极到工件，这个电弧叫做转移弧。但由于钨极与工件间的距离较大，故电弧无法引燃，必须先引燃钨极与喷嘴间的一个小电弧，这个电弧称为非转移弧。

焊接前，先引燃非转移弧。引燃非转移弧是先向喷嘴通入小流量的氩气，然后通过引弧器1发出的高电压，高压电通过电容加在钨极和喷嘴间引燃电弧。引燃后电弧也是由焊接电源供电（将S闭合），但由于有电阻限流，故非转移弧的电流较小，一般在5A左右。在焊接时，只要将喷嘴对准焊接位置，并与工件保持一个合适的距离，加大氩气流便可以将非转移弧吹出，使钨极和工件间引燃电弧，这个电弧电流大，即是用于焊接的转移弧。

另外，当进行小电流焊接时，需要采用联合型等离子弧，即转移弧和非转移弧同时存在，以保证电弧的稳定燃烧。

② 手工焊接　用等离子弧焊接时，由于设备与其他焊接方法有别，其操作也有所不同，其焊接过程如下。

a. 安装设备　等离子弧焊接的设备如图5-25所示。与其他电弧焊一样，焊接电源7引出的两根主线，“＋”极接在焊件1上，“—”极通过控制系统4接在焊枪3的钨极上；离子气气瓶8和保护气气瓶 9 都是从瓶口接减压器，再通过软管接到控制系统 4，再接到焊枪 3；冷却系统主要是进口与水源相接，出口再引一条管子排入下水道或室外即可。并将焊接电源通过空气开关与电网连接。

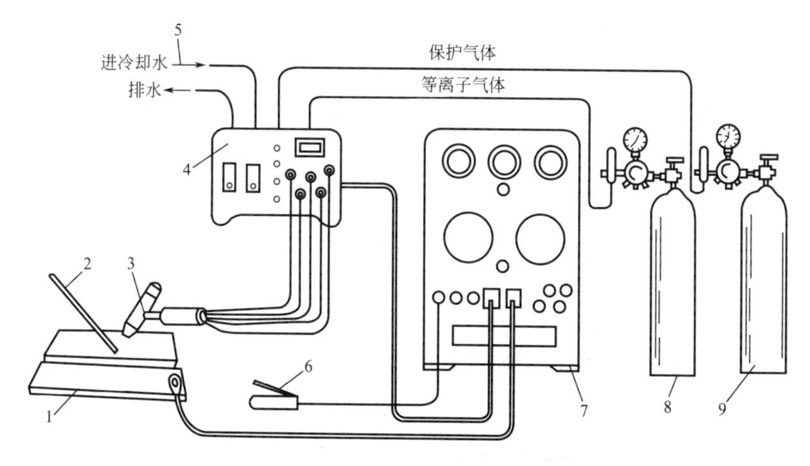

图 5-25 手工等离子弧焊设备

1—焊件；2—焊丝；3—焊枪；4—控制系统；5—水冷系统；6—控制开关；7—焊接电源；8—离子气气瓶；9—保护气气瓶

b. 准备工件及焊接材料　根据所焊的工件，加工好 I 形口或 V 形坡口。并将工件装卡定位。

c. 引燃电弧　焊接前，先检查冷却水供水正常，两气瓶气压满足要求，调整好输出气压，磨好钨极并正确安装，便可引燃非转移弧。引弧时先合上与网络连接的空气开关，此时电源和控制系统通电；然后，手持焊枪，用手指压下引弧开关便可引燃非转移弧。

d. 焊接　当焊接 8mm 厚 I 形口钢板时，在焊缝的起点将焊枪垂直对准待焊缝，踩下控制开关，引燃转移弧，控制好与工件的距离，当听到电弧穿透的声音时，证明小孔形成，便可向前移动焊枪进行焊接。焊枪向前移动的速度要均匀，手要稳，不要焊偏。

如果用自动焊机焊接，那就方便多了。当以上设备都装好后，要检验一下焊枪移动机构能否载着焊枪沿焊缝等速行走，然后引燃电弧，从起点位置开始焊接，直至焊到终点。

厚板（>3mm）焊接时，焊缝的起焊处和终焊处的质量难以保证，常在焊缝两端使用引弧板和引出弧。在焊接环缝时，由于没有办法加引弧板和引出板，可采用焊接电流和离子气流递增式的起弧控制，和电流和离子气流衰减控制来闭合小孔。

e. 焊接结束　焊接结束后首先关闭电源，即断开空气开关，关闭冷却水，关闭两气瓶的瓶阀，松开减压器的调压手柄，放出软管内的余气即可。

③ 焊接接头的结构　等离子弧焊接头一般是对接接头，在 8 mm 以下采用 I 形口，焊薄板（1.6mm 以下）采用卷边接头。对于无法穿透的厚板，采用 V 形坡口。

（2）焊接工艺参数

① 小孔型等离子弧焊的工艺参数　表 5-29 中给出了不同的材料小孔型焊接的工艺参数。

表 5-29　小孔型等离子焊的工艺参数

材料	焊件厚度/mm	焊接电流/A	电弧电压/V	焊接速度/mm·min^{-1}	离子气流量/L·min^{-1}		保护气流量/L·min^{-1}			孔道比 l/d	钨极内缩尺寸/mm	备注
					基本气流	衰减气流	正面	尾罩	反面			
低碳钢	3	140	29	260	3	—	14+1	—	—	3.3/2.8	3	保护气为 Ar+CO_2
低碳钢	5	200	28	190	4	—	14+1	—	—	3.5/3.2	3	保护气为 Ar+CO_2
低碳钢	8	290	27	180	4.5	—	14+1	—	—	3.5/3.2	3	保护气为 Ar+CO_2
不锈钢	3	170	24	500	3.8	—	25	8.4	—	3.2/2.8	3	喷嘴带两个 0.8mm 小孔
不锈钢	5	245	28	340	4.0	—	27	8.4	—	3.2/2.8	3	喷嘴带两个 0.8mm 小孔
不锈钢	8	280	29	217	1.4	2.9	17	8.4	—	3.2/2.9	3	喷嘴带两个 0.8mm 小孔
不锈钢	10	300	30	200	1.7	2.5	20	8.4	—	3.2/3	3	喷嘴带两个 0.8mm 小孔
铜和锌黄铜	2.0①	140	25	510	3.8	—	28	—				
铜和锌黄铜	2.4	180	28	25	4.7		28					
铜和锌黄铜	3.2①	300	33	25	3.8		28					
铜和锌黄铜	3.2	200	27	41	4.7		28					
铜和锌黄铜	6.4	670	46	51	2.4		28					

① w（Zn）30%。

② 熔透型等离子弧焊的工艺参数 对于熔透型等离子弧焊，焊接电流一般比小孔型小些。其常用材料的焊接工艺参数见表 5-30。

表 5-30 熔透型等离子弧焊的工艺参数

材料	焊件厚度/mm	焊接电流/A	焊接速度/mm·min^{-1}	离子气流量/L·min^{-1}	保护气流量/L·min^{-1}	孔道比 l/d	钨极内缩尺寸/mm	备注
低碳钢	1	85	300	1.5	3.5	2.5/2.5	1.5	悬空焊
	1.5	100	270	1.5	3.5	2.5/2.5	1.5	
	2	105	270	1.2	4	3/3	2	
	2.5	130	270	1.2	4	3/3	2	
不锈钢	1	60	270	0.5	3.5	2.5/2.5	1.5	

③ 自动微束等离子弧焊工艺参数 微束等离子弧焊的焊接电流很小，用于精密焊接，焊接参数可参考表 5-31。

表 5-31 微束等离子弧焊工艺参数

材料	焊件厚度/mm	焊接电流/A	电弧电压/V	焊接速度/mm·min^{-1}	离子气流量/L·min^{-1}	保护气流量/L·min^{-1}	喷嘴孔径/mm	接头形式
低碳钢	0.3	8	22	200	0.42	1.7	1.0	对接
	0.8	25	20	250	0.42	1.7	1.5	对接
	1.0	30	20	210	0.42	1.7	1.5	对接
不锈钢	0.025	0.3		127	0.24	9.4①	0.8	卷边
	0.08	1.6		152	0.24	9.4①	0.8	卷边
	0.13	1.6		181	0.24	6①	0.8	对接
	0.25	6.5	24	270	0.6	6	0.8	对接
	0.50	18	24	300	0.6	11	1.0	对接
	0.75	10	25	127	0.24	11①	0.8	对接
	1.0	27	25	275	0.6	11	1.2	对接

① 所用气体为 Ar（99%）+H_2（1%）。

3. 典型工件的等离子弧焊接

（1）不锈钢管道的焊接　现以 $DN108\times5$mm 的 1Cr18Ni10 不锈钢管道的对接为例，介绍用等离子弧焊接的工艺。要求接口完全焊透，并且反面成形良好，没有焊瘤产生。

① 确定焊接方法　根据工件的厚度，此管的对接宜采用小孔型等离子弧焊接工艺。

② 工艺参数的确定　查表 5-29 可以得到工艺参数的参考值，即电流为 245A，焊接速度 340mm/min，离子气流量 4L/min，保护气流量 27L/min，焊枪的孔道比 l/d 为 3.2/2.8，钨极内缩 3mm。焊接时初步按以上参数调整，并引燃电弧进行实际测试。

③ 接口加工　采用小孔型等离子弧焊，接口加工成不留间隙的 I 形接口。那么加工时用管道加工机切断并加工垂直的平口。

④ 设备安装

a. 焊炬安装：如图 5-25 所示，将焊炬冷却水管（进、排）、离子气、保护气管、焊接电缆分别接在控制系统 4 上的对应插口，并安装牢固。

b. 气路安装：焊接不锈钢对气体没有特殊的要求，两种气体均采用氩气。将两个氩气瓶分别装上减压器、流量计和送气软管，再将送气软管接到控制系统 4 的对应接口上。

c. 电路安装：将焊把线一端（负极）装在焊接电源 7 的输出端，另一端接在控制系统 4 的对应接口上；电源上的另一接口（正极）接在工件上；将焊接电源的输入端接在电闸下方的输出接口上。然后接通电闸检验，查看焊接电源的散热口是否向外吹风，若不吹风则电源可能接错，可将任意两火线对调便可解决问题。

d. 冷却水：大电流等离子弧焊的冷却水非常重要。若冷却不良，则会在短时间内烧坏焊枪。在有自来水的地方，可用软管将自来水接到控制系统 4 的冷却水管上，并在排水管上接一个软管，将用过的冷却水排走（至下水道）。

当一切都安装好后可开机调试一下，确认气水路畅通，分别调整离子气的流量为 4L/min，保护气的流量为 27L/min，便准备就绪。

⑤ 焊接 焊接时有两种情况：一是管子匀速转动，焊枪固定在管子上方进行焊接；二是管子固定不动，焊枪绕管子匀速行走一周，并根据不同位置改变角度，但始终与管子焊接点保持垂直。等离子弧焊接多为前者。

若采用前者方法焊接，最好有一个滚胎，滚胎的转动的线速度等于焊接速度。若没有滚胎，可用脚轮制作4个以上滚轮架，图5-26（a）所示为一个滚轮架的结构。将一对滚轮（滚轮直径在30～50mm）固定在钢板上，上面的双点画线所示就是被焊的管子放在滚轮上的情况。图5-26（b）所示为四对滚轮构成的滚轮架的结构。这个结构因为没有动力驱动，需要用手动控制旋转，焊接时应注意转速的控制。焊接过程如下。

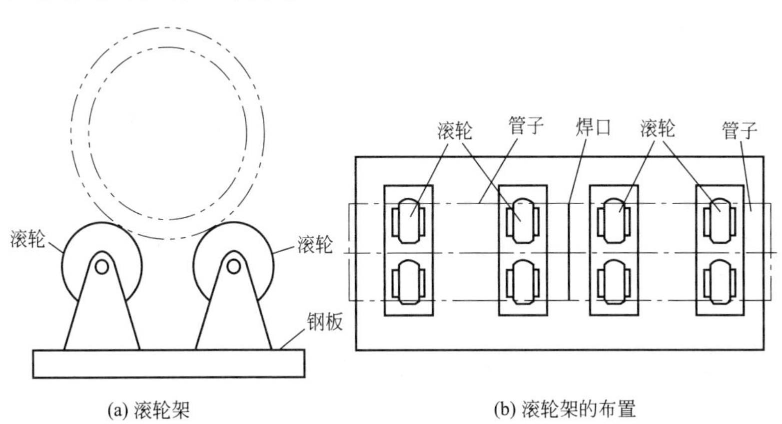

(a) 滚轮架 (b) 滚轮架的布置

图5-26 用脚轮制作滚轮架

a. 引弧 等离子弧的引燃指的是非转移弧的引燃。等离子枪的接线有一条由电源正极接到喷嘴的线，这是引弧电源。引弧过程比较简单，先打开离子气，使其以很小的引弧流量流出，再按下焊枪的手柄上的引弧按钮，高频振荡器便发出高频高压加在钨极和喷嘴之间，非转移弧便引燃，随后松开引弧开关。这个电弧只在喷嘴内燃烧，只能从喷嘴向内看才能够看到。

b. 放置工件　将两管放在滚胎上并使其平直，管接口对严。手转动管子使其旋转，检查接口各位置的接触程度，各处间隙应一致。

c. 点固　将焊枪口对准焊缝的某一位置，距工件 3～8mm，踏下脚踏控制开关 6。此时保护气流流出，离子气流增大，将非转移弧吹出，转移弧（钨极与工件间电弧）引燃，能听到电弧的气流冲击工件的噪声。顺焊缝移动焊枪，约 15mm 左右，便完成一点点固焊；将管子迅速旋转 120°，爆焊枪保持与工件的距离不变，移到下一个点固位置，如前方法焊接，完成第二点点固；再转过 120°，检查两管子是否同轴，再点固第三点。三个点固长度均为 10～15mm。

d. 焊接　检查三个点固焊缝，若焊缝没有明显的下凹，则可以不填充焊丝。三个点固焊点焊完后，一般都将电弧熄灭，焊接时需要重新引弧，即引燃非转移弧。将焊枪垂直向下对准焊缝的最高位置，踏下控制开关 6，开始焊接。小孔穿透时，不仅能听到穿透的声音，从接口的缝隙里看，或者从管子的一端向里看，也能看到穿透的电弧。此时匀速转动管子，控制在 1min 转过一周的速度，即与秒针的转速接近。焊接过程中，要注意不要焊偏；同时要一直听到电弧穿透的声音，即保证焊透。

e. 结束操作　在焊完一周到达始焊位置时逐渐减小离子气流，约与始焊位置重叠 15～20mm 时，使离子气流减小至 0，电弧熄灭。至此焊接完成。

焊完后检查焊缝有无焊偏，若有，可重新补焊。补焊所用方法就是用等离子弧在未焊到的位置再焊一遍即可，补焊时注意结束操作的离子气流衰减的操作。

（2）金银首饰折断的焊接修复　在生活中，金银首饰有折断是常有的事，折断后的连接却很难完成。若用微束等离子焊接则可以修复。修复操作如下。

① 焊接参数　选用喷嘴孔径 1.5mm 的微束等离子焊枪，电流 25A，离子气流 0.42L/min，保护气流 1.7L/min。

② 工件的装卡　用一块厚度 0.8～1.0mm 的普通碳钢板做一个如图 5-27（a）、（b）所示的卡子，再按图 5-27（c）所示的方法将断口处卡住，并弯成合适的角度，以保证修复效果。

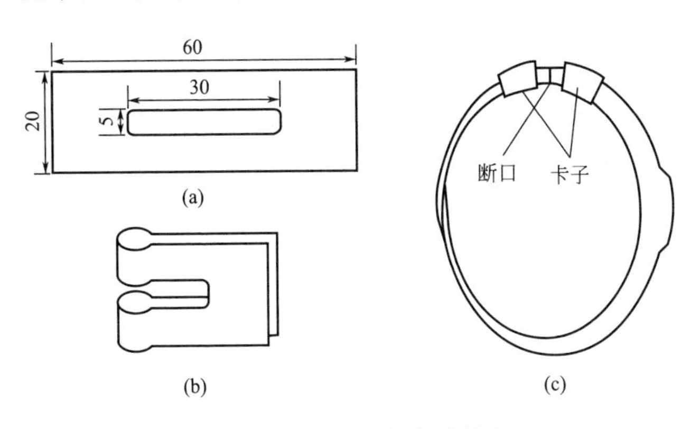

图 5-27　金银饰品的焊前装卡

③ 焊接

a. 设备安装　如图 5-28 所示，微束等离子弧焊的设备有焊枪、焊机、氩气瓶、离子气减压器、保护气减压器等。图中没有设两个气瓶，而是用一个气体分流器分别接两个减压器来完成离子气和保护气的分路。

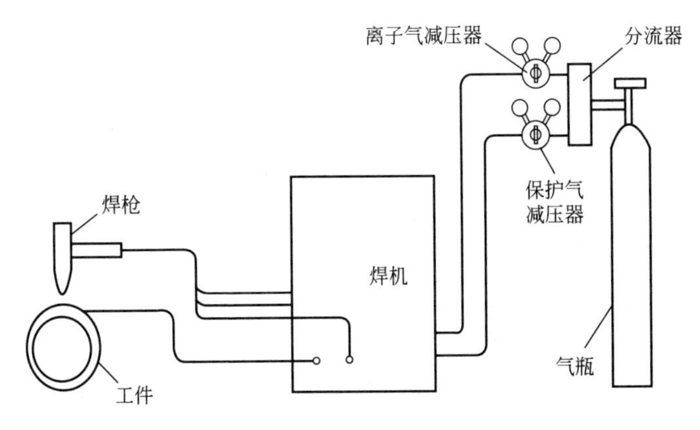

图 5-28　微束等离子焊接首饰

b. 工件安装　工件就是一枚断裂的金戒指，为了焊接方便，应将工件按图 5-27 所示制作一个卡子，并将工件定位，再将其夹在台钳上，同时将焊机电源的正极一起夹住，这样，在装卡的同时也将电源接好。

c. 焊接　微束等离子焊接是用联合型电弧。即非转移弧引燃后，焊接时，引燃转移弧的同时，不熄灭非转移弧。焊接过程如下：接通电源→调好气压和流量→引燃电弧（非转移弧）→在低碳钢卡子上引燃转移弧→迅速将电弧移到断口处焊接。

焊接时要注意断口的各部位都焊到，不要焊穿。

金银首饰断裂的修复，只能用微束等离子焊接，不能用气焊和氩弧焊，更不能用焊条电弧焊，原因是其他焊接方法热源太分散，会破坏首饰的外观质量。而微束等离子弧的电弧直径只有 1mm 多，是最合适的热源。

第三节　碳弧气刨

一、碳弧气刨的特点

碳弧气刨是在碳棒（石墨棒）电极与工件间产生电弧，将金属熔化，并用压缩空气将熔化金属吹除的一种表面加工沟槽的方法。在焊接生产中，主要用来刨槽、清除焊缝缺陷和背面清根。

碳弧气刨与达到同样加工目的的风铲、砂轮加工相比，有下列特点。

① 手工碳弧气刨时，灵活性很大，可进行全位置操作，可达性好，非常简便。

② 清除焊缝的缺陷时，在电弧下可清楚地观察到缺陷的形状和深度，用风铲或砂轮难以做到。

③ 噪声小，效率高。用自动碳弧气刨时，具有较高的精度，减轻劳动强度。

④ 碳弧气刨的缺点是碳弧有烟雾、粉尘污染和弧光辐射，此

外，操作不当容易引起槽道增碳。

碳弧气刨常用于双面焊时清除背面焊根、清除焊缝中的缺陷、加工焊缝坡口和清除铸件的毛边、飞刺、浇冒口及铸件中的缺陷等。自动碳弧气刨常用于加工直缝和环缝的坡口，手工碳弧气刨常用于加工单件的或不规则焊缝的坡口。有时也用于切割高合金钢、铝、铜及其合金。

二、碳弧气刨用的设备与材料

碳弧气刨用的设备主要有电源、气刨枪、电缆、气管和压缩空气源等。使用的材料是碳棒（电极），如图 5-29 所示。

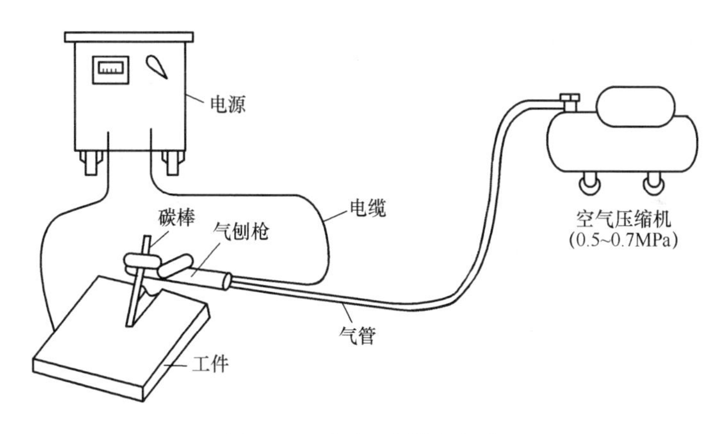

图 5-29 碳弧气刨设备组成

碳弧气刨应使用具有陡降外特性的大功率（大电流）直流电焊机，其额定电流应大于碳弧气刨所需的电流。例如，采用 ϕ6mm 的碳棒，其额定工作电流为 325A，宜选用额定工作电流 400A 以上的直流电源。

气刨枪应保证夹持电极牢靠，更换电极方便，外壳绝缘良好，压缩空气喷射集中而准确。

根据各种刨削工艺需要，可以采用特殊的碳棒。例如，用管状碳棒可扩宽槽道底部；用多角形碳棒可获得较深或较宽的槽道；加有稳弧剂的碳棒可用于交流电气刨。

三、碳弧气刨工艺

1. 工艺参数选择

(1) 碳棒直径　一般按工件厚度来确定，但也要考虑到槽宽的需要。通常碳棒直径宜比所要求刨槽宽度小 2～4mm（表 5-32）。

表 5-32　碳棒直径的选择　mm

钢板厚度	4～6	6～8	8～12	12～18	>18
碳棒直径	4	5～6	6～7	7～10	10

(2) 电源极性　碳弧气刨碳钢和合金钢时采用直流反接（工件接负极），这样气刨时电弧稳定，刨削速度均匀，刨槽宽窄一致，表面光洁；反之，则电弧不稳。

(3) 气刨电流　增大气刨电流，刨槽宽度增加，槽深也增加，而且可提高切割速度和获得光滑的刨槽。但过大的电流，碳棒易发红，镀铜皮脱落。因此，气刨电流受碳棒直径制约。气刨电流既可以参照式（5-4）选定，也可以按表 5-33 来确定。

$$I = (30 \sim 50)\ d \tag{5-4}$$

式中　I——气刨电流，A；

　　d——碳棒直径，mm。

表 5-33　碳棒额定工作电流值

圆形碳棒规格/mm	—	5	6	7	8	9	10	12	14
额定电流值/A	—	225	325	350	400	500	550	850	1000
矩形碳棒规格/mm	4×12	5×10	5×12	5×15	5×18	5×20	5×25	6×20	—
额定电流值/A	200	250	300	350	400	450	500	600	—

注：1. 操作时的实际电流不超过额定值的±10%。

2. 操作时的空气压力为 0.5～0.6MPa。

（4）刨削速度　影响刨槽尺寸、表面质量和刨削过程的稳定性。随着刨削速度增大，刨槽深度减小。若速度太快，会造成碳棒与金属相碰，使碳棒粘在刨槽顶端，形成“夹碳”的缺陷。一般刨削速度控制在 0.1～0.5m/min 为宜。

（5）压缩空气压力　直接影响刨削速度和刨槽表面质量。压力低于 0.4MPa，熔融金属难以全部吹除，影响刨削正常进行，效率明显降低，而且槽道面粗糙，渗碳层增厚。提高压缩空气压力，切削能力增强，可提高切割速度和刨槽表面质量。一般根据需要压力在 0.4～0.6MPa 之间调节。大电流气刨时，金属熔化量增加，要求压缩空气压力和流量也相应增加。

（6）碳棒外伸长度　是指碳棒从导电钳头到燃弧端的长度。手工操作时，外伸长度过大，压缩空气喷嘴离电弧太远，造成风力不足，难以吹走熔渣，碳棒易发红和折断。一般外伸长度以 80～100mm 为宜。但由于碳棒不断被烧损，当外伸长度减少到 30～40mm，就必须重新调整。

（7）碳棒与工件倾角　倾角 α（图 5-30）的大小对刨槽深度和刨削速度有影响。α 增大，刨槽深度增加但刨削速度下降。一般 α 取 45°左右为宜。

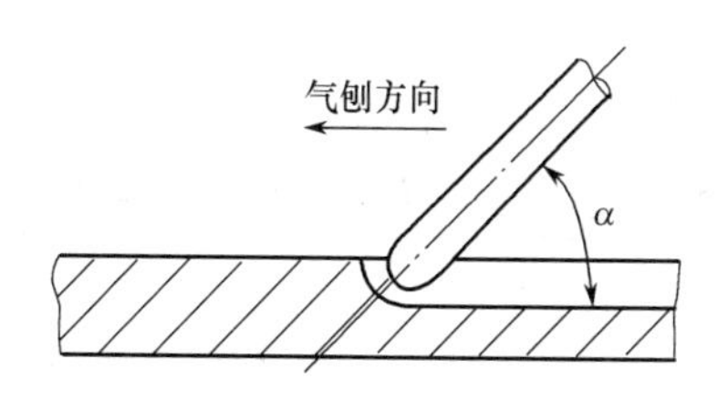

图 5-30　碳棒与工件的倾角

（8）电弧长度　碳弧气刨时，弧长过大，电弧不稳定，易熄弧或槽道不整齐，一般弧长 1～2mm 为宜。弧短一些有利于提高生产效率，但过短又易引起“夹碳”缺陷。

表 5-34 列出的碳弧气刨工艺参数供参考。

表 5-34 碳弧气刨工艺参数

碳棒形状	碳棒规格/mm	电流/A	碳弧气刨速度/m·min^{-1}	槽的形状尺寸	使用范围
圆形	ϕ5	250	—	6.5; 4	用于厚度4～7mm板
	ϕ6	280～300	—	8; 4	
	ϕ7	300～350	1.0～1.2	10; 5	
	ϕ8	350～400	0.7～1.0	12; 5	用于厚度8～24mm板
	ϕ10	450～500	0.4～0.6	14; 6	—
矩形	4×12	350～400	0.8～1.2	—	
	5×20	450～480	0.8～1.2		
	5×25	550～600	0.8～1.2		

2. 碳弧气刨常见缺陷及防止措施

碳弧气刨常见缺陷及防止措施见表 5-35。

表 5-35 碳弧气刨常见缺陷及防止措施

缺陷	产生原因	防止和消除措施
夹碳	刨削速度太快或碳棒进给速度过快	①正确掌握刨削速度，注意碳棒进给 ②立即停止刨削，在夹碳处的前部反方向刨除缺陷或用角形砂轮把夹碳段磨去
粘渣	①压缩空气压力低 ②刨削速度太慢 ③碳棒角度过小	①调整压缩空气压力，注意掌握刨削速度和碳棒角度 ②产生的粘渣应清除干净(如用风铲或砂轮打磨)

续表

缺陷	产生原因	防止和消除措施
槽道歪斜和深浅不匀	①碳棒偏向一侧 ②操作过程中碳棒上下波动或角度变动	①注意碳棒与工件的相对位置 ②提高操作熟练程度
刨偏	①未看清刨槽目标 ②熔渣堆积于槽前方 ③注意力不集中	①操作时集中注意力，采用合适的碳刨枪 ②提高操作熟练程度
铜斑	①电流过大 ②镀铜层质量差	①采用合适的电流，选用质量合格的碳棒 ②用钢丝刷或砂轮清除铜斑

3. 碳弧气刨对工件材质的影响

在碳弧气刨过程中，工件急速加热和冷却以及局部发生化学反应，在刨削表面发生增碳现象，近邻存在热影响区，并引起组织的变化。

碳弧气刨金属后，在刨槽表面不同程度上产生增碳层，对不同材料的材质产生不同的影响。随着钢中碳和合金元素的增加，热影响区宽度和表面层硬度都增大。低碳钢试验表明，刨后在刨槽表面约有深度为0.54～0.72mm的硬化层，其w(C)增加约0.07%，该薄层经焊接熔化后对焊接接头性能无影响；对Q345(16Mn)碳弧气刨也有类似现象，不过Q345(16Mn)受压缩空气急冷，有约0.5～1.2mm硬度较高的热影响区，同样因焊接被熔入焊缝而消失。但对重要的低合金钢构件，则不能忽视增碳层和淬硬层，一般焊后应用砂轮仔细打磨约1mm。对于强度级别高的、对冷裂纹十分敏感的低合金钢，最好不采用碳弧气刨，而采用氧-乙炔割炬或机械加工方法开槽。

碳弧气刨不锈钢除非操作不当，一般刨槽表面无明显增碳现象，但槽边的粘渣增碳较多。因此，对有耐蚀要求的不锈钢，刨后应用砂轮把粘渣清除掉。

第四节 钎 焊

一、钎焊特点

钎焊是采用比母材熔点低的金属材料作钎料，将焊件与钎料加热到高于钎料熔点、低于母材熔点，通过液态钎料与母材间的相互扩散而实现连接的方法。无论哪种钎焊，其焊接温度都低于母材的熔点，故钎焊有如下特点。

① 由于焊件不熔化，故其结构尺寸容易控制，适合于焊接对宏观尺寸要求较高的焊件。

② 其焊接温度可根据焊件的性能需要，在很大的范围内进行选择，即通过选用不同的钎料选择焊接温度。例如，焊接低碳钢可用锡铅钎料在200℃左右完成焊接，也可用黄铜为钎料在800℃以完成焊接，但其焊接强度和使用性能是不一样的。

③ 可多条焊缝一次焊完。对于大批量生产，采用炉中钎焊可一次焊接几十个甚至上百个焊件，可大大提高焊接生产率。

但钎焊接头的工作温度均低于熔焊，这是由钎料温度所决定的。由于钎焊有上述特点，因此在工业、农业、国防、科技、化工、航天、电子等领域得到广泛应用。

二、钎焊方法

钎焊方法很多，几乎能使钎焊区加热到钎焊温度的热源，只要其加热温度和加热时间能控制的，都可以用于钎焊。因此，钎焊的方法基本上都是以热源的性质及其加热的方式或方法来命名。工业上最为常用的钎焊方法如下。

1. 烙铁钎焊

使用烙铁进行加热的软钎焊，称烙铁钎焊。烙铁工作部分是金属杆或金属块，多用纯铜制作，其端头呈楔状。烙铁加热方式一种是用外热源(如煤炭、气体火焰)加热，一种是电阻间接加热，即电烙铁。前者在无电的地方尚有使用，其余已被电烙铁所代替。钎焊时将加热了的烙铁端头先沾上钎剂，再熔化并沾上钎料，再将烙铁端头与焊件接触，热量迅速地由烙铁传到焊件，达到钎焊温度，液态钎料即填满钎缝而完成焊接。

烙铁钎焊属手工操作，由于烙铁功率有限，温度低，传热慢，故只能钎焊小零件。烙铁钎焊的设备简单，机动灵活，节约材料，最适合无线电、仪表工业部门和电器修理部门使用。

2. 火焰钎焊

使用可燃气体与氧气(或压缩空气)混合燃烧的火焰进行加热的钎焊，称火焰钎焊。由于燃气来源广，所用设备简单轻便，又不依赖电力供应，并能保证必要的钎焊质量，故应用极为广泛。

火焰钎焊用的焊炬可以是通用气焊炬，也可是专用钎焊炬。专用钎焊炬火焰比较分散，加热集中程度低，因而加热较均匀。焊大件或机械化火焰钎焊时可采用装有多喷嘴的专门钎焊炬。

火焰钎焊所用的可燃气体有乙炔、丙烷、石油气、雾化汽油、煤气等，助燃气体为氧和压缩空气。不同混合气体其火焰温度不同。最常用的是氧-乙炔焰，其最高温度达3100℃，钎焊所需温度比此温度低(很少超过1200℃)，常用外焰区来加热，因该区火焰温度较低而体积较大，加热均匀，一般使用中性焰或轻微碳化焰，以防止母材和钎料过分氧化。用黄铜钎料焊接时，为了在钎料表面形成一层氧化锌薄膜，以防止锌的蒸发，可采用轻微氧化焰。氧-乙炔焰主要用于铜和钢的钎焊。

当加热温度不要求很高时，可用压缩空气代替氧，用丙烷、石油气、雾化汽油等代替乙炔。这些火焰温度较低，适用于钎焊小件、薄件和铝及其合金。使用软钎料时，还可以采用喷灯来加热。

火焰钎焊需用钎剂去膜，膏状钎剂和钎剂溶液最便于使用，加热前将钎剂均匀地涂在钎焊表面上；使用粉钎剂时则先把钎料棒端加热，沾好钎剂再送到加热了的钎焊表面。钎焊时应先均匀加热工件达钎焊温度才送进钎料，否则钎料不能均匀填充间隙。对于预置钎料的接头应先加热工件，避免火焰直接与钎料接触，使其过早熔化。

3. 浸渍钎焊

将焊件或装配好钎料的焊件整体或局部浸在钎料浴槽或盐浴槽中加热进行的钎焊，称浸渍钎焊。这是一种在液体介质中进行的钎焊，由于液体介质热容量大，导热好，能迅速而均匀地加热焊件，加热过程的持续时间一般不超过2min，因此生产率高，焊件变形小，晶粒长大和脱碳等现象不显著；又因液体介质隔绝空气，焊件不受氧化，易于实现钎焊机械化，很适于大批量生产；有时还能在钎焊的同时完成淬火、渗碳、氰化等热处理过程。

按所用液体介质不同，浸渍钎焊分盐浴(盐液)钎焊和金属浴(熔化钎料)钎焊两类。

(1) 盐浴钎焊　是将装配好钎料的焊件浸在盐浴槽中加热而进行的浸渍钎焊，主要用于硬钎焊。盐在槽内经加热熔化而成高温盐液，它在钎焊中是加热和保护焊件的介质。盐液必须满足以下要求：具有合适的熔化温度；成分和性能稳定；对工件能起保护作用。常用盐液有以下几类。

① 中性氯盐　它可防止工件表面氧化。除用铜钎焊低碳钢外，用铜基钎料和银基钎料进行钎焊时，需在工件上预置钎剂。钎剂可以刷涂、浸沾或喷洒到工件上。

② 在中性氯盐中加入少量钎剂　通常加入硼砂，以提高盐浴去氧化物能力，这样在工件上就不必预先施加钎剂。但为了保持盐液去氧化物能力，应定时补充加入钎剂。

③ 渗碳和氰化盐　这些盐本身就具有钎剂作用，在钎焊钢时，可对钢表面起渗碳和渗氮作用。

表5-36列出了盐浴钎焊碳钢和低合金钢用的盐液成分和钎焊温度。

表5-36　盐浴钎焊碳钢和低合金钢用的盐液成分和钎焊温度

盐类	成分(质量分数)/%	钎焊温度/℃	适用钎料
中性	$BaCl_2$ 100	1100～1150	铜
中性	$BaCl_2$ 95，NaCl 5	1100～1150	铜

续表

盐 类	成分(质量分数)/%	钎焊温度/℃	适用钎料
中性	$BaCl_2$ 80，NaCl 20	670～1000	黄铜
中性	NaCl 100	850～1100	黄铜
含钎剂	$BaCl_2$ 80，NaCl 19，硼砂 1	900～1000	黄铜
中性	$BaCl_2$ 50，KCl 50	730～900	银基钎料
中性	$BaCl_2$ 55，NaCl 25，KCl 20	620～870	银基钎料
氰化	Na_2CO_3 30，KCl 30，NaCN 40	650～870	银基钎料
渗碳	NaCl 30，KCl 30，碳酸盐 20，NaCN 20，活化剂余量	900～1000	黄铜

盐浴钎焊主要设备为盐浴槽。其加热方式有外热式和内热式两种，前者是在槽外用电阻丝加热，应用不广；后者是靠电流通过盐液产生电阻热进行自身加热，被广泛应用，图 5-31 所示为其结构示意。

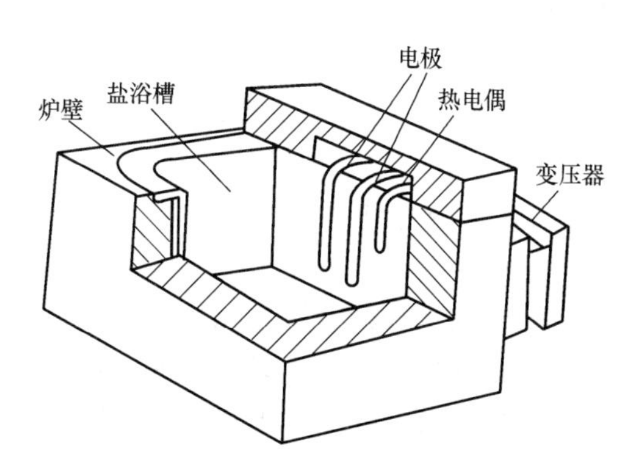

图 5-31　内热式盐浴槽

表 5-37 介绍了几种定型盐浴炉的型号与技术数据。为了安全，采用低电压(10～15V)、大电流加热。当电流流过盐液时由于电磁场的搅拌作用，使整个盐液的温度均匀，误差可控制在±3℃范围内。

表 5-37 盐浴炉型号和技术数据

型号	功率/kW	电压/V	相数	最高工作温度/℃	盐浴槽尺寸/mm	最大生产率/kg·h^{-1}
RDM2-25-8	25	380	1	850	300×300×490	90
RDM2-50-6	50	380	3	600	500×920×540	100
RDM2-75-13	75	380	3	1300	310×350×600	250
RDM2-100-8	100	380	3	850	500×920×540	160

操作时注意，一切要接触盐浴的工件和器具均需预热除水，以免接触盐浴时引起盐液猛烈喷溅。对焊件预热既可减小浸入时盐浴温度下降，又可缩短钎焊时间，通常是用电炉预热。长钎缝焊件不要水平地同时浸入盐浴，而应以一倾角浸入与取出，这样可保证盐液能均匀地浸入和流出。

盐浴钎焊的优点是能恒温控制，加热均匀，一次能完成大量多种钎缝，生产率高，易实现机械化。缺点是使用大量盐类，焊后清洗焊件上的残余钎剂十分费力，盐浴蒸气和废水具有一定污染性，耗电量大等。

(2) 金属浴钎焊　是将焊件浸在覆盖有钎剂的钎料浴槽中所进行的浸渍钎焊。实际上是将熔化的钎料作为加热介质，进行恒温控制。装配好的工件浸入液态钎料加热的同时，钎料也渗入接头间隙而完成钎焊。这种钎焊方法的优点除加热均匀，温度控制精确外，装配比较容易(不必安放钎料和钎剂)，生产率高，一次能完成大量多种和复杂钎缝的钎焊，如蜂窝式换热器、散热器等。缺点是工件表面必须进行阻焊处理，否则将全部搪满钎料，增加了钎料消耗。

(3) 波峰钎焊　是金属浴钎焊的变型。它是熔化的钎料在一定压力下通过扁形喷嘴向上(或成一定角度)喷出，形成波峰，焊件以一定速度掠过波峰以完成钎焊的过程。波峰钎焊是目前印制电路板生产中应用最广泛的也是效果最好的一种钎焊方法。图 5-32 所示为这种钎焊方法的原理。焊接时，由一泵动系统产生一个稳定、连续和缓外溢的波浪状或涌泉状液态钎料波峰，并使印制电路板沿某一方向穿过波峰，使板的底部与热的钎料波峰接触，此时，液波即向板提供热量和所需的钎料，在毛细作用和辅助的轻微波压作用下，就可得到优良可靠的软钎焊接头。这种方法适宜软钎焊。

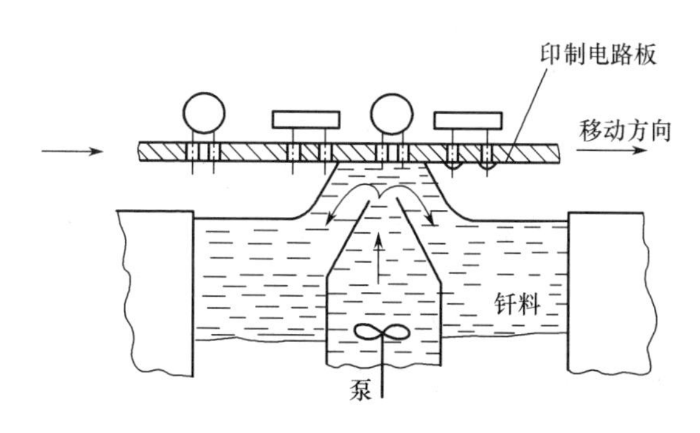

图 5-32 波峰钎焊原理

钎料波峰可以由机械泵或电磁泵来产生。印制电路板处于水平位置或与水平面构成一个微小角度(约 5°～9°)随传送带在波峰上向前移动，移动速度一般为 300～600cm/min。在移动方向上对印制电路板长度没有限制，板上元器件的引线在板下的伸出长度不能超过 2mm。

波峰钎焊的特点是钎料波峰上没有氧化膜，大量流动的钎料与印制电路板保持良好的接触，可以提高钎焊质量和速度，生产率很高。

4. 炉中钎焊

将装配好钎料的工件放在炉中加热所进行的钎焊，称炉中钎焊。根据钎焊过程焊件所处的气氛不同分为空气炉中钎焊、还原性气氛炉中钎焊、惰性气氛炉中钎焊和真空炉中钎焊。炉中钎焊的特点是焊件整体加热，加热均匀，焊件变形小；加热速度慢，通常是采取一炉同时钎焊多件来提高生产率或采取连续传送方式进行大批量生产。

炉子的加热方法随应用热能不同而改变，有些炉子用气或油加热，但现在大多数用电加热。

（1）空气炉中钎焊　把装有钎料和钎剂的焊件放入一般工业电炉中加热至钎焊温度，靠钎剂去氧化膜，熔化的钎料流入接头间隙，冷凝后即成钎焊接头。

此法设备简单，成本较低，但加热速度慢，在空气中对整个工件加热，易氧化，钎料熔点高时更为显著，因此应用受限制，逐渐被保护气氛炉中钎焊代替，目前较多地用于铝及其合金的钎焊，而且要严格控制炉温并保证炉膛温度均匀，才能获得好的钎焊质量。

（2）保护气氛炉中钎焊　是将装配好钎料的工件置于特定气氛的炉中进行加热的钎焊。按所用气氛性质分还原性气氛炉中钎焊和惰性气氛炉中钎焊。典型的保护气氛炉中钎焊原理如图 5-33 所示。装配好的焊件由传送带经炉门送入预热室，焊件在预热室被缓慢加热，使温度均匀，防止了变形；然后送入钎焊室，这时焊件已加热到钎焊温度，在气体保护下完成钎焊过程；钎焊好的焊件进入围有水套的冷却室，在气体保护下冷至 100～150℃，经炉门出炉。此炉只适于钎焊碳钢，因炉门经常开启，钎焊室很难保持纯净的气氛。对于钎焊合金钢和不锈钢等需在密封的钎焊容器内进行。

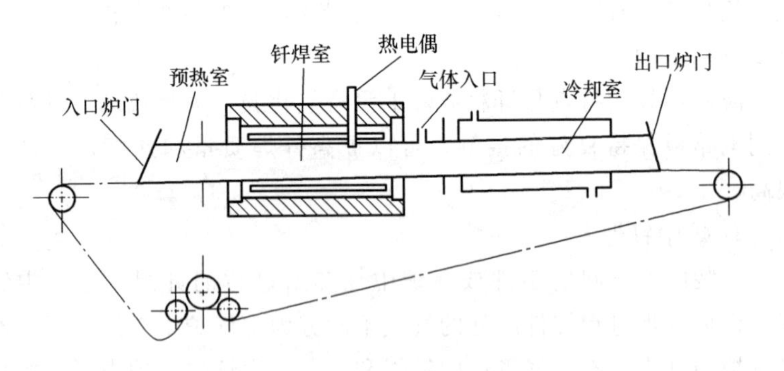

图 5-33　保护气氛炉中钎焊原理

所用还原性气体的主要组分是 H_2 和 CO，它们不仅能防止空气侵入，还能还原工件表面的氧化物，有助于钎料润湿母材。表 5-38 列出了钎焊用的还原性气体及其用途。

表 5-38 钎焊用的还原性气体及其用途

气体	主要成分(体积分数)/%				露点/℃	用途		备注
	H_2	CO	N_2	CO_2		钎料	母材	
放热气体	14～15	9～10	70～71	5～6	室温	铜、铜磷、黄铜、银基	碳钢、无氧铜、镍、蒙乃尔合金	脱碳性
放热气体	15～16	10～11	73～75		−40		无氧铜、碳钢、镍、镍基合金、蒙乃尔合金、高碳钢	渗碳性
吸热气体	38～40	17～19	41～45		−40			
氢气	97～100				室温		无氧铜、碳钢、镍、高碳钢、镍基合金、蒙乃尔合金、不锈钢	脱碳性
干燥氢气	100				−60	铜、铜磷、黄铜、银基、镍基		
分解氨	75		25		−60			

在还原性气氛炉中钎焊时，最常用的钎料是铜和镍基钎料，因它们不含易挥发元素。钎料中锌的含量应低，以减少锌的挥发。钎焊铜时，必须是无氧铜。惰性气氛炉中钎焊用的是氩气，只起保护作用，其纯度高于 99.99%。通常工件放在容器内，在流动氩气中钎焊。此钎焊方法安全可靠，但成本较高。

为了避免钎焊件变色和脱碳，以及防止污染物以不正确的方向穿过加热室和冷却室，宜在出入炉门处排气。图 5-34 所示为较好的排气系统，它完全能控制保护气体沿任一个方向通过炉子。

(3) 真空炉中钎焊　是将装配好钎料的焊件置于真空炉中加热所进行的钎焊，简称真空钎焊。真空钎焊时，工件周围的气氛很纯净，在真空度为 0.133Pa 时，只含有 0.000001% 的残余气体，完全可防止氧、氢、氮等与母材发生反应。而且在高真空条件下，一些金属表面的氧化物在高温时挥发。如果采用连续抽气保持真空，则可以清除硬钎焊时释放出的挥发物质。钢中的碳在真空中加热对氧化物有还原作用，这些有利因素使得在钎焊含有铬、钛、铝等元素的合金钢、高温合金、钛合金、铝合金及难熔金属时，不必使用钎剂。

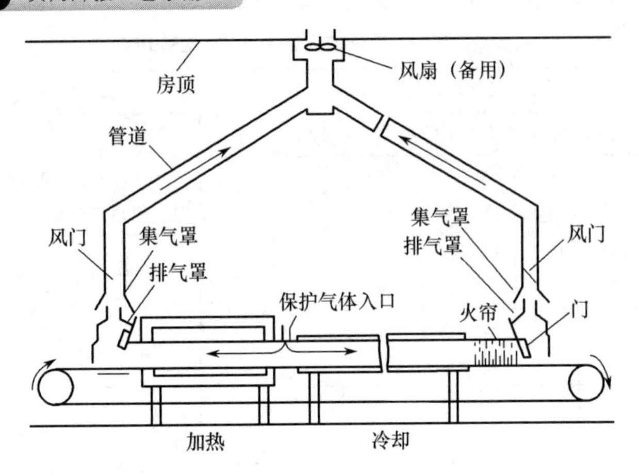

图 5-34 网带传送钎焊炉排气系统

真空钎焊炉分热壁型和冷壁型两类。热壁真空炉实际上是一个真空钎焊容器，把装好钎料的焊件放在该容器内，容器放入炉膛中加热到钎焊温度，保温一定时间，把容器取出在空气中冷却。图5-35所示为热壁真空炉示意，图5-35(a)为单容器真空炉，在高温和真空条件下容器受压力大，易变形；图5-35(b)为双容器真空炉，炉膛也抽成真空，以减小钎焊容器的压力。

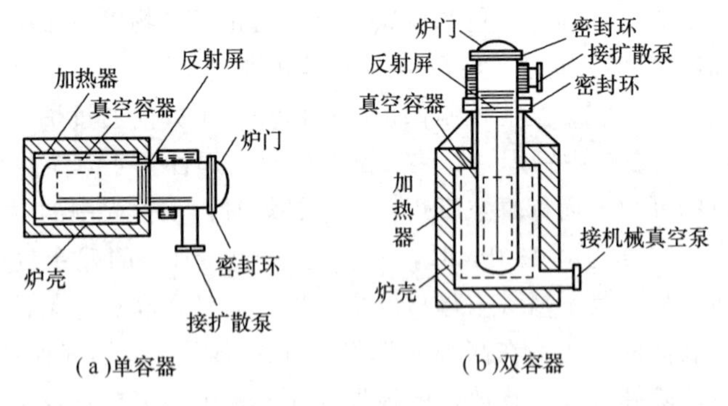

图 5-35 热壁真空炉示意

冷壁真空炉把加热炉与钎焊室合为一体，如图5-36所示。炉壁制作成双层结构的水冷套，内置热反射屏，既保护炉壳，又可提高加热效率。反射屏内侧均匀分布加热元件。这种真空炉使用较安全方便，加热效率也较高，但结构较复杂，制造费用高，焊后焊件只能随炉冷却，生产率低。为了提高冷却速度，可以在冷却时通入惰性气体，通过安装在热反射屏与炉体之间的热交换器加速其冷却。

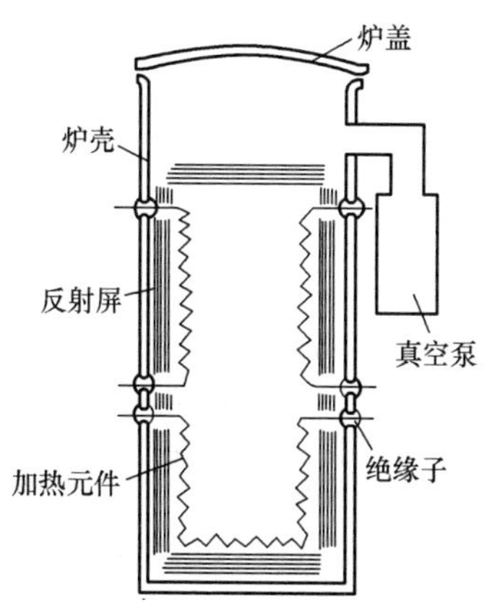

图 5-36　冷壁真空炉示意

真空系统包括机械真空泵、油扩散泵、真空管道和真空阀门等。当只要求 0.133Pa 以下的真空度时，只用机械泵即可。要求更高真空度时需同时使用扩散泵。钎焊常用真空度在 $1.33\times10^{-3}\sim1.33\times10^{2}$Pa 之间。

真空钎焊的主要优点是钎焊质量高，可以钎焊其他方法无法钎焊的材料，但由于在真空中金属易蒸发，因此不宜采用锌、镉、锂、锰、镁和磷等元素含量多的钎料，也不适于钎焊含有大量这些元素的母材。

此外，还有感应钎焊和电阻钎焊，但这两种方法应用不广，且有一定局限性，故本书不再介绍。

三、钎焊方法的选择

从以上的介绍可以看出，各种钎焊方法都有一定的优点，但也有一些不足。在选择钎焊方法时，必须综合考虑焊件的材料、形状和尺寸、所用的钎料和钎剂、生产批量大小、成本及各种钎焊方法特点等因素。表 5-39 汇总了上述各种钎焊方法的基本特点与适用范围，供参考。

表 5-39 各种钎焊方法的基本特点与适用范围

钎焊方法	特点	应用范围
烙铁钎焊	温度低	①适用于钎焊温度低于 300℃的软钎焊(用锡铅或铅基钎料) ②钎焊薄件、小件，需钎剂
火焰钎焊	设备简单，通用性好，生产率低（手工操作时），要求操作技术高	①适用于钎焊某些受焊件形状、尺寸及设备等的限制而不能用其他方法钎焊的焊件，适于无电场合 ②可采用火焰自动钎焊 ③可焊接钢、不锈钢、硬质合金、铸铁、铜、银、铝等及其合金 ④常用钎料有铜锌、铜磷、银基、铝基及锌铝钎料
电阻钎焊	加热快，生产率高，操作技术易掌握	①可在焊件上通低压电，由焊件上产生的电阻热直接加热，也可用碳电极通电，由碳电极放出的电阻热间接加热焊件 ②钎焊接头面积小于 65～380mm² 时，经济效果最好 ③特别适用于钎焊某些不允许整体加热的焊件 ④最宜焊铜，使用铜磷钎料可不用钎剂，也可用于焊银合金、铜合金、钢、硬质合金等 ⑤使用的钎料有铜锌、铜磷、银基，常用于钎焊刀具、电器触头、电机定子线圈、仪表元件、导线端头等
感应钎焊	加热快，生产效率高，可局部加热，零件变形小，接头洁净，易满足电子电器产品的要求，受零件形状及大小的限制	①钎料需预置，一般需用钎剂，否则应在保护气体或真空中钎焊 ②因加热时间短，宜采用熔化温度范围小的钎料 ③适用于除铝、镁外的各种材料及异种材料的钎焊，特别适宜于焊接形状对称的管接头，法兰接头等 ④钎焊异种材料时，应考虑不同磁性及热膨胀系数的影响 ⑤常用的钎料有银基、铜基

续表

钎焊方法	特　点	应用范围
浸渍钎焊	加热快，生产效率高，当设备能力大时，可同时焊多件、多缝，宜大量连续生产，如制氧机铝制大型板式热交换器，单件或非连续生产	①在熔融的钎料槽内浸渍钎焊：软钎料用于钎焊钢、铜及其合金，特别适用于钎焊焊缝多的复杂焊件，如换热器、电机电枢导线等；硬钎料主要用于焊小件，缺点是钎料消耗量大 ②在熔盐槽中浸渍钎焊：焊件需预置钎料及钎剂，钎焊焊件浸入熔盐中预置钎料，在熔融的钎剂或含钎剂的熔盐中钎焊，所有的熔盐不仅起到钎剂的作用，而且能在钎焊的同时向焊件渗碳、渗氮 ③适用于焊钢、铜及其合金、铝及其合金，使用铜基、银基、铝基钎料
炉中钎焊	炉内气氛可控，炉温易控制准确、均匀，焊件整体加热，变形量小，可同时焊多件、多缝，适于大量生产、成本低，焊件尺寸受设备大小的限制	①在空气炉中钎焊，如用软钎料钎焊钢和铜合金，铝基钎料钎焊铝合金，虽用钎剂，焊件氧化仍较严重，故很少应用 ②在还原性气体如氢、分解氨的保护气氛中，不需焊剂，可用铜、银基钎料钎焊钢、不锈钢、无氧铜 ③在惰性气体如氩的保护气氛中，不用钎剂，可用含锂的银基钎料钎焊钢、不锈钢，银铜钎料钎焊铜、镍，或少用钎剂，以银基钎料钎焊钢，铜钎料钎焊不锈钢，使用钎剂时可以镍基钎料钎焊不锈钢、高温合金、钛合金，用铜钎料钎焊钢 ④在真空炉中钎焊，不需钎剂，以铜、镍基钎料钎焊不锈钢、高温合金(尤以含钛、铝的高温合金为宜)，用银铜钎料钎焊铜、镍、可伐合金、银钛合金；用铝基钎料钎焊铝合金、钛合金

四、钎焊接头的设计

1. 钎焊接头的基本形式

钎焊接头的基本形式与熔焊的大致相似，有对接、搭接、T形接、角接和卷边接等，但在局部构造上与熔焊接头有区别。例如，对接接头对熔焊来说是最理想的接头形式，但对钎焊来说却不是。因为熔焊接头可以根据需要选用不同强度的填充金属来实现接头的高组配、等组配或低组配，而钎焊由于钎料的强度大多比母材强度低，只能获得低组配的接头，这样的接头要达到与母材等强度，必须具有严格的最小钎缝厚度(间隙)，这在实际生产中难以实现。而要提高接头的承载能力，只有扩大钎缝的连接面积才有可能实现。钎焊的对接接头能扩大的连接面积很有限，板愈薄愈不可能。而且钎焊过程毛细作用所要求的最佳钎缝间隙，对接接头也很难保证。与此相反，搭接接头对钎焊来说却十分合适。不仅搭接面上毛细作用所需的间隙易于实现，而且接头的承载能力只需略微增加其搭接长度，即可获得提高。所以，设计钎焊的对接、T 形接和角接等接头时，尽可能使局部构造“搭接化”。图 5-37 所示为按此原则设计的各类钎焊接头。

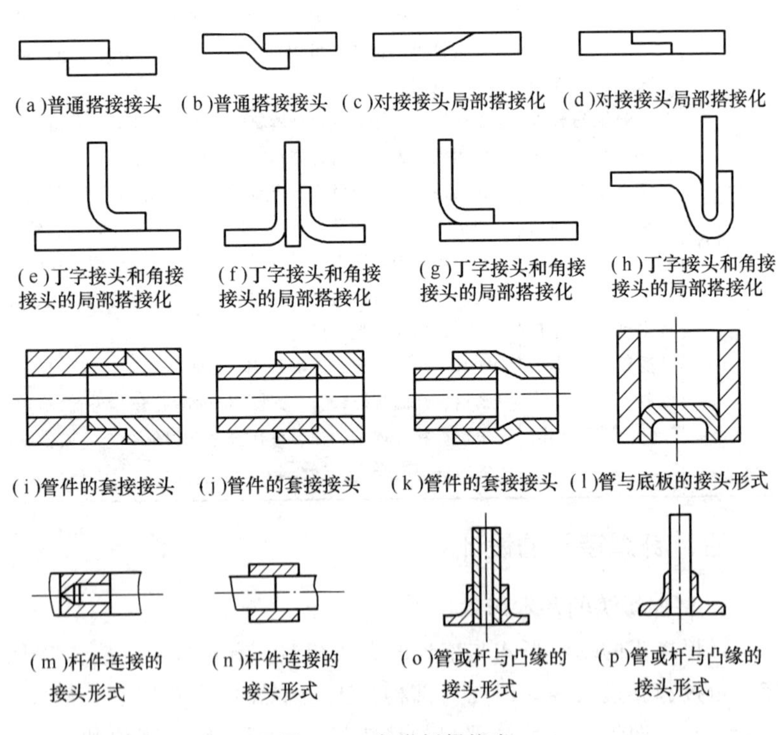

图 5-37　各类钎焊接头

搭接接头的缺点是不节省材料，结构重量增加，受力不合理，应力集中较大。

2. 钎焊接头搭接长度计算

搭接接头是钎焊常用接头，为了保证钎焊搭接接头与母材具有相等的承载能力，理论上可按式(5-5)计算搭接长度 L(图 5-38)。

$$L=\frac{a\sigma_b\delta}{\tau} \tag{5-5}$$

式中 L——搭接长度，mm；

σ_b——强度较低或较薄母材的抗拉强度，MPa；

τ——钎焊接头的抗剪强度，MPa；

δ——母材厚度，mm；

a——安全系数。

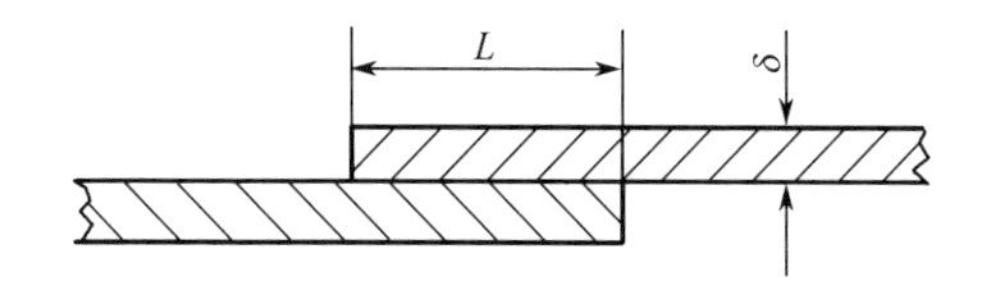

图 5-38 搭接长度计算

钎焊接头的强度除取决于钎料强度和钎焊过程各钎料与母材的相互作用外，还与钎焊方法、接头形式、钎焊工艺等因素有关。表 5-40 的抗剪强度可供参考。实际生产中搭接长度常取母材厚度的2～3 倍，对于薄壁件可取 4～5 倍，但搭接长度很少超过 15mm。

表 5-40 常用金属钎焊接头的合适间隙和接头抗剪强度

钎焊金属	钎 料	间隙/mm	抗剪强度/MPa
碳钢	铜	0～0.05	100～150
	黄铜	0.05～0.20	200～250
	银基钎料	0.05～0.15	150～240
	锡铅钎料	0.05～0.20	38～51

续表

钎焊金属	钎　料	间隙/mm	抗剪强度/MPa
不锈钢	铜	0.02～0.07	
	铜镍钎料	0.03～0.20	370～500
	银基钎料	0.05～0.15	190～230
	镍基钎料	0.05～0.12	190～210
	锰基钎料	0.04～0.15	≈300
铜和铜合金	铜锌钎料	0.05～0.13	
	铜磷钎料	0.02～0.15	100～180
	银基钎料	0.05～0.13	160～220
	锡铅钎料	0.05～0.20	21～46
	镉基钎料	0.05～0.20	40～80
铝和铝合金	铝基钎料	0.10～0.30	60～100
	钎焊铝用软钎料	0.10～0.30	40～80

3. 接头间隙

钎焊是靠毛细作用使液态钎料填满间隙的，因此必须正确选择接头的间隙。间隙的大小很大程度上影响钎缝的致密性和接头强度。间隙太小，妨碍钎料流入，造成钎缝内夹渣或未焊透；间隙过大，破坏钎缝的毛细作用，钎料不能填满间隙。常用金属的搭接接头间隙见表 5-40。

在具体选用接头间隙时还需考虑下列因素。

① 钎剂的影响　使用矿物型钎剂时，接头间隙应选得大一些。因钎焊时熔化的钎剂先流入间隙，当钎料熔化并由毛细作用流入间隙时，必须排开钎剂。若接头间隙过小，钎剂可能留在间隙中不能被钎料置换而形成夹渣。使用气氛型钎剂或真空钎焊时，不存在排渣问题，接头间隙可取得小些。

② 母材与钎料相互作用影响　若母材与钎料相互作用小，间隙可取得小些，如用铜钎料焊碳钢或不锈钢时，间隙可取小些；母材与钎料相互作用强烈，间隙应大些，如用铝基钎料钎焊铝，因为

母材的熔解会使钎料熔点提高，流动性降低。

③ 钎料的流动性影响　在不同的钎焊温度和状态下，钎料有不同的流动性和黏度。易流动的钎料，如纯金属(铜)和共晶合金以及自钎剂钎料，接头间隙应小些；结晶温度区间大的钎料，流动性差，接头间隙可大些。

④ 间隙位置　垂直位置的接头间隙应小些，以免钎料流出；水平位置的接头间隙可以大些。

⑤ 搭接长度　搭接的长度越长，间隙应越大，尤其是当钎料与母材相互作用较大时，更应如此。因此，在保证接头强度下尽可能采用最短的搭接长度。

⑥ 热膨胀系数的影响　在均匀加热钎焊同种材料的零件时，接头间隙一般不会有明显变化。但当零件材料不同、截面不等时，在加热过程中接头间隙可能变化较大。特别是对于套接类型的接头，热膨胀系数的差异影响最大。如果套接内部的零件材料比外部零件材料的热膨胀系数小，则加热时，间隙变大；反之，加热时，间隙减小。因此，当钎焊异种金属，或厚度相差很大的同种金属时，必须保证在钎焊温度下的间隙，而不是室温装配时的间隙。

⑦ 预置钎料　在两板之间预先放置箔片钎料，这时的接头不必考虑间隙大小，但钎焊过程中必须预加压力，使接头间隙减小，使钎料填充到一般粗糙度界面上的空隙中。

4. 接头的工艺性设计

所设计的钎焊接头不仅要保证其使用性能，还必须保证钎焊过程能顺利地进行，不因接头的构造设计失误而导致接头出现未钎透、气孔、夹渣、钎料流失等工艺缺陷。

(1) 考虑钎料在接头上的安置　在接头设计时就必须确定用什么形状的钎料，以什么方式和方法向接头间隙进给钎料。通常气体火焰钎焊和烙铁钎焊钎料是在钎焊时进给的，其他钎焊方法一般都是预先把钎料安置在接头上。安置的原则如下。

① 尽可能利用钎料的重力作用和间隙的毛细作用，以保证钎料良好地填满间隙。

② 钎料填缝时，间隙中的气体或钎剂有排出通道。

③ 钎料应安置在不易润湿及加热中温度较低的零件上。

④ 安置要牢靠，不致在钎焊过程中因意外干扰而错动位置。

图 5-39 所示为考虑了合理安置环状钎料的接头设计的例子。箔状钎料应以与钎缝相同的形状、相近的大小，直接置于接头间隙内，钎焊时施以一定压力压紧钎缝以保证填满间隙，如图 5-40 所示。

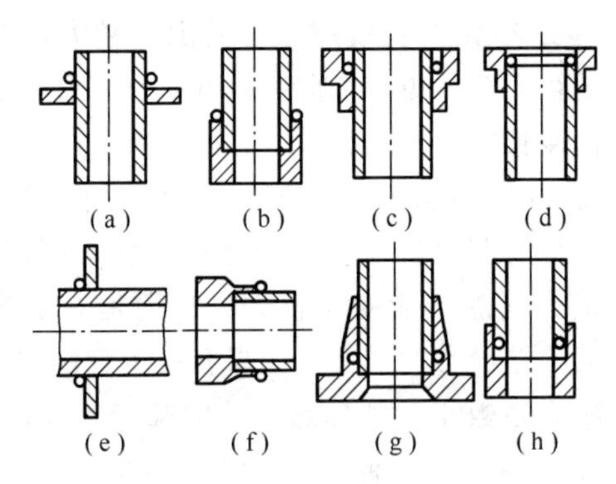

图 5-39　安置环状钎料

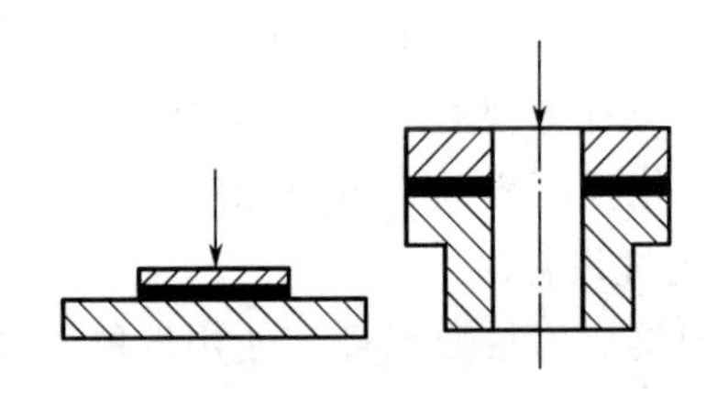

图 5-40　安置箔状钎料

(2) 考虑焊件的装配与定位　设计钎焊接头时必须考虑使焊前零件的装配与定位简便而又准确。图 5-41 列举了一些尺寸较小、结构简单的零件定位的例子，这些接头都具有“自保持”特点。

对于尺寸较大结构复杂的零件，一般采用专用夹具来定位与夹紧。这时接头设计不受限制，而对夹具则有较高的要求，如耐高温、抗氧化、具有足够的强度和刚性等。

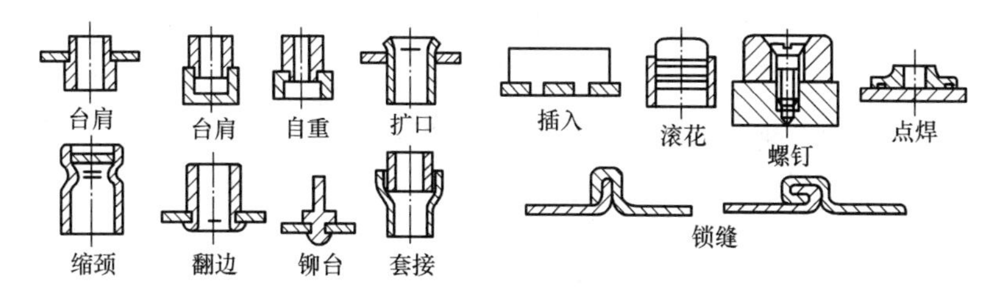

图 5-41 自保持定位钎焊常见接头形式

(3) 考虑工艺孔 是指在接头上或零件上设计一些满足工艺要求的孔或洞。例如，钎焊接头处的盲孔和封闭的空间是不允许存在的，必须有排气或排出残留钎剂的通道。

大面积搭接的情况下，为防止中心围阱和夹渣，如果设计允许，可以在上面一片板料上打若干小孔，以便气体和残余钎剂排出。

图 5-42 所示为封闭型接头的工艺孔例子。

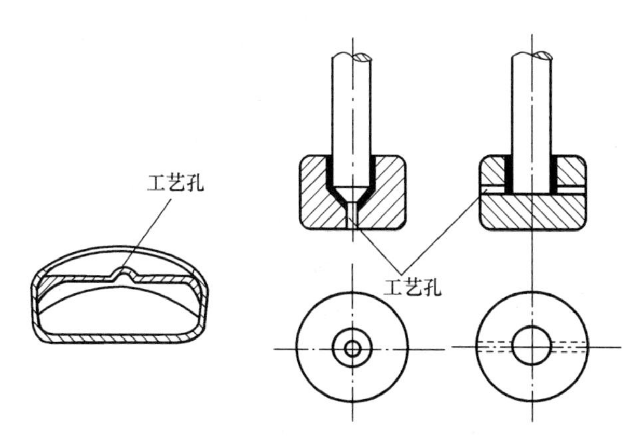

图 5-42 封闭型接头的工艺孔

五、钎焊工艺

1. 工件的清理与表面准备

为了确保形成均匀优质的钎焊接头，焊前必须清除工件表面的油污、氧化物；为了改善某些材料的钎焊性或增加钎料对母材的润湿能力等，常需在母材表面镀覆金属。

（1）清除油污　常用有机溶剂去除油污，如酒精、汽油、三氯乙烯、四氯化碳等。小批生产可把零件浸在有机溶剂中清洗，大批生产常在有机溶剂蒸气中脱脂。也可在热的碱溶液中洗清，如钢制零件浸入70～80℃的10%苛性钠溶液中脱脂。铜及铜合金零件可在50g碳酸钠、50g碳酸氢钠加1L水的溶液中清洗，溶液温度为60～80℃。

在浴槽中清洗时可采用机械搅拌或超声波振动以提高清洗作用。脱脂后需用水清洗。

（2）清除氧化物　零件表面氧化物的清除，可根据工件材料、生产条件和生产批量，在机械方法、化学浸蚀和电化学浸蚀等方法中进行恰当选择。

机械方法清除氧化物可用锉刀、金属刷、砂纸、砂轮、喷丸等。单件生产用锉刀或砂纸清理，批量生产宜用砂轮、金属刷、喷砂等方法。铝及铝合金不宜用砂轮和细锉刀清理，钛及钛合金表面也不宜用机械方法清理。

化学浸蚀方法适于批量生产，清理效果好，生产率高。浸蚀液的选择取决于母材及其表面氧化物的性质和状态。表5-41列出了适用于不同金属的化学浸蚀液及处理温度。

表5-41　化学浸蚀液成分及处理温度

适用的母材	浸蚀液成分(体积分数)	处理温度/℃
铜及铜合金	①10% H_2SO_4，余量水	50～80
	②12.5% H_2SO_4/1%～3% Na_2SO_4，余量水	20～77
	③10% H_2SO_4+10% $FeSO_4$，余量水	50～80
	④0.5%～10% HCl，余量水	室温
碳钢与低合金钢	①10% H_2SO_4+缓蚀剂，余量水	40～60
	②10% HCl+缓蚀剂，余量水	40～60
	③10% H_2SO_4+10% HCl，余量水	室温
铸铁	12.5% H_2SO_4+12.5% HF，余量水	室温

续表

适用的母材	浸蚀液成分(体积分数)	处理温度/℃
不锈钢	①16% H_2SO_4，15% HCl，5% HNO_3，余量水 ②25% HCl+30% HF+缓蚀剂，余量水 ③10% H_2SO_4+10% HCl，余量水	100(30s) 50～60 50～60
钛及钛合金	2%～3% HF+3%～4% HCl，余量水	室温
铝及铝合金	①10% NaOH，余量水 ②10% H_2SO_4，余量水	50～80 室温

电化学浸蚀法适用于大批量生产及需快速清除氧化物的情况，表 5-42 列出了用于不锈钢和碳钢清除氧化物的电化学浸蚀液的成分及处理工艺参数。

表 5-42 电化学浸蚀

浸蚀液成分	时间/mm	电流密度/A·cm^{-2}	电压/V	温度/℃	用途
正磷酸 65% 硫酸 15% 铬酐 5% 甘油 12% 水 3%	15～30	0.06～0.07	4～6	室温	用于不锈钢
硫酸 15g 硫酸铁 250g 氯化钠 40g 水 1L	15～30	0.05～0.1	以满足电流密度为准	室温	零件接阳极，用于有氧化皮的碳钢
氯化钠 50g 氯化铁 150g 盐酸 10g 水 1L	10～15	0.05～0.1	以满足电流密度为准	20～50	零件接阳极，用于有薄氧化皮的碳钢
硫酸 120g 水 1L	以效果定	—	—	不限	零件接阴极，用于碳钢

经化学浸蚀或电化学浸蚀后，还需进行光亮处理或中和处理（表 5-43），随后在冷水或热水中洗净，并干燥。

表 5-43 光亮处理或中和处理

成分(体积分数)	温度/℃	时间/min	用 途
HNO_3 30%溶液	室温	3～5	铝、不锈钢
Na_2CO_3 15%溶液	室温	10～15	铜和铜合金
H_2SO_4 8%，HNO_3 10%溶液	室温	10～15	铸铁

(3) 母材表面镀覆金属 在母材表面镀覆金属主要是为了改善一些材料的钎焊性，增加钎料对母材的润湿能力，并作为预置钎料层，以简化装配和提高生产率。常用镀覆金属的方法有电镀、化学镀、熔化钎料中热浸、轧制包覆等。表 5-44 列举了一些母材镀覆金属材料及镀覆方法。

表 5-44 母材镀覆金属材料及镀覆方法

母 材	镀 覆 材 料	方 法	功 用
铜	银	电镀、化学镀	用作钎料
铜	锡	热浸	提高钎料的润湿作用
不锈钢	铜、镍	电镀、化学镀	提高钎料的润湿作用，铜又可作钎料
钼	铜	电镀、化学镀	提高钎料的润湿作用
石墨	铜	电镀	使钎料容易润湿
钨	镍	电镀、化学镀	提高钎料的润湿作用
可伐合金	铜、镍	电镀、化学镀	防止母材开裂
钛	钼	电镀	防止界面产生脆性相
铝	镍、铜、锌	电镀、化学镀	提高钎料的润湿作用，提高接头耐腐蚀性
铝	铝硅合金	包覆	用作钎料

电镀是通过电能的作用将欲镀金属镀到工件的焊口处一薄层，以利于焊接的顺利进行。如在铜工件上镀银(图 5-43)，是以硝酸银溶液为电解液，将工件和银浸在电解液中，银接电源正极，工件接电源负极，通电后在工件的网格区逐步镀上一层银。

化学镀比较简单，如果在钢件上镀铜，只要将工件需要镀的部位插入硝酸铜溶液中，经过适当时间即可在表面镀上一层铜。化学镀是有条件的，必须是工件金属能够将电解液中的金属离子置换出

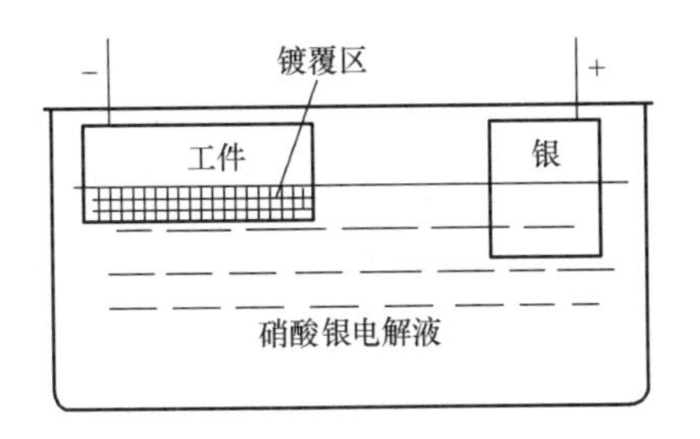

图 5-43 工件焊口上镀银示意

来，否则就不能完成镀覆。例如，在铜工件上可以用化学镀镀银，但却不能在银工件上用化学镀镀铜。

热浸只用于低熔点的钎料。例如，在工件上镀锡，应将锡(或锡钎料)在容器中加热熔化，再将工件需要镀覆的部位涂上钎焊熔剂[铜件涂松香酒精溶液，钢件涂强水($ZnCl_2+HCl$)]，然后插入液态锡中，数秒后取出即可。

2. 预置钎剂和阻流剂

有些钎焊方法需要预先放置钎剂和阻流剂。

预置的钎剂多数为软膏式液体，以确保均匀涂覆在工件的待焊两表面上。黏度小的钎剂可以采用浸沾、手工喷涂或自动撒布加上。黏度大的钎剂将其加热到 50～60℃，不用稀释便能降低其黏度，热的钎剂其表面张力降低，易黏着于金属。

使用气体钎剂的炉中钎焊和火焰钎焊，以及使用自钎剂钎料的钎焊，无需预置钎剂。真空钎焊也不需钎剂。

阻流剂是钎焊时用来阻止钎料泛流的一种辅助材料，在气体保护炉中钎焊和真空炉中钎焊时用得最广。阻流剂主要是由稳定的氧化物(如氧化铝、氧化钛、氧化镁等)与适当的黏结剂组成。焊前把糊状阻流剂涂覆在不需要钎焊的母材表面或夹具表面上。由于钎料不润湿这些物质，故能阻止其流布。钎焊后再将阻流剂清除。

3. 装配、定位与放置钎料

施加钎剂后，在其尚未干燥和剥离前便立即将钎焊部件装配起来。最好的装配方法是使部件能自定位和自支承，如图 5-41 所示。

此外，可以使用夹具进行定位与夹紧。所用的夹具要受钎焊件的复杂程度、钎焊温度和加热方法的影响。它必须具有足够的高温强度和刚性、耐热和抗氧化能力；不因热膨胀不同而引起定位不精确；高温下不致与焊件接触处发生反应；火焰钎焊时，夹具不应妨碍火焰和钎料接近接头；感应钎焊时，夹具一般用陶瓷材料制成，以免外来金属进入感应圈的电场中。

4. 钎焊工艺参数

钎焊工艺参数包括钎焊温度、升温速度、保温时间和冷却速度等，其中钎焊温度和保温时间是关键。

钎焊温度通常选在高于钎料液相线温度 25～60℃以上，以保证钎料能填满间隙。但是要具体分析，某些钎料的固相线和液相线的温度相隔较远，在液相线温度以下就已有相当数量的液相存在，具有一定的流动性，这时，钎焊温度可以等于或稍低于钎料液相线温度。而对于某些钎料，如镍基钎料，希望它与母材发生充分的反应，钎焊温度可能高于钎料液相线温度 100℃以上。温度太高，容易导致熔蚀缺陷，即在接头上钎料流入端留下一凹坑。

升温速度和冷却速度要综合考虑母材的性质、工件的形状和尺寸以及钎料与母材的相互作用。对于性质较脆、热导率较低和尺寸较厚的工件不宜升温过快，因为大多数钎焊加热是靠环境热源的辐射与对流传入，提高升温速度只能靠提高热源温度来实现，这就容易引起焊件内外很大的温度梯度，应力和变形不可避免，增加了开裂的倾向。对于使用亚共晶钎料钎焊时，宜使用较快的升温速度，以减少熔析的产生。快速冷却有利于钎缝组织细化，可提高其力学性能，但过快冷却易导致性质较脆、热导率低和厚度较大的焊件产生裂纹。

钎焊保温时间视工件大小和钎料与母材相互作用的剧烈程度而定。大件的保温时间应长些，以保证加热均匀；钎料与母材作用强烈的，保温时间要短些。适当的保温时间有利于钎料与母材之间的相互扩散，形成牢固的接头。但过长的保温时间将导致熔蚀等缺陷产生。

5. 钎焊后处理

钎焊后处理包括清除对接头有腐蚀作用的残余钎剂、阻流剂或影响钎缝外形的堆积物，有些钎焊件需要热处理，有些钎缝连同整个工件还要进行焊后镀覆(如镀其他惰性金属保护层)、氧化或钝化处理、喷漆等。

(1) 钎剂的清除　钎剂残渣多数对钎焊接头有腐蚀作用，且妨碍对钎缝质量检查，焊后应清除干净。需针对钎剂的物理化学性质采取不同清除方法。

非活化松香软钎剂因无腐蚀性，焊后不必清洗。但含松香的活性钎剂残渣有腐蚀性，可用异丙醇、酒精、汽油、三氯乙烯等有机溶剂清除。

由有机酸及盐组成的钎剂，一般都溶于水，可用热水洗涤。由凡士林调制的膏状钎剂，可用有机溶剂去除。

由无机酸组成的软钎剂溶于水，可用热水洗涤；含碱金属及碱土金属氯化物的钎剂，可用2%盐酸溶液洗涤，为了中和盐酸，再用含少量NaOH的热水洗涤；若是用凡士林调成含氯化锌的钎剂，则应先用有机溶剂清除残留油脂后，再用上述方法洗涤。

以硼砂和硼酸为基的硬钎剂残渣基本上不溶于水，清除困难，一般用喷砂法去除。最好焊后工件处于热态时放入水中急冷，使残渣开裂，易于去除。不能急冷的工件，可在70～90℃的2%～3%重铬酸钾溶液中较长时间清洗。

(2) 阻流剂的清除　对于“分离剂”型的阻流剂，很容易用钢丝刷、压缩空气或冲水等机械方法清除。对“表面反应”型阻流剂，用热硝酸-氢氟酸酸洗，最容易清除，但对含铜和银的合金不适用。用氢氧化钠(苛性钠)或二氟化铵溶液清除阻流剂，可适用于任何场合。对于少数阻流剂，可用5%～10%硝酸或盐酸溶液浸洗，而硝酸也不能用于含铜或银的合金。

清除阻流剂后，最后需用清水洗涤干净。

第六章　碳钢的焊接

第一节　低碳钢的焊接

一、低碳钢的焊接性

低碳钢的含碳量低(不大于0.25%)，其他合金元素含量也较少，故是焊接性最好的钢种。采用通常的焊接方法焊接后，接头中不会产生淬硬组织或冷裂纹。只要焊接材料选择适当，便能得到满意的焊接接头。

用电弧焊焊接低碳钢时，为了提高焊缝金属的塑性、韧性和抗裂性能，通常都是使焊缝金属的含碳量低于母材，依靠提高焊缝中的硅、锰含量和电弧焊所具有较高的冷却速度来达到与母材等强度。焊缝金属随着冷却速度的增加，其强度会提高，而塑性和韧性会下降。为了防止过快的冷却速度，对厚板单层角焊缝，其焊脚尺寸不宜过小；多层焊时，低碳钢的焊接应尽量连续施焊。焊补表面缺陷时，焊缝应具有一定的尺寸，焊缝长度不得过短，必要时应局部预热100～150℃。

在焊接含碳量偏高的低碳钢或在低温下焊接大刚性结构时，可能产生冷裂纹，这时应采取预热或采用低氢型焊条焊接。

低碳钢弧焊焊缝通常具有较高的抗热裂纹能力，但当母材含碳量已接近上限(0.25%)时，应避免出现窄而深的焊缝。

沸腾钢含氧量较高，板厚中心有显著偏析带，焊接时易产生裂纹和气孔，厚板焊接有一定的层状撕裂倾向，时效敏感性也较大，焊接接头的脆性转变温度也较高。因此，沸腾钢一般不用于制作受动载或在低温下工作的重要结构。

某些焊接方法热源不集中或线能量过大，如气焊和电渣焊等，引起焊接热影响区的粗晶区晶粒更加粗大，从而降低接头的冲击韧性，因此重要结构焊后往往要进行正火处理。

表 6-1 列出了常用低碳钢的力学性能。对于金属材料来说，其力学性能不是固定不变的。在焊接中，必须考虑随工件厚度的增加其力学性能会出现相应的变化，从表 6-1 中可以看出，同样一种材料随着厚度的增加抗拉强度、屈服点都在下降，伸长率也有所下降，也就是材料的强度和塑性都在下降，因此其焊接性也有所下降。当工件厚度较大时，即使是焊接性最好的低碳钢，也需要适当预热。表 6-2 列出了优质碳素钢的牌号和力学性能。

表 6-1　常用低碳钢的力学性能

钢材类别	牌号	交货状态	钢板厚度/mm	抗拉强度 σ_b/MPa	屈服点 σ_s/MPa	伸长率 δ_5/%
锅炉用碳素钢	20g	热轧或热处理	6～16	400～530	245	26
			16～25	400～520	235	25
			25～36	400～520	225	24
			36～60	400～520	225	23
			60～100	390～510	205	22
			100～150	380～500	185	22
压力容器用碳素钢	20R	热轧或热处理	6～16	400～520	245	25
			16～36	400～520	235	25
			36～60	400～520	225	25
			60～100	390～510	205	24

表 6-2 优质碳素钢的牌号和力学性能

牌号	试样毛坯尺寸/mm	推荐热处理工艺及温度/℃			力学性能				钢材交货状态硬度/HBS	
		正火	淬火	回火	σ_b/MPa	σ_s/MPa	δ_5/%	ψ/%	未热处理	退火
08F	25	930			295	175	35	60	131	
10F	25	930			315	185	33	55	137	
15F	25	920			355	205	29	55	143	
08	25	930			325	195	33	60	131	
10	25	930			335	205	31	55	137	
15	25	920			375	225	27	55	143	
20	25	910			410	245	25	55	156	
25	25	900	870	600	450	275	23	50	170	
30	25	880	860	600	490	295	21	50	179	
35	25	870	850	600	530	315	20	45	197	
40	25	860	840	600	570	335	19	45	217	187
45	25	850	840	600	600	355	16	40	229	197
50	25	830	830	600	630	375	14	40	241	207
55	25	820	820	600	645	380	13	35	255	217
60	25	810			675	400	12	35	255	229
65	25	810			695	410	10	30	255	229
70	25	790			715	420	9	30	269	229
75	试样		820	480	1080	880	7	30	285	241
80	试样		820	480	1080	930	6	30	285	241
85	试样		820	480	1130	980	6	30	302	255
15Mn	25	920			410	245	26	55	163	
20Mn	25	910			450	275	24	50	197	
25Mn	25	900	870	600	490	295	22	50	207	
30Mn	25	880	860	600	540	315	20	45	217	187

续表

牌号	试样毛坯尺寸/mm	推荐热处理工艺及温度/℃			力学性能				钢材交货状态硬度/HBS	
		正火	淬火	回火	σ_b/MPa	σ_s/MPa	δ_5/%	ψ/%	未热处理	退火
35Mn	25	870	850	600	560	335	18	45	229	197
40Mn	25	860	840	600	590	355	17	45	229	207
45Mn	25	850	840	600	620	375	15	40	241	217
50Mn	25	830	830	600	645	390	13	40	255	217
60Mn	25	810			695	410	11	35	269	229
65Mn	25	800			735	430	9	30	285	229
70Mn	25	790			785	450	8	30	285	229

注：1. 75、80 及 85 钢用留有加工余量的试样进行热处理。

2. 对于直径或厚度小于 25mm 的钢材，热处理在与成品截面尺寸相同的试样毛坯上进行。

3. 表中所列正火推荐保温时间不少于 30min，空冷；淬火推荐保温时间不少于 30min，水冷；回火推荐保温时间不少于 1h。

4. 力学性能数据适合于截面尺寸不大于 80mm 的钢材，对大于 80mm 的钢材，允许其断后伸长率(δ_5)、断面收缩率(ψ)降低 2%及 5%。

二、低碳钢的焊接工艺

1. 焊接工艺的要点

为确保低碳钢焊接质量，在焊接工艺方面需注意以下几点。

① 焊前清除焊件表面铁锈、油污、水分等，焊接材料用前必须烘干。

② 角焊缝、对接多层焊的第一层焊缝以及单道焊缝要避免采用窄而深的坡口形式，以防止出现裂纹、未焊透或夹渣等焊接缺陷。

③ 焊接刚性大的构件时，为了防止产生裂纹，宜采取焊前预热和焊后消除应力的措施。表 6-3 列出低碳钢焊接时预热及焊后消除应力热处理温度，可供参考。

表 6-3 低碳钢焊接时预热及焊后消除应力热处理温度

钢 号	材料厚度/mm	预热温度和层间温度/℃	消除应力热处理温度/℃
Q235，Q255，08，10，15，20	<50	—	—
	50～100	>100	600～650
25，20g，22g，20R	≤25	>50	600～650
	>25	>100	600～650

④ 在环境温度低于－10℃以下焊接低碳钢结构时接头冷却速度较快，为了防止产生裂纹，应采取以下减缓冷却速度的措施。

a. 焊前预热，焊时保持层间温度。

b. 采用低氢型或超低氢型焊接材料。

c. 点固焊时需加大焊接电流，适当加大点固焊的焊缝截面和长度，必要时焊前也需预热。

d. 整条焊缝连续焊完，尽量避免中断，熄弧时要填满弧坑。

表 6-4 列出了低碳钢低温下焊接时的预热温度。

表 6-4 低碳钢低温下焊接时的预热温度

环境温度/℃	焊件厚度/mm		预热温度/℃
	梁、柱、桁架	管道、容器	
<－30	≤30	≤16	100～150
－30～－20	31～34	17～30	100～150
－20～－10	35～50	31～40	100～150
－10～0	51～70	41～50	100～150

2. 焊条电弧焊焊接所用焊条

用于焊接结构的低碳钢多是 Q235 钢，其抗拉强度平均约 417.5MPa，宜选用 E43XX 型焊条。Q255、08、10 钢也常用，20、25 钢用得少些。低碳钢焊接时所用焊条选用举例见表 6-5。

表 6-5 低碳钢焊接时所用焊条选用举例

钢号	一般结构（包括壁厚不大的中、低压容器）		受动载荷、复杂和厚板结构，重要的受压容器，低温下焊接		施焊条件
	型号	牌号	型号	牌号	
Q235	E4313	J421	E4303	J422	一般不预热
Q255	E4303 E4301 E4320 E4311	J422 J423 J424 J425	E4301 E4320 E4311 E4316 E4315	J423 J424 J425 J426 J427	厚板结构预热150℃以上
08，10，15，20	E4303 E4301 E4320 E4311	J422 J423 J424 J425	E4316 E4315 E5016 E5015	J426 J427 J506 J507	一般不预热
25	E4316 E4315	J426 J427	E5016 E5015	J506 J507	厚板结构预热150℃以上
20g，22g，20R	E4303 E4301	J422 J423	E4316 E4315	J426 J427	一般不预热

焊条通常根据产品结构、材料的特点、载荷性质、工作条件、施焊环境等因素进行选用。当焊接重要的或裂纹敏感性较大的结构时，常选用低氢型的碱性焊条，如 E4316、E4315、E5016、E5015 等，因这类焊条具有较好的抗裂性能和力学性能，其韧性和抗时效性能也很好。但这类焊条工艺性能较差，对油、锈和水分很敏感，焊前需在 350～400℃下烘干 1～2h，并需将接头坡口彻底清理干净。所以对于一般的焊接结构，推荐选用工艺性能较好的酸性焊条，如 E4301、E4303、E4313、E4320 等。这些焊条虽然气体、杂质含量较高，焊缝金属的塑性、韧性及抗裂性不及碱性焊条，但一般都能满足使用性能要求。

此外，对于同一个强度等级的低碳钢，由于产品结构上的差别，所选用的焊条也有不同。例如，随着板厚增加，接头的冷却速度加快，促使焊缝金属硬化，接头内残余应力增大，就需要选用抗裂性能好的焊条，如低氢型焊条；厚板为了焊透，需开坡口焊接，这样填充金属量增加，为了提高生产效率，就可以选铁粉焊条。

同样板厚的对接接头与T形接头的散热条件各不相同，后者的角焊缝冷却快，需考虑抗裂问题。随着焊脚尺寸的加大，填充金属量以平方数增加，也需相应选用较大的焊条直径。当焊脚尺寸为3～5mm时，可用ϕ2mm的焊条；当焊脚尺寸为4～6mm时，可用ϕ2.5mm的焊条；当焊脚尺寸为5～7mm时，选用ϕ3.2mm的焊条；当焊脚尺寸为5～9mm时，选用ϕ4mm的焊条；当焊脚尺寸为7～11mm时，宜选用ϕ5mm的焊条；当焊脚尺寸为8～13mm时，宜选用ϕ6mm的焊条或者用高效铁粉焊条。

3. 埋弧焊用焊丝和焊剂

埋弧焊时，在给定焊接工艺参数条件下，熔敷金属的力学性能主要决定于焊丝、焊剂两者的组合。因此，选择埋弧焊用焊接材料时，必须按焊缝金属性能要求选配适当的焊剂和焊丝。选择的方法通常是：首先按接头提出的强度、韧性和其他性能的要求，选择适当的焊丝，然后根据该焊丝的化学成分选配焊剂。例如，当选用$w(Si)<0.1\%$的焊丝时，如用H08A或H08MnA等，必须与高硅焊剂(如HJ431)配用；若用$w(Si)>0.2\%$的焊丝，则必须与中硅或低硅焊剂(如HJ350、HJ250或SJ101等)配用。此外，当接头拘束度较大时，应选用碱度较高的焊剂，以提高焊缝金属的抗裂性能；对于一些特殊的应用场合，应选配满足相应要求的专用焊剂，如厚壁窄间隙埋弧焊必须选配脱渣性良好的焊剂(如SJ101)。表6-6为几种低碳钢埋弧焊常用焊接材料。

4. 气体保护焊用焊丝

二氧化碳(CO_2)气体保护焊用焊丝分实芯焊丝和药芯焊丝两大类。焊接低碳钢用的实芯焊丝目前主要有H08Mn2Si和H08Mn2SiA两种；药芯焊丝主要是钛钙型渣系和低氢型渣系两类，药芯焊丝中又分气保护、自保护和其他方式保护等几种。

表 6-6 几种低碳钢埋弧焊常用焊接材料

钢号	熔炼焊剂与焊丝组合		烧结焊剂与焊丝组合	
	焊丝	焊剂	焊丝	焊剂
Q235	H08A	HJ430 HJ431	H08A H08E	SJ401 SJ402(薄板、中厚板) SJ403
Q255	H08A			
Q275	H08MnA			
15,20	H08A，H08MnA	HJ430 HJ431 HJ330	H08A H08E H08MnA	SJ301 SJ302 SJ501 SJ502 SJ503(中厚板)
25	H08MnA，H10Mn2			
20g,22g	H08MnA,H08MnSi,H10Mn2			
20R	H08MnA			

惰性气体保护焊(如 TIG、MIG)焊接低碳钢的成本较高，一般用于质量要求比较高的焊接结构或特殊焊缝。遇到焊接沸腾钢或半镇静钢时，为防止钢中氧的有害作用，应选用有脱氧能力的焊丝作填充金属，如 H08Mn2SiA 等。

表 6-7 列出了低碳钢气体保护焊用的焊接材料选例。

表 6-7 低碳钢气体保护焊用的焊接材料选例

保护气体	焊丝	说明
CO_2	H08Mn2Si，H08Mn2SiA YJ502-1，YJ502R-1，YJ507-1 PK-YJ502，PK-YJ507	目前国产用于 CO_2 气体保护焊的实芯和药芯焊丝，焊接低碳钢的焊缝金属强度略偏高
自保护	YJ502R-2，YJ507-2 PK-YZ502，PK-YZ506	自保护药芯焊丝，一般烟雾较大，适于室外作业用，有较大抗风能力
Ar+20% CO_2	H08Mn2SiA	混合气体保护焊，用于如锅炉水冷系统
Ar	H05MnSiAlTiZr	用于 TIG 焊，焊接锅炉集箱、换热器等打底焊缝

5. 电渣焊用焊丝和焊剂

电渣焊熔池温度较低，焊接过程中焊剂的更新量少，故焊剂中的硅、锰还原作用弱。因此，焊接低碳钢时一般采用含锰或硅和锰的焊丝，依靠焊丝中的硅、锰或其他元素来保证焊缝金属的强度，再选电渣焊专用的 HJ360 焊剂与之配合，有时也用 HJ252 或 HJ431 焊剂相配合。表 6-8 列出了低碳钢电渣焊用焊接材料。

表 6-8 低碳钢电渣焊用焊接材料

钢 号	焊接材料	
	焊剂	焊丝
Q235，Q235R	HJ360 HJ252 HJ431	H08MnA
10，15，20，25		H08MnA，H10Mn2
30，35，ZG25，ZG35		H08Mn2SiA，H10MnSi，H10Mn2

第二节 中碳钢的焊接

一、中碳钢的焊接性

中碳钢含碳量较高，其焊接性比低碳钢差。当 w(C)接近下限(0.25%)时焊接性良好，随着含碳量增加，其淬硬倾向随之增大，在热影响区容易产生低塑性的马氏体组织。当焊件刚性较大或焊接材料、工艺参数选择不当时，容易产生冷裂纹。多层焊焊接第一层焊缝时，由于母材金属熔合到焊缝中的比例大，使其含碳量及硫、磷含量增高，容易产生热裂纹。此外，含碳量高时，气孔敏感性也增大。

二、中碳钢的焊接工艺

1. 焊前预热和层间温度

焊前预热是焊接和焊补中碳钢防止裂纹的有效工艺措施，因为预热可降低焊缝金属和热影响区的冷却速度、抑制马氏体的形成。预热温度取决于含碳量、母材厚度、结构刚性、焊条类型和工艺方法等，见表 6-9。最好是整体预热，若局部预热，其加热范围应为焊口两侧 150～200mm。

多层焊时，要控制层间温度，一般不低于预热的温度。

表 6-9 中碳钢焊接用焊条、预热及消除应力热处理温度

钢号	焊条						板厚/mm	预热及层间温度/℃	消除应力热处理温度/℃
	不要求等强度		要求等强度		要求高塑性、韧性				
	型号	牌号	型号	牌号	型号	牌号			
25	E4303	J422	E5016	J506	E308-16 E309-16 E309-15 E310-16 E310-15	A106 A306 A307 A406 A407	≤25	>50	600～650
	E4301	J423	E5015	J507					
30	E4316	J426					25～50	>100	600～650
	E4315	J427							
35	E4303	J422	E5016	J506			50～100	>150	600～650
	E4301	J423	E5015	J507					
ZG270-500	E4316	J426	E5516	J556					
	E4315	J427	E5515	J557					
45	E4316	J426	E5516	J556			≤100	>200	600～650
	E4315 E5016	J427 J506	E5515 E6016	J557 J606					
ZG310-570	E5015	J507	E6015	J607					
55	E4316	J426	E6016	J606			≤100	>250	600～650
	E4315	J427	E6015	J607					
ZG340-640	E5016 E5015	J506 J507							

2. 浅熔深

为了减少母材金属熔入焊缝中的比例，焊接接头可做成 U 形或 V 形坡口。如果是焊补铸件缺陷，所铲挖的坡口外形应圆滑，多层焊时应采用小直径焊条、小焊接电流，以减小熔深。

3. 焊后处理

最好是焊后冷却到预热温度之前就进行消除应力热处理，尤其大厚度工件或大刚性的结构更应如此。消除应力热处理温度一般在 600～650℃之间。如果焊后不能立即消除应力热处理，则应先进行后热，以便扩散氢逸出。后热温度约150℃，保温2h。

4. 锤击焊缝金属

没有热处理消除焊接应力的条件时，可在焊接过程中用锤击热态焊缝金属的方法减小焊接应力，并设法使焊缝缓冷。

第三节 高碳钢的焊补

一、高碳钢的焊接性

w(C)>0.6%的高碳钢淬硬性高、很容易产生又硬又脆的高碳马氏体。在焊缝和热影响区中容易产生裂纹，难以焊接。故一般都不用这类钢制造焊接结构，而用于制造高硬度或耐磨的部件或零件，对它们的焊接多数是破损件的焊补修理。

高碳钢零、部件的高硬度或高耐磨性能通过热处理获得，因此焊补这些零、部件之前应先行退火，以减少焊接裂纹，焊后再重新进行热处理。

二、高碳钢的焊接工艺

1. 高碳钢焊接工艺

高碳钢焊接性差，焊接工艺如下。

① 坡口的制备，应根据焊件的厚度、接头形式和焊缝位置等条件综合确定。

② 选用含碳量低于高碳钢的高强度低合金钢焊条，使焊缝金属含碳量降低。可选用E7015(J707)或E6015(J607)焊条，要求低时，选用E5016(J506)或E5015(J507)焊条。也可选用铬、镍奥氏体不锈钢焊条，如E309-16(A302)、E309-15(A307)等，这时预热温度可以降低或不需预热。焊接前，焊条在350～400℃下烘焙1h，除去药皮内潮气及结晶水分，并在100℃保温，随用随取，以便减少焊缝金属中氧和氢的含量，防止裂纹和气孔。

③ 焊前应清理焊接处的铁锈及其他有碍焊接的脏物。如焊件

厚度大于10mm，可在300～500℃预热。

④ 焊接方法如下。

a. 焊条电弧焊：是方便灵活的焊接方法，也是最常采用的。焊接时采用低氢型焊条，所以电源接法应是直流反接，焊接电流比焊接低碳钢小10%左右，焊条直径也相应减小。

b. 气焊：对于小型工件，用气焊焊接比较方便。焊接时采用较大的焊炬和焊嘴，焊接开始时，先用火焰在起焊点周围烘烤(预热)，然后再进行焊接。由于气焊的热源能量分散，能显著降低焊缝的冷却速度，故不易产生淬硬组织。但操作时必须用火焰边预热边焊接。气焊情况下，对性能要求高时可用与母材成分相近的焊丝；要求不高时，可采用低碳钢焊丝。

c. 火焰钎焊：当高碳钢工件进行裂纹焊补时，如果对焊缝的强度要求不高，且工作温度不超过200℃可采用“跑铜”，即铜钎焊。为了保证母材不发生软化，钎焊高碳钢时，应尽量降低钎焊温度，可选用熔化温度低的银基钎料，如用钎料BAg40CuZnCdNi，其结晶温度区间为595～605℃，其钎焊温度在650℃即可。配用钎剂为QJ101、QJ102、QJ104、FB101或FB102，接头间隙为0.025～0.130mm。焊接时加热速度要快，焊后立即使火焰离开焊接区。

2. 焊接应注意的问题

① 焊接厚度在5mm以下的焊件时，不开坡口从两面焊接，焊条作直线往复摆动。

② 多层焊接U形或X形坡口焊缝时，第一层应用较小直径焊条沿坡口根部焊接，仅作直线形运条。以后各层焊接应根据焊缝宽度不同，可采用环形运条法。每层焊缝应保持3～4mm厚度，每焊完一层要清除熔渣及飞溅金属再焊接下一层。焊接X形坡口时，应两面交替施焊，防止焊件向一边弯曲。

③ 为了防止热影响区金属组织硬化，焊接时要降低焊接速度使熔池缓冷。此外，还可采用多层焊接，使后焊的焊缝部分经过前一焊缝的硬化区，使前道焊缝回火。这样硬化区即可减小，但还不

可能使全部硬化区回火，最后一道焊缝仍可能使近缝区产生硬化层和裂缝。为克服这个现象，可焊接一道“退火”焊缝，即焊最后一道焊缝时，应沿焊缝的中心运条，避免与基体金属接触，防止基体金属的表面上产生硬化层。

④ 定位焊接应用小直径焊条焊透。由于高碳钢裂纹倾向大，定位焊缝应比焊接低碳钢时长一些，定位点距离也应适当减短，并且不高出焊面。断续焊时，不要在基体金属的表面引弧，而应在焊缝金属前端引弧，引弧后再返回原来熔池，继续向前焊接。收尾时，必须将弧坑填满，熔敷金属可高出正常焊缝以减少收尾处的气孔及裂纹。

⑤ 焊后处理。焊后焊件应在600～700℃进行回火处理，以消除应力，防止产生裂纹。

第七章　合金结构钢的焊接

合金结构钢是在碳素钢的基础上有目的地加入一种或几种合金元素的钢。常用的合金元素有锰、硅、铬、镍、钼、钨、钒、钛、硼等。加入合金元素可使钢的性能产生预期的变化，如提高其强度，改善其韧性，或使其具有特殊的物理、化学性能，如耐热性和耐蚀性等。

合金结构钢的应用领域很广，种类繁多，可按化学成分、合金系统、组织状态、用途或使用性能等方面进行分类。例如，按合金元素总含量的多少分为低合金钢[w(Me)＜5%]、中合金钢[w(Me)＝5%～10%]、高合金钢[w(Me)＞10%]。按用途分为强度用钢和特殊用途钢。

强度用钢即通常所说的高强度钢，主要用于常规条件下要求能承受静载和动载的机械零件和工程结构。它的主要性能是力学性能，合金元素的加入是为了保证在具有足够的塑性和韧性的前提下，获得不同的强度等级。

特殊用途钢主要用于在特殊条件下工作的机械零件和工程结构。对其要求除了满足常规力学性能外，还必须满足特殊环境下工作的要求，如耐高温、耐低温或耐腐蚀等特殊性能。

在焊接结构中，合金结构钢的用量越来越多，因此掌握合金钢的焊接技术是十分必要的。

第一节　热轧及正火钢的焊接

一、热轧及正火钢的成分与性能

表 7-1 列出了部分热轧及正火钢的化学成分，表 7-2 列出了部

分热轧及正火钢的力学性能，现简要说明如下。

表 7-1 部分热轧及正火钢的化学成分

材料强度 σ_s /MPa	钢号		化学成分/%					
	新牌号	旧牌号	C	Mn	Si	其他	S	P
295	Q295	09MnV	≤0.12	0.80～1.20	0.20～0.55	V 0.04～0.12	≤0.045	≤0.045
		09MnNb	≤0.12	0.80～1.20	0.20～0.55	Nb 0.015～0.050	≤0.045	≤0.045
		12Mn	0.09～0.16	1.10～1.50	0.20～0.55		≤0.045	≤0.045
		09Mn2	≤0.12	1.40～1.80	0.20～0.55		≤0.045	≤0.045
345	Q345	12MnV	≤0.15	1.00～1.40	0.20～0.55	V 0.04～0.12	≤0.045	≤0.045
		14MnNb	0.12～0.18	0.80～1.20	0.20～0.55	Nb 0.015～0.050	≤0.055	≤0.045
		16Mn	0.12～0.20	1.20～1.60	0.20～0.55		≤0.045	≤0.045
		16MnRE	0.12～0.20	1.20～1.90	0.20～0.55	RE 0.02～0.20	≤0.045	≤0.045
		18Nb	0.14～0.22	0.40～0.80	0.17～0.37	Nb 0.02～0.50	≤0.045	≤0.045
390	Q390	15MnV	0.12～0.18	1.20～1.60	0.20～0.55	V 0.04～0.12	≤0.045	≤0.045
		15MnTi	0.12～0.18	1.20～1.60	0.20～0.55	Ti 0.12～0.20	≤0.045	≤0.045
		16MnNb	0.12～0.20	1.00～1.40	0.20～0.55	Nb 0.015～0.050	≤0.045	≤0.045

续表

材料强度 σ_s /MPa	钢号		化学成分/%					
	新牌号	旧牌号	C	Mn	Si	其他	S	P
420	Q420	14MnVTiRE	≤0.18	1.30～1.60	0.20～0.55	V 0.04～0.10 RE 0.02～0.20 Ti 0.09～0.16	≤0.045	≤0.045
		15MnVN	0.12～0.20	1.30～1.70	0.20～0.55	N 0.010～0.020	≤0.045	≤0.045
490	Q490	18MnMoNb	0.17～0.23	1.35～1.65	0.17～0.37	Mo 0.45～0.65 Nb 0.025～0.050	≤0.035	≤0.035
		14MnMoV	0.10～0.18	1.20～1.60	0.20～0.50	Mo 0.40～0.65 V 0.05～0.15	≤0.035	≤0.035
350	Q350	D36	0.12～0.18	1.20～1.60	0.10～0.40		≤0.006	≤0.020
		WFG-36Z	≤0.18	0.90～1.60	0.10～0.50		≤0.005	≤0.025
400	Q400	X60	≤0.12	1.00～1.30	0.15～0.40	Nb 0.02～0.05	≤0.025	≤0.030

表 7-2 部分热轧及正火钢的力学性能

材料强度 σ_s/MPa	钢号		供货状态	力学性能				180°冷弯试验（弯心直径为 d，试件厚度为 a）
	新牌号	旧牌号		σ_s /MPa	σ_b /MPa	δ_5 /%	A_{kV} (20℃)/J	
295	Q295	09MnV	热轧	≥295	≥430	≥23	≥27	$a \leqslant 16$mm $d=2a$
		09MnNb	热轧	≥295	≥410	≥24	≥27	$d \leqslant 16$mm $d=2a$
		12Mn	热轧	≥295	≥441	≥22	≥27	$a \leqslant 16$mm $d=2a$
		09Mn2	热轧	≥295	≥440	≥21	≥27	$a \leqslant 16$mm $d=2a$

续表

材料强度 σ_s/MPa	钢号		供货状态	力学性能				180°冷弯试验（弯心直径为 d，试件厚度为 a）
	新牌号	旧牌号		σ_s /MPa	σ_b /MPa	δ_5 /%	A_{kV} (20℃)/J	
345	Q345	12MnV	热轧	≥345	≥490	≥21	≥27	a≤16mm $d=2a$
		14MnNb	热轧	≥345	≥490	≥21	≥27	a≤16mm $d=2a$
		16Mn	热轧	≥345	≥510	≥22	≥27	a≤16mm $d=2a$
		16MnRE	热轧	≥345	≥510	≥22	≥27	a≤16mm $d=2a$
		18Nb	热轧	≥345	≥470	≥20	≥27	a≤16mm $d=2a$
390	Q390	15MnV	热轧或正火	≥390	≥530	≥18	≥27	a=4～16mm $d=3a$
		15MnTi	热轧	≥390	≥530	≥20	≥27	a≤25mm $d=3a$
		16MnNb	热轧	≥390	≥530	≥20	≥27	a≤16mm $d=2a$
420	Q420	14MnVTiRE	正火	≥440	≥550	≥19	≥27	a≤12mm $d=2a$
		15MnVN	正火	≥440	≥590	≥19	≥27	a≤10mm $d=2a$
490	Q490	18MnMoNb	正火＋回火	≥490	≥637	≥16	≥27	
		14MnMoV	正火＋回火	≥490	≥637	≥16	≥27	
350	Q350	D36	正火	≥355	≥490	≥21	(－40℃) ≥34	
		WFG-36Z	正火	≥355	≥490	≥21	(－40℃) ≥34	
400	Q400	X60	控轧	≥414	≥517	≥20	(－10℃) ≥54	

1. 热轧钢

屈服点为295～390MPa的低合金高强度钢基本上都属于热轧钢，是C-Mn或Mn-Si系钢种，主要通过合金元素的固溶强化获得高强度。Mn是最常用的合金元素，添加V或Nb起细化晶粒和沉淀强化作用。

为了保证这类钢有较好的焊接性和缺口韧性，在热轧状态下使用时一般都控制σ_s在340MPa的水平。而Q390(15MnV)的σ_s却达到

390MPa，它是在 Q345（16Mn）的基础上加入少量 V（0.04%～0.12%）来达到细化晶粒和沉淀强化的。虽然能在热轧状态下使用，但性能不稳定，厚板尤为严重。只有通过正火，使晶粒细化和碳化钒均匀弥散分布后才能获得较高的塑性和韧性，所以这种钢在正火状态下使用。

2. 正火钢

正火钢是在热轧钢的基础上进一步沉淀强化和细化晶粒而形成的一类钢，其屈服点一般在 345～490MPa 之间。它是在 C-Mn 或 Mn-Si 系的基础上除添加固溶强化元素之外，再添加一些碳、氮化合物形成元素，如 V、Nb、Ti 和 Mo 等，通过正火处理后形成细小的碳、氮化合物从固溶体中沉淀析出，并同时起到细化晶粒的作用，从而在提高钢材强度的同时，又改善了塑性和韧性。

有些含 Mo 的正火钢，在正火之后还需进行回火才能保证良好的塑性和韧性。因此，正火钢又分为如下两种。

（1）正火状态下使用的钢　这类钢中除 Q390(15MnTi)外，主要含 V、Nb，利用 V 和 Nb 的碳、氮化合物的沉淀强化和细化晶粒作用，以提高强度和改善韧性。因 V 和 Nb 的加入提高了钢的强度，就可以适当降低钢中的含碳量，这对于改变钢材的焊接性和韧性有利。Q420(15MnVN)中加入 N 后，形成沉淀强化作用强的氮化钒，使其屈服点高达 420MPa。

（2）正火＋回火状态下使用的钢　这类钢属于 Mn-Mo 系列，如 Q490(18MnMoNb)等。钢中加入了 Mo，Mo 是中强碳化物形成元素，其碳化物稳定性强，因而提高了钢的强度，强化了晶粒，而且还提高了钢材的中温性能，这类钢适用于制造中温厚壁压力容器。在 Mn-Mo 钢的基础上加入少量 Nb，通过 Nb 的沉淀强化和细化晶粒的作用，使其屈服点 $\sigma_s \geqslant 490$MPa；Nb 也能提高钢的热强性。

含 Mo 的钢在较高的正火温度或较大的连续冷却速度下，得到上贝氏体和少量铁素体，故在正火后必须再回火，才能保证具有良好的塑性和韧性。

3. 控轧钢和 Z 向钢

微合金化控轧钢是 20 世纪 70 年代发展起来的新钢种，利用加入微量 Nb、Ti、V 等和控制轧制等新技术来达到细化晶粒和沉淀强化相结合的效果，同时在冶炼工艺上采取降 C 和降 S，改变夹杂物形态，提高钢的纯净度等措施，使钢材具有均匀的细晶粒的等轴铁素体基体。在控轧状态下就具有相当于或优于正火钢的质量，其强度高、韧性好，具有良好的焊接性，主要用于制造石油、天然气的输送管道，如表 7-1 和表 7-2 中的 X60 等。

Z 向钢是一种抗层状撕裂钢，属 $\sigma_s \geqslant 345$MPa 级的正火钢。这类钢在冶炼中采用了钙(或稀土)处理和真空除气等特殊措施，使 Z 向钢具有低 S[w(S)$\leqslant$0.005%]、低气体含量和高的 Z 向断面收缩率($\psi_z \geqslant 35\%$)等特点，适用于制造大型厚板金属结构，如核反应堆、大型船舶等。即属此类钢。

二、专业用热轧及正火钢的成分与性能

针对各种行业的特点和需要，在热轧及正火钢中派生出专供某一行业使用的钢材，如压力容器用钢、锅炉用钢、桥梁用钢和船舶用钢等。表 7-3 列出了部分专业用低合金高强度钢的力学性能。

表 7-3 专业用低合金高强度钢的力学性能

钢名	钢号	拉伸试验				冲击试验		180° 冷弯试验(板厚为 a，弯心直径为 d)
		板厚/mm	σ_s/MPa	σ_b/MPa	δ_5/%	温度/℃	A_{kV}/J	
			≥					
压力容器用钢板(GB 6654—1996)	16MnR	6～16	345	510～640	21	20	31	$d=2a$
	15MnVR	6～16	390	530～665	19	20	31	$d=3a$
	15MnVNR	6～16	440	570～710	18	20	34	$d=3a$
	18MnMoNbR	30～60	440	590～740	17	20	34	$d=3a$

续表

钢名	钢号	拉伸试验				冲击试验		180°冷弯试验(板厚为a，弯心直径为d)
		板厚/mm	σ_s/MPa	σ_b/MPa	δ_5/%	温度/℃	A_{kV}/J	
			≥					
低温压力容器用低合金钢钢板(GB 3531—1996)	16MnDR	6～16	315	490～620	21	—	—	$d=2a$
	09Mn2VDR	6～16	290	440～570	22	—	—	$d=2a$
锅炉用钢板(GB 713—1997)	22Mng	>25	275	515～655	19	20	27	$d=4a$
	16Mng	6～16	345	510～655	21	20	27	$d=2a$
焊接气瓶用钢板(GB 6653—1994)	HP295	—	295	440	26	20	27	$d=1.5a$
	HP325	—	325	490	21	20	27	$d=2a$
	HP345	—	345	510	20	20	27	$d=2a$
	HP365	—	365	540	20	20	27	$d=2a$
桥梁用钢(YB/T 10—1981)	16Mnq	≤25	350	520	21	−40	35	$d=2a$
	16MnCuq	≤25	350	520	21	−40	35	$d=2a$
	15MnVq	≤25	400	540	19	−40	35	$d=3a$
	15MnVNq	≤25	430	580	19	−40	40	$d=3a$
船体用结构钢(GB 712—2000)	A32	≤50	315	440～570	22	0	31	—
	D32	≤50	315	440～570	22	−20	31	
	E32	≤50	315	440～570	22	−40	31	
	A36	≤50	355	490～630	21	0	34	
	D36	≤50	355	490～630	21	−20	34	
	E36	≤50	355	490～630	21	−40	34	

三、热轧及正火钢的焊接性

在熔焊条件下，热轧及正火钢随着强度级别的提高和合金元素的增加，焊接难度增大。其主要问题是热影响区脆化和产生各种裂纹。

1. 热影响区的脆化

(1) 过热区脆化　过热区是指热影响区中熔合线附近母材被加热到1100℃以上的区域，又称粗晶区。由于该区温度高，奥氏体晶粒显著长大和一些难熔质点溶入而导致了性能变化。这种变化既与钢材的类型、合金系统有关，又与焊接热输入有关，因为热输入直接影响高温停留时间和冷却速度。

① 热轧钢过热区的脆化问题　热轧钢焊接时淬硬脆化倾向很小。能导致热轧钢过热区脆化的原因是：焊接热输入偏高，使该区的奥氏体晶粒严重长大，冷却后形成魏氏组织及其他塑性低的混合组织(如铁素体、贝氏体、高碳马氏体)，从而使过热区脆化。因此，对于像Q345(16Mn)之类固溶强化的热轧钢，焊接时，采用适当低的热输入等工艺措施来抑制过热区奥氏体晶粒长大及魏氏组织的出现，是防止过热区脆化的关键。

② 正火钢过热区的脆化问题　对于Mn-V、Mn-Nb和Mn-Ti系的正火钢，除固溶强化外，还有沉淀强化作用(含Ti、V、N等沉淀强化元素)，必须通过正火才能细化晶粒及使沉淀相得以充分析出，并弥散均匀分布于基体内，既提高强度又提高其塑性和韧性。焊接这类钢时，如果在加热到1100℃以上的热影响区内停留时间较长(如用大线能量)，就会使原来在正火状态下弥散分布的TiC、VC或NC溶解到奥氏体中，于是削弱了它们抑制奥氏体晶粒长大及细化晶粒的作用。在冷却过程中又因Ti、V的扩散能力很低，来不及析出而固溶在铁素体内，导致铁素体硬度升高、韧性降低。这便是造成正火钢过热区脆化的主要原因。其脆化程度随着焊接热输入增大、高温停留时间延长，使Ti、V溶解得越充分，其脆化就越显著。所以用小热输入焊接是避免这类正火钢过热区脆化的有效措施。

如果为了提高正火钢焊接生产率而采用大热输入焊接，在这种情况下，焊后需采用800～1100℃的正火热理来改善接头韧性。

(2) 热应变脆化　指钢在200℃～A_{c1}温度范围内，受到较大的塑性变形(5%～10%)后，出现断裂韧性明显下降，脆性转变温度明显升高的现象。这种热应变脆化最容易发生于一些固溶 N 含量较高的低碳钢和强度级别不高的低合金钢中。在焊接情况下，焊接区的热应变脆化是由焊接时的热循环和热应变循环引起的，特别是在焊接接头中预先存在裂纹或类裂纹平面状缺陷时，受后续焊道热及应变循环同时作用后，裂纹顶端的断裂韧性显著降低，脆性转变温度显著提高，可以导致整体结构发生脆性断裂。如果在钢中加入足够量的氮化物形成元素(如 Al、Ti、V 等)其脆化倾向将明显减弱。

Q345(16Mn)和 Q420(15MnVN)等均具有一定的热应变脆化倾向。其中 Q420(15MnVN)的含氮量虽高，但由于 V 的固 N 作用，其热应变脆化倾向却比 Q345(16Mn)小。

消除热应变脆化的有效措施是焊后退火处理。经 600℃左右的消除应力退火后，材料的韧性基本上能恢复到原来水平。

2. 裂纹

(1) 焊缝金属的热裂纹　热轧正火钢一般含碳量都较低，而含锰量都较高，它们的 $w(Mn)/w(S)$值比较大，因而具有较好的抗热裂性能，正常情况下焊缝不会出现热裂纹。但是，当材料成分不合格，或有严重偏析，使局部的碳、硫含量偏高，其 $w(Mn)/w(S)$值偏低时，则易产生热裂纹。控制母材和焊接材料中的碳、硫含量，减少熔合比，增大焊缝的成形系数等都有利于防止焊缝金属产生热裂纹。

(2) 冷裂纹　导致钢材产生焊接冷裂纹的三个主要因素是钢材的淬硬倾向、焊缝的扩散氢含量和接头的拘束应力，其中淬硬倾向是决定性的。

一般认为，碳当量 CE<0.4%的钢材焊接时基本上无淬硬倾向，焊接性良好。$\sigma_s = 295 \sim 390\text{MPa}$ 的热轧钢，如 09Mn、09MnNb、12Mn 等基本属于这一类。除钢板厚度很大、环境温度很低的情况外，也和焊接低碳钢一样一般不需要焊前预热和严格控制焊接热输入，也不会引起冷裂纹。间接判断焊接性可用式(7-1)

计算其碳当量：

$$CE(IIW)=C+\frac{Mn}{6}+\frac{Cr+Mo+V}{5}+\frac{Cu+Ni}{15} \tag{7-1}$$

此式主要适用于σ_b＝500～900MPa的中高强钢。

随着CE增加，钢的淬硬倾向随之增大，Q345(16Mn)、Q390(15MnV)等热轧钢的碳当量较上述几种钢稍高，其淬硬倾向相应稍大，当冷却速度快时，有可能产生马氏体淬硬组织。在拘束应力较大和扩散氢含量较高的情况下，就必须采取适当措施，防止冷裂纹的产生。碳当量CE＝0.4％～0.6％的钢，基本上属于有淬硬倾向的钢，σ_s＝440～490MPa的正火钢就处于这一范围之内。当CE还不超过0.5％时，淬硬尚不严重，焊接性尚好。但随着板厚增加，则需采取一定预热措施才能避免冷裂纹的产生。CE在0.5％以上的钢其淬硬倾向显著，容易冷裂，必须严格控制焊接热输入和采取预热和后热处理等工艺措施，以防冷裂纹的产生。

(3) 再热裂纹　C-Mn和Mn-Si系的热轧钢(如16Mn)，因不含强碳化物形成元素，对再热裂纹不敏感，在焊后消除应力热处理时不会产生再热裂纹。正火钢中一些含有强碳化物形成元素的钢材，如14MnMoV和18MnMoNb则有轻微的再热裂纹敏感性。试验证明，采取适当提高预热温度或焊后立即后热等措施，就能防止再热裂纹的产生，如18MnMoNb，焊后立即进行180℃、2h后热，即可防止消除应力时产生再热裂纹。

(4) 层状撕裂　其产生不受钢材的种类和强度级别的限制，它主要取决于钢材的冶炼条件。在一般冶炼条件下生产的热轧及正火钢，都具有不同程度的层状撕裂倾向。只有经过精炼的Z向钢，如D36、WFG-36Z等，因其含硫量很低[w(S)≤0.005％]，Z向断面收缩率很高(ψ_z≥35％)，才具有优异的抗层状撕裂性能。因此，当采用一般的热轧及正火钢制造较厚的焊接结构时，焊前对钢材应进行Z向(即厚度方向)拉伸试验，尽量选择ψ_z值高的钢种，在设计方面应设计出能避免或减轻Z向应力和应变的接头或坡口形式；在工艺方面，在满足产品使用要求的前提下应选用强度级别较低的焊接材料或堆焊低强度焊缝作过渡层，以及采取预热和降氢等工艺措施。

四、热轧及正火钢的焊接工艺

热轧及正火钢对许多焊接方法都适应，选择时主要考虑产品结构、板厚、性能要求和生产条件等因素，其中最为常用的是焊条电弧焊、埋弧焊和熔化极气体保护焊。钨极氩弧焊通常用于较薄的板或要求全焊透的薄壁管和厚壁管道等工件的封底焊。大型厚板结构可以用电渣焊。

1. 焊条电弧焊

焊条电弧焊焊接09Mn、09MnNb、12Mn等时，一般不需要焊前预热，也不必严格控制焊接热输入。在钢板厚度很大、环境温度很低的情况下，应适当进行预热。预热温度一般为50～150℃。选用的焊条见表7-4。

表7-4 热轧及正火钢焊条电弧焊时焊条的选用

强度等级/MPa	钢号	焊条电弧焊焊条		焊前预热
		型号	牌号	
295 (Q295)	09Mn2,09MnNb 09MnV,12Mn	E4301,E4303 E4315,E4316	J423,J422 J427,J426	一般不预热
345 (Q345)	16Mn,16MnR 16MnCu 14MnNb EH32,EH36 36Z,16MnRE	E5001,E5003 E5015,E5015-G E5016,E5016-G E5018,E5028	J503,J502 J507,J507R J506,J506R J506Fe,J507Fe	< 16mm，－10℃以下；16～24mm，－5℃以下；25～40mm，0℃以下及>40mm时，均预热100～150℃
390 (Q390)	15MnV,15MnVR 15MnVRE 15MnTi 15MnVNb 16MnNb 15MnTiCu 14MnMoNb EH40	E5001,E5003 E5015,E5015-G E5016,E5016-G E5018,E5028 E5515-G E5516-G	J503,J503Z,J502 J507,J507R,J506 J506R,J506Fe J506Fe16 J507Fe16,J557 J556,J507Fe	厚度小于或等于32mm,0℃以上施焊一般不预热；厚度大于32mm或刚性较大时预热100～150℃

续表

强度等级/MPa	钢　　号	焊条电弧焊焊条		焊前预热
		型号	牌号	
440(Q440)	15MnVN 15MnVNR 15MnVTiRE CF60,CF62 14MnVTiRE	E5515-G,E5516-G E6015-D1,E6015-G E6016-D1,E6016-G	J557,J557Mo J557MoV,J606RH J556,J556RH J607,J607Ni J607RH,J606	一般预热200℃以上
490(Q490)	14MnMoV 14MnMoVS 18MnMoNb 14MnMoVN 18MnMoNbS 15MnMoVCu	E6015-D1,E6015-G E6016-D1,E7015-D2 E7015-G	J607,J607Ni J607RH,J606 J707,J707Ni J707RH,J707NiW	一般预热170～220℃,重要结构预热200～250℃ 焊后立即进行180℃、2h后热,以防产生再热裂纹

2. 埋弧自动焊

对于厚件及长直焊缝用埋弧自动焊焊接，不仅效率会显著提高，其焊接质量也会显著提高。

埋弧自动焊时的坡口、焊接电流和焊丝直径的选择见表3-4。热轧及正火钢埋弧自动焊时焊接材料的选用见表7-5。

表7-5　热轧及正火钢埋弧自动焊时焊接材料的选用

强度等级/MPa	钢　号	埋弧焊		气体保护焊	
		焊丝	焊剂	实芯焊丝	药芯焊丝
295	09Mn2 09MnNb 09MnV 12Mn	H08A H08MnA	HJ430 HJ431 SJ301	CO_2： ER49-1 ER50-2	

续表

强度等级/MPa	钢 号	埋弧焊		气体保护焊	
		焊丝	焊剂	实芯焊丝	药芯焊丝
345	16Mn 16MnR 16MnCu 14MnNb EH32 EH36 36Z 16MnRE	薄板 H08A H08MnA	SJ501 SJ502	CO_2： ER49-1 ER50-2 ER50-6 ER50-7 GHS-50	CO_2： YJ502-1 (EF01-5020) YJ502R-1 (EF01-5050) YJ507-1 (EF03-5040) PK-YJ507
		不开坡口对接 H08A 中板开坡口对接 H08MnA、H10Mn2	HJ430 HJ431 HJ301		
		厚板深坡口 H10Mn2 H08MnMoA	HJ350		
390	15MnV 15MnVR 15MnVRE 15MnTi 15MnVNb 16MnNb 15MnTiCu 14MnMoNb EH40	不开坡口对接 H08MnA 中板开坡口对接 H10Mn2 H10MnSi	HJ430 HJ431	CO_2： ER50-2 ER50-6 ER50-7 GHS-50	CO_2： YJ502-1 (EF01-5020) YJ502R-1 (EF01-5050) YJ507-1 (EF03-5040)
		厚板深坡口 H08MnMoA	HJ250 HJ350 SJ101		
440	15MnVN 15MnVNR 15MnVTiRE CF60 CF62 14MnVTiRE	H10Mn2 H08MnMoA H08Mn2MoA	HJ431 HJ350 HJ250 HJ252 SJ101	CO_2 或 80%Ar+20%CO_2 ER49-1 ER50-2 ER55-D2 GHS-60	CO_2： PK-YJ607
490	14MnMoV 14MnMoVS 18MnMoNb 14MnMoVN 18MnMoNbS 15MnMoVCu	H08Mn2MoA H08Mn2MoVA H08Mn2NiMo H08MnMoA	HJ250 HJ252 HJ350 SJ101 SJ102	CO_2 或 80%Ar+20%CO_2 ER35-D2 H08Mn2SiMoA GHS-60 GHS-60N GHS-70	CO_2： PK-YJ607 YJ707-1

以 Q345(16Mn)的焊接为例，在不开坡口对接用埋弧焊时，其熔合比大，从母材熔入焊缝金属的元素增多，这时宜采用合金成分低的 H08A 焊丝配合 HJ431 焊剂，就能够满足焊缝金属的力学性能要求。对于厚板开坡口的对接，仍用 H08A 焊丝配 HJ431 焊剂，则会因熔合比小，使焊缝的合金元素减少或强度偏低。此时应采用合金成分较高的 H08MnA、H10Mn2 焊丝与 HJ431 焊剂配合。以 Q345 为例对接埋弧自动焊的焊接工艺参数见表 7-6。

表 7-6　Q345(16Mn)对接埋弧自动焊的焊接工艺参数

接头形式	板厚与坡口/mm	焊接顺序	焊丝牌号	焊接电流/A	电弧电压/V	焊接速度/$m \cdot h^{-1}$
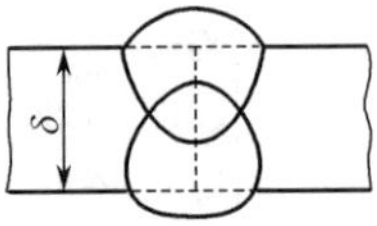	$\delta=8$	正 反	H08A	550～580 600～650	34～36	34.5
	$\delta=10$	正 反	H08A	620～650 680～700	36～38	32
	$\delta=12$	正 反	H08A	680～700 680～700	36～38	32
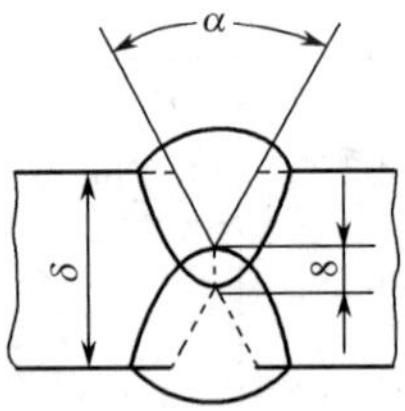	$\delta=14$	正 反	H08A	600～640 620～660	34～36	29.5
	$\delta=16$	正 反	H08MnA	600～640 640～680	34～36	29.5
	$\delta=18$	正 反	H08MnA	680～700 680～700	36～38	27.5
	$\delta=20$	正 反	H08MnA	680～700 700～720	36～38	27.5
	$\delta=25$	正 反	H08MnA	700～720 720～740	36～38	21

3. 气体保护焊

从降低焊接成本来讲，热轧及正火钢均适宜用 CO_2 气体保护焊焊接。其保护气体可用纯 CO_2 气体，焊丝的选用见表 7-5。

4. 电渣焊

对于厚大焊件，热轧及正火钢选用电渣焊为宜。电渣焊的焊接材料选用见表 7-7。

表 7-7 热轧及正火钢电渣焊的焊接材料选用

强度等级/MPa	钢 号	焊 丝	焊 剂
295	09Mn2 09MnNb 09MnV，12Mn	H08Mn2SiA H10MnSi H10Mn2	HJ360 HJ250 HJ170
345	16Mn，16MnR 16MnCu 14MnNb EH32，EH36 36Z，16MnRE	H08MnMoA H10MnSi H10Mn2 H08Mn2SiA H10MnMo	HJ360 HJ431 HJ252 HJ171
390	15MnV，15MnVR 15MnVRE，15MnTi 15MnVNb，16MnNb 15MnTiCu，14MnMoNb EH40	H08MnMoA H10MnSi H10Mn2 H08MnMoVA H10MnMo	HJ360 HJ252 HJ431 HJ171
440	15MnVN，15MnVNR 15MnVTiRE CF60，CF62 14MnVTiRE	H08Mn2MoVA H10Mn2MoVA H10Mn9NiMo H10Mn2Mo	HJ360 HJ252 HJ170
490	14MnMoV，14MnMoVS 18MnMoNb，14MnMoVN 18MnMoNbS，15MnMoVCu	H10Mn2MoVA H10Mn2Mo H08Mn2MoA	HJ360 HJ252 HJ170

如果用板极电渣焊焊接，板极可用母材直接裁条作为电极。

5. 焊接工艺参数的选择

前面虽然已经讲到焊接工艺，即焊接时的电流和焊接速度，但是只是典型情况下的一些基本焊接参数，不能代表所有条件下的焊接，因此读者也不能机械地搬用这些数据。下面要讲的是各种工艺参数的控制。

(1) 焊接热输入 热轧及正火钢焊接热输入的确定主要依据是防止过热区脆化和焊接裂纹两个方面。由于各种热轧及正火钢的脆化倾向和冷裂倾向不相同，因此对热输入的要求也不同。

对于碳当量 *CE*(IIW)＜0.4%的热轧及正火钢，如 Q295(09Mn2、09MnNb)和含碳量偏下限的 Q345(16Mn)等，其强度级别在 390MPa 以下，它们的过热敏感性不大，淬硬倾向也较小，故焊接热输入一般不予限制。

含碳量偏高的 Q345(16Mn)，其淬硬倾向增加，为防止冷裂纹，焊接时，宜用偏大一些的焊接热输入。

对于含 V、Nb、Ti 等强度级别较低的正火钢，如 Q420(15MnVN)、15MnVTi 等，为防止沉淀相溶入和晶粒长大引起脆化，宜选偏小的焊接热输入。焊条电弧焊推荐用 15～55kJ/cm，埋弧焊用 20～50kJ/cm。这类钢因含碳量偏低，用偏小的热输入，快速冷却得到的是韧性较好的下贝氏体或低碳马氏体组织。

对于含碳和合金元素量较高，屈服点又大于 490MPa 的正火钢，如 18MnMoNb 等，由于其淬硬倾向大，对过热脆化敏感，就要求焊接热输入既不能大，又不能小。为了防止冷裂纹，应采用偏大的焊接热输入，但热输入增大，使冷却速度减慢，就会引起过热加剧。为了防止过热，就应采用偏小的焊接热输入，显然与防止冷裂相矛盾。在这种两者难以兼顾的情况下，通常认为采用偏小的焊接热输入并辅之以预热和后热等措施比较合理，这样既防止了晶粒过热，又因预热和后热而避免了裂纹。如对 18MnMoNb 进行焊接，焊条电弧焊采用 20kJ/cm 以下的热输入，埋弧焊用 35kJ/cm 以下的热输入，焊前 150～180℃预热，层间温度在 300℃以下，焊后立即进行 250～350℃的后热处理，就可以防止裂纹产生，又能获得良好的接头力学性能。

(2) 预热　其目的主要是为了防止裂纹，同时兼有一定改善接头性能的作用。但预热却恶化劳动条件，延长生产周期，增加制造成本。过高预热温度和层间温度反会使接头韧性下降。因此，焊前是否需要预热和预热温度的确定，应慎重考虑。

预热温度的确定取决于钢材的化学成分、焊件拘束度、结构特征、环境温度和焊后热处理等。随着钢材碳当量、板厚、结构拘束度增大和环境温度下降，焊前预热温度也需相应提高。焊后进行热处理的可以不预热或降低预热温度。

多层焊时掌握好层间温度，本质上也是一种预热，一般层间温度等于或略大于预热温度。

表 7-8 为几种常用热轧及正火钢焊接的预热温度和焊后热处理温度。

表 7-8 常用热轧及正火钢焊接的预热温度和焊后热处理温度

强度等级 σ_s/MPa	钢 号	厚度/mm	预热温度 /℃	焊后热处理温度/℃	
				电弧焊	电渣焊
295	09Mn2 09Mn2Si 09MnV 12Mn	一般无厚板	不预热	不热处理	不热处理
345	16Mn 16MnR 14MnNb EH32 EH36 D36(36Z)	≤40	不预热	不热处理或600～650回火	900～930正火 600～650回火
		>40	≥100		
390	15MnV 15MnTi 14MnMoNb EH40	≤32	不预热	不热处理或 530～580回火	950～980正火 560～590或 630～650回火
		>32	≥100		
440	15MnVN 14MnVTiRE	≤32	不预热		
		>32	≥100		
	CF60 CF62	≤25	不预热		
		>25	50～100		
490	18MnMoNb 14MnMoV		≥150	600～650回火	950～980正火 600～650回火

(3) 后热及热处理

① 后热 又称消氢处理，是焊后立即对焊件的全部(或局部)进行加热和保温，让其缓冷，使扩散氢逸出的工艺措施。后热的目的

是防止延迟裂纹的产生，主要用于强度级别较高的钢种和大厚度的焊接结构。去氢的效果取决于后热的温度和时间。温度一般在200～300℃范围内，保温时间与板厚有关，通常为2～6h。对同一板厚的焊件来说，提高后热温度，可减少保温时间，从而提高处理效率。

② 焊后热处理　是否进行焊后热处理应根据使用要求来确定。一般情况下，热轧钢和正火钢焊后不需热处理。但是，对要求抗应力腐蚀的焊接结构、低温下使用的焊接结构及厚壁高压容器等，焊后都需要进行消除应力的高温回火。

确定回火温度时要注意以下问题。

a. 不要超过母材原来的回火温度，以免影响母材的性能，应比母材回火温度低30～60℃。

b. 对于含有Cr、Mo、V等的低合金钢，在回火时要避开600℃左右的温度区间，以免产生再热裂纹。例如，15MnVN焊后消除应力处理温度为550℃或650℃。

电渣焊会使焊件严重过热，焊后需要进行正火处理。

第二节　低碳调质钢的焊接

低碳调质钢含碳量较低，一般w(C)在0.18%以下，屈服点在440～980MPa之间。通过加入不同合金元素和调质热处理，使之具有良好的综合性能和焊接性能。

表7-9列出了常用低碳调质钢的力学性能，表7-10列出了常用低碳调质钢的相变点、热处理制度及其组织。

表7-9　常用低碳调质钢的力学性能

钢　号	板厚/mm	拉伸性能			冲击性能		
		σ_b/MPa	σ_s/MPa	δ_5/%	温度/℃	缺口形式	吸收功/J
15MnMoVN	18～40	≥690	≥590	≥15	−40	U	≥27
15MnMoVNRE	≤16		≥588		−40	U	≥23.5
14MnMoNbB	<8	≥755	≥686	≥12	−40	U	≥27

续表

钢 号	板厚/mm	拉伸性能			冲击性能		
		σ_b/MPa	σ_s/MPa	δ_5/%	温度/℃	缺口形式	吸收功/J
12Ni3CrMoV	<16		588～745	≥16	−20	V	≥54
WCF-60	14～50	590～720	≥450	≥17	−20	V	≥47
WCF-62	14～50	610～740	≥490	≥17	−20	V	≥47
HQ70A	>18	≥685	≥590	≥17	−40	V	≥29
HQ80C	≤50	≥785	≥685	≥16	−40	V	≥29
HQ100		≥950	≥880	≥10	−25	V	≥27
T-1	5～64	794～931	≥686	≥18	−45	V	≥27
HY-130	16～100	882～1029	≥795	≥15	−18	V	≥68
WEL-TEN70	≤50	686～833	≥618	≥16	−17	V	≥39
WEL-TEN80	50	784～931	≥686	≥16	−15	V	≥35

表 7-10 常用低碳调质钢的相变点、热处理制度及其组织

钢 号	相变点/℃				热处理制度/℃			组 织
	A_{c1}	A_{c3}	A_{r1}	A_{r3}	奥氏体化温度	淬火介质	回火温度	
WCF-60 WCF-62	746	923	669	813	940	水	630	板条状回火马氏体、回火索氏体加贝氏体
HQ70	724	855	616	758	920	水	600～700	具有大量亚结构的铁素体加较大的球状渗碳体
15MnMoVN	715	910	630	820	950	水	640	回火粒状贝氏体
15MnMoVNRE	736	873	674	762	930～940	水	820～830	细小均匀的铁素体加粒状贝氏体及少量上贝氏体
HQ100	715	850	615	725	920	水	620	回火索氏体
14MnMoNbB	715	870	—	785	930	水	620	回火马氏体或回火马氏体加回火下贝氏体
12Ni3CrMoV	707	820	—	—	880	水	680	回火马氏体加回火贝氏体
HY-130	—	—	—	—	800～830	水	590	回火马氏体加回火贝氏体

一、低碳调质钢的焊接性

低碳调质钢主要用作高强度的焊接结构，在合金成分设计上已考虑到焊接性的要求，要求其含碳量较低，控制在 $w(C) \leqslant 0.22\%$，实际都在 0.18%以下。所以这类钢的焊接性与正火钢类似。与正火钢不同的是这类钢是通过调质获得强化，焊后在热影响区上除发生脆化外，还有软化问题。

1. 冷裂纹

低碳调质钢是在低碳钢的基础上通过加入多种提高淬透性的合金元素来保证获得强度高、韧性好的低碳马氏体和部分下贝氏体的混合组织。这类钢淬透性大，本应有很大的冷裂倾向，但是由于其含碳量很低，焊接时形成的是低碳马氏体，又加上它的转变温度 M_s 较高，如果在此温度下冷却得比较慢，此时生成的马氏体得以“自回火”，冷裂纹即可避免。如果马氏体转变时的冷却速度很快，得不到“自回火”，其冷裂倾向必然增大。因此，在焊接高拘束度的厚板结构时，应预防冷裂纹产生。

2. 热影响区的脆化和软化

低碳调质钢在热影响区中引起脆化的原因有奥氏体晶粒粗化和脆性混合组织(上贝氏体和 M-A 组合)的形成。脆性混合组织的形成与合金化程度及 800～500℃的冷却时间的控制有关。

热影响区出现软化是因为在调质状态下焊接时，热影响区中凡是加热温度高于母材回火温度至 A_{c1} 的区域，由于碳化物的积聚长大而使钢材软化。受热温度越接近 A_{c1} 的区域，软化越严重。

对焊后不再进行调质处理的低碳调质钢来说，热影响区的软化就成为焊接接头一个薄弱部位。强度级别越高，软化现象越突出。由于软化程度和软化区的宽度与焊接工艺有很大关系，因此在制定这类钢的焊接工艺时需加以控制。

3. 再热裂纹(消除应力裂纹)

再热裂纹产生于焊后消除应力退火的过程中。低碳调质钢大都含有 Cr、Mo、V、Nb、Ti、B 等对再热裂纹具有敏感性的元素，在这些元素中，作用最大的是V，其次是Mo，当两者共存时最为严重。故Mo-V钢特别是Cr-Mo-V钢再热裂纹倾向最大，Mo-B钢、Cr-Mo钢也有一定的敏感性，焊接时可通过适当的预热和后热防止再热裂纹。

二、低碳调质钢的焊接工艺

在制定低碳调质钢焊接工艺时，必须注意解决好冷裂纹及热影响区的脆化和软化问题。为防止冷裂纹的产生，要求在马氏体转变时的冷却速度不能太快，形成让马氏体获得“自回火”的条件。为防止热影响区发生脆化，要求在800～500℃之间的冷却速度大于产生脆化组织的临界速度。热影响区软化的问题可以采取小焊接热输入等工艺措施解决。

1. 焊接方法的选择

调质状态下的钢材，只要加热温度超过它的回火温度，其性能就会发生变化。因此，焊接时由于热的作用使热影响区局部强度和韧性下降几乎是不可避免的。强度级别越高，这个问题就越突出。除非焊后对焊件重新调质处理，否则就要尽量限制焊接过程中热量对母材的作用。所以，对于焊后不再调质处理的低碳调质钢，应该选择能量密度大的焊接方法，如钨极和熔化极气体保护焊、电子束焊等。对于$\sigma_s>980$MPa的调质钢应采用钨极氩弧焊或电子束焊；对于$\sigma_s\leqslant 980$MPa的调质钢，焊条电弧焊、埋弧焊、钨极或熔化极气体保护焊等均可采用。对于强度级别较低的低碳调质钢都可采用一般焊接方法和常规工艺条件进行焊接。因为焊接接头冷却速度较高，焊接热影响区的力学性能接近钢在淬火状态下的力学性能，因而不需进行焊后热处理。但是，当采用电渣焊时，由于焊接热输入大，母材加热时间长，所以这类钢电渣焊后必须进行调质处理。在采用埋弧焊时，不宜用大焊接电流、粗丝或多丝等焊接工艺。但是，可以用窄间隙双丝埋弧焊，因所用双丝直径小，焊接热输入不大，直流反接和加大熔敷速度，可避免母材过分受热。

2. 焊接材料的选择

由于低碳调质钢焊后一般不再进行热处理，故在选择焊接材料时要求焊缝金属在焊态下具有接近母材的力学性能。在特殊情况下，如结构的刚度或拘束度很大，冷裂纹难以避免时，必须选择熔敷金属强度比母材稍低的焊接材料作填充金属。

由于低碳调质钢有产生冷裂纹的倾向，严格控制焊接材料的含氢量十分重要。因此，焊条电弧焊时应选用低氢或超低氢焊条，焊前按规定要求进行烘干。自动弧焊用的焊丝表面要干净，无油锈等污物，保护气体或焊剂也应去水分。

表 7-11 列出了常用低碳调质钢焊条电弧焊焊接材料与工艺参数的选用；表 7-12 列出了常用低碳调质钢埋弧自动焊焊接材料与工艺参数的选用；表 7-13 列出了常用低碳调质钢气体保护焊焊接材料与工艺参数的选用。

表 7-11　常用低碳调质钢焊条电弧焊焊接材料及工艺参数的选用

钢　号	电　焊　条		不同厚度的预热温度/℃	层间温度/℃	焊接热输入/kJ·cm^{-1}
	型号	牌号			
WCF-60 WCF-62 HQ60	E6015-D1 E6015-G E6016-D1 E6016-G	J607 J607Ni J607RH J606	6～13mm，不预热 13～26mm，40～75 26～50mm，75～125	≤150 ≤200 ≤200	≤30 ≤45 ≤55
HQ70 14MnMoVN 12Mn1CrNiMoVCu	E7015-D2	J707 J707Ni J707RH	6～13mm，50 13～19mm，75 19～26mm，100	≤150 ≤180 ≤200	≤25 ≤35 ≤45
12Ni3CrMoV	E7015-G	J707NiW	26～50mm，125	≤200	≤48
14MnMoNbB 15MnMoVNRE WEL-TEN70 WEL-TEN80	E7015-D2 E7015-G E7515-G E8015-G	J707 J707Ni J707RH J707NiW J757 J757Ni J807 J807RH	6～13mm，50 13～19mm，75 19～26mm，100 26～50mm，125	≤150 ≤180 ≤200 ≤200	≤25 ≤35 ≤45 ≤48

续表

钢号	电焊条		不同厚度的预热温度/℃	层间温度/℃	焊接热输入/kJ·cm⁻¹
	型号	牌号			
12NiCrMoV	E8015-G	J807RH J857 J857Cr J857CrNi	6～13mm，50 13～19mm，75 19～26mm，100 26～50mm，125	≤150 ≤180 ≤200 ≤200	≤25 ≤35 ≤45 ≤48
T-1	E7015-D2 E7015-G E7515-G	J707 J707Ni J707RH J757 J757Ni	6～13mm，50 13～19mm，75 19～26mm，100 26～50mm，125		
HQ80		GHH-80	6～13mm，50 13～19mm，75 19～26mm，100 26～50mm，125	≤150 ≤180 ≤200 ≤220	≤25 ≤35 ≤45 ≤48
HQ100		J956	≤32mm，100～150	≤150	≤35

表 7-12 常用低碳调质钢埋弧自动焊焊接材料及工艺参数的选用

钢号	埋弧焊		预热温度/℃	层间温度/℃	焊接热输入/kJ·cm⁻¹
	焊丝	焊剂			
HQ60 WCF-60 WCF-62	H08MnMoA H10Mn2 H10Mn2Si H08MnMoTi	HJ431 SJ201 SJ101 HJ350 SJ104	6～13mm，不预热 13～26mm，25 26～50mm，50	≤150 ≤200 ≤200	≤30 ≤45 ≤55
HQ70 14MnMoVN 12Mn1CrNiMoVCu 12Ni3CrMoV	HS-70A H08Mn2NiMoVA H08Mn2NiMo	HJ350 HJ250 SJ101	6～13mm，50 13～19mm，50 19～26mm，75 26～50mm，100	≤150 ≤180 ≤200 ≤200	≤25 ≤35 ≤45 ≤48
14MnMoNbB 15MnMoVNRE WEL-TEN70 WEL-TEN80	H08Mn2MoA H08Mn2Ni2CrMoA	HJ350	6～13mm，50 13～19mm，50 19～26mm，75 26～50mm，100	≤150 ≤180 ≤200 ≤200	≤25 ≤35 ≤45 ≤48

表 7-13 常用低碳调质钢气体保护焊焊接材料与工艺参数的选用

钢号	气体保护焊		预热温度/℃	层间温度/℃	焊接热输入/kJ·cm^{-1}
	气体	焊丝			
WCF-60 WCF-62 HQ60	CO_2 或 80%Ar+ 20%CO_2	ER55-D2 ER55-D2Ti GHS-60 PK-YJ607	6～13mm，不预热 13～26mm，15～30 26～50mm，25～40	≤150 ≤200 ≤200	≤30 ≤45 ≤55
HQ70 14MnMoVN 12Mn1CrNiMoVCu 12Ni3CrMoV	CO_2 或 80%Ar+ 20%CO_2	ER69-1 ER69-3 GHS-60N GHS-70 YJ707-1	6～13mm，25 13～19mm，50 19～26mm，50 26～50mm，75	≤150 ≤180 ≤200 ≤200	≤25 ≤35 ≤45 ≤48
14MnMoNbB 15MnMoVNRE WEL-TEN70 WEL-TEN80	CO_2 或 80%Ar+ 20%CO_2	ER76-1 ER83-1 H08MnNi2Mo GHS-80B 80C	6～13mm，25 13～19mm，50 19～26mm，50 26～50mm，75	≤150 ≤180 ≤200 ≤200	≤25 ≤35 ≤45 ≤48
T-1	CO_2 或 80%Ar+ 20% CO_2	ER76-1 ER83-1 GHS-80B GHS-80C	6～13mm，25 13～19mm，50 19～26mm，50 26～50mm，75		
HQ80	80% Ar+ 20% CO_2	GHQ-80	6～13mm，50 13～19mm，50 19～26mm，75 26～50mm，100	≤150 ≤180 ≤200 ≤220	≤25 ≤35 ≤45 ≤48
HQ100	80% Ar+ 20% CO_2	GHQ-100	≤32mm，100～150	≤150	≤35

3. 焊接工艺参数的选择

控制焊接时的冷却速度成为防止焊接低碳调质钢产生冷裂纹和热影响区脆化的关键。快速冷却对防止脆化有利，但对防止冷裂纹不利；反之，减缓冷却可防止冷裂纹，却易引起热影响区的脆化。因此，必须找到两者都兼顾的最佳冷却速度，而冷却速度主要由焊接热输入决定，但又受到焊件散热条件和预热等因素影响。

（1）焊接热输入的确定 为了防止冷裂纹的产生，通常是在满足热影响区韧性要求的前提下确定出最大允许的焊接热输入。

（2）预热温度的确定 有些情况下，如厚板的焊接，即使采用了允许的最大热输入，其冷却速度也足以引起冷裂纹，这时应采取预热来使冷却速度降到低于不出现裂纹的极限值。预热的主要目的是降低马氏体转变时的冷却速度，通过马氏体的“自回火”作用来提高其抗裂性能。一般都采用较低的预热温度（≤200℃），若预热温度过高，又会使800～500℃的冷却速度过于缓慢，出现脆性混合组织而脆化。也可通过试验，确定防止冷裂纹的最佳预热温度范围。各种不同的焊接方法所需的预热温度分别列于表7-11～表7-13。需要指出的是，预热温度较低的有15～30℃、25℃等，这些较低的预热温度是指在低温下焊接时的预热条件，如果环境温度已经高于该温度，则不必对工件加热。

（3）焊后热处理的确定 低碳调质钢通常是在调质状态下焊接，在正常焊接条件下焊缝及热影响区可以获得高强度和韧性，焊后一般不需进行热处理。只有在下列情况下才进行焊后热处理。

① 焊后（如电渣焊等）使焊缝或热影响区严重脆化或软化区失强过大，这时需进行重新调质处理。调质处理是先将钢加热到奥氏体化温度（表7-10），再在水中冷却下来，完成淬火；然后再将工件加热到对应的回火温度，在空气中冷却下来，就完成了调质。

② 焊后需进行高精度加工，要求保证结构尺寸稳定，或者是要求耐应力腐蚀的焊件，需进行消除应力热处理。

为了保证材料的强度，消除应力热处理的温度应比母材原来调质处理的回火温度低30℃左右。

低碳调质钢的种类较多，应用也较广，为了便于读者理解和应用，表7-14列出了HQ系列钢的焊接工艺参数（推荐）；表7-15列出了14MnMoNbB的焊接工艺参数，供读者参考。

焊接工艺参数不是绝对的，读者可以此为参考，在生产实践中，根据企业的条件对所用钢材通过焊接性试验，确定适合本单位的焊接工艺参数。

表 7-14　HQ 系列钢焊接推荐工艺参数

钢号	焊接方法	焊接材料		焊接电流/A	电弧电压/V	焊接速度/cm·min^{-1}	气体流量/L·min^{-1}	备注
HQ60	焊条电弧焊	E6015-H	ϕ4mm	160～180	22～24	12～14		热输入18～22kJ/cm，层间温度150℃
	气体保护焊	GHS-60N 焊丝 80%Ar+20%CO_2	ϕ1.6mm	360	34	37		
HQ70	焊条电弧焊	E7015-G	ϕ4mm	175	35			热输入20kJ/cm
	气体保护焊	GHS-70 焊丝 80%Ar+20%CO_2	ϕ1.6mm	350	35		20	
HQ100	焊条电弧焊	J956	ϕ4mm	170～180	24～26	15～16		热输入15～17kJ/cm
	气体保护焊	GHQ-100 焊丝 80%Ar+20%CO_2	ϕ1.6mm	300	30			热输入10～20kJ/cm

表 7-15　14MnMoNbB 焊接工艺参数

焊接方法	焊接材料		焊接电流/A	电弧电压/V	焊接速度/m·h^{-1}	预热温度和层间温度/℃	后热
焊条电弧焊	J857 焊条	ϕ4mm	160～180	24～26		150	150℃保温 1～2h
		ϕ5mm	230～250				
埋弧焊	H08Mn2MoA 焊丝 HJ350	ϕ3mm	380～400	33～35	21～24	150	150℃保温 2h
		ϕ4mm	650～700	35～37	23～26		
电渣焊	H10Mn2MoA HJ431	ϕ3mm	500～550	38～42	1.4	焊后 920℃ 正火＋920℃水淬＋630℃回火（空冷）	

第三节 中碳调质钢的焊接

中碳调质钢中的碳和其他合金元素含量较高。增加碳是为了提高强度，通常加入量为 $w(C)=0.25\%\sim0.45\%$。加入合金元素 [$w(Me)<5\%$]主要是为了保证淬透性和提高回火抗力。通过调质(淬火+回火)处理以获得较好的综合性能，其屈服点达 880～1176MPa。这类钢的特点是比强度和硬度高，淬透性大，因而焊接性较差，焊后必须通过调质处理才能保证接头的性能，热处理方式不同，尤其是回火温度有差异时，其力学性能变化很大。S、P 等有害杂质的含量对焊接影响很大，$w(S)$、$w(P)$降至 0.02%，焊时也会有裂纹发生。当钢材热处理得到很高强度水平时，S、P 的极限质量分数应低于 0.015%。

一、中碳调质钢的分类

中碳调质钢按其合金系统可分成以下几类。

(1) Cr 钢　如 40Cr，钢中加入 Cr[$w(Cr)<1.5\%$时]能有效地提高淬透性，也能增加低温或高温回火稳定性，但有回火脆性。40Cr 是一种应用广泛的 Cr 调质钢，具有较高的淬透性和良好的综合力学性能，疲劳强度高。用于制造较重要的在交变载荷下工作的机器零件，焊接中常遇到的情况是用于制造齿轮和轴类。

(2) Cr-Mo 系　是在 Cr 钢基础上发展起来的中碳调质钢，如 35CrMoA 和 35CrMoVA 等。Cr 钢中加入少量 Mo[$w(Mo)=0.15\%\sim0.25\%$]可以消除 Cr 钢的回火脆性，提高淬透性，并使钢具有较好的强度与韧性匹配。此外，Mo 还能提高钢的高温强度。V 可以细化晶粒，提高强度、塑性和韧性，增加高温回火稳定性。这类钢一般在动力设备中用以制造负荷较高、截面较大的重要零部件，如汽轮机叶轮、主轴和发电机转子等。

(3) Cr-Mn-Si 系　如 30CrMnSiA、30CrMnSiNi2A 和 40CrMnSiMoVA 等。其中 30CrMnSiA 最典型，是我国应用最广泛的一种中碳调质

钢，$w(C)=0.28\%\sim0.35\%$，加入Si能提高低温回火抗力。这种钢退火状态下的组织为铁素体和珠光体，经870～890℃淬火，510～550℃高温回火为回火索氏体(或统称回火马氏体)。这种钢的缺点是在300～450℃内出现第一类回火脆性，因此回火时必须避开该温度范围。另外，这种钢还有第二类回火脆性，因此高温回火时必须采取快冷措施，否则冲击韧度会显著降低。

(4) Cr-Ni-Mo系　如40CrNiMoA和34CrNi3MoA等，钢中加入Ni增加淬透性以提高强度，同时，对塑性、韧性有良好的作用，尤其低温冲击韧度较高。加入Mo进一步提高淬透性，又有助于消除对回火脆性的敏感。这类钢强度高，韧性好，淬透性大，主要用于高负荷、大截面的轴类以及承受冲击载荷的构件，如汽轮机、喷气涡轮机轴及喷气式客机的起落架和火箭发动机的外壳等。

表7-16列出了几种常用中碳调质钢的力学性能。

表7-16　几种常用中碳调质钢的力学性能

钢　号	热处理规范	σ_s/MPa	σ_b/MPa	δ/%	ψ/%	a_{kV}/J·cm^{-2}	硬度/HB
30CrMnSiA	870～890℃油淬 510～550℃回火	≥833	≥1078	≥10	≥40	≥49	346～363
	870～890℃油淬 200～260℃回火		≥1568	≥5		≥25	≥444
30CrMnSiNi2A	890～910℃油淬 200～300℃回火	≥1372	≥1568	≥9	≥45	≥59	≥444
40CrMnSiMoVA	890～970℃油淬 250～270℃回火 4h空冷		≥1862	≥8	≥35	≥49	≥52 HRC
35CrMoA	860～880℃油淬 560～580℃回火	≥490	≥657	≥15	≥35	≥49	197～241
35CrMoVA	880～900℃油淬 640～660℃回火	≥686	≥814	≥13	≥35	≥39	255～302

续表

钢号	热处理规范	σ_s/MPa	σ_b/MPa	δ/%	ψ/%	a_{kV}/J·cm^{-2}	硬度/HB
34CrNi3MoA	850～870℃油淬 580～670℃回火	≥833	≥931	≥12	≥35	≥39	285～341
40CrNiMoA	840～860℃油淬 550～650℃水或空冷	833	≥980	12	50	79	
4340	约870℃油淬 约425℃回火	1305	1480	14	50	25	435
H-11	980～1040℃空淬	1725					
	约540℃回火 约480℃回火	2070					
D6AC	880℃油淬 550℃回火	≥1470	≥1570	14	50	25	
30Cr3SiNiMoVA	910℃油淬 280℃回火		≥1666	>9			

二、中碳调质钢的焊接性

1. 焊缝中的热裂纹

中碳调质钢含碳量及合金元素含量都较高，其结晶温度区间较大，偏析也较严重，因而具有较大的热裂纹倾向。热裂纹常发生在多道焊第一条焊道弧坑和凹形角焊缝中。为了防止热裂纹，在选择焊接材料时，应尽量选用含碳量低，含S、P杂质少的填充材料。一般焊丝w(C)限制在0.15%以下，最高不超过0.25%；w(S)、w(P)低于0.03%～0.035%。焊接时应注意填满弧坑和良好的焊缝成形。

2. 冷裂纹

中碳调质钢对冷裂敏感性比低碳调质钢大，因为中碳调质钢含碳量较高，加入的合金元素也较多，在500℃以下温度区间过冷奥氏体具有更大的稳定性，因而淬硬倾向十分明显。中碳钢的马氏体开始转变温度 M_S 一般都较低，在低温下形成的马氏体，难以产生“自回火”效应，并且含碳量高的马氏体的硬度和脆性更大，所以冷裂纹倾向较为严重，焊接时必须采取防止冷裂的措施。

3. 过热区的脆化

由于中碳调质钢具有相当大的淬硬性，在焊接热影响区的过热区内很容易产生硬脆的高碳马氏体。冷却速度越大，生成高碳马氏体就越多，脆化也就越严重。

要减少中碳调质钢过热区脆化，宜采用小焊接热输入并辅之以预热、缓冷和后热等工艺措施。从而可减少高温停留时间，避免了奥氏体晶粒过热，降低了奥氏体内部成分的不均匀性。预热和缓冷能有效地减小冷却速度，改善过热区的性能。

无论焊接热输入大小，马氏体的产生都是不可避免的。大的热输入会形成粗大的马氏体，使过热区脆化更为严重，故不宜采用大的热输入。

4. 热影响区软化

中碳调质钢在调质状态下焊接，焊后在热影响区上的软化现象比低碳调质钢更为严重，随着强度级别提高，其软化程度就越显著，该软化区便成为降低接头强度的薄弱环节。软化区的软化程度和宽度与焊接热输入有关，热输入越小，加热和冷却速度越快，受热时间越短，其软化程度和宽度就越小。因此，采用热能集中、热输入较小的焊接方法，对减小软化区有利。

三、中碳调质钢的焊接工艺

1. 退火状态下焊接

在退火(或正火)状态下焊接中碳调质钢，要比调质状态下焊接容易得多。焊接时只需解决焊接裂纹问题，热影响区的性能可以通过焊后的调质处理来保证。焊后再进行整体调质，以达到所需的性能。

在退火状态下焊接中碳调质钢，常用的焊接方法都可采用。

所选用的焊接材料，除要求不产生冷、热裂纹外，还要求焊缝金属的调质处理规范与母材一致，以保证调质后的接头性能也与母材相同。因此，焊缝金属的主要合金成分应尽量与母材相似，同时严格控制能引起焊接热裂纹倾向和促使金属脆化的元素，如 C、Si、S、P 等。

焊接工艺参数确定的原则是保证在调质处理前不出现裂纹。为此，可采用较高一些的预热温度(200～300℃)和层间温度。如果用局部预热，预热范围应在焊缝两侧 100mm 以上。如果焊后不能立即进行调质处理，为了防止在调质处理之前产生延迟裂纹，必须在焊后及时地进行一次中间热处理。中间热处理方式根据产品结构的复杂性和焊缝数量而定。结构简单焊缝量少时，可进行后热处理，即焊后在等于或高于预热温度下保持一段时间即可。这样有利于去除扩散氢和改善接头组织状态，以降低冷裂纹的敏感性。或者进行 680℃ 回火处理，既能消氢和改善接头组织，也可消除应力。如果产品结构复杂，有大量焊缝时，应焊完一定数量焊缝后就及时进行一次后热处理。必要时，每焊完一条焊缝都要进行后热处理，目的是避免后面焊缝尚未焊完，先焊部位就已经出现延迟裂纹。

表 7-17 列出了常用中碳调质钢焊条电弧焊退火状态下焊接的工艺参数；表 7-18 列出了常用中碳调质钢埋弧自动焊退火状态下焊接的工艺参数；表 7-19 列出了常用中碳调质钢气体保护焊退火状态下焊接的工艺参数。

2. 调质状态下焊接

必须在调质状态下焊接中碳调质钢时，除了要防止焊接裂纹外，还要解决热影响区高碳马氏体引起的硬化和脆化问题，以及高温回火区软化引起强度降低的问题。高碳马氏体引起的硬化和脆化可以通过焊后回火解决，而软化引起强度降低，在焊后不能调质处理的情况下是无法解决的。因此，在调质状态下焊接，应集中力量防止冷裂纹和热影响区软化。

表 7-17　常用中碳调质钢焊条电弧焊退火状态下焊接的工艺参数

钢号	焊条		板厚与焊条直径/mm	焊接电流/A	预热及层间温度/℃	热处理
	型号	牌号				
30CrMnSiA	E8515-G E10015-G	J857Cr J107Cr HT-1(H08CrMoA 焊芯) HT-3(H08A 焊芯) HT-3(H18CrMoA 焊芯)	板厚 4，ϕ3.2	90～110		焊后根据强度要求进行回火或调质处理
30CrMnSiNi2A		HT-3(H18CrMoA 焊芯)	板厚 10，ϕ3.2	130～140	预热 350℃	焊后 680℃回火
			板厚 10，ϕ4.0	200～220		
35CrMoA	E10015-G	J107Cr			350℃以上	
35CrMoVA	E8515-G E10015-G	J857Cr J107Cr			350℃以上	
34CrNi3MoA	E8515-G	J857Cr			350℃以上	
40Cr	E8515-G E9015-G E10015-G	J857Cr J907Cr J107Cr			350℃以上	

表 7-18　常用中碳调质钢埋弧自动焊退火状态下焊接的工艺参数

钢　号	埋弧焊		焊丝直径/mm	焊接电流/A	焊接速度/m·h^{-1}	热处理	备　注
	焊丝	焊剂					
30CrMnSiA	H20CrMoA H18CrMoA	HJ431 HJ260	φ2.5 或 φ3.0	290～400	27	焊后根据强度要求进行回火或调质处理	不宜用过大电流和过粗焊丝
30CrMnSiNi2A	H18CrMoA	HJ350-1 HJ260	φ3.0 或 φ4.0	280～450		焊后 680℃ 回火	不宜用过大电流和过粗焊丝

表 7-19　常用中碳调质钢气体保护焊退火状态下焊接的工艺参数

钢号	气体保护焊		板厚与焊丝直径/mm	焊接电流/A	气体流量/L·min^{-1}	预热/℃	热处理
	气体	焊丝牌号					
30CrMnSiA	CO_2	H08Mn2SiMoA H08Mn2SiA	板厚 2，φ0.8	75～85	7～8	200～300	焊后根据强度要求进行回火或调质处理
			板厚 4，φ0.8	85～110	10～14		
	(TIG) Ar	H18CrMoA					
30CrMnSiNi2A	Ar	H18CrMoA		75～85		350℃	焊后 680℃回火
35CrMoA	Ar	H20CrMoA		85～110		350℃以上	
35CrMoVA	Ar	H20CrMoA				350℃以上	
34CrNi3MoA	Ar	H20Cr3MoNiA				350℃以上	
45CrNiMoV (H-11)	Ar	H20Cr3MoNiA	薄板 φ1.6 焊丝	100～200		260	650℃回火
			厚板 φ1.6 焊丝	250～300		300	670℃回火

（1）焊接方法　为减轻热影响区软化的程度，应选择热能集中、能量密度大的焊接方法。以气体保护焊为好，尤其是钨极氩弧焊，它的热量较易控制，焊接质量易保证。另外，脉冲钨极氩弧焊、等离子弧焊和电子束焊都是很适合的焊接方法。焊条电弧焊具有经济性和灵活性，仍然是当前应用最多的方法，气焊和电渣焊则不宜使用。

（2）焊接材料　因焊后不再进行调质处理，选择焊接材料时就没有必要考虑成分和热处理工艺与母材相匹配的问题，主要是防止冷裂纹。焊条电弧焊时经常选用塑性和韧性好的纯奥氏体的铬镍钢焊条或镍基焊条，能使焊接变形集中在焊缝金属上，减小了近缝区所承受的应力；焊缝为纯奥氏体，可溶解更多的氢，避免了焊缝中的氢向熔合区扩散。使用这种焊条时要注意尽量减小母材对焊缝金属的稀释，所拟定的焊接工艺应使熔合比尽可能小。

表 7-20 列出了几种常用中碳调质钢在调质状态下焊接用的焊条。

表 7-20　几种常用中碳调质钢在调质状态下焊接用的焊条

钢　号	焊条电弧焊焊条	
	牌号	焊　芯
20CrMnSiA	HT-1	HGH-30
30CrMnSiA	HT-2	HGH-41
30CrMnSiNi2A	HT-3	H1Cr19Ni1Si4AlTi
30CrMnSiA	A507(E1-16-25Mo6N-15)	
	A502(E1-16-25Mo6N-16)	

（3）工艺参数　在调质状态下进行焊接，最理想的焊接热循环应是高温停留时间短，而冷却速度慢。前者可避免过热区奥氏体晶粒粗化，减轻了高温回火区的软化；后者使过热区获得的是对冷裂敏感性低的组织。为此，用小的焊接热输入，预热温度取低值，焊后立即后热。

由于焊后不再进行调质处理，所以焊接过程所采取的预热、层间温度、中间热处理或后热以及焊后回火处理的温度，都应控制在比母材淬火后的回火温度低 50℃的范围内。

第四节　耐候钢的焊接

耐自然大气、工业大气、海洋性气氛和海水侵蚀的钢统称耐候钢。它是在低合金高强度钢的基础上加入一些合金元素以提高耐大气、海水腐蚀性能的钢。Cu 和 P 是耐大气、海水侵蚀的最有效元素，且符合我国资源条件，故国产耐候钢以 Cu、P 合金为主，并配以 Cr、Mn、Ti、Ni、Nb 等。Cr 能提高钢的耐腐蚀稳定性，Ni 和 Cu、Cr、P 一起加入，则可加强耐蚀效果。为了降低含 P 钢的冷脆敏感性和改善焊接性，要求 $w(C) \leqslant 0.16\%$。表 7-21 和表7-22 分别列出了常用耐候钢的化学成分和力学性能。

表 7-21　常用耐候钢的化学成分　%

钢号	C	Si	Mn	Cu	Cr	P	S	其他	备注
Q235NH	≤0.15	0.15～0.40	0.20～0.60	0.20～0.50	0.40～0.80	≤0.035	≤0.035		
Q295NH	≤0.15	0.15～0.50	0.60～1.00	0.20～0.50	0.40～0.80	≤0.035	≤0.035		
Q355NH	≤0.16	≤0.50	0.90～1.50	0.20～0.50	0.40～0.80	≤0.035	≤0.035	V 0.02～0.10	
Q460NH	0.10～0.18	≤0.50	0.90～1.50	0.20～0.50	0.40～0.80	≤0.035	≤0.035	V 0.02～0.10	
09MnCuPTi	≤0.12	0.20～0.50	1.06～1.50	0.20～0.40		0.05～0.12	≤0.05	Ti≤0.03	
09CuPTiRE	≤0.12	0.20～0.40	0.25～0.55	0.25～0.35		0.07～0.12	≤0.04	Ti≤0.03 RE 0.15	
08CuPVRE	≤0.12	0.20～0.40	0.25～0.50	0.25～0.35		0.07～0.12	≤0.04	V 0.02～0.08 RE 0.01～0.05	
10MnPNbRE	≤0.14	0.20～0.60	0.80～1.20			0.06～0.12		Nb 0.015～0.05 RE≤0.20	

续表

钢号	C	Si	Mn	Cu	Cr	P	S	其他	备注
12MnPRE	≤0.16	0.20~0.60	0.60~1.00			0.07~0.12	≤0.05	RE≤0.20	
WSPA	≤0.12	0.20~0.50	0.20~0.50	0.25~0.35	0.30~0.60	0.07~0.12	≤0.04	Ni≤0.40	武钢生产
SPA	≤0.12	0.25~0.75	0.20~0.50	0.25~0.60	0.30~1.25	0.07~0.15	<0.04		日本
Corten	≤0.12	0.25~0.75	0.20~0.50	0.25~0.60	0.50~1.25	0.07~0.15	≤0.05	Ni≤0.65	美国

表 7-22 常用耐候钢的力学性能

钢号	钢板厚度/mm	σ_s/MPa	σ_b/MPa	δ_5/%	180°冷弯	V形冲击试验		
					弯心直径为d 板厚为a	等级	温度/℃	平均吸收功 A_{kV}/J
Q235NH	≤16	≥235	360~490	≥25	$d=a$	C	0	≥34
	>16~40	≥225			$d=2a$	D	−20	
Q295NH	≤16	≥295	420~560	≥24	$d=2a$	C	0	≥34
	>16~40	≥285		≥24	$d=3a$	D	−20	
Q355NH	≤16	≥355	490~630	≥22	$d=2a$	C	0	≥34
	>16~40	≥345		≥22	$d=3a$	D	−20	
Q460NH	≤16	≥460	550~700	≥22	$d=2a$	D	−20	≥34
	≥16~40	≥450		≥22	$d=3a$			
09MnCuPTi	≤16	343	490	≥21	$d=2a$			
	>16~25	333		≥19	$d=3a$			
09CuPTiRE	≤16	295	390	≥24	$d=2a$		0	≥27
08CuPVRE	≤16	345	460	≥22	$d=a$			
10MnPNbRE	≤10	392	510	≥19	$d=2a$			
12MnPRE	6~12	343	510	≥21	$d=2a$			

一、耐候钢的焊接性

耐候钢中除含 P 钢外，焊接性与一般低合金热轧钢没有原则差别，焊接热影响区的最高硬度不超过 350HV，焊接性良好。钢中 Cu 的含量低，约为 0.2%～0.6%，焊接时不会产生热裂纹。含 P 钢中(C+P)控制在 0.25%以下，故钢的冷脆倾向不大，所以可与强度较低(σ_s=345～295MPa)的低合金热轧钢一样拟定焊接工艺。选择焊接材料时除应满足强度要求外，还应使焊缝金属的耐蚀性能与母材相匹配。

二、耐候钢焊接要点

耐候钢的焊接性虽然与低合金热轧钢相同，但是考虑到焊缝金属与母材耐蚀性能相匹配，目前焊接方法仍然以焊条电弧焊和埋弧焊为主，也可采用 CO_2 焊、点焊和塞焊。焊条电弧焊时，可选用含 P、Cu 的结构钢焊条，见表 7-23。也可以不用含 P 的 JXXXNi-Cr 焊条，通过渗 Ni、Cr 来保证耐蚀性和韧性。埋弧焊常用镀 Cu 的含 Mn 焊丝，见表 7-24。CO_2 焊可用 ER49-Ni 焊丝。

表 7-23 常用耐候钢焊条的选用

钢 号	焊 条	
	型 号	牌 号
09CuP，09CuPRE 09CuPCrNi，09CuPTiRE 08CuPVRE，12MnCuCr 16CuCr	E4301 E4303	J423CuP J422CrCu J422CuCrNi
09MnCuPTi 10MnPNbRE 10MnSiCu 08MnPRE	E5003-G E5016-G E5015-G	J502CuP，J502NiCr，J502WCu J502CuCrNi，J506NiCu，J506WCu J507NiCu，J507WCu，J507NiCuP J507NiCa，J507WCu
15MnCuCr 15MnCuCr-QT	E5016-G E5015-G	J506NiCu，J506WCu，J507CrNi，J507NiCu J507CuP，J507WCu，J507NiCuP

续表

钢号	焊条	
	型号	牌号
10NiCuP	E5015-G E5016-G	J507NiCuP J506NiCuP
15MnVCu	E5015-G	J507NiCr
16MnPNbRE，08MnP	E5015-G	J507CuP
40Cr	E8515-G E9015-G E10015-G	J857Cr，J907Cr，J107Cr

表 7-24 耐候钢埋弧焊用的焊丝与焊剂

钢号	焊剂与焊丝的组合	
	焊剂	焊丝
16CuCr，12MnCuCr 15MnCuCr，10MnPNbRE 09MnCuPTi，12MnPRE	HJ431	H08MnA H10Mn2A

第五节 低温钢的焊接

低温钢是指工作在－196～－10℃的钢，工作温度低于－196℃的称超低温钢，主要用于制造石油化工中的低温设备，如液化石油气及液化天然气等储存与运输的容器和管道等。这类钢在低温下不仅要具有足够的强度，更重要的是还要具有足够好的韧性和抗脆性断裂的能力。

一、低温钢的种类与性能

为了获得低温条件下的良好性能，低温钢通过加入 Al、V、Nb、Ti 及稀土(RE)等元素固溶强化和细化晶粒，再经过正火、回火处理获得晶粒细而均匀的组织，从而得到良好的低温韧性。Ni固溶于铁素体，既提高其强度，又使基体的低温韧性得到显著改善。

表7-25列出了常用无铬镍低温钢的化学成分，表7-26列出了常用含铬镍低温钢的化学成分，表7-27列出了部分低温钢的力学性能。

表7-25 常用无铬镍低温钢的化学成分

温度等级/℃		−40	−70	−90	−100	−196	−253
钢号		16MnDR	09Mn2VDR	06MnNbDR	06MnVTi	20Mn23Al	15Mn26Al4
使用状态		热轧、正火	正火	正火	正火	固溶	固溶
化学成分/%	C	≤0.2	≤0.12	≤0.07	≤0.07	0.15～0.25	0.13～0.19
	Mn	1.2～1.6	1.4～1.8	1.20～1.60	1.40～1.80	21.0～26.0	24.5～27.0
	Si	0.15～0.50	0.15～0.50	0.17～0.37	0.17～0.37	≤0.50	≤0.60
	S	≤0.0125	≤0.0125	≤0.030	≤0.030	≤0.030	≤0.035
	P	≤0.030	≤0.030	≤0.030	≤0.030	≤0.030	≤0.035
	V	—	0.02～0.06	—	0.04～0.10	0.06～0.12	—
	Ti	—	—	—	微量	—	—
	Cu	—	—	—	—	0.10～0.20	—
	Nb	—	—	0.02～0.05	—	—	—
	Al	—	—	—	0.04～0.08	0.7～1.2	3.8～4.7
	RE	—	—	—	—	0.30	—
	N	—	—	—	—	0.03～0.08	—
	B	—	—	—	—	0.001～0.005	—

表 7-26 常用含铬镍低温钢的化学成分

温度等级/℃		−80	−100	−196	−253	−269
钢号		Ni 2.5%	Ni 3.5%	Ni 9%	18Cr9NiTi	25Cr20Ni
使用状态		正火	正火或调质	二次正火＋回火 或淬火＋回火	固溶	固溶
化学成分/%	C	≤0.14	≤0.14	≤0.10	≤0.08	≤0.08
	Mn	0.70～1.50	≤0.80	≤0.80	≤2.00	≤2.00
	Si	≤0.30	0.10～0.30	0.10～0.30	≤1.00	≤1.50
	S	≤0.035	≤0.035	≤0.035	≤0.025	≤0.030
	P	≤0.035	≤0.035	≤0.035	≤0.030	≤0.040
	V	0.03～0.10	0.02～0.05	0.02～0.05	—	—
	Ti	—	—	—	0.35～0.80	—
	Cu	≤0.035	≤0.035	≤0.035	—	0.10～0.20
	Nb	0.15～0.30	0.15～0.30	0.15～0.30	—	—
	Al	0.15～0.50	0.15～0.50	0.15～0.50	—	—
	Cr	≤0.25	≤0.25	≤0.25	17.0～19.0	24.0～26.0
	Ni	2.25～2.75	3.25～3.75	8.0～10.0	9.0～11.0	19.0～22.0
	Mo	≤0.10	≤0.10	≤0.10	≤0.50	≤0.50

表 7-27 部分低温钢的力学性能

钢号	板厚/mm	热处理	力学性能				
			σ_s/MPa	σ_b/MPa	δ_5/%	冲击韧性(横向)	
						试验温度/℃	A_k/J
16MnDR	6～16	正火	≥315	490～620	≥21	−40	24
	16～36		≥295	470～600			
	36～60		≥275	450～580		−30	
	60～100		≥255	450～580			
15MnNiDR	6～16	正火	≥325	490～630	≥20	−45	27
	16～36		≥305	470～610			
	36～60		≥290	460～600			
09Mn2VDR	6～16	正火	≥290	440～570	≥22	−50	
	16～36		≥270	430～560			

续表

钢　号	板厚/mm	热处理	力学性能				
			σ_s/MPa	σ_b/MPa	δ_5/%	冲击韧性(横向)	
						试验温度/℃	A_k/J
09MnNiDR	6～16	正火	≥300	440～570	≥23	−70	27
	16～36		≥280	430～560			
	36～60		≥260	430～560			
Ni2.5%	6～50	正火	≥270	451～588	≥24	−70	≥20.6
Ni3.5%	6～50	正火	≥300	451～588	≥24	−101	≥20.6
	6～50	调质	≥280	539～686	≥21	−110	≥21.6
Ni9%	6～50	调质	≥260	686～834	≥21	−196	≥20.6

低温钢按成分分为含镍和无镍两大类，若按钢的显微组织分，则有铁素体型、低碳马氏体型和奥氏体型三类。

(1) 铁素体型低温钢　这类钢的显微组织主要是铁素体加少量珠光体。其使用温度在－100～－40℃范围内，如16MnDR、09Mn2VDR、09MnTiCuREDR、Ni3.5%06MnVTi等。前面几种为低温容器专用钢，一般是在正火状态下使用，Ni 3.5%钢一般采用870℃正火和635℃的1h消除应力回火，其最低使用温度达－100℃。调质处理可提高其强度、改善韧性和降低其脆性转变温度，其最低使用温度可降至－129℃。

(2) 低碳马氏体型低温钢　这类钢是指含镍量较高的钢，如Ni9%钢，经780～820℃淬火加560～600℃回火的组织为低碳马氏体，进行正火处理(需进行二次正火：第一次正火温度880～920℃，第二次正火温度780～820℃)后的组织除低碳马氏体外，还有一定数量的铁素体和少量奥氏体，具有高的强度和韧性，能用于－196℃低温。该钢经冷变形后，需进行565℃消除应力退火，以提高其低温韧性。

(3) 奥氏体型低温钢　这类钢具有很好的低温性能，其中以18-8型铬镍奥氏体钢使用最为广泛，25-20型铬镍奥氏体钢可用于超低温条件。我国为了节约铬、镍而研制以铝代镍的15Mn26Al4

奥氏体钢，其使用温度不能低于马氏体相变温度，否则奥氏体转变为马氏体而使韧性下降。

二、低温钢的焊接性

1. 不含镍的低温钢

这类钢实际上就是前面的热轧正火钢和低碳调质钢。由于含碳量低，硫、磷又限制在较低范围内，其淬硬倾向和冷裂倾向小，室温下焊接不易产生冷裂纹，板厚小于25mm时不需预热。板厚超过25mm或接头刚性拘束较大时，应考虑预热，但预热温度不要过高，否则热影响区晶粒长大，预热温度一般在100～150℃。当板厚大于16mm时，焊后往往要进行消除应力热处理。

2. 含镍较低的低温钢

如Ni 3.5%钢，虽加入镍提高了淬透性，但由于含碳量低，冷裂纹倾向并不严重，焊接薄板时可以不预热，只有厚板时才需进行约100℃的预热。

3. 含镍高的低温钢

如Ni 9%钢，其淬透性大，热影响区淬火组织是含碳量很低的马氏体，其冷裂倾向不大。实践表明，焊接厚度为50mm的Ni 9%钢时，不需预热，焊后也可不进行消除应力热处理。

焊接Ni 9%钢时，需注意以下问题。

(1) 焊接材料要匹配　所选用的焊接材料必须使焊缝金属具有与母材相近的低温韧性和线胀系数。若选用与Ni 9%钢成分相近的焊缝合金系统，焊缝金属的低温韧性将比母材低得多，除了因焊缝为铸造组织外，还与焊缝中含氧量有关。通常是采用镍基合金焊接材料，焊后焊缝为奥氏体组织，虽然强度较低，但低温韧性好，而且线胀系数与Ni 9%钢较接近。

(2) 磁偏吹现象　Ni 9%钢属强磁性材料，用直流电焊接时会产生磁偏吹现象。可考虑选用适于交流焊接的镍基合金焊条。用直流焊接时应注意防止偏吹。

(3) 热裂纹　当采用镍基焊接材料时，焊缝金属容易产生热裂纹，尤其是弧坑裂纹。因此，应选用抗裂性能好、线胀系数与母材相近的焊接材料。在工艺上采取一些措施，如收弧时注意填满弧坑等。

三、低温钢的焊接工艺

1. 焊接材料和线能量选择

低温钢可采用焊条电弧焊、气体保护焊和埋弧焊等进行焊接。焊接时保证焊缝和过热区低温韧性是拟定低温钢焊接工艺的关键。焊缝和过热区的低温韧性既取决于焊缝金属的化学成分又与焊接热输入有关。

(1) 铁素体型低温钢　焊条电弧焊时可选用与母材成分相同的低碳钢和 C-Mn 钢的高韧性焊条，其焊缝金属在－30℃仍有足够的冲击韧度。若选用 $w(Ni)=0.5\%\sim1.5\%$ 的低镍焊条更可靠，如 W707Ni 等。其热输入应控制在 20kJ/cm 以下。埋弧焊时可用中性熔炼焊剂配合 Mn-Mo 焊丝或碱性熔炼焊剂配合含 Ni 焊丝，也可采用 C-Mn 钢焊丝配合碱性非熔炼焊剂，由焊剂向焊缝渗入微量 Ti、B 合金元素，以保证焊缝金属获得良好的低温韧性。焊接热输入应控制在 25～50kJ/cm 之间。

(2) 铁素体型低镍低温钢　焊条电弧焊时，焊条含镍量应与母材相同或略高于母材。但含镍量不能过高，因焊缝含镍量增加，回火脆性也增加，加入少量钼有利于减少回火脆性。所以焊接 Ni 3.5%钢时，常选含钼的焊条。添加 Ti 可细化晶粒，改善焊缝的低温韧性。焊接热输入对热影响区低温韧性有较大影响，应控制在较低范围。焊条电弧焊应在 20kJ/cm 以下。埋弧焊焊接 Ni 3.5%钢时，可用 3.5 Ni＋0.3Ti 焊丝，配合烧结焊剂，其热输入控制在 30kJ/cm 以下。TIG 和 MIG 焊可采用与母材相似、含碳低的 3.5 Ni＋0.15Mo 焊丝，热输入控制在 25kJ/cm 以下。

(3) 低碳马氏体型低温钢　对于 Ni 9%钢，应选用镍合金焊接材料。焊条电弧焊时，可选用含镍量高(40%～60%Ni)的奥氏体焊条，其低温韧性好，线胀系数与 Ni 9%钢接近，但价格高，屈服强度偏低，工艺性能差；也可选用含镍量低的奥氏体焊条，价格低，工艺性能好，但焊缝金属的低温韧性稍差，其线胀系数较大，屈服强度高。因此，需根据产品不同要求去选择不同类型的焊条。Ni 9%钢一般在调质状态下使用，焊接热输入应控制在45kJ/cm以下，过高会使热影响区低温韧性下降。多层焊层间温度在150℃以下。

2. 低温钢焊接工艺要点

低温钢多用于制造低温压力容器，必须防止在制造过程中产生能引起脆性破坏的一切因素。因此，所拟定的焊接工艺必须符合国家有关钢制压力容器焊接规程的要求。施工中应特别注意以下几点。

① 焊条、焊剂使用前应在350～400℃保温2h烘干；焊丝去除油锈；焊接坡口前把水、锈、油污等清除干净。

② 定位焊道长度不小于40mm。

③ 焊接电流不宜过大，采用快速焊接；直线运条，多层多道焊时控制好层间温度，防止过热。

④ 焊前预热。Ni 3.5%钢板厚在25mm以上时，要求预热125℃以上，Ni 9%钢不预热。其余按340～410MPa级低合金高强钢的预热温度进行。

⑤ 焊后消除应力热处理。对Ni 3.5%钢和其他铁素体型低温钢，当板厚或其他因素造成不利的焊接残余应力时，考虑采用600～650℃热处理，对Ni 9%钢和奥氏体低温钢，一般不考虑。

⑥ 减少应力集中。防止碰伤材料，若碰伤应打磨修理；不得任意引弧，可在焊缝或坡口内引弧，但引弧处应重熔，填满弧坑；焊缝成形应良好，避免咬边；焊缝表面应圆滑向母材过渡；纵焊缝、环焊缝、接管、人孔处的角焊缝必须焊透；当环缝不得不采用残留垫环进行单面焊时，应特别注意垫环的装配质量，并在装到内壁上后，将垫环本身的对接处焊透；装配用定位铁和楔子去除后，留在焊件上的焊疤等，必须进行焊补并打磨光滑。返修焊补工艺的制定及施焊应特别严格，避免大面积焊补。

3. 焊接工艺

表7-28列出了常用低温钢焊条电弧焊工艺参数；表7-29列出了常用低温钢埋弧自动焊工艺参数；表7-30列出了焊接含镍低温钢几种日本焊条的化学成分和技术性能。

表 7-28 常用低温钢的焊条电弧焊工艺参数

<table>
<tr><th rowspan="2">钢号</th><th colspan="2">电焊条</th><th rowspan="2">焊前</th><th rowspan="2">焊后</th><th rowspan="2">热输入/kJ·cm^{-1}</th><th rowspan="2">备注</th></tr>
<tr><th>型号</th><th>牌号</th></tr>
<tr><td>16MnDR</td><td>E5015-G
E5016-G</td><td>J507NiTiB
J507GR
J507RH
J506GR
J506RH</td><td><16mm，-10℃以下；16～24mm，-5℃以下；25～40mm，0℃以下及>40mm时，均预热100～150℃</td><td>焊后消除应力处理</td><td>≤20</td><td>焊条严格烘干：350～400℃烘干2h，严格清理坡口</td></tr>
<tr><td>09MnTiCuREDR
09Mn2VDR</td><td>E5015-G
E5015-C1
E5515-C1
E5515-G</td><td>W607
W607H
W707
W707Ni
W807</td><td rowspan="2">厚度小于25mm，0℃以上施焊一般不预热；厚度大于25mm或刚性较大时预热100～150℃</td><td rowspan="2">焊后消除应力处理</td><td>≤20</td><td rowspan="3">焊条严格烘干：350～400℃烘干2h，严格清理坡口</td></tr>
<tr><td>06MnNbDR
06AlNbCuR</td><td>E5515-C2
E5015-C2L</td><td>W907Ni
W107
W107Ni</td><td>≤20
（ϕ4mm焊条，130～180A）</td></tr>
<tr><td>2.5%Ni
3.5%Ni</td><td>E5515-C1
E5515-C2
E5015-C2L</td><td>W707Ni
W907Ni
W107Ni
NB-3N</td><td>厚度大于25mm时，预热125℃</td><td rowspan="2">大厚度板焊后600～650℃回火；薄板不必处理</td><td>≤20</td></tr>
<tr><td>9%Ni</td><td></td><td>NIC-70S
NIC-70E
NIC-1S</td><td>不预热</td><td>≤45</td><td>多层焊层间温度150℃以下，防热裂</td></tr>
</table>

表 7-29 常用低温钢的埋弧自动焊工艺参数

钢号	埋弧焊		焊前	焊后	热输入/kJ·cm^{-1}	备注
	焊丝	焊剂				
16MnDR	H10MnNiMoA H06MnNiMoA H08MnNiA	SJ101 SJ603 HJ250	<16mm，−10℃以下；16～24mm，−5℃以下；25～40mm，0℃以下及>40mm时，均预热100～150℃	厚板焊后消除应力处理	25～50	
09MnTiCuREDR 09Mn2VDR	H08MnA H08Mn2 H08Mn2MoVA	SJ102 SJ603 HJ250	厚度小于25mm，0℃以上施焊一般不预热；厚度大于25mm或刚性较大时预热100～150℃			
06MnNbDR 06AlNbCuR	H08Mn2Ni2A	SJ603				碱性焊剂应严格烘干，严格清理坡口和焊丝表面的水、油、锈
2.5%Ni 3.5%Ni	H08Mn2Ni2A H05Ni3A	SJ603	板厚大于25mm时，预热125℃	大厚度板焊后600～650℃回火；薄板不必处理	≤30	
9%Ni	Ni67Cr16Mn3Ti Ni58Cr22Mo9W	HJ131	不预热		≤45	多层焊层间温度150℃以下，防热裂
15Mn26Al4	12Mn27Al6	HJ173				

表 7-30 焊接含镍低温钢几种日本焊条的化学成分和技术性能

牌号（相当标准）	焊缝金属化学成分(质量分数)/%									焊缝金属力学性能			
	C	Mn	Si	Ni	Cr	Mo	Nb	W	Fe	$\sigma_{0.2}$/MPa	σ_b/MPa	δ/%	冲击功 A_{kV}/J
NB-3N (AWSE7016-G)	0.04	0.94	0.33	3.20		0.27			余量	461	539	31	(−100℃) 118

续表

牌号（相当标准）	焊缝金属化学成分(质量分数)/%									焊缝金属力学性能			
	C	Mn	Si	Ni	Cr	Mo	Nb	W	Fe	$\sigma_{0.2}$ /MPa	σ_b /MPa	δ /%	冲击功 A_{kV}/J
NIC-70S（JISD9Ni-1）	0.08	2.02	0.34	余量	14.3	4.0	1.7	0.6	9.8	420	690	45	(−196℃) 67
NIC-70E（JISD9Ni-1）	0.09	2.58	0.22	余量	12.3	3.2	2.4		6.5	430	690	40	(−196℃) 56
NIC-1S（JISD9Ni-2）	0.03	1.60	0.20	余量	1.9	18.3		2.8	7.4	440	730	46	(−196℃) 79

第八章　不锈钢、耐热钢的焊接

能够耐空气、蒸汽和水等弱腐蚀性介质腐蚀的钢称为不锈钢；能够耐酸、碱、盐等强腐蚀性介质腐蚀的钢称为耐酸钢。不锈钢并不一定耐酸，而耐酸钢一般均具有良好的不锈钢性能。在此将不锈耐酸钢简称为不锈钢。

耐热钢是指在高温下工作的钢。由于高温下金属材料的强度一般都会下降，金属的表面大都容易被氧化，为了保证高温下金属材料的强度和抗氧化性，加入适量的铬(Cr)、钼(Mo)等元素，使其具有高温抗氧化性能和高温下仍具有较高的力学性能。耐热钢是抗氧化钢和热强钢的总称。抗氧化钢也称不起皮钢，它是指高温下有较好的抗氧化性并有适当强度的钢种；高温下有较好的抗氧化性和耐腐蚀能力并具有较高强度的钢种统称为热强钢。这类钢属于高合金钢(合金元素含量大于12%)。这些钢种很大一部分可兼作不锈钢和耐热钢，其焊接工艺也很近似，因此将这两类钢的焊接问题合并讨论。

第一节　不锈钢、耐热钢的类型及性能特点

不锈钢、耐热钢有下面一些不同的分类方法。

一、按用途分类

(1) 不锈钢　包括高铬钢(Cr13 型)、铬镍钢(Cr18Ni9、Cr18Ni12Mo2Ti、Cr18Ni13Mo3Ti 等)、铬锰氮钢(Cr17Mn6Ni5N、Cr18Mn8Ni5N 等)。这类钢主要要求耐浸蚀性的化学介质(主要是各类酸)的腐蚀，对强度要求不高。

(2) 抗氧化钢 包括铬镍钢(Cr25Ni20、Cr25Ni20Si2 等)、高铬钢(Cr17、Cr25Ti 等)。这类钢主要要求在高温下抗氧化或耐气体介质的腐蚀。

(3) 热强钢 包括高铬镍钢(4Cr25Ni20、4Cr14Ni14N2Mo 等),这类钢主要要求在高温下有较好的抗氧化性和耐腐蚀能力,并具有较高的强度。

二、按正火状态的组织进行分类

(1) 马氏体钢 属于热处理强化钢,俗称可硬化钢。马氏体钢包括 Cr13 系及以 Cr12 为基的多元合金化钢。马氏体不锈钢的典型钢号有 1Cr13、2Cr13、3Cr13、4Cr13 等,它们都有一定的耐蚀性;由于只用铬进行合金化,其含量也只有 13%,因而耐蚀性较低。低碳的 1Cr13、2Cr13 钢耐蚀性较好,且具有优良的力学性能,主要用作耐蚀结构零件。3Cr13、4Cr13 因含碳量增加,强度和耐磨性提高,但耐蚀性降低,主要用于防锈的手术器械及刃具。马氏体耐热钢典型的钢号有 1Cr11MoV、1Cr12WMoV、1Cr13、2Cr13 等,这类钢多用于制造 600℃以下受力较大的零件。马氏体型的不锈钢与耐热钢都在调质状态下使用。

(2) 铁素体钢 使用状态下以铁素体组织为主,含铬为 11%~30%的高铬钢属于此类,主要用作抗氧化钢。

(3) 奥氏体钢 是不锈钢及耐热钢中最重要的钢类,其生产量和使用量约占不锈钢及耐热钢总量的 70%,钢号也最多,目前我国常用奥氏体钢的牌号就有 40 多个,并已有 33 个牌号纳入国家标准。如 Cr18Ni8(简称 18-8)系列中的 0Cr18Ni9、00Cr19Ni10、0Cr18Ni12Mo3Ti 等,主要用在耐蚀条件下;Cr25Ni20(简称 25-20)系列主要用作抗氧化钢,提高其含碳量可作为热强钢。

(4) 铁素体-奥氏体双相钢 这类钢是在超低碳铁素体基不锈钢的基础上发展起来的双相不锈钢。钢中加入钼(Mo)、铬(Cr)、硅(Si)等铁素体化元素,使铁素体和奥氏体分别占 40%~60%,故称双相不锈钢。该钢有磁性、不能淬硬,屈服强度可达奥氏体钢的两倍。该钢在550～590℃范围内使用或保温有δ相脆化倾向。典型的α-γ双相钢有00Cr18Ni5Mo3Si2、00Cr22Ni5Mo3N、0Cr25Ni5Mo3N等，化学成分与18-8钢相比，增加Cr，降低Ni，并加入一定的Mo和Si、N等元素。

此外，将18-8钢中的含镍量适当降低并稍加调整成分，可获得一种能够经沉淀强化处理的沉淀硬化型不锈钢，不仅具有很好的耐蚀性，而且具有很高的强度。其代表性的钢号有0Cr17Ni7Al及0Cr17Ni4Cu4Nb等。

第二节 奥氏体不锈钢和耐热钢的焊接

一、奥氏体钢的化学成分与力学性能

奥氏体不锈钢和耐热钢的化学成分见表8-1。这类钢一般以固溶处理状态交货。奥氏体钢无磁性，具有高的热强性和优良的耐蚀性。若在高温下工作，则称奥氏体耐热钢。高铬镍钢和高铬氮钢均属此类。

在铬镍奥氏体钢中，以Cr18Ni8(即18-8型钢)为代表的系列，主要用于耐腐蚀的条件；以Cr25Ni20(即25-20型钢)为代表的系列，主要作为抗氧化钢使用。提高它们的含碳量，则可作为热强钢使用。

高铬锰氮钢是以锰或锰和氮代替部分镍而获得的奥氏体不锈钢，属节镍型钢种，可以代替18-8型奥氏体钢使用，其耐蚀性和抗氧化性略低，冷作硬化倾向较大。

奥氏体不锈钢和耐热钢的力学性能见表8-2。

二、奥氏体钢的焊接性

奥氏体不锈钢比其他不锈钢容易焊接，在任何温度下都不会发生相变，对氢脆不敏感，在焊态下奥氏体不锈钢接头也有较好的塑性和韧性。焊接的主要问题是焊接热裂纹、脆化、晶间腐蚀和应力腐蚀等。此外，因导热性能差，线胀系数大，焊接应力和变形较大。

表 8-1 奥氏体不锈钢和耐热钢的化学成分

类别	牌号	化学成分(质量分数)/%									
		C	Si	Mn	P	S	Ni	Cr	Mo	N	其他
不锈钢	1Cr17Mn6Ni5N	≤0.15	≤1.00	5.50～7.50	≤0.060	≤0.030	3.50～5.50	16.00～18.00		≤0.25	
	1Cr18Mn8Ni5N	≤0.15	≤1.00	7.50～10.0	≤0.060	≤0.030	4.00～6.00	17.00～19.00		≤0.25	
	1Cr18Mn10Ni5Mo3N	≤0.10	≤1.00	8.50～12.00	≤0.060	≤0.030	4.00～6.00	17.00～19.00	2.80～3.50	0.20～0.30	
	1Cr17Ni7	≤0.15	≤1.00	≤2.00	≤0.035	≤0.030	6.00～8.00	16.00～18.00			
	1Cr18Ni9	≤0.15	≤1.00	≤2.00	≤0.035	≤0.030	8.00～10.00	17.00～19.00			
	Y1Cr18Ni9	≤0.15	≤1.00	≤2.00	≤0.20	≥0.15	8.00～10.00	17.00～19.00			
	Y1Cr18Ni9Se	≤0.15	≤1.00	≤2.00	≤0.20	≤0.060	8.00～10.00	17.00～19.00			Se≥0.15
	0Cr18Ni9	≤0.07	≤1.00	≤2.00	≤0.035	≤0.030	8.00～11.00	17.00～19.00			

续表

类别	牌号	化学成分(质量分数)/%									
		C	Si	Mn	P	S	Ni	Cr	Mo	N	其他
不锈钢	00Cr19Ni10	≤0.030	≤1.00	≤2.00	≤0.035	≤0.030	8.00～12.00	18.00～20.00			
	0Cr19Ni9N	≤0.08	≤1.00	≤2.00	≤0.035	≤0.030	7.00～10.50	18.00～20.00		0.10～0.25	
	0Cr19Ni10NbN	≤0.08	≤1.00	≤2.00	≤0.035	≤0.030	7.50～10.50	18.00～20.00		0.15～0.30	Nb≤0.15
	00Cr18Ni10N	≤0.030	≤1.00	≤2.00	≤0.035	≤0.030	8.50～11.50	17.00～19.00		0.12～0.22	
	1Cr18Ni12	≤0.12	≤1.00	≤2.00	≤0.035	≤0.030	10.50～13.00	17.00～19.00			
	0Cr23Ni13	≤0.08	≤1.00	≤2.00	≤0.035	≤0.030	12.00～15.00	22.00～24.00			
	0Cr25Ni20	≤0.08	≤1.00	≤2.00	≤0.035	≤0.030	19.00～22.00	24.00～26.00			
	0Cr17Ni12Mo2	≤0.08	≤1.00	≤2.00	≤0.035	≤0.030	10.00～14.00	16.00～18.50	2.00～3.00		

续表

类别	牌号	化学成分(质量分数)/%									
		C	Si	Mn	P	S	Ni	Cr	Mo	N	其他
不锈钢	1Cr18Ni12Mo2Ti	≤0.12	≤1.00	≤2.00	≤0.035	≤0.030	11.00~14.00	16.00~19.00	1.80~2.50		Ti=5×(C%−0.02)~0.8
	0Cr18Ni12Mo2Ti	≤0.08	≤1.00	≤2.00	≤0.035	≤0.030	11.00~14.00	16.00~19.00	1.80~2.50		Ti=5×C%~0.70
	00Cr17Ni14Mo2	≤0.030	≤1.00	≤2.00	≤0.035	≤0.030	12.00~15.00	16.00~18.00	2.00~3.00		
	0Cr17Ni12Mo2N	≤0.08	≤1.00	≤2.00	≤0.035	≤0.030	10.00~14.00	16.00~18.00	2.00~3.00	0.10~0.22	
	00Cr17Ni13Mo2N	≤0.030	≤1.00	≤2.00	≤0.035	≤0.030	10.50~14.50	16.00~18.50	2.00~3.00	0.12~0.22	
	0Cr18Ni12Mo2Cu2	≤0.08	≤1.00	≤2.00	≤0.035	≤0.030	10.00~14.50	17.00~19.00	1.20~2.75		Cu 1.00~2.50
	00Cr18Ni14Mo2Cu2	≤0.030	≤1.00	≤2.00	≤0.035	≤0.030	12.00~16.00	17.00~19.00	1.20~2.75		Cu 1.00~2.50
	0Cr19Ni13Mo3	≤0.08	≤1.00	≤2.00	≤0.035	≤0.030	11.00~15.00	18.00~20.00	3.00~4.00		

续表

类别	牌号	化学成分(质量分数)/%									
		C	Si	Mn	P	S	Ni	Cr	Mo	N	其他
不锈钢	00Cr19Ni13Mo3	≤0.030	≤1.00	≤2.00	≤0.035	≤0.020	11.00～15.00	18.00～20.00	3.00～4.00		
	1Cr18Ni12Mo3Ti	≤0.12	≤1.00	≤2.00	≤0.035	≤0.030	11.00～14.00	16.00～19.00	2.50～3.50		Ti=5×(C%－0.02)～0.80
	0Cr18Ni12Mo3Ti	≤0.08	≤1.00	≤2.00	≤0.035	≤0.030	11.00～14.00	16.00～19.00	2.50～3.50		Ti=5×C%～0.70
	0Cr18Ni16Mo5	≤0.04	≤1.00	≤2.00	≤0.035	≤0.030	15.00～17.00	16.00～19.00	4.00～6.00		
	1Cr18Ni9Ti	≤0.12	≤1.00	≤2.00	≤0.035	≤0.020	8.00～11.00	17.00～19.00			Ti=5×(C%－0.02)～0.80
	0Cr18Ni10Ti	≤0.08	≤1.00	≤2.00	≤0.035	≤0.030	9.00～12.00	17.00～19.00			Ti≥5×C%
	0Cr18Ni11Nb	≤0.08	≤1.00	≤2.00	≤0.035	≤0.020	9.00～13.00	17.00～19.00			Nb≥10×C%
	0Cr18Ni9Cu3	≤0.08	≤1.00	≤2.00	≤0.035	≤0.030	8.50～10.50	17.00～19.00			Cu 3.00～4.00
	0Cr18Ni13Si4	≤0.08	3.00～5.00	≤2.00	≤0.035	≤0.030	11.50～15.00	15.00～20.00			

续表

类别	牌　号	化学成分(质量分数)/%									
		C	Si	Mn	P	S	Ni	Cr	Mo	N	其他
耐热钢	0Cr19Ni9	≤0.08	≤1.00	≤2.00	≤0.035	≤0.030	8.00～10.50	18.00～20.00			
	1Cr18Ni9	≤0.14	≤0.80	≤2.00	≤0.035	≤0.030	8.00～11.00	17.00～19.00			
	1Cr18Ni9Ti	≤0.12	≤1.00	≤2.00	≤0.035	≤0.030	8.00～11.00	17.00～19.00		Ti5×(C%－0.02)～0.80	
	0Cr18Ni11Ti	≤0.08	≤1.00	≤2.00	≤0.035	≤0.030	9.00～13.00	17.00～19.00		Ti≤5×C%	
	0Cr17Ni12Mo2	≤0.08	≤1.00	≤2.00	≤0.035	≤0.030	10.00～14.00	16.00～18.00	2.00～3.00		
	0Cr19Ni13Mo3	≤0.08	≤1.00	≤2.00	≤0.035	≤0.030	11.00～15.00	18.00～20.00	3.00～4.00		
	0Cr23Ni13	≤0.08	≤1.00	≤2.00	≤0.035	≤0.030	12.00～15.00	22.00～24.00			
	0Cr25Ni20	≤0.08	≤1.50	≤2.00	≤0.035	≤0.030	19.00～22.00	24.00～26.00			
	1Cr25Ni20Si2	≤0.20	1.50～2.50	≤1.50	≤0.035	≤0.030	18.00～21.00	24.00～27.00			
	1Cr15Ni36W3Ti	≤0.12	≤0.80	1.00～2.00	≤0.035	≤0.030	34.00～38.00	14.00～16.00			W 2.80～3.20 Ti 1.00～1.40
	0Cr18Ni11Nb	≤0.08	≤0.10	≤2.00	≤0.035	≤0.030	9.00～13.00	17.00～19.00			Nb≥10×C%

表 8-2 奥氏体不锈钢和耐热钢的力学性能

类别与牌号		热处理/℃	拉伸试验				硬度试验		
			$\sigma_{0.2}$ /MPa	σ_b /MPa	δ /%	ψ /%	HBS	HRB	HV
			≥				≤		
不锈钢	1Cr17Mn6Ni5N	固溶：1010～1120 快冷	275	520	40	45	241	100	253
	1Cr18Mn8Ni5N	固溶：1010～1120 快冷	275	520	40	45	207	95	218
	1Cr18Mn10Ni5Mo3N	固溶：1100～1150 快冷	345	685	45	65			
	1Cr17Ni7	固溶：1010～1150 快冷	205	520	40	60	187	90	200
	1Cr18Ni9	固溶：1010～1150 快冷	205	520	40	60	187	90	200
	Y1Cr18Ni9	固溶：1010～1150 快冷	205	520	40	50	187	90	200
	Y1Cr18Ni9Se	固溶：1010～1150 快冷	205	520	40	50	187	90	200
	0Cr18Ni9	固溶：1010～1150 快冷	205	520	40	60	187	90	200
	00Cr19Ni10	固溶：1010～1150 快冷	177	480	40	60	187	90	200
	0Cr19Ni9N	固溶：1010～1150 快冷	275	550	35	50	217	95	220
	0Cr19Ni10NbN	固溶：1010～1150 快冷	345	685	35	50	250	100	260
	00Cr18Ni10N	固溶：1010～1150 快冷	245	550	40	50	217	95	220
	1Cr18Ni12	固溶：1010～1150 快冷	177	480	40	60	187	90	200
	0Cr23Ni13	固溶：1030～1150 快冷	205	520	40	60	187	90	200
	0Cr25Ni20	固溶：1030～1180 快冷	205	520	40	50	187	90	200
	0Cr17Ni12Mo2	固溶：1010～1150 快冷	205	520	40	60	187	90	200
	1Cr18Ni12Mo2Ti	固溶：1000～1100 快冷	205	530	40	55	187	90	200
	0Cr18Ni2Mo2Ti	固溶：1000～1100 快冷	205	530	40	55	187	90	200
	00Cr17Ni14Mo2	固溶：1010～1150 快冷	177	480	40	60	187	90	200
	0Cr17Ni12Mo2N	固溶：1010～1150 快冷	275	550	35	50	217	95	220
	00Cr17Ni13Mo2N	固溶：1010～1150 快冷	245	550	40	50	217	95	220
	0Cr18Ni12Mo2Cu2	固溶：1010～1150 快冷	205	520	40	60	187	90	200
	00Cr18Ni14Mo2Cu2	固溶：1010～1150 快冷	177	400	40	60	187	90	200
	0Cr19Ni13Mo3	固溶：1010～1150 快冷	205	520	40	60	187	90	200

续表

类别与牌号		热处理/℃	拉伸试验				硬度试验		
			$\sigma_{0.2}$ /MPa	σ_b /MPa	δ /%	ψ /%	HBS	HRB	HV
			≥				≤		
不锈钢	00Cr19Ni13Mo3	固溶：1010～1150 快冷	177	480	40	60	187	90	200
	1Cr18Ni12Mo3Ti	固溶：1000～1100 快冷	205	530	40	55	187	90	200
	0Cr18Ni12Mo3Ti	固溶：1000～1100 快冷	205	530	40	55	187	90	200
	0Cr18Ni16Mo5	固溶：1030～1180 快冷	177	480	40	45	187	90	200
	1Cr8Ni9Ti	固溶：920～1150 快冷	205	520	40	50	187	90	200
	0Cr18Ni10Ti	固溶：920～1150 快冷	205	520	40	50	187	90	200
	0Cr18Ni11Nb	固溶：980～1150 快冷	205	520	40	50	187	90	200
	0Cr18Ni9Cu3	固溶：1010～1150 快冷	177	480	40	60	187	90	200
	0Cr18Ni13Si4	固溶：1010～1150 快冷	205	520	40	60	207	95	218
耐热钢	0Cr19Ni9	固溶：1010～1150 快冷	275	550	35	50	217	95	220
	1Cr18Ni9	固溶：1010～1150 快冷	205	520	40	60	187	90	200
	1Cr18Ni9Ti	固溶：920～1150 快冷	205	520	40	50	187	90	200
	0Cr18Ni10Ti	固溶：920～1150 快冷	205	520	40	50	187	90	200
	0Cr17Ni12Mo2	固溶：1010～1150 快冷	205	520	40	60	187	90	200
	0Cr19Ni13Mo3	固溶：1010～1150 快冷	205	520	40	60	187	90	200
	0Cr23Ni13	固溶：1030～1150 快冷	205	520	40	60	187	90	200
	0Cr25Ni20	固溶：1030～1180 快冷	205	520	40	50	187	90	200
	1Cr25Ni20Si2	固溶：1080～1130 快冷		539	35				
	1Cr15Ni36W3Ti	1150℃水淬，780～790℃和 730～740℃两次时效	235	392	15	35			
	0Cr18Ni11Nb	固溶：980～1150 快冷	205	520	40	50	187	90	200

1. 焊接热裂纹

奥氏体不锈钢较一般结构钢易产生焊接热裂纹，其中以焊缝的结晶裂纹为主，个别钢种在近缝区或多层焊层间也可能产生液化裂纹。焊缝的金相组织、化学成分和焊接应力是导致奥氏体不锈钢焊接接头产生热裂纹的主要因素，分述如下。

(1) 焊缝金相组织的影响　奥氏体不锈钢对热裂的敏感性主要取决于焊缝的金相组织。与奥氏体内有少量铁素体的焊缝组织相比，单相奥氏体焊缝组织对热裂纹更为敏感。

单相奥氏体的含镍量较高。随着含镍量增加，奥氏体稳定化程度提高，对硫、磷、铅、锑等杂质更为敏感，且与某些极限溶解度小的元素，如铝、硅、钛、铅、铌等，易形成低溶共晶，使金属的实际凝固温度下降，从而增大了结晶温度区间。奥氏体钢热导率低，线胀系数大，在焊接过程中易形成较大的焊接拉应力。单相奥氏体焊缝易形成方向性强的粗大柱状晶组织，有利于上述有害杂质和元素的偏析，从而形成连续的晶间液态夹层。在熔池凝固过程中，奥氏体钢中开始产生拉伸应变的温度高于一般结构钢，且该温度随焊件厚度和焊接线能量的增大而提高，因而金属在脆性温度区积累的应变量增加。在上述各因素综合影响下，单相奥氏体不锈钢焊接接头呈现出较大的热裂敏感性。

含镍量较低(小于或等于15%)的奥氏体不锈钢，如18-8型钢，合金化程度不太高，若在焊缝中含有少量(约占5%)δ铁素体，则大大提高了焊缝的抗结晶裂纹能力。这是因为少量δ相能阻止奥氏体晶粒长大，细化凝固亚晶组织，打乱枝晶的方向性，增加晶界和亚晶界的面积，使液态薄膜更为分散地分布在晶界和亚晶界上，且被δ相分隔成不连续状，因而减弱了低熔点物质的有害作用。此外，δ相能改变晶间夹层的成分和性能，起到冶金净化作用。δ相比γ相能固溶更多的杂质元素，如硫在δ相中的最大溶解度为0.18%，而在γ相中只有0.05%，磷在δ相中的最大溶解度为2.8%，而在γ相中只有0.25%，因此，减少了有害杂质的偏析。所以，为了提高低镍奥氏体钢焊缝的抗结晶裂纹性能，希望在焊缝内含有体积分数为2%～8%的δ相。

对于含镍量大于15%的奥氏体不锈钢，则不宜采用上述γ+δ双相焊缝来防止结晶裂纹。因为这类钢含镍量高，具有稳定的奥氏体组织，要获得δ相必须加入较多的铁素体化元素或减少含镍量，这样将造成焊缝与母材的成分有很大差别，导致性能上与母材不一致，焊缝的塑性和韧性偏低。此外，这类钢多属于长期在高温条件下工作的热稳定钢，若钢中有了足以防止结晶裂纹的δ相，则不能防止长期在高温下工作的δ相析出脆化。所以，对高镍奥氏体不锈钢需通过其他的途径来获得双相组织以改善抗热裂性能。

对于高镍奥氏体不锈钢焊缝，使其产生$\gamma+C_{I}$或$\gamma+B_{I}$的双相组织，既可提高抗裂性又不降低焊缝的高温性能。这里C_{I}为一次碳化物，B_{I}为一次硼化物。为了获得$\gamma+C_{I}$双相组织，可适当提高焊缝含碳量和加入适量的碳化物形成元素铌(Nb)，形成NbC，并保持比值Nb/C=10，同时限制含硅量，使Nb/Si=4～8，就能较为有效地减少热裂倾向。在焊缝中加入适量的硼，使之形成硼化物，也起到同样的效果。

（2）焊缝化学成分的影响　不锈钢中可能遇到的合金元素在单相奥氏体焊缝和$\gamma+\delta$双相焊缝中对结晶裂纹倾向的影响不完全相同，表8-3列出了常用合金元素对不锈钢焊缝结晶裂纹倾向的影响。

表8-3　常用合金元素对不锈钢焊缝结晶裂纹倾向的影响

元素		$\gamma+\delta$双相组织焊缝	γ单相组织焊缝
奥氏体化元素	Ni	显著增大热裂倾向	显著增大热裂倾向
	C	增大热裂倾向	减小热裂倾向[w(C)=0.3%～0.5%，并同时有Nb、Ti等]
	Mn	减小热裂倾向；若使δ相消失，则增大热裂倾向	显著提高抗裂性[w(Mn)=5%～7%]，有Cu时增大热裂倾向
	Cu	增大热裂倾向	影响不大(Mn极少时)；显著增大热裂倾向[w(B)≥2%]
	N	提高抗裂性(如能保持$\gamma+\delta$双相组织)	提高抗裂性
	B	—	万分之几时，强烈增大热裂倾向；w(B)=0.4%～0.7%，减小热裂倾向

续表

元素		γ+δ双相组织焊缝	γ单相组织焊缝
铁素体化元素	Cr	提高抗裂性(Cr/Ni≥1.9～2.3)	无不良作用，形成Cr-Ni高熔点共晶细化晶粒
	Si	减小热裂倾向[通过焊丝加入，w(Si)=1.5%～3.5%]	显著增大热裂倾向[w(Si)≥0.3%～0.7%]
	Ti	影响不大[w(Ti)≤1.0%]或细化晶粒，减小热裂倾向	显著增大热裂倾向；当Ti/C=6时，减小热裂倾向
	Nb	易产生区域偏析，减小热裂倾向	显著增大热裂倾向，当Nb/C=10时，可减小热裂倾向
	Mo	细化晶粒，减小热裂倾向	显著提高抗裂性
	V	显著提高抗裂性(有细化晶粒和去除S的作用)	稍增大热裂倾向；如能形成VC，可细化晶粒，减小热裂倾向
	Al	减小热裂倾向	强烈增大热裂倾向

对于低镍[w(Ni)≤15%]奥氏体钢焊缝，增加适量的铁素体化元素可以增多焊缝中的δ相数量，能显著提高其抗裂性；而增加奥氏体化元素的含量，则使焊缝中的δ相减少甚至消失，则热裂倾向增大。对于高镍[w(Ni)>15%]的单相奥氏体不锈钢焊缝，加入适量的锰[w(Mn)=5%～7%]、钼[w(Mo)=2%～2.5%]、钨[w(W)=2%～2.5%]、氮[w(N)=0.1%～0.18%]和钒[w(V)=0.4%～0.8%]，均可提高焊缝的抗裂性。此外，加入少量铈、锆、钽(≤0.01)等微量元素，能细化焊缝组织净化晶界，也对单相奥氏体不锈钢焊缝的抗裂性有显著效果。

(3) 焊接应力的影响　焊接应力是引起裂纹的力学因素。奥氏体钢的热导率小，而线胀系数大，在焊接热循环的作用下，焊缝在凝固过程就形成了较大的焊接内应力，为热裂纹的产生创造了力学条件。

(4) 焊接工艺的影响　在钢的合金成分一定的条件下，焊接工艺对产生热裂纹也有一定影响。为了避免焊缝枝晶粗大和过热区晶粒粗化，以致增大偏析，应尽量采用小的焊接热输入，而且不应预热，并降低层间温度。为了减小热输入，不应过分增大焊接速度，而应适当降低焊接电流。因为过高的焊接速度，必然加快高温冷却速率，使焊缝凝固过程承受大的收缩应变。降低焊接电流可减少熔深，使热裂倾向小。

焊接起弧和收弧处容易产生裂纹，有条件的应在焊缝两端加引弧板和收弧板。若不能采用收弧板，最好用衰减电流收弧，并填满弧坑。接头坡口设计及接头的拘束度和焊接顺序应合理，以减小焊接应力，都可以防止焊接热裂纹。

2. 晶间腐蚀和应力腐蚀

对于不锈钢和耐热钢来说，必须保证焊接接头的耐蚀性。

（1）晶间腐蚀　焊接奥氏体不锈钢在接头上有三个部位可能发生晶间腐蚀，如图 8-1 所示。将在哪一个部位发生晶间腐蚀，则取决于母材和焊缝的成分。

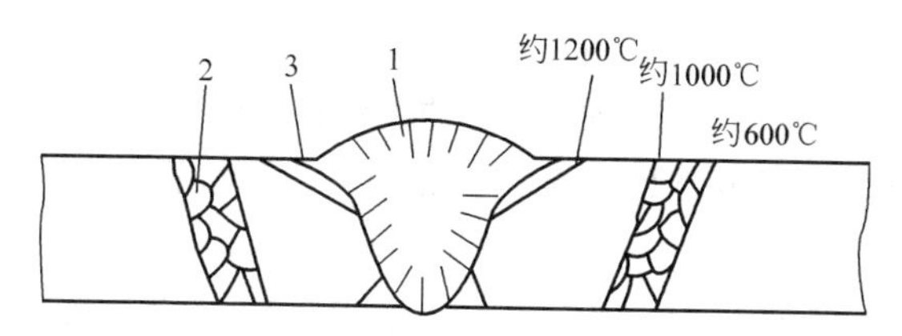

图 8-1　18-8 型不锈钢焊接接头可能出现晶间腐蚀的部位

1—焊缝区；2—热影响区敏化区；3—熔合区

① 焊缝区的晶间腐蚀　普通的 18-8 型钢在多层焊的前层焊缝热影响区达到敏化温度的区域，在晶界上容易析出铬的碳化物，形成贫铬的晶粒边界。若该区恰好露在焊缝表面并与腐蚀介质接触，则会发生晶间腐蚀。

防止焊缝区的这种晶间腐蚀的方法如下。

a. 通过焊接材料使焊缝金属成为超低碳[$w(\mathrm{C})<0.03\%$]的奥氏体。但要注意，若母材不是超低碳的会因熔合比作用使焊缝增碳。

b. 选用含有 Ti 或 Nb 等稳定化元素的奥氏体焊接材料。Ti 和 Nb 的含量取决焊缝中 C 的含量，一般希望$\frac{\mathrm{Ti}}{\mathrm{C}-0.02}=8.5\sim9.5$。

c. 调整焊缝化学成分，使奥氏体焊缝中获得少量铁素体(δ)相。利用δ相散布在奥氏体晶粒边界上，不致形成连续的贫铬层，并且δ相富Cr，有良好供应Cr的条件，可以减少γ晶粒形成贫铬层。焊缝中最佳含δ相的范围是$\varphi(\delta)=4\%\sim12\%$。

② 热影响区敏化区的晶间腐蚀　焊接热影响区敏化区的温度为600～1000℃。产生晶间腐蚀的原因仍然是该区内奥氏体晶粒边界析出铬碳化物造成贫铬层。

防止热影响区敏化区晶间腐蚀的关键在于母材的选择。普通18-8型钢，如0Cr19Ni9，才会有敏化区存在，对于含Ti或Nb的18-8Ti或18-8Nb型钢，以及超低碳18-8型钢，不易出现敏化区。在焊接工艺上应采取较低的焊接热输入，快速冷却以减少处于敏化加热的时间。

③ 熔合区的晶间腐蚀(刀蚀)　这种腐蚀的特点是沿焊接熔合线走向似刀削切口状向内腐蚀，故称刀状腐蚀，简称刀蚀。腐蚀区宽度初期只有3～5个晶粒，逐步扩展到1.0～1.5mm。这种腐蚀只发生在含有Ti或Nb的18-8Ti和18-8Nb型钢的熔合区上。其实质也是因在晶界有$Cr_{23}C_6$沉淀而形成贫铬层所致。

在含有Ti或Nb的奥氏体不锈钢焊接接头的过热区内，加热温度超过1200℃的部位，TiC或NbC将全部固溶于γ相晶粒内，冷却时将有部分固溶的碳原子扩散并偏聚于γ晶界处。在随后多层焊时加热到600～1000℃的敏化温度区间内，上述γ晶界偏聚的碳原子浓度增大，同时发生$Cr_{23}C_6$型碳化物沉淀，从而造成该区晶粒边界的贫铬，在一定腐蚀介质作用下，从表面开始产生晶间腐蚀，直至形成刀状腐蚀破坏。高温过热和中温敏化相继作用是刀蚀的必要条件。

预防含Ti、Nb奥氏体不锈钢刀蚀最有效的方法是降低其含碳量[$w(C)<0.06\%$]，超低碳不锈钢不仅不发生敏化区腐蚀，也不发生刀蚀。在工艺方面，焊接时尽量减少过热，采用小焊接热输入，避免交叉焊缝，增大焊后冷却速度。双面焊时，与腐蚀介质接触的焊缝应最后施焊。如果不能实现时，应当调整焊缝形状、尺寸

和焊接工艺参数，使第二面焊缝所产生的敏化温度区（600～1000℃）不落在第一面焊缝表面的过热区上，如图 8-2(a)所示。若焊接情况如图 8-2(b)所示，就会因第一面焊缝的表面过热区受到敏化加热而容易发生刀蚀。

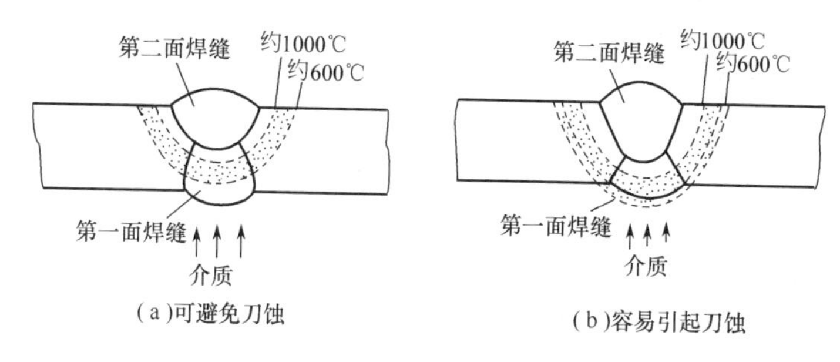

图 8-2　第二面焊缝敏化区对刀蚀倾向的影响

(2) 应力腐蚀开裂　奥氏体不锈钢焊接接头对应力腐蚀更为敏感。因为钢的热导率小，线胀系数大，焊后存在较大的焊接残余应力，为应力腐蚀开裂创造了必要条件。此外，由于焊接热过程导致接头碳化物析出敏化，促进了应力腐蚀的发生。

预防应力腐蚀开裂的措施有以下几种。

① 减小或消除残余应力　消除焊接残余应力最有效的办法是退火热处理。对 18-8 型钢退火温度为 850～900℃，对含钼奥氏体不锈钢为 950～1000℃。

② 选用抗应力腐蚀性能好的母材或焊接材料　可以选择含镍量高的母材及其焊接材料(对应力腐蚀的敏感性比较：0Cr18Ni10＞1Cr18Ni12＞Cr25Ni20)；也可以选择铁素体含量高的奥氏体不锈钢和焊接材料。

③ 表面处理　应力腐蚀裂纹总是从接触敏感介质一侧的表面开始，逐渐向内部扩展。改变焊件表面状态可以提高其耐蚀性能，常用方法如下。

a. 对敏感侧表面进行抛光、电镀或喷涂。喷涂是利用铝、锌等金属作为牺牲阳极，用等离子弧和高速气流将这些金属粉末喷涂到不锈钢工作表面，达到电化学防护作用。

b. 对敏感侧表面进行喷丸处理，使其产生残余压应力。利用锤击该表面，也有相同效果。

3. 焊接接头脆化

对于在低温或高温下工作的奥氏体不锈钢，焊接时，要防止焊接接头发生脆化。

（1）低温脆化　焊缝的化学成分和组织状态对低温韧性影响很大，见表8-4。在18-8型钢双相组织焊缝中，铁素体形成元素均可提高焊缝强度，但却降低了塑性和韧性，其中钛、铌最为明显。因此，为了满足低温韧性的要求，最好不采用γ+δ双相组织的焊缝，而使用能形成单一γ相焊缝组织的焊接材料。

表8-4　焊缝化学成分和组织对低温韧性的影响

部位	主要化学成分(质量分数)/%						组织	a_k/J·cm^{-2}	
	C	Si	Mn	Ni	Cr	Ti		20℃	−196℃
焊缝	0.08	0.57	0.44	10.8	17.6	0.16	γ+δ	121	46
	0.15	0.22	1.50	18.9	25.5	—	γ	178	157
母材（固溶）	≤0.12	≤1.0	≤2.0	8.0～12.0	17.0～19.0	≈0.7	γ	280	230

（2）高温脆化　高温下进行短时拉伸或持久强度试验表明，当奥氏体焊缝中含有较多铁素体形成元素或较多的δ相时，都会发生显著脆化现象。为了保证焊缝有必要的塑性和韧性，长期工作在高温的焊缝中所含的δ相的体积分数应小于5%。

对于已出现δ相的焊件，如果需要消除可进行热处理。处理方法是将焊件加热到1050～1100℃，保温1h后水淬，这样可使绝大部分δ相重新溶入奥氏体中，即可恢复原性能。

三、奥氏体钢的焊接工艺

1. 焊接方法

由于奥氏体不锈钢具有优良的焊接性，几乎所有熔焊方法和部分压焊方法都可以焊接。但从经济、实用和技术性能方面考虑，最好采用焊条电弧焊、惰性气体保护焊、埋弧焊和等离子弧焊等。

(1) 焊条电弧焊　厚度在2mm以上的不锈钢板仍以焊条电弧焊为主，因为焊条电弧焊热量比较集中，热影响区小，焊接变形较小；能适应各种焊接位置与不同板厚工艺要求；所用设备简单。此外，现在所用的焊条类型、规格和品种多，且配套齐全。但是，焊条电弧焊对清渣要求高；易产生气孔、夹渣等缺陷；合金元素过渡系数较小，与氧亲和力强的元素，如钛、硼、铝等易被烧损。

对于在各种腐蚀介质中工作的耐蚀奥氏体不锈钢，应按介质种类和工作温度来选用焊条。对于工作在300℃以上，有较强腐蚀性介质的场合应选用含有Ti或Nb稳定元素的或超低碳的焊条；对于含有稀硫酸或盐酸的介质，常选用含Mo或Mo、Cu的焊条；对于常温下工作、腐蚀性弱或仅为避免锈蚀的设备，从降低生产成本考虑，可选不含Ti或Nb的不锈钢焊条。

对于要求纯奥氏体不锈钢的焊缝或在结构刚性很大、焊缝抗裂性能差时，宜选用碱性药皮的奥氏体不锈钢焊条。对于具有双相奥氏体不锈钢的焊缝因含有一定量的铁素体，其塑性和韧性较好，这时宜选用焊接工艺性能好的钛型或钛钙型药皮的焊条。

用焊条电弧焊焊接奥氏体耐热钢，在生产中应用仍然广泛，但焊接质量和生产率仍比气体保护焊差。换焊条时接缝处反复受热，对耐蚀性不利。

(2) 氩弧焊　有钨极氩弧焊(TIG)和熔化极氩弧焊(MIG)两种，是焊接奥氏体不锈钢较为理想的焊接方法。氩气保护效果好，合金元素过渡系数高，焊缝成分易于保证；且热源能量较集中，又有氩气的冷却作用，其焊接热影响区较窄，晶粒长大倾向小；焊后不需清渣，可以全位置焊接和机械化焊接。

TIG焊最适于3mm以下的薄板不锈钢的焊接。对于厚度小于0.5mm的超薄板，要求用10～15A电流焊接，此时电弧不稳，宜用脉冲TIG焊。厚度大于3mm有时需开坡口和采用多层多道焊。通常当厚度大于13mm时，考虑制造成本，不宜再用TIG焊，应采用MIG焊。

焊接奥氏体不锈钢用的保护气体主要是Ar，有时可用Ar+He。由于用惰性气体保护，焊接过程中合金元素很少被烧损，所以填充焊丝的成分与母材相同或相近。对于薄板的卷边接头，一般不需添加填充金属。为了保证焊接电弧稳定，电极宜选用$w(ThO)=1.7\%\sim2.2\%$的钍钨极（Wh-15），也可用铈钨极。

厚板（大于6mm）的奥氏体不锈钢宜采用射流过渡形式焊接，焊丝直径通常为0.8～1.6mm，但只适用于平焊和横焊。薄板宜用短路过渡，可以全位置焊接，常用焊丝直径为0.8mm、1.0mm和1.2mm。

厚板推荐采用射流过渡进行平焊和横焊，一般采用$Ar+2\%O_2$混合保护气体。与纯Ar相比，加入少量O_2有更好的润湿作用，并改善电弧稳定性。但O_2含量不可过高，过高时合金元素会有烧损。填充焊丝的成分应与母材相同或相近，其直径在0.8～2.4mm之间。薄板宜采用短路过渡，此种过渡形式熔池温度低，易于控制焊缝成形，可进行全位置焊接。短路过渡的保护气体最好用$Ar+5\%CO_2$，CO_2含量不宜过高，否则硅、锰元素损失大，对超低碳奥氏体不锈钢会造成增碳，故难以保证焊缝质量和耐蚀性。因此，一般不推荐用CO_2焊接不锈钢。CO_2焊可焊接奥氏体耐热钢，它的增碳对奥氏体焊缝的热强性有利。但要注意CO_2焊的氧化性，会烧损钢中的有益元素，而降低耐蚀性。

为防止背面焊道表面氧化和获得良好成形，底层焊道焊接时，其背面需加氩气保护。

(3) 埋弧焊　适于中厚板奥氏体不锈钢的焊接，有时也用于薄板。由于此方法焊接工艺参数稳定，焊缝成分和组织均匀，且表面光洁，无飞溅，因而接头的耐蚀性好。但是，埋弧焊的热输入大，熔池体积大，冷却速度小，高温停留时间长，均有促进奥氏体钢元素偏析和组织过热倾向，容易导致焊接热裂纹，其热影响区耐蚀性也受到影响。因此，对热裂纹敏感的纯奥氏体不锈钢，一般不推荐用埋弧焊。

用于碳钢埋弧焊的焊剂，因会引起铬的损失和锰、硅从焊剂溶入焊缝金属中，不适于焊接不锈钢。在冶金上宜用中性或碱性焊剂。焊接时，Cr、Ni 等元素的烧损可通过在焊丝或焊剂中加入予以补偿。熔炼焊剂加入脱氧剂和合金元素较困难，很难控制焊缝金属中 δ 相的含量，所以不适于奥氏体不锈钢厚板的焊接。烧结焊剂容易将脱氧剂和合金元素加到焊剂中，有利于对焊缝金属中 δ 相含量的调整和对烧损元素的补充。

埋弧自动焊可焊接 5mm 以上厚度的奥氏体耐热钢。应注意的是埋弧焊的热输入较大，冷却速度和凝固速度较慢，对奥氏体耐热钢有不利影响；由于熔深大，母材对焊缝金属的稀释，会影响到焊缝金属组织中铁素体含量的控制。

(4) 等离子弧焊　采用微束等离子弧焊，可焊接 0.025～0.5mm 厚度的不锈钢箔，这是其他焊接方法难以完成的。采用熔透法焊接，电流为 15～100A，可焊接 0.5～3mm 的薄板；采用小孔法焊接，电流为 100～500A，可焊接 3～8mm 的钢板；不加填充金属单面焊一次成形，很适合于不锈钢管的纵缝焊接。不仅如此，由于等离子弧的能量极其集中，热影响区很窄，使其在 600～1000℃的温度区间极小，焊缝的抗晶间腐蚀能力强。

表 8-5 为部分奥氏体不锈钢和耐热钢弧焊用焊接材料选例。

2. 焊接工艺要点

(1) 减小热输入　焊接奥氏体不锈钢不能用大焊接热输入，一般焊接所需的热输入比碳钢低 20%～30%。过高焊接热输入会造成焊缝开裂、降低耐蚀性、变形严重和接头力学性能改变。采用小电流、低电压(短弧焊)和窄焊道快速焊可使热输入减小，采用必要的急冷措施可以防止接头过热的不利影响。应选用焊接能量集中的焊接方法，快速进行焊接，氩弧焊应是首选的焊接方法。厚板焊接采用尽可能小的焊缝截面的坡口形式，如夹角小于 60°的 V 形坡口或 U 形坡口等。

(2) 防止焊缝污染　奥氏体不锈钢焊缝受到污染其耐蚀性和强度变差。外来污染有碳、氮、氧、水等。碳污染能引起裂纹和改变

表 8-5　奥氏体不锈钢与耐热钢焊接材料的选用

钢　号	电焊条		氩弧焊丝	埋弧焊	
	型号	牌号		焊丝	焊剂
0Cr18Ni9 0Cr19Ni9	E308L-16	A002	H00Cr21Ni10	H00Cr21Ni10	HJ260，HJ151 SJ601～SJ608
0Cr18Ni9Ti 1Cr18Ni9Ti	E308-16 E347-16	A102 A132	H0Cr20Ni10Ti H0Cr20Ni10Nb	H0Cr20Ni10Ti H0Cr20Ni10Nb	HJ172，SJ608 SJ701
0Cr18Ni11Nb 1Cr18Ni11Nb	E347-16	A132	H0Cr20Ni10Nb	H0Cr20Ni10Nb	HJ172
0Cr18Ni12Mo2Ti 1Cr18Ni12Mo2Ti	E316L-16	A022	H00Cr19Ni12Mo2	H00Cr19Ni12Mo2	HJ260，HJ172 SJ601
0Cr18Ni12Mo3Ti 1Cr18Ni12Mo3Ti	E316L-16 E317-16	A022 A242	H00Cr19Ni12Mo1 H0Cr20Ni14Mo3	H00Cr19Ni12Mo2 H00Cr20Ni14Mo3	HJ260，HJ172 SJ601
00Cr17Ni14Mo2	E316L-16	A022	H00Cr19Ni12Mo2	H00Cr19Ni12Mo2 H00Cr20Ni14Mo3	HJ260，HJ172 SJ601
00Cr17Ni14Mo3 00Cr19Ni13Mo3	E308L-16	A002	H00Cr19Ni12Mo2	H00Cr19Ni12Mo2 H00Cr20Ni14Mo3	HJ260，HJ172 SJ601
00Cr18Ni14Mo2Cu2	E317MoCuL-16	A032			
0Cr18Ni18Mo2Cu2Ti		A802			
00Cr18Ni10	E308L-16	A002	H00Cr21Ni10	H00Cr21Ni10	SJ601

续表

钢 号	电焊条		氩弧焊丝	埋弧焊	
	型号	牌号		焊丝	焊剂
0Cr19Ni9 1Cr18Ni9	A101 A102	E308-16 E308-17	H0Cr21Ni10	H0Cr19Ni9 H0Cr21Ni10	SJ601 SJ605 SJ608 HJ260
1Cr18Ni9Ti	A112，A132	E347-16 E347-15	H0Cr20Ni10Ti	H1Cr19Ni10Nb	
0Cr18Ni11Ti 0Cr18Ni11Nb	A132 A137	E347-16 E347-15	H0Cr20Ni10Ti H0Cr20Ni10Nb	H0Cr21Ni10Ti	
0Cr17Ni12Mo2 0Cr18Ni13Si4	A201，A202 A232	E316-16 E318-16 E318-15	H0Cr18Ni14Mo2	H0Cr19Ni11Mo3	
0Cr19Ni13Mo3	A242	E317-16	H0Cr25Ni13Mo3	H0Cr25Ni13Mo3	
0Cr23Ni13	A302 A307	E309-16 E309-15	H1Cr25Ni13	H1Cr25Ni13	
0Cr25Ni20 1Cr25Ni20Si2	A402 A407	E310-16 E310-15	H1Cr25Ni20	H1Cr25Ni20	
1Cr15Ni36W3Ti	A607				
2Cr20Mn9Ni2Si2N 3Cr18Mn11Si2N	A402，A407 A707，A717	E16-25MoN-16 E16-25MoN-15 E310-16	H1Cr25Ni20		

力学性能并降低耐蚀性。碳来自车间尘土、油脂、油漆、标记用的材料和工具，因此，焊前必须对焊接区表面（坡口及其附近）进行彻底清理，清除全部碳氢化合物及其他污染物。薄的氧化膜可用浸蚀（酸性）方法清除，也可用机械方法，如干净的不锈钢丝刷或砂轮、喷丸等工具和手段。

层间若有焊渣必须清除后再焊，以防止产生夹渣，最后焊道表面也应清渣，最好用钢丝刷或机械抛光去除。

(3) 焊条电弧焊操作要领　在保证焊透和熔合良好的条件下用小电流快焊速，使焊接熔池受热尽可能小。平焊时，弧长一般控制在 2～3mm，直线焊不作横向摆动，目的是减少熔池热量，防止铬等有益元素烧损。多层焊时，层间温度不宜过高，可待冷到 60℃以下再清理渣和飞溅物，然后再焊，其层数不宜多，每层焊缝接头相互错开。不在非焊部位引弧，焊缝收弧一定要填满弧坑，否则产生弧坑裂纹成为腐蚀起源点，有条件的尽量使用引弧板和收弧板。

焊条为奥氏体不锈钢焊芯时，由于焊芯电阻大，热导率小，焊接时热量不易散发，加之线胀系数大，药皮跟不上焊芯的膨胀，出现焊芯发红和药皮开裂、剥落现象。通常应在焊条使用说明中规定的焊接电流许用范围内使用。若无规定，可参照表 8-6 选用。焊条用前必须按规定烘干。

表 8-6　不同规格的焊条适用的焊接电流

焊条直径/mm	平均焊接电流/A	最高电弧电压/V	焊条直径/mm	平均焊接电流/A	最高电弧电压/V
1.6	35～45	24	3.2	90～110	25
2.0	45～55	24	4.0	120～140	26
2.4	65～80	24	5.0	160～180	27

(4) TIG 焊操作要领　TIG 焊适于焊接薄板或底层焊道。为了保证第一道焊缝背面不被氧化，焊接时也应同时吹送保护气体。为防止薄板对接焊时的变形宜采用图 8-3 所示的压紧装置（多为琴键式），背面采用带槽铜垫板，内通氩气进行焊缝背面保护，铜垫通水冷却，加速接头散热。

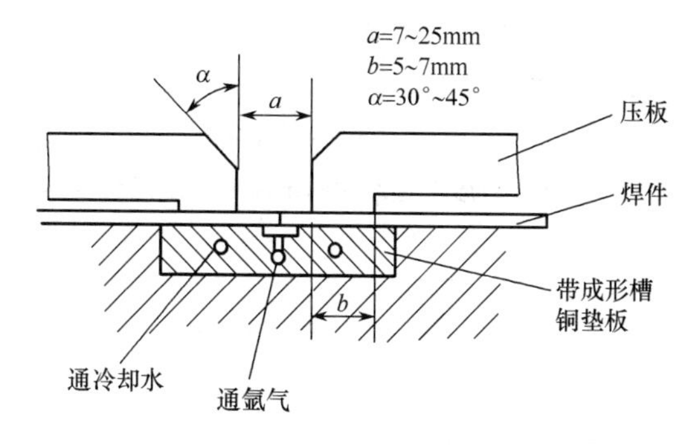

图 8-3　薄板对接焊的压紧装置

氩气纯度应在 99.6%以上，重要结构甚至达 99.99%。氩气流量一般在 10～30L/min，过小保护不良，过大出现紊流，保护也不良，电弧不稳。焊时风速应小于 0.5m/s，否则要有挡风设施。

采用恒流直流电源，正接(钨极接负极)法焊接，以减少钨极消耗。尽量用短弧焊，薄板的无间隙对接或封底焊时，经常不加填充焊丝进行焊接。

(5) MIG 焊操作要领　MIG 焊热量集中，熔敷速度大，较适合于厚板焊接。使用恒压或上升特性的直流电源，采用直流反接(焊丝接正极)，正接因电弧不稳，故一般不采用。保护气体的使用要注意表 8-7 所列事项。其流量大小依焊接电流而调整，短路过渡一般选用 12L/min 以上，而射流过渡用 18L/min 以上。风大的地方(0.5m/s 以上)应有挡风措施。

表 8-7　不锈钢 MIG 焊时保护气体的使用

保护气体	熔滴过渡方式及其应用	注 意 事 项
$Ar+O_2$ [$\varphi(O_2)<5\%$]	射流过渡——平焊	因焊道表面有硬氧化膜，故多层焊时应清除熔渣，以防止层间未焊透，若采用高硅焊丝，氧化膜能减少
	短路过渡——平、立、封底焊	
	脉冲射流过渡——全位置焊	
$Ar+CO_2$ [$\varphi(CO_2)<20\%$]	短路过渡——全位置焊	因焊缝含碳量高，对要求耐蚀的地方不宜使用，拘束度大及厚板也不宜使用
	适于薄板焊接和打底焊	

表 8-8 列出了为获得良好熔滴过渡形式所用的焊接电流和电弧电压。脉冲 MIG 焊通常用的电流为 100～200A，电弧电压在 22～26V 范围内，根据所用填充材料和脉冲频率，适当调整。

表 8-8　良好的熔滴过渡时的电流和电压配合数据

过渡形式	焊丝直径/mm	焊接电流/A	电弧电压/V
射流过渡	1.2	250～300	24～28
	1.6	300～350	28～31
短路过渡	1.2	150～200	15～18

在多道焊中为防止由氧化膜而引起未焊透缺陷，可用砂轮除去氧化膜。

（6）埋弧焊操作要领　埋弧焊焊接奥氏体不锈钢既可用交流电源也可用直流电源，但细焊丝（ϕ1.6～2mm）或薄板焊接多用直流电源。焊接电流要比在碳钢中焊类似焊缝所需电流约低 20%，用于碳钢中的许多接头设计和焊接条件大致也适用于奥氏体不锈钢。但由于奥氏体不锈钢的较高电阻率和略低的熔化温度，因而在相同的焊接条件下，不锈钢焊丝的熔化速度要比碳钢焊丝高 30%左右。这种高电阻率的焊丝其伸出长度的控制也比碳钢严格，因为焊丝的电阻热对熔敷速度有很大的影响。

为了防止焊接热裂纹，一般要求焊缝金属中有 φ(δ-Fe)＝4%～10%的 δ 铁素体。δ 相含量过低则抗热裂能力不足；过高则导致耐蚀性下降和 δ 相脆化。控制该含量便成为埋弧焊的关键。除了正确选择焊丝和焊剂之外，还受到母材对焊缝金属稀释作用的影响，而埋弧焊母材的稀释率在 10%～75%范围变化。为此，需在焊接工艺参数和接头坡口设计方面控制熔深和焊道形状。一般要求母材的稀释率低于 40%。

烧结焊剂比熔炼焊剂容易吸湿，开罐后应立即使用。若开罐后放置时间较长或已吸湿时，应在 250℃进行 1h 的烘干。

注意，焊接不锈钢的电流不能过大，否则，会造成热影响区耐蚀性降低和晶粒粗大。表 8-9 是按焊丝直径确定的电流范围。

表 8-9 奥氏体不锈钢埋弧焊的焊接电流范围

焊丝直径/mm	2.4	3.2	4.0	5.0
电流范围/A	200～400	300～500	350～800	500～1000

3. 预热和焊后热处理

奥氏体耐热钢焊前不需预热，焊后视需要可进行强制冷却，以减少在高温区的停留时间。对已经产生 475℃脆性和 σ 相脆化的焊接接头，可用热处理方法清除：短时间加热到 600℃以上空冷可消除 475℃脆性；加热到 930～980℃急冷可消除 σ 相脆化。如果为了提高结构尺寸稳定性，降低残余应力峰值，可进行低温（小于 500℃）回火热处理。

奥氏体不锈钢焊接一般不进行预热。为防止热裂纹和铬碳化物析出，层间温度应低一些，通常在 250℃以下。焊后一般也不推荐进行热处理。只有在焊后进行冷加工或热加工场合以及用于易发生应力腐蚀的环境时，才进行热处理。

（1）固溶化处理　是在 1000～1150℃下以板厚 2min/mm 以上的比例保温后，用水（薄板可用空气）急速冷却。热处理时，在产生铬碳化物的 500～900℃温度区域内尽快急速冷却。但是，在要求以强度为主的场合一般不进行这样的热处理；对于使用稳定化钢或低碳不锈钢的场合，也不进行固溶化处理。

（2）消除应力处理　在 800～1000℃的温度下，按板厚 2min/mm 以上的比例保温后再行空冷的热处理。在接近 900℃时消除应力效果较好。处理后可显著降低焊接应力，可有效降低应力腐蚀倾向。

注意，进行这种热处理应充分考虑钢种、使用条件、过去的经验等因素，除非不得已必须进行的情况外，一般以不进行为好。例如，在注重耐蚀性的场合和像易析出 σ 相的焊缝金属（18-8Nb 系，18-12Mo 系），这种处理反而有害。

4. 典型焊接工艺参数

这里提供几种最常用的焊接方法在焊接奥氏体不锈钢时所采用的焊接工艺参数，目的是为初次焊接这种钢材或在拟定焊接工艺

表 8-10 焊条电弧焊对接焊缝平焊的坡口形式和工艺参数

板厚/mm	坡口形式	层数	坡口尺寸			焊接电流/A	焊接速度/$mm \cdot min^{-1}$	焊条直径/mm	备注
			间隙 c/mm	钝边 f/mm	坡口角度 α/(°)				
2		2	0～1	—	—	40～60	140～160	2.5	反面铲焊根
	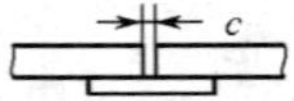	1	2	—	—	80～110	100～140	3.2	加垫板
		1	0～1	—	—	60～80	100～140	2.5	
3		2	2	—	—	80～110	100～140	3.2	反面铲焊根
	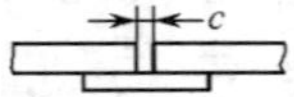	1	3	—	—	110～150	150～200	4.0	加垫板
		2	2	—	—	90～110	140～160	3.2	
5		2	3	—	—	80～110	120～140	3.2	反面铲焊根
	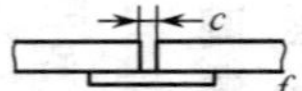	2	4	—	—	120～150	140～180	4.0	加垫板
	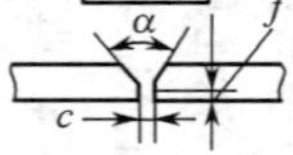	2	2	2	75	90～110	140～180	3.2	

续表

板厚/mm	坡口形式	层数	坡口尺寸			焊接电流/A	焊接速度/mm·min^{-1}	焊条直径/mm	备注
			间隙 c/mm	钝边 f/mm	坡口角度 α/(°)				
6		4	0	0	80	90～140	160～180	3.2、4.0	反面铲焊根
		2	4	—	60	140～180	140～150	4.0、5.0	加垫板
		3	2	2	75	90～140	140～160	3.2、4.0	
9		4	0	3	80	130～140	140～160	4.0	反面铲焊根
		3	4	—	60	140～180	140～160	4.0、5.0	加垫板
		4	2	2	75	90～140	140～160	3.2、4.0	

续表

板厚/mm	坡口形式	层数	坡口尺寸			焊接电流/A	焊接速度/mm·min^{-1}	焊条直径/mm	备注
			间隙 c/mm	钝边 f/mm	坡口角度 α/(°)				
12		5	0	4	80	140～180	120～180	4.0、5.0	反面铲焊根
		4	4	—	60	140～180	120～160	4.0、5.0	加垫板
		4	2	2	75	90～140	130～160	3.2、4.0	
16		7	0	6	80	140～180	120～180	4.0、5.0	反面铲焊板
		6	4	—	60	140～180	110～160	4.0、5.0	加垫板
		7	2	2	75	90～180	110～160	3.2、4.0、5.0	

续表

板厚/mm	坡口形式	层数	坡口尺寸			焊接电流/A	焊接速度/mm·min^{-1}	焊条直径/mm	备注
			间隙 c/mm	钝边 f/mm	坡口角度 α/(°)				
22	60° α f 60°	7	—	2	60	140～180	130～180	4.0、5.0	反面铲焊根
	α c	9	4	—	45	160～200	110～175	5.0	加垫板
	α f c	10	2	2	45	90～180	110～160	3.2、4.0、5.0	
32	70° f 70°	14	—	2	70	160～200	140～170	4.0、5.0	反面铲焊根

表 8-11 焊条电弧焊角焊缝的坡口形式和工艺参数

板厚/mm	坡口形式	焊脚 L/mm	焊接位置	焊接层数	坡口尺寸		焊接电流/A	焊接速度/mm·min^{-1}	焊条直径/mm	备注
					间隙 c/mm	钝边 f/mm				
6		4.5	平焊	1	0～2	—	160～190	150～200	5.0	
		6	立焊	1	0～2	—	80～100	60～100	3.2	
9		7	平焊	2	0～2	—	160～190	150～200	5.0	
12		9	平焊	3	0～2	—	160～190	150～200	5.0	
		10	立焊	2	0～2	—	80～110	50～90	3.2	
16		12	平焊	5	0～2	—	160～190	150～200	5.0	
22		16	立焊	9	0～2	—	160～190	150～200	5.0	
6		2	平焊	1～2	0～2	0～3	160～190	150～200	5.0	
		2	立焊	1～2	0～2	0～3	80～110	40～80	3.2	
12		3	平焊	8～10	0～2	0～3	160～190	150～200	5.0	
		3	立焊	3～4	0～2	0～3	80～110	40～80	3.2	
22		5	平焊	18～20	0～2	0～3	160～190	150～200	5.0	
		5	立焊	5～7	0～2	0～3	80～110	40～80	3.2、4.0	

续表

板厚/mm	坡口形式	焊脚 L/mm	焊接位置	焊接层数	坡口尺寸		焊接电流/A	焊接速度/mm·min^{-1}	焊条直径/mm	备注
					间隙 c/mm	钝边 f/mm				
12		3	平焊	3～4	0～2	0～2	160～90	150～200	5.0	
		3	立焊	2～3	0～2	0～2	80～110	40～80	3.2、4.0	
22		5	平焊	7～9	0～2	0～2	160～190	150～200	5.0	
		5	立焊	3～4	0～2	0～2	80～110	40～80	3.2、4.0	
6		3	平焊	2～3	3～6	—	160～190	150～200	5.0	加垫板
		3	立焊	2～3	3～6	—	80～110	40～80	3.2、4.0	加垫板
12		4	平焊	10～12	3～6	—	160～190	150～200	5.0	加垫板
		4	立焊	4～6	3～6	—	80～110	40～80	3.2、4.0	加垫板
22		6	平焊	22～25	3～6	—	160～190	150～200	5.0	加垫板
		6	立焊	10～12	3～6	—	80～110	40～80	3.2、4.0	加垫板

表 8-12　埋弧焊的坡口形式和工艺参数

板厚/mm	坡口形式	焊丝直径/mm	焊道 A：外面 B：里面		焊接条件		
					电流/A	电压/V	速度/cm·min^{-1}
6	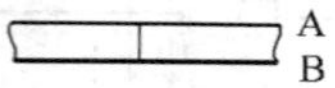 A B	3.2	A		350	33	65
			B		450	33	65
9	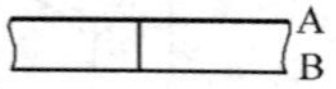 A B	4.0	A		450	33	65
			B		520	33	65
	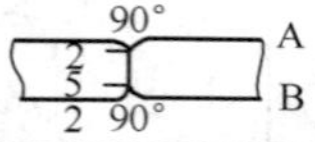 90° 2 5 2 90° A B	4.0	A		400	33	65
			B		520	33	65
12	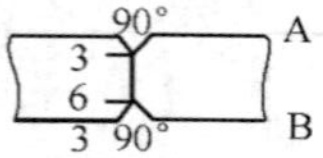 90° 3 6 3 90° A B	4.0	A		450	33	60
			B		550	33	50
16	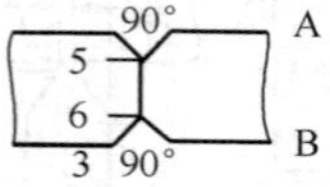 90° 5 6 3 90° A B	4.0	A		550	34	40
			B		650	34	47
	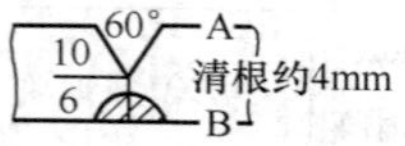 60° 10 6 A 清根约4mm B	4.0	A	1	550	33	45
				2	550	33	40
			B		650	33	43

续表

板厚/mm	坡口形式	焊丝直径/mm	焊道 A：外面 B：里面		焊接条件		
					电流/A	电压/V	速度/cm·min^{-1}
20	90° 6 7 7 90° A B	4.8	A		650	33	30
			B		800	35	35
	60° A 清根约4mm 14 6 B	4.0	A	1	500	33	45
				2	550	35	40
				3	600	35	40
			B		650	35	35
24	90° 8 8 8 90° A B	4.8	A		720	32	20
			B		950	34	27
	60° A 清根约4mm 17 7 B	4.0	A	1	500	33	40
				2	600	34	35
				3	600	35	30
			B		700	34	35
24以上	1~2mm 1~3层手工焊或TIG焊	4.0	—		450~600	32~36	25~50

表 8-13　手工 TIG 焊对接平焊坡口形式和工艺参数

坡口形状代号	坡口形状	板厚/mm	使用坡口形式	钨电极直径/mm	焊接电流/A	焊接速度/cm·min^{-1}	焊条直径/mm	氩气 流量/L·min^{-1}	氩气 喷嘴直径/mm	备注
A	0~2	1	A（但间隙为 0）	1.6	50～80	10～12	1.6	4～6	11	单面焊接气体垫
		2.4	A（但间隙为 0～1mm）	1.6	80～120	10～12	1.6	6～10	11	单面焊接气体垫
B	60°~90° 0~2 0~2	3.2	A	2.4	105～150	10～12	1.6～3.2	6～10	11	双面焊
		4	A	2.4	150～200	10～15	2.4～4.0	6～10	11	双面焊
C	60°~90° 0~2 0~2	6	B	2.4	150～200	10～15	2.4～4.0	6～10	11	清根
			C	2.4	180～230	10～15	2.4～4.0	6～10	11	垫板
D	60°~90° 2 0		D	2.4	140～160	12～16	2.4～4.0	6～10	11	单面焊接气体垫
			E	1.6 2.4	110～150 150～200	6～8 10～15	2.4～3.2	6～10	11	可熔镶块焊接

续表

坡口形状代号	坡口形状	板厚/mm	使用坡口形式	钨电极直径/mm	焊接电流/A	焊接速度/cm·min^{-1}	焊条直径/mm	氩气 流量/L·min^{-1}	氩气 喷嘴直径/mm	备注
E	60°~90°	12	B	2.4	150～200	15～20	2.4～4.0	6～10	11	清根
F	60°~90° 0~1	12	C	2.4 3.2	200～250	10～20	3.2～4.0	6～10	11～13	垫板
		22	F	2.4 3.2	200～250	10～20	3.2～4.0	6～10	11～13	清根
G	2~3 0~2	38	G	2.4 3.2	250～300	10～20	3.2～4.0	10～15	11～13	清根

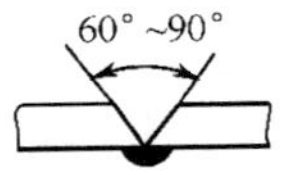

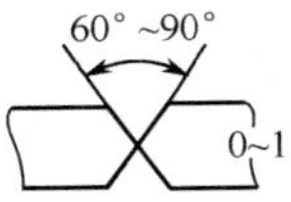

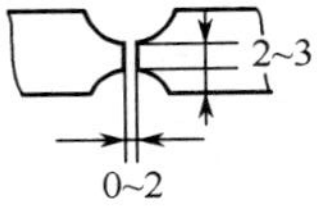

表 8-14 自动 TIG 焊管子对接和管板焊接工艺参数

接头种类	坡口形式	管子尺寸/mm	钨极直径/mm	层次	焊接电流/A	电弧电压/V	焊接速度/s·周$^{-1}$	填充丝直径/mm	送丝速度/mm·min^{-1}	氩气流量/L·min^{-1}	
										喷嘴	管内
管子对接（全位置）	管子扩口	ϕ18×1.25	2	1	60～62	9～10	12.5～13.5	—	—	8～10	1～3
		ϕ32×1.5	2	1	54～59	9～10	18.6～21.6	—	—	10～13	1～3
	V形	ϕ32×3	2～3 2～3	1 2～3	110～120 110～120	10～12 12～14	24～28 24～28	— 0.8	— 760～800	8～10 8～10	4～6 4～6
管板	管子开槽	ϕ13×1.25 ϕ18×1.25	2 2	1 1	65 90	9.6 9.6	14 19	—	—	7 7	—

表 8-15 自动脉冲 TIG 焊管子对接和管板焊接工艺参数

接头种类	坡口形式	管子尺寸/mm	钨极直径/mm	层次	平均电流/A		频率/Hz	脉冲宽度/%	焊接速度/s·周$^{-1}$	氩气流量/L·min^{-1}	
					基本	脉冲				喷嘴	管内
管子对接	管子扩口	ϕ8×1 ϕ15×1.5	1.6 1.6	1 1	9 27	36 80	2 2.5	50 50	12 15	6～8 6～8	1～3 1～3
管板	管子开槽	ϕ13×1.25 ϕ25×2	2 2	1 1	8 25	70～80 100～130	3～4 3～4	50 50～75	10～15 16～17	8～10 8～10	—

(评定)试验方案时提供参考和依据。各厂生产条件不同，运用这些资料时应随时根据实际情况进行必要调整。

① 焊条电弧焊对接焊缝平焊的坡口形式和工艺参数(表 8-10)。

② 焊条电弧焊角焊缝的坡口形式和工艺参数(表 8-11)。

③ 埋弧焊的坡口形式和工艺参数(表 8-12)。

④ 手工 TIG 焊对接平焊坡口形式和工艺参数(表 8-13)。

⑤ 自动 TIG 焊管子对接和管板焊接工艺参数(表 8-14)。

⑥ 自动脉冲 TIG 焊管子对接和管板焊接工艺参数(表 8-15)。

⑦ 脉冲 MIG 焊对接焊接工艺参数(表 8-16)。

⑧ MIG 焊对接平焊坡口形式和工艺参数(表 8-17)。

⑨ 不锈钢大电流等离子弧焊工艺参数(表 8-18)。

⑩ 不锈钢薄板小电流等离子弧焊工艺参数(表 8-19)。

⑪ 不锈钢超薄板微束等离子弧焊工艺参数(表 8-20)。

表 8-16 脉冲 MIG 焊对接焊接工艺参数

板厚/mm	坡口形式	层次	焊丝直径/mm	平均电流/A		电压/V		焊接速度/$m \cdot h^{-1}$	气体流量/$L \cdot min^{-1}$	
				基本	脉冲	脉冲	电弧		Ar	CO_2
6	I形	1～2(正反各1)	1.6	40～50	120～130	34	28～29	15～18	25～29	3.5～4.0
8	V形	1～2(正反各1)	1.6	40～50	130	36	32	14～18	25～29	3.5～4.0

注：脉冲频率 50Hz，焊丝为 0Cr18Ni9。

表 8-17 MIG 焊对接平焊坡口形式和工艺参数

坡口形状代号	坡口形式	板厚/mm	使用的坡口形状	层数	焊丝直径/mm	焊接条件			备注
						电流/A	电压/V	速度/$cm \cdot min^{-1}$	
A	0~2	3	B	1	1.2	220～250	23～25	40～60	垫板
		4	B	1	1.2	220～250	23～25	30～50	垫板

续表

坡口形状代号	坡口形式
B	0~2
C	60°~90°；0~2；0~2
D	60°~90°；0~2；0~2
E	60°~90°；3~5
F	60°~90°；0~1
G	60°~90°；1；1

板厚/mm	使用的坡口形状	层数	焊丝直径/mm	焊接条件			备注
				电流/A	电压/V	速度/cm·min^{-1}	
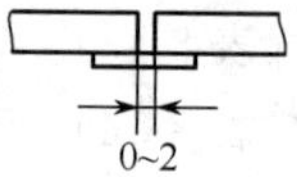 6	A	2	1.2	230～280	23～26	30～60	清根
			1.6	250～300	25～28	30～60	
	B	2	1.2	230～280	23～26	30～60	垫板
			1.6	250～300	25～28	30～60	
	C	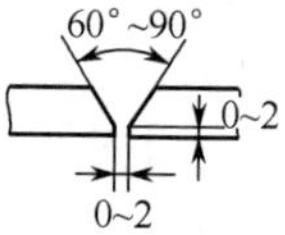 2	1.2	230～280	23～26	30～60	清根
			1.6	250～300	25～28	30～60	
	D	2	1.2	230～280	23～26	30～60	垫板
			1.6	250～300	25～28	30～60	
12	C	4	1.6	280～330	27～30	25～55	清根
	D	4	1.6	280～330	27～30	25～55	垫板
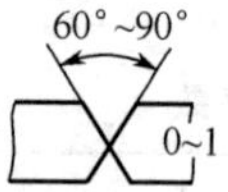	E	4	1.6	280～330	27～30	25～55	垫板
	F	4	1.6	280～330	27～30	25～55	清根
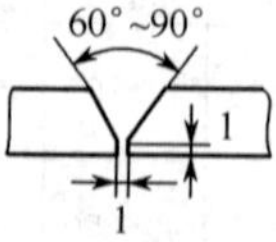 16	G	2	1.2	1层 180～200 2层 250～280	1层 16～18 2层 24～26	30～50	单面打底焊

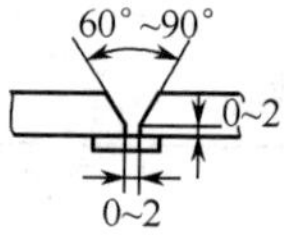

表 8-18　不锈钢大电流等离子弧焊工艺参数

焊透方式	焊件厚度/mm	焊接电流/A	电弧电压/V	焊接速度/mm·min^{-1}	离子气流量/L·min^{-1}		保护气体流量/L·min^{-1}			孔道比 l/mm / d/mm	钨极内缩/mm	备注
					基本气流	衰减气	正面	尾罩	反面			
熔透法	1	60	—	270	0.5	—	3.5	—	—	2.5/2.5	1.5	悬空焊
小孔法	3	170	24	600	3.8	—	25	8.4	—	3.2/2.8	3	喷嘴带两个ϕ 0.8mm小孔，间距6mm
	5	245	28	340	4.0	—	27			3.2/2.8	3	
	8	280	30	217	1.4	2.9	17			3.2/2.9	3	
	10	300	29	200	1.7	2.5	20			3.2/3	3	

表 8-19　不锈钢薄板小电流等离子弧焊工艺参数

焊透方式	板厚/mm	焊接电流/A	焊接速度/cm·min^{-1}	喷嘴径/mm	离子气及其流量/L·min^{-1}	保护气体及其流量/L·min^{-1}
熔透法	0.8	25	25	0.8	Ar，0.2	Ar+1%H_2，12
	1.6	46	25	1.3	Ar，0.5	Ar+5%H_2，12
	2.4	90	25	2.2	Ar，0.7	Ar+5%H_2，12
	3.2	100	20	2.2	Ar，0.7	Ar+5%H_2，12
小孔法	1.6	25	10～15	0.8	Ar，0.4	Ar，9.5
	2.4	50	10～15	1.3	Ar，0.7	Ar，9.5
	3.2	75	10～15	1.3	Ar，0.9～1.4	Ar，9.5
	4.8	100	10～15	1.8	Ar，2.4～3.8	Ar，9.5

表 8-20　不锈钢超薄板微束等离子弧焊工艺参数

接头形式	板厚/mm	焊接电流/A	焊接速度/cm·min^{-1}	喷嘴径/mm	离子气及其流量/L·min^{-1}	保护气体及其流量/L·min^{-1}	备注
对接接头	0.025	0.3	125	0.8	Ar，0.2	Ar+1%O_2，9.5	带卷边对接
	0.075	1.6	150				
	0.125	2.4	125				
	0.255	6.0	200				
	0.760	1.0	125				
端接头	0.025	0.3	125				
	0.125	1.6	380				
	0.255	4.0	125				

第三节　铁素体不锈钢和耐热钢的焊接

铁素体不锈钢分普通铁素体钢和高纯铁素体钢两大类，后者是运用各种精炼技术生产出含间隙元素(C、N)极低的一类铁素体钢。每一类铁素体钢又可按含铬量高低分为若干种。例如，普通铁素体不锈钢分低铬[w(Cr)＝12%～14%]、中铬[w(Cr)＝16%～18%]、高铬[w(Cr)＝25%～30%]等；高纯铁素体不锈钢主要是严控碳、氮的含量。

普通铁素体不锈钢成本低，耐蚀性好，特别能耐应力腐蚀，但塑性较差。高纯铁素体不锈钢因碳、氮总含量降得很低，故其塑性和韧性显著提高，并能有效地防止晶间腐蚀。

铁素体耐热钢的含铬量为13%～30%，同时还含有硅或铝等，如1Cr13Si3、1Cr19Al3等。钢中的铬、铝或硅可在钢表面生成Cr_2O_3、Al_2O_3或SiO_2等致密的氧化膜而具有很好的抗氧化能力，故具有良好的耐蚀性和耐热性。常用于高温下要求抗氧化或耐气体介质腐蚀的场合。

含铬量较高的铁素体钢存在475℃脆性和σ相析出而产生脆化，铁素体不锈钢只能用作300℃以下的耐蚀钢和抗氧化钢，在氧化性的酸类及大部分有机酸和有机酸盐的水溶液中具有良好的耐酸性。当存在这类脆性时，只需把钢分别加热到550℃或800℃以上，然后快冷即可消除。此外，这类钢缺口敏感性和脆性转变温度较高，钢在加热后对晶间腐蚀也较敏感。由于是单相的铁素体组织，不存在淬硬问题，但高温停留时间长，会引起晶粒长大。

表8-21、表8-22分别列出了部分铁素体不锈钢和耐热钢的化学成分及力学性能。

表 8-21 部分铁素体不锈钢和耐热钢的化学成分

牌号	化学成分(质量分数)/%								
	C	Si	Mn	P	S	Ni	Cr	Mo	其他
0Cr13Al	≤0.08	≤1.00	≤1.00	≤0.035	≤0.030	≤0.6	11.5～14.5		Al 0.10～0.30
00Cr12	≤0.030	≤1.00	≤1.00	≤0.035	≤0.030	≤0.6	11.0～13.0		
1Cr17	≤0.12	≤0.75	≤1.00	≤0.035	≤0.030	≤0.6	16.0～18.0		
Y1Cr17	≤0.12	≤1.00	≤1.25	≤0.060	≥0.15	≤0.6	16.0～18.0	≤0.60	
1Cr17Mo	≤0.12	≤1.00	≤1.00	≤0.035	≤0.030	≤0.6	16.0～18.0	0.75～1.25	
00Cr30Mo2	≤0.010	≤0.40	≤0.40	≤0.030	≤0.020		28.5～32.0	1.50～2.50	N≤0.015
00Cr27Mo	≤0.010	≤0.40	≤0.40	≤0.030	≤0.020		25.0～27.5	0.75～1.50	N≤0.015
1Cr19Al3	≤0.10	≤1.50	≤1.00	≤0.035	≤0.030		17.0～21.0	2.00～4.00	Al 2～4
0Cr11Ti	≤0.08	≤1.00	≤1.00	≤0.035	≤0.030		10.5～11.75		Ti=6×C%～0.75
2Cr25N	≤0.20	≤1.00	≤1.50	≤0.040	≤0.030		23.0～27.00		N≤0.25
0Cr12	≤0.03	≤1.00	≤1.00	≤0.040	≤0.030		11.0～13.0		

表 8-22 部分铁素体不锈钢和耐热钢的力学性能

牌号	热处理	拉伸试验				硬度试验		
		$\sigma_{0.2}$ /MPa	σ_b /MPa	δ_5/%	ψ/%	HBS	HRB	HV
0Cr13Al	退火 780～830℃，空冷或缓冷	≥177	≥410	≥20	≥60	≤183		
00Cr12	退火 700～820℃，空冷或缓冷	≥196	≥265	≥22	≥60	≤183		
1Cr17	退火 780～850℃，空冷或缓冷	≥205	≥450	≥22	≥50	≤183		
Y1Cr17	退火 680～820℃，空冷或缓冷	≥205	≥450	≥22	≥50	≤183		
1Cr17Mo	退火 780～850℃，空冷或缓冷	≥205	≥450	≥22	≥60	≤183		
00Cr30Mo2	退火 900～1050℃，快冷	≥295	≥450	≥20	≥45	≤228		
00Cr27Mo	退火 900～1050℃，快冷	≥245	≥410	≥20	≥45	≤219		
1Cr19A13		≥245	≥440	≥15		≤210	≤95	≤220
0Cr11Ti		≥175	≥365	≥22		≤162	≤80	≤175
2Cr25N		≥275	≥510	≥20		≤201	≤95	≤210
0Cr12		≥196	≥365	≥22		≤183	≤88	≤200

一、铁素体钢的焊接性

1. 普通铁素体不锈钢的焊接特点

普通铁素体不锈钢焊接的主要问题有冷裂倾向和焊接接头的脆化。

(1) 冷裂倾向 焊接 $w(\mathrm{Cr})>16\%$的铁素体不锈钢时，近缝区晶粒急剧长大而引起脆化，同时常温韧性较低，如果接头刚性较大时，则很容易在接头上产生冷裂纹。在使用铬钢焊接材料时，为了防止过热脆化和产生裂纹，常采用低温预热以使接头处于富韧性状态下进行焊接。

（2）焊接接头的脆化　这类钢的晶粒在900℃以上极易粗化，加热至475℃附近或自高温缓冷至475℃附近，在550～820℃温度区间停留（形成δ相）均使接头的塑性、韧性降低而脆化。

接头上一旦出现晶粒粗化就难以消除，因热处理无法细化铁素体晶粒。因此，焊接时尽量采取小的热输入和较快的冷却速度，多层焊时严格控制层间温度，避免过热。若已在接头上产生δ相和475℃脆化，可通过热处理方法消除。

2. 高纯铁素体不锈钢的焊接特点

高纯铁素体不锈钢比普通铁素体不锈钢容易焊接，因为前者$w(C)<0.015\%$，$w(C+N)$又很低，比后者具有良好的抗裂性能和耐蚀性能，并且不存在室温脆性问题。但要注意以下几点。

（1）防止焊缝金属被污染　在焊接过程中必须防止带入C、N、O等杂质。最好采用带背面保护的TIG焊或双层气流保护焊，并用高纯度氩气，以获得高纯焊缝金属。有条件时宜采用尾气保护，对多层焊尤其需要。

（2）正确选择焊接材料　最好选用含有Ti、Nb稳定化元素的高纯铁素体不锈钢焊接材料，以防止多层多道焊时产生敏化以及焊缝金属吸收焊接气氛中的C和N后造成晶间腐蚀。

（3）控制焊缝中Ni、Cu和Mo的含量　退火状态的高纯铁素体不锈钢在含Cl^-介质中一般不产生应力腐蚀，但是当钢或焊缝金属中Ni、Cu和Mo含量超过临界值，会出现应力腐蚀倾向。

高纯铁素体不锈钢也存在475℃脆性，且与杂质（C、N、O等）含量无关，故焊接时，也应采取小焊接热输入、窄焊道并控制层间温度等措施。

3. 铁素体耐热钢的焊接特点

铁素体耐热钢大部分是$w(Cr)>17\%$的高铬钢及部分Cr13型钢。这类钢焊接时不发生$\alpha\rightarrow\gamma$相变，无硬化倾向，但在熔合线附近的晶粒会急剧长大使焊接接头脆化。含铬量越高，在高温停留时间越长，则脆化越严重，且不能通过热处理使其晶粒细化，在焊接刚性结构时容易引起裂纹。在焊接缓冷时，这类钢易出现475℃脆性和σ相析出脆化而使焊接接头韧性恶化。

改善铁素体耐热钢焊接性的最新方法是提高钢的纯度，并加入Nb和Ti元素来控制间隙元素(C、N)的有害作用。这种钢焊后即使不进行热处理仍可获得塑性和韧性良好的焊接接头。

二、铁素体钢的焊接工艺

1. 焊接方法

铁素体不锈钢通常采用焊条电弧焊、TIG焊和MIG焊。普通铁素体钢有时也用埋弧焊，对耐蚀性和韧性要求高的高纯铁素体钢不推荐埋弧焊，以防止过热和碳、氮的污染。

同质铁素体型焊缝优点是焊缝颜色与母材相同，线胀系数和耐蚀性大体相似，但其抗裂性能不高。在要求具有高抗裂性能，而且不能进行预热和焊后热处理的情况下，可采用异质的奥氏体型焊缝(即用奥氏体钢焊条焊接)。但要注意：焊接材料应是低碳的；焊后不可退火处理，因铁素体钢退火温度(780～850℃)正好在奥氏体钢敏化温度区间，易引起晶间腐蚀和脆化；奥氏体钢焊缝的颜色和性能与母材有一些差别。

铁素体耐热钢对过热十分敏感，因此，宜采用焊条电弧焊和TIG焊等焊接热输入较低的焊接方法。也可用MIG和埋弧焊，但由于热输入较大，不推荐使用。电渣焊和气焊因引起晶粒粗大，不宜采用。

铁素体耐热钢焊接可以采用同质焊缝，也可采用异质焊缝。前者的化学成分与母材相近，后者主要是采用奥氏体钢焊接材料，往往用在不允许进行预热或后热处理的场合。对于要求耐高温腐蚀和抗氧化的焊接接头，应优先选用同质焊接材料。表8-23为铁素体不锈钢与耐热钢焊接材料的选用。

表 8-23　铁素体不锈钢与耐热钢焊接材料的选用

钢　号	焊条电弧焊焊条		气体保护焊		埋　弧　焊	
	型号	牌号	气体	焊丝	焊丝	焊剂
0Cr13	E410-16 E410-15	G202 G207 G217	Ar	H0Cr14		
	E309-16 E309-15 E310-16 E310-15	A302 A307 A402 A407		H0Cr21Ni10 H0Cr18Ti12Mo2		
1Cr17 0Cr17Ti 1Cr17Ti 1Cr17Mo2Ti	E430-15 E430-16	G302 G307	Ar	H1Cr17		
	E308-15 E309-15 E316-15	A107 A307 A207		H0Cr21Ni10 H0Cr18Ni12Mo2		
1Cr25Ti	E308-15 E316-15	A107 A207	Ar	H0Cr24Ni13 H0Cr26Ni21		
1Cr28	E310-15	A407	Ar	H0Cr26		
0Cr11Ti 0Cr13Al	E410-16 E410-15	G202 G207 G217	Ar	E410NiMo ER430		
1Cr17 Cr17Ti	E430-16 E430-15	G302 G307	Ar	H1Cr17 ER630	H1Cr17 H0Cr21Ni10 H1Cr24Ni13 H0Cr26Ni21	SJ601 SJ608 HJ172 HJ151
Cr17Mo2Ti	E430-15 E309-16	G307 A302	Ar	H0Cr19Ni11Mo3		
Cr25	E308-15 E316-15 E310-16 E310-15	A107 A207 A402 A407		ER26-1 H1Cr25Ni13	H0Cr26Ni21 H1Cr24Ni13	SJ601 SJ608 SJ701 HJ172 HJ151
Cr25Ti	E309Mo-16	A317				
Cr28	E310-16 E310-15	A402 A407				

2. 焊接热输入

由于铁素体不锈钢在焊接过程中具有强烈的晶粒长大倾向和易于析出有害的中间相，因此应尽量采用小的热输入和窄焊道进行焊接，并采取适当措施，提高焊缝的冷却速度以控制接头的过热。

铁素体耐热钢焊接的突出问题是接头脆化，其原因之一是过热区晶粒长大，长大程度取决于接头所达到的最高温度及其停留时间。为了避免在高温下长时间停留而导致粗晶和σ相析出脆化，应采用尽可能低的热输入焊接。

3. 预热与焊后热处理

普通铁素体不锈钢有冷裂倾向，其脆性转变温度常在室温以上，韧性低，为了防止冷裂纹，焊前预热是必要的。但这种钢对过热敏感，预热温度不能高，只能低温预热，最好控制在150℃以下，层间温度也应控制在相应水平，否则晶粒长大并可能产生475℃脆性。

采用同质焊接材料焊接后应进行热处理。Cr13型不锈钢焊前不必预热，Cr17型不锈钢预热70～150℃，焊后进行700～760℃水淬。高铬铁素体不锈钢不需要焊前预热和焊后热处理。热处理温度应低于使晶粒粗化或形成奥氏体的亚临界温度。必须避免在370～570℃之间缓冷，以免产生475℃脆性。

已产生475℃脆性和σ相脆化的焊接接头，可短时加热到600℃以上空冷消除475℃脆性；加热到930～980℃急冷消除σ相脆化。

采用奥氏体钢焊接材料时，不必预热和焊后热处理。

焊接铁素体耐热钢时，近缝区的晶粒急剧长大而脆化，而且高铬铁素体室温的韧性就很低，很容易在接头上产生裂纹。因此，在采用同质焊接材料焊接刚性较大的焊件时，应进行预热。但预热温度不宜过高，取既能防止过热脆化，又能防止裂纹的最佳预热温度。一般在150～230℃之间较合适。母材含铬量高、板厚或拘束应力大，预热温度应适当提高。

铁素体耐热钢多用于要求耐蚀性的焊接结构，为了使其接头组织均匀，提高塑性、韧性和耐蚀性，焊后一般需热处理。热处理应在750～850℃进行，热处理中应快速通过370～540℃区间，以防止475℃脆化，对于σ相脆化倾向大的钢种，应避免在550～820℃长期加热。

焊后焊接接头一旦出现了脆化，采取短时加热到600℃后空冷，可以消除475℃脆性；加热到930～950℃后急冷，可以消除σ相脆性。

用奥氏体焊接材料焊接时，可不预热和热处理。为了提高塑性，对Cr25Ti、Cr28和Cr28Ti焊后也可以进行热处理。

4. 铁素体耐热钢焊接工艺要点

铁素体耐热钢焊接过程既怕“热”又怕“冷”，为此必须用较低的预热温度；多层焊时要控制好层间温度，待前道焊缝冷却到预热温度后再焊下一道焊缝；焊条电弧焊时，应用小直径焊条，直线运条并短弧焊接，焊接电流宜小，焊接速度应快些。这些措施都是为了缩短焊缝及热影响区在高温停留的时间、减小过热，以防止产生脆化和裂纹以及提高耐蚀性能。

铁素体耐热钢室温韧性较低，焊接接头经受不起严重撞击，因此必须注意吊运和储存。

第四节 马氏体不锈钢和耐热钢的焊接

前面讲过的奥氏体钢和铁素体钢，都不能获得较高的硬度，其使用范围受到一定限制，对于既要求耐蚀又要求耐磨的场合，马氏体钢则更为合适。

一、马氏体钢简介

马氏体不锈钢的含铬量一般在12%～18%范围内，当铬超过15%时，常需加入一定量的镍或适当提高含碳量以平衡组织。

这类钢加热到高温时组织为奥氏体，冷却到室温时，转变为马氏体，故可以热处理强化。一般是在淬火-回火(调质)状态下使用。

马氏体不锈钢有下列类型。

(1) 普通 Cr13 钢　如 1Cr13、2Cr13、3Cr13 和 4Cr13 等为最常用钢种。这类钢经高温加热后空冷即可淬硬，淬火后的强度、硬度随含碳量增加而提高，但耐蚀性及塑、韧性却随之降低。前两种钢主要用于在中温腐蚀介质中工作并要求中等强度的结构件，后两种钢主要用于要求高强度、高耐磨性及具有一定耐蚀性要求的零件。

(2) 热强马氏体钢　是以 Cr12 为基经过复杂合金化的马氏体钢，如 2Cr12WMoV、2Cr12MoV、2Cr12Ni3MoV 等。同样，高温加热后空冷也可淬硬。这类钢不仅中温瞬时强度高，而且中温持久性能及蠕变性能也相当优越，耐应力腐蚀及冷热疲劳性能良好。很适于制作在 500～600℃以下及湿热条件下工作的承力件、复杂的模锻件及焊接件。这类钢在添加 Mo、W、V 的同时，常再将碳提高一些，因此其淬硬倾向更大，一般均经调质处理。

(3) 超低碳复相马氏体钢　这是一种新型马氏体高强钢。其特点是含碳量降到 0.05%以下，并添加镍[$w(\mathrm{Ni})=4\%\sim7\%$]，此外还可加入少量 Mo、Ti 或 Si 等。经淬火及超微细复相组织回火处理，可获得高强度和高韧性。也可在淬火状态下使用，因低碳马氏体组织并无硬脆性。这类钢适用于筒体、压力容器及低温制件等。

(4)马氏体耐热钢　大致可分为两类：一类是简单 Cr13 型的马氏体钢，如 1Cr13、2Cr13 等；另一类是以 Cr12 型为基的多元合金强化的马氏体钢，如 Cr12Ni2W2MoV、Cr12WMoNiB 等。前者一般用于耐腐蚀和要求一定强度的零部件，如汽轮机叶片等；后者主要用作热强钢，如火电厂的主蒸汽管道等。两者的共同特点是高温加热后空冷具有很大的淬硬倾向，一般经调质处理后才能充分发挥这类钢的性能特点。马氏体耐热钢虽然单独为一类，但可以发现普通 Cr13 马氏体不锈钢和热强马氏体不锈钢同时也是耐热钢。

表 8-24 列出了部分马氏体钢的化学成分，表 8-25 列出了部分马氏体钢的力学性能。

表 8-24 部分马氏体钢的化学成分

牌号	化学成分(质量分数)/%								
	C	Si	Mn	P	S	Ni	Cr	Mo	其他
1Cr12	≤0.15	≤0.50	≤1.00	≤0.035	≤0.030	②	11.50～13.00	—	—
1Cr13	≤0.15	≤1.00	≤1.00	≤0.035	≤0.030	②	11.50～13.50	—	—
0Cr13	≤0.08	≤1.00	≤1.00	≤0.035	≤0.030	②	11.50～13.50	—	—
Y1Cr13	≤0.15	≤1.00	≤1.25	≤0.060	≥0.15	②	12.00～14.00	①	—
1Cr13Mo	0.08～0.18	≤0.60	≤1.00	≤0.035	≤0.030	②	11.50～14.00	0.30～0.60	—
2Cr13	0.16～0.25	≤1.00	≤1.00	≤0.035	≤0.030	②	12.00～14.00	—	—
3Cr13	0.26～0.35	≤1.00	≤1.00	≤0.035	≤0.030	②	12.00～14.00	—	—
Y3Cr13	0.26～0.40	≤1.00	≤1.25	≤0.060	≥0.15	②	12.00～14.00	①	—
3Cr13Mo	0.28～0.35	≤0.80	≤1.00	≤0.035	≤0.030	②	12.00～14.00	0.50～1.00	—
4Cr13	0.36～0.45	≤0.60	≤0.80	≤0.035	≤0.030	②	12.00～14.00	—	—
1Cr17Ni2	0.11～0.17	≤0.80	≤0.80	≤0.035	≤0.030	1.50～2.50	16.00～18.00	—	—
7Cr17	0.60～0.75	≤1.00	≤1.00	≤0.035	≤0.030	②	16.00～18.00	③	—
8Cr17	0.75～0.95	≤1.00	≤1.00	≤0.035	≤0.030	②	16.00～18.00	③	—

续表

牌号	化学成分(质量分数)/%							
	C	Si	Mn	P	S	Ni	Cr	Mo	其他
9Cr18	0.90～1.00	≤0.80	≤0.80	≤0.035	≤0.030	②	17.00～19.00	③	—
11Cr17	0.95～1.20	≤1.00	≤1.00	≤0.035	≤0.030	②	16.00～18.00	③	—
Y11Cr17	0.95～1.20	≤1.00	≤1.25	≤0.060	≥0.15	②	16.00～18.00	③	—
9Cr18Mo	0.95～1.10	≤0.80	≤0.80	≤0.035	≤0.030	②	16.00～18.00	0.40～0.70	—
9Cr18MoV	0.85～0.95	≤0.80	≤0.80	≤0.035	≤0.030	②	17.00～19.00	1.00～1.30	V 0.07～0.12
1Cr12Mo	0.10～0.15	≤0.50	0.30～0.50	≤0.035	≤0.030	0.3～0.6	11.5～13.0	0.30～0.60	—
1Cr12WMoV	0.12～0.10	≤0.50	0.50～0.90	≤0.035	≤0.030	0.4～0.8	11.0～13.0	0.50～0.70	W 0.70～1.10 V 0.18～0.30
2Cr12NiMoWV	0.20～0.25	≤0.50	0.50～1.00	≤0.030	≤0.030	0.5～1.0	11.0～13.0	0.75～1.25	W 0.75～1.25 V 0.20～0.40
1Cr11MoV	0.11～0.18	≤0.50	≤0.60	≤0.035	≤0.030	≤0.6	10.0～11.5	0.50～0.70	V 0.25～0.40
1Cr11Ni2W2MoV	0.10～0.16	≤0.60	≤0.60	≤0.035	≤0.030	1.4～1.8	10.5～12.0	0.35～0.50	W 1.5～2.0 V 0.18～0.30

① 必要时，可添加表以外的合金元素。

② 允许含有小于或等于0.60%的镍。

③ 可加入小于或等于0.75%的钼。

表 8-25　部分马氏体钢的力学性能

牌　号	退火后的硬度/HBS	经淬火-回火后力学性能						
		拉伸试验				冲击功	硬度试验	
		$\sigma_{0.2}$/MPa	σ_b/MPa	δ_5/%	ψ/%	A_k/J	HBS	HRC
1Cr12	≤200	≥390	≥590	≥25	≥55	≥118	≥170	
1Cr13	≤200	≥345	≥540	≥25	≥55	≥78	≥159	
0Cr13	≤183	≥345	≥490	≥24	≥60			
Y1Cr13	≤200	≥345	≥540	≥25	≥55	≥78	≥159	
1Cr13Mo	≤200	≥490	≥680	≥20	≥60	≥78	≥192	
2Cr13	≤223	≥440	≥635	≥20	≥50	≥63	≥192	
3Cr13	≤235	≥540	≥735	≥12	≥40	≥24	≥217	
Y3Cr13	≤235	≥540	≥735	≥12	≥40	≥24	≥217	
3Cr13Mo	≤207							≥50
4Cr13	≤201							≥50
1Cr17Ni2	≤285		≥1080	≥10		≥39		
7Cr17	≤255							≥54
8Cr17	≤255							≥56
9Cr18	≤255							≥55
11Cr17	≤269							≥58
Y11Cr17	≤269							≥58
9Cr18Mo	≤269							≥55
9Cr18MoV	≤269							≥55
1Cr12Mo		≥550	≥680	≥18	≥60	≥78	217～248	
1Cr12WMoV		≥585	≥735	≥15	≥45	≥47		
2Cr12NiMoWV		≥735	≥885	≥10	≥25		≤341	
1Cr11MoV		≥490	≥685	≥16	≥55	≥47		
1Cr11Ni2W2MoV		≥735	≥885	≥15	≥55	≥71	269～321	

二、马氏体钢的焊接性

(1) 马氏体不锈钢的焊接性　马氏体不锈钢焊接的主要问题是冷裂纹。无论马氏体不锈钢以何种状态供货，焊后接头总会形成淬硬的马氏体组织。当焊接接头刚度大或含氢量高时，在焊接应力作用下，特别当从高温直接冷至120～100℃以下时，很容易产生冷裂纹。含碳量越高，焊缝及热影响区硬度就越高，对冷裂纹就越敏感。

防止淬硬造成冷裂纹的最有效方法是预热和控制层间温度。为了获得最佳的使用性能和防止延迟裂纹，焊后要求热处理。

(2) 铁素体的影响　含碳量较高的马氏体不锈钢如2Cr13、3Cr13等，经加热冷却后都可以形成完全马氏体组织。但是，对含奥氏体形成元素碳或镍较少或者含铁素体形成元素铬、钼、钨或钒较多的马氏体钢，如1Cr13、1Cr17Ni2等，其铁素体稳定性偏高，加热到高温后铁素体不能全部转变为奥氏体，淬火后除了得到马氏体外，还要产生一部分铁素体。在粗大铸态焊缝组织及过热区中的铁素体，往往分布在粗大的马氏体晶间(即原奥氏体晶界上)，严重时可呈网状分布。这使接头对冷裂更加敏感，高温力学性能恶化。

含铁素体形成元素较高的马氏体不锈钢具有较大的晶粒长大倾向。如果焊接时过热或冷却速度小时近缝区会出现粗大的铁素体和晶界碳化物，降低焊接接头塑性。

(3) 马氏体耐热钢的焊接性　马氏体耐热钢焊接性差，与马氏体不锈钢一样，主要问题是焊接冷裂倾向很大，焊接热影响区存在软化带，此外还有回火脆性问题。

马氏体耐热钢在空冷条件下即能淬硬，这类钢的导热性差，焊后残余应力较大，若有氢作用很容易产生冷裂纹。此外，对含有Mo、W、V等元素的Cr12型耐热钢还有较大的晶粒粗化倾向，焊后接头产生粗大马氏体组织，使接头塑性下降。

在调质状态下焊接时，将在热影响区上A_{c1}温度附近出现软化带，使接头高温强度下降。焊前原始组织的硬度越高，软化程度越严重，焊后若在较高温度下回火，则软化程度更加严重，使接头持久强度降低而发生过早断裂。

马氏体钢如Cr13在550℃附近有回火脆性，因此在焊接和热处理过程中都需注意。若钢中含有Mo、W合金元素，可以降低回火脆性。

三、马氏体钢的焊接工艺

1. 焊接方法

（1）马氏体不锈钢的焊接

① 焊条电弧焊　该焊接方法是最为常用的方法。一般采用与母材同质的低氢型焊条，焊条在焊前需经350～400℃温度烘干。这类焊缝焊后一定要进行热处理，如果焊后不能进行热处理，则可选用铬镍奥氏体焊条。此时，相当于异种钢焊接，需要合理选择焊条的奥氏体钢类型，并严格控制母材对焊缝的稀释。这种焊缝抗裂性能好。

② 氩弧焊　TIG焊焊接质量较好，常用于薄板焊接或多层焊的封底焊，电源为直流正接。由于裂纹倾向小，薄板焊接可不预热，厚板可经120～200℃预热。一般选用与母材成分和组织相近的焊丝，以保证与母材匹配。

③ CO_2焊　其接头含氢量低，冷裂倾向比焊条电弧焊小，可用较低的预热温度焊接，可用实心焊丝（如H1Cr13）或药芯焊丝（如PK-YB102、PK-YB107等）。

④ 埋弧焊　马氏体不锈钢导热性差，易过热，在热影响区产生粗大组织，故不常用埋弧焊。与焊条电弧焊焊条选用原则相同，选用同质或异质焊缝的焊接材料。均采用碱性焊剂如SJ601和HJ151等。

（2）马氏体耐热钢的焊接　焊接马氏体耐热钢时，由于钢的冷裂倾向大，对氢致延迟裂纹非常敏感，因此必须严格保持在低氢甚至超低氢条件下焊接，同时还应保持较低的冷却速度。对于拘束度较大的接头，最好采用无氢源的TIG焊和MIG焊。

焊缝的化学成分应力求和母材成分相接近，最好焊缝中没有铁素体存在。对于 Cr13 型钢，必须严格控制 C、S、P 和 Si 的含量，以降低热裂和冷裂敏感性。焊缝中加入少量 Ti、N 和 Al 则有利于细化晶粒。对于以 Cr12 型为基的多元合金强化的马氏体耐热钢，铁素体化元素（如 Mo、W、V、No 等）较多，为了保证焊缝全部为均一的马氏体组织，必须加入适量的奥氏体化元素（如 C、Ni、Mn 和 N 等）进行平衡。但要注意，增加 C 和 Mn 会使马氏体开始转变温度（M_s）明显降低，对防止冷裂纹不利，故其含量需控制在最佳范围内。

表 8-26 为部分马氏体钢焊条电弧焊和 TIG 焊焊接材料的选用。

表 8-26　部分马氏体钢焊条电弧焊和 TIG 焊焊接材料的选用

钢号	焊条		气体保护焊		埋弧焊	
	型号	牌号	焊丝	气体	焊丝	焊剂
1Cr13 2Cr13	E410-15	G207 G217	H0Cr14 H1Cr13	Ar		
	E309-16、E309-15 E310-16、E310-15	A302、A307 A402、A407	H0Cr21Ni10 H0Cr18Ni	Ar		
1Cr17Ni2 2Cr13Ni2	E430-16 E430-15	G302 G307	H0Cr14 H1Cr3	Ar		
	E308-16、E308-15 E309-16、E309-15 E310-16、E310-15	A107 A302、A307 A402、A407	H0Cr21Ni10 H0Cr18Ni	Ar		
1Cr12Mo 1Cr13	E410-16 E410-15 E309-16、E309-15 E310-16、E310-15	G202 G207、G217 A302、A307 A402、A407	H1Cr13 H0Cr14	Ar	H1Cr13 H1Cr14 H0Cr21Ni10 H1Cr24Ni13 H0Cr26Ni21	SJ601 HJ151

续表

钢号	焊条		气体保护焊		埋弧焊	
	型号	牌号	焊丝	气体	焊丝	焊剂
2Cr13	E410-15 E308-15 E316-15	G207 A107 A207	H1Cr13 H0Cr14	Ar		
1Cr11MoV	E-11MoVNi-15 E-11MoVNi-16 E-11MoVNiW-15	R807 R802 R817				
1Cr12MoWV 1Cr12NiWMoV	E-11MoVNiW-15 E-11MoVNiW-16	R817 R827	HCr12WMoV	Ar	HCr12WMoV	HJ350

2. 预热、层间温度与焊后热处理

焊接马氏体不锈钢和耐热钢，尤其在使用与母材同质的焊接材料时，为防止冷裂纹，焊前需预热，预热温度通常为 300～400℃。焊后及时进行热处理，热处理工艺为：将工件加热至 700～800℃保温一段时间，然后在空气中冷却下来。对于某些多元合金的马氏体不锈钢，既不允许焊后尚处高温时立即回火，也不允许冷却至室温再回火，而应冷却到 150～200℃保温 2h，使奥氏体大部分转变成马氏体，然后及时地进行高温回火热处理。焊件的预热温度要考虑含碳量和工件厚度，含碳量越高，焊件厚度越大，预热温度也越高，但不要高于 M_s 点。多层焊时层间温度应保证不低于预热温度，以防止在熔敷后续焊缝前就发生冷裂纹。

异质焊缝的焊前预热和层间温度通常为 200～300℃，焊后不能进行热处理。

马氏体耐热钢冷裂倾向大，焊前预热和保持层间温度是防止其产生裂纹的有效措施。预热温度应根据钢的含碳量、接头厚度和拘束度以及焊接方法来确定。通常是在保证不裂的情况下预热温度尽可能降低。表 8-27 列出了几种马氏体不锈钢和耐热钢焊前预热和焊后热处理温度。

表 8-27 几种马氏体不锈钢和耐热钢焊前预热和焊后热处理温度

钢号	焊缝类型	预热温度/℃		焊后热处理	备注
		焊条电弧焊	TIG焊		
1Cr13 2Cr13	同质焊缝	300～350	300～350	700～750℃，空冷	耐蚀、耐热
	奥氏体焊缝	200～300	200～300		高塑、韧性
1Cr17Ni2 2Cr13Ni2	同质焊缝	300～350	300～350	700～750℃，空冷	耐蚀、耐热
	奥氏体焊缝	200～300	200～300		高塑、韧性
1Cr12Mo 1Cr13	同质焊缝	250～350	150～250	680～730℃，回火	高温强度好、耐蚀
	奥氏体焊缝	150～200或不预热			防裂
2Cr13	同质焊缝	300～400	200～300	680～730℃，回火	耐高温、耐蚀、抗蠕变
	奥氏体焊缝	150～200	150～200		防裂
1Cr11MoV	同质焊缝	250～400	200～250	716～760℃，回火	耐高温、耐蚀、抗蠕变
	奥氏体焊缝	150～200	150～200		防裂
1Cr12MoWV 1Cr12NiWMoV	同质焊缝	350～400	200～250	730～780℃，回火	耐高温、耐蚀、抗蠕变
	奥氏体焊缝	150～200	150～200		防裂

为了降低马氏体耐热钢焊缝金属和热影响区的硬度，改善韧性或提高强度，同时消除焊接残余应力，焊后应进行热处理。马氏体耐热钢一般是在调质状态下焊接，所以焊后只需回火处理，回火温度不得高于母材调质的回火温度。但得注意，焊后不能立即进行回火处理，而是焊后缓冷到100～150℃，保温0.5～2h，随后立即回火。这是因为在焊接过程中奥氏体可能尚未完全转变，如果焊后立即回火，会沿奥氏体晶界沉淀碳化物，并发生奥氏体向珠光体转变，这样的组织很脆。但又不能等到完全冷却到室温后再进行回火，因为这样可能产生延迟裂纹。

如果使用奥氏体钢焊接材料时，预热温度可降至150～200℃或不预热，焊后也不热处理。

第五节 珠光体耐热钢的焊接

珠光体耐热钢中所加的合金元素主要是铬、钼、钒，其总质量分数一般为5%～7%。其合金体系是Cr-Mo系、Cr-Mo-V系、Cr-Mo-W-V系、Cr-Mo-W-V-B系和Cr-Mo-V-Ti-B系等。

珠光体耐热钢通常是退火状态或正火+回火供货。w(Me)<2.5%时，钢的组织为珠光体+铁素体；w(Me)>3%时，为贝氏体+铁素体(即贝氏体耐热钢)。这类钢在500～600℃具有良好的耐热性，工艺性能好，又比较经济，是动力、石油和化工部门用在高温条件下的主要结构材料。但这类钢长期高温运行会出现碳化物球化及碳化物聚集长大等现象。

表8-28列出了常用珠光体耐热钢的化学成分，表8-29列出了常用珠光体耐热钢室温力学性能。

表8-28 常用珠光体耐热钢的化学成分 %

钢号	C	Mn	Si	Cr	Mo	V	W	其他
12CrMo	0.08～0.15	0.40～0.70	0.17～0.37	0.40～0.70	0.40～0.55			
15CrMo	0.12～0.18	0.40～0.70	0.17～0.37	0.80～1.10	0.40～0.55			
12Cr1MoV	0.08～0.15	0.40～0.70	0.17～0.37	0.90～1.20	0.25～0.35	0.15～0.30		
12Cr2MoWVTiB	0.08～0.15	0.45～0.65	0.45～0.75	1.60～2.10	0.50～0.65	0.28～0.42	0.30～0.55	Ti 0.08～0.18 B≤0.008
12Cr3MoVSiTiB	0.09～0.15	0.50～0.80	0.60～0.90	2.50～3.00	1.00～1.20	0.25～0.35		Ti 0.22～0.38 B 0.005～0.011

表 8-29 常用珠光体耐热钢室温力学性能

钢 号	热处理状态	σ_s/MPa	σ_b/MPa	δ_5/%	a_k/J·cm^{-2}
12CrMo	900～930℃正火 680～730℃回火（缓冷到300℃空冷）	≥265	≥410	≥24	≥135
15CrMo	900℃正火 650℃回火	≥295	≥440	≥22	≥118
10Cr2Mo1	940～960℃正火 730～750℃回火	≥265	440～590	≥20	≥78.5
12Cr1MoV	1000～1020℃正火 740℃回火	≥245	≥490	≥22	≥59
15Cr1Mo1V	1020～1050℃正火 730～760℃回火	≥345	540～685	≥18	≥49
12Cr2MoWVTiB	1000～1035℃正火 760～780℃回火	≥342	≥540	≥18	
12Cr3MoVSiTiB	1040～1090℃正火 720～770℃回火	≥440	≥625	≥18	

一、珠光体耐热钢的焊接性

珠光体耐热钢焊接的主要问题是冷裂纹、再热裂纹和回火脆性。

1. 冷裂纹

珠光体耐热钢中的主要合金元素铬和钼都能显著提高钢的淬硬性，钼的作用比铬大50倍，它们和碳共同作用，使钢的临界冷却速度降低，奥氏体稳定性增大，冷却到较低温度时才发生马氏体转变，产生淬硬组织，使接头变脆。合金元素和碳的含量越高，淬硬倾向就越大。当焊接拘束度大、冷却速度快的厚板结构时，若又有氢的有害作用，就会导致冷裂纹。

降低含碳量可以降低钢的淬硬性，使冷裂敏感性减小，但又会引起钢的蠕变强度急剧降低，这对于使用温度范围较高的中合金铬-钼耐热钢尤为不利。为了兼顾焊接性和高温力学性能，通常中合金铬-钼钢碳的质量分数控制在0.10%～0.20%范围内。而低合金铬-钼钢含碳量可以更低些。

2. 再热裂纹(消除应力裂纹)

珠光体耐热钢属于再热裂纹敏感的钢种，这与钢中的合金元素铬(Cr)、钼(Mo)、钒(V)有关。其敏感温度区间为500～700℃，在焊后热处理或长期高温工作中，热影响区熔合线附近的粗晶区内有时会产生这种裂纹。

3. 回火脆性

某些珠光体耐热钢焊接接头长期在371～593℃范围内工作，会发生脆化并导致焊接构件破坏，这与钢中的磷(P)、锑(Sb)、锡(Sn)、砷(As)等杂质和合金元素含量有关。一般认为，由于这些杂质在晶界上偏聚，而降低晶界的断裂强度。铬-钼钢中铬促进这些杂质的偏聚，而自身也发生偏聚。$w(Cr)=2\%\sim3\%$的钢其焊缝具有最大脆化倾向。防止脆化的主要措施是控制钢中锰(Mn)、硅(Si)元素和杂质的含量。

二、珠光体耐热钢的焊接工艺

1. 焊接方法

珠光体耐热钢焊接生产中实际应用的焊接方法有焊条电弧焊、埋弧自动焊、熔化极气体保护焊、电渣焊、气体保护焊、电阻焊和感应加热压焊等。

埋弧自动焊的熔敷速度快，质量稳定，最适用于焊接大型的铬-钼耐热钢焊接结构(如厚壁压力容器的对接纵缝和环缝的焊接)。焊条电弧焊机动灵活，能进行全位置焊，故在耐热钢管道焊接中应用极广泛。但焊条电弧焊要保证绝对低氢较困难，对冷裂倾向大的铬-钼耐热钢，其焊接难度较大，很难保证不出现裂纹。表8-30列出了珠光体耐热钢焊条电弧焊材料与工艺，表8-31列出了珠光体耐热钢埋弧自动焊材料与工艺。

表 8-30 珠光体耐热钢焊条电弧焊材料与工艺

钢号	焊条电弧焊		预热温度/℃	焊后热处理/℃
	型号	牌号		
16Mo	R102	E5003-Al	可不预热	不需热处理
12CrMo ZG20CrMo	R202 R207 R307	E5503-B1 E5515-B1 E5515-B2	150～250 200～300	630～710 回火
15CrMo ZG15CrMo	R307 A507	E5515-B2 E16-25MoN-15	150～250 150～300	630～710 回火
12Cr2Mo1 ZG15Cr2Mo1	R407	E6015-B3	200～350	680～750 回火
12CrMoV 12Cr1MoV ZG20CrMoV	R317 A507	E5515-B2-V E16-25MoN-15	200～300 250～350	700～740 回火
15Cr1Mo1V ZG15Cr1Mo1V	R327 R337 A507	E5515-B2-VW E5515-B2-VNb E16-25MoN-15	300～400	710～740 回火
12Cr2MoWVTiB	R347	E5515-B3-VWB	250～350	750～780 回火
12Cr3MoVSiTiB	R417 R407VNb	E5515-B3-VNb E6015-B3	300～350	750～780 回火

表 8-31 珠光体耐热钢埋弧自动焊材料与工艺

钢 号	埋弧焊		预热温度/℃	焊后热处理/℃
	焊丝	焊剂		
16Mo	H08MnMoA	HJ350	可不预热	不需热处理
12CrMo ZG20CrMo	H10MoCrA	HJ350 HJ250	150～250 200～300	630～710 回火
15CrMo ZG15CrMo	H08CrMoA H12CrMo	HJ350 HJ260 HJ250	150～250 150～300	630～710 回火
12Cr2Mo1 ZG15Cr2Mo1	H08Cr2Mo1 H08Cr3MoMnSi	HJ350 HJ260 HJ250	200～350	680～750 回火
12CrMoV 12Cr1MoV ZG20CrMoV	H08CrMoVA	HJ350 HJ250	200～300 250～350	700～740 回火

气体保护焊中，钨极氩弧焊的焊接气氛具有超低氢的特点，用于焊接耐热钢可降低预热温度，但钨极氩弧焊熔敷率低，故一般用于焊接不加填充金属的铬-钼钢薄板，或只能进行单面施焊的场合。例如，厚壁管道的焊接，利用钨极氩弧焊焊缝背面成形好的特点，进行单面焊背面成形的打底焊，其余填充焊道由焊条电弧焊或自动弧焊来完成。对于 $w(Cr)>3\%$ 的耐热钢管用钨极氩弧焊采用单面焊背面成形工艺时，焊缝背面应同时通入氩气保护，以改善焊缝成形。

熔化极气体保护焊，采用 CO_2 或 CO_2+Ar 混合气体保护，也是一种低氢焊接方法，已逐渐取代焊条电弧焊和埋弧焊。平焊时采用熔敷率高的射流过渡，全位置焊时可采用脉冲射流过渡或短路过渡，适于耐热钢厚壁大直径管道自动焊。表 8-32 列出了珠光体耐热钢气体保护焊材料与工艺。

表 8-32　珠光体耐热钢气体保护焊材料与工艺

钢　号	气体保护焊		预热温度/℃	焊后热处理/℃
	气体	焊丝		
16Mo	CO_2 或 Ar+20%CO_2 或 Ar+(1～5)% O_2	H08MnSiMo	可不预热	不需热处理
12CrMo ZG20CrMo		H08CrMnSiMo H08Mn2SiCrMo	150～250 200～300	630～710 回火
15CrMo ZG15CrMo		ER55-B2 ER55-B2L	150～250 150～300	630～710 回火
12Cr2Mo1 ZG15Cr2Mo1		H08Cr2Mo1A H08Cr3MoMnSi H08Cr2MolMnSi	200～350	680～750 回火
12CrMoV 12Cr1MoV ZG20CrMoV		H08Mn2SiCrMoVA H08CrMoVA ER55-B2-MnV	200～300 250～350	700～740 回火
12Cr2MoWVTiB		H08Cr2MoWVNbB ER62-B3、ER62-B3L	250～350	750～780 回火

耐热钢厚壁压力容器直缝宜用电渣焊，因为焊接熔敷率高，焊接时产生大量热对熔池上面的母材有预热作用，尤其对淬硬倾向大的耐热钢更为合适。由于电渣焊冷却速度缓慢，有利于焊缝金属中扩散氢逸出，可省去大厚度耐热钢电弧焊时所必需的后热处理。但电渣焊的焊缝金属和热影响区晶粒十分粗大，对于重要焊接结构焊后必须经正火处理，以细化晶粒，提高其韧性。

2. 焊接热输入

从避免热影响区金属的淬硬、减慢焊后冷却速度、防止冷裂纹产生角度，适当增大焊接热输入是有利的。但是，过大的焊接热输入，会增加焊接应力和变形，热影响区过热程度大，晶粒粗化，晶界的结合能力降低，产生再热裂纹的可能性增加，而且接头韧性也下降。综合考虑，珠光体耐热钢宜用较小的焊接热输入焊接为好。焊接时应采用多道焊和窄焊道，不摆动或小幅度摆动电弧。

3. 焊前预热和焊后热处理

预热是防止珠光体耐热钢焊接冷裂纹和再热裂纹的有效措施之一。预热温度应根据钢的合金成分、接头的拘束度和焊缝金属内含氢量来确定。研究表明，对于铬-钼耐热钢预热温度并非越高越好。

珠光体耐热钢需焊后热处理，不仅是为了消除焊接残余应力，更重要的是为了改善接头组织，提高其综合力学性能，包括提高接头的高温蠕变强度和组织的稳定性，降低焊缝及热影响区的硬度等。在拟定焊后热处理工艺时应考虑以下问题。

① 对于含合金成分较低、厚度较薄的珠光体耐热钢焊件，如果焊前经预热，焊时采用低碳低氢的焊接材料，焊后可不必热处理。

② 焊后热处理尽量避免在回火脆性及再热裂纹敏感的温度范围内进行，应规定在危险温度范围内较快的加热速度。

③ 大型焊件整体在炉中热处理有困难时，可进行局部热处理，但必须保证预热区宽度大于焊件壁厚的 4 倍，且至少不能小

于150mm。

产品的最佳预热温度和焊后热处理温度，最好是根据产品材料的性质及其供应状态、结构的特点及产品运行条件对接头性能的要求，并通过焊接工艺评定试验后来确定。几种珠光体耐热钢焊接预热(层间)温度和焊后立即回火处理温度分别列于表8-30～表8-32中。电渣焊或气焊焊接接头可采用正火＋回火处理。

4. 工艺要点

珠光体耐热钢有较强冷裂纹倾向，对氢含量要严格控制在最低程度。焊前对焊接材料应按有关规定烘干；焊丝表面不允许有油和锈存在；焊接坡口两侧50mm范围内清除油、水、锈等污物；定位焊和正式焊一样都应预热；正式焊接时，应连续施焊，保证层间温度与预热温度接近，如中途中断焊接，应有保温缓冷措施；再焊接前应清扫、检查、重新预热；对刚性大的焊件应进行后热，即在200～350℃保温0.5～2h后再进行焊后热处理。如果预热和后热联合运用，可降低预热(层间)温度。

第六节　铁素体-奥氏体不锈钢的焊接

一、双相不锈钢的成分与性能

铁素体-奥氏体不锈钢是由铁素体(体积分数约占40%～60%)和奥氏体(体积分数约占60%～40%)两相组成的双相不锈钢。它兼备了奥氏体钢和铁素体钢的优点，故具有强度高、耐蚀性好和易于焊接的特点。

钢中$w(Cr)=17\%\sim30\%$，$w(Ni)=3\%\sim7\%$，此外还有Mo、Cu、Ni、Ti等元素。含碳量较低，有时还加入强奥氏体形成元素N。表8-33列出了这类钢的化学成分和力学性能。

这类钢焊接的主要特点是：与纯奥氏体不锈钢比具有较低的热裂倾向，与纯铁素体不锈钢比焊后具有较低的脆化倾向，而且焊接热影响区铁素体粗化程度也较低，故焊接性较好。

表 8-33 双相不锈钢的化学成分和力学性能

牌号		0Cr26Ni5Mo2	1Cr18Ni11Si4AlTi	00Cr18Ni5Mo3Si2
化学成分（质量分数）/%	C	≤0.08	0.10～0.18	≤0.030
	Si	≤1.00	3.40～4.00	1.30～2.00
	Mn	≤1.50	≤0.08	1.00～2.00
	P	≤0.035	≤0.035	≤0.035
	S	≤0.030	≤0.030	≤0.030
	Ni	3.00～6.00	10.00～12.00	4.50～5.50
	Cr	23.00～28.00	17.50～19.50	18.00～19.50
	Mo	1.00～3.00		2.50～3.00
	其他		Al 0.10～0.30 Ti 0.40～0.70	
热处理		固溶 950～1100℃，快冷	固溶 930～1050℃，快冷	固溶 920～1150℃，快冷
拉伸试验	$\sigma_{0.2}$/MPa	390	440	390
	σ_b/MPa	590	715	590
	δ_5/%	18	25	20
	ψ/%	40	40	40
冲击吸收功 A_k/J			63	
硬度试验	HBS	277		
	HRB	29		30
	HV	292		300

但是，双相不锈钢的相比例不仅与成分有关，而且与加热温度也有关。在焊接热循环作用下会发生明显的相比例变化，当加热温度足够高时，就会发生 $\gamma \rightarrow \alpha$ 的转变，使铁素体增多，而奥氏体减少，甚至可能完全变成纯铁素体组织，从而失去双相组织所具有的特性，使接头的力学性能和耐蚀性能下降。为此，必须控制母材和焊接材料的成分和焊接工艺参数，使接头能形成足够数量的 γ 相，以保证接头所需的力学性能和耐蚀性能。

二、双相不锈钢的焊接工艺

由于这类钢焊接性能良好，焊时可不预热和后热。薄板宜用TIG焊，中厚板可用焊条电弧焊。焊条电弧焊时宜选用成分与母材相近的专用焊条或含碳量低的奥氏体焊条。对于Cr25型双相钢也可选用镍基合金焊条。表8-34为部分双相不锈钢焊接材料的选例。

表8-34　部分双相不锈钢焊接材料的选例

钢　号	焊　条		氩弧焊焊丝	埋　弧　焊	
	型号	牌号		焊丝	焊剂
00Cr18Ni5Mo3Si2 00Cr18Ni5Mo3Si2Nb	E316L-16 E309MoL-16 E309-16	A022Si A042 A302	H00Cr18Ni14Mo2 H00Cr20Ni12Mo3Nb H00Cr25Ni13Mo3	H1Cr24Ni13	HJ260 HJ172 SJ601
0Cr21Ni5Ti 1Cr21Ni5Ti 0Cr21Ni6Mo2Ti 00Cr22Ni5Mo3N	E308-16 E309MoL-16	A102 A042 或成分相近的专用焊条	H0Cr20Ni10Ti H00Cr18Ni14Mo2		
00Cr25Ni5Ti 00Cr26Ni7Mo2Ti 00Cr25Ni5Mo3N	E309L-16 E308L-16 ENi-0 ENiCrMo-0 ENiCrFe-3	A072 A062 A002 Ni112 Ni307 Ni307A	H0Cr26Ni21 H00Cr21Ni10或 同母材成分焊丝 或镍基焊丝		

双相钢中因有较大比例的铁素体存在，而铁素体钢所固有的脆化倾向，如475℃脆性、δ相析出脆化和晶粗粗化依然存在，只因有奥氏体的平衡作用而获得一定缓解，焊接时仍需注意。对无Ni或低Ni双相不锈钢焊接时，在热影响区有单相铁素体及晶粒粗化倾向，这时应注意控制焊接热输入，尽量用小电流、高焊速、窄焊道和多道焊，以防止热影响区晶粒粗化和单相铁素体化。层间温度不宜太高，最好冷后再焊下一层。

第九章　铸铁的焊接

铸铁与钢相比虽然强度较低，塑性较差，但却具有良好的耐磨性、吸振性、铸造性和可切削性等优点，又因制造设备简单，生产成本低，所以常用于制造机器的箱体、壳体、机身、机座等大型机件。某些受冲击不大的重要零件，如小型柴油机曲轴等多用球墨铸铁来制造。

但是，铸铁的焊接性差，限制了它在焊接结构中的应用。目前焊接在铸铁中主要应用是对铸铁件的焊补与修复，很少用于生产组合件的场合。

铸铁生产车间生产出有缺陷的铸铁件，对于小件一般都回炉重铸，大型铸件应考虑通过焊补使之成为合格品，从而可以减少因报废所造成的经济损失。在使用过程中发生断裂或磨损已无法继续使用的铸件，当没有备件，不能及时得到替换的情况下，为了减少停机损失，可采取焊接方法进行修复。

第一节　灰铸铁的焊接

一、灰铸铁的基本特性

常用灰铸铁化学成分为：$w(C)=2.6\%\sim3.6\%$，$w(Si)=1.2\%\sim3.0\%$，$w(Mn)=0.4\%\sim1.2\%$，$w(P)\leqslant0.3\%$，$w(S)\leqslant0.15\%$。灰铸铁中的碳有80%以上以片状石墨形式存在，除石墨外的基体为铁素体、珠光体或铁素体+珠光体。

灰铸铁的抗拉强度低，脆性大，伸长率几乎为零。具有优良的铸造性、机械加工性，高的耐磨性和减振性。上述这些性能与基体组织及石墨的数量和形态特征密切相关。

灰铸铁的牌号由代号和抗拉强度两部分组成。以“灰铁”的汉语拼音第一个大写字母“HT”作代号，代号后面紧接一组数字表示它的抗拉强度值。例如：

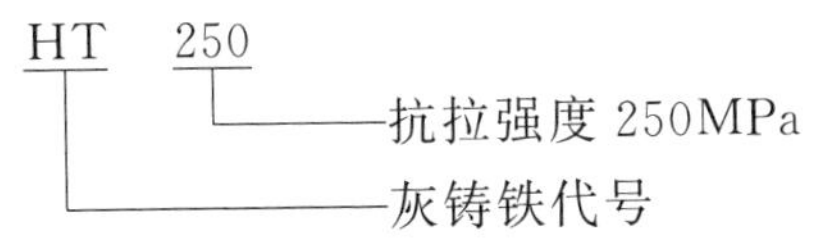

常用灰铸铁有 HT100、HT150、HT200、HT250、HT300、HT350 等。

二、灰铸铁的焊接性

灰铸铁中碳和硫、磷等杂质含量高，抗拉强度低，脆性大，几乎没有塑性变形能力等，决定了它的焊接性能差。主要问题是焊接接头易出现白口和淬硬组织以及易产生裂纹。

1. 焊接接头的白口组织

焊接灰铸铁时，既可能在焊缝金属上，也可能在热影响区上产生白口组织，这取决于焊接时所用的焊接材料和焊后冷却速度。

(1) 焊缝的白口组织　当采用铸铁型的焊接材料时，因焊缝与母材同质（同为灰铸铁），如果焊接熔池冷却很快，或碳、硅等石墨化元素含量较低，则 Fe_3C 来不及分解析出石墨，便以渗碳体形态存在，即产生白口组织；当采用非铸铁型的焊接材料（如钢、镍、镍铁、镍铜等）时，使焊缝与母材不同质，焊缝上就不会出现白口组织。

(2) 熔合区的白口组织　母材为灰铸铁，碳以片状石墨存在。焊接时靠近焊缝的熔合区，温度为 1150～1250℃，石墨全部溶解于奥氏体。焊缝冷却时，奥氏体中的碳往往来不及析出石墨，以 Fe_3C 的形态存在而成为白口组织。冷却得越快，在熔合区处就越容易产生白口组织。

当焊缝与母材同质时，如果冷却速度快，则焊缝与熔合区一样，都会产生白口组织。当焊缝与母材异质时，如果冷却速度仍然很快，则熔合区就会产生白口组织，只是随着所用焊接材料的不同或焊接工艺不同，白口组织出现的程度有所差别。目前采用纯镍焊条对铸铁冷焊时，可以使熔合区的白口组织减到最少。

白口组织既硬又脆，其硬度在500～800HBS之间，若焊缝或熔合区出现白口组织，一是极容易引发裂纹，二是会给机械加工带来困难。

防止焊接铸铁时接头出现白口组织的途径主要如下。首先，减小焊接过程中和焊后的冷却速度。焊前预热，焊时保温和焊后缓冷是减少和避免白口组织的有效措施。对同质焊缝，预热至400～700℃一般可以避免焊缝和熔合区产生白口组织。采用异质焊缝时，通常是冷焊（即在室温下，不预热焊件的熔焊工艺），要完全避免熔合区白口组织比较困难。如果能低温预热和焊后保温缓冷，也能减少白口组织的产生。其次，利用石墨化元素，促使渗碳体分解出石墨，以减少甚至消除白口组织。同时也要限制白口化元素的含量。当采用铸铁型焊接材料时，在焊接材料中加入强烈促进石墨化的元素如硅、碳，使其在焊缝中的含量高于母材就可以减少或避免白口组织产生；当采用非铸铁型焊接材料时，焊缝金属不能产生白口组织，只在熔合区上产生，产生的程度与所用焊接材料有关。如果采用含镍或含铜的焊接材料，则利用镍、铜促进石墨化的作用，可以减少熔合区的白口组织。

2. 淬硬组织

当采用低碳钢或某些合金钢焊条冷焊铸铁时，焊缝为非铸铁焊缝，由于母材的熔入，使焊缝金属中含碳量增加，在快速冷却下焊缝金属就会产生高碳马氏体组织，其硬度很高（500HBS左右），也和白口组织一样，易引发裂纹并给切削加工带来困难。

在电弧冷焊条件下，热影响区中的半熔化区（温度范围为1150～1250℃）及奥氏体区（温度范围为820～1150℃）内，由于快速冷却就会产生脆硬的渗碳体和马氏体组织，这些组织是引发裂纹的主要原因。

防止或减少淬硬组织的途径，一是降低冷却速度，这一点与防止白口组织是一致的，二是在采用钢质焊接材料时，尽量避免母材熔化过多而恶化焊缝。

3. 焊接裂纹

铸铁焊接时很容易产生裂纹。裂纹的类型主要是冷裂纹，其次是热裂纹。

（1）冷裂纹　焊接铸铁时产生这种裂纹温度一般在400℃以下，多发生于焊缝和热影响区上。

① 产生冷裂纹的主要原因

a. 焊件上受到不均匀的加热和冷却，产生热应力和收缩应力，焊件上温差越大，这些应力也越大；加之灰铸铁强度低，塑性几乎为零，无塑性变形能力，则易产生裂纹。

b. 焊接接头上产生了白口组织和淬硬组织，这些组织比灰铸铁还硬还脆，尤其白口组织，不能塑性变形，这是产生裂纹的另一原因。

② 焊缝上的冷裂纹　主要决定于焊缝金属的性质。

a. 铸铁型（同质）焊缝　是否产生冷裂纹取决于焊缝的组织。当焊缝中有白口铸铁时容易开裂，因白口铸铁的收缩率（约2.3%）大于母材（灰铸铁）的收缩率（约1.26%），焊后产生较大的收缩应力，白口铸铁无法承受大的收缩应力。焊缝中渗碳体量越多，越容易产生裂纹。当焊缝的基体为铁素体或珠光体，而且石墨化过程进行得较充分时，焊缝就不易产生裂纹。因为石墨化过程伴随着体积膨胀，可以松弛部分收缩应力。这时导致开裂的原因主要是石墨的形态及其分布，粗而长的片状石墨比细而短的片状石墨容易开裂，如果焊缝中的石墨呈团絮状或球状，则具有较好的抗裂性能。

b. 非铸铁型（异质）焊缝　是否产生冷裂纹取决于焊缝金属的塑性和焊接工艺的合理配合。当焊缝为奥氏体、铁素体或镍基、铜基的焊缝时，由于具有较好的塑性而不易产生冷裂纹。当采用低碳钢或其他合金钢焊条进行铸铁电弧冷焊时，第一层焊缝因母材

（灰铸铁）的熔入而变成高碳钢，快速冷却时就会产生淬硬组织高碳马氏体，容易产生冷裂纹。

③ 热影响区上的冷裂纹　在电弧冷焊灰铸铁时，热影响区上容易产生冷裂纹。裂纹多为纵向分布，且常出现在半熔化区与奥氏体区交界处，沿界面开裂，严重时会造成整个焊缝金属剥离下来。

焊缝为碳钢时，半熔合区为白口组织，奥氏体区为石墨化不完全的半白口组织或马氏体组织。焊缝的收缩率约为2.17%，半熔化区约为2.3%，奥氏体区约为1.1%，冷却过程中收缩率不同的三个部分之间，必然产生很大的剪切应力，当超过材料的抗剪强度时，就会沿界面开裂，严重时就发生整个焊缝剥离。

除上述情况易引起焊接冷裂纹外，焊缝较长、焊补体积或面积过大，以及焊补部位刚性过强，都有可能引起冷裂纹。有时局部预热造成铸件温差过高也能造成过大热应力而产生裂纹。

（2）热裂纹　铸铁的焊接热裂纹主要出现在焊缝上。铸铁型焊缝对热裂纹不敏感，因为焊缝高温时石墨析出，使体积增加，有助于减小焊接应力。在非铸铁型焊缝中，如果用碳钢焊条，则焊缝极易产生热裂纹，用镍基焊条焊灰铸铁，也有一定热裂倾向。

用低碳钢焊条焊接灰铸铁的第一层焊缝最容易发生热裂纹，因为作为母材的灰铸铁其碳、硫和磷含量高，熔入第一层焊缝的量较多，使钢质焊缝平均含碳、硫和磷量增加，而碳、硫和磷是碳钢发生结晶裂纹的有害元素。所以第一层焊缝产生热裂纹概率最大。

用镍基焊条焊接灰铸铁时，也因母材熔入焊缝使硫、磷有害元素增加，易生成低熔共晶物，如Ni-Ni_3S_5的共晶温度为644℃，Ni-Ni_3P的共晶温度为880℃，故镍基焊缝也有热裂倾向。

防止焊缝金属产生热裂纹的途径是从冶金处理和焊接工艺两方面采取措施。在冶金方面，通过调整焊缝化学成分，使其脆性温度区间缩小；加入稀土元素，增强脱硫、去磷能力以减少晶间低熔物质，使晶粒细化等。在工艺方面要正确制定冷焊操作工艺使焊接应力降低，使母材熔入焊缝中的比例（即熔合比）尽可能小等。

三、灰铸铁的焊接工艺

铸铁属难焊的金属材料，实践表明，除了应正确选择焊接方法及其所用的焊接材料外，还需要有一套与之相适应的焊接工艺措施配合，焊补才能取得成功。焊补灰铸铁的常用方法有电弧焊和气焊，此外还有钎焊。电弧焊中以焊条电弧焊应用最多，气体保护焊用得较少。

铸铁焊接产生裂纹是因铸铁强度低、塑性差，并受焊接应力作用。因此，防止焊接裂纹主要是从减小或消除焊接应力着手。焊条电弧焊焊补铸铁有冷焊法、热焊法、半热焊法和不预热焊法。气焊有热焊法、加热减应区法和不预热焊法等。合理地运用这些焊接方法都能取得好效果。

1. 选择焊接方法和焊接材料时应考虑的因素

表 9-1 列出了常用焊接方法焊补铸铁的工艺要点。选择这些焊接方法时，应考虑下列因素。

（1）待焊件的材质和结构特点　需考虑待焊铸件的化学成分、组织及其力学性能，铸件形状、大小、壁厚及其复杂程度等。

（2）待焊件的缺陷情况　应了解缺陷的类型（如裂纹、气孔、砂眼、冲溃、错位等），缺陷的大小，所在部位，产生原因等。使用过程中产生的问题（如断裂和磨损等），需了解其损坏部位、断口情况和损坏程度等。

（3）对焊后质量要求　主要需了解对接头的强度、硬度、切削加工性能的要求和对焊缝颜色与密封性等的要求，这些要求不仅决定选用什么焊接方法，也决定选用什么样的焊接材料。

（4）现场条件与经济性　现场条件包括现有焊接设备、焊接材料的来源情况。对大型焊件需考虑起重和翻身设备条件，预热、保温和缓冷等所需的设备条件等。

综合上述因素后，在保证焊接质量要求前提下，选择最简便易行、成本低的焊接工艺方法。

表 9-1　常用焊接方法焊补铸铁的工艺要点

焊接方法	工 艺 要 点
焊条电弧冷焊	较小的焊接电流和较快的焊速，不作横向摆动（窄焊道），多层焊，尽量不在母材引弧，少熔化母材，短焊道（10～50mm）断续焊，层间冷却到 60～70℃（预热焊时冷却到预热温度）后，再继续焊，焊后及时充分锤击焊缝金属，一般不预热
焊条电弧半热焊	较大的焊接电流，慢焊速，中等弧长，连续焊，一般预热 400℃左右并在焊后保温缓冷
焊条电弧热焊	预热 500～650℃并保持工件温度在焊接过程中不低于 400℃，焊后 600～650℃保温退火消除应力，连续焊，熔池温度过高时稍停顿
铸铁芯焊条不预热焊条电弧焊	坡口面积应不小于 $8cm^2$，深度应不小于 7mm，周围用造型材料围筑起凸台，较大的焊接电流，长电弧连续焊，熔池温度过高时稍停顿，焊缝应高出焊件表面 5～8mm，以提供熔合区缓冷的条件
预热气焊	预热 600～680℃，并保持工件温度在焊接过程中不低于 400℃，焊后 600～650℃保温退火消除应力，较大的火焰功率连续焊
加热减应区气焊	正确选定减应区，并用气焊火焰加热至 600～700℃，用较大功率的气焊炬开坡口（或事先用机械法开坡口）同时保持减应区温度，缺陷处焊补后与减应区一起冷却，减小焊接热应力
不预热气焊	开坡口用较大功率的焊炬，连续施焊
钎焊	采用气焊火焰或其他热源加热工件并进行钎焊，缺陷处事先用机械法开适当的坡口，并预热清除油污
气电立焊	与焊条电弧焊冷焊相同，焊道长度可适当大些

选择铸铁焊接材料的主要依据是对焊缝质量的要求和所用的焊接方法。当要求焊缝与母材（灰铸铁）同质时，如果用焊条电弧焊，则选用 Z208 或 Z248 等铸铁型焊条；若用气焊则选用 RZC 型焊丝。当对焊缝无同质要求时，如果是焊条电弧焊，则选择能获得良好塑性的非铸铁型焊条，如 Z308、Z408 等镍基或 Z116 钢基焊条。

表 9-2 列出了以机床类机械铸铁件缺陷焊补为例根据焊补部位及要求，推荐采用的焊接工艺方法及相应的焊接材料。

表 9-2 机床类机械铸件焊补工艺方法和焊接材料的选用建议

<table>
<tr><th colspan="3" rowspan="2">焊补部位及要求</th><th colspan="2">焊接方法</th></tr>
<tr><th>推荐</th><th>可能出现的问题和可用的焊接方法</th></tr>
<tr><td rowspan="9">加工面</td><td rowspan="2">导轨面（滑动摩擦）</td><td>铸造毛坯（有加工余量）</td><td>铸铁芯焊条电弧热焊
铸铁焊丝气焊热焊
手工电渣焊（用于特厚大件）</td><td>铸铁芯焊条不预热电弧焊，刚度大的部位可能裂
EZNiCu、EZNi 或 EZNiFe 焊条冷焊或稍加预热</td></tr>
<tr><td>已加工（加工余量较小）</td><td>EZNiCu、EZNi 或 EZNiFe 焊条冷焊或稍加预热</td><td>铸铁芯焊条不预热电弧焊，刚度大的部位可能裂</td></tr>
<tr><td rowspan="4">固定结合面</td><td rowspan="3">铸造毛坯</td><td>铸铁芯焊条电弧热焊
铸铁焊丝气焊热焊</td><td>EZNiCu、EZNi 或 EZNiFe 焊条冷焊或稍加预热</td></tr>
<tr><td>铸铁芯焊条不预热电弧焊</td><td>刚度大的部位可能裂</td></tr>
<tr><td>手工电渣焊（用于特厚大件）</td><td></td></tr>
<tr><td>已加工</td><td>EZNiCu、EZNi 或 EZNiFe 焊条冷焊或稍加预热</td><td>铸铁芯焊条不预热电弧焊，刚度大的部位可能裂，也可采用黄铜钎焊</td></tr>
<tr><td rowspan="3">要求密封（耐水压）部位</td><td rowspan="2">铸造毛坯</td><td>铸铁芯焊条电弧热焊
铸铁焊丝气焊热焊</td><td>EZNiFe 或 EZNi 焊条冷焊</td></tr>
<tr><td>铸铁芯焊条不预热电弧焊</td><td>刚度大的部位可能裂</td></tr>
<tr><td>已加工</td><td>EZNiFe 或 EZNi 焊条冷焊或稍加预热（要求耐压不高时可用 EZNiCu 焊条）</td><td>铸铁芯焊条不预热电弧焊，刚度大的部位可能裂，也可采用黄铜钎焊</td></tr>
<tr><td rowspan="2">非加工面</td><td colspan="2">要求密封（耐水压部位）或要求与母材等强度</td><td>EZFeCu、EZNiCu 或自制奥氏体铁铜焊条冷焊（要求耐压不高时）
EZNiFe、EZNi 或 EZr 焊条冷焊或稍加预热（要求耐较高压力时）</td><td>铸铁芯焊条电弧热焊
铸铁焊丝气焊热焊
铸铁芯焊条不预热电弧焊，刚度大的部位可能裂，也可采用黄铜钎焊</td></tr>
<tr><td colspan="2">无密封及强度要求</td><td>EZFeCu 或自制奥氏体铁铜焊条冷焊，低碳钢焊条（E5015、E5016、E4303 等）冷焊</td><td>其他任何铸铁焊接方法</td></tr>
</table>

2. 电弧热焊灰铸铁的操作要领

(1) 特点与适用范围　此法的基本特点是焊前整体或较大范围局部预热至600～700℃，焊时也维持此高温，焊后需缓冷。优点是可避免接头产生白口及淬硬组织，有很好的切削加工性能，因焊缝与母材温差小，降低了热应力，防止了裂纹的产生。用的是铸铁型焊接材料，使焊缝的组织、性能和颜色与母材接近。最大缺点是劳动条件恶劣，生产率低，成本高。在下列情况下，宜选用热焊法。

① 焊补区不在铸件边角部位，而在中间刚性较大部位，焊接过程中不能自由地热胀冷缩。

② 长期在高温、腐蚀条件下工作的铸件，内部已有些变质，如汽缸排气孔、排气管和锅炉片等。

③ 铸件材质较差，组织疏松粗糙，若用电弧冷焊，熔敷金属难与母材熔合。

④ 铸件厚度较大，若不预热则热量不足，难以施焊或焊速太慢。

⑤ 对焊接区有颜色、密封性要求和能承受动载荷等重要的零部件。

(2) 焊接操作过程

① 焊条选用　目前常用的有两种焊条：一种是铸铁芯石墨化型焊条(如 Z248)；另一种是钢芯石墨化型焊条(如 Z208)。铸铁芯石墨化型焊条的焊芯直径较粗，一般为6～12mm，可用较大电流焊接，故适用于较厚大的铸件且有较大缺陷的焊补。

② 焊前准备　主要工作是清理缺陷、开坡口和造型。铲除缺陷直至露出金属，并去除油污；用扁铲或砂轮等开坡口，坡口要有足够的角度，上口稍大，底面应圆滑过渡，不得有尖角，如图9-1所示。对较大的或边角的缺陷需在缺陷周围造型，如图9-2所示。造型材料可用耐火砖、铸造型砂＋水玻璃、石墨块等。若在铸件上表面造型，也可用黄泥围筑。用型砂或黄泥造型，焊前应烘干。

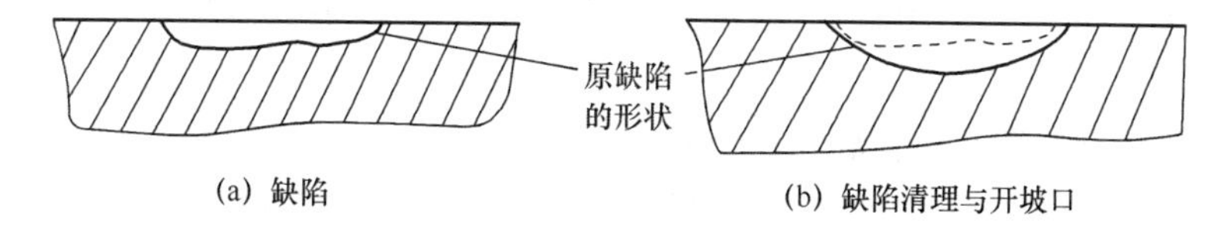

图 9-1 缺陷的清理与开坡口

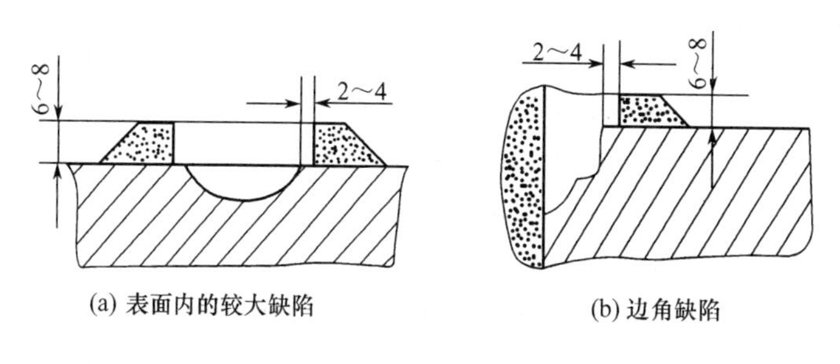

图 9-2 焊口的造型

③ 预热 根据铸件的体积、壁厚、结构复杂程度、缺陷位置、焊补处的刚度及预热设备来决定是整体预热还是局部预热。当焊补处刚度大、壁厚、结构较复杂，采用局部预热会引起很大热应力，必须采取整体预热。当缺陷较小，又位于边角、棱处，预热过程铸件可自由膨胀的，就可以局部预热。

预热时，加热速度应控制不宜过快。要使铸件壁厚温差尽可能小，以减小热应力，防止在加热过程中产生裂纹。

④ 焊接操作

a. 焊条直径 按焊件壁厚选焊条直径，宜选粗一些。

b. 焊接电流 按直径确定焊接电流，每毫米焊条直径取 40～50A 电流。

c. 弧长 电弧长度比正常稍拉长些，使药皮中的石墨充分熔化。

d. 焊接顺序 从缺陷中心引弧，逐渐移向边缘，小缺陷应连续填满，大缺陷逐层堆焊直至填满。

e. 边缘处理 电弧在缺陷边缘处不宜停留过长时间，以减少母材熔化量和避免造成咬边，熔渣过多时要及时除渣，否则易产生夹渣。

f. 焊接过程中始终保持在预热温度以上，如发现温度过低，要停止焊接，重新加热至预热温度后才能继续进行焊接。

⑤ 焊后处理　焊后应保温缓冷，常用保温材料覆盖。重要铸件最好进行消除应力热处理。处理方法是：焊后立即将工件放在炉中加热至 600～700℃，保温一段时间，然后随炉冷却。

3. 电弧冷焊灰铸铁操作要领

(1) 特点与适用范围　冷焊即焊件不经预热，焊接区保持常温状态。冷焊的劳动条件相对好些，但熔合区白口组织不易避免，需要有一套严格冷焊操作工艺配合，才能避免焊接裂纹。

此焊法适用于：经过机械加工不允许变形和破坏工件表面的铸件；体积很大，预热有困难的铸件；缺陷位于铸件边角处的、对焊缝金属无颜色要求的，或刚度大而缺陷小的铸件的焊补。

(2) 焊前准备

① 清理缺陷　对砂眼、缩孔等缺陷应彻底清除，对裂纹要设法查清走向、分枝及其端点，不能遗漏。在裂纹端点前方约 5mm 处钻止裂孔，以防止裂纹在开坡口时继续扩展。止裂孔孔径为 4～6mm，如图 9-3 所示。

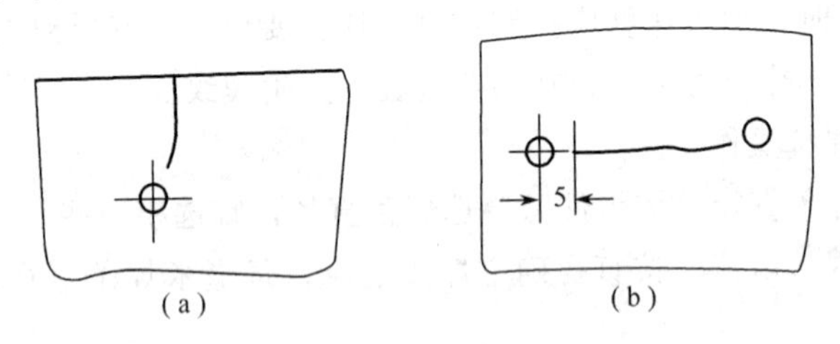

图 9-3　在裂纹两端钻止裂孔

② 坡口准备　常规坡口可用扁铲、砂轮等工具加工成图 9-4 和图 9-5 等的形式。坡口面尽可能平整圆滑，焊前坡口及其附近的油、锈等应清除干净。

(3) 焊接操作　为了减少熔合区的白口组织、消除焊接应力、降低焊缝硬度、防止裂纹或焊缝剥离，需要有一套电弧冷焊操作工艺。操作技巧如下。

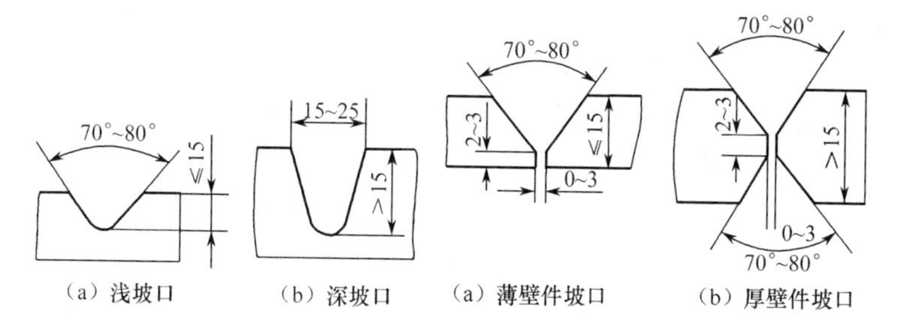

图 9-4 非穿透性缺陷坡口

图 9-5 穿透性缺陷坡口

① 短段、断续、分散焊 即是把焊缝分段施焊，每段焊道要短，不能连续焊接。但可以分散在多处起焊。如图 9-6(a)所示，将焊缝分为五段，可以采用一次焊一小段，焊完一段冷却一会儿再焊下一段的方法；也可以分段退焊，仍按 1→2→3→4→5 的顺序，但焊完一段后，不用等冷却，直接焊下一段。每小段的长度根据不同条件可在 10～15mm 或稍长一些范围内变化。这样做是为了防止焊接区局部过热，保持该区处于较低温度，以减少与整体温度差别，达到减小焊接应力的目的。图 9-6(b)所示的顺序为 1→1′→1″→2→2′→2″…，焊完一遍再焊空下的各段。

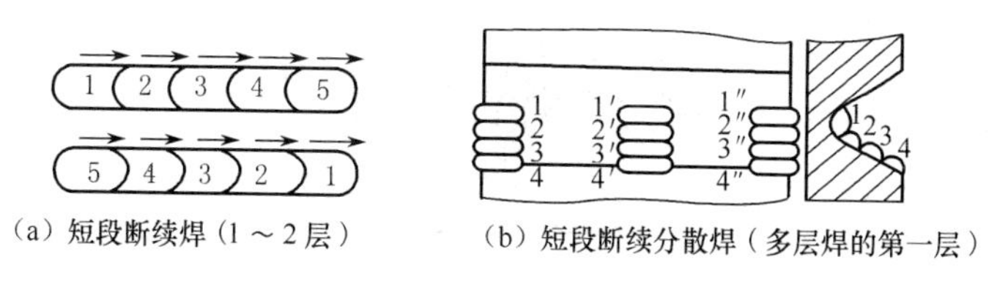

图 9-6 电弧冷焊的操作方法

② 小电流浅熔深 是指采用较小的焊条直径和较小的电流焊接，在保证焊缝与母材良好熔合的前提下，控制有较浅的熔深。一般选 ϕ2.5mm 的焊条，电流 60～90A；ϕ3.2mm 的焊条用 80～120A 电流。当采用分段倒退法施焊时，采用短弧，焊速稍快以缩

短高温停留时间。运条时不作横向摆动，必要时可用挑弧焊法尽量减小熔深，以减少熔入焊缝的碳和硫、磷杂质。薄的熔合区使其中石墨来不及完全溶解而保留下来，白口组织得以减少甚至消除。若用大电流，则熔深增大，使熔合区白口层加厚，给加工带来困难，还可能造成焊缝剥离或焊缝上产生热裂纹(因熔合比大，母材过多熔入而恶化焊缝)。

③ 锤击焊缝　当每一小段焊道焊后立即用带圆角的尖头小手锤锤击焊缝。先从弧坑开始，快速锤遍整条焊道。底部焊缝不便锤击，可用圆刃扁铲轻捻。锤击力不宜大，以焊缝产生塑性变形又不损坏熔合区为限。这样既可减小焊接应力，防止裂纹，又可使焊缝密度增加。手锤约 0.5～1kg，顶端圆角半径 3～6mm。每焊完一小段焊道就立即进行锤击，待冷却到 60℃或室温时再焊下一段。

④ 运用退火焊道　退火焊道是指当焊补加工面的线状缺陷时，如只焊一层，则该焊道底部熔合区较硬，不易机械加工。若将该焊道的上部铲去一些，再焊上一层，就使先焊一层底部受到退火作用而变得软一些，以改善焊补区的切削加工性能。

多层焊时，第一层焊后就可按图 9-7 所示顺序焊接后面各层，这样，第二层焊道对第一层有退火作用，第三层对第二层也有退火作用，同时也减小了焊接应力。

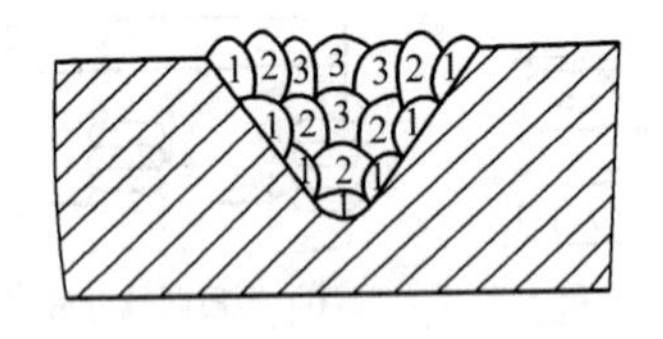

图 9-7　多层焊的焊接顺序

(4) 特殊工艺措施　这里介绍几种灰铸铁电弧冷焊时，为了某种需要而采取的特殊工艺措施。

① 栽丝焊法　当母材材质差(如断口晶粒粗大、强度低等)、焊缝强度高(如用普通碳钢焊条、高钒焊条等焊接时)、缺陷体积大

而焊接层数多，或工件受力大时，可采用图 9-8 所示的栽丝焊法。在母材坡口面上钻孔攻螺纹，拧入钢质螺钉。露出部分的表面将和焊缝金属焊成一体，通过螺钉分担部分焊接应力，防止焊缝剥离和提高焊补强度。还可以设置钢质加强筋于坡口内，如图 9-9 所示，用焊缝在其周围填满坡口，加强筋承受了巨大焊接和工作应力，进一步提高接头的强度和刚度。

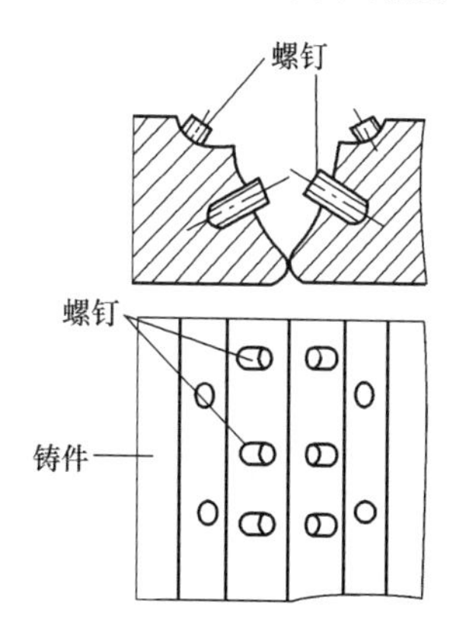

图 9-8　栽丝焊法

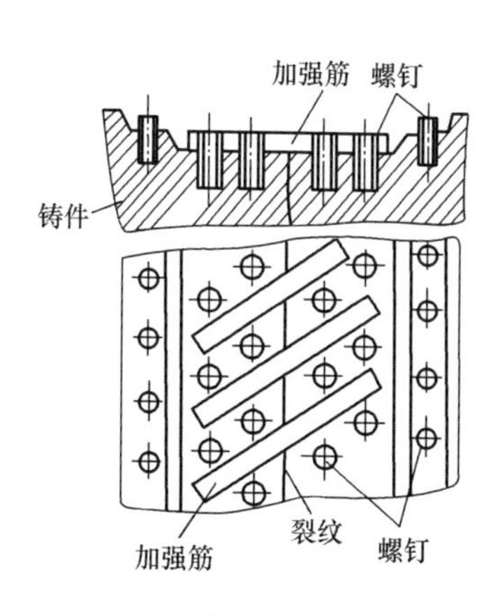

图 9-9　装加强筋的焊法

栽丝焊法的操作要领是，螺钉直径、数量和栽入深度视坡口大小和铸件壁厚而定，厚壁大坡口用 ϕ10mm 左右的螺钉，拧入深度约 20～30mm，间距 30～50mm，露出长度以大于螺钉直径为宜。先绕螺钉焊接，再焊螺钉之间。螺钉根部与母材要焊住，焊补时尽可能控制螺钉少熔化。

② 加垫板焊法　当焊补厚大铸件且坡口较深较大时，在坡口内放入每片厚约 4mm 的低碳钢垫板，如图 9-10 所示。在垫板周边用抗裂性能高且强度性能好的铸铁焊条(如 Z408、Z116 等)将母材与低碳钢垫板焊在一起，在上下垫板之间可焊上塞焊缝。此法大大减少了焊缝金属，因而又进一步减少了焊接应力，有利于防止剥离裂纹，还有利于缩短焊补时间并节省焊条。

③ 组合焊接法　是用两种性能不同的焊条按一定的程序焊补

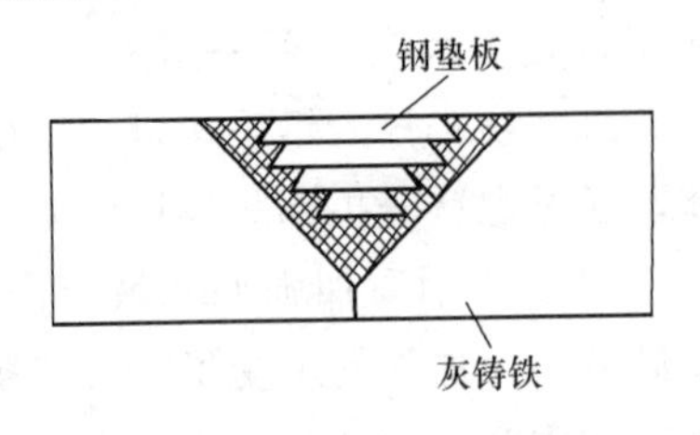

图 9-10　加垫板焊法

同一缺陷的焊接方法。通常第一层(或第一层和第二层)采用加工性和抗裂性较好的镍基焊条焊接，起到过渡层作用。以后各层采用普通低碳钢焊条填满，如图 9-11 所示。此法在焊补较大缺陷时，为了节省贵重焊条而常被采用。

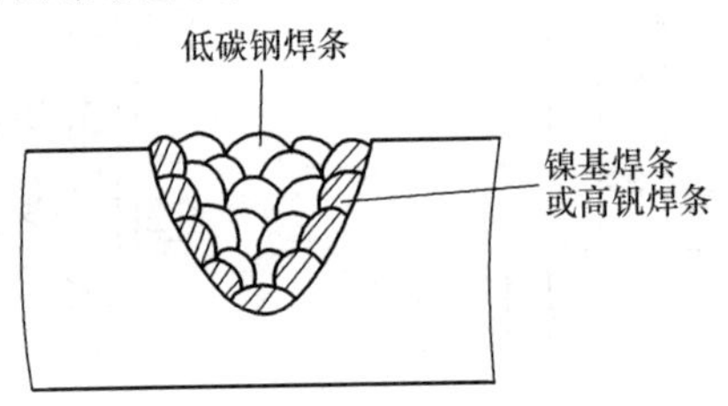

图 9-11　组合焊接法

(5) 加热减应区法补焊灰铸铁操作要领

① 适用范围　主要用于防止焊接接头因横向拘束应力而引起裂纹的铸铁焊补。由于不能减小焊缝纵向应力，因而只能用于较短焊缝的焊接。通常在框架结构或带孔洞的箱体结构上有断裂缺陷可用此法，对整体性强、无孔洞的铸铁件则难以采用。

② 加热方法　一般采用气体火焰加热，用大号焊炬如 H01-20。

③ 加热部位　正确选择加热部位是此法成功的关键，总的原则是选择那些阻碍焊补区热胀和冷缩的部位。当加热该区域时，它的热膨胀应能带动待焊处的缝隙向外张开，热源移去后随着温度下降，又能使该缝隙缩小。如果加热时，待焊处的缝隙不但不张开，或反而闭合，则说明加热部位选错了。

④ 加热程度　此法的实质是让焊接区在整个焊接过程中热胀和冷缩是自由的，以实现减小拘束应力。因此，对减应区加热的面积大小和温度高低应控制在使待焊处缝隙的张开量与焊后该处的收缩量相等或相近。视壁厚不同，加热温度在400～900℃之间。

⑤ 同步冷却　先对减应区加热，使待焊处缝隙张开到所需的扩大量(约1～1.5mm)后，立即快速施焊。待整个缺陷补焊完成，同时撤去减应区的热源，让减应区和焊补区一起冷却下来，若彼此收缩同步，互不拘束，将不产生应力和裂纹。

⑥ 举例　图9-12(a)所示为对带轮轮辐断裂修复，加热减应区选在轮缘上(有影线处)，当两处同时加热时，断裂处将有 ΔL 的张开量，图9-12(b)所示为在轮缘处断裂，加热减应区应选在轮辐上(有影线处)。

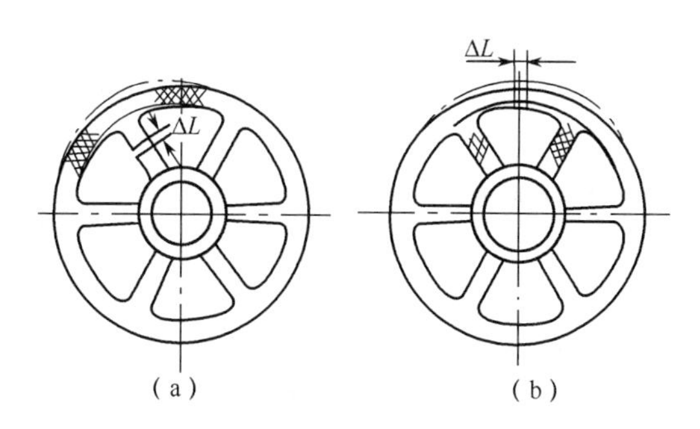

图9-12　带轮轮缘、轮辐断裂的加热减应区法焊接

图9-13所示为变速箱轴承座孔间裂纹焊补时，加热减应区的位置(有影线处)。由于孔间截面较薄，加热和焊接时，其他孔间开裂可能性很大，为了避免孔间产生热应力，焊前将平面上减应区以外的部分全部用湿泥覆盖，防止其升温。

图9-13　变速箱孔间裂纹

四、气焊灰铸铁的工艺要点

气焊灰铸铁的工艺要点见表 9-3。

表 9-3 气焊灰铸铁的工艺要点

步骤	工作内容	具体说明	备 注
1	选择焊丝	焊丝型号有 RZC-1、RZC-2、RZCH、HS401	
	选择熔剂	常用 CJ201，也可使用硼砂或脱水硼砂	
2	焊前准备	① 坡口：厚件需开坡口，其形状和尺寸要求不高，小缺陷可用火焰直接对缺陷进行清理和开坡口 ② 焊炬：需选用功率大的气焊矩，否则难以消除气孔、夹杂，常使用大号焊炬 H01-20 ③ 焊嘴：铸铁壁厚≤20mm 时用 ϕ2mm 的焊嘴，铸铁壁厚>20mm 用 ϕ3mm 的焊嘴	
3	焊接	① 先用火焰加热坡口底部使之熔化形成熔池，将已烧热的焊丝沾上熔剂迅速插入熔池，使焊丝在熔池中熔化而不是以熔滴状滴入熔池 ② 焊丝在熔池中不断往复运动，使熔池内的夹杂物浮起，待熔渣在表面集中，用焊丝端部沾出排除 ③ 若发现熔池底部有白亮夹杂物（SiO_2）或气孔时，应加大火焰，减小焰芯到熔池的距离，以便提高熔池底部温度使之浮起，也可用焊丝迅速插入熔池底部将夹杂物、气孔排出	焊接过程必须使用中性焰或弱碳化焰，火焰始终要覆盖住熔池，以减少碳、硅的烧损，保持熔池温度
4	收尾	焊到最后的焊缝应略高于铸铁件表面，同时将流到焊缝外面的熔渣重熔，待焊缝温度降低至处于半熔化状态时，用冷的焊丝平行于铸件表面迅速将高出部分刮平，这样得到的焊缝没有气孔、夹渣，且外表平整	

第二节 球墨铸铁的焊接工艺

一、球墨铸铁的基本特性

球墨铸铁中，碳以球状石墨形式存在，故称球墨铸铁，常简称球铁。球墨铸铁是在浇注前向铁水中加入球化剂而获得。球墨铸铁因具有较高的强度和韧性，还可通过热处理显著地改善其力学性能，故常用来制造强度较高、形状复杂的铸铁件。

球墨铸铁的牌号中以“球铁”的汉语拼音第一个大写字母“QT”作代号，在其后的第一组数字表示抗拉强度值，第二组数字表示伸长率值，两组数字之间用“-”隔开。例如：

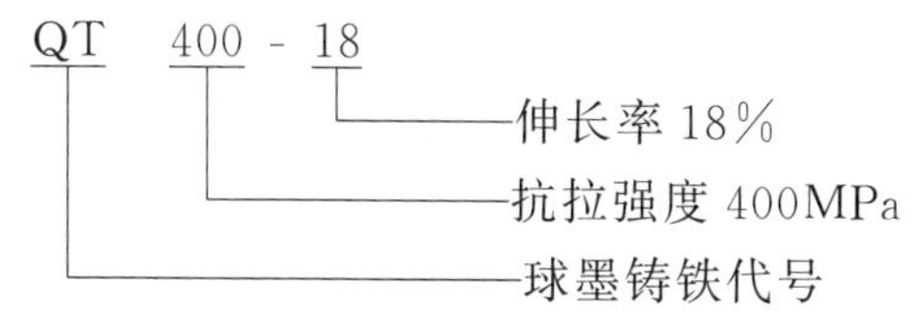

球墨铸铁的常用牌号有 QT400-18、QT400-15、QT450-10、QT500-7、QT600-3、QT700-2、QT800-2、QT900-2 等。

二、球墨铸铁的焊接特点

球墨铸铁是在熔炼过程中加入一定量的镁、铈、钇等球化剂进行球化处理，使石墨以球状存在于基体内，与碳以片状石墨存在的灰铸铁相比，其力学性能明显提高。

球墨铸铁的焊接性有很多与灰铸铁相似，不同之处如下。

① 球墨铸铁的白口化倾向及淬硬倾向比灰铸铁大，因为上述球化剂有阻碍石墨化及提高淬硬临界冷却速度的作用。焊接时，铸铁型焊缝及半熔化区更易形成白口组织，奥氏体区更易出现马氏体组织。

② 由于球墨铸铁的强度、塑性与韧性比灰铸铁高，常用于较为重要的场合，因此相应地对接头的力学性能要求更高。要求焊接

接头与各强度等级的球墨铸铁的母材相匹配，比灰铸铁的焊接更为困难。

三、球墨铸铁的焊接工艺

球墨铸铁焊接工艺和灰铸铁焊接基本相似，焊接方法主要是气焊和焊条电弧焊。焊接材料也分球墨铸铁（同质）型和非球墨铸铁（异质）型两种，后者多用于电弧冷焊。

1. 气焊

气焊加热和冷却过程比较缓慢均匀，球化剂损失少，有利于石墨球化，减少白口和淬硬组织的形成，对减小裂纹倾向有利。此外，气焊火焰预热工件比较方便，适于中小缺陷的焊补，焊补大缺陷时则因生产率低而变得不经济。球墨铸铁的气焊工艺要点见表9-4。

表 9-4 球墨铸铁的气焊工艺要点

步骤	工作内容	具体说明	备注
1	选择焊丝	采用HS402、球墨铸铁焊丝（钇基重稀土球化剂）焊补时，焊缝石墨球化稳定、白口倾向较小，接头性能可满足QT600-3、QT450-10球墨铸铁的要求，也可用RZCQ-1、RZCQ-2焊丝	当采用稀土镁球化剂的球墨铸铁焊丝时，为了防止球化衰退，连续焊补的时间应当缩短
	选择熔剂	常用CJ201，也可使用硼砂或脱水硼砂	
2	焊前准备	① 坡口：厚件需开坡口，其形状和尺寸要求不高，小缺陷可用火焰直接对缺陷进行清理和开坡口 ② 焊炬：需选用功率大的气焊炬，否则难以消除气孔、夹杂，常使用大号焊炬H01-20 ③ 焊嘴：铸铁壁厚≤20mm时用ϕ2mm的焊嘴，铸铁壁厚>20mm用ϕ3mm的焊嘴	
3	焊接	① 中、小型球墨铸铁件采用不预热工艺焊补，应注意焊接操作和焊后保温，厚大铸件缺陷焊补应预热700～800℃	

续表

步骤	工作内容	具体说明	备注
3	焊接	② 先用火焰加热坡口底部使之熔化形成熔池，将已烧热的焊丝沾上熔剂迅速插入熔池，使焊丝在熔池中熔化而不是以熔滴状滴入熔池 ③ 焊丝在熔池中不断往复运动，使熔池内的夹杂物浮起，待熔渣在表面集中，用焊丝端部沾出排除 ④ 若发现熔池底部有白亮夹杂物（SiO_2）或气孔时，应加大火焰，减小焰芯到熔池的距离，以便提高熔池底部温度使之浮起，也可用焊丝迅速插入熔池底部将夹杂物、气孔排出	焊接过程必须使用中性焰或弱碳化焰，火焰始终要覆盖住熔池，以减少碳、硅的烧损，保持熔池温度
4	收尾	焊到最后的焊缝应略高于铸铁件表面，同时将流到焊缝外面的熔渣重熔，待焊缝温度降低至处于半熔化状态时，用冷的焊丝平行于铸件表面迅速将高出部分刮平，这样得到的焊缝没有气孔、夹渣，且外表平整	

2. 球墨铸铁型焊条电弧焊

焊接球墨铸铁用的同质焊条有两类：一类是球墨铸铁芯外涂含球化剂和石墨剂的药皮，通过焊芯和药皮共同向熔池过渡球化剂使焊缝中石墨球化，如 Z258 焊条；另一类是低碳钢芯外涂含球化剂和石墨剂的药皮，通过药皮使焊缝中的石墨球化，如 Z238 焊条。表 9-5 列出了铸铁焊接材料与相适应的焊接方法。

表 9-5　铸铁焊接材料与相适应的焊接方法

类别	牌号	国标型号	焊缝合金类型/%	焊接方法	可加工性	抗裂性及其他特点
纯镍铸铁焊条	Z308	EZNi-1 EZNi-2	镍 85～90 硅 2.5～4.0	电弧冷焊	好	抗裂性好，但焊球墨铸铁易裂
镍铁铸铁焊条	Z408 Z438	EZNiFe-1 EZNiFe-2 EZNiFe-3	镍 45～60，余量铁	电弧冷焊	较好	抗裂性好，适应多种铸铁

续表

类别	牌号	国标型号	焊缝合金类型/%	焊接方法	可加工性	抗裂性及其他特点
镍铁铜铸铁焊条	Z408A	EZNiFeCu	镍45～60铜7，余量铁	电弧冷焊	较好	抗裂性好，适应多种铸铁，焊芯镀铜是提高石墨型药皮保存期的方法之一
镍铜铸铁焊条	Z508	EZNiCu-1 EZNiCu-2	镍60～70，余量铜 镍50～60，余量铜	电弧冷焊	较好	焊缝收缩率大、易裂，但锤击效果显著，可防止开裂
纯铁芯及碳钢铸铁焊条	Z112 Z100	EZFe-1 EZFe-2	碳钢	电弧冷焊	很差	易产生热裂纹及剥离，熔合性好
高钒焊条	Z116 Z117	EZV	钒8～13，余量铁	电弧冷焊	尚可	抗裂性较好，焊缝不产生热裂纹，但含硅高时易脆裂
铜钢焊条	Z607 Z612	—	铜60～80，余量铁	电弧冷焊	勉强	抗裂性好，多层焊易产生气孔
灰铸铁焊条	Z208 Z248	EZC	灰铸铁	半热焊、热焊不预热焊	不预热：较好 半预热、预热：很好	大刚度部位的大缺陷易裂
球墨铸铁焊条	Z258	EZCQ	球墨铸铁	预热焊	—	铸芯、药皮含钇基重稀土球化剂

球墨铸铁型焊条电弧焊焊接工艺要点如下。

① 清理缺陷、开坡口。小缺陷应扩大到 ϕ30～40mm，深 8mm 以上。

② 采用大电流、连续焊工艺。焊接电流按 $I=(30\sim60)d$(A) 选择，d 为焊条直径(mm)。

③ 中等缺陷应连续填满；较大缺陷应采取分段或分区填满再向前推移，保证焊补区有较大的焊接热输入量。

④ 对大刚度部位较大缺陷的焊补，应采取加热减应区法或焊前预热 200～400℃，焊后缓冷，防止裂纹。

⑤ 若需焊态加工，焊后应立即用气体火焰加热焊补区至红热状态，并保持 3～5min。

3. 非球墨铸铁型焊条电弧冷焊

异质焊缝电弧冷焊用的焊条主要有镍铁铸铁焊条(如 Z408 等)及高钒焊条(如 Z116、Z117 等)。用 Z408 焊条焊接，接头强度接近 QT450-10 球墨铸铁，但塑性相差较大(约 1%～5%)；用高钒焊条焊接，焊缝抗拉强度和伸长率都较高，硬度小于 250HB，但半熔化区白口较宽，接头加工性能较差，因此主要用于非加工面的焊补，若焊后退火，可降低硬度和改善加工性能。操作要领与灰铸铁焊条电弧冷焊相同。

也可采用 CO_2 焊焊接球墨铸铁，采用 H08Mn2Si 细焊丝(ϕ0.6～1.0mm)，低电压、小电流、浅熔深焊接，熔合区白口较小，接头强度有所提高。此外还可采用镍铁合金焊丝氩弧焊。

第三节 铸铁气焊焊补实例

用气焊焊补铸铁件，在现场应用是较广泛的，下面列举几个气焊焊补的实例，以便于读者掌握铸铁焊补技术。

一、铸铁摇臂柄断裂的焊补

图 9-14 所示为常见的摇臂，铸铁结构的摇臂较多，当有裂纹出现时，一般都是铸铁的。此工件在 *A*、*B*、*C* 三处都有断裂的情况，但这三处的焊接方法则有所不同。*A* 处和 *B* 处均可以自由收缩，可用冷焊法，*C* 处则必须用热焊法。

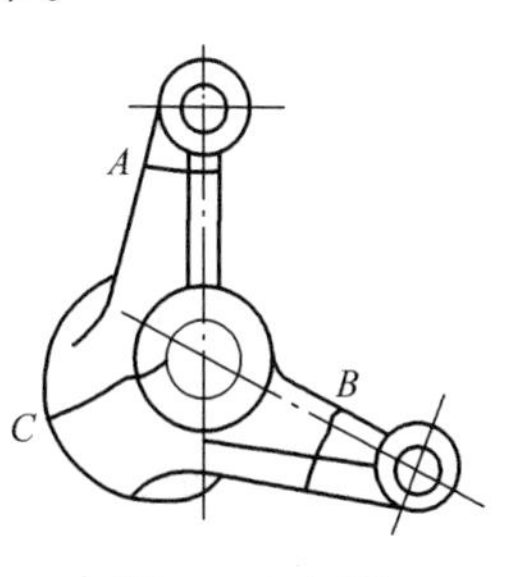

图 9-14 摇臂

1. *A*处和*B*处的焊接

① 清除污物并开坡口。将工件上裂纹处的油污清理干净，如果油污在开坡口时能被磨去，也可在开坡口时一起清除。开90°～120°坡口。开坡口可用砂轮打磨，当工件在设备上不能卸下时，可以开单边坡口（偏V形坡口）。

② 选用工具和材料。选用H01-12焊炬、5号焊嘴。采用铸铁焊丝HS401和CJ201焊剂。

③ 焊口表面处理。点燃焊炬，调至氧化焰，烘烤焊口表面，将石墨氧化掉。再调成还原焰烘烤一遍。

④ 焊接。将火焰调至中性焰，借助氧化石墨和还原表面的余热开始焊接。由于工件不大，应将焊口全部用火焰烧红，撒上焊剂。再将焊炬移至焊缝端部，采用左向焊法焊接，焊接时用焊丝不断搅动熔池，促进熔渣上浮。焊丝不要插入火焰太深，防止焊丝成段落入熔池而降低熔池温度。一道焊缝一次完成，中间不要停止。

⑤ 焊接结束后，迅速将焊件放入石棉灰中保温缓冷，待完全冷却后取出。检查工件上是否有裂纹及其他缺陷，检查合格方可投入使用。

该处的焊接还要特别注意，如果已经全部断开，应注意保证焊后三个孔的距离和相对位置（角度），否则摇臂可能无法使用；如果没有完全断开，开坡口前应先钻止裂孔，开坡口时也要注意不要把工件弄断，这样容易保证尺寸。

2. *C*处的焊接

① 清除污物并开坡口。将工件上裂纹处的油污清理干净，如果油污在开坡口时能被磨去，也可在开坡口时一起清除。开90°～120°坡口。开坡口可用角磨砂轮打磨，配合錾子开出角磨砂轮磨不到的位置的坡口。

② 选用工具和材料。选用H01-12焊炬、5号焊嘴。采用铸铁焊丝HS401和CJ201焊剂。

③ 用黏土将孔填塞，以免焊接时破坏孔的表面。

④ 焊口表面处理。点燃焊炬，调至氧化焰，烘烤焊口表面，

将石墨氧化掉。再调成还原焰烘烤一遍。

⑤ 预热。将工件整体预热到600～650℃，如果是用焦炭炉，应先将焦炭炉点燃，待焦炭燃烧至无烟程度时，将工件置于火上，待工件变红时取出立即焊接。此工件预热时间根据工件的整体大小和壁厚而定，当各处厚度不超过15mm时，预热约在30min以上，不得加热过快。

⑥ 焊接。将火焰调至中性焰，将焊口全部用火焰烧红，撒上焊剂。再将焊炬移至焊缝端部，采用左向焊法焊接，焊接时用焊丝不断搅动熔池，促进熔渣上浮。焊丝不要插入火焰太深，防止焊丝成段落入熔池而降低熔池温度。一道焊缝一次完成，中间不要停止。

⑦ 焊接结束后，迅速将焊件放入石棉灰中保温缓冷，待完全冷却后取出。去掉孔内的黏土，清除孔内的焊渣，检查工件上是否有裂纹及其他缺陷，检查合格方可投入使用。

开坡口时，要注意贴近孔处要留1mm的钝边，以保证焊后孔的直径。

二、柴油机缸体裂纹的焊补

柴油机、汽油机等内燃机，由于工作时产生大量的热，所以必须用水进行冷却。冬季若未放水或水未放净，会使缸体冻裂。图9-15所示为柴油机缸体裂纹的焊补示意。图中1的位置是最容易断裂的部位。下面分步叙述其焊补过程。

① 焊前清理　焊前将缸体表面的油污清除干净，尤其是缸体内腔裂纹处的水垢要清除净。

② 开坡口　用角磨机在裂纹处磨出V形坡口，磨削时注意不要磨透，应留2mm左右的钝边。

③ 焊接材料的选择　选用铸铁焊丝，CJ201气焊熔剂，中性火焰。

④ 加热减应区　当一切都准备好以后，点燃两把焊炬，对2处和3处加热，随着温度的升高，1处的裂纹间隙增大，待间隙增

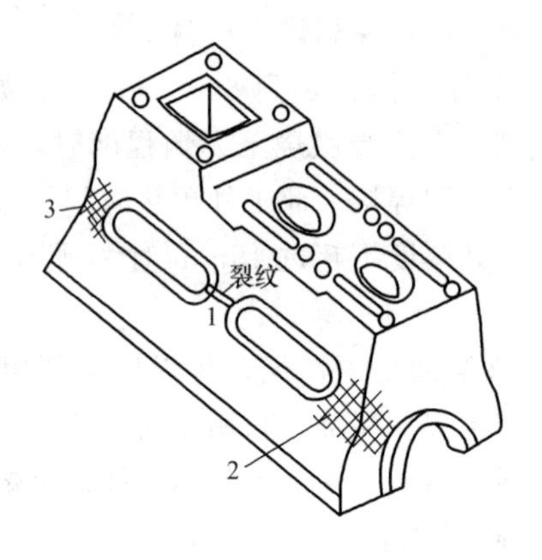

图 9-15 柴油机缸体裂纹的焊补

大至 1.5mm 时，开始焊接。

⑤ 焊接　用一把焊炬加热焊缝，另外两把焊炬继续加热 2 处和 3 处，当焊缝发红时撒上一些焊剂并使其熔化在坡口上。将焊炬移至焊缝一端继续加热，当被焊部位开始熔化时，将焊丝蘸焊剂送至火焰下，使焊丝熔化填充至焊缝中去。移动焊炬，再将焊丝蘸焊剂送至火焰下，焊丝熔化填充至焊缝中去，如此重复操作，直至焊接结束。焊接结束以后将焊炬关闭，使焊缝和减应区同时冷却至常温。

⑥ 磨平表面　由于裂纹的两端是水道挡板的工作面，因此，焊后经检查确认裂缝焊好后，应当用角磨砂轮或手砂轮将水道挡板的工作面磨平。

⑦ 安装试验　由于该处对致密性有严格要求，还要在整个发动机组装完成并加水后才能验证。将发动机组装好，加满冷却水，发动 15min 后，水温升至 75℃观察焊缝，不从焊缝漏水为合格。

三、大型铸铁齿轮断齿的焊补

有些大型铸铁齿轮断齿，可用热焊法修复（图 9-16）。其步骤如下。

① 焊前清理　先将要修补部位表面的污物用钢丝刷清除干净。

如果油污过多清理不净，可用汽油清洗并控干。但用汽油清洗时要注意安全，工作点附近不得有明火，操作者及附近人员不允许吸烟。

图 9-16 大型铸铁齿轮断齿的焊补

② 焊接材料 铸铁齿轮一般采用球墨铸铁制造，故选用焊丝应是 HS402 或 RZCQ-1、RZCQ-2，气焊熔剂为 CJ201，中性火焰。焊炬用 H01-12 型，4 号焊嘴。

③ 预热 将齿轮整体预热到 700～800℃，预热方法视条件而定。如果有足够大的炭火炉，用焦炭火加热是最好的。但要注意不要让齿轮把炉子压坏，需制作一个可靠的支架将齿轮架起来，以保护炉体。如果有条件，用燃气炉预热效果更好。

④ 焊接 将预热好的齿轮立起来，断齿位置朝上，使焊接工作处于平焊位置。将焊炬点燃，调成中性焰，对断齿位置加热，撒上焊剂；继续加热至开始熔化时加热焊丝开始焊接，焊第一层时，应特别注意基本金属的熔透情况。必须在基本金属熔透后再加入焊丝。焊炬不断移动从齿的一端焊到另一端，再往回焊至始端。如此往复进行堆焊至略超过齿高，并达到或略超过齿厚则堆焊完毕。焊接过程不能中断，必须连续完成。

⑤ 焊后处理 焊接结束后，立即将焊好的齿轮放入石棉灰中（白灰中也可），经十多个小时缓冷后，便可取出。

⑥ 焊后检验 冷却至室温后，可对齿轮进行检验，主要检查齿高、齿厚是否符合要求，齿端是否焊满，齿根是否有裂纹。如果各处都完好，焊接任务完成。

⑦ 机械加工　有如下几种方法，一是铣齿，二是插齿，三是在没有条件的情况下磨齿。铣齿和插齿都是用加工齿轮的专用设备进行加工。磨齿时为了保证齿的形状，先用薄板铁板依照没有损坏的齿制作一个齿的样板（图 9-16），然后用角磨机的薄砂轮片磨去多余部分，一边磨一边用样板检验，直至形状合适为止。

四、机床耳断裂的焊补

许多机床都是用地脚螺栓固定的，而地脚螺栓直接与机床床身的紧固耳连接，当受力不均时，机床耳根部会出现裂纹，如图 9-17 所示，若不及时修复，会使机床耳全部断裂，影响机床工作。因此当发现有裂纹时应及早修复，以免影响生产。用气焊修复步骤如下。

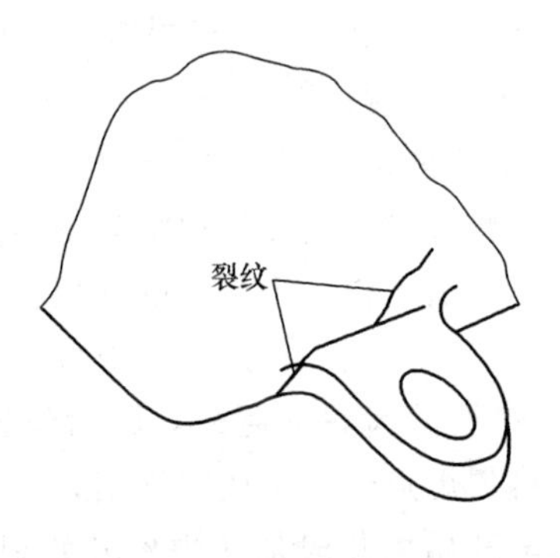

图 9-17　机床耳根部裂纹

① 焊前清理　由于机床的地脚螺栓承担固定机床的任务，因此机床耳受力较大，对焊接质量要求很高。焊前清理应将裂纹两侧的防腐涂料全部除去，背面的油污也要清除干净。之后检查裂纹的走向，找出裂纹的末端，在距裂纹末端 5mm 处打样冲眼，再钻好止裂孔。

② 开坡口　由于工件较厚，且只能单面焊，故只能开 U 形坡口。由于位置关系，开坡口需要用角磨机、手锤、錾子等工具才能完成，尤其是耳根位置，必须开够深度。如果有条件，用碳弧气刨

更方便、快捷，但要先预热，再开坡口。

③ 选择工具和材料 由于机床的床身较厚，焊炬选用 H01-20 型，3 号或 4 号焊嘴。焊剂用 CJ201，焊丝选用铸铁焊丝。

④ 预热 机床的床身一般体积很大，不能将所有零件全部拆下预热，因此不能进行整体预热，只能采取局部预热的方法。预热时先将地脚螺栓全部卸下，将断裂部位垫起来，如果垫起的高度足够，可在下面放置点好的焦炭火炉，并用吹风机助燃，对裂纹附近的部分进行加热。也可以用液化石油气炉、煤气炉或天然气炉进行加热。当焊口附近的温度达到 300～400℃时再点燃焊炬，调成中性焰，进行火焰预热。火焰预热的宽度应在焊缝两侧各 100mm。预热至 550℃以上即可进行焊接。

⑤ 焊接 由于铸铁的流动性好，不利于立、横、仰焊，故应将焊缝置于水平位置。将焊炬点燃并调成中性火焰加热整个焊缝。待发红时撒上焊剂，然后将焊炬移至工件的边缘加热焊缝，待焊缝开始熔化时，送上焊丝使其熔化填充焊缝。移动焊炬继续焊接一直焊到止裂孔并填满止裂孔，焊接完毕。

如果工件无法放平，焊缝只能置于垂直面上，那么则应尽量使焊缝倾斜，形成上坡焊，并备一些陶质的瓦片和红砖。焊接从工件的边缘开始，先将一片瓦片垫在工件下面，用焊炬加热焊件填充焊丝，靠瓦片托住铁水，然后从侧面用瓦片靠在焊缝上继续焊接，使得在基本金属和瓦片之间形成熔池，待液态金属超出瓦片高度后，再放上一片瓦片，继续焊接。就这样不断垫瓦片、不断焊接，直到整个焊缝焊完。

⑥ 焊后处理 焊接结束后，立即对原预热区域加热至 700℃进行退火，以防冷却应力的产生而导致裂纹。加热区的边缘与未加热部分，温度梯度不能太大。为保证焊缝上的均匀加热，应多用几把焊炬同时加热，大约每 10cm 长焊缝一把焊炬。温度达到后，用石棉被将焊缝盖好保温缓冷。

第十章　铝及铝合金的焊接

纯铝是银白色的轻金属，密度 2.7g/cm³，约为钢的 1/3。导电性好，仅次于金、银、铜，居第四位。热导率为钢的 2.5～4 倍。熔点为 660℃，加热熔化时颜色无明显变化。形成合金后更有其优越的性能，因此在工业、农业、国防航空、电力、化工等领域得到广泛的应用。

第一节　铝及铝合金的种类和性能

纯铝的化学活泼性强，与空气接触时，就会在其表面生成一层致密的 Al_2O_3 薄膜，这层氧化膜可防止冷的硝酸及醋酸的腐蚀，但在碱类和含有氯离子的盐类溶液中会被迅速破坏而引起强烈腐蚀。纯铝中含杂质愈少，形成致密氧化膜能力愈强。随着杂质的增加，其强度增加，而塑性、导电性和耐蚀性下降。

铝合金是在纯铝中加入合金元素如镁、锰、硅、铜、锌等后获得不同性能的金属材料。

一、铝及铝合金的种类

铝及铝合金的种类可归纳如下：

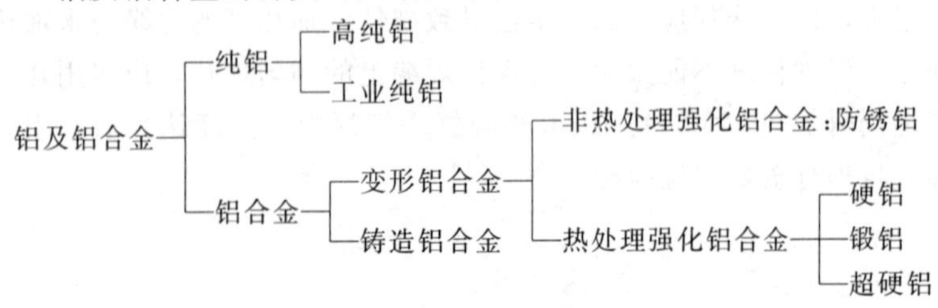

纯铝分高纯铝和工业纯铝两大类。高纯铝主要用作导电元件和制作要求高的铝合金。工业纯铝含铝在99%以上，其中主要杂质为铁和硅，可制作电缆、电容器，铝箔可制作垫片，很少直接制作受力结构零件。

铝合金按工艺性能特点分为变形铝合金（又称加工铝合金）和铸造铝合金两大类。变形铝合金是单相固溶体组织，它的变形能力较好，适于锻造及压延。它又分非热处理强化和热处理强化两种类型的铝合金。铸造铝合金中存在共晶组织，流动性好，因而适于铸造。

非热处理强化铝合金主要通过锰、镁等元素的固溶强化提高合金的强度，因而有铝锰合金和铝镁合金两种，统称防锈铝合金。这类铝合金具有很好的焊接性能。

热处理强化铝合金是通过固溶、淬火-时效等工艺提高其力学性能的，有硬铝、锻铝和超硬铝三类。硬铝和超硬铝具有高强度的同时还具有较高的塑性，主要缺点是耐蚀性较差，焊接性也随着强度的提高而变差。合金中含锌量较多则晶间腐蚀及焊接热裂纹倾向较大。锻铝在高温下具有良好的塑性，故适于制造锻件及冲压件，可以进行淬火-时效强化。铝镁硅锻铝强度不高但有优良的耐蚀性，没有晶间腐蚀倾向，焊接性能良好。铝镁硅铜锻铝强度较高，但耐蚀性随强度增强而变差。

铸造铝合金分铝硅、铝铜、铝镁和铝锌合金四类，其中铝硅合金用量最大。与变形铝合金相比，铸造铝合金的最大优点是铸造性能优良，耐蚀性较好，机械加工性能好，但塑性低，不宜进行压力加工。

在纯铝中加入各种合金元素后可提高其强度和获得其他性能。按合金系列，铝及铝合金可分为工业纯铝、铝-铜系、铝-锰系、铝-硅系、铝-镁系、铝-镁-硅系、铝-锌-镁-铜系和其他系八类。

二、铝及铝合金的牌号、成分与力学性能

铝及铝合金的牌号是按合金系列命名的，铝及铝合金可分为：1XXX系（工业纯铝）、2XXX系（铝-铜系）、3XXX系（铝-锰

系)、4XXX 系（铝-硅系)、5XXX 系（铝-镁系)、6X X X（铝-镁系-硅系)、7X X X 系（铝-锌-镁-铜系)、8X X X系（其他他)。

我国在 1996 年前都采用 GB/T 340—1976 规定的铝及铝合金牌号。旧牌号中表示纯铝及铝合金的牌号的第一个符号是用“铝”的汉语拼音第一个大写字母“L”表示。如果是工业钝铝，就在“L”后直接加上该系列的顺序号表示；如果是高纯铝，则在“L”之后加“G”再加上顺序号；如果是防锈铝则在“L”后加“F”，再加顺序号，见表 10-1。为了方便读者阅读以往资料，表 10-2 中列出了部分新牌号与旧牌号对照。

表 10-1 铝及铝合金旧牌号的字头

名称	工业纯铝	高纯铝	防锈铝	硬铝	超硬铝	锻铝	特殊铝	硬钎焊铝
牌号	L	LG	LF	LY	LC	LD	LT	LQ
代表字	铝	铝高	铝防	铝硬	铝超	铝锻	铝特	铝钎

表 10-2 铝及铝合金新旧牌号对照

新牌号	旧牌号	新牌号	旧牌号	新牌号	旧牌号
1070A	L1	1060	L2	1050A	L3
1035	L4	1A50	LG2	1A30	L4-1
1100	L5-1	1200	L5	2A12	LY12
2A14	LD10	2A16	LY16	2A20	LY20
2219	LY19	3A21	LF21	4A01	LT1
4A11	LD11	5A01	LF15	5A02	LF2
5A03	LF3	5A05	LF5	5B05	LF10
5A06	LF6	5B06	LF14	5A12	LF12
5A13	LF13	5A30	LF16	5A33	LF33
5A41	LT41	5A43	LF13	5A66	LT66
5056	LF5-1	5083	LT4	6A02	LD2
6B02	LD2-1	6061	LD30	6063	LD31
6070	LD2-2	7A04	LC4	7A09	LC9

三、铝及铝合金的焊接性

铝及铝合金可以焊接并能得到合格的焊接接头，但必须懂得其焊接性，以便采取相应的焊接措施。

（1）极易氧化　铝与氧的亲和力很大，任何温度下都易氧化，在母材表面生成高熔点（2070℃）的 Al_3O_2。焊接时，氧化膜影响母材的与熔滴的熔合。此外，氧化膜电子逸出功低，易发射电子，使电弧漂移不定。因此，焊前需考虑清除氧化膜，焊时需加强保护以防止焊接区被氧化，并不断破除可能新生的氧化膜。

（2）需强热源焊接　铝及铝合金导热、导电性高，热容量大，其热导率为钢的 2.5～4 倍，焊接时比钢的热损失大。因此，要求用能量集中的强热源焊接。若要达到与钢相同的焊接速度，则需焊接热输入约为钢的 2～4 倍。

（3）易产生气孔　液态铝可溶解大量氢气，固态时几乎不溶解。因此，氢在焊接熔池快速冷却、凝固结晶过程中来不及逸出，就会在焊缝中形成气孔。

（4）易形成热裂纹　铝高温强度低、塑性差（纯铝在 640～656℃间的伸长率小于 0.69%），线胀系数和结晶收缩率却比钢大一倍。焊接时在焊件中会产生较大热应力和变形，在脆性温度区间内易产生热裂纹。此外，焊后内应力大，将影响结构长期使用的尺寸稳定性。

（5）合金元素易蒸发和烧损　铝合金含的低沸点合金元素，如镁、锌、锰等，在焊接电弧和火焰作用下，极易蒸发和烧损，从而改变了焊缝金属的化学成分和性能。

（6）固、液态无色泽变化　铝及铝合金从固态转变为液态时，无明显颜色变化，加上高温下强度和塑性低，使操作者难于掌握加热温度，有时引起熔池金属的塌陷与焊穿。

（7）焊接接头的弱化　非热处理强化铝合金若在冷作硬化状态下焊接，热影响区的峰值温度超过再结晶温度（200～300℃），冷作硬化效果消失而出现软化；热处理强化铝合金无论是在退火状态还是在时效状态下焊接，焊后不经热处理，其接头强度均低于母材。这种弱化在焊缝、熔合区和热影响区都可能产生。焊接热输入越大，性能降低的程度也越严重。

总体来说，纯铝、非热处理强化的变形铝合金的焊接性是较好的，只是热处理强化的变形铝合金焊接性较差。只要针对这些问题和特点，正确地选择焊接方法和填充材料，采用合适的工艺措施，完全能够获得质量良好的焊接接头。

第二节　焊前准备及焊后清理

由于铝及铝合金焊接的特点，为了获得优良的焊接接头，焊前准备显得非常重要，它直接影响焊接质量；而焊后清理也不可忽视，否则会影响接头的使用寿命。

一、焊前准备

焊前准备工作主要是坡口准备和焊前的清理，根据需要，有时要进行工装准备和预热等。焊前必须严格清除焊接区和焊丝表面的氧化膜和油污等，生产上常用化学清洗和机械清理两种方法。详细步骤与内容见表 10-3。

表 10-3　焊前准备清理的步骤与内容

步骤		工作内容	备注
焊前清理	工件清理	① 用丙酮或四氯化碳等有机溶剂除去油污，两侧坡口的清理范围不应小于 50mm ② 坡口及其附近（包括焊接垫板等）的表面，可用锉、刮、铣或用不锈钢丝刷清理至完全露出新茬	为了保证清理质量，每次应都用新的钢丝刷，如果使用旧刷，必须先将旧刷清洗干净并晾干 清理好的焊件和焊丝不得有水迹、碱迹或被沾污。经清理后的工件和焊丝应尽快投入焊接使用，因存放过程中表面又会重新产生氧化膜。如果在气候潮湿情况下，应在清理后 4h 内施焊，若存放时间过长，需重新清理
	焊丝清理	① 用丙酮或四氯化碳等有机溶剂除去油污 ② 用化学方法去除氧化膜，即用 5%～10% 的 NaOH 溶液，在 70℃ 下浸泡 30～60s 后水洗 ③ 再用 15%左右的 HNO_3 在常温下浸泡 2min，然后用温水洗净，并使其干燥	

续表

步骤	工　作　内　容	备　　注
焊缝衬垫的制作	铝及铝合金在高温时强度低，液态流动性能好，单面对接平焊时焊缝金属容易下塌。为了保证焊透同时又不致引起塌陷，焊前在接头反面采用带槽的衬垫（板），以便焊接时能托住熔化金属及附近金属。垫板可用石墨、纯铜或不锈钢等制成，垫板尺寸如图10-1所示	
预热	薄小铝焊件一般不必预热。厚度超过5～10mm的厚大铝件，预热温度不宜过高，一般为100～300℃，多数不超过150℃	适当预热可以减少焊接所需热输入，对大型复杂焊件还可以减少其焊接应力，防止裂纹和气孔的产生
	w（Mg）＝3%～5.5%的铝合金预热温度不应高于120℃，其层间温度也不应超过150℃	否则会降低其耐应力腐蚀性能。预热方法可用氧-乙炔火焰或喷灯对焊件局部加热

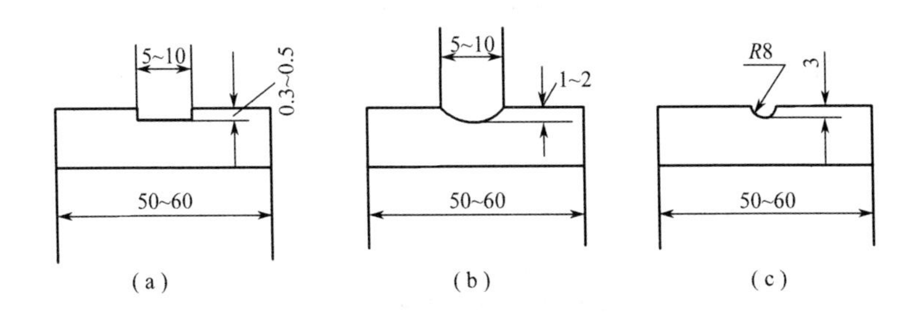

图10-1　铝及铝合金焊接时反面衬垫的形状和尺寸

二、焊后清理

焊后残留在焊缝表面及其两侧附近的熔剂、熔渣会在使用中继续破坏铝板表面上的氧化膜保护层，从而引起接头的严重腐蚀。因此，焊后应及时将这些残留物清除干净。清理的方法和步骤如下。

① 将焊件浸在40～50℃的热水中用硬毛刷仔细刷洗焊接接头。

② 在温度为60～80℃、浓度为2%～3%的铬酐水溶液或重铬酸钾溶液中浸洗约5～10min，并用硬毛刷洗刷。

③ 在热水中再冲刷洗涤。

④ 风干、烘干或自然干燥。

第三节 焊接工艺

熔焊、压焊和钎焊都可以焊接铝及铝合金，但压焊需要专用的设备，钎焊的强度一般都较低，因此熔焊应用还是最普遍的。在铝及铝合金的熔焊中，焊条电弧焊由于质量难以保证而极少应用，故本章不作介绍，应用较多的则是气焊和氩弧焊。

一、气焊

气焊主要用于焊接厚度较小、形状复杂、对质量要求不高的焊接结构和铸件的焊补。在没有氩气供应的地区或不便于使用氩弧焊时，可以采用气焊。其缺点是火焰温度低，热量分散，因此焊接热影响区宽，焊接速度慢，焊接变形大，接头晶粒粗大等。

气焊时除焊前准备及焊后清理工作，还需做好以下工作。

1. 接头形式和坡口准备

气焊铝板接头的坡口准备见表10-4。

表10-4 气焊铝板接头的坡口准备

板厚/mm	坡口准备	板厚/mm	坡口准备
1.5～2.0	卷边接头	2.0～5.0	I形坡口，间隙b=1mm左右
5.0～8.0	单边V形坡口；坡口角度α=60°～70°，钝边p≤3mm，间隙b=3mm。也可以开U形坡口	>8.0	X形坡口；α=60°～70°，p≤3mm，b=3mm。有条件也可以开U形坡口

气焊铝及铝合金最适于采用对接，避免采用搭接。必须采用T

形接头或角接头时，一定要保证角焊缝能熔透，否则把角焊缝改成对接焊缝，因为这些接头易残留熔剂和熔渣而无法清除。薄板一般不开坡口，有时采用卷边接头。采用卷边接头时，其背面应熔透、焊匀。若背面有凹坑，缝隙也易残留熔剂和熔渣。图 10-2 所示为厚度 3～5mm 以下的接头形式，厚度大于 5mm 宜开坡口，表 10-4 给出了坡口形状和尺寸的建议。图 10-3 所示为角焊缝改为对接焊缝的例子。

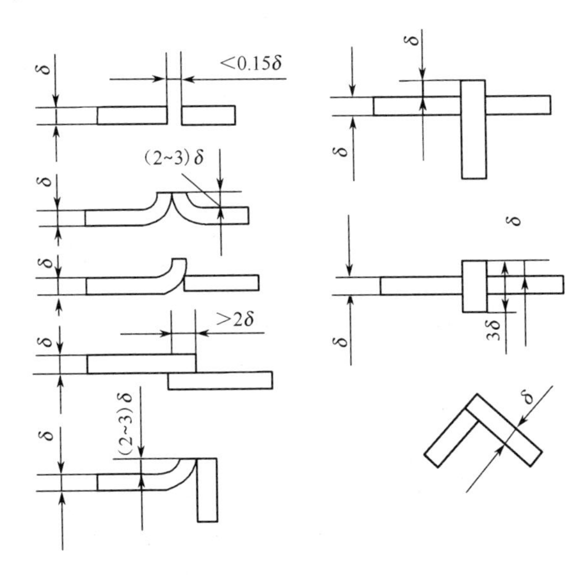

图 10-2　薄铝板气焊接头的形式

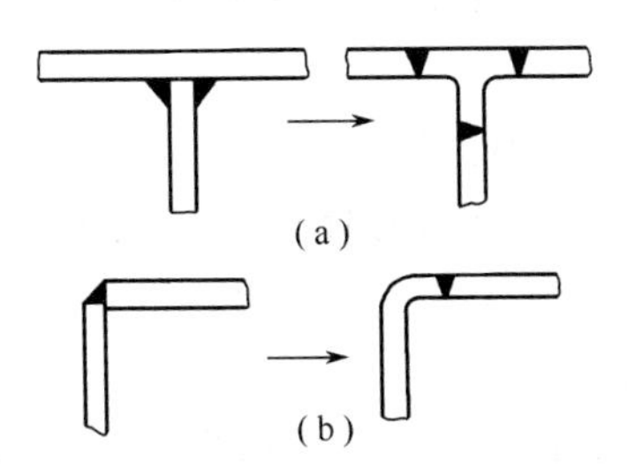

图 10-3　铝及铝合金角焊缝改为对接焊缝

2. 焊接材料的选择

（1）焊丝 气焊、氩弧焊和等离子弧焊用的填充金属，一般为光铝焊丝。目前常用的焊丝列于表10-5中。在缺乏标准型号焊丝时，可以从母材上切下狭条代用，其长度为500～700mm，厚度与母材相同。

表10-5 铝及铝合金焊丝的类别、型号与牌号

类别	型号	牌号	类别	型号	牌号
纯铝	SAl-1		铝镁	SAlMg-1	
	SAl-2			SAlMg-2	
	SAl-3	HS301		SAlMg-5	HS331
铝硅	SAlSi-1	HS311	铝锰	SAlMn	HS321
	SAlSi-2		铝铜	SAlCu	

纯铝焊丝中铁与硅之比应大于1，以防止形成热裂纹。对具有一定耐蚀要求的纯铝接头，应选用纯度比母材高一级的纯铝焊丝。

较为通用的铝焊丝是SAlSi-1（即HS311），该焊丝液态金属流动性好，特别是凝固时收缩率小，故具有较好的抗热裂性能，还能保证其力学性能，常用于焊接除铝镁合金外的其他各种铝合金。注意，当用SAlSi-1焊丝焊接硬铝、超硬铝、锻铝等高强度铝合金时，焊缝虽具有一定抗裂性能，但接头强度只有母材的50%～60%。因此，对接头强度要求较高时，宜选用与母材成分相近或特殊牌号的焊丝。

焊接铝镁合金时，常选用比母材中w（Mg）高1%～2%的合金作焊丝。用SAlMg5Ti焊接铝镁合金，所得焊缝金属具有较高的强度和韧性。焊丝中加入少量钛、钒、锆等合金元素可作为变质剂，细化焊缝组织。

焊丝选用可参考表10-6。焊丝的性能表现及其适用性应与其预定用途联系起来，以便针对不同材料和性能要求来选择焊丝，如表10-7所示。

表 10-6 一般用途焊接时焊丝选用指南

母材之一 / 母材之二	7005	6A02 6061 6063	5083 5086	5A05 5A06	5A03	5A02	3A21 3003	2A16 2B16	2A12 2A14	1070 1060 1050
	与母材配用的焊丝[1,2,3]									
1070 1060 1050	SAlAg-5[4]	SAlSi-1[4]	ER5356	SAlMg-5 LF14	SAlAg-5[4]	SAlAg-5[4]	SAlMn[5]	—	—	SAl-1 SAl-2 SAl-3
2A12 2A14	—	—	—	—	—	—	—	—	SAlSi-1 BJ-380A	
2A16 2B16	—	—	—	—	—	—	—	SAlCu		
3A21 3003	SAlMg-5[8]	SAlSi-1	SAlMg-5[6]	SAlMg-5[6]	SAlMg-5[6]	SAlSi-1[6]	SAlMn SAlMg-3			
5A02	SAlMg-5[8]	SAlMg-5[7]	SAlMg-5[6]	SAlMg-5 LF14	SAlMg-5[6]	SAlMg-5[8]				
5A03	SAlMg-5[6]	SAlMg-5[6]	SAlMg-5[6]	SAlMg-5 LF14	SAlMg-5[6]					
5A05 5A06	SAlMg-5[6] LF14	SAlMg-5[6]	SAlMg-5 LF14	SAlMg-5 LF14						

续表

母材之一 / 母材之二	7005	6A02 6061 6063	5083 5086	5A05 5A06	5A03	5A02	3A21 3003	2A16 2B16	2A12 2A14	1070 1060 1050
	与母材配用的焊丝①②③									
5083 5086	SAlMg-5⑥	SAlMg-5⑥	SAlMg-5⑥							
6A02 6061 6063	SAlMg-5 SAlSi-1⑧	SAlSi-1⑧								
7005	X5180									

① 不推荐 SAlMg-3、SAlMg-5、ER5356 在淡水或盐水中，接触特殊化学物质或持续高温(超过 65℃)的环境下使用。

② 本表中的推荐意见适用于惰性气体保护焊接方法。氧燃气火焰气焊时，通常只采用 SAl-1、SAl-2、SAl-3、SAlSi-1。

③ 本表内未填写焊丝的母材组合不推荐用于焊接设计或需通过试验选用焊丝。

④ 某些场合可用 SAlMg-3。

⑤ 某些场合可用 SAL-1 或 SAl-2、SAl-3。

⑥ 某些场合可用 SAlMg-3。

⑦ 某些场合可用 SAlSi-1。

⑧ 某些场合可用 SAlMg-1、SAlMg-2、SAlMg-3，它们或者可在阳极化处理后改善颜色匹配，或者可提供较高的焊缝延性，或者可提供较高的焊缝强度。SAlMg-1 适于在持续的较高温度下使用。

表 10-7 针对不同的材料和性能要求选择焊丝

材料	按不同性能要求推荐的焊丝				
	要求高强度	要求高延性	要求焊后阳极化后颜色匹配	要求耐海水腐蚀	要求焊接时裂纹倾向低
1100	SAlSi-1	SAl-1	SAl-1	SAl-1	SAlSi-1
2A16	SAlCu	SAlCu	SAlCu	SAlCu	SAlCu
3A21	SAlMn	SAl-1	SAl-1	SAl-1	SAlSi-1
5A02	SAlMg-5	SAlMg-5	SAlMg-5	SAlMg-5	SAlMg-5
5A05	LF14	LF14	SAlMg-5	SAlMg-5	LF14
5083	ER5183	ER5356	ER5356	ER5356	ER5183
5086	ER5356	ER5356	ER5356	ER5356	ER5356
6A02	SAlMg-5	SAlMg-5	SAlMg-5	SAlSi-1	SAlSi-1
6063	ER5356	ER5356	ER5356	SAlSi-1	SAlSi-1
7005	ER5356	ER5356	ER5356	ER5356	
7039	ER5356	ER5356	ER5356	ER5356	

（2）熔剂　在气焊和碳弧焊过程中，通常熔剂是各种钾、钠、锂、钙等元素的氯化物和氟化物的粉末混合物。表 10-8 列出了气焊、碳弧焊常用熔剂的配方。

表 10-8 气焊、碳弧焊常用熔剂的配方　　%

序号＼组成	铝块晶石	氟化钠	氟化钙	氯化钠	氯化钾	氯化钡	氯化锂	硼砂	其他	备注
1		7.5～9		27～30	49.5～52		13.5～15			CJ401
2			4	19	29	48				
3	30			30	40					
4	20				40	40				
5		15		45	30		10			
6				27	18			14	硝酸钾 41	

续表

组成 序号	铝块晶石	氟化钠	氟化钙	氯化钠	氯化钾	氯化钡	氯化锂	硼砂	其他	备注
7		20		20	40	20				
8				25	25			40	硫酸钠 10	
9	4.8		14.8			33.3	20	氯化镁 2.3	氟化镁 24.8	
10						70	15		氟化锂 15	
11				9	3			40	硫酸钾 20、硝酸钾 28	
12	20			30	50					

表 10-8 中含锂的熔剂熔点低，其熔渣黏度也较低，能大量溶解氧化膜，焊缝表面清渣容易，适用于薄板全位置焊，但易吸湿。不含锂的熔剂适于较厚的板焊接。

焊接角接或搭接接头时，清渣较困难，建议用表 10-8 中 8 号熔剂。焊接铝镁合金时，不宜用含有钠的配方，可选用 9、10 号熔剂。

熔剂的使用方法是：先把熔剂用洁净蒸馏水调成糊状（每 100g 熔剂加入约 50mL 水），然后涂于焊丝表面及焊件坡口两侧，厚度约 0.5～1.0mm。或用灼热的焊丝端部直接蘸上干的熔剂施焊，这样可以减少熔池中水的来源，避免产生气孔。调好的熔剂应在 12h 内用完。

3. 火焰与焊嘴的选择

氧-乙炔焰应取中性焰或轻微碳化焰。若用氧气过多的氧化焰会使铝强烈氧化；而乙炔过多，会促使焊缝产生气孔。焊嘴大小按焊件厚度来选用，薄铝板易烧穿，要选择比焊同样厚度的钢板小一些的焊嘴；厚大铝焊件因散热快，要选择比焊钢件大一些的焊嘴。表 10-9 所列资料供参考。

表 10-9　不同厚度铝板气焊时焊炬和焊嘴的选择

板厚/mm	1.2	1.5～2.0	3.0～4.0	5.0～7.0	7.0～10.0	10.0～20.0
焊丝直径/mm	1.5～2.0	2.0～3.0	2.0～3.0	4.0～5.0	5.0～6.0	5.0～6.0
射吸式焊炬型号	H01-6	H01-6	H01-6	H01-12	H01-12	H01-20
焊嘴号码	1	1～2	3～4	1～3	2～4	4～5
焊嘴孔径/mm	0.9	0.9～1.0	1.1～1.3	1.4～1.8	1.6～2.0	3.0～3.2

4. 操作要领

（1）焊嘴与焊丝的倾角　焊薄板时，焊嘴倾角约 30°～40°，焊丝倾角约为 40°～50°，如图 10-4 所示；焊厚板时，焊嘴倾角应在 50°左右，焊丝倾角为 40°～50°。起焊时，工件冷，焊嘴倾角宜大些；终焊时工件处于高温，倾角应小一些。避免倾角过大，否则吹不开熔渣。

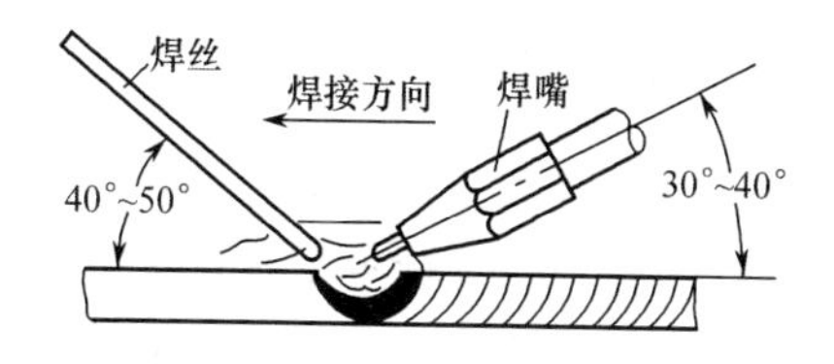

图 10-4　气焊焊丝、焊嘴与工件的夹角

（2）定位焊　焊前用定位焊将焊件的相对位置固定。表 10-10 列出了按焊件厚度确定定位焊的参考数据。可以用比焊接时稍大的火焰焊接，焊嘴倾角 50°左右。

表 10-10　气焊各种厚度铝板定位焊的参考数据　mm

板厚	<1.5	1.5～2.0	3.0～4.0	5.0～7.0	7.0～10	10～16	>16
定位焊间距	10～30	30～50	50～80	80～100	100～120	120～180	180～240
定位焊缝长度	5～8	6～10	10～15	20～30	30～40	40～50	50～60
焊缝高度	1.0～1.2	1.2～2.0	2.5～3.0	3.0～5.0	3.0～5.0	5.0～7.0	6.0～8.0

（3）焊接方向　薄铝板宜用左向焊法，如图 10-4 所示，有利于防止熔池过热和热影响区晶粒长大。焊接厚度大于 5mm 的焊件则用右向焊法，右向焊法允许用较高的温度加热焊件，以加速熔

化，也便于观察熔池和操作。

（4）焊嘴和焊丝的运动　焊嘴和焊丝密切配合是获得良好焊缝成形和内外质量的关键。焊接时，焊炬一边前进，一边上下跳动。当运动到下方时，火焰加热母材使其熔化，并利用火焰吹力形成熔池；当运动到上方时，火焰加热焊丝，使端头熔化形成熔滴。这样，焊丝与坡口处的母材周期性地受热、熔化，从而形成焊缝。送丝时，焊丝末端应插入熔池前部，并随即将其向熔池外拖出，靠外加焊丝时的机械作用去破坏熔池表面的氧化膜，搅拌熔池金属，使杂质排出，并使熔滴金属与熔池金属熔合。

当厚度不同或熔点不同的材料焊在一起时，应将火焰指向厚度大的或熔点高的一侧。焊前也应将厚大零件用焊炬预热适当温度后再焊。

二、钨极氩弧焊（TIG）

钨极氩弧焊已成为焊接铝及铝合金的主要方法，有手工钨极氩弧焊和自动钨极氩弧焊两种。其优点是热量集中，电弧稳定、焊缝成形美观、组织致密，接头强度和塑性高，可获得优质接头。

1. 接头形式和坡口准备

钨极氩弧焊铝及铝合金的接头形式有对接、搭接、角接和T形接等，接头几何形状与焊接钢材相似。但因铝及铝合金的流动性更好并且焊枪喷嘴尺寸较大，因而一般都采用较小的根部间隙和较大的坡口角度。表10-11列出了几种常用坡口形式和尺寸。

表 10-11　几种常用坡口形式和尺寸

焊件厚度/mm	坡口形式	坡口尺寸			备　注
		间隙 b/mm	钝边 p/mm	角度 α/(°)	
1～2	R2　b　p　δ	<1	2～3		不加填充焊丝

续表

焊件厚度/mm	坡口形式	坡口尺寸			备 注
		间隙 b/mm	钝边 p/mm	角度 α/(°)	
1～3	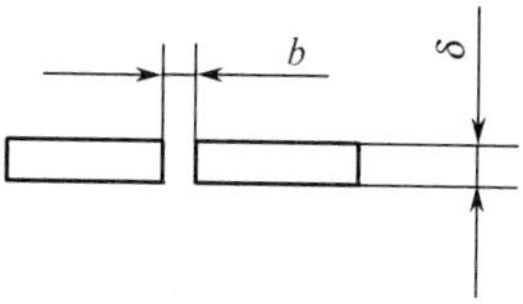	0～0.5			双面焊，反面铲焊根
3～5		1～2			
3～5	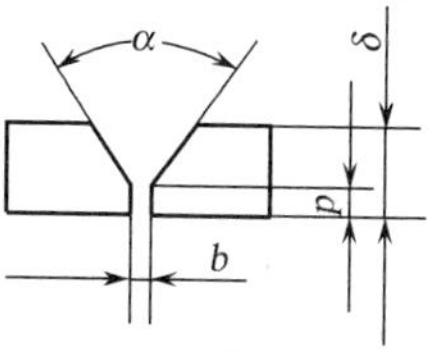	0～1	1～1.5	70±5	双面焊，反面铲焊根
6～10		1～3	1～2.5	70±5	
12～20		1.5～3	2～3	70±5	
14～25	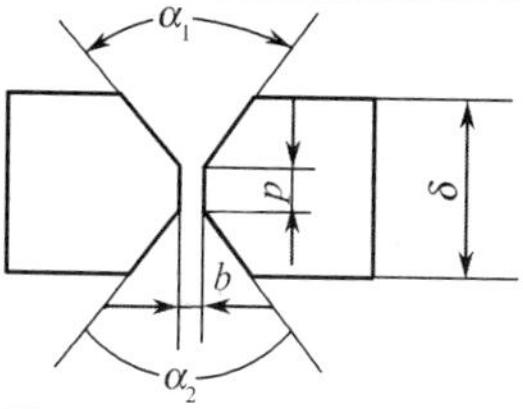	1.5～3	2～3	α_1：80±5 α_2：70±5	双面焊，反面铲焊根，每面焊2层以上
管子壁厚≤3.5	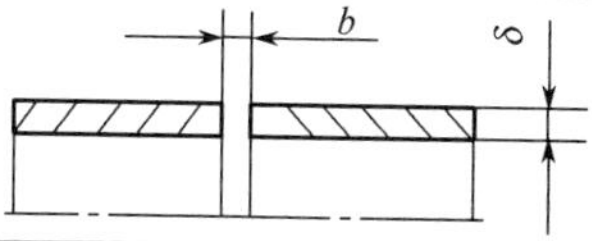	1.5～2.5			用于管子可旋转的平焊
管子壁厚3～10（外径30～300）	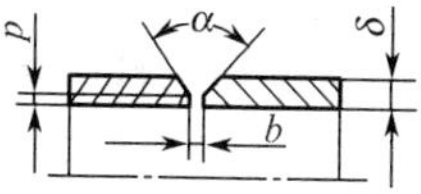	<4	<2	75±5	管子内壁可用固定垫板
4～12	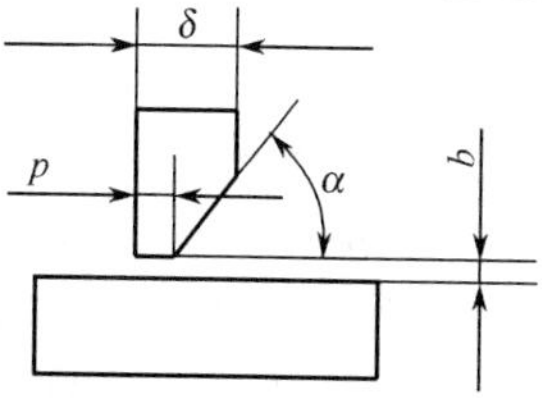	1～2	1～2	50±5	共焊1～3层

续表

焊件厚度/mm	坡口形式	坡口尺寸			备注
		间隙 b/mm	钝边 p/mm	角度 α/(°)	
8～25	δ p α b	1～2	1～2	50±5	每面焊2层以上

铝及铝合金工件坡口加工方法包括剪切、锯切、机械加工（铣边、刨边）、等离子弧切割、凿和锉等。厚度在12mm以下铝板可剪切，但剪切刃应保持清洁和锋利，以提供清洁光滑的边缘。

板边可用等离子切割，其切割速度高且精确。加工U形坡口可用碳弧气刨，但最好用机械加工，即用铣边机和刨边机加工。

坡口角度、钝边高和间隙三者相互关联，当厚度相同，而坡口角度较小时，间隙就要增大；坡口角度较大钝边较小时，间隙应适当减小，以防止烧穿。

2. 焊接电源

用钨极氩弧焊焊接铝及铝合金时，由于直流正接没有“阴极破碎”作用不能焊铝，反接又太容易烧钨极，故采用交流电源为宜。如果用方波交流电源是最理想的，如果没有就只能用正弦交流电源。为了保证消除直流分量，应使用专门用于焊铝的交流钨极氩弧焊机。

3. 焊接工艺要点

(1) 手工钨极氩弧焊　根据工件厚度和接头形式，有加焊丝的和不加焊丝的两种操作。

① 焊接工艺参数　包括钨极直径、焊丝直径、焊接电流、电弧电压、氩气流量、喷嘴直径、钨极伸出长度、喷嘴与工件间距离等。表10-12列出了手工TIG焊焊接铝及铝合金板的工艺参数。表10-13列出了手工TIG焊焊接对接铝合金管工艺参数。

表 10-12 手工 TIG 焊焊接铝及铝合金板的工艺参数

板材厚度 /mm	焊丝直径 /mm	钨极直径 /mm	预热温度 /℃	焊接电流 /A	氩气流量 /L·min^{-1}	喷嘴直径 /mm	焊接层数（正面/反面）	备注
1	1.6	2		45～60	7～9	8	正 1	卷边焊
1.5	1.6～2	2		50～80	7～9	8	正 1	卷边或单面对接焊
2	2～2.5	2～3		90～120	8～12	8～12	正 1	对接焊
3	2～3	3		150～180	8～12	8～12	正 1	V 形坡口对接
4	3	4		130～200	10～15	8～12	(1～2)/1	V 形坡口对接
5	3～4	4		180～240	10～15	10～12	(1～2)/1	V 形坡口对接
6	4	5		240～280	16～20	14～16	(1～2)/1	V 形坡口对接
8	4～5	5	100	260～320	16～20	14～16	2/1	V 形坡口对接
10	4～5	5	100～150	280～340	16～20	14～16	(3～4)/(1～2)	V 形坡口对接
12	4～5	5～6	150～200	300～360	18～22	16～20	(3～4)/(1～2)	V 形坡口对接
14	5～6	5～6	180～200	340～380	20～24	16～20	(3～4)/(1～2)	V 形坡口对接
16	5～6	6	200～220	340～380	20～24	16～20	(4～5)/(1～2)	V 形坡口对接
18	5～6	6	200～240	360～400	25～30	16～20	(4～5)/(1～2)	V 形坡口对接
20	5～6	6	200～260	360～400	25～30	20～22	(4～5)/(1～2)	V 形坡口对接
16～20	5～6	6	200～260	300～380	25～30	16～20	(2～3)/(2～3)	X 形坡口对接
22～25	5～6	6～7	200～260	360～400	30～35	20～22	(3～4)/(3～4)	X 形坡口对接

表 10-13　手工 TIG 焊焊接对接铝合金管工艺参数

管子尺寸/mm		衬环厚度/mm	焊件位置	焊接层数	焊接电流/A	钨极直径/mm	焊丝直径/mm	氩气流量/L·min⁻¹	喷嘴直径/mm
外径	壁厚								
φ25	3	2.0	水平旋转	1～2	100～115	3.0	2	10～12	12
			水平固定	1～2	90～110	3.0	2	12～16	12
			垂直固定	1～2	95～115	3.0	2	10～12	12
φ50	4	2.5	水平旋转	1～2	125～150	3.0	3	12～14	14
			水平固定	1～2	120～140	3.0	3	14～18	14
			垂直固定	2～3	125～145	3.0	3	12～14	14
φ60	5	2.5	水平旋转	2	140～180	3.0	3～4	12～14	16
			水平固定	2	130～150	3.0	3～4	14～18	16
			垂直固定	3～4	135～155	3.0	3～4	12～14	16
φ100	6	3.0	水平旋转	2	170～210	4.0	4	14～15	18
			水平固定	2	160～180	4.0	4	16～20	18
			垂直固定	3～4	165～185	4.0	4	14～16	18
φ150	7	4.5	水平旋转	2	210～250	4.0	4	14～16	18
			水平固定	2	195～205	4.0	4	16～20	18
			垂直固定	3～5	200～220	4.0	4	14～16	18
φ300	10	5.0	水平旋转	2～3	250～290	5.0	4～5	14～16	20
			水平固定	2～3	245～255	5.0	4～5	16～20	20
			垂直固定	3～5	250～270	5.0	4～5	14～16	20

② 操作要领　注意焊丝、焊嘴与工件三者处于正确的空间位置，如图 10-5 所示。平板对接焊时，焊嘴与工件间的角度为 70°～80°；角接时为 35°～45°。焊丝与工件间的角度约 10°。一般采用左向焊法，焊炬均匀平稳地向前直线移动。弧长应恒定，不加焊丝对接焊时，弧长为 0.5～2mm；加焊丝时，弧长为 4～7mm。焊丝和焊嘴的运作需协调配合。母材尚未达到熔化温度时，焊丝端部应处在电弧附近的氩气保护层内预热待焊，当熔池形成并具有良好流动性时，立即从熔池边缘送进焊丝，焊丝熔化而滴入熔池形成焊缝。

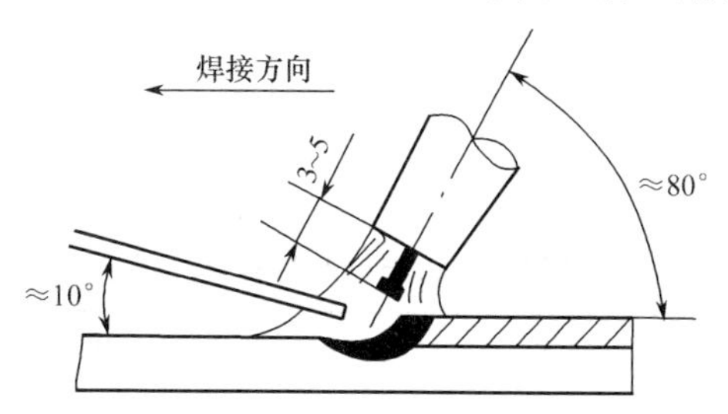

图 10-5　手工钨极氩弧焊焊丝、焊嘴与工件的位置

当可旋转的铝管对接平焊时，焊嘴应稍处于上坡焊的位置，如图 10-6 所示，以利于焊透。厚壁管子焊接第一层时不填丝，直接用焊炬熔透根部，以后几层再填充焊丝。

焊接结束时要注意填满弧坑才能断弧，否则会引起弧坑裂纹。有些焊接设备设有焊接电流衰减装置，能很好解决此问题，当按下停焊按钮(或松开按钮)后，焊接电流逐渐减小，使弧坑处再补充少量焊丝金属。无电流衰减装置时，在接近熄弧处加快焊接速度和送丝速度，将弧坑填满后，逐渐拉长电弧而实现熄弧。

(2)自动钨极氩弧焊　焊枪是由焊接小车自动行走时带其移动，焊丝由送丝机构从氩弧前方自动送进。

① 焊接工艺参数　比手工 TIG 焊多送丝速度和焊接速度两项工艺参数。同样厚度的铝板，自动焊比手工焊所用的焊接电流、喷嘴直径、氩气流量和焊接速度大。表 10-14 列出了自动钨极氩弧焊铝及铝合金的焊接工艺参数。

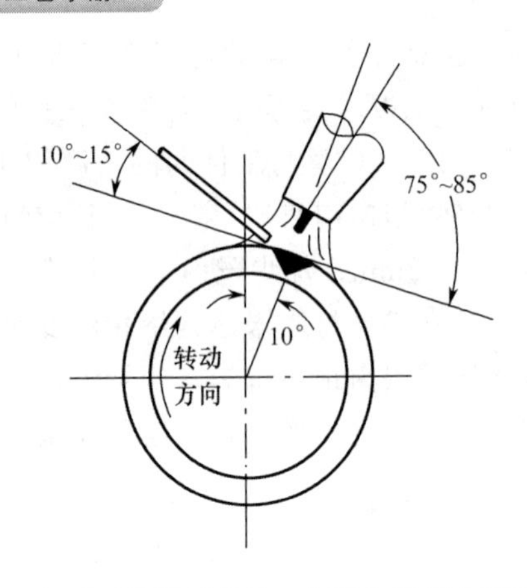

图 10-6 管子对接焊时焊丝、焊嘴和管子之间的位置

表 10-14 自动钨极氩弧焊铝及铝合金的焊接工艺参数

板厚/mm	坡口形式	钨极直径/mm	焊丝直径/mm	焊接电流/A	焊接速度/$m \cdot h^{-1}$	送丝速度/$m \cdot h^{-1}$	氩气流量/$L \cdot min^{-1}$	焊接层数
2	I	3～4	1.6～2	170～180	19	18～22	16～18	1
3	I	4～5	2	200～220	15	20～24	18～20	1
4	I	4～5	2	210～235	11	20～24	18～20	1
6	V(60°)	4～5	2	230～260	8	22～26	18～20	2
8～10	V(60°)	5～6	3	280～300	7～6	25～30	20～22	3～4

② 操作要领 因焊枪自动移行，故对装配质量比手工钨极氩弧焊要求更高，而且要保证焊炬与工件之间相对位置恒定，并与焊缝轴线严格对中。焊前应将钨极尖端调节在焊缝中心线上，它与焊件间的距离保持在 0.8～2mm 的范围内，钨极伸出喷嘴长度为 6～10mm，如图 10-7 所示。

按工件厚度和工艺要求，可加入焊丝或不加焊丝。卷边接头、端接接头或厚板第一层焊缝，一般不加焊丝，后面各层均需加入焊丝。焊丝与工件夹角 10°左右，焊丝伸出长度 10～13mm(见图 10-7)。送丝速度应等于焊丝熔化速度，且焊丝端部恰好位于氩气保护区内。随着焊件厚度增加，焊接速度适当减慢；随着焊接速度加快，应适当加大氩气流量。

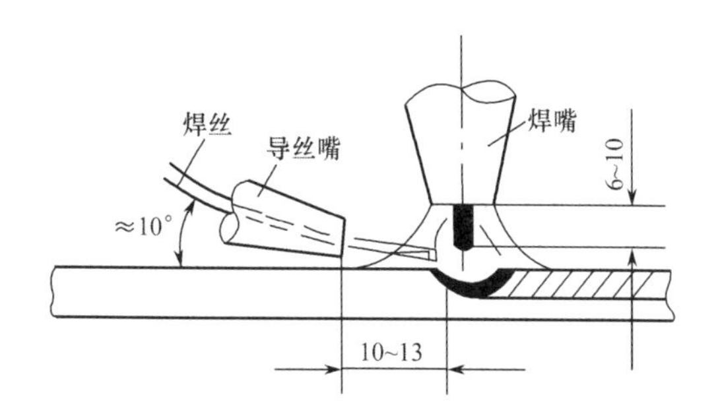

图 10-7 自动钨极氩弧焊焊丝、焊嘴与工件之间的相对位置

三、熔化极氩弧焊（MIG）

熔化极氩弧焊有自动焊和半自动焊两种形式，主要用于中等厚度以上铝及铝合金的焊接。自动焊适于形状规则的纵缝或环缝且处于水平位置的焊接；半自动焊较机动灵活，适于短焊缝、断续焊缝或较复杂结构的全位置焊缝的焊接。

熔化极氩弧焊通常使用直流电源，而且是直流反接（即焊丝接正）。半自动焊多用小直径焊丝，这时应采用恒压（即平特性）电源和等速送丝。通过调节送丝速度来获得所需的焊接电流，以达到良好的熔合和所熔深；需通过调节电弧电压来达到焊丝熔滴的喷射过渡。大直径焊丝只能用于平焊位置的自动焊，这时应采用恒流（陡降特性）电源和变速送丝。焊接时主要调节电流大小，而送丝速度是由自动系统调节来保持弧长。

1. 坡口准备

铝板厚度小于 6mm 不需开坡口，间隙应小于 0.5mm；厚度在 6mm 以上需加工成 V 形或 X 形坡口。自动焊时，钝边较大，这时坡口角度应加大达 100°左右，或采用窄间隙等特殊坡口和焊接工艺。自动焊的装配质量要高于半自动焊，间隙大于 1mm 时可用半自动焊预堆一层焊缝，以免引起焊穿。

表 10-15　纯铝、铝镁合金、硬铝自动熔化极氩弧焊工艺参数

板材牌号	焊丝牌号	板材厚度/mm	坡口形式	坡口尺寸			焊丝直径/mm	喷嘴直径/mm	氩气流量/L·min⁻¹	焊接电流/A	电弧电压/V	焊接速度/m·h⁻¹	备　注
				钝边/mm	坡口角度/(°)	间隙/mm							
5A05(LF5)	SAlMg-5	5	—	—	—	—	2.0	22	28	240	21～22	42	单面焊双面成形
1060(L2)、1050A(L3)	1060(L2)	6	—	—	—	0～0.5	2.5	22	30～35	230～260	26～27	25	正反面均焊一层
		8	V形	4	100	0～0.5	2.5	22	30～35	300～320	26～27	24～28	
		10	V形	6	100	0～1	3.0	28	30～35	310～330	27～28	18	
		12	V形	8	100	0～1	3.0	28	30～35	320～340	28～29	15	
		14	V形	10	100	0～1	4.0	28	40～45	380～400	29～31	18	
		16	V形	12	100	0～1	4.0	28	40～45	380～420	29～31	17～20	
		20	V形	16	100	0～1	4.0	28	50～60	450～500	29～31	17～19	
		25	V形	21	100	0～1	4.0	28	50～60	490～550	29～31	—	
		28～30	X形	16	100	0～1	4.0	28	50～60	560～570	29～31	13～15	
5A02(LF2)	5A03(LF3)	12	V形	8	120	0～1	3.0	22	30～35	320～350	28～30	24	
		18	V形	14	120	0～1	4.0	28	50～60	450～470	28～30	18.7	
5A03(LF3)	5A05(LF5)	20	V形	16	120	0～1	4.0	28	50～60	450～500	28～30	18	
		25	V形	16	120	0～1	4.0	28	50～60	490～520	29～31	16～19	
2A12(LY12)	SAlSi-1	50	X形	6～8	75	0～0.5	4.2	28	50	450～500	24～27	15～18	也可采用双面U形坡口，钝边6～8mm

注：1. 正面焊完后必须清根，然后进行反面焊接。
2. 焊炬向前倾斜 10°～15°。

2. 焊接工艺要点

(1) 自动MIG焊 自动熔化极氩弧焊的主要工艺参数有焊丝直径、焊接电流、电弧电压、送丝速度、焊接速度、喷嘴直径和氩气流量等。通常是先根据焊件厚度选择坡口形状和尺寸，再选焊丝直径和焊接电流。

电弧电压一般控制在27～31V，电流较大，使熔滴呈亚喷射状过渡。这种过渡形式可使电弧稳定、飞溅少、熔深大、阴极破碎区宽、焊缝成形美观等。氩气流量也相应加大。

表10-15列出了纯铝和部分铝合金自动熔化极氩弧焊工艺参数。

在平板对接或筒体纵缝的焊接前，应在接缝两端焊上与母材成分和厚度相同的引弧板和收弧板。焊接时，喷嘴端部至焊件间的距离应保持在12～22mm之间。距离过高，气体保护不良；过低则会恶化焊缝成形。焊接环焊缝时收弧处可与起弧处重叠100mm左右，这种重熔起弧处有利于排除可能存在的缺陷。收弧处过高的部分用风铲修平。

(2) 半自动MIG焊 焊接工艺参数除焊接速度由操作者控制外，其余和自动MIG焊相似。表10-16列出了纯铝半自动MIG焊的工艺参数。对于相同厚度的铝锰、铝镁合金，焊接电流应降低20～40A，而氩气流量应增大10～15L/min。

表10-16 纯铝半自动MIG焊的工艺参数

板厚/mm	坡口形式			焊丝直径/mm	氩气流量/L·min^{-1}	焊接电流(直流反接)/A	电弧电压/V	焊道数
	形式	钝边/mm	间隙/mm					
3.2	I形		0～3	1.2	14	110	20	1
4.8	60° V形	1.6	0～1.6	1.2	14	170	20	1
6.4	60° V形	1.6	0～3	1.6	19	200	25	1
9.5	60° V形	1.6	0～4	1.6	24	290	25	2
12.7	60° V形	1.6	0～3	2.4	24	320	25～31	2
19	60° V形	1.6	0～4.8	2.4	28	350	25～29	4
25.4	90° V形	3.2	0～4.8	2.4	28	380	25～31	6

半自动熔化极氩弧焊的焊接速度，即焊枪向前移动的速度，与板厚、焊接电流和电弧电压等有关。焊枪移动速度应使得电弧保持在熔池上面，移动过快易熔合不良，过慢易烧穿或熔宽过大。一般采用左向焊法，焊枪喷嘴略向前倾，倾角约 15°～20°，如图 10-8 所示。焊厚板时角度小些，近于垂直，以获得较大熔深；焊薄板时角度宜大些。喷嘴端部与工件间的距离宜保持在 8～20mm 之间，焊接铝镁合金时宜短，以减小镁合金的烧损。焊丝伸出喷嘴的长度 10～25mm。

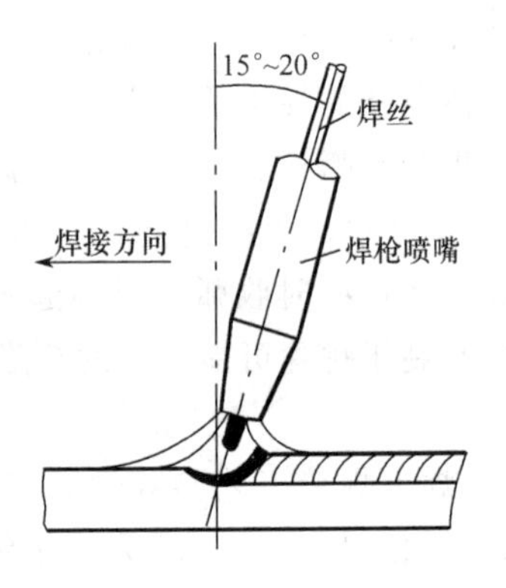

图 10-8 半自动 MIG 焊焊枪的倾斜角度

（3）脉冲熔化极氩弧焊　和脉冲钨极氩弧焊原理上是相似的，脉冲特征参数也相同。但是，脉冲熔化极氩弧焊用的电源是直流脉冲，而脉冲钨极氩弧焊用的是交流脉冲。

利用脉冲 MIG 焊除了可实现对焊丝熔化及熔滴过渡的控制、改善电弧稳定性、可用小的平均焊接电流实现熔滴喷射过渡、可以进行全位置焊接外，脉冲 MIG 焊还有一重要优点是可用粗焊丝焊接薄铝板。例如，普通熔化极氩弧焊焊接 2mm 厚的铝板时，一般使用 ϕ0.8mm 的铝细焊丝，这样的焊丝刚度小，送丝很困难，焊接过程不稳定，而脉冲熔化极氩弧焊可用 ϕ1.6mm 的粗铝焊丝焊接，能实现稳定送丝要求，并且粗丝比细丝焊接气孔倾向小。

脉冲熔化极氩弧焊可对 3～6mm 厚的铝板实现 I 形坡口单面焊

双面成形工艺，厚度大于6mm的铝板（或铝管），一般需开坡口。

脉冲熔化极氩弧焊主要工艺参数有脉冲电流、基值电流、脉冲通电时间、脉冲休止时间、焊丝直径、送丝速度、焊接速度和氩气流量等。选择这些参数时需考虑母材的种类、厚度及焊缝的空间位置、熔滴过渡形式等。熔化极氩弧焊是以喷射过渡为主要熔滴过渡形式，为此，焊接电流一定要大于喷射过渡临界电流值，才能实现稳定的焊接过程。在脉冲焊接情况下，无论脉冲电流是什么样的波形，其脉冲峰值电流一定要大于在此条件下喷射过渡的临界电流值。脉冲电流和脉冲通电时间都是决定焊缝形状和尺寸的主要参数，随着脉冲电流增大和脉冲通电时间的延长，焊缝熔深和熔宽增大，调节这两个参数，就可以获得不同的焊缝熔深和熔宽。基值电流主要是用于维持电弧稳定燃烧，在脉冲MIG焊中还可用于调节焊接热输入，以控制预热和冷却速度。平焊对接焊缝时，宜用较大基值电流。空间位置焊时宜用较小的基值电流。脉宽比宜选25%～50%。对于空间位置焊缝应选择较小的脉宽比，以保证电弧有一定的挺直度。对于热裂倾向大的铝合金也宜选用较小的脉宽比。根据实现稳定的喷射过渡要求，脉冲频率可在30～120Hz范围选取。表10-17列出了纯铝、铝镁合金半自动脉冲熔化极氩弧焊工艺参数。

表10-17 纯铝、铝镁合金半自动脉冲熔化极氩弧焊工艺参数

合金牌号		板厚/mm	焊丝直径/mm	基值电流/A	脉冲电流/A	电弧电压/V	脉冲频率/Hz	氩气流量/L·min^{-1}	备注
新	旧								
1035	L4	1.6	1.0	20	110～130	18～19	50	18～20	喷嘴直径16mm，焊丝牌号1035（L4）
1035	L4	3.0	1.2	20	140～160	19～20	50	20	喷嘴直径16mm，焊丝牌号1035（L4）
5A03	LF3	1.8	1.0	20～25	120～140	18～19	50	20	喷嘴直径16mm，焊丝牌号5A03（LF3）
5A05	LF5	4.0	1.2	20～25	160～180	19～20	50	20～22	喷嘴直径16mm，焊丝牌号5A05（LF5）

第十一章　铜及铜合金的焊接

铜及铜合金是生产和生活中常用的有色金属。在纯铜中加入合金元素后就成为铜合金。根据金属的颜色和成分，铜及铜合金可分为纯铜、黄铜（铜-锌合金）、青铜（铜-锡合金、铜-铝合金等）、白铜（铜-镍合金）四大类。由于各种铜合金的化学成分不同，其物理和化学性能也不同，其焊接性也各不相同。

第一节　纯铜的焊接

一、纯铜的特性与牌号

1. 特性

纯铜是含铜量不低于 99.9% 的工业纯铜。纯铜密度为 8.89g/cm^3，熔点为 1087℃，具有面心立方晶格的晶体结构。它有以下特性。

① 优良的导电性，在金属中仅次于银，纯度越高导电性越好。

② 导热性好，仅次于金和银，约是铝的 1.5 倍。

③ 在大气、海水中有良好的耐蚀性。

④ 有良好的常温和低温塑性，但在 400～700℃高温下，其强度和塑性显著降低。

⑤ 退火状态强度和硬度低，经冷加工变形后强度可成倍增加而塑性成倍降低。再经 500～600℃退火，又能恢复其塑性。

由于纯铜强度低，一般不用作结构元件，主要用于制造导线和导电元件，以及散热器、热交换器中的传热元件。

纯铜的性能与所含杂质有关。即使含铅、铋量很少，也会使铜产生热脆性，在焊接过程中极易形成裂纹；硫和氧在铜中形成脆性化合物，如硫化铜（Cu_2S）和氧化亚铜（Cu_2O），大大降低铜的塑性，使铜在热加工和焊接时产生困难。所有杂质都会降低铜的导电性，其中磷最显著，但磷却是铜及铜合金的良好脱氧剂。

2. 牌号、化学成分和性能

纯铜的牌号（代号）与用途是根据其含氧量不同划分的，有工业纯铜、磷脱氧铜和无氧铜等。普通工业纯铜的牌号以“T”为首，后接级别数字，如T1、T2、T3等；其纯度随顺序号增加而降低，$w(O_2)$在0.02%～0.1%之间；磷脱氧铜的牌号以“TP”为首，后接顺序号，如TP1、TP2等，是以磷、硅、锰等元素作脱氧剂，$w(O_2)<0.01\%$；无氧铜的牌号以“TU”为首，后接顺序号，如TU1、TU2等，是用高纯度铜经真空熔炼而获得，$w(O_2)<0.003\%$。

纯铜的种类、牌号及杂质总量见表11-1。

表11-1 纯铜的种类、牌号及杂质总量

类别	牌号	代号	杂质总量/%	类别	牌号	代号	杂质总量/%
纯铜	一号铜	T1	0.05	无氧铜	一号无氧铜	TU1	0.03
	二号铜	T2	0.1		二号无氧铜	TU2	0.05
	三号铜	T3	0.3	磷脱氧铜	一号脱氧铜	TP1	0.1
银铜	0.1银铜	TAg0.1	0.3		二号脱氧铜	TP2	0.15

二、纯铜的焊接特点

纯铜中以无氧铜比较易焊，含氧铜焊接性略差。厚度小于6mm的焊件多用气焊、焊条电弧焊、TIG焊和等离子弧焊，大厚度多用MIG焊和埋弧焊。因纯铜对氢和氧敏感，焊前需将填充金属和待焊的表面清理干净。接头形式主要是对接接头，因为搭接接头和T形接头散热快，很少应用。为防止铜液流失，焊缝背面常用衬垫，如铜垫、石墨垫、石棉垫或黏结软垫等。因铜热导率高，焊前通常需预热300℃以上。

三、纯铜的气焊

1. 焊前准备

按铜板厚度开不同坡口，见表11-2。经清理后进行定位焊，定位焊缝长度取20～30mm，间距约150～300mm。定位焊所用焊丝与焊接时相同，焊前应在坡口间隙内涂一层熔剂，火焰功率比焊接时稍大，对大焊件定位焊宜用分段对称定位焊法，焊缝余高不得超过坡口深度的2/3。

表11-2　纯铜对接接头气焊的坡口形式与尺寸

板厚/mm	坡口形式与尺寸/mm	板厚/mm	坡口形式与尺寸/mm
≤3	0~2	10～20	60°~90° 2~4
3～10	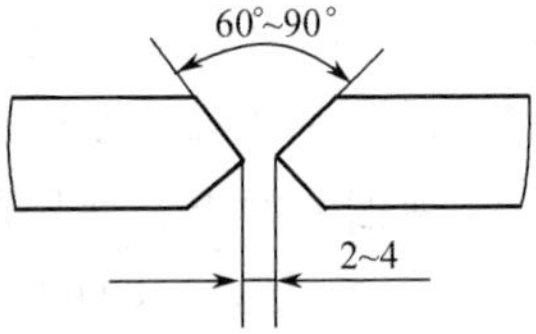 60°~90° 2~4		

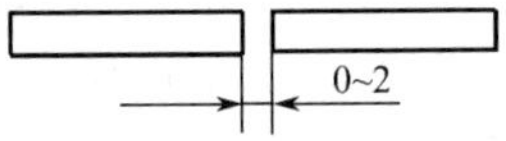

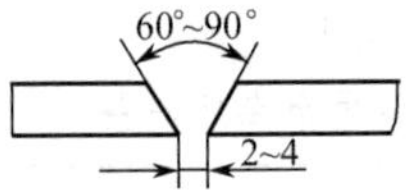

为了减少焊接应力，防止出现气孔、裂纹和未焊透等缺陷，焊前需预热，薄板、小尺寸焊件取400～500℃，厚大件预热达600～700℃。小件作整体预热，大件可局部预热，局部预热用氧-乙炔焰或煤气火焰等进行。

2. 焊丝和熔剂

选用HSCu（即HS201）焊丝。如果接头不要求具有良好的导电性和导热性，则可以采用青铜焊丝，如HSCuSi和HSCuSn。采用CJ301熔剂，如果采用一般纯铜丝或从母材的切条，应在熔剂中加入脱氧剂。

熔剂的用法是用水把焊剂调成糊状涂在焊道或焊丝上，用火焰烤干后即可施焊。

3. 工艺要点

（1）工艺参数　纯铜热导率高，一般用比焊碳钢大1～2倍的火焰能量进行焊接。火焰能量通过选用焊炬及其焊嘴号和调节可燃气体流量来控制。表 11-3 列出了磷脱氧铜气焊工艺参数。

表 11-3 磷脱氧铜气焊工艺参数

板厚 /mm	焊丝直径 /mm	根部间隙 /mm	乙炔气流量 /L·min^{-1}	预热气流量 /L·min^{-1}	焊炬及焊嘴号
1.5	1.6	无	4	无	H01-2 焊炬，4～5 号焊嘴
3.0	2.0	1.5	6	无	H01-6 焊炬，3～4 号焊嘴
4.5	3.0	2.0	8	12	H01-12 焊炬，1～2 号焊嘴
6.0	4.0	3.0	12	12	H01-12 焊炬，2～3 号焊嘴
9.0	5.0	4.5	14	16	H01-12 焊炬，3～4 号焊嘴
12.0	6.0	4.5	16	16	H01-12 焊炬，3～4 号焊嘴

（2）操作技术　纯铜气焊操作技术见表 11-4。

表 11-4 纯铜气焊操作技术

步骤	操作内容	具体操作的详细说明	备　注
1	火焰选择	用中性焰	氧化焰会使熔池氧化和合金元素烧损；碳化焰会产生一氧化碳和氢气，进入熔池易形成气孔
2	焊法选择	气焊紫铜多为薄平板对接，一般采用左向焊法	有利于防止金属过热和晶粒长大倾向
		当焊件厚度大于 6mm 时，宜采用右向焊法	得到较厚的焊道，又能防止铜液流到熔池前方，减少夹渣倾向
3	操作手法	焊接过程中，要控制好熔池温度，可以通过改变焊炬与焊件的距离及焊炬倾斜的角度来调节。为了提高火焰能量的利用率和增加熔深，焰芯离焊件不大于 6mm。焊炬运动要快，火焰绕熔池上下左右运动、划圈，靠火焰吹力防止铜液流散	焊接速度宜快，每条焊缝最好单道焊，一次焊完。若多次焊接加热，接头晶粒粗大并增加变形。中断焊接和终焊时，火焰应缓慢离开熔池，防止熔池过快冷却而产生裂纹。长焊缝宜采用逆向分段退焊法以减少焊接应力和变形

续表

步骤	操作内容	具体操作的详细说明	备注
4	焊后处理	为了改善接头性能，可以对接头进行锤击或热处理。对厚度小于5mm的焊件在冷态下锤击，用球形或平面铁锤沿焊缝两侧约100mm范围内均匀锤击；厚度5mm以上焊件可在250～350℃锤击。锤后再加热焊件到550～650℃，在水中急冷	紫铜气焊后力学性能比母材低，脱氧铜焊后可达母材退火状态的强度，含氧铜焊后只能达母材强度的70%～80%

四、纯铜的焊条电弧焊

1. 焊前准备

按铜板厚度制备不同的坡口。厚度小于或等于5mm的不开坡口；厚度大于5mm可开V形或X形坡口，见表11-5。其他准备工作如定位焊和坡口清理与气焊基本相同。当板厚超过3mm时，焊前必须预热，预热温度一般为400～600℃，随板厚和外形尺寸增大而相应提高，最高可达750～800℃。为了控制焊缝背面成形，接头背面常用衬垫。

表11-5 纯铜对接接头焊条电弧焊的坡口形式与尺寸

板厚/mm	坡口形式与尺寸/mm	板厚/mm	坡口形式与尺寸/mm
≤4	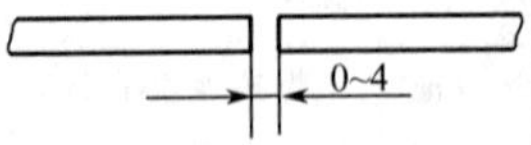 0~4	10～20	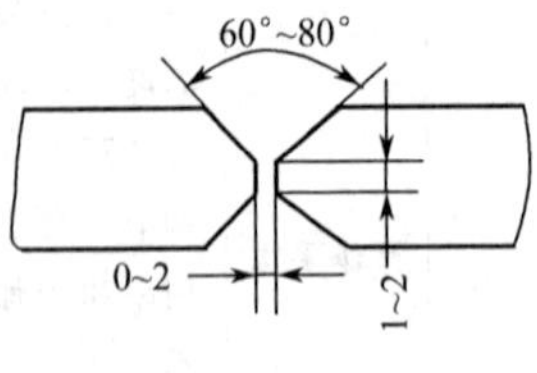 60°~80° 0~2 1~2
5～10	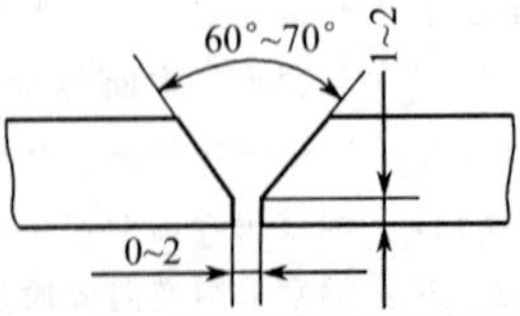 60°~70° 1~2 0~2		

铜焊条都是碱性低氢型的，用前需经350～400℃烘干1～2h。

2. 工艺要点

应选用ECu（即T107）焊条，也可选用ECuSn-B（即T227）焊条。电流为直流反接，焊条接正极。表11-6列出了纯铜焊条电弧焊的推荐工艺参数。随着预热温度的提高，焊接电流相应取低值。

表11-6 纯铜焊条电弧焊的推荐工艺参数

板厚/mm	焊条直径/mm	焊接电流/A	板厚/mm	焊条直径/mm	焊接电流/A
2	3.2	110～150	6	5～6	200～350
3	3.2或4	120～200	8	5～6	250～380
4	4	150～220	10	5～6	250～380
5	4或5	180～300			

焊接时应用短弧，焊条不宜作横向摆动，可沿焊缝作往复直线运动，使熔池存在时间较长，有利于气体逸出。长焊缝应采用逆向分段退焊法，焊接速度尽可能快，以减少焊件变形和接头过热。更换焊条的动作要快，应在熔池后（距弧坑10～20mm处）重新引弧，然后逐渐填满弧坑再向前焊接。多层焊时应彻底清除层间熔渣。结束时要缓慢熄弧以填满弧坑。焊后最好用平头锤锤击焊缝，以消除焊接应力和改善接头性能。

焊接场地要求空气流通或有人工通风设施，以排除焊接烟尘及有害气体。

五、纯铜TIG焊

TIG焊纯铜有手工和自动两种，自动只适用于焊缝规则的焊件。

1. 焊前准备

TIG焊受钨极载流能力限制，焊接电流增大是有限度的，故主要用于薄板和厚件底层焊道的焊接。对接板厚小于或等于3mm时，不开坡口；板厚在4～10mm时，一般开V形坡口；板厚大于或等于10mm开X形坡口，见表11-7。其他准备工作同焊条电弧焊。

表 11-7 纯铜对接接头手工钨极氩弧焊的坡口形式与尺寸

板厚/mm	坡口形式与尺寸/mm	板厚/mm	坡口形式与尺寸/mm
≤3	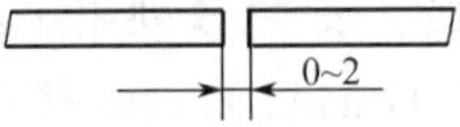 0~2	≥10	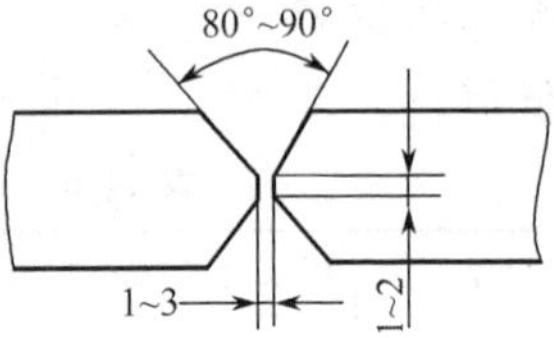 80°~90° 1~3 1~2
4~10	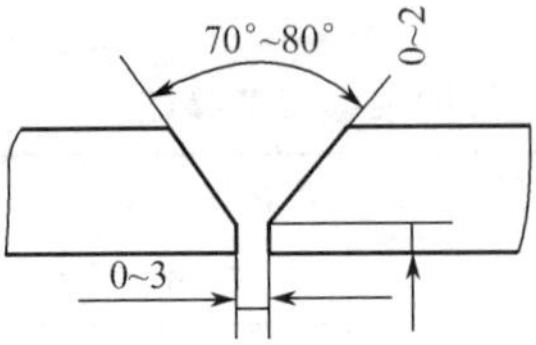 70°~80° 0~2 0~3		

2. 工艺要点

一般选用 HSCu（即 HS201）焊丝作填充金属，如果采用不含脱氧元素的普通纯铜丝作填充金属，焊时需用 CJ301 熔剂，焊前用无水乙醇（酒精）调成糊状，刷涂于待焊表面。使用恒流（陡降特性）直流电源。为了减少电极烧损、保证电弧稳定和有足够熔深通常采用直流正接（钨极接负）。小于 1mm 的薄纯铜件可用直流脉冲电源，如 WSM-250 脉冲 TIG 焊机。表 11-8 列出了纯铜手工 TIG 焊的工艺参数。

表 11-8 纯铜手工 TIG 焊的工艺参数

板厚 /mm	钨极直径 /mm	焊丝直径 /mm	电流 /A	氩气流量 /L·min^{-1}	预热温度 /℃	备 注
0.3~0.5	1	—	30~60	8~10	不预热	卷边接头
1	2	1.6~2	120~160	10~12	不预热	—
1.5	2~3	1.6~2	140~180	10~12	不预热	—
2	2~3	2	160~200	14~16	不预热	—
3	3~4	2	200~240	14~16	不预热	单面焊双面成形
4	4	3	220~260	16~20	300~350	双面焊
5	4	3~4	240~320	16~20	350~400	双面焊
6	4~5	3~4	280~360	20~22	400~450	—
10	5~6	4~5	340~400	20~22	450~500	—
12	5~6	4~5	360~420	20~24	450~500	—

通常采用左向焊法，焊前用高频振荡器引弧或在炭块、石墨块上接触引弧，然后移入坡口区焊接。操作时注意不同焊缝情况下焊炬、焊丝和工件之间的位置，如图 11-1～图 11-3 所示。喷嘴与工件之间的距离以 10～15mm 为宜，既便于操作、观察，又可获得良好保护。加焊丝时，弧长取 2～5mm，焊丝一般不离开熔池，但不能接触钨极，钨极表面沾了铜会影响电弧稳定。厚板多层焊的层数不宜过多，底层焊道必须熔合良好，防止产生气孔、裂纹等缺陷。层间温度不应低于预热温度。焊下一层前，要用钢丝刷清理焊缝表面的氧化物。

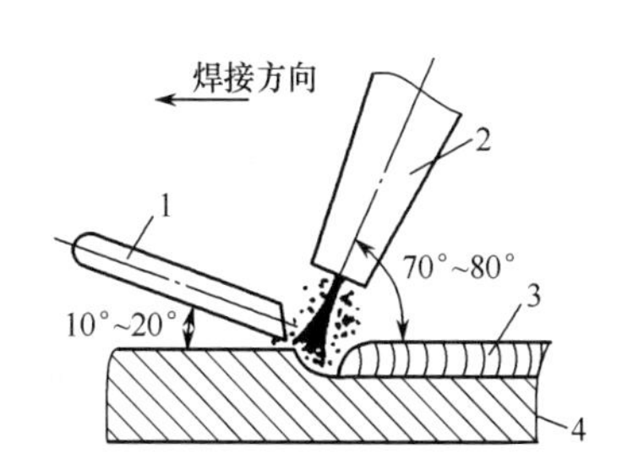

图 11-1 手工钨极氩弧焊平焊操作示意

1—焊丝；2—焊炬；3—焊缝；4—工件

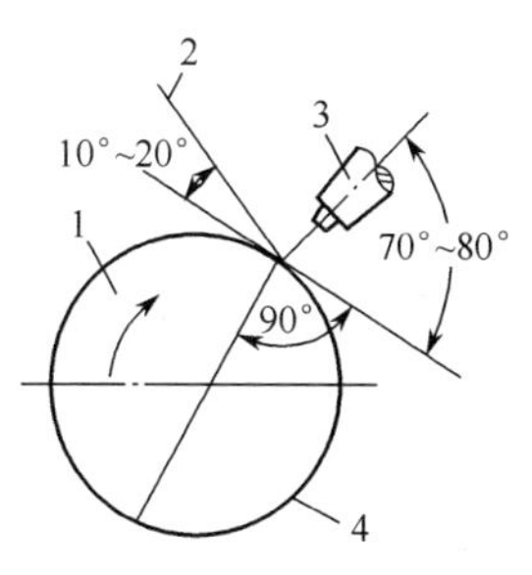

图 11-2 环缝焊接示意

1—工件转动方向；2—焊丝；3—焊炬；4—工件

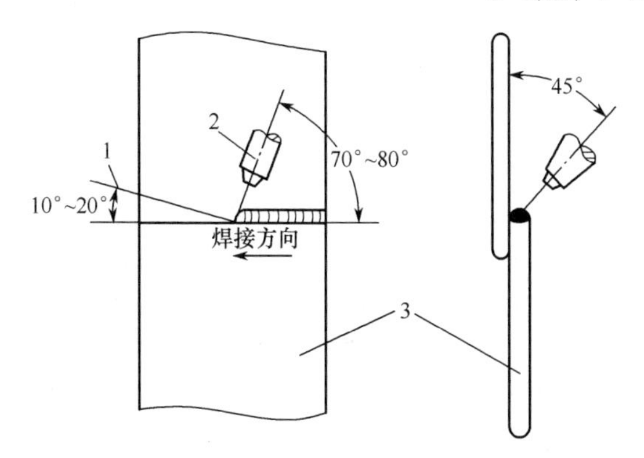

图 11-3 搭接横焊示意

1—焊丝；2—焊炬；3—工件

六、纯铜的MIG焊

厚度大于12mm的纯铜，一般都采用熔化极氩弧焊（MIG）。MIG焊可用更大的焊接电流，因而电弧功率大、熔敷率高、熔深大。

MIG焊的坡口形式与TIG焊相似，由于MIG焊的穿透力强，不开坡口的厚度极限尺寸及钝边尺寸比TIG焊大，坡口角度可减小，一般不留间隙。

应选用含脱氧元素的纯铜焊丝HSCu（即HS201）。为提高焊接效率，一般采用大电流高焊速的工艺参数。与TIG焊相比，焊接同样厚度的纯铜件，焊接电流增加30%以上，焊速可提高一倍，由于熔池增大，氩气流量也相应加大。表11-9列出了纯铜MIG焊的工艺参数。通常采用恒压（平特性）电源，直流反接。

MIG焊熔滴过渡形式与电流密度有关，随着电流密度增大，熔滴过渡从短路转为喷射。只有喷射过渡才能获得稳定的电弧、较大的熔深和良好的焊缝成形，通常用于平焊和横角焊位置的焊接，而滴状和短路过渡适于立焊或仰焊。

七、纯铜的等离子弧焊

等离子弧焊比TIG焊和MIG焊具有更高的能量密度和温度，很适合具有高热导率纯铜的焊接。厚度6～8mm的焊件对接可不预热和不开坡口，且一次焊成，其质量达到母材水平。厚度在10～16mm时需加工成60°～70°的V形坡口，钝边2～3mm。

通常采用氩气作等离子气和保护气体。采用转移型电弧，钨极接负极（直流正接）。焊接纯铜常用熔透（即非小孔）法，因纯铜传热快，虽不用小孔穿透法，仅靠熔融金属的热传导也易焊透。纯铜液表面张力小，自重大，铜液极易流失，为防止烧穿，常用平面石墨衬垫于焊缝背面施焊。

可以采用自动焊和手工焊，前者主要用于平直焊缝或环缝焊接，后者的操作与手工TIG焊相似。手工等离子弧焊时弧长变动范围较大，若添加焊丝时，弧长可在6～10mm间变化。

表 11-9 纯铜 MIG 焊的工艺参数

板厚/mm	坡口形式及尺寸				焊丝直径/mm	电流/A	电压/V	氩气流量/$L \cdot min^{-1}$	焊速/$m \cdot h^{-1}$	层数	预热温度/℃
	形式	间隙/mm	钝边/mm	角度 α/(°)							
3	I形	0	—	—	1.6	300～350	25～30	16～20	40～45	1	—
5	I形	0～1	—	—	1.6	350～400	25～30	16～20	30	1～2	100
6	V形	0	3	70～90	1.6	400～425	32～34	16～20	30	2	250
6	I形	0～2	—	—	2.5	450～480	25～30	20～25	30	1	100
8	V形	0～2	1～3	70～90	2.5	460～480	32～35	25～30	25	2	250～300
9	V形	0	2～3	80～90	2.5	500	25～30	25～30	21	2	250
10	V形	0	2～3	80～90	2.5～3	480～500	32～35	25～30	20～23	2	400～500
12	V形	0	3	80～90	2.5～3	550～650	28～32	25～30	18	2	450～500
12	X形	0～2	2～3	80～90	1.6	350～400	30～35	25～30	18～21	2～4	350～400
15	双U形	0	3	30	2.5～3	500～600	30～35	25～30	15～21	2～4	450
20	V形	1～2	2～3	70～80	4	700	28～30	25～30	23～25	2～3	600
22～30	V形	1～2	2～4	80～90	4	700～750	32～36	30～40	20	2～3	600

表11-10列出了纯铜等离子弧焊的工艺参数。

表 11-10　纯铜等离子弧焊的工艺参数

铜材厚度/mm	钨极直径/mm	钨极内缩量/mm	喷嘴直径/mm	保护罩与焊件间的距离/mm	保护气流量/L·min^{-1}	离子气流量/L·min^{-1}	焊接电流/A	备注
6	5	3～3.5	4	8～10	12～14	正：4～4.5 反：4.5～5	正：140～170 反：160～190	开I形坡口的对接焊，正反面各焊1层
10	5	3～3.5	4	8～10	20～22	正：4～4.5 反：4.5～5	正：210～220 反：220～240	V形坡口，角度60°，钝边(2±0.5)mm，正反面各焊3层
16	6	3～3.5	4	8～10	21～23	5～5.5	正：210～240 反：240～260	正面焊4层 反面焊3层

超薄（0.1～1mm）的纯铜件宜用微束等离子弧焊，因能量高度集中，可使变形减到最小。

等离子弧焊除要求工艺参数稳定外，焊前对焊件坡口加工精度、装配精度以及薄件所用夹具的精度要求很高，工件越薄要求就越严格。这与等离子束很细、能量密度大有关，通常对接间隙的均匀性、错边和背面垫板紧贴度，误差一般不允许超过1mm，薄件不超过0.3～0.5mm。

八、纯铜的埋弧焊

1. 焊前准备

许多准备工作与焊接钢件相同。铜的埋弧焊通常采用单道焊，厚度小于20～25mm的可不开坡口单面焊或双面焊，厚度更大的焊件最好开U形坡口，钝边取5～7mm。厚度在20mm以下可不预热，超过20mm可以局部预热300～400℃进行焊接。

埋弧焊使用较大的热输入，焊缝熔化金属量大，为防止铜液流失和获得良好的反面成形，单面焊或双面焊的第一面，焊前均应在反面使用反面衬垫，如石墨垫板、不锈钢垫板、型槽焊剂垫、布带焊剂垫等。垫板属刚性件，需按焊缝尺寸要求开成形槽，垫板与铜板的接触面要很吻合，它适于厚度不大和较短的直线焊缝使用；厚度较大或环焊缝适用柔性的焊剂垫，使用时务必与铜件底面紧密贴合。宜选用颗粒稍粗的焊剂（约2～3mm）作垫剂层，其厚度一般不应小于30mm。

为了保证始末端焊缝质量，也和其他金属埋弧焊一样，焊前在焊缝两端焊上铜引弧板和收弧板，也可采用石墨板。引弧板和收弧板与工件接合要好，间隙不大于1mm，其尺寸一般取100mm×100mm，厚度与母材相同。

2. 工艺要点

焊接纯铜可用HJ431、HJ260、HJ150等焊剂。高硅高锰的HJ431工艺性能较好，但氧化性强，易向焊缝过渡硅、锰，使接头导电性能降低；若对接头导电性能要求高时，可选用氧化性小些的HJ260和纯铜焊丝配合。焊接纯铜的焊丝主要是HSCu（即HS201），也可以用硅青铜焊丝，如HSCuSi等。

由于纯铜的热导率高、热容量大，埋弧焊时宜选用大电流、高电压的焊接工艺参数，以改善焊缝的冷却条件，让熔池有一定时间进行还原反应以获得良好的焊缝质量。表11-11列出了纯铜埋弧焊的工艺参数。

埋弧焊机一般选用陡降外特性的直流电源，反接法，工件接负极。焊丝伸出长度为35～40mm。焊丝与焊件表面互相垂直，为了提高熔透度，也可将焊丝向前倾斜10°。焊件常置于水平或倾斜（5°～10°）位置。在倾斜位置采用上坡焊，这时铜液略向下流，电弧易深入熔池底部，有利于根部焊透。

表 11-11　纯铜埋弧焊的工艺参数

板厚/mm	坡口形式及尺寸				焊丝牌号	焊丝直径/mm	焊接层数	焊接电流/A	电弧电压/V	焊接速度/$m \cdot h^{-1}$	备注
	坡口形式	间隙/mm	钝边/mm	角度/(°)							
3～4	I形	1	—	—	HS201	2.5～3	1	320～380	34～36	23～26	采用垫板的单面单层焊
5～6	I形	2.5	—	—	HS201	2.5～3	1	380～420	34～38	22～24	采用垫板的单面单层焊
8	V形	2.5	3	60～70	HS201	4	2	460～500	34～38	18～23	在焊剂垫上进行双面自动焊
10	V形	2.5～3.0	3	60～70	HS201	4	2	460～540	34～38	18～20	在焊剂垫上进行双面自动焊
12	V形	0～3	3	60～70	T1	4	1	510～580	40～42	17～19	采用单面单层焊，也可采用双面焊
14	V形	0～3	3	60～70		4	1	530～620	40～42	18～20	
16	V形	2～3	3	60～70	HS201	4	1	580～650	40～42	14～18	采用垫板的单面单层焊，也可开I形坡口进行焊接
21～25	V形	1～3	4	80	HS201	4～5	3～4	650～700	36～42	18～22	采用垫板，预热温度400～500℃
20	X形	1～2	2	60～65	—	4～5	3～4	600～650	40～42	12～16	预热温度400～500℃，可开I形坡口进行焊接
35～40	U形	0～1.5	1.5～3	5～15	—	5	7～8	680～720	40～42	—	U形坡口加工较困难，为便于加工也可采用X形坡口

第二节　黄铜的焊接

黄铜是铜和锌组成的二元合金。因表面颜色随含锌量增加由黄红色变成淡黄色，故称黄铜。它的强度、硬度和耐蚀性都比纯铜高，并能进行冷、热加工，因而在工业上应用广泛。

一、黄铜的组成与性能

铜中只含锌的称简单(普通)黄铜，当 $w(Zn)=30\%$时，为单一的 α 相组织，塑性最好；当 $w(Zn)>39\%$时，就出现金属间化合物 β 相，这时强度提高而塑性下降。为了进一步提高黄铜的力学性能、耐蚀性能、铸造或切削的工艺性能，在简单黄铜中再加入少量的锡、锰、铝、硅、铁等元素，就获得系列多元铜合金，称复杂(特殊)黄铜，所加入的 $w(Me)\leqslant 4\%$，且大都固溶在铜中，因而没有改变黄铜的基本组织。常用黄铜的代号及用途见表 11-12。

表 11-12　常用黄铜的代号及用途

组别	代号	用　途
简单黄铜	H96	冷凝管、散热器及导电件
	H90	奖章、双金属片、供排水管
	H85	虹吸管、蛇形管、冷却设备制件
	H80	造纸网、薄壁管
	H70	弹壳、机械及电气零件
	H68	复杂的冷冲件、散热器外壳、导管
	H65	小五金、小弹簧、机械零件
	H62	销钉、铆钉、垫圈、导管、散热器
	H59	机电零件、热冲压件、焊接件

组别	代号	用　途
铅黄铜	HPb63-3	钟表、汽车、拖拉机及一般机器零件
	HPb63-0.1	钟表、汽车、拖拉机及一般机器零件
	HPb62-0.8	钟表零件
	HPb61-1	结构零件
	HPb59-1	热冲压及切削加工零件，如销子、螺钉、垫圈等
铝黄铜	HAl67-2.5	海船冷凝器管及其他耐蚀零件
	HAl60-1-1	齿轮、蜗轮、衬套、轴及其他耐蚀零件

续表

组别	代号	用 途	组别	代号	用 途
铝黄铜	HAl59-3-2	船舶电动机等常温下工作的高强度耐蚀零件	锰黄铜	HMn58-2	船舶和弱电用零件
锡黄铜	HSn90-1	汽车、拖拉机弹性套管等	铁黄铜	HFe59-1-1	在摩擦及海水腐蚀条件下工作的零件，如垫圈、衬套等
	HSn62-1	船舶、热电厂中高温耐蚀冷凝器管	硅黄铜	HSi80-3	耐磨锡青铜的代用品
	HSn60-1	与海水和汽油接触的船舶零件	镍黄铜	HNi65-5	压力计管、船舶用冷凝管

按工艺性能、力学性能和用途不同，可将黄铜分为加工黄铜和铸造黄铜两类。

加工黄铜的代号：简单黄铜用“H”加基元素铜的平均含量表示；复杂(三元以上)黄铜用“H”加第二个主添元素符号及除锌以外的成分数字组表示。例如：

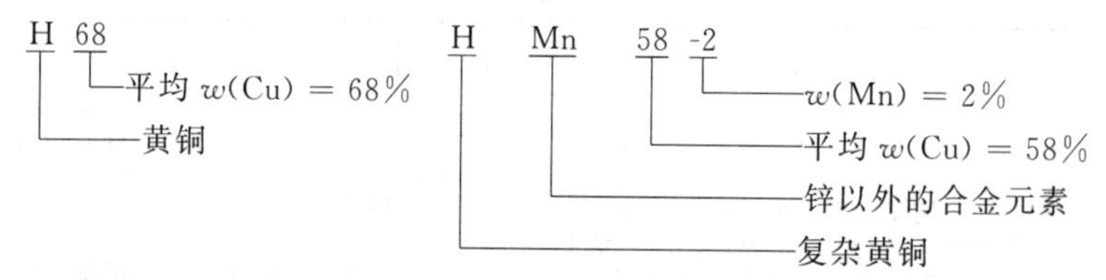

铸造黄铜牌号的表示方法，与所有铸造非铁合金牌号表示方法相同，由“Z”和基本金属的化学元素符号、主要合金化学元素符号以及表明合金化元素名义百分含量的数字组成，以铸造铝黄铜为例说明其标准规则：

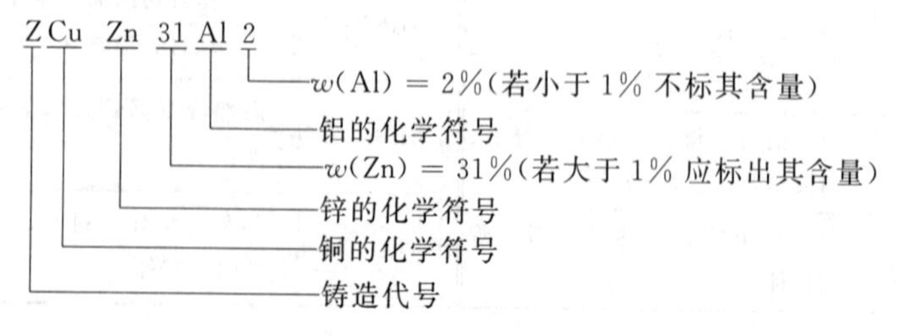

二、黄铜的焊接特点

黄铜焊接的主要问题一是难熔合，焊缝成形能力差；二是焊接应力与变形大；三是易产生热裂纹。此外，黄铜焊接时锌的蒸发和烧损也是很严重的。锌沸点低，仅904℃，在焊接高温下大量蒸发，气焊时蒸发量达25%，焊条电弧焊达40%。焊缝含锌量减少，会引起接头耐蚀性能和力学性能下降；锌的蒸发，易使焊缝产生气孔；锌蒸气氧化成白色烟雾状的氧化锌，妨碍焊接操作，且对人体健康有害，焊接时要求有较好的通风条件。

锌是有效脱氧剂，且易蒸发，于是焊接黄铜时氢的溶解和熔池金属的氧化问题不突出。由于黄铜的结晶区间小，在焊接过程中不易引起偏析及低熔点共晶，所以形成热裂纹的倾向比纯铜和青铜小。但黄铜线胀系数大，易引起较大的焊接应力和变形，焊接厚大焊件或在刚性拘束下焊接易引起冷裂纹。黄铜焊后在海水或氨气等腐蚀性介质中工作，会产生应力腐蚀。因此，这类焊件焊后需加热到350～400℃退火处理，以消除焊接应力。

黄铜热导率比纯铜小，焊时预热温度比纯铜低得多。黄铜的导热性随含锌量的增加而降低，因此，焊接高锌黄铜要求的预热温度比低锌黄铜低。但前者锌的蒸发比后者严重。

铅黄铜不适于焊接，因具有热脆性，焊接裂纹几乎不可避免。

黄铜焊接的坡口形式及焊前清理所用设备、操作方法等与纯铜焊接相似。

三、黄铜的气焊

气焊黄铜可以减少和防止锌的蒸发和烧损，因而被广为应用。黄铜气焊的方法与步骤见表11-13。表11-14和表11-15分别列出了气焊黄铜的接头坡口形式和焊接工艺参数。

表 11-13 黄铜气焊的方法与步骤

步骤	工作内容		详细说明	备注
1	焊丝选择		气焊黄铜用的填充焊丝有HSCuZn-1、HSCuZn-2、HSCuZn-3和HSCuZn-4，相当于统一牌号HS220、HS221、HS222和HS224，最好含适量的硅	焊丝中若含有少量合金元素硅，焊接时形成氧化硅薄膜覆盖在熔池表面，可以阻止锌的蒸发，同时又减少气孔的生成
2	焊剂选择	粉状熔剂	粉状熔剂以硼砂为主，常用的配方（质量分数）有 ① 硼砂 94%、镁粉 6% ② 硼砂 95%、磷酸氢钠 5% ③ 氯化钾 50%、氯化钠 12.5%、冰晶粉 35%、木炭粉 2.5%	焊前用水玻璃将熔剂涂于焊丝上
		气体熔剂	气体熔剂是硼酸甲酯[$(CH_3)_3BO_3$] 66%～75%和甲醇（CH_3OH）25%～34%的混合液，放在发生器内汽化成蒸气	焊接时由乙炔气带此蒸气进入焊炬再与氧气混合，经燃烧后在火焰内形成硼酐蒸气(B_2O_3)凝聚到母材金属和焊丝上，与金属氧化物起作用而生成硼酸盐，如 $CuO \cdot B_2O_3$ 及 $ZnO \cdot B_2O_3$ 等，以薄膜形式浮在熔池表面，有效地防止锌的蒸发及熔池金属被氧化
3	气焊火焰		轻微氧化焰	使熔池表面生成 ZnO 和 SiO_2
4	预热		小件不预热；一般厚度大于12mm的黄铜焊件才需要预热，温度为 300～450℃；16mm 以上或较大焊件预热温度应提高到 500～550℃	直接用氧-乙炔焰焊炬垂直于焊件，在始焊端往复移动加热
5	操作		焊接时使用轻微的氧化焰，以使熔池表面形成一层氧化锌薄膜，防止熔池中锌进一步蒸发和氧化，使用气体熔剂时也可用中性焰，采用左向焊法，焰芯与焊件表面距离约 6～10mm	所用焊炬功率比焊纯铜的小，在保证焊透的前提下，应尽可能采用高的焊接速度，减少锌的蒸发

表 11-14 气焊黄铜的接头坡口形式

板厚/mm	坡口形式与尺寸/mm	板厚/mm	坡口形式与尺寸/mm
≤2 卷边 不加焊丝	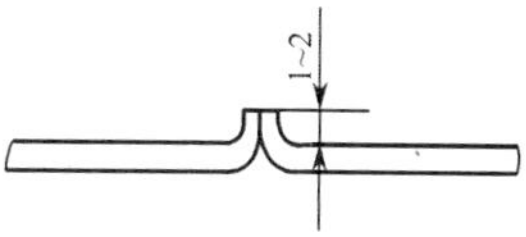 1~2	1~3 单面焊	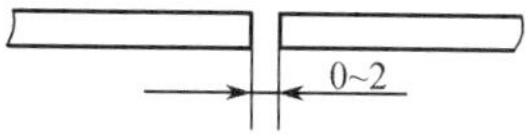 0~2
3~6 双面焊	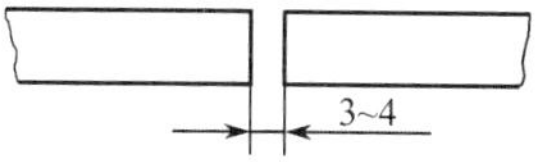 3~4	15~25 X 形坡口	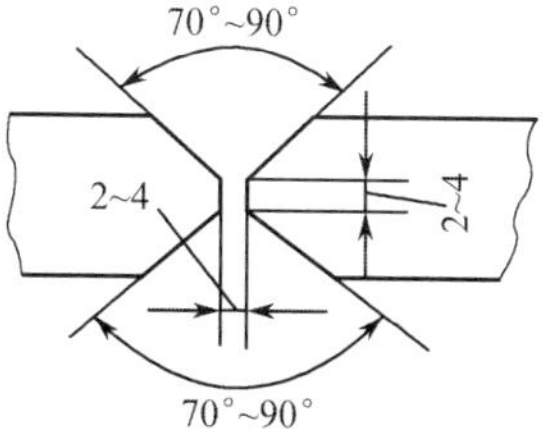 70°~90° 2~4 2~4 70°~90°
6~15 V 形坡口	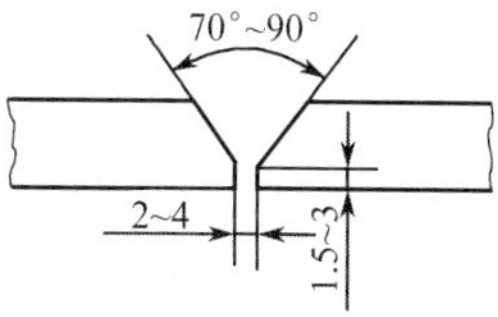 70°~90° 2~4 1.5~3		

表 11-15 气焊黄铜的焊接工艺参数

板厚/mm	焊接层数	焊丝直径/mm	焊炬型号	乙炔气流量/L·h^{-1}	
				焊嘴	预热嘴
1~2.5	1	2	H01-2	100~150	—
3~4	2	3	H01-2 或 H01-6	100~300	—
4~5	2	4	H01-6	225~350	225~350
6~10	正面 2 层，反面 1 层	4	H01-12	500~700	500~700
>12	正面 3 层，反面 1 层	4	H01-12	750~1000	750~1000

四、黄铜的电弧焊

1. 焊条电弧焊

焊条电弧焊黄铜是用青铜焊条，如 ECuSi-B(T207)、ECuSn-B(T227)或 ECuAl-C(T237)等，这些焊条焊接时熔滴不存在锌的蒸发与烧损问题。为了减少熔池上锌的蒸发，建议采用焊条与焊件基本垂直，短弧小电流快速焊，尽量不作横向及前后摆动。黄铜流动性好，故尽量采取平焊位置。表 11-16 列出了黄铜手弧焊接的参考工艺参数。

表 11-16 黄铜手弧焊接的参考工艺参数

板厚/mm	接头间隙/mm	焊条直径/mm	焊接电流/A	电弧电压/V	备注
2.0	0.5～0.6	2.5	42～46	23	背面衬垫板
2.5	0.8～1.0	2.5	65～70	25	背面衬垫板
3.0	1.0	3.2	70～75	24～25	背面衬垫板

2. 氩弧焊

用惰性气体保护电弧焊接黄铜较普遍，小焊件多用 TIG 焊，厚度较大的焊件用 MIG 焊，焊接工艺与焊接纯铜基本相同。为了减少锌的蒸发及烟雾对保护气体破坏的影响，最好选用不含锌的焊丝。对普通黄铜宜采用锡青铜焊丝 HSCuSn；对高强度黄铜宜采用硅青铜或铝青铜焊丝如 HSCuSi 和 HSCuAl 等。

TIG 焊用直流正接或交流电源，用交流电源时锌的蒸发比直流正接程度小。MIG 焊用直流反接，薄焊件一般不预热，厚度大于 10mm 时需预热。低锌黄铜推荐用 100～300℃ 预热，高锌黄铜预热温度可低些。焊接时焊丝尽量置于电弧与母材之间，避免电弧对母材直接加热，母材主要靠熔池金属的传热来加热熔化，目的也是减少锌的蒸发。尽可能单层焊，板厚小于 5mm 的接头，最好一次焊成。表 11-17 和表 11-18 分别列出了 TIG 焊和 MIG 焊焊接黄铜的工艺参数。

表 11-17 TIG 焊焊接黄铜的工艺参数

板厚/mm	坡口形式	焊丝 牌号	焊丝 直径/mm	焊接电流(直流正接)/A	氩气流量/L·min⁻¹	预热温度/℃	备注
<1	I形	HSCuSi、HSCuSn	1.6	170～190	10～12	不预热	单面焊
1～3	I形	HSCuSi、HSCuSn	1.6	190～230	10～12	不预热	单面焊或双面焊

表 11-18 MIG 焊焊接黄铜的工艺参数

板厚/mm	坡口形式	焊丝 牌号	焊丝 直径/mm	焊接电流(直流反接)/A	电弧电压/V	氩气流量/L·min⁻¹	预热温度/℃
3～6	V形	HSCuSi、HSCuSn	1.6	270～300	23～28	12～14	不预热
9～12	V形		1.6	270～300	23～28	12～14	不预热

第三节　青铜的焊接

按加入铜中的主要合金元素分有锡青铜、铝青铜、硅青铜、铍青铜等。如果在此基础上再加入少量其他合金元素，就会获得某些特殊性能的青铜。

一、青铜的特点与牌号

1. 主要特点

① 所加入的合金元素含量都控制在 α 铜的溶解范围内，所得的合金基体是单相组织，在加热和冷却过程中无同素异构转变。

② 与纯铜和黄铜相比，具有较高的强度、耐磨性、耐蚀性和铸造性，并保持一定的塑性。

③ 除铍青铜外，其他青铜的导热性比紫铜和黄铜低很多，并具有较窄的结晶区间，因而具有较好的焊接性能。

由于青铜有上述特点，在机械制造业中应用很广泛。

青铜也可分为加工青铜和铸造青铜两类，在工业上用得较多的是铸造青铜，常用来铸造各种耐磨、耐蚀（耐酸、碱、蒸汽等）的零件，如轴瓦、轴套、阀体、泵壳、蜗轮等。

2. 青铜的代号

加工青铜代号是用“Q”加第一个主添合金元素符号及除基元素铜外的成分数字组表示。例如，QSn4-3 表示锡平均 $w(Sn)=4\%$ 和锌平均 $w(Zn)=3\%$ 的锡青铜，QAl9-2 为铝平均 $w(Al)=9\%$ 和锰平均 $w(Mn)=2\%$ 的铝青铜。铸造青铜的牌号表示方法和铸造黄铜相似。

加工青铜的代号与用途见表 11-19，常用的铸造青铜有 ZCuSn10Pb、ZCuSn10Zn2、ZCuSn3Zn8Pb6Ni1、ZCuSn5Pb5Zn5、ZCuPb15Sn8、ZCuAl19Mn2、ZCuAl10Fe2Mn3。

表 11-19 加工青铜的代号与用途

组别	代号	用途	组别	代号	用途
锡青铜	QSn4-3	弹性元件、化工机械耐磨零件和抗磁零件	铝青铜	QAl5	弹簧
				QAl7	弹簧
	QSn-4-4-2.5	航空、汽车、拖拉机用承受摩擦的零件，如轴套等		QAl9-2	海轮上的零件，在250℃以下工作的管配件和零件
	QSn4-4-4	航空、汽车、拖拉机用承受摩擦的零件，如轴套等		QAl9-4	船舶零件及电气零件
	QSn6.5-0.1	弹簧接触片、精密仪器中的耐磨零件和抗磁元件		QAl10-3-1.5	船舶用高强度耐蚀零件，如齿轮、轴承等
	QSn6.5-0.4	金属网、弹簧及耐磨零件		QAl10-4-4	高强度耐磨零件和400℃以下工作的零件，如齿轮、阀座等
铍青铜	QBe2	重要的弹簧和弹性元件，耐磨零件以及高压、高速、高温轴承		QAl11-6-6	高强度耐磨零件和500℃以下工作的零件
	QBe1.7	各种重要的弹簧和弹性元件，可代用QBe2.5	硅青铜	QSi3-1	弹簧、耐蚀零件以及蜗轮、蜗杆、齿轮、制动杆等
	QBe1.9	各种重要的弹簧和弹性元件，可代用QBe2.5		QSi1-3	发动机和机械制造中结构零件及300℃以下的摩擦零件

青铜种类很多，化学成分和性能差别甚大。总体来说，由于青铜导热性比纯铜小，合金蒸发烧损比黄铜弱，故其焊接性比纯铜和黄铜好。

二、硅青铜的焊接

硅青铜是铜合金中最易焊接的一种，因导热性比其他铜合金低，焊前不需预热，液态金属流动性好，且硅还具有良好的脱氧作用。但是，硅青铜约在815～955℃温度区间具有热脆性，若在此区间受到过大应力作用可能引起裂纹。

气焊时，应选用硅青铜焊丝 HSCuSi 作填充金属，采用中性焰或轻微氧化焰。焊时需使用熔剂，焊剂配方（质量分数）有：硼砂 90%加氯化钠 10%；硼砂 72%、磷酸钠 15%和氯化钠 13%。

焊条电弧焊时，一般选用硅青铜焊条 ECuSi-B（即 T207），也可选用铝青铜焊条 ECuAl-C（即 T237）。焊接时保持短弧、小熔池、细焊道快速施焊，以防止过热。多层焊时注意清渣和焊道表面的氧化物。

手工 TIG 焊时用硅青铜焊丝 HSCuSi 作填充金属，有时也可用 HSCuAl。一般采用直流正接或交流电源。用交流电源时，在负半周时有阴极破碎作用，可去除覆盖在熔池表面的氧化硅薄膜。焊接时用左向焊法，尽可能采取小熔池快速焊。多层焊时也需清除焊道表面的氧化膜层，当焊件厚度大于 6mm 时宜采用 MIG 焊以提高效率和焊接质量。

表 11-20 和表 11-21 分别列出了手工 TIG 焊和 MIG 焊焊接硅青铜的工艺参数。

表 11-20 手工 TIG 焊焊接硅青铜的工艺参数

<table>
<tr><th rowspan="2">板厚/mm</th><th rowspan="2">坡口形式</th><th colspan="2">焊 丝</th><th rowspan="2">钨极直径/mm</th><th colspan="2">焊接电流</th><th rowspan="2">氩气流量/L·min⁻¹</th><th rowspan="2">备 注</th></tr>
<tr><th>牌号</th><th>直径/mm</th><th>种类</th><th>范围/A</th></tr>
<tr><td>1.6</td><td>I形</td><td rowspan="5">HSCuSi</td><td rowspan="2">1.6</td><td rowspan="2">1.6</td><td>交流</td><td>100～120</td><td rowspan="2">7</td><td rowspan="5">不预热</td></tr>
<tr><td>3.2</td><td>I形</td><td rowspan="4">直流正接</td><td>130～150</td></tr>
<tr><td>6.4</td><td>I形</td><td rowspan="3">3.2</td><td rowspan="3">3.2</td><td>250～350</td><td rowspan="3">9</td></tr>
<tr><td>9.5</td><td>V形</td><td>230～280</td></tr>
<tr><td>12.7</td><td>V形</td><td>250～300</td></tr>
</table>

表 11-21 MIG 焊焊接硅青铜的工艺参数

板厚/mm	坡口形式	钝边/mm	间隙/mm	焊丝直径/mm	焊接电流/A	氩气流量/L·min^{-1}	焊接层数	备 注
3	I形	2	2	1.6～2	80～200	18～20	1	电弧电压 26～27V

续表

板厚/mm	坡口形式	钝边/mm	间隙/mm	焊丝直径/mm	焊接电流/A	氩气流量/L·min⁻¹	焊接层数	备注
5～6	V形 60°～70°	2～2.5	2	2～2.5	280～340	20～25	2	反面用铜衬垫
12	V形 60°不对称	4～5	2～3	2.5	320～340	22～26	2～3	电弧电压 27～28V
20	X形	4～5	2～3	2.5	350～380	26～30	3～5	

三、锡青铜的焊接

锡青铜液-固温度范围宽，偏析较严重，易生成粗大而脆弱的枝晶组织，使焊缝疏松，甚至构成气孔。此外，锡青铜高温强度和塑性低，具有较大热脆性，故焊接时易产生热裂纹。一般不推荐用气焊，因接头过热区宽、冷速慢，易产生裂纹。需用气焊时，应用中性焰，火焰功率与焊接碳钢相同。选用 HSCuSn 焊丝或与母材成分相近的青铜棒，但含锡量应比母材高出 1%～2%，以补偿焊接时锡的烧损，所用熔剂与焊接纯铜相同。

焊条电弧焊时选用 ECuSn-B（即 T227）焊条。焊补厚壁或刚性大的锡青铜铸件前应预热 100～200℃，表 11-22 的工艺参数可供参考。焊接时焊条不宜作横向摆动，以窄焊道施焊，要保持层间温度在 150～200℃范围内。

表 11-22 锡青铜焊条电弧焊的工艺参数

焊件厚度/mm	焊条直径/mm	焊接电流/A	电弧电压/V
1.5	3.2	60～100	20～24
3.0	3.2 或 4.0	80～160	22～26
4.5	3.2 或 4.0	160～280	24～28
6.0	4.0～5.0	280～320	26～30
12	6.0	380～400	28～32

用手工 TIG 焊焊接锡青铜时选用与气焊相同的焊丝作填充金属。可以采用交流或直流正接，焊前预热 170～200℃。焊接时尽

可能保持小熔池和快速施焊，对多层焊每焊一道进行热锤击可减少焊接应力和防止产生裂纹。焊接厚截面或大型焊件，宜选用 MIG 焊，用直流反接。表 11-23 和表 11-24 分别列出了 TIG 焊和 MIG 焊焊接锡青铜的工艺参数。

表 11-23 TIG 焊焊接锡青铜的工艺参数

板材厚度/mm	钨极直径/mm	焊丝直径/mm	焊接层数	氩气流量/$L \cdot min^{-1}$	焊接电流/A
3	3	3	1	12～14	100～150
5	4	3	1	14～16	160～240
7	4	4	2	16～20	240～250
12	5	5	2	20～24	260～340
19	5	6	3～4	22～26	310～380
25	6	6	4～6	26～30	400～450

表 11-24 MIG 焊焊接锡青铜的工艺参数

板材厚度/mm	接头设计		焊丝直径/mm	电弧电压/V	焊接电流/A
	坡口形式	根部间隙/mm			
1.5	I 形	1.3	0.8	25～26	130～140
3.3	I 形	2.3	0.9	26～27	140～160
6.4	V 形	1.5	1.1	27～28	165～185
12.7	V 形	2.3	1.6	29～30	315～335
19	X 形或双 U 形	0～2.3	2.0	31～32	365～385
25.4	X 形或双 U 形	0～2.3	2.4	33～34	440～460

四、铝青铜的焊接

焊接铝青铜的主要困难是铝的氧化，生成致密而难熔的 Al_2O_3 薄膜覆盖在熔滴和熔池表面，易在焊缝中产生夹渣、气孔和未熔合等缺陷。清除铝的氧化物和防止铝的氧化成为焊接铝青铜成功的关键。此外，$w(Al)<7\%$ 的单相铝青铜具有热脆性，在热影响区易产生裂纹，比较难焊。$w(Al)\geqslant 7\%$ 的单相合金和双相合金，采取一些防裂措施是可以焊接的。

一般不推荐采用气焊，因为很难完全消除铝的氧化物的有害作用。如果必须采用气焊，则需对焊丝、焊接坡口进行彻底清理，使用含氯化盐和氟化盐的熔剂，严格采用中性焰等。

焊条电弧焊一般用于铝青铜锻件或铸件的焊补，采用 ECuAl-C(即 T237)焊条。除薄件(厚度不大于 3mm)外，需采用 70°～90°的 V 形坡口；薄件常不预热，对于 w(Al)<10%的合金，预热和层间温度一般不应超过 150℃；焊接含铝量为 10%～13%的铝青铜，厚件推荐预热和层间温度约 260℃，焊件宜快速冷却。采用直流反接，短弧和窄焊道施焊。多层焊时层间必须彻底清渣。表 11-25 列出了铝青铜焊条电弧焊工艺参数。

表 11-25　铝青铜焊条电弧焊工艺参数

板厚/mm	焊条直径/mm	焊接电流/A	板厚/mm	焊条直径/mm	焊接电流/A
2	3.2	80～120	6	5.0～6.0	300～360
3	3.2～4.0	120～200	7	5.0～7.0	320～400
4	3.2～4.0	160～240	12	6.0～7.0	340～420
5	5.0	280～340			

对焊接质量要求高的推荐采用 TIG 焊。可以用稳定的交流或直流电源焊接，交流电弧有净化作用，可去除坡口氧化物。使用 HSCuAl 焊丝作填充金属。铝青铜热导率较低，接近碳钢，焊接时不需要很高的热输入。厚度不大于 6mm 一般不用预热，其余同上述焊条电弧焊的预热情况。表 11-26 列出了铝青铜 TIG 焊焊接工艺参数。

表 11-26　铝青铜 TIG 焊焊接工艺参数

板厚/mm	坡口形式	焊丝		焊接电流/A	氩气流量/L·min^{-1}	备注
		牌号	直径/mm			
<1.6	I形	HSCuAl	1.6	交流 25～80	10～12	不预热，单面焊
3～6	V形		3～4	交流 150～250	12～16	不预热，单面多层焊
9～12	V形		4～5	交流 250～350	12～16	预热 150℃，单面多层焊，反面封底焊

当厚度大于12mm应采用MIG焊以提高效率。由于熔化焊缝金属表面张力较大，且母材热导率较低，可以进行各种位置的焊接。立焊或仰焊时，采用滴状或短路过渡形式。表11-27列出了铝青铜MIG焊焊接工艺参数。

表11-27　铝青铜MIG焊焊接工艺参数

板厚/mm	坡口形式	焊丝		焊接电流/A	电弧电压/V	氩气流量/L·min^{-1}	预热温度/℃
		牌号	直径/mm				
3～6	V形	HSCuAl	1.6	280～300	27～30	16～20	不预热
9～12	V形			300～320			
>16	V形、X形			300～350			150～200

第十二章　异种金属的焊接

当需要制作一个在不同工作部位上具有不同工作性能的机件，却找不到一种同时能满足这些性能要求的金属材料时，最合理而又经济的方法是，哪个部位最需要具有某种工作性能，就在该部位使用最具这种工作性能的金属材料，然后用焊接方法把这些各具特殊性能的金属材料连接成一个整体机件。这种把化学性能或物理性能有差异的金属焊接在一起的工艺过程称异种金属的焊接。

异种金属焊接的意义在于充分利用金属的特殊性能，扬长避短和物尽其用，达到节约稀贵金属，减轻结构重量和降低制造成本等目的。这也充分发挥了焊接技术在机械制造中的特殊作用。

金属种类繁多，性能各异，按工程实际需要，它们之间的组合极其多样。若按材料种类归纳，有如下三种组合类型。

① 异种钢的焊接　又称异种黑色金属的焊接，如珠光体钢和奥氏体钢的焊接等。

② 异种有色金属的焊接　如铜和铝的焊接等。

③ 钢和有色金属的焊接　如钢和铝的焊接等。

若按接头组成归纳，也可分成以下三种组合类型。

① 只有两种不同金属材料组合的接头　如铜与铝摩擦焊；用纯镍焊条焊补铸铁缺陷；在碳钢基体上堆焊不锈钢层；用奥氏体钢焊条进行中碳调质钢对接焊等。

② 由三种或三种以上不同金属材料组合的接头　应用最多的是利用第三种金属材料把另外两种不同金属(母材)焊接成整体。第三种金属多是用来改善异种金属(母材)的焊接性和提高接头质量与性能的，在接头中起到中间过渡、隔离或缓冲作用，有时也是填充

金属。例如，用奥氏体钢焊条对珠光体钢与铁素体钢进行焊条电弧焊接；钢和铝扩散焊时使用铜或镍作中间层；异种金属钎焊等。

③ 复合钢板(即双金属)结构的接头 典型的例子是以珠光体结构钢为基层以奥氏体不锈钢为覆层的复合钢板焊接接头。这类接头有同种金属焊接和异种金属焊接。

第一节 异种钢的焊接

常用钢材按其金相组织大致可分为珠光体钢、铁素体钢、铁素体-马氏体钢、奥氏体钢和奥氏体-铁素体钢。每一类型按其合金化程度不同又分为多种类别，见表 12-1。

表 12-1 钢按金相组织分类

金相类型	类别	钢号
珠光体钢	A	低碳钢：Q195、Q215、Q235、Q255、08、10、15、20、25 破冰船用低温钢、锅炉钢：20g、22g
	B	中碳钢和低合金钢：30Q275、14Mn、15Mn、20Mn、25Mn、30Mn、09Mn2、10Mn2、15Mn2、18MnSi、25MnSi、15Cr、20Cr、30Cr、18CrMnTi、10CrV、20CrV
	C	潜艇用特殊低合金钢：AK25①、AK27①、AK28①、AJ15①
	D	高强度中碳钢和低合金钢：35、40、45、50、55、35Mn，40Mn、45Mn、50Mn、40Cr、45Cr、50Cr、35Mn2、40Mn2、45Mn2、50Mn2、30CrMnTi、35CrMn、40CrMn、35CrMn2、40CrSi、40CrV、25CrMnSi、30CrMnSi、35CrMnSiA
	E	铬钼热稳定钢：12CrMo、15CrMo、20CrMo、30CrMo、35CrMo、38CrMoAlA
	F	铬钼钒、铬钼钨热稳定钢：12Cr1MoV、25CrMoV、20Cr3MoWVA
铁素体钢和铁素体-马氏体钢	G	高铬不锈钢：0Cr13、Cr14、1Cr13、2Cr13、3Cr13
	H	高铬耐酸耐热钢：Cr17、Cr17Ti、Cr25、1Cr28、1Cr17Ni2
	I	高铬热强钢：1Cr11MoV①、1Cr11MoVNb、1Cr12WNiMoV①

续表

金相类型	类别	钢号
奥氏体钢和奥氏体-铁素体钢	J	奥氏体耐酸钢：00Cr18Ni10、0Cr18Ni9、1Cr18Ni9、2Cr18Ni9、0Cr18Ni9Ti、1Cr18Ni9Ti、1Cr18Ni11Nb、Cr18Ni12Mo2Ti、1Cr18Ni12Mo3Ti
	K	奥氏体高强度耐酸钢：0Cr18Ni12TiV、Cr18Ni22W2Ti2
	L	奥氏体耐热钢：0Cr23Ni18、Cr18Ni18、Cr23Ni13、0Cr20Ni14Si2、Cr20Ni14Si2
	M	奥氏体热强钢：4Cr14Ni14W2Mo、Cr16Ni15Mo3Nb①
	N	铁素体-奥氏体高强度耐酸钢：0Cr21Ni5Ti①、0Cr21Ni6Mo2Ti①、1Cr22Ni5Ti①

① 前苏联钢号。

异种钢焊接基本上就是表12-1中三种类型的钢组合的焊接，因此可以归纳为金相组织相同，仅合金化程度不同的异种钢焊接和金相组织不同的异种钢焊接两种情况。

一、金相组织相同的异种钢焊接

由于金相组织相同，两者之间热物理性能没有很大差异，仅仅是合金化程度不同。因此，为了获得优质焊接接头，应按异种钢中合金化程度较高的钢（一般也是焊接性较差的钢）来选择焊接方法和制定相应的工艺措施；按合金成分较少的钢选择填充材料。

1. 不同珠光体钢的焊接

碳（或碳当量）是决定珠光体钢在焊接时淬火倾向的主要因素，一般应按异种钢中碳（或碳当量）最低的钢来选择焊接材料。与高温下工作的铬钼耐热钢焊接时，为了保证接头的热强性，则选用耐热的焊接材料。焊前是否预热，视异种钢中碳（或碳当量）最高的钢及其厚度来决定。淬火倾向大的珠光体钢除焊前需预热外，焊后还需热处理，以防止产生焊接裂纹，并改善焊缝及热影响的组织和性能，同时也可消除焊接残余应力。若产品不允许预热和焊后热处理，则采用可获得奥氏体钢焊缝的焊接材料。表12-2列出了不同珠光体钢焊接时的焊接材料及预热和回火温度。

表 12-2 不同珠光体钢焊接时的焊接材料及预热和回火温度

母材组合	焊接材料		预热温度/℃	回火温度/℃	备注
	焊条	焊丝			
A+B	J427	H08A、H08MnA	100～200	600～650	
A+C	J426 J427	H08A	150～250	640～660	
A+D	J426 J427	H08A	200～250	600～650	焊后立即热处理
	A402 A407	H1Cr21Ni10Mn6	不预热	不回火	焊后不能热处理时选用
A+E	J427 R207 R407		200～250	640～670	焊后立即热处理
A+F	J427 R207		200～250	640～670	焊后立即热处理
B+C	J506 J507	H08Mn2SiA	150～250	640～660	
B+D	J506 J507	H08Mn2SiA	200～250	600～650	
	A402 A407	H1Cr21Ni10Mn6	不预热	不回火	
B+E	J506 J507	H08Mn2SiA	200～250	640～670	
B+F	R317		200～250	640～670	
C+D	J506 J507	H08Mn2SiA	200～250	640～670	
	A507		不预热	不回火	

续表

母材组合	焊接材料		预热温度/℃	回火温度/℃	备　注
	焊条	焊丝			
C+E	J506 J507	H08Mn2SiA	200～250	640～670	
	A507		不预热	不回火	
C+F	J506 J507	H08Mn2SiA	200～250	640～670	
	A507		不预热	不回火	
D+E	J707		200～250	640～670	焊后立即热处理
	A507		不预热	不回火	
D+F	J707		200～250	670～690	焊后立即热处理
	A507		不预热	不回火	
E+F	R207 R407		200～250	700～720	焊后立即热处理
	A507		不预热	不回火	

2. 不同铁素体钢和铁素体-马氏体钢的焊接

这类钢中含有强烈的碳化物形成元素铬，且含量较高。焊接时要防止焊接熔池受大气作用，避免铬和其他合金元素氧化烧损，宜选用低氢型焊条。对于纯铁素体钢的焊接，要注意铁素体晶粒过分长大使接头韧性下降。低碳的铁素体钢焊前可不预热，但焊接线能量应尽量低，层间温度在100℃以下。含碳量较高的铁素体钢其组织内有相当数量的马氏体，焊接时要注意近缝区马氏体脆化而引起裂纹。通常是焊前预热，焊后立即高温回火。当受条件限制而不能预热和焊后热处理时，可以采用奥氏体钢焊缝。但这时焊缝金属的强度大大低于母材，应考虑能否满足使用要求。表12-3列出了不同铁素体钢和铁素体-马氏体钢焊接材料、预热和焊后热处理温度。

表 12-3　不同铁素体钢和铁素体-马氏体钢焊接材料、预热和焊后热处理温度

母材组合	焊接材料	预热温度/℃	回火温度/℃	备注
G+H	G207，H1Cr13	200～300	700～740	
	A307，H1Cr25Ni13	不预热	不回火	
G+I	G207，R817，R827	350～400	700～740	焊后保温缓冷后立即回火
	A307	不预热	不回火	
H+I	G307，R817，R827	350～400	700～740	焊后保温缓冷后立即回火
	A312	不预热	不回火	

3. 不同奥氏体钢的焊接

各种奥氏体钢无论如何组合，几乎都可以用各种焊接方法进行焊接。因为具有单相奥氏体组织的钢在任何温度下不会发生相变，而且这种组织具有良好的塑性和韧性。由于焊条电弧焊适应性强，奥氏体钢焊条的品种多，能满足不同组合的需要，目前仍以焊条电弧焊焊接不同奥氏体钢组合的为多。它们主要是奥氏体的耐酸、耐热和热强钢之间组合的焊接。

焊接时应注意防止热裂纹、晶间腐蚀和 σ 相析出脆化等问题。必须根据母材的化学成分和对接头使用（耐酸或耐热）性能的要求，正确地选择焊接材料、工艺参数以及采取相应的工艺措施（严格控制焊缝金属含碳量和硫、磷等杂质的含量；限制焊接热输入及高温停留时间；添加稳定化元素；采用双相组织的焊缝；进行固溶处理或稳定化热处理等）。焊接时一般都不需要预热，当需要消除焊接残余应力时，焊后要进行回火处理。表 12-4 列出了不同奥氏体钢组合焊接时的焊条型号、预热和热处理温度。

表 12-4　不同奥氏体钢组合焊接时的焊条型号、预热和热处理温度

母材组合	焊条	焊后回火温度	备注
J+L	E318V-15（A237）	不回火或780～920℃回火	需要消除焊接残余应力时才回火，在不含硫的气体介质中，在 750～800℃时具有热稳定性

续表

母材组合	焊　条	焊后回火温度	备　　注
J+M	E316-16（A202）	不回火或950～1050℃奥氏体稳定化处理	用于温度在360℃以下的非氧化性液体介质，焊后状态或奥氏体稳定化处理后，具有耐晶间腐蚀性能
	E347-15（A137）		用于氧化性液体介质中，经过奥氏体稳定化处理后，可通过X法试验，在610℃以下具有热强性
	E318V-15（A237）	不回火或870～920℃回火	用于无浸蚀性的液体介质中，在600℃以下具有热强性能
L+M	E309-16（A302） E309-15（A307）		在不含硫化物介质中或无浸蚀性液体介质中，在温度1000℃以下具有热稳定性，焊缝不耐晶间腐蚀
	E347-15（A137）		用于 w（Ni）＜16%的钢，在650℃以下具有热强性，在不含硫的气体介质中，温度在750～800℃具有热稳定性
	E318V-15（A237）		用于 w（Ni）＜16%的钢，600℃以下具有热强性，在750～800℃的不含硫的气体中具有热稳定性
	E16-25MoN（A507）		用于 w（Ni）＜35%，而不含Nb的钢材，700℃以下具有热强性

二、金相组织不同的异种钢焊接

被焊两种钢因金相组织不同，无论是否使用填充金属，焊后所形成的焊缝金属化学成分和金相组织至少与其中的一种钢不相同。这种差异必然影响到焊接接头的工作性能。因此，当使用填充金属时，应选择在焊接过程中所产生的过渡层小而塑、韧性好的材料；焊前是否需要预热，取决于焊缝金属的合金化程度；所选用的焊接工艺参数应使熔合比尽量小，以减小稀释。

1. 珠光体钢与铁素体钢的焊接

珠光体钢与铁素体钢进行异种钢焊接时，既可用珠光体钢焊条又可用铁素体钢焊条，但都不很理想，因在焊缝过渡层产生脆性组织，有较大裂纹倾向。往往需焊前预热和焊后回火处理，当条件不允许预热和焊后热处理时，应采用奥氏体钢焊条焊接。当与 w (Cr)≥17%铁素体钢焊接时，必须使用奥氏体钢焊条。焊接时要用小线能量。多层焊时层间温度应控制在 100℃ 以下，防止过热。表 12-5 列出了珠光体钢与铁素体钢组合焊接的焊接材料、预热和回火温度。

表 12-5　珠光体钢与铁素体钢组合焊接的焊接材料、预热和回火温度

母材组合	焊条	预热温度/℃	回火温度/℃	备　注
A+G	G207	200～300	650～680	焊后立即回火
	A302，A307	不预热	不回火	
A+H	G307	200～300	650～680	焊后立即回火
	A302，A307	不预热	不回火	
B+G	G207	200～300	650～680	焊后立即回火
	A302，A307	不预热	不回火	
B+H	A302，A307	不预热	不回火	
C+G	A507	不预热	不回火	
C+H	A507	不预热	不回火	工件在浸蚀性介质中工作时，在 A507 焊缝表面堆焊 A202
	A207	不预热	不回火	
D+G	R202，R207	200～300	620～660	焊后立即回火
D+H	A302，A307	不预热	不回火	
E+G	R307	200～300	680～700	焊后立即回火
E+H	A302，A307	不预热	不回火	
E+I	R817，R827	350～400	720～750	焊后保温缓冷并回火
F+G	R307，R317	350～400	720～750	焊后立即回火
F+H	A302，R307	不预热	不回火	
F+I	R817，R827	350～400	720～750	焊后立即回火

2. 珠光体钢和奥氏体钢的焊接

珠光体钢和奥氏体钢组合的异种钢焊接最为多见，复合钢板的焊接，也多属这种类型。

（1）焊接的主要问题

① 焊缝成分的稀释　异种钢焊缝成分是由填充金属成分、母材成分及其熔合比所确定的。当珠光体钢和奥氏体钢焊接时，通常是使用含高铬、镍的奥氏体钢或镍基合金等作填充金属。熔焊时，母材的熔入，使填充金属受到稀释，经热源的搅拌后所形成的焊缝金属成分大体是均匀的。通常过度稀释的焊缝金属中就会形成脆性的马氏体组织，有产生裂纹的可能。

② 形成脆化过渡层　在邻近珠光体一侧熔合线附近的奥氏体焊缝中，存在一个窄的低塑性过渡带（层），宽度一般为0.2～0.6mm，会严重影响接头的冲击韧度。出现这一过渡层的原因是熔化的母材金属和熔化的填充金属，在熔池内部和熔池边缘相互混合情况不同，在熔池靠边界的这一部位不完全混合，在化学成分分布上有很大的浓度梯度。越靠近熔合线稀释率越高，铬、镍含量极低，该区可能是硬度很高的马氏体或奥氏体加马氏体。这一过渡层的存在对珠光体钢与奥氏体钢焊接接头的抗裂性能影响很大。提高填充金属中奥氏体形成元素镍的含量，该过渡层的宽度就可以减小。

③ 形成碳的扩散迁移层　异种钢接头在焊后热处理或在高温条件下工作时，在熔合线的珠光体钢一侧的碳，通过焊缝边界向奥氏体钢焊缝一侧扩散迁移，结果在珠光体钢一侧产生脱碳层，在相邻的奥氏体焊缝侧形成增碳层。脱碳层硬度低，质软，晶粒粗大；增碳层中的碳以碳化物形态析出，硬度高。其后果是接头的高温持久强度和耐腐蚀性能下降，脆性增大，使接头可能沿熔合区产生破坏。这一扩散迁移层的宽度随加热温度提高和加热时间增长而增大。

如果在珠光体中减少含碳量，增加碳化物形成元素（如Cr、Mo、V、Ti等），而在焊缝金属中减少这些元素，或提高镍的含量，则可以阻止碳的迁移。接头工作温度愈高，焊缝金属中含镍量应愈高。

在珠光体钢和奥氏体钢焊接时，通常都采用奥氏体型填充金属，形成的也是奥氏体型焊缝组织。这样，马氏体过渡层和碳扩散的迁移层都在珠光体钢母材一侧的熔合线附近形成。这一侧熔合线就是整个接头的最薄弱部位，焊接缺陷和使用中的破坏，多在这一部位发生。马氏体过渡层是珠光体钢（母材）对奥氏体钢焊缝稀释不均，在快速凝固中形成的，对接头抗裂性能、冲击性能发生影响；而碳扩散迁移是由于熔合线两侧金属对碳的溶解度及亲和力存在差别所致，多在高温时发生，对高温使用性能（持久强度）发生影响。

④ 热应力及其影响　奥氏体钢线胀系数比珠光体钢约大30%～40%，而热导率只有珠光体钢的1/3。这种异种钢接头在焊后冷却、热处理和运行中将产生热应力。在周期性加热和冷却条件下工作时，在熔合区珠光体钢侧，尤其在脱碳层，可能产生热疲劳裂纹，引起接头过早断裂。采用线胀系数与珠光体钢较为接近的高镍基焊条（如Ni370）堆焊过渡层，就可减小热应力及热疲劳应力的不利影响。

(2) 焊接工艺要点　焊接这类异种钢应选择熔合比小、稀释率低的焊接方法和工艺参数。熔焊中以焊条电弧焊、钨极氩弧焊和熔化极气体保护弧焊比较合适，用埋弧焊需注意控制热输入。焊接材料的选择需考虑焊接接头的使用要求、稀释作用、碳迁移、抗热裂和残余应力等问题。表12-6列出了珠光体钢与奥氏体钢各种组合焊接用的焊接材料及其预热和焊后热处理温度。为了减小熔合比，接头坡口面角度宜大些，焊条或焊丝直径则应小一些。采用小电流、高电弧电压和快速焊。遇到淬火倾向大的珠光体钢时，焊前需对它进行预热。

表12-6　焊接珠光体钢与奥氏体钢时焊接材料、焊前预热和焊后热处理温度

被焊材料类别	焊接材料	焊前预热/℃	焊后热处理/℃	备　注
A+J	A402，A407	不预热	不回火	不耐晶间腐蚀，工作温度不超过350℃
	A502，A507			不耐晶间腐蚀，工作温度不超过450℃
	A202			用来覆盖A507焊缝，可耐晶间腐蚀

续表

被焊材料类别	焊接材料	焊前预热/℃	焊后热处理/℃	备注
A+K	A502，A507	不预热	不回火	不耐晶间腐蚀，工作温度不超过350℃
	A212			用来覆盖A507焊缝，可耐晶间腐蚀
A+M	A502，A507	不预热	不回火	不得在含硫气体中工作，工作温度不超过450℃
	镍307			用来覆盖A507焊缝，可耐晶间腐蚀
A+N	A502，A507	不预热	不回火	不耐晶间腐蚀，工作温度不超过350℃
B+J B+K	A402，A407	不预热	不回火	不耐晶间腐蚀，工作温度不超过350℃
	A502，A507			不耐晶间腐蚀，工作温度不超过450℃
	A202，A212			用A402、A407、A502、A507覆盖的焊缝表面可以在腐蚀性介质中工作
B+M	A502，A507	不预热	不回火	工作温度不超过450℃
	镍307			在淬火珠光体钢坡口上堆焊过渡层
B+N	A502，A507	不预热	不回火	不耐晶间腐蚀，工作温度不超过300℃
C+J C+K	A502，A507	不预热	不回火	不耐晶间腐蚀，工作温度不超过500℃
	A202			用来覆盖A502、A507焊缝，可耐晶间腐蚀

续表

被焊材料类别	焊接材料	焊前预热/℃	焊后热处理/℃	备　注
C+M	A502，A507	不预热	不回火	不耐晶间腐蚀，工作温度不超过500℃
C+N	A502，A507	不预热	不回火	不耐晶间腐蚀，工作温度不超过300℃
D+J D+K	A502，A507	200～300	不回火	不耐晶间腐蚀，工作温度不超过450℃
	镍307			在淬火钢坡口上堆焊过渡层
D+M	A502，A507	200～300	不回火	不耐晶间腐蚀，工作温度不超过450℃
	镍307			在淬火钢坡口上堆焊过渡层
D+N	A502，A507	200～300	不回火	不耐晶间腐蚀，工作温度不超过300℃
	镍307			在珠光体淬火钢坡口上堆焊过渡层
E+J E+K	A302，A307	不预热或200～300	不回火	工作温度不超过400℃，w（C）<0.3%者，焊前可不预热
	A502，A507			
	镍307			用于珠光体淬火钢坡口上堆焊过渡层，工作温度不超过500℃
	A212	不预热		如要求A502、A507、A302、A307的焊缝耐腐蚀，用A212焊条焊一道盖面焊道
F+J	A302，A307	不预热或150～250	720～760	在无液态浸蚀性介质中工作，焊缝不耐晶间腐蚀，在无硫气氛中工作温度可达650℃
F+K	A202，A217	150～250	不回火	在浸蚀性气体介质中的工作温度不超过350℃

续表

被焊材料类别	焊接材料	焊前预热/℃	焊后热处理/℃	备注
F+K	A237	150～250	720～760	在无液态浸蚀性介质中工作，焊缝不耐晶间腐蚀，在无硫气氛中工作温度可达650℃
F+M	A507	不预热或150～250	720～760	w(Ni)=35%而不含Nb的钢，不能在液态浸蚀性介质中工作，工作温度可达540℃
	A137			w(Ni)<16%的钢，可在液态浸蚀性介质中工作，未经热处理的焊缝不耐晶间腐蚀，工作温度可达570℃

3. 铁素体钢与奥氏体钢的焊接

铁素体钢与奥氏体钢焊接工艺和珠光体钢与奥氏体钢焊接工艺基本相同。无论采用高铬钢焊条还是奥氏体钢焊条，其焊缝金属的金相组织与熔敷金属的金相组织相同，故都可以采用。为了防止碳的迁移，也可采用镍基合金为焊接材料。表12-7列出了铁素体钢与奥氏体钢组合焊接的焊接材料及其预热、回火温度。

表12-7 铁素体钢与奥氏体钢组合焊接的焊接材料及其预热、回火温度

被焊材料	焊接材料	焊前预热/℃	焊后热处理/℃	备注
G+N	A122	250～300	750～800	在液态浸蚀性介质中的工作温度可达300℃，回火后快速冷却的焊缝耐晶间腐蚀
H+J	A122	不预热	720～750	回火后快速冷却的焊缝耐晶间腐蚀，但不耐冲击载荷
H+K	A202	不预热	不回火	回火后快速冷却的焊缝耐晶间腐蚀，但不耐冲击载荷
	A217			
H+L	A302 A307			在无液态浸蚀性介质中工作，焊缝不耐晶间腐蚀，在无硫气氛中工作温度可达1000℃

续表

被焊材料	焊接材料	焊前预热/℃	焊后热处理/℃	备　注
H+M	A507	不预热	不回火	$w(\mathrm{Ni})=35\%$而不含Nb的钢，不能在液态浸蚀性介质中工作，不耐冲击载荷
	A137		不回火或720～800	$w(\mathrm{Ni})<16\%$的钢，可在液态浸蚀性介质中工作，焊缝耐晶间腐蚀，但不耐冲击载荷
H+N	A122	不预热	720～760	在液态浸蚀性介质中的工作温度可达300℃，回火后速冷，焊缝耐晶间腐蚀，不能承受冲击载荷
I+J	A302 A307	150～200	750～800	不能在液态浸蚀性介质中工作，焊缝不耐晶间腐蚀，工作温度可达580℃
I+K	A202	150～200	不回火	在液态浸蚀性介质中的工作温度可达360℃，焊缝耐晶间腐蚀
	A217	150～200	不回火	
	A237	150～200	720～760	
I+L	A302 A307	150～200	720～760	不能在液态浸蚀性介质中工作，不耐晶间腐蚀，在无硫气氛中，工作温度可达650℃
I+M	A507	150～200	720～760	$w(\mathrm{Ni})>35\%$而不含Nb的钢，不能在浸蚀性介质中工作，工作温度可达580℃
	A137	150～200	750～800	$w(\mathrm{Ni})<16\%$的钢，可在液态浸蚀介质中工作，焊缝耐晶间腐蚀
I+N	A122	250～300	750～800	在液态浸蚀性介质中的工作温度可达300℃，回火后快速冷却的焊缝耐晶间腐蚀

第二节　钢与有色金属的焊接

一、钢与铝及其合金的焊接

1. 焊接性

由于钢与铝的热物理性能相差极大（表12-8），故钢与铝熔焊困难。冶金方面铝能与钢中的铁、锰、铬、镍等元素形成有限固溶体，但也会形成金属间化合物，还能与钢中的碳形成化合物。这些化合物对接头性能有不利影响。钢与铝焊接的困难如下。

① 两者熔点相差达800～1000℃，同时达到熔化很困难。

② 热导率相差2～3倍，同一热源很难加热均匀。

③ 线胀系数相差1.4～2倍，在接头界面两侧必然产生热应力，无法通过热处理消除。

④ 铝及铝合金表面受热能迅速生成氧化膜，给金属熔合造成困难。

表12-8 钢与铝的热物理性能比较

材料		熔点/℃	热导率/W·m^{-1}·K^{-1}	线胀系数/$10^{-6}K^{-1}$
钢	碳钢	1500	77.5	11.8
	1Cr18Ni9Ti不锈钢	1450	16.3	16.6
铝及铝合金	1060纯铝	658	217.3	24.0
	5A03（LF3）防锈铝	610	146.5	23.5
	5A06（LF6）防锈铝	580	117.2	24.7
	5A12（LF12）防锈铝	690	163.3	23.2
	2A12（LY12）硬铝	502	121.4	22.7
	2A14（LD10）硬铝	510	159.1	22.5

2. 焊接工艺要点

钢与铝的熔焊宜采用钨极氩弧焊，其焊接步骤见表12-9。

表12-9 钢与铝的氩弧焊

步骤	工作内容	详细说明	备注
焊前准备	开坡口	对接焊时使用K形坡口，坡口开在钢板一侧	
	钢表面镀层	焊前在钢件坡口表面镀上一层与铝相匹配的第三种金属作中间层	对碳钢或低合金钢中间层多为锌、银等，对奥氏体不锈钢最好渗铝
	电源准备	用交流电源	

续表

步骤	工作内容	详细说明	备注
焊前准备	钨极准备	钨极直径 2～5mm	
	焊丝	用含少量硅的纯铝焊丝	
	保护气体	Ar	
焊接操作	焊接电流的选择	焊接电流按板厚确定	板厚 3mm 取 110～130A，6～8mm 取 130～160A
	操作技术	对氩弧与焊丝的操作是使铝为熔焊，而钢为钎焊，熔化的铝漫流到已镀层的钢表面上	

若在钢的坡口表面先镀一层铜或银，然后再镀锌，效果更好，能提高接头强度。若用摩擦焊比熔焊更容易些，但接头只能对接且为圆截面。

二、钢与铜及其合金的焊接

1. 焊接性

钢与铜焊接性较好，因为铜与铁不形成脆性化合物，相互间有一定溶解度，晶格类型相同，晶格参数相近，但由于两者熔点、热导率、线胀系数等热物理性能差别大，且铜在高温时极易氧化和吸收气体等，给熔焊工艺带来许多困难，主要是：铜一侧熔合区易产生气孔和母材晶粒长大；由于存在低熔点共晶和较大热应力，故有裂纹倾向；钢一侧熔合区经常发生液态铜向钢晶粒之间渗透导致形成热裂纹，含镍、铝、硅的铜合金焊缝金属对钢的渗透较少，而含锡的青铜则渗透较严重。液态铜能浸润奥氏体却不能浸润铁素体，所以铜与奥氏体不锈钢焊接易产生热裂纹，与奥氏体-铁素体双相钢焊接则不易产生热裂纹。焊缝金属的塑性随铁的含量增加而下降，因此要求铁的含量控制在 $w(Fe)<20\%$。铜母材含氧量应尽量低。填充金属除与单相奥氏体钢焊接外，一般选用铜或铜合金焊丝。

铜与钢用摩擦焊、扩散焊、爆炸焊等固态焊均能获得优良的焊接接头。

2. 熔焊工艺要点

大多数熔焊方法都可用于钢与铜及其合金的焊接，这里介绍常用的几种焊接方法。

（1）焊条电弧焊　当板厚大于3mm需开坡口，坡口形状和尺寸与焊钢时大体相同。X形坡口一般不留钝边，以保证焊透。焊前严格清理待焊表面油污和水分。选用低氢型药皮的铜焊条。单道焊缝施焊时，焊条偏向铜侧，必要时对铜件适当预热。表12-10列出了低碳钢与纯铜焊条电弧焊的工艺参数。

表12-10　低碳钢与纯铜焊条电弧焊的工艺参数

材料组合	接头形式	母材厚度/mm	焊条直径/mm	焊接电流/A	电弧电压/V
Q235A+T1	对接	3+3	3.2	120～140	23～25
Q235A+T1	对接	4+4	4.0	150～180	25～27
Q235A+T2	对接	2+2	2.0	80～90	20～22
Q235A+T2	对接	3+3	3.0	110～130	22～24
Q235A+T3	T形接	3+8	3.2	140～160	25～26
Q235A+T3	T形接	4+10	4.0	180～210	27～28

（2）埋弧焊　板厚大于3mm就可以采用埋弧焊。当厚度大于10mm时，需开V形坡口，坡口角为60°～70°。由于钢与铜导热性能差别大，坡口角度可不对称，钢侧略大。焊接时，焊丝要偏向铜侧5～8mm(图12-1)，目的是控制热量和焊缝含铁量。在坡口中放置铝丝可以脱氧、减小液态铜向钢侧晶界渗入的倾向。此外，Al与Fe形成微小的$FeAl_3$质点，使铜的晶粒细化。

表12-11列出了钢与铜不预热单面焊双面成形埋弧焊的工艺参数。

表12-11　钢与铜不预热单面焊双面成形埋弧焊的工艺参数(用T107焊条)

母材及厚度/mm	焊丝材料及直径/mm	焊剂	焊接电流/A	电弧电压/V	焊接速度/$m \cdot min^{-1}$	焊丝伸出长度/mm	极性
Q235，δ=12；T2，δ=12	Tl，ϕ4，填充铝丝1根，ϕ3	HJ431	650～700	40～42	0.2	35～40	直流反接

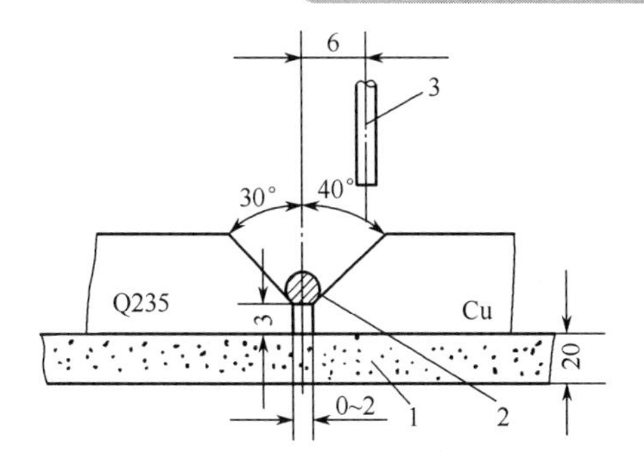

图 12-1 铜-钢埋弧自动焊示意

1—焊剂垫；2—铝丝；3—焊丝

(3) 钨极氩弧焊　主要适用于薄件焊接，也常用在纯铜-钢的管与管、板与板、管与板的焊接以及在钢上衬纯铜的焊接。焊前焊件必须彻底清理，通常铜要酸洗，而钢件要去油污。

当纯铜与低碳钢焊接时，可选用 HS202 焊丝作填充金属；纯铜与不锈钢焊接时，可用 B30 白铜丝或 QAl9-2 铝青铜焊丝。用直流正接焊，电弧偏向铜侧。

第三节　异种有色金属的焊接

一、铝与铜的焊接

1. 铝与铜的焊接特点

铝与铜可以用熔焊、压焊和钎焊，其中以压焊应用最多。

铝与铜熔焊的主要困难是铝和铜的熔点相差很大（达 423℃），焊接时很难同时熔化。高温下铝强烈氧化，焊接时需有防止氧化和清除熔池中的氧化物的措施。铝和铜在液态下无限互溶，在固态下有限固溶。铝和铜能形成多种由金属间化合物为主的固溶体相，其中有 $AlCu_2$、Al_2Cu_3、AlCu、Al_2Cu 等。铝铜合金中含铜量在 12%～13%以下时，综合性能最好。因此，熔焊时应设法控制焊缝金属的铝铜合金中的含铜量不超过这个范围，或者采用铝基合金。

铝和铜均为塑性很好的金属，因此两者很适于用压焊焊接，尤其是冷压焊、摩擦焊、扩散焊等。

2. 焊接工艺要点

（1）熔焊　铝与铜组合最好采用氩弧焊。焊时，电弧中心要偏向铜板一侧，偏移量相当于厚度的1/2，以达到两侧同时熔化。可采用纯铝或铝硅合金作填充焊丝。焊缝金属中加入合金元素可改善铝铜熔焊接头质量，加入锌、镁能限制铜向铝中过渡；加入钙、镁能使表面活化，易于填满树枝状结晶的间隙；加入钛、锆、钼等难熔金属有助于细化组织；加入硅、锌能减少金属间化合物。加入方法为在焊前涂到铜的待焊表面上。

采用埋弧焊时，接头形式如图12-2所示。电弧与铜件坡口上缘的偏离值 $l=(0.5\sim0.6)\delta$（δ为焊件厚度）。铜侧开J形坡口，铝侧为直边。在J形坡口内预置 ϕ3mm的铝焊丝。当工件厚度为10mm时，采用焊丝直径 ϕ2.5mm，送丝速度332m/h，焊接电流400～420A，电弧电压38～39V，焊接速度21m/h。焊后焊缝金属中含铜量为8%～10%，可得到满意的接头力学性能。表12-12列出了几种不同铝-铜埋弧自动焊的焊接工艺参数。

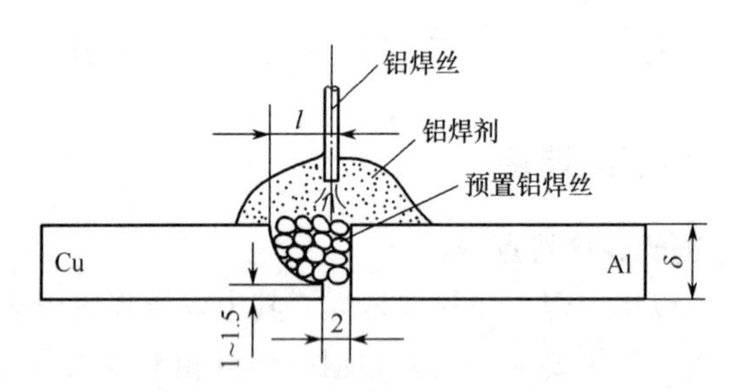

图12-2　铝-铜埋弧自动焊示意

（2）熔焊-钎焊　这是熔焊和钎焊联合用于铝-铜接头的一种焊接技术。通常是对铜用钎焊，即在铜的待焊表面先搪一层锌基钎料或镀一层50～60μm的锌层，然后与铝进行熔焊，只熔化铝一侧。如果用气焊，则用CJ401焊剂和纯铝焊丝进行焊接；用钨极氩弧焊时，只需填充铝焊丝。

表 12-12 铝-铜埋弧焊焊接工艺参数

焊件厚度/mm	焊丝直径/mm	焊接电流/A	电弧电压/V	焊接速度/m·h^{-1}	焊丝偏离/mm	焊道数目	焊剂层	
							宽度/mm	高度/mm
8	2.5	360～380	35～38	24.4	4～5	1	32	12
10	2.5	380～400	38～40	21.5	5～6	1	38	12
12	2.6	390～410	39～42	21.5	6～7	1	40	12
20	3.2	520～550	40～44	18.6	8～12	3	46	14

二、钛与铜的焊接

钛与铜两者之间互溶性很小，能形成多种脆性金属间化合物（$TiCu_2$、TiCu、$TiCu_4$）等。此外还形成多种共晶体，其中 $TiCu_2$ + $TiCu_4$ 共晶的熔点最低，只有 860℃。这是焊接中的主要问题。

熔焊时常加入含有钼、铌或钽的钛合金过渡段，目的使 α→β 转变温度降低以获得与铜组织相近的单相 β 的钛合金，这样与铜焊接可以得到较为满意的焊接接头。表 12-13 列出了 TB2（β 型钛合金）与 T2（2 号纯铜）熔焊的工艺参数及接头性能。

表 12-13 TB2 与 T2 熔焊工艺参数及接头性能

母材组合	板厚/mm	焊接电流/A	电弧电压/V	填充材料		电弧偏离/mm
				牌号	直径/mm	
TB2+T2	3	250	10	QCr0.8	1.2	2.5
	4.5	5	400	12	QCr0.88	2.0

第四节 复合板的焊接

复合钢板也称“双层钢”。通常是以珠光体钢(如碳钢或普通低合金高强度钢等)作基层材料，以满足复合钢板强度、刚度和韧性等力学性能的要求，其厚度一般在 40mm 以内。覆层材料则根据需要，一般有不锈钢(如奥氏体不锈钢或铬不锈钢等)、铝及其合金、铜及其合金和钛及其合金等，其厚度一般只占复合钢板厚度的 10%～20%，多为

1～5mm。覆层主要是满足耐蚀性、导电性或其他特殊性能要求。

复合钢板是一种制造成本低、具有良好综合性能的金属材料，在石油、化工、食品、医药、海水淡化领域广泛应用。

为了保证复合钢板不因焊接而失去原有优良的综合性能，通常都是对基层和覆层分别进行焊接，即把复合钢板接头的焊接分为基层的焊接、覆层的焊接和过渡层的焊接三个部分。

一、焊接方法

鉴于基层有力学性能要求，故均采用焊接性能较好的结构钢，如碳钢和普通低合金钢等作基层材料，且相对较厚，采用焊条电弧焊、埋弧焊和 CO_2 气体保护焊；不锈钢复合钢板的覆层目前应用较多的是奥氏体不锈钢，其次是铁素体不锈钢，对这种覆层及过渡层的焊接常用焊条电弧焊和氩弧焊；而对于以铜、铝等为覆层的复合钢板焊接，应选择电弧功率较高的惰性气体保护焊，如 He+Ar 混合气体保护焊、He 弧焊等。

二、焊接材料

基层用的焊接材料，务必保证接头具有预期的力学性能，一般按等强度原则来选择，表 12-14 列出了复合板基层的焊接材料。

表 12-14 复合板基层的焊接材料

<table>
<tr><th rowspan="2">基层材料</th><th>焊条电弧焊</th><th colspan="2">埋弧焊</th><th colspan="2">气体保护焊</th></tr>
<tr><th>焊　条</th><th>焊　丝</th><th>焊　剂</th><th>焊　丝</th><th>气　体</th></tr>
<tr><td>Q235、20、20g、20R、22g、30</td><td>E4303、E4315、E4316</td><td>H08、H08A、H08MnA</td><td>HJ431、SJ101</td><td>H08Mn2Si、H10Mn2、H08Mn2SiA</td><td rowspan="3">CO_2 或 CO_2+Ar</td></tr>
<tr><td>16Mn、16MnR、16Mng</td><td>E5003、E5015、E5016</td><td rowspan="2">H08MnA、H10Mn2、H10MnSi、H08Mn2SiA、H08Mn2MoA</td><td rowspan="2">HJ431、HJ430、HJ350、SJ101、SJ301</td><td rowspan="2">H08Mn2SiA、H08Mn2MoA、H10MnSi</td></tr>
<tr><td>15MnV、15MnVR、15MnVN、15CrMo、16MnNb</td><td>E5003、E5015、E5016、E5501-G、E5515-G、E5516-G</td></tr>
</table>

复层焊接材料的成分应与复层相近，过渡层的焊接材料则应按异种钢焊接来选用。表 12-15 列出了过渡层和复层的焊接材料。

表 12-15 过渡层和复层的焊接材料

覆层金属	过渡层焊道		填充焊道	
	药皮焊条	光焊条和焊丝	药皮焊条	光焊条和焊丝
奥氏体 Cr-Ni 不锈钢				
0Cr18Ni9	E309、E309L	ER309、ER309L	E308、E308L	ER308、ER308L
00Cr18Ni10	E309L	ER309L	E308L	ER308L
0Cr23Ni13	E309L	ER309L	E309L	ER309L
0Cr25Ni20	E310、E310Nb	ER310	E310、E310Nb	ER310
0Cr17Ni11Mo1	E309Mo	ER309	E316、E316L、E318	ER316、ER316L、ER318
00Cr17Ni14Mo2	E309L、E309Mo	ER309L	E316L、E318	ER316L、ER318
0Cr19Ni13Mo3	E309Mo	ER309	E317、E317L	ER317、ER317L
00Cr19Ni13Mo3	E309Mo	ER309L	E317L	ER317L
0Cr18Ni11Ti	E309L、E309Mo	ER309L	E347	ER321
0Cr18Ni11Nb	E309Nb	ER309L	E347	ER347
铬不锈钢				
0Cr13Al	ENiCrFe-2 或 ENiCrFe-3①	ERNiCrFe-5 或 ERNiCrFe-6③②	ENiCrFe-2 或 ENiCrFe-3①	ERNiCrFe-5 或 ERNiCrFe-6①③
1Cr17	E309①	ER309①	E309①	ER309①
1Cr15	E310① E430②	ER310G① ER430②	E310① E430②	ER310① ER430②
1Cr13	ENiCrFe-2 或 ENiCrFe-3①	ERNiCrFe-5 或 ERNiCrFe-6①③	ENiCrFe-2 或 ENiCrFe-3①	ERNiCrFe-5 或 ERNiCrFe-6①③
0Cr13	E309① E310① E430②	ER309G① ER310① ER430②	E309① E310① E410② E410NiMo② E430③	ER309① ER310① ER410② ER410NiMo② ER430②

续表

覆层金属	过渡层焊道		填充焊道	
	药皮焊条	光焊条和焊丝	药皮焊条	光焊条和焊丝
镍合金				
镍	ENi-1	ERNi-1	ENi-1	ERNi-1
镍-铜	ENiCu-7	ERNiCu-7	ENiCu-7	ERNiCu-7
镍-铬-铁	ENiCrFe-1、ENiCrFe-2、ENiCrFe-3	ERNiCrFe-5	ENiCrFe-1、ENiCrFe-3	ERNiCrFe-5
铜合金				
铜	ENiCu-7	ERNiCu-7		ERCu
铜	ECuAl-A2	ERCuAl-A2		
铜	ENi-1	ERNi-1		
铜-镍	ENiCu-7	ERNiCu-7 ERNi-1	ECuNi	ERCuNi
铜-铝	ECuAl-A2	ERCuAl-A2	ECuAl-A2	ERCuAl-A2
铜-硅	ECuSi	ERCuSi-A	ECuSi	ERCuSi-A
铜-锌	ECuAl-A2	ERCuAl-A2 RBCuZn-C④	ECuAl-A2	ERCuAl-A2 RBCuZn-C④
铜-锡-锌	ECuSn-A	ERCuSn-A	ECuSn-A	ERCuSn-A

① 不推荐在温度低于10℃的材料上进行焊接。

② 推荐最小预热温度150℃，尤其是厚度大于12mm的钢板。

③ ERNiCrFe-6焊缝金属可时效硬化。

④ 采用氧-乙炔焰熔焊。

三、焊接接头结构设计

复合钢板焊接接头设计除应遵循一般接头设计原则外，还必须考虑便于分别对基层、覆层及过渡区的焊接施工和避免或减少焊接第一焊道时被稀释的问题。

图12-3所示为不锈钢复合钢板、铜及铜合金复合钢板对接接头常用坡口形式，图12-4所示为钛及钛合金或铝及铝合金复合钢

板对接接头常用坡口形式。图 12-5 所示为角接头常用坡口形式。

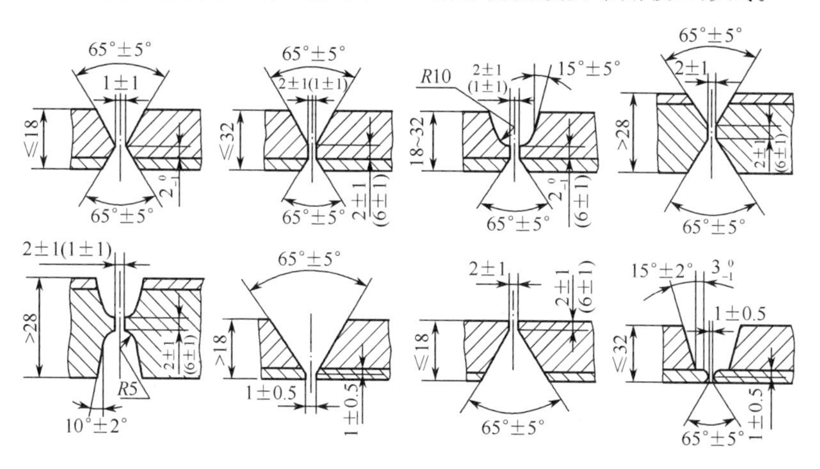

图 12-3 不锈钢、铜及铜合金复合钢板对接接头的常用坡口形式
（括号内为埋弧焊用）

对接接头尽可能采用 X 形坡口双面焊。先焊基层，再焊过渡层，最后焊覆层，以保证覆层焊缝具有较好的耐蚀性能。同时考虑过渡层的焊接特点，尽量减少覆层一侧的焊接工作量。当焊接位置受限，需单面焊时，可用单面 V 形坡口。尽量先焊覆层，再焊过渡层，最后焊基层，要使覆层中少熔入基层成分。

角接头的覆层无论位于内侧或外侧，均先焊基层。覆层位于内侧时如图 12-5（a）所示，在焊覆层前应从内角对基层焊缝进行清根。覆层位于外侧时，如图 12-5（b）所示，应对基层最后焊道表面进行修光。焊覆层时，可先焊过渡层，也可直接焊覆层，视复合钢板厚度而定。

钛及钛合金或铝及铝合金覆层与钢基层冶金上相容性差，因此在接头设计上尽量避免或减少基层金属熔入覆层金属。所以在构造上与不锈钢复合钢板有较大区别，如图 12-4 所示。

四、焊接工艺要点

① 一般情况下焊接程序是先焊基层并清根，然后按规定质量

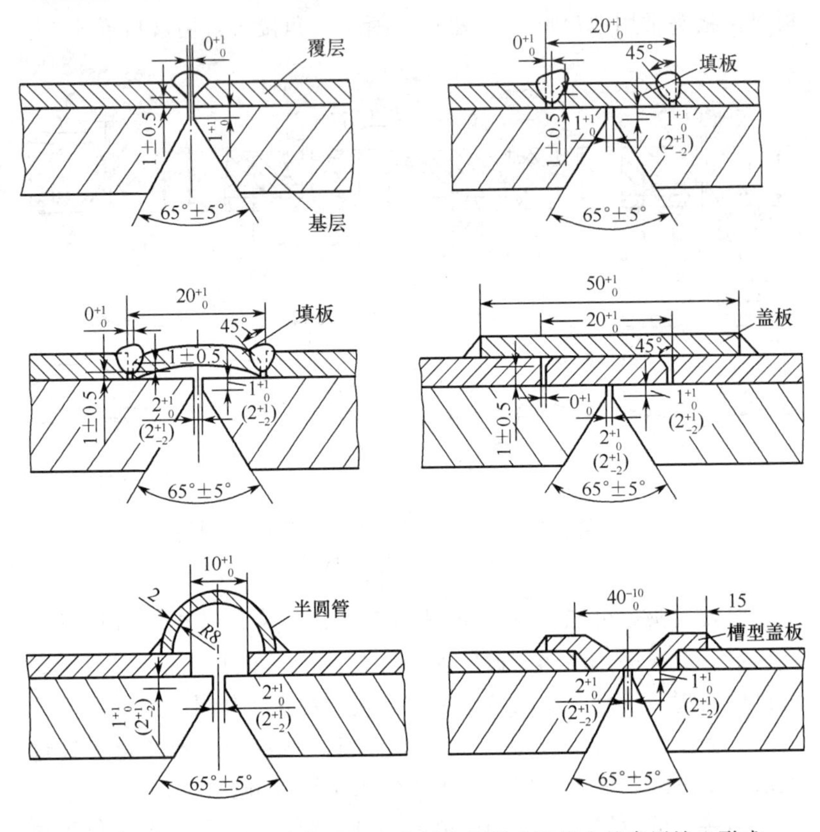

图 12-4 钛及钛合金或铝及铝合金复合钢板对接接头的常用坡口形式

（括号内为埋弧焊用）

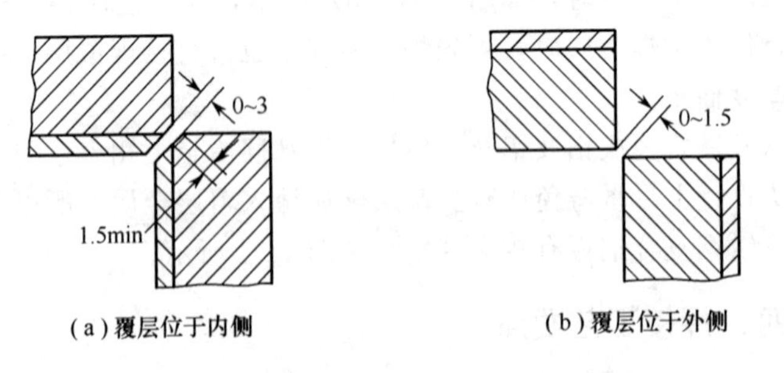

(a) 覆层位于内侧

(b) 覆层位于外侧

图 12-5 复合钢板角接头的常用坡口形式

要求检验合格后，再焊过渡层，最后焊覆层，如图 12-6 所示。

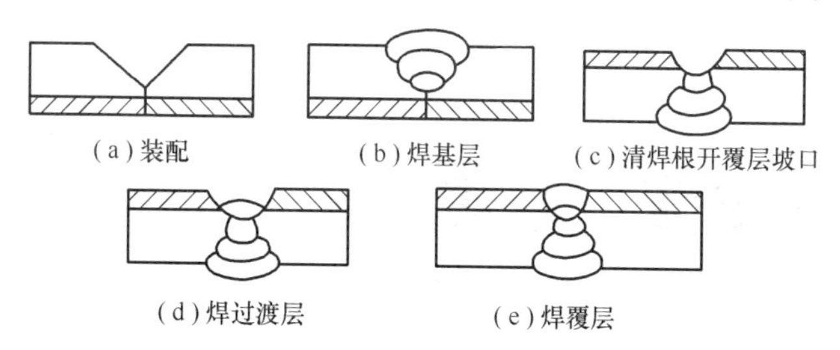

图 12-6　焊接顺序

② 焊接基层时，应防止覆层的过热和熔化。

③ 可以用碳弧气刨、铲削或磨削法进行清根，焊过渡层前必须清除焊根坡口内任何残留物。

④ 焊接过渡层时，应尽量减小稀释率，用小直径焊条和窄焊道；采用合金元素含量比覆层更高的填充金属，以保证其化学成分(合金含量)。

⑤ 焊接覆层时，焊缝表面应平整、美观。

⑥ 需要焊后热处理消除焊接残余应力时，最好在焊完基层焊缝后进行，基层热处理后焊过渡层和覆层。一般热处理温度宜取下限，适当延长保温时间。对覆层喷丸处理也有利于降低应力。

⑦ 当不锈钢复合钢板总厚度不大于 10mm 时，在不影响接头力学性能和耐蚀性的前提下，可以考虑采用与焊接覆层相同的填充金属焊接整个接头，这样工艺可以简化，成本可能会降低。

第十三章　堆焊

第一节　概述

堆焊是为了增大或恢复焊件尺寸，或使焊件表面获得具有特殊性能的熔敷金属层而进行的焊接。它是表面工程中的一个主要技术手段。堆焊的最大优点是充分发挥金属材料的独特性能，达到节约用材和延长机件使用寿命等目的。堆焊在各个领域得到广泛的应用。

应用堆焊技术，必须解决好下面两个主要问题。

① 正确选用堆焊金属（或合金）　即根据机件的工作条件及对堆焊金属使用性能的要求，选用恰当的堆焊材料。

② 选定合适的堆焊方法及相应的堆焊工艺　选好堆焊材料后，必须解决好堆焊工艺问题，否则，将影响堆焊质量。为此，应掌握所选堆焊方法的工艺特点及其在堆焊时可能出现的技术问题，尤其要解决好堆焊金属与母材之间异种金属焊接的问题。

一、堆焊的主要用途

① 零件的修复　机器零件经过一段时间运行后总会发生磨损、腐蚀等，可利用堆焊方法将其修复继续使用，起到延长机件使用寿命的作用。修复所花费用，往往比制造或购买新机件的费用低得多。

② 零件的制造　利用堆焊工艺作为生产手段去制造具有综合性能的双金属机器零件，可以节约大量贵重的金属材料，并获得更理想的性能。

二、堆焊的类型

按使用目的分，堆焊有下列类型。

① 耐蚀堆焊 或称包层堆焊，是为了防止腐蚀而在工作表面上熔敷一定厚度具有耐腐蚀性能金属层的焊接方法。

② 耐磨堆焊 是为了减轻工作表面磨损和延长其使用寿命而进行的堆焊。

③ 增厚堆焊 是为了恢复或达到工件所要求的尺寸，需熔敷一定厚度金属的焊接方法，多属于同质材料之间的焊接。

④ 隔离层堆焊 在焊接异种金属材料或有特殊性能要求的材料时，为了防止母材成分对焊缝金属的不利影响，以保证接头性能和质量，而预先在母材表面（或接头的坡口面上）熔敷一定成分的金属层（称隔离层）。熔敷隔离层的工艺过程，称隔离层堆焊。

耐蚀堆焊和耐磨堆焊应用最多也最广，是本章介绍的主要内容。

三、堆焊的特点

堆焊的热过程、冶金过程以及堆焊金属层的凝固结晶和相变过程与普通熔焊是相同的，但是，堆焊是以获得具有特殊性能的表面层为目的，因此在工艺上应注意对堆焊性能的影响因素。影响堆焊层质量的因素如下。

① 堆焊层的稀释 堆焊时，熔敷金属因母材的熔入而被稀释，因此影响堆焊层的性能。在选择堆焊金属时，既要考虑与母材之间相溶性问题，又要充分估计这种稀释给堆焊层的性能带来的影响。尤其是在修复工作中母材的材质复杂，几乎包括了所有类型的金属，也许待堆焊面原先就是堆焊层，必须弄清楚其化学成分。在选择堆焊方法和制定堆焊工艺时，应以减小稀释率为主要选择原则。

② 堆焊层与基体性能的差别 由于基体与堆焊层合金成分和物理性能存在差别，焊接过程或焊后使用过程中将会出现类似异种金属焊接时的一些不利影响。例如，在堆焊层的熔合区上可能出现

脆性层；在高温条件下工作，熔合区上可能出现碳迁移层；由于线胀系数差别大，堆焊后的冷却、热处理和运行过程中产生的热应力，严重时可能导致堆焊层开裂或剥离；在钢质基体上堆焊有色金属时，有色金属将受到铁的污染等。因此，在选择堆焊金属时，尽量选择与母材金属有相近的性能；否则，就需考虑预置中间（过渡）层，以减小化学成分和物理性能上的差别。

③ 多次加热的影响　当多道或多层堆焊时，先焊焊道受多次热循环作用，其化学成分、金相组织变得不均匀；晶粒可能粗化；碳化物或σ相可能析出；由于热应力作用而引起热疲劳、应变时效等。这些也影响堆焊层的工作性能。

④ 焊接性的匹配　在制造业中当工件采用堆焊结构时，母材（即基体）是可以选择的。选择时，除需满足结构设计（通常是强度和刚度）和成形方式的要求外，还需考虑与堆焊金属的焊接性和匹配性问题。如果工件的堆焊层性能是主要的，而对母材没有特殊要求，这时宜选择易焊的金属材料作母材，如低碳钢。若兼顾焊接性和强度，则宜选用中碳钢，或者是碳当量较低的普通低合金高强度钢。有高韧性要求的工件，可以考虑选用奥氏体高锰钢作母材。

四、堆焊金属的使用性能

堆焊金属（又称堆焊合金）必须能满足机件工作表面使用性能的要求，这些要求主要是耐磨、耐蚀、耐冲击和耐高温等。

1. 堆焊金属的耐磨性及其磨损类型

堆焊金属的耐磨性是指堆焊金属表面抵抗各种磨损的能力。磨损是材料在使用过程中，由于表面被固体、液体或气体的机械作用引起的材料脱离或转移而造成的损伤。

磨损主要有四种类型：粘着磨损、磨料磨损、冲击浸蚀和微动磨损。

① 粘着磨损　摩擦副相对运动时，由于粘着作用使材料由一表面转移至另一表面所引起的磨损，又称金属间磨损。按作用应力大小又分为氧化磨损、金属性磨损、撕脱或“咬死”等。

粘着磨损约占工程磨损损失总重中的15%。常用于粘着磨损的堆焊金属有铜基合金、钴基合金和镍基合金等。

② 磨料磨损　是由于外来的金属或非金属磨料粒子的切削造成的磨损。根据作用应力大小可分为低应力磨料磨损、高应力磨料磨损和凿削式磨料磨损等类型。

对于磨料磨损，堆焊层的耐磨性能取决于该层经磨损一段时间后的硬度和磨料硬度的比值。若磨料硬度远高于堆焊层的硬度，则发生快速磨损；反之，则磨损率很低。当两者硬度相当时，适当提高堆焊层硬度，对提高其耐磨性具有最显著的作用。

③ 冲击浸蚀　含有硬颗粒的流体对固体表面高速冲击，使固体表面产生的磨损称冲击浸蚀。其破坏程度取决于质点的大小、形状、浓度、速度和冲击角等。在小冲击角时，冲击浸蚀由质点的切削作用产生，其浸蚀速度取决于工作表面的硬度。采用含有大量硬质相的过共晶合金，如合金铸铁堆焊层等，能有效地减缓这种冲击浸蚀。在大冲击角时，质点的冲撞使工作表面发生变形，从而导致剥离或凹痕。因此，宜采用能吸收较多冲击能而不产生变形或开裂的材料作堆焊金属。

④ 微动磨损　机械零件配合较紧的部位，在载荷和一定频率振动条件下，使零件表面产生微小滑动而引起的磨损，如紧配合轴颈的磨损。

2. 堆焊金属的耐蚀性

金属受周围介质作用而引起的损坏称腐蚀。按腐蚀机理可分为化学腐蚀和电化学腐蚀。化学腐蚀是金属与介质发生化学反应而引起的损坏，腐蚀产物在金属表面形成表面膜。如果该表面膜致密、完整，强度和塑性好，线胀系数与金属相近，膜与金属的粘着力强等，则表面膜就能对金属提供有效的保护。铝、铬、锌、硅等能生成这样的氧化膜，因而能减缓金属的腐蚀。

电化学腐蚀是金属与电解质溶液相接触时，由于形成原电池而使其中电位低的部分遭受的腐蚀。例如，金属在潮湿大气中的大气腐蚀、不同金属接触处的电偶腐蚀等均属电化学腐蚀。

常用的耐腐蚀堆焊合金有铜基、镍基、钴基合金和奥氏体不锈钢等。

3. 堆焊金属的耐冲击性

金属表面由于外来物体的连续高速度地冲击而引起的磨损称冲击浸蚀。一般表现为表面变形、开裂和凿削剥离，常和磨料磨损同时出现。按金属表面所受应力大小及造成损坏情况分为三类。

① 轻度冲击　动能被吸收，金属表面的弹性变形可恢复。

② 中度冲击　金属表面除发生弹性变形外，还发生部分塑性变形。

③ 严重冲击　金属破裂或严重变形。

堆焊金属的耐冲击性与它的抗压强度、延性和韧性有关。一种材料的耐冲击性和耐磨性有矛盾，往往两者不可兼得。表 13-1 列出了几种堆焊金属耐磨料磨损性能与冲击韧度的比较。

表 13-1　几种堆焊金属耐磨料磨损性能与冲击韧度比较

堆焊金属	磨料磨损量①		冲击韧度
	在湿石英砂中	在干石英砂中	
管装料状碳化钨(气焊)	0.20	0.60	低
高铬合金铸铁(气焊)	—	0.03	↓
铬钨马氏体合金铸铁(气焊)	0.35～0.40	0.02	↓
铬镍或铬钼马氏体合金铸铁(气焊)	0.35～0.40	0.04	↓
马氏体低合金钢(弧焊)	0.65～0.70	—	↓
铬钼或5%铬马氏体钢(弧焊)	—	0.40	↓
珠光体钢(气焊)	0.80	0.06	↓
高锰奥氏体钢(弧焊)	0.75～0.80	—	高

① 以 20 钢磨损量为 1 计算。

第二节　堆焊方法及用途

一、堆焊方法的选择

熔焊、钎焊、热喷涂和喷熔等方法均可用于堆焊，其中熔焊在堆焊工作中用得最多。选择堆焊方法时，应着重考虑下列因素。

① 具有较低的稀释率。

② 具有高的熔敷速度和效率。

③ 综合考虑工件尺寸、形状复杂程度和批量大小。

④ 与堆焊材料形状相适应（表 13-2）。

⑤ 尽量降低综合成本。

表 13-2 堆焊材料的形状及适用的焊接方法

堆焊材料形状	适用的焊接方法
丝（实芯）状（d=0.5～5.8mm）	氧-乙炔焰堆焊、气体保护电弧堆焊、埋弧堆焊、等离子弧堆焊、振动堆焊
带状（t=0.4～0.8mm，B=30～300mm）	埋弧堆焊、电渣堆焊
铸条状（d=2.2～8.0mm）	氧-乙炔焰堆焊、钨极氩弧堆焊、等离子弧堆焊
粉（粒）状	等离子弧堆焊、氧-乙炔焰堆焊
堆焊用焊条（钢芯、铸芯、药芯）	焊条电弧堆焊
药芯焊丝	气体保护电弧堆焊、自保护电弧堆焊、埋弧堆焊、氧-乙炔焰堆焊、钨极氩弧堆焊、等离子弧堆焊

表 13-3 列出了几种常用堆焊方法的特点比较。

表 13-3 几种常用堆焊方法特点比较

堆焊方法		稀释率/%	熔敷速度/$kg \cdot h^{-1}$	最小堆焊厚度/mm	熔敷效率/%
氧-乙炔焰堆焊	手工送丝	1～10	0.5～1.8	0.8	100
	自动送丝	1～10	0.5～6.8	0.8	100
	粉末堆焊	1～10	0.5～1.8	0.8	85～95
焊条电弧堆焊		10～20	0.5～5.4	3.2	65
钨极氩弧堆焊		10～20	0.5～4.5	2.4	98～100
熔化极气体保护电弧堆焊		10～40	0.9～5.4	3.2	90～95
其中：自保护电弧堆焊		15～40	2.3～11.3	3.2	80～85

续表

堆焊方法		稀释率/%	熔敷速度/kg·h^{-1}	最小堆焊厚度/mm	熔敷效率/%
埋弧堆焊	单丝	30～60	4.5～11.3	3.2	95
	多丝	15～25	11.3～27.2	4.8	95
	串联电弧	10～25	11.3～15.9	4.8	95
	单带极	10～20	12～36	3.0	95
	多带极	8～15	22～68	4.0	95
等离子弧堆焊	自动送粉	5～15	0.5～6.8	0.8	85～95
	手工送丝	5～15	0.5～3.6	2.4	98～100
	自动送丝	5～15	0.5～3.6	2.4	98～100
	双热丝	5～15	13～27	2.4	98～100

二、焊条电弧堆焊

1. 特点

焊条电弧堆焊是目前主要的堆焊方法。其优点是设备简单、轻便、机动灵活，适于现场堆焊；适应性强，可以在任何位置焊接；可达性好，小型或形状不规则零件尤为适合。其缺点是生产率低，稀释率较高，不易得到薄而均匀的堆焊层，劳动条件差。焊条电弧堆焊用的堆焊条多以冷拔焊丝作焊芯，也可用铸芯或管芯。药皮主要有钛钙型、低氢型和石墨型三种。为了减少合金元素烧损和提高堆焊金属抗裂性，多采用低氢型药皮。表 13-4 列出了根据被焊工件的工作条件和所需堆焊合金类型来选用堆焊焊条的参考资料。

2. 堆焊工艺要点

堆焊时主要注意以下要点：尽量减小稀释，保持电弧稳定，使堆焊层质量均匀。操作要点如下：常通过调节焊接电流、电弧电压、焊接速度、运条方式和弧长等工艺参数控制熔深以达到降低稀释率。

① 推荐采用直流反接，这样稀释率低，电弧较稳定。

② 电流不宜大，以防熔深增加。

表 13-4 堆焊焊条的选用

工作条件		典型零件	堆焊合金类型	堆焊材料
粘着磨损	常温	轴类、车轮	低碳低合金钢(珠光体钢)	D107(1Mn3Si),D127(2Mn4Si)
		齿轮	中碳低合金钢(马氏体钢)	D172(4Cr2Mo),D217(4Cr9Mo3V)
		冲模剪刃	中碳中合金钢(马氏体钢)	D322(5CrW9Mo2V),D377(1Cr12V)
		轴瓦、低压阀密封面	铜基合金	T237(Al8Mn2),T227(Sn8P0.3)
	中温	阀门密封面	高铬钢	D502,D507(1Cr13)
	高温	热锻模	中碳低合金钢(马氏体钢)	D397(5CrMnMo)
		热剪刃、热拔伸模	中碳中合金钢(马氏体钢)、钴基合金	D337(3Cr2W8),D802,D812
		热轧辊	中碳中合金钢	D337
		阀门密封面	铬镍合金钢(奥氏体钢)	D557(Cr18Ni8Si5Mn),D547Mo(Cr18Ni12Si4Mo4)
			镍基合金	Ni337,Ni112
			钴基合金	D802,D812
粘着磨损+磨料磨损		压路机链轮	低碳低合金钢	D107(1Mn3Si),D112(2Cr15Mo)
		排污阀	高碳低合金(马氏体钢)	D207,D212

续表

工作条件			典型零件	堆焊合金类型	堆焊材料
磨料磨损	常温	高应力	推土机板	中碳中合金钢	D212,D207
			铲斗齿	合金铸铁	D608(Cr4Mo4),D667(Cr28Ni4Si4)
		低应力	混凝土搅拌机	合金铸铁	D642(Cr27),D678(W9B)
			螺旋输送机	碳化钨	D707(W45MnSi4)
			水轮机叶片	中碳中合金钢	D217
	高温		高炉装料设备	高铬合金铸铁	D642,D667
磨料磨损+冲击磨损			颚式破碎机	中碳中合金钢	D207,D212,D217
			挖掘机斗齿	高锰钢(奥氏体钢)	D256(Mn13),D266(Mn13Mo2)
冲击磨损	常温		铁道岔、履带板	高锰钢	D256,D266
	高温		热剪机	高锰钢	D256,D266
耐腐蚀	低温	海水	船舶螺旋桨	铜基合金	T237,T227
	中温	水蚀	锅炉、压力容器	铬镍钢(奥氏体钢)	A062
	高温	耐蚀	内燃机排气阀	钴基合金、镍基合金	D812,D822(Co 基 Cr30W12)
		耐氧化	炉子零件	镍基合金	Ni307
汽蚀	常温		水轮机叶片	铬镍不锈钢、钴基合金	D547(Cr18Ni8Si5),D802

③ 弧长不能太大，以减少合金元素的烧损。

④ 大面积堆焊时，注意调整堆焊顺序，以控制焊件变形。

⑤ 为保证堆焊层硬度和耐磨性，一般需焊 2～3 层。

⑥ 堆焊层数多时，易导致开裂和剥离，故对工件应进行预热和缓冷。预热温度由堆焊金属的成分、基体材质、堆焊面积大小及堆焊部位的刚性等因素来确定。堆焊金属为珠光体钢时，工件预热温度常按碳当量来估算，见表 13-5。当该温度与工件所需的预热温度有矛盾时，则采用其中高的预热温度。

表 13-5 预热温度与碳当量的关系

碳当量/%	0.4	0.5	0.6	0.7	0.8
预热温度/℃	100	150	200	250	300

表 13-5 中的碳当量用下式计算：

$$碳当量 = w(C) + \frac{w(Mn)}{6} + \frac{w(Si)}{24} + \frac{w(Cr)}{5} + \frac{w(Mo)}{4} + \frac{w(Ni)}{15}$$

三、氧-乙炔焰堆焊

1. 特点

氧-乙炔焰是具有多种用途的堆焊热源，可进行熔焊、钎焊，也可采用合金粉末进行喷涂和喷熔。氧-乙炔焰堆焊的优点如下。

① 稀释率低。主要是火焰温度较低（3050～3100℃），而且可以调整火焰能率，其熔深可控制到 0.1mm 以下。

② 碳化焰有渗碳作用。虽然会降低堆焊层韧性，但可提高以碳化物为主要抗磨相堆焊层的耐磨性。

③ 不受堆焊材料形状的限制，甚至边角料也能使用。

④ 易于操作，可见度大，复杂小件、任何空间位置均可施焊。

⑤ 设备简单，使用灵便。可与气焊、气割设备通用，只是焊炬的喷嘴孔径比气焊用的大些，所以堆焊成本低。

氧-乙炔焰堆焊的缺点是手工操作，劳动强度大，生产率低，对焊工操作技能要求高。

2. 堆焊工艺要点

关键在于火焰的运用与能率的控制，很大程度上取决于焊工的操作技能。

① 火焰的类型　除镍基合金外一般应采用碳化焰，乙炔过量的大小视堆焊金属而定。铁基合金宜用2倍的乙炔过剩焰（内焰与焰芯长度比为2）；高铬铸铁或钴基合金，其含碳量高、熔点较低，可用3倍乙炔过剩焰；用碳化钨堆焊金属时，所用的火焰由基体材料的成分决定。镍基合金通常用中性焰。

② 预热和缓冷　能减少裂纹。预热后可用较小火焰能率，有利于减小稀释率。小件直接用焊炬加热，大件应在炉中加热，尽量使温度均匀。

③ 堆焊层的厚度　每层堆焊最大厚度以1.6mm为宜，再厚可用多层堆焊。为提高质量和改善表面成形，堆焊后可以用氧-乙炔焰重熔。

四、埋弧堆焊

1. 特点

埋弧堆焊无飞溅和电弧辐射，劳动条件好，堆焊层成形光滑，易实现机械化和自动化，生产率高，堆焊层成分稳定。但埋弧堆焊的热输入较大，故稀释率较其他电弧焊高。埋弧堆焊有图13-1所示的多种形式。堆焊熔池大，并需焊剂覆盖，故只能在水平位置堆焊，适用于形状规则且堆焊面积大的机件，如在化工容器和核反应压力容器衬里等大、中型零部件上得到大量应用。

2. 单丝埋弧堆焊

如图13-1（a）所示，单丝埋弧堆焊熔深大，稀释率高达30%～60%，常需堆焊2～3层才能保证所需性能，因此在应用上受到了限制。为减小稀释率，可采用下坡堆焊、增加电弧电压、降低焊接电流、减小焊接速度、电弧向前吹和增大焊丝直径等措施。还可以摆动电极使焊道加宽、稀释率下降，并改善与相邻焊道的熔合。

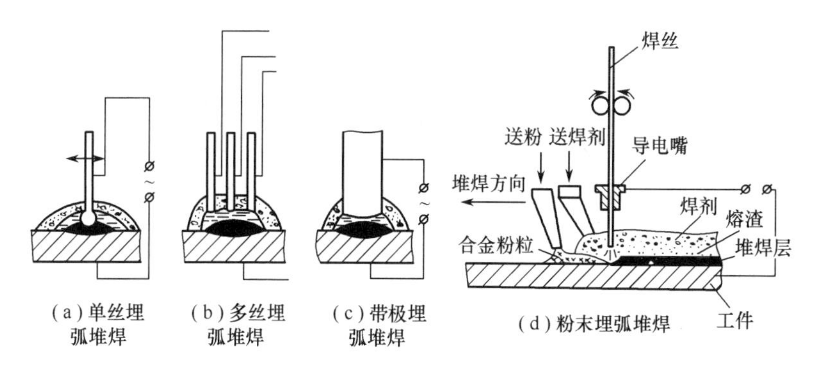

图 13-1　埋弧堆焊的形式

焊丝直径为 1.6～5.0mm，焊接电流为 160～500A，交、直流电源均可，直流时用反接法（焊丝接负极）。这种方法主要是通过焊剂或药芯向堆焊层过渡合金元素，所采用的焊剂一般都是烧结（或黏结）的，把堆焊层所需的合金元素加入到焊剂内。只需用一种标准成分（如 H08A）的焊丝（或带极）就可以得到不同成分的堆焊层。

3. 多丝埋弧堆焊

如图 13-1（b）所示，采用两根或两根以上的焊丝并列地同时向焊接区送进。电弧将周期地从一根焊丝转移到另一根焊丝，这样，每次起弧都有很高的电流密度，可获得较大的熔敷率。电弧位置的不断变动，也实现了较浅熔深及较宽的堆焊焊道。

还可以采用两丝两弧堆焊法，即两根焊丝沿堆焊方向前后排列。这两根焊丝可用一个或两个电源分别供电，前一个电弧用小焊接电流以少量熔化母材；后一电弧用大电流，起堆焊作用，以提高生产率。此法的焊接材料与单丝方法相同。此法对焊接设备的要求是各个电弧均可单独控制，且各焊丝之间的距离不可过大，保证焊后达到图 2-77 的排列状态，即相邻两焊丝所形成的焊道应重合 1/3～1/2，以保证堆焊层各处的厚度。

4. 带极埋弧焊

如图 13-1（c）所示，带极埋弧堆焊熔敷速度高，熔深浅而均匀，稀释率低，焊道宽而平整。一般带板厚约0.4～0.8mm，宽约60mm。若采用外加磁场来控制电弧，则带极宽度达180mm。所用设备可用一般埋弧焊机改装，也可用专用设备。例如，国产MU1-1000-1型自动带极堆焊机为小车式，适用带极厚度0.4～0.6mm、宽度30～80mm，堆焊电流400～1000A，堆焊速度7.5～35m/h；MU2-1000型悬臂式带极自动埋弧焊机技术性能也大体相似，主要用于堆焊内径大于1.5m的大型管道、容器、油罐、锅炉等大型专用设备。带极埋弧堆焊的堆焊层由于合金含量较低，其硬度是有限的。

5. 添加合金粉粒埋弧堆焊

如图13-1（d）所示，这种埋弧堆焊是通过在焊接区添加合金粉粒，以提高堆焊层的性能。堆焊时，焊丝（电弧）摆动，电弧熔化焊丝的同时熔化合金粉粒而形成堆焊层。对于不能加工成丝极或带极的合金材料，宜采用此法堆焊。所添加粉粒质量约为熔化焊丝质量的1.5～3倍。这样，在不增加焊接电流的情况下，其熔敷率约为单丝埋弧堆焊的4倍，一般都大于45kg/h，且熔深浅，稀释率低。但必须严格控制堆焊过程，尤其是粉粒堆放量要均匀，工艺参数要稳定，才能达到预期的要求。这种方式的堆焊层成分受粉末层高度、堆焊工艺参数的影响而波动较大，故对堆焊条件要求严格。

五、钨极氩弧堆焊

钨极氩弧堆焊的特点是可见度好，电弧稳定，飞溅少。由于惰性气体保护，堆焊层质量优良，适用于不锈钢和有色金属的堆焊。有手工和自动两种堆焊方法。

① 手工钨极氩弧堆焊　此法工件吸热少，熔深浅，堆焊层形状易控制，可进行全位置堆焊，变形小。缺点是熔敷率低，不适于大批量生产。宜堆焊小而质量要求高且形状较复杂的零件。

② 自动钨极氩弧堆焊　此法能准确控制焊接工艺参数，可获得性能稳定、质量高的堆焊层。堆焊材料有实芯焊丝、药芯焊丝和

合金铸条，也可用粉粒状堆焊料，焊时将焊料输送到电弧区内。适用于形状规则，堆焊面积大的零件。

六、熔化极气体保护和自保护电弧堆焊

熔化极气体保护电弧堆焊用的气体有 CO_2、Ar 及混合气体。实芯焊丝气体保护焊主要用于合金含量较低的、金属与金属摩擦磨损类型的零件堆焊。对于高合金的堆焊金属，可采用药芯焊丝堆焊。

CO_2气体保护电弧堆焊成本低，但堆焊质量较差，只适合堆焊性能要求不高的工件。

自保护电弧堆焊采用专制的药芯焊丝。堆焊时，不外加保护气体。其优点是设备简单、操作方便，并可以获得多种成分的合金。

表 13-6 列出了熔化极惰性气体保护电弧堆焊用的硬质合金堆焊焊丝的主要成分、堆焊层的硬度和用途。

表 13-6 硬质合金堆焊焊丝的主要成分、堆焊层的硬度和用途

牌号	名称	主要化学成分的质量分数/%	堆焊层硬度	主要特性及用途
HS101	高铬铸铁堆焊焊丝	C 2.5～3.3 Mn 0.5～1.5 Si 2.8～4.2 Cr 25～31 Ni 3.0～5.0 Fe 余量	常温 48～54HRC 300℃ 483HV 400℃ 473HV 500℃ 460HV 600℃ 289HV	堆焊层具有优良的抗氧化和耐汽蚀性能，硬度高，耐磨性好，但工作温度不宜超过 500℃，否则硬度急剧降低。主要用于堆焊要求耐磨损、抗氧化或耐汽蚀的场合，如铲斗齿、泵套、排气叶片、气门等
HS103	高铬铸铁堆焊焊丝(含 B)	C 3.0～4.0 Mn≤3.0 Si≤3.0 Cr 25～32 Co 4.0～6.0 B 0.5～1.0 Fe 余量	常温 58～64HRC 300℃ 857HV 400℃ 848HV 500℃ 798HV 600℃ 520HV	堆焊层具有优良的抗氧化性能，硬度高，耐磨性好，但抗冲击性能差，难以进行切削加工，只可研磨。主要用于要求耐强烈磨损的场合，如牙轮钻头小轴、煤孔挖掘器、破碎机辊等

续表

牌号	名称	主要化学成分的质量分数/%	堆焊层硬度	主要特性及用途
HS111	钴基堆焊焊丝（低碳Co-Cr-W堆焊合金） 相当AWSRCoCr-A	C 0.9～1.4 Mn≤1.0 Si 0.4～2.0 Cr 26～32 W 3.5～6.0 Fe≤2.0 Co 余量	常温 40～45HRC 500℃ 365HV 600℃ 310HV 700℃ 274HV 800℃ 250HV	是Co-Cr-W堆焊合金中C及W含量最低、韧性最好的一种。能承受冷热条件下的冲击，产生裂纹的倾向小，具有良好的耐蚀、耐热和耐磨性能。主要用于要求在高温工作时能保持良好的耐磨性及耐蚀性，如高温、高压阀门，热剪切刀刃，热锻模等
HS112	钴基堆焊焊丝铸造中碳Co-Cr-W合金 相当AWSRCoCr-A	C 1.2～1.7 Mn≤1.0 Si 0.4～2.0 Cr 26～32 W 7.0～9.5 Fe≤2.0 Co 余量	常温 45～50HRC 500℃ 410HV 600℃ 390HV 700℃ 360HV 800℃ 295HV	在Co-Cr-W堆焊合金中具有中等硬度，耐磨性比HS111好，但塑性稍差。具有良好的耐蚀、耐热及耐磨性能，在650℃左右高温下仍能保持这些特性。主要用于高温、高压阀门，内燃机阀，高压泵轴套和内衬套筒，热轧辊等
HS113	钴基堆焊焊丝（铸造高碳Co-Cr-W合金）	C 2.5～3.3 Mn≤1.0 Si 0.4～2.0 Cr 27～33 W 15～19 Fe≤2.0 Co 余量	常温 55～60HRC 500℃ 623HV 600℃ 550HV 700℃ 485HV 800℃ 320HV	硬度高，耐磨性非常好，但抗冲击性较差，堆焊时产生裂纹倾向大。具有良好的耐蚀、耐热、耐磨性能，在650℃左右仍可保持这些性能。主要用于牙轮钻头轴承、锅炉的旋转叶片、粉碎机刃口、螺旋送料机等
HS114	钴基堆焊焊丝（高碳Co-Cr-W合金） 相当AWSRCoCr-C	C 2.4～3.0 Mn≤1.0 Si≤2.0 Cr 26～30 Ni 4.0～6.0 W 11～14 Fe≤2.0 Co 余量	常温 ≥52HRC 500℃ 623HV 600℃ 530HV 700℃ 485HV 800℃ 320HV	高碳Co-Cr-W合金堆焊焊丝，耐磨性、耐蚀性好，但冲击韧性差，主要用于牙轮钻头轴承、锅炉旋转叶片等磨损部件

七、等离子弧堆焊

等离子弧堆焊的堆焊材料的送进和等离子弧的工艺参数分别独立控制，所以熔深和表面形状容易控制。改变电流、送丝（粉）速度、堆焊速度、等离子弧摆动幅度等就可以使稀释率、堆焊层尺寸在较大范围内发生变化。稀释率最低可达5%。堆焊层厚度为0.8～6.4mm，宽度为4.8～38mm。所以等离子弧堆焊是一种低稀释率和高熔敷速度的堆焊方法，因而被广泛应用。

等离子弧堆焊按堆焊材料形状分主要有填丝和粉末两种堆焊形式。其中粉末等离子堆焊发展较快，应用更广。

1. 填丝等离子弧堆焊

填丝等离子弧堆焊又分冷丝和热丝两种，后者送进焊接区的焊丝是热的，且必须自动送进。用热丝的目的是提高熔敷速度和减小稀释率。冷焊丝既可手工送进，也可自动送进。焊丝可以单根也可以数根并排送进，在等离子弧摆动过程中熔敷成堆焊层。焊丝可以是实芯或药芯的。

图13-2所示为双热丝等离子弧堆焊示意。焊丝由单独的预热电源8进行电阻预热。因采用热丝，稀释率很低（约5%），并大大提高了熔敷速度（可达13～27kg/h）。而且热丝表面已去氢，所以堆焊层气孔也很少。

还可把堆焊合金制成环状或其他形状，预置在被焊表面，然后用等离子弧熔化堆焊。

2. 粉末等离子弧堆焊

粉末等离子弧堆焊是将合金粉末自动送入等离子弧区实现堆焊的方法。由于各种成分的堆焊合金粉末制造比较方便，因此在堆焊时合金成分的要求易于满足，堆焊工作易于实现自动化，能获得稀释率低的薄堆焊层，且平滑整齐，不加工或稍加工即可使用，因而可以降低贵重材料的消耗。该方法在我国发展很快，应用很广，适于在低熔点材质的工件上进行堆焊，特别适于大批量和高效率地堆焊新零件。

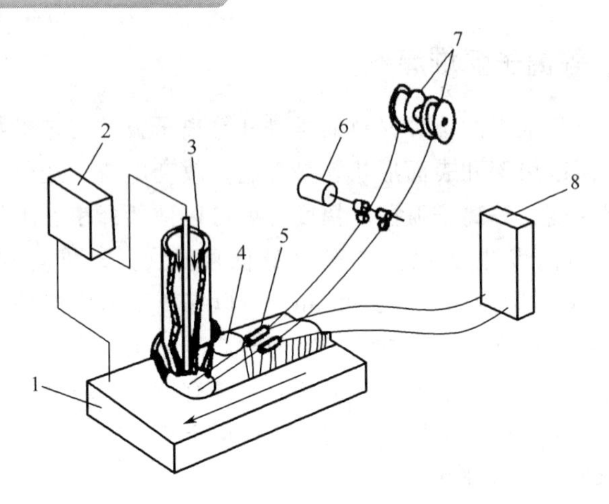

图 13-2 双热丝等离子弧堆焊示意

1—工件；2—电源；3—焊枪；4—气体保护罩；5—焊丝预热接头；6—电动机；7—填充焊丝；8—预热电源

国产粉末等离子弧堆焊机有多种型号，如 LUF4-250 型粉末等离子弧堆焊机可以用来堆焊各种圆形焊件的外圆或端面，也可进行直线堆焊，最大焊件直径达 500mm，直线长度达 800mm，一次堆焊的最大宽度为 50mm，可进行各种阀门密封面的堆焊，高温排气阀门堆焊，以及对轧辊、轴磨损后的修复等。

等离子弧堆焊用的合金粉末有镍基、钴基和铁基等，见表 13-7。镍基合金粉末主要是镍铬硼硅合金，熔点低，流动性好，具有良好的耐磨、耐蚀、耐热和抗氧化等综合性能，用于堆焊阀门、泵柱塞、转子、密封环、刮板等耐高温、耐磨零件。钴基合金粉末耐磨，耐腐蚀，比镍基合金粉末具有更好的红硬性、耐热性和抗氧化性，主要用于高温高压阀门、锻模、热剪切刀具、轧钢机导轨等。铁基合金粉末是为降低成本而研制的，具有耐磨、耐蚀、耐热性能，堆焊受强烈磨损的零件如破碎机辊、挖掘机铲齿、泵套、排气叶片、高温中压阀门等。此外，还有铜基合金粉末，减摩性好，耐金属间磨损。表 13-8 列出了几种合金粉末等离子弧堆焊工艺参数。

表 13-7 等离子弧堆焊用的合金粉末

类别	牌号	化学成分(质量分数)/%								硬度/HRC
		C	Cr	Si	B	Fe	Ni	Co	其他	
镍基	F121	0.3～0.7	8.0～12	2.5～4.5	1.8～2.6	<4	余量			40～50
	F122	0.6～1.0	14～18	3.5～5.5	3.0～4.5	<5	余量			≥55
钴基	F221	0.5～1.0	24～28	1.0～3.0	0.5～1.0	<5		余量	W 4.0～6.0	40～45
	F221A	0.6～1.0	26～32	1.5～3.0		<5		余量	W 4.0～6.0	40～45
	F222A	0.3～0.5	19～23	1.0～3.0	1.8～2.5	<5		余量	W 4.0～6.0	
	F222	0.5～1.0	19～23	1.0～3.0	1.5～2.0	<5		余量	W 7.0～9.0	48～54
	F223	0.7～1.3	18～20	1.0～3.0	1.2～1.7	<4	11～15	余量	W 7.0～9.5	35～45
	F224	1.3～1.8	19～23	1.0～3.0	2.5～3.5	<5		余量	W 13～17	≥55
铁基	F321	<0.15	12.5～14.5	0.5～1.5	1.3～1.8	余量				40～50
	F322	<0.15	21～25	4.0～5.0	1.5～2.0	余量	12～15			36～45
	F323	2.5～3.5	25～32	2.8～4.2	0.5～1.0	余量	3.5～5.0			≥55
	F323A	0.8～1.2	16～18	3.4～4.0	3.0～4.0	余量	3.0～5.0			≥60
	F324	2.0～3.0	27～33	3.0～4.0	2.5～3.5	余量				≥58
	F325	4.0～5.0	25～31	1.0～2.0	1.0～1.5	余量				≥55
	F326	<0.2	17～19	2.0～3.0	1.0～2.0	余量			Mo 1.5～2	36～45
	F327A	0.1～0.18	18～21	3.5～4.0	1.4～2.0	余量	10～13		Mo 4.0～4.5 W 1.0～2.0	36～42
	F327B	0.1～0.2	18～21	4.0～4.5	1.7～2.5	余量	10～13		Mo 4.0～4.5 W 1.0～2.0	40～45
铜基	F422	Sn 9.0～11,P 0.10～0.50,Cu 余量								80～120HBS

表 13-8　几种合金粉末等离子弧堆焊工艺参数

堆焊材料	转移弧		非转移弧		稳弧气/$m^3 \cdot h^{-1}$	送粉气/$m^3 \cdot h^{-1}$	保护气/$m^3 \cdot h^{-1}$	送粉量/$g \cdot min^{-1}$	焊接速度/$cm \cdot min^{-1}$	摆频/次·min^{-1}	堆焊宽度/mm	堆焊厚度/mm	稀释率/%
	焊接电流/A	电弧电压/V	焊接电流/A	电弧电压/V									
CoCrWB合金	130	27	50	14	0.254	0.425	无	15	12.7	100	16	0.4	3
CoCrW合金	135	33	55	13	0.143	0.368	1.75	15	12.7	190	14	0.4	3
NiCrBSi合金	130	27	55	13	0.143	0.368	1.75	25	25.4	150	16	1.2	3
高碳铬铸铁	150	30	80	14	0.170	0.198	无	11	13.2	无	2.4	0.4	5
铜	110	29	55	13	0.143	0.368	1.75	24	12.7	150	16	2.0	1
90%Cu+10%Al	130	35	55	13	0.143	0.368	1.75	25	20.3	150	17.5	1.6	2

附录1　关于一些名词的称谓

一、焊接接头的名称与名词

焊接技术近年来有很大的进步，在这个进步过程中，同时也伴随着一些名词的修正。例如“焊缝厚度”和“余高”，在1980年以前称为“熔深”和“加强高”，但随着焊接技术的发展觉得这两个名称不够准确，将其改为“焊缝厚度”和“余高”，而“熔深”一词又赋予新的意义，即母材焊接面(或坡口面)垂直方向的熔化深度，从附图1中可以明确这两个名称的变化。

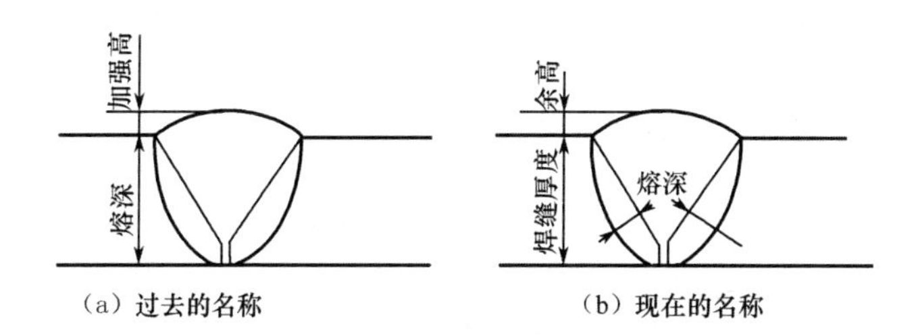

(a) 过去的名称　(b) 现在的名称

附图1　焊缝上名称的变化

除此之外，还有一些名称也发生了变化，各书不大统一，在此，对本书所用的一些名称作以下说明，见附表1。

附表1　焊缝的结构

简图	曾用名称	本书用的名称	备注
	不开坡口、I形坡口	I形坡口	

续表

简图	曾用名称	本书用的名称	备注
	Y形坡口、V形坡口、带钝边的V形坡口	带钝边的V形坡口	
	X形坡口、双Y形坡口	X形坡口	用X表示是最形象的，且与国标一致
	双Y形坡口、K形坡口	K形坡口	用K表示是最形象的
	单边U形坡口、J形坡口	J形坡口	

二、金属材料的有关名称

焊接结构是离不开金属材料的，但金属材料的称谓在各个资料上有所差异，主要有如下内容。

① 有色金属与非铁金属　有色金属是用了多年的名称，近年来的某些资料上将有色金属称为非铁金属，本书仍称为有色金属。

② 非合金钢与碳钢　碳钢或碳素钢是用了多年的名称，近年来某些资料上将碳钢改称非合金钢，本书仍称为碳钢。

③ 工字钢与H型钢　工字钢是刚度较大的型材，用途很广。近年来某些资料上称其为H型钢，但工字钢的往往是腹板垂直，故本书仍称其为工字钢。

④ 百分比含量与质量分数　过去经常称作的含碳量、含锰量等，近年来均改为质量分数。不过这个称谓企业工人应用还不习惯，故本书没有严格规定，故有的地方称质量分数，有的地方称含

碳量，其他元素的含量也是如此。例如，书中经常提到的硫磷含量，就是钢中硫和磷的质量分数。

⑤ 再热裂纹与消除应力裂纹　这是焊缝焊后消除应力处理时产生的裂纹，过去称为再热裂纹，近年来有的书称为消除应力裂纹，本书仍称为再热裂纹。

附录 2 常用的符号及意义

焊接中常用的符号及意义见附表 2。

附表 2 焊接常用的符号及表示内容

符号	表示内容	符号	表示内容
A	面积	A_k	冲击吸收功
B	半熔化区宽度、熔宽	CE	碳当量（IIW）
C_{eq}	碳当量（WES）	D	扩散系数
E	线能量（热输入）	H	熔深
IIW	国际焊接学会	HAZ	焊接热影响区
K_b	焊条的药皮重量系数	P_c	裂纹敏感指数（考虑板厚）
P_W	裂纹敏感指数（考虑拘束度）	P_{cm}	合金元素的裂纹敏感系数
P_{SR}	再热裂纹的裂纹敏感系数	P_0	电弧功率
R	拘束度	T_A	奥氏体化温度
T_B	脆性温度区间	T_S	固相温度
T_M	熔化温度	T_L	液相温度
$t_{8/5}$	800～500℃的冷却时间	θ	熔合比
δ	板厚	Ψ	飞溅率

附录3　有关标准的查阅

本书为焊接工艺手册，基本不涉及焊接材料与设备，为了便于读者学习，现将相关的资料及标准列于附表3和附表4中。

附表3　焊接材料标准

标准号	标准名称	标准号	标准名称
焊　　条			
GB/T 5117—2012	非合金钢及细晶粒钢焊条	GB/T 5118—2012	热强钢焊条
GB/T 983—2012	不锈钢焊条	GB/T 984—2001	堆焊焊条
GB/T 13814—2008	镍及镍合金焊条	GB/T 10044—2006	铸铁焊条及焊丝
焊　　丝			
GB/T 3429—2002	焊接用钢盘条	GB/T 8110—2008	气体保护焊用碳钢、低合金钢焊丝
GB/T 14957—1994	熔化焊用钢丝	YB/T 5092—2005	焊接用不锈钢丝
GB/T 9460—2008	铜及铜合金焊丝	GB/T 10858—2008	铝及铝合金焊丝
GB/T 15620—2008	镍及镍合金焊丝	GB/T 10045—2001	碳钢药芯焊丝

续表

标准号	标准名称	标准号	标准名称
焊　　剂			
GB/T 5293—1999	埋弧焊用碳钢焊丝和焊剂	GB/T 12470—2003	埋弧焊用低合金钢焊丝和焊剂
GB/T 17854—1999	埋弧焊用不锈钢焊丝与焊剂		
钎料与钎剂			
JB/T 6045—1992	硬钎焊钎料	GB/T 10046—2008	银基钎料
GB/T 13815—2008	铝基钎料	GB/T 10859—2008	镍基钎料
GB/T 6418—2008	铜基钎料		

附表 4　焊接设备标准

标准号	标准名称	标准号	标准名称
GB 10249—2010	电焊机型号编制方法	GB/T 8118—2010	电焊机通用技术条件
GB/T 13164—2003	埋弧焊机	JB/T 7835—1995	弧焊整流器
JB/T 7834—1995	弧焊变压器		

参考文献

[1] 李继三．电焊工．北京：中国劳动出版社，1996.

[2] 王文翰．焊接技术手册．郑州：河南科学技术出版社，1997.

[3] 中国机械工程学会焊接学会．焊接手册．北京：机械工业出版社，1992.

[4] 曾乐主．现代焊接技术手册．上海：上海科学技术出版社，1993.

[5] 陈祝年．焊接工程师手册．北京：机械工业出版社，2002.

[6] 周振丰，张文钺．焊接冶金与金属焊接性．北京：机械工业出版社，1988.

[7] 张子平．管工．北京：中国城市出版社，2003.

[8] 英若采．熔焊原理及金属材料焊接．北京：机械工业出版社，1999.

[9] 张文钺．金属熔焊原理与工艺．北京：机械工业出版社，1985.

[10] 李亚江．特种连接技术．北京：机械工业出版社，2007.

[11] 劳动和社会保障部．焊工工艺学．北京：中国劳动和社会保障出版社，2005.

[12] 劳动部．冷作工艺学．北京：中国劳动出版社，1996.

[13] 李亚江．切割技术及应用．北京：化学工业出版社，2004.

[14] 黄如林．五金手册．北京：化学工业出版社，2006.

[15] 劳动和社会保障部．管工．北京：中国城市出版社，2002.

[16] 董平．管工．北京：机械工业出版社，2006.

[17] 雷世明．焊接方法与设备．北京：机械工业出版社，2006.

欢迎订阅化工版焊接图书

书号	书　　名	定价/元
04780	钢结构焊接制造（第二版）	48
05966	焊接结构检测技术	68
06723	焊接质量控制与检验	39
02795	英汉汉英焊接技术词汇	38
06590	埋弧自动焊技术入门与提高	28
06075	铸铁件焊补技巧与实例	19
04208	常用焊接材料手册（焊工、初中级技术人员用）	20
02390	金属焊接材料手册	99
04240	药芯焊丝及其应用	45
06197	焊条、焊剂制造手册	68
05777	铆焊加工速查速算手册	29
04774	焊接与切割操作技术（第二版）	30
04885	金属熔焊原理浅说——焊工理论知识学习读本	19
04914	钢结构制作数据速查手册	59
04609	焊接结构冷作与焊接技术入门	25
04705	埋弧自动焊工艺分析及操作案例	19
03953	焊接原理及应用（焊接工程师继续教育丛书）	45
04953	焊接结构设计及应用	30
04392	金属焊接与切割作业安全技术 200 问	18
03681	现代无损检测与评价	45
03639	实用长输管道焊接技术	45
03697	焊接技术能手绝技绝活	49

续表

书号	书　　名	定价/元
01745	氩弧焊技术入门与提高	20
01895	焊工操作技巧集锦 100 例	25
02015	气焊工工作手册	20
02362	焊接结构变形控制与校正	28
00744	电焊工工作手册	25
00334	焊接难题解析问答	18
9100	焊工工艺入门	16
9894	焊工上岗速成	14
9228	实用压力熔器焊工读本	19
00495	焊工上岗技能读本——气体保护焊	19
00494	焊工上岗技能读本——手工电弧焊	29
00555	焊工上岗技能读本——切割	19
01088	焊工入门	15
02663	特种焊接技术及应用（第二版）	45
02409	焊接修复技术（第二版）	45

化学工业出版社出版机械、电气、化学、化工、环境、安全、生物、医药、材料工程、腐蚀和表面技术等专业科技图书。如要出版新著，请与编辑联系。如要以上图书的内容简介和详细目录，或要更多的科技图书信息，请登录 www.cip.com.cn。

地址：（100011）北京市东城区青年湖南街 13 号　化学工业出版社

邮购电话：010-64518800　编辑：010-64519273